U0597503

国 家 科 学 技 术 学 术 著 作 出 版 基 金 资 助 出 版

中国热带真菌

吴兴亮　戴玉成　李泰辉　杨祝良　宋　斌　著

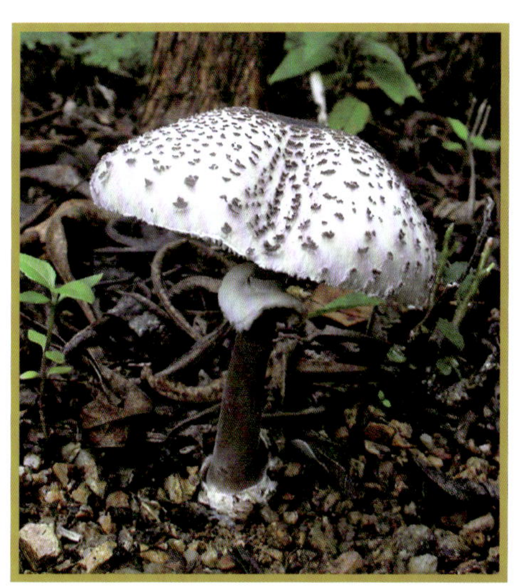

科 学 出 版 社
北 京

内容简介

《中国热带真菌》是一部反映中国热带真菌资源、分类、分布及其用途的专著。

中国热带地区包括海南的全部和广东、广西、云南、西藏、台湾的部分地区，这些地区具有独特的自然环境、复杂多样的自然生态地理条件，蕴藏着极为丰富的生物多样性。丰富的植被类型、植物资源和充足的水资源，哺育着多姿多彩、多种多样的真菌种类，是中国真菌资源多样性研究的热点地区。

中国热带真菌研究采用野外调查、室内测定、宏观与微观特征相结合，重点调查与一般调查相结合，详细记录不同季节、不同生态类群与植被特征、物种数量与海拔高度等原始科学数据，依据相关文献资料与标本实物，对中国热带真菌物种资源多样性、区系地理成分进行研究与评价，探讨热带森林与真菌间的相互关系。

本书是以作者于野外考察所采集的新鲜标本、拍摄的原色照片为依据，结合相关标本的研究数据、文献资料进行真菌多样性研究的基础上撰写而成。书中记载了中国热带真菌2500多种，详细描述了近500种热带真菌的宏观特征、微观特征，还有文献引证、生境、分布和讨论，并按最新真菌分类系统进行排列。书中附有真菌野生彩色生态照片550余幅。

以最新分类系统为基础和图文并茂的《中国热带真菌》问世，在实际应用和学术研究中均具有重要意义，必将受到真菌物种资源研发者和真菌学家的关注，同时是高等院校相关专业师生及科研院所科技工作者的重要参考工具书。

图书在版编目（CIP）数据

中国热带真菌／吴兴亮等 著 —北京：科学出版社，2010

ISBN 978-7-03-029479-1

Ⅰ.①中… Ⅱ.①吴… Ⅲ.①热带－真菌－中国 Ⅳ.①Q949.32

中国版本图书馆CIP数据核字（2010）第216737号

策划编辑：李 锋 李振格／责任编辑：童安齐 田靳峰
责任校对：柏连海 耿 芸／责任印制：吕春珉
装帧设计：吴 卉／制版：北京美光制版有限公司

科学出版社 出版
北京东黄城根北街16号
邮政编码：100717
http://www.sciencep.com

北京华联印刷有限公司 印刷
科学出版社发行 各地新华书店经销
*
2011年1月第 一 版 开本：210×274 1/16
2011年1月第一次印刷 印张：35 1/2
印数：1—2 000 字数：1 096 000

定价：480.00元

（如有印装质量问题，我社负责调换）

Fungi of Tropical China

Wu Xingliang Dai Yucheng Li Taihui
Yang Zhuliang Song Bin

(Supported by the National Natural Science Foundation of China,
the Ministry of Science and Technology of China)

Science Press
Beijing

作者简介

吴兴亮　1954年生，二级教授（研究员），国务院政府特殊津贴专家。主要从事真菌分类学研究，百余次赴海南岛、广西等热带地区原始热带雨林野外调查研究，对海南岛热带真菌研究尤为感兴趣。主持国家自然科学基金项目4项。出版《中国灵芝图鉴》等著作4部；发表论文128篇。获省级科技进步奖和教育部自然科学奖6次。

戴玉成　1964年生，二级教授，博士生导师，国家杰出青年基金获得者。主要从事真菌系统学和森林病理学研究，1988年获北京林业大学硕士学位，1996年获芬兰赫尔辛基大学博士学位。中国菌物学会副理事长，*Mycology*、《菌物学报》主编。2002年入选中国科学院"百人计划"，主持国家自然科学基金项目6项。出版著作7部；发表论文260余篇，其中SCI收录120篇。获省部级科技进步奖4次。

李泰辉　1959年生，研究员（教授），博士生导师，国务院政府特殊津贴专家。从事真菌资源、分类及应用研究。获中国科学院武汉病毒研究所硕士学位和中山大学博士学位，曾留学英国爱丁堡皇家植物园。中国菌物学会常务理事，《菌物学报》常务编委。主持国家自然科学基金项目5项。出版著作5部；发表论文268篇，其中SCI收录36篇。获国家二等奖1次、省部级科技进步奖9次。

杨祝良　1963年生，研究员，博士生导师，国家杰出青年基金获得者。从事真菌的分类学、分子系统学、生物地理学的研究。1990年获中国科学院昆明植物研究所硕士学位，1997年获德国图宾根大学博士学位。《云南植物研究》、《菌物学报》副主编，*Fungal Diversity*、*Mycological Progress*及*Mycoscience*等期刊的编委。发表论文90余篇，其中40余篇载SCI源刊上；独著专著2部，合著专著3部。

宋斌　1964年生，研究员，国务院政府特殊津贴专家。主要从事真菌系统分类学及真菌资源开发利用研究。主持国家自然科学基金项目等国家级科研项目5项。出版著作5部；发表论文168篇，其中SCI源刊论文25篇。获省部级科技进步奖7次。

特别感谢

国家科学技术学术著作出版基金资助出版

国家自然科学基金资助项目(30660003, 30910103907, 30370012, 30470012, 30970023, 30770004)
科学技术部基础专项资金资助项目（2006FY110500）
贵州省科学技术学术著作出版资金资助项目
海南省热带生物资源可持续利用重点实验室资助出版
贵州科学院学术著作出版基金资助出版
热带生物资源教育部重点实验室（海南大学）资助出版

中国热带地区森林真菌多种多样。开展对热带森林真菌的系统分类学研究，特别是对可疑种类的澄清，对错误名称的订正，将为整个真菌学研究提供科学依据。而大量真菌物种的新发现，必将丰富了中国真菌资源，为中国真菌资源的开发利用积累重要的基础资料。

光滑黄伞 *Pholiota microspora* (Berk) Sacc.　（李常春　摄）

序

生物多样性通常被理解为物种多样性、基因多样性和生态系统多样性3个层次。物种是由一至若干居群所组成；而居群是由大量生物个体所组成。生物体是基因的载体，基因本身在生物体之外是没有生存价值的。因此，物种就是基因的载体。没有物种便没有基因，便没有基因组，便没有基因组学及其研究、开发和利用。没有物种多样性便没有基因多样性。所以，生物多样性，实际上是生存于多样性生态系统中的物种多样性。

人类的生存和发展迄今主要是以自然资源为基础的。自然资源包括可再生的和不可再生的两大类。人类的可持续发展将以可再生的自然资源为基础。生物物种资源是重要的可再生自然资源，而菌物物种资源又是生物物种资源中物种多样性最丰富的类群之一，因而对于人类的持续发展具有极为重要的意义。

根据专家对全球生物物种多样性的估计最多为一亿种，最少的估计是1000万种，其中只有140万种被人类所认识和定名，占估计种数为1000万种的14%，为一亿种的1.4%。

所谓菌物，是指由真菌学家研究的真核菌类生物，包括原生动物界中的黏菌、菌藻界(Chromista)中的假菌(pseudofungi)等以及真菌界中的全部成员。

至于微生物，顾名思义是指一切体型微小的生物，包括原核生物中的真细菌和古细菌以及真核生物中的微观真菌、微观藻类，甚至无独立生活能力的非细胞大分子病毒等。

无论是菌物或微生物，从演化系统角度看，各自均非单系类群（同一祖先的全部后代），而是由部分并系类群（同一祖先的部分后代）和部分单系类群以及复系类群（不同祖先的后代）组成的混合群体。

以菌物中三大真核菌类生物之主角真菌为例，根据专家的保守估计，全世界有寄生和内生真菌至少有250万种。如果将腐生真菌、附生在植物茎叶和生长在岩石上的地衣型和非地衣型真菌以及地衣内生菌包括在内，必将远远超过250万种。然而，已被人类所认识和命名的真菌还不到97 861万种，仅占估计种数的3.9%；尚有96.1%的真菌有待人类去发现、认识、命名、描述、研究和开发利用。

中国作为世界生物多样性最丰富的国家之一，寄生和内生真菌至少有30万种。如果将土壤腐生真菌以及附生在植物茎叶上的附生真菌、生长在岩石上的地衣型和非地衣型真菌以及地衣内生菌估计在内，必将远远超过30万种。然而，已被命名的真菌仅1.3万种，占估计种数的4.33%；尚有95.67%的真菌物种有待中国真菌学家去发现、认识、命名、描述、研究和开发利用。

事实还证明，热带生物的物种多样性最为丰富。作为中国热带菌物物种多样性及其资源研究的组成部分，《中国热带真菌》的问世是一件令人欣喜的事情。该专著以现代分类系统为基础，对于近500种中国热带、亚热带真菌的宏观和微观形态特征进行了详细的描述；书中附有550余幅真菌物种彩色照片以及2500多种热带、亚热带真菌物种名录。

本书是在演化系统生物学原理与方法的指导下，以中国广东、广西、海南、云南和福建等热带地区不同的森林生态类型的真菌为研究对象，按照“野外调查→生态考察→标本和菌种收集→性状分析→文献资料→物种鉴定→多样性研究”的技术路线，采用野外调查与室内测定、宏观及微观特征相结合，重点调查与一般调查相结合，详细记录不同季节、不同生态类群与植被特征、物种数量、海拔高度等科学数据，最后依据文献资料与标本实物，对中国热带真菌物种多样性、种类组成与地理分布的研究与资源评价，探讨热带森林与真菌间的相互关系，是中国热带真菌研究的重要成果。

真菌彩色照片对于真菌物种原型的识别、研究、开发和利用具有极为重要的实际意义，因为真菌的活体菌种和生长在自然界多种多样生态系统中的真菌物种原型在表型特征上是截然不同的。自然界多种多样的真菌物种原型具有极为多样而复杂的外部形态和内部结构。保存于菌种库中的活体菌种则只呈现出肉眼可见的菌落和显微镜下的菌丝和孢子。仅仅根据菌落、菌丝和孢子特征，根本无法辨认生长在自然界多种多样的真菌物种原型。为了辨认和对接菌种库中的活体菌种和自然界的真菌物种原型，将自然界中多种多样的真菌物种原型拍摄成原色照片，对于真菌资源的研究与开发者，对于有关高等学校及科研机构的科技工作者辨认自然界热带和亚热带多种多样真菌物种原型具有重要参考价值。

《中国热带真菌》的作者吴兴亮、戴玉成、李泰辉、杨祝良、宋斌及其合作者，先后在国家自然科学基金和国家科学技术部的资助下，联手开展了中国热带、亚热带地区真菌的考察研究。他们多次前往海南岛、广东、广西、云南和福建等热带、亚热带地区进行野外考察。他们不辞辛劳，跋山涉水，无畏蚂蝗蚊虫叮咬，不顾风雨雷电交加，钻密林，踏草地，进行野外实地考察、采集以及现场拍摄；通过室内标本制作、镜检、分类和鉴定。在此基础上，他们撰写成国内第一部图文并茂的《中国热带真菌》专著。该专著的问世必将为中国真菌物种资源，尤其是热带、亚热带真菌物种资源的研究、开发和利用在物种资源综合信息方面提供重要的上游支撑。

以现代分类系统为基础和图文并茂的《中国热带真菌》的问世，在实际应用和学术研究中均具有重要意义，必将受到真菌物种资源研发者和真菌学家的关注；同时是高等院校师生及科研院所科技工作者的重要参考工具书。

中国科学院院士
中国菌物学会名誉理事长
魏江春
2010年10月6日

前 言

中国热带地区在《中国植被》（吴征镒，1980）中是以植被的分布即以热带雨林以及一年三熟农作物的分布为主要依据进行划分的，即在中国的南疆与西南疆，有一个不连续的由陆地、海岛和海洋组成的热带区域，其北部东段大至以北回归线为界，向西到云南、西藏界内，逐渐向北提升，在雅鲁藏布江大拐弯处升至北纬29度左右。虽然国内学者对中国热带地区的划分范围观点不尽一致（吴征镒，1979；吴征镒，朱彦丞，1987；吴中伦，1985；任美锷等，1991；候元兆，2003），但基本都包括了中国广东、广西、云南、西藏和台湾的部分地区以及海南的全部。这些地区由于具有独特的自然环境、复杂多样的自然生态和地理条件，蕴藏着极为丰富的生物资源。丰富的森林资源、植被资源和充足的水资源，哺育着多姿多彩、多种多样的真菌种类，是中国真菌资源多样性研究的热点地区。

《中国热带真菌》作者以中国广东、广西、海南、云南和福建等热带地区不同的森林生态类型的真菌为研究对象，根据系统生物学原理与方法，按照“野外调查→生态考察→标本和菌种收集→性状分析→文献资料→物种鉴定→多样性研究”的技术路线，亲自进行了大量的野外观察拍照记录、实验室内宏观及微观特征测定及分析。野外调查区域依据资源分布的特点分为重点调查地区与一般调查地区，详细记录不同季节、不同生态类群与植被特征、物种数量、海拔高度等科学数据。室内研究则依据文献资料、标本实物和相关记录资料而进行，包括系统分类学、物种多样性、地理区系成分与种类组成的研究与资源评价，探讨热带森林与真菌间的相互关系等方面的研究，并总结了中国热带真菌资源调查研究的成果。

自1985年以来，作者从不同角度有计划、有系统地立项，先后得到多项国家自然科学基金项目和多项省部级项目的资助，开展了中国热带地区的真菌资源调查研究；百余次赴海南岛、广东、广西、云南和福建等热带地区，针对不同地区、不同生态类型的热带真菌资源，经受风、寒、冷、暖、苦、辣、酸、甜，为热带真菌资源的本底调查、系统分类学研究与可持续开发利用研究提供第一手资料。这些工作为生物多样性研究的深入开展，提供了本底资料和有价值的科学信息，为开展真菌系统演化理论研究、有效利用热带的有益物种提供了依据，为物种多样性保护打下物质基础。

本书是在作者亲自赴野外考察所采集的新鲜标本、拍摄的彩色照片，以及所进行的标本鉴定和真菌多样性研究的基础上撰写而成；以现代分类系统为依据，记载了中国热带真菌近2500种，其中详细描述了近500种热带真菌的宏观和微观特征，除了形态描述外，还有文献引证、生境、分布和讨论。书中附有550余幅真菌彩色照片。

本书的完成先后得到国家科学技术部、国家自然科学基金委员会、中国科学院微生物研究所、中国科学院沈阳应用生态研究所、中国科学院生物多样性与生物地理学重点实验室、热带生物资源教育部重点实验室、中国科学院真菌地衣系统学重点实验室、贵州科学院、广东省微生物研究所、北京林业大学、海南大学、贵州大学、海南省教育厅、广东省科学院、省部共建广东省南方真菌资源实验室、广东省菌种保藏与应用重点实验室、广东省微生物新技术开放实验室、海南省林业局、广西林勘设计院、广西林业厅、海南省野生动植物自然保护中心、海南省尖峰岭国家级自然保护区、霸王岭国家级自然保护区、五指山国家级自然保护区、吊罗山国家级自然保护区、铜鼓岭国家级自然保护区、黎母山自然保护区、佳西自然保护区，广西花坪国家级自然保护区、十万大山国家级自然保护区、防城金花茶国家级自然保护区、弄岗国家级自然保护区、大瑶山国家级自然保护区、猫儿山国家级自然保护区、九万大山自然保护区、广西雅长兰花自然保护区、岑王老山自然保护区、岜盆板利自然保护区、龙滩自然保护区、广东省鼎湖山国家级自然保护区、车八岭国家级自然保护区、南岭国家级自然保护区、云南省西双版纳国家级自然保护区等单位的支持与帮助。参加过本项研究工作还有广西林勘设计院谭伟福研究员、贵州省农业科学院刘作易教授、中国科学院贵阳地球化学研究所连宾研究员等。参加本书部分工作的还有广东省微生物研究所邓春英、何晓兰、李传华和中国科学院昆明植物研究所曾念开、唐丽萍；提供摄影照片的有广东省微生物研究所黄浩、邓春英、王冬梅，中国科学院昆明植物研究所曾念开、唐丽萍，广西大瑶山国家级自然保护区李常春，广西花坪国家级自然保护区张亨定，广西猫儿山国家级自然保护区王绍能，广西雅长兰花国家级自然保护区等；参加部分采集工作的有广东省微生物研究所黄浩、邓春英，中国科学院沈阳应用生态研究所魏玉莲、周绪申、秦问敏、王汉臣，贵州省农业科学院朱国胜、杨友联、郭永怡，贵州科学院钟金霞、邹方伦，贵州大学张杰，海南省农业科学院郭建荣、谢圣华、肖敏，海南省尖峰岭国家级自然保护区陈焕强等。

本书的出版还得到国家科学技术学术著作出版基金、贵州省科学技术学术著作出版资金资助项目、贵州科学院学术著作出版基金、海南省教育厅、贵州省省长基金项目以及热带生物资源教育部重点实验室（海南大学）的资助。特别感谢中国科学院微生物研究所的魏江春院士为本书作序，在本书完成过程中，一直得到魏江春院士的关注，他对本书进行了仔细的审阅，多次提出修改意见和建议，并在本书版式设计上给予指导和提供参考资料。

最后，本书作者对所有给予我们支持和帮助的单位和个人表示最衷心的感谢。没有这些支持与帮助是无法想像的。

作者

2010年10月

目 录

总 论

中国热带真菌描述 · 子囊菌门 Ascomycota

中国热带真菌描述 · 担子菌门Basidiomycota

脱皮大环柄菇 *Macrolepiota detersa* Z.W.Ge,Zhu L.Yang&Vellinga （王绍能 摄）

中国热带真菌

FUNGI OF TROPICAL CHINA

丰富多样的热带雨林，森林郁闭度大，
水热条件优越，有利于真菌的生长发育，
各类真菌资源极为丰富。

（吴兴亮摄于海南岛尖峰岭国家级自然保护区核心区）

总论
Introduction

根据Kirk *et al.*（2008）在《菌物字典》（第十版）中对"菌物（fungi）"一词涵义的界定，菌物（fungi）是指包括真菌界（Fungi）中的所有种类，假菌界（藻物界）（Chromista）的卵菌门Oomycota、丝壶菌门Hyphochytidiomycota、网黏菌门Labyrinthulomycota以及原生动物界（Protozoa）的黏菌门Myxomycota、集胞黏菌门Acrasiomycota、网柄黏菌门Dictyosteliomycota、根肿菌门Plasmodiophoromycota等组成的复系类群，它们一直是由菌物学家研究的一类生物类群。"菌物"的汉语词汇出现以前，这类生物常被统称为"真菌"，但之后的"真菌"词汇或"狭义的真菌"就仅仅是指包括子囊菌门（Ascomycota）、担子菌门（Basidiomycota）、壶菌门（Chytridiomycota）、接合菌门（Zygomycoto）和微孢虫门（Microspora）的所有种类。本书所指的真菌则是狭义的"真菌"。

真菌是一类具有真正细胞核，常不含叶绿素，无根、茎、叶的分化，大都以分枝的丝状体吸收营养，一般都能进行无性和（或）有性繁殖并可产生孢子的生物类群。真菌在自然界分布广泛，无处不在、无时不有，动物体、植物体、陆地、河流、湖泊、海洋、空气以至荒漠都有它们的踪迹。真菌是具有真核和细胞壁的异养生物，其营养体除少数低等类型为单细胞外，大多是由纤细管状菌丝构成的菌丝体；真菌的菌丝可分为无隔菌丝（coenocytic hypha）和有隔菌丝（septate hypha）。在多数真菌的细胞壁中最具特征性的是含有甲壳质（chitin），其次是纤维素。常见的真菌细胞器有：线粒体、微体、核糖体、液泡、溶酶体、泡囊、内质网、微管和鞭毛等；常见的内含物有肝糖、晶体、脂体等。真菌主要从动物、植物的活体、死体和它们的排泄物以及从一些断枝、落叶、土壤腐殖质或土壤或小体甚至空气中，吸收和分解其中的有机物或某些物质，作为自己的营养或作为机体自身的生长发育之需。它们以寄生、腐生、共生、表面附生和内生等多种方式生存着。它们中的大部分为营腐生生活，即分解动、植物残体以及其他有机体，在自然界物质和能量循环中发挥着重要作用（Ainsworth，1973a，1973b；Alexopoulos *et al*．1996；裘维蕃，1998；菌物学概论，姚一建，李玉译，2002）。

菌物是生物界中很大的一个类群，世界上已被描述的菌物约有1万属10万余种，从Hawksworth *et al*.（1995）认可的菌物约为103目484科4979属（4556同名）56 360种，到Kirk *et al*.（2008）认可的36纲140目560科8283属（5101同名）97 861种。如果仅从这样简单的数字来看，菌物在仅13年间就增加了41 501种，平均约为每年增加了3000多种。真菌学家戴芳澜教授估计中国大约有

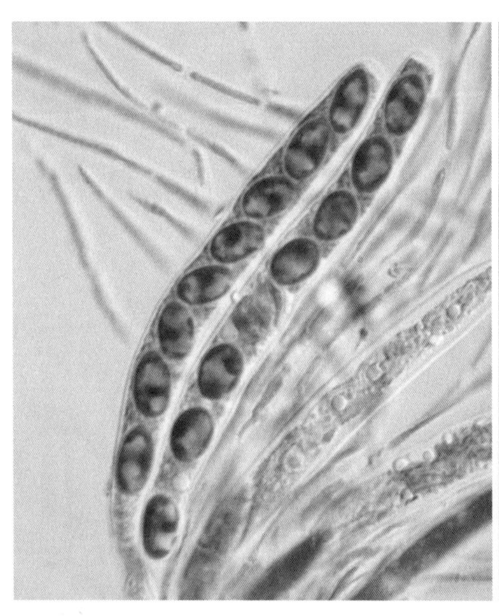

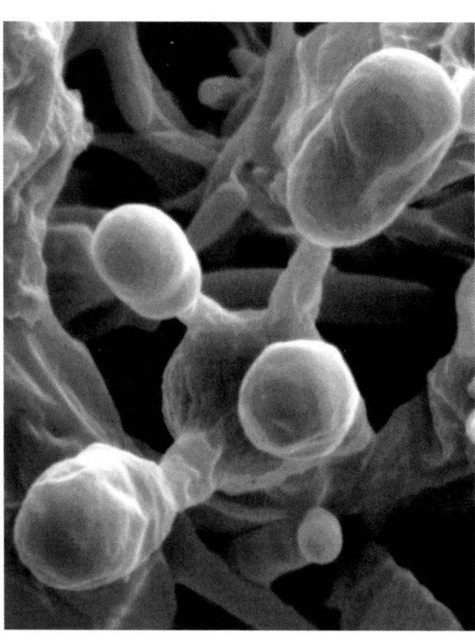

左图：子囊菌的孢子一般发生于子囊里，称为子囊孢子；一个子囊通常有8个子囊孢子。（刘娜提供）

右图：担子菌的孢子一般发生于担子上，称为担孢子；担子有分隔或不分隔之分，不分隔的担子一般呈棒状，顶端通常具有4个小梗，每个小梗上生有1个担孢子。（李振英提供）

4万种，《中国真菌总汇》（1979b）记载了200年来中国菌物物种多样性的研究成果，汇总了至1975年为止中国已知的非地衣型菌物的总种类为6800余种；《中国地衣综览》（魏江春，1992）则记录了中国地衣有1766种；至2008年止，中国已知各类菌物达到9000余种，约占世界已知种数的九分之一（庄文颖，2008）。戴玉成，庄剑云（2010）则估计，中国总计已知菌物应为16 046种297 变种，假设其中有10%为同物异名，则目前中国菌物已知种数约为14 700 种，其中管毛生物界（主要是卵菌）约300 种，原生动物界（主要是黏菌）约有340 种，真菌约14 060 种。

目前，尚已人工驯化栽培的真菌仅数十种，与其已知的野生真菌种类相比，真菌种质资源的开发和利用，具有巨大的潜力。

一、中国热带真菌研究简史

中国真菌的记载迄今约有七千年的历史，以酒作为真菌的代谢产物，从出土陶质酒器中可以得到证明。据认为公元前5000～公元前3000年的仰韶文化时期中国先民已大量采食菇类。到了宋代的《菌谱》（陈仁玉，1245）则就比较清楚地记述浙江台州产的蕈类等11种，包括有形态、生态、品级和食用方法等方面的记述；明代的《本草纲目》（李时珍，1578）记载了中国食用或药用真菌30余种。中国现代真菌学研究是以法国传教士C.M. Cibot（1775）报道了中国五棱散尾鬼笔*Lysurus mokusin* (L.) Fr.开始的，这是运用现代分类学方法对中国真菌进行现代真菌分类学研究的开端（Tai, 1932,1979a）。随后有俄国、瑞典、意大利、奥地利和美国等国的公民或传教士来华采集标本，研究中国的真菌。特别是1937年日本侵华以后，日本人加强了对中国真菌资源包括植物病害资源进行调查研究，包括对台湾真菌资源的调查研究（Sawada K, 1919, 1959）。中国科学家从事真菌研究始于20世纪初，以吴冰心（1914）的“关于滋补白木耳之研究”为始，而有关中国热带真菌的调查研究成果散见于《云南牛肝菌图志》（裘维蕃，1957）、《中国的真菌》（邓叔群，1963）和《中国真菌总汇》（戴芳澜，1979b）等中的记录。

从20世纪80年代开始，中国热带真菌的调查研究就比较系统和深入。中国科学院青藏高原综合考察队（1983, 1996），中国科学院昆明植物研究所臧穆（1980a, 1980b, 1981, 1986, 2006）、杨祝良等（Yang, 1990, 1994, 2000a, 2000a; Yang & Li, 2001; Yang, *et al*, 2001, 2005; Yang & Chen, 2003, 杨祝良, 2005; 杨祝良、臧穆, 1993, 2003）、刘培贵和杨祝良等(1992)、刘培贵(1995)、刘培贵和王向华等(2003)对中国滇藏等地区的高等真菌进行了比较深入的研究，取得了丰硕的成果，出版了系列专著：《西藏真菌》(1983)、《横断山区真菌》(1996)、《中国真菌志，第22卷，牛肝菌科Ⅰ》(2006)、《中国真菌志，第27卷，鹅膏菌科》(2005)。广东省微生物研究所的毕志树(1987)、毕志树和李泰辉(1989, 1990)、毕志树等(1990, 1991, 1993, 1994, 1997)、胡炎兴等(1996, 1999)、李泰辉(1999)、李泰辉和宋斌(2002a, 2002b)、李泰辉等(2008, 2009)、叶东海等(1992, 1994)、沈亚恒等(2006)、宋斌和李泰辉等(2002)、宋斌和林群英等(2006)、宋斌和钟月金等(2007)对中国广东、海南等地区的真菌进行了比较系统的调查研究，出版了《粤北山区大型真菌志》(1990)、《广东大型真菌志》(1994)、《海南伞菌初志》(1997)、《中国真菌志，第4卷，小煤炱目Ⅰ》(1996)、《中国真菌志，第11卷，小煤炱目Ⅱ》(1999)、《中国真菌志，第25卷，硬皮马勃目、柄灰包目、鬼笔目、轴灰包目》(2005)、《中国真菌志，第28卷，虫囊菌目》(2006)。中国科学院沈阳应用生态研究所戴玉成等(1998, 2000, 2002, 2003, 2004, 2009)对中国海南等地多孔菌进行了比较系统的调查研究，出版了《中国储木及建筑木材腐朽菌图志》、《海南岛大型木生真菌多样性》(2010)。中国台湾的真菌学家彭金腾、陈启桢(1991、1993)编著了《台湾野生菇彩色图鉴》（第一、二辑），共记载描述中国台湾真菌42个属，62个种；王也珍等(1999)编著的《台湾真菌名录》共记述了中国台湾真菌1276属5396种（含种下单位和同物异名）。张树庭、卯晓岚(1995)编写出

中国科学院微生物研究所魏江春院士（左上图）及吴兴亮（左下图）、李泰辉（右上图）、宋斌（右下图）在广西猫儿山、海南省尖峰岭和广东省东八岭国家级自然保护区考察。

版了《香港菌蕈》共记述了中国香港的蕈菌388种。另外，《中国灵芝》（赵继鼎等，1981）、《中国灵芝新编》（赵继鼎，1989）、《中国真菌志，第18卷，灵芝科》（赵继鼎，张小青，2000）、《中国灵芝图鉴》（吴兴亮，戴玉成，2005）等记述中国灵芝科种类共计有110种，占世界灵芝种数的50%以上，其中大部分属于热带的种类。庄文颖（1999～2002）以中国热带高等真菌为研究对象，系统地清理、复核了中国科学院微生物研究所真菌标本馆建馆以来保存的热带真菌标本6000余号，鉴定入库3000余份，发表新物种55个，建立新组合11个，发现中国新纪录98种，并订正了一些分类和鉴定错误，在现有标本和文献资料的基础上，出版了《中国热带高等真菌》（2001），汇集了中国热带地区的高等真菌1192属5 056种（含种下单位和同物异名）。李泰辉等（2004）对中国滇黔桂喀斯特地区大型真菌的研究，记述了大型真菌526种。吴兴亮等（1996，1997，1998，1999，2004，2005，2006，2007，2009）对海南、广西大型真菌进行了比较系统的调查研究，记录了广西大型真菌种类891种和变种，隶属于子囊菌门（Ascomycota）、担子菌门（Basidiomycota）的17目80科276属，其中子囊菌123种和变种，担子菌768种和变种。还有《西藏真菌》（1983）、《中国食用菌志》（1991）、《中国西南大型经济真菌》（1994）、《中国森林蘑菇》（1997）、《中国大型真菌》（2000）、《中国蕈菌原色图集》（2009）等以及《中国真菌志》（齐祖同，1997；李增智，2000；刘锡进，1998；白金铠，2003；郭英兰等，2003，2005；孔华忠，2008；张天宇等，2003；张克勤等，2006）的其他卷著中均有中国热带真菌种类的大量记述，显示了中国热带真菌研究的生机。在这一研究领域做出了贡献的还有王云章（1994，1998）、魏江春(1991)、郑儒永（1987）、余永年（1998）、郭林（2000）、庄剑云（2003，2005）、应建浙（1982，1987，1989）、刘波（1984，1991，1992，1998，2005）、

黄年来 (1998)、卯晓岚 (1989, 1995, 2000, 2006)、梁宗琦 (2007)、文华安 (2001)、张小青 (1986, 2005)、姚一建等 (1996)、张中义 (2003, 2006)、张光亚 (1984)、戚佩坤 (2007)、姜子德 (2007)、李丽嘉 (1984)、周彤燊 (2007)、任纬 (1993)、弓明钦 (1991)、周德群等(2000, 2002, 2003, 2004)、魏铁铮等 (2003, 2008) 等。

二、中国热带真菌的生态分布

中国广东、广西、海南、云南和福建等热带地区由于高温季节和多雨季节相结合,降温季节和少雨季节相结合，水热平衡状况较好，水分效应较高，因此植被的地带性代表类型是一种热带季节性阔叶林，加之特殊的地理位置，复杂的自然条件和各地生境的差别悬殊，从而引起植被类型的多样性，比较普遍存在有包括常绿季雨林、半落叶季雨林、山地雨林、低山雨林、中山雨林、沟谷雨林和山顶矮林等完整或比较特殊的植被类型，或多或少都有茎干生花、绞杀、板根等典型的雨林特征，其中常绿季雨林为本地区的地带性植被类型，山地雨林则为本地区发育最为完善、结构最为复杂的植被类型。而组成这些热带地区植被树种，大部分是热带分布的植物科属种，植物群落结构的主要组成为樟科、苏木科、山毛榉科、大戟科、蝶形花科、含羞草科、楝科、紫金牛科、梧桐科、无患子科、山榄科、桃金娘科、龙脑香科、橄榄科和棕榈科等科下的一些植物树种。在这些热带地区普遍是植物生长茂密，林下倒木枯木遍地，有丰富的枯枝落叶层和腐殖土，从而生长着形形色色的各类型真菌（本论述以大型真菌为主，下同），是中国真菌资源最丰富的地区，其中热带真菌资源的分布与独特的热带地区森林生态系统是相互适应的（吴兴亮，1998）。

常绿季雨林的真菌　本植被类型的年蒸发量与雨量大致相等或稍小于年雨量，群落的各种雨林特征仍具备，但已经不如热带雨林明显，冬旱季节受北方寒潮直接影响，外貌有较明显的雨季和旱季不同的季相，常见树种有光叶白颜树、青皮、黄桐、桂木、桃榄、幌伞枫、海南韶子、水石梓等。森林郁闭度大，水热条件优越，有利于真菌的生长发育。常见真菌有无柄灵芝 *Ganoderma resinaceum* Boud.、大圆灵芝*G. rotundatum*

热带真菌资源的分布与独特的热带森林生态系统是相互适应的。（吴兴亮、李常春　摄）

热带森林植被丰富多样，林下倒木枯木遍地，有丰富的枯枝落叶层和腐殖土，从而生长着形形色色的各类型真菌。（吴兴亮、杨祝良、王绍能、李常春　摄）

J.D. Zhao, L.W. Hsu & X.Q. Zhang、上思灵芝*G. shangsiense* J.D.Zhao、菲律宾多孔菌*Polyporus philippinensis* Berk.、三色木层孔菌*Phellinus tricolor* (Bres.) Kotl.、梅里尔针层孔菌*P. merrillii* (Murrill) Ryvarden、淡黄木层孔菌*P. gilvus* (Schwein.) Pat. 扁韧革菌*Stereum ostrea* (Blume & T. Nees) Fr.、铅绿褶菇*Chlorophyllum molybdites* (G. Mey.) Massee、纯黄白鬼伞*Leucocoprinus birnbaumii* (Corda) Singer、粗柄白鬼伞*L. cepistipes* (Sowerby) Pat.、脉褶菌*Campanella junghuhnii* (Mont.) Singer、红黄鹅膏暗色亚种*Amanita hemibapha* subsp.*similis* Corner&Bar、蟹红鹅膏*A. pallidocarnea* (Höhn.) Boedijn、刻鳞鹅膏*A. sculpta* Corner & Bas、皱纹斜盖伞*Clitopilus crispus* Pat.、具托大环柄菇*Macrolepiota velosa* Vellinga & Zhu L. Yang、窄褶干盖锈伞*Anamika angustilamellata* Zhu L. Yang & Z.W. Ge、紫秃马勃*Calvatia lilacina* (Mont.) Lloyd.、杂色豆马勃*Pisolithus tinctorius* (Mich.) Coker et Couch.、橙黄刺杯菌*Cookeina tricholoma* (Mont.) Kuntze、地衣珊瑚菌*Multiclavula clara* (Berk. & M.A. Curtis) R.H. Petersen 等种类。

半落叶季雨林的真菌　本植补类型因生境高温、干燥，季节分布不均匀，年蒸发量远超过年雨量。构成本植被类型外貌最明显的特征是植物种类组成具落叶成分，常见树种有厚皮树、黄牛木、光叶巴豆、琼梅、猫尾木、海南蒲桃、海南榄仁、异叶翅子木、木棉、木蝴蝶等。常见真菌有毛木耳*Auricularia polytricha* (Mont.) Sacc.、蜂窝菌*Hexagonia tenuis* (Hook.) Fr.、环带小薄孔菌*Antrodiella zonata* (Berk.) Ryvarden 、劳埃德木层孔菌*Phellinus lloydii* (Cleland) G.Cunn、真根蚁巢伞*Termitomyces eurhizus* (Berk.) R. Heim、小果蚁巢伞*T. microcarpus* (Berk. & Broome) R.Heim、鳞柄环柄菇*Lepiota furfuraceipes* Han C. Wang & Zhu L. Yang、红贝俄氏孔菌 *Earliella scabrosa* (Pers.) Gilb. & Ryvarden、佩氏灵芝*Ganoderma petchii* (Lloyd) Steyaert、弗氏灵芝*G. pfeifferi* Bres.、多分枝灵芝*G. ramosissimum* J.D. Zhao、热带灵芝*G. tropicum* (Jungh.) Bres. 等种类。在落叶层以及腐木上由于营养丰富，生长着各种真菌如壳状红菇*Russula crustosa* Peck、红盖小皮伞*Marasmius haematocephalus* (Mont.) Fr.、伯特路小皮伞*M. berteroi* (Lev.) Murrill等。

山地雨林的真菌 本植被类型是热带地区现有植被发育最完善的类型，是热带地区平地现有植被中湿润性和常绿性最强、雨林的各种特征最显著的一种乔木群落。生境条件优越，终年高温而湿润，土壤终年湿润而带有黄壤特点。林中树干高大，树干挺直，皮薄而光滑，板根现象普遍，树上附生植物丰富，巨型木质藤本种类多和数量大，常见树种有蝴蝶树、陆均松、谷木、红营、山八角、稠锣桂、黄枝木、剑叶灰木、五列木等。常见真菌有皱皮孔菌*Ischnoderma resinosum* (Schrad.) P. Karst.、中华鹅膏亚球孢变种*Amanita sinensis* var. *subglobispora* Zhu L. Yang *et al.*、锥鳞白鹅膏菌*A. virgineoides* Bas、黄方孢粉褶菇*Rhodophyllus murrayi* (Berk. & M.A. Curtis) Singer、牛舌菌*Fistulina hepatica* (Schaeff.) With.、血红密孔菌*Pycnoporus sanguineus* (L.) Murrill、毛蜂窝孔菌*Hexagonia apiaria* (Pers.) Fr.、硫磺菌*Tyromyces sulphureus* (Bull.) Donk、劳埃德木层孔菌 *Phellinus lloydii* (Cleland) G. Cunn、盾尖蚁巢伞*Termitomyces clypeatus* R. Heim、皱纹斜盖伞*Clitopilus crispus* Pat.、桑多孔菌*Polyporus mori* (Pollini) Fr. 、蒙氏小皮伞 *Marasmius montagnei* Singer、褐红小皮伞*M. pulcherripes* Peck、假小鬼伞*Coprinellus disseminatus* (Pers.) J.E. Lange、金黄硬皮马勃 *Scleroderma aurantium* (Vaill.) Pers.、南方灵芝*Ganoderma australe* (Fr.) Pat.、壳状灵芝*G. ostracodes* Pat.、小马蹄灵芝*G. parviungulatum* J.D. Zhao & X.Q. Zhang等。

低山雨林的真菌 本植被类型分布于热带地区山区低海拔的山坡上，分布区云雾大而空气潮湿，气温比平地较低，蒸发量减少。群落树冠茂密而连接成郁闭的林冠，林内阴暗、潮湿。树干挺直，皮薄而有附生的地衣等低等植物，巨型树数量不小，板状根仍发达，木质巨藤、茎花、附生植物和富于棕榈科、姜科等林下植物等的雨林特征仍明显。群落外貌基本上终年常绿，群落的组成成分以热带山地的常绿性阔叶树为主，常见雨林的树种青梅、坡垒等亦出现。乔木种类以山毛榉科、樟科和茶科植物较占优势。裸子植物常见的种类有陆均松、短叶罗汉松、脉叶罗汉松和木质巨藤的买麻藤等。亚热带科、属的植物较繁盛，也是组成成分中的一个特点。常见有刺栲、桐树、琼崖柯、五裂木、海南蕈树、光叶杨桐、长柄栎、黄叶树、竹叶、子荆、油丹、红鳞蒲桃、刺栲、香楠、长序厚壳桂、丛花厚壳挂、阴香、土楠、谷木、黧蒴栲等。常见真菌种类有蚁窝虫草*Ophiocordyceps formicarum* (Kobayasi) G.H. Sung *et al.*、银耳*Tremella fuciformis* Berk.、乳白锥盖伞*Conocybe apala* (Fr.) Arnolds、黄鬼笔*Phallus tenuis* (Fisch.) Kuntze、小果蚁巢伞*Termitomyces microcarpus* (Berk. & Broome) R. Heim、条纹蚁巢伞*T. striatus* (Beeli)R. Heim、黑柄翼孢菌*Pterospora nigripes* (Schwein.) E. Horak、雪白小皮伞*Marasmius niveus* Mont.、簇生胶孔菌*Favolaschia manipularis* (Berk.) Teng、高大鹅膏*Amanita princeps* Corner & Bas、残托鹅膏有环变型*A. sychnopyramis* f. *subannulata* Hongo、皱木耳*Auricularia delicata* (Fr.) Henn.、纺锤孢南方牛肝菌 *Austroboletus fusisporus* (Kawam.) Wolfe、赭肉色栓菌 *Trametes insularis* Murrill、拱状灵芝*Ganoderma fornicatum* (Fr.)Pat.、黄褐灵芝*G. fulvellum* Bres.、有柄灵芝*G. gibbosum* (Blume & T. Nees) Pat.等。本植被类型的结构、外貌、组成成分以及生境等均具有亚热带常绿阔叶林的特点，在真菌种类上也出现亚热带森林中常见的种类，如灵芝*Ganoderma lucidum* (M.A. Curtis) P. Karst.、紫芝*G. sinense* J.D. Zhao *et al.*、绿褐裸伞*Gymnopilus aeruginosus* (Peck) Singer、条盖多孔菌*Polyporus grammocephalus* Berk.、黄伞*Pholiota adiposa* (Batsch) P. Kumm.、花脸香蘑*Lepista sordida* (Fr.) Singer、皱韧革菌*Stereum rugosum* (Pers.) Fr.等。这些真菌种类的天然分布限于一定的区域，表现出与植被条件，尤其是植物种类的组成紧密联系的。

中山雨林的真菌 本植被类型分布于热带地区低山雨林垂直分布带之上的山坡上，从海拔1000～1100m 之处开始，随海拔增加而向高山针叶林过渡。生境特点是气温低，湿度大，常风大，土层较薄，岩石裸露较多，因此局部地方土壤较干燥。群落外貌基本上终年常绿，林木生长比低山雨林差，林冠比低山雨林稍稀疏，树干趋向粗矮而分枝低，垂直分布带上的山坡上板根、木质藤本和棕榈科植物等雨林特征明显减少。由于类型生境的气温低，组成成分中的亚热带和温带科、属的比例增大，单位面积内种类的数目相对减少和植株个体数目相对增加。在现状植被中，由于山高、受人为影响较小，群落的原始性较强，但山林迹地草坡仍占相当大的面积。主要的种类有红鳞蒲桃、刺栲、陆均松、短穗柯、各种桢楠、五裂木、海南蕈树、线枝蒲桃、长柄梭罗树和琼崖柯等。次层乔木主要有滨木樨榄、小叶李榄、红鳞蒲桃、黄叶树、琼崖柯、五裂木、刺栲、线枝蒲桃、厚皮香和十棱山矾等。裸子植物陆均松、罗汉松、海南粗榧、海南油杉、广东松和海南五针松等。鹅耳枥在局部林缘干燥基质上可构成小片单优势种落叶林，广东松亦可在林缘隙地天然更新，形成小片松林。林下矮竹和藤竹繁茂亦是突出特点，林内有少数棕榈科植物和桫椤等。常见的真菌种类有巨大韧伞*Lentinus giganteus* Berk.、合生韧伞*L. connatus* Berk.、茶银耳*Tremella foliacea* Pers.、真根蚁巢伞*T. eurhizus* (Berk.) R. Heim、伯特拟韧革菌 *Stereopsis burtianum* (Peck) D.A. Reid.、黑烟管菌*Bjerkandera adusta* (Willd.) P. Karst.、二年残孔菌*Abortiporus biennis* (Bull.) Singer、暗色针层孔菌 *Phellinus pullus* (Berk. & Mont.) Ryvarden、密褐褶菌*Gloeophyllum trabeum* (Pers.) Murrill、小网孔扇菇*Panellus pusillus* (Pers.) Burds. & O.K. Mill.、木耳*A. auricula-judae* (Bull.) Quél.、黄裙竹荪*Dictyophora multicolor* Berk. & Broome等，本类型灵芝种类特别多，尤其是奇绒毛灵芝*Ganoderma mirivelutinum* J.D. Zhao、黄灵芝*G. multiplicatum* (Mont.) Pat.、黑紫灵芝*G. neojaponicum* Imazeki、亮黑灵芝*G. nigrolucidum* (Lloyd) D.A. Reid、狭长孢灵芝*G. orbiforme* (Fr.) Ryvarden 等种类。真菌随海拔升高，种类和数量逐渐减少，由于林内地上落叶层内干燥，地上种类比低山雨林少，从已获得的标本定种的真菌种类少，特别是真菌中的肉质种类更少见。这些种类均生于倒木下面的阴湿处。局部地区如遇干旱季节，几乎采不到真菌标本。可见，真菌对缺水最为敏感，只要出现水分亏缺的干旱，真菌的种类及数量就会明显减少。

沟谷雨林的真菌 本植被类型是山地雨林分布带中的湿润和雨林特征更强的一种类型，主要分布在350～1100m 上下的沟谷地形中。群落高大，常绿、层次多，板根、木质巨藤和棕榈科植物等雨林特征突出，主要树种有鸡毛松、栎子稠、土楠、钟萼粗叶木、长柄琼楠、鹅掌柴和竹节树等。本区常见真菌种类有群生小皮伞膜盖变种*Marasmius cohortalis* var. *hymeniicephalus* (Speg.) Singer、禾小皮伞*M. graminum* (Lib.) Berk.、粗毛韧伞*Lentinus ciliatus* Lev.、茶耳*Tremella foliacea* Pers.、浅褐环褶孔菌*Cyclomyces tabacinus* (Mont.) Pat.、大孔多孔菌*Polyporus alveolaris* (DC.) Bondartsev & Singer、角状胶角耳*Calocera cornea* (Batsch) Fr.等，以华南假芝*Amauroderma austrosinense* J.D. Zhao & L.W. Hsu、伊勒假芝*A. ealaense* (Beeli) Ryvarden、弯柄灵芝*Ganoderma flexipes* Pat.、黎母山灵芝*G. limushanense* J.D. Zhao & X.Q. Zhang、喜热灵芝*G. calidophilum* J.D. Zhao *et al.*、蜂窝菌*Hexagonia tenuis* (Hook) Fr.、迷宫栓孔菌*Trametes gibbosa* (Pers.) Fr.、扇形小孔菌*Microporus affinis* (Blume & T. Nees) Kuntze、黄柄小孔菌*M. xanthopus* (Fr.) Kuntze等为优势种。本范围由于林内地形变化，形成特有的小气候，湿度过大，气温低，不宜于真菌生长发育，影响了真菌种类的分布，特别地上种类少见。

山顶矮林的真菌 本植被类型主要分布于1100m 以上的地带，但随各主要山岭海拔不同而有差异。地形为山脊部或孤峰顶部。生境特点是土层薄和岩石裸露以及由地形所引起常风大，蒸发强，温度低等局部气候和土壤的特殊条

沟谷雨林植被是山地雨林分布带中的湿润和雨林特征更强的一种类型。此类型的真菌以木生和皮伞类真菌为常见，地上肉质种类则较少些。（吴兴亮摄于海南岛霸王岭国家级自然保护区）

件，植物类型特化，植株树干弯曲，分枝多而矮小，以山毛榉科、山矾科、木犀科占优势。常见树种有杜英、丛花灰木、亨氏稠、黄杞、红营、毛润樟、苦樟、厚皮香、五裂木等。本范围内采集的真菌标本不多，常见种类有近缘小孔菌 *Microporus affinis* (Blume & T. Nees) Kuntze、云芝*Trametes versicolor* (L.) Pilát、半煤烟多孔菌 *Polyporus leprieurii* Mont. 烟色烟管菌 *Bjerkandera fumosa* (Pers.) P. Karst.、假芝*Amauroderma rugosum* (Blume & T. Nees) Torrend、布朗灵芝 *Ganoderma brownii* (Murrill) Gilb.、硬附毛孔菌*Trichaptum durum* (Jungh.) Corner、绒毛栓孔菌*T. pubescens* (Schumach.) Pilát、马勃状硬皮马勃 *Scleroderma areolatum* Enrenb、干小皮伞*Marasmius siccus* (Schwein.) Fr.等。本区的真菌在1300m 以上随海拔升高变化，植物种类的变化，以及林内的地形和水分变化，其种类和数量明显下降，这说明真菌生理适应性能力与分布的地带性是相关的。

三、中国热带真菌的地理区系

中国热带真菌的地理区系研究文献不多（臧穆，1980）。臧穆（1980a）对滇藏高等真菌的地理分布进行了研究，把滇藏的高等真菌划分为13个自然分区；臧穆和苏永革（1985）、臧穆和张大成（1986）进一步研究了这些地区的地理分布问题；卯晓岚（1995）把南迦巴瓦峰地区的大型真菌划分为12个区系成分，包括世界广布成分（12.2%）、北温带成分（41.1%）、东亚－北美成分（7.9%）、旧世界温带成分（16%）、中国－喜马拉雅成分（3.6%）、中国－日本成分（2.5%）、西藏特有成分（2.9%）、泛热带成分（3.1%）、热带亚洲－热带美洲成分（3.2%）、热带亚洲和热带大洋洲成分（1.6%）、热带亚洲和热带非洲成分（0.9%）、热带东南亚成分（印度－马来成分）（5.0%）；庄剑云（1995）把南迦巴瓦峰地区的锈菌划分为13个区系成分，包括了世界广布种（11%）、北温带成分（13.9%）、东亚－北美成分（7.0%）、旧世界温带成分（7.1%）、东亚成分（24%）、泛热带成分

贝科拉小皮伞 *Marasmius bekolacongoli* Beeli （王绍能　摄）

（2%）、热亚洲和热带非洲成分（0.48%）、热带亚洲－热带美洲成分（2.4%）、热带亚洲和热带大洋洲成分（2.4%）、热带亚洲（印度－马来西亚成分）（7.7%）、地中海－西亚－中亚成分（0.48%）、中国特有种（4.8%）、喜马拉雅特有种（16.3%）；杨祝良、臧穆（2003）对西双版纳勐仑地区250种(或变种)高等真菌的统计分析表明在这些高等真菌中，热带属占总属数的67.3%，热带种占总种数的62.6%，即该区高等真菌的区系成分具有明显的热带性质，并且在热带成分中又以泛热带成分（占总属数的59.6%，占总种数的26.2%）、热带亚洲－热带非洲成分（占总属数的1.9%，占总种数的11.3%）和热带亚洲成分为主（占总属数的3.8%，占总种数的18.0%）。温带成分占总属数的32.7%、总种数的32.3%，还有一定数量的特有种。这些显然是与西双版纳勐仑地区所处的热带北缘这一地理位置、气候及环境条件息息相关。相比之下，北回归线以北的湖南莽山，地处亚热带向热带过渡地区，其大型真菌只有40%的种为热带、亚热带成分，多达56.4%的种为温带成分（卯晓岚等，1987）。又如，滇西北独龙江流域，高等真菌的区系组成以北温带成分为主，热带成分仅占10%（臧穆，1986）；宋斌等（2001a）对广东省鼎湖山自然保护区内的大型真菌区系进行了分析的结果表明，鼎湖山的大型真菌从属的区系地理成分上可分为：(1) 广布成分（61.9%）；(2) 泛热带成分（15.6%）；(3) 旧世界热带成分（0.6%）；(4) 热带亚洲－热带美洲分布（1.2%）；(5) 热带亚洲－热带非洲成分（0.6%）；(6)北温带成分（19.5%）；(7) 地中海区－西亚至中亚成分（0.6%）；(8) 东亚－北美洲成分（0.6%）。这些结果还表明了鼎湖山大型真菌的属以广布成分为主，其次为比例相接近的热带成分与北温带成分；宋斌等（2002a）针对海南伞菌19科60属305种或种下单位的研究分析的结果表明，海南伞菌的优势属有红菇属*Russula*、乳菇属*Lactarius*、鹅膏属*Amanita*、蚁巢伞属*Termitomyces*、粉褶菌属*Entoloma*、小皮伞属*Marasmius*、微皮伞属*Marasmiellus*、脆柄菇属*Psathyrella*、香菇属*Lentinula*、牛肝菌属*Boletus*、绒盖牛肝菌属*Xerocomus*、乳牛肝菌*Suillus*、粉孢牛肝菌属*Tylopilus*、蘑菇属*Agaricus*、侧耳属*Pleurotus*和裸伞属*Gymnopilus*。从属的区系地理成分上可分为世界广布成分（60%）、泛热带成分（18.3%）、热带亚洲－热带非洲成分（1.7%）和北温带成分（20%），其中以广布成分为主；宋斌等（2001b，2002b）还对广东南岭的大型真菌及中国的小煤炱目的区系成分进行了初步的研究。

在中国热带地区中已知的真菌类群已超过1192属。在这些地区以子囊菌的炭角菌科Xylariaceae的炭角菌属*Xylaria*和胶球炭壳属*Entonaema*，小煤炱科Meliolaceae的小煤炱属*Meliola*，星盾炱科Asterinaceae的星盾炱属*Asterina*，晶杯菌科Hyaloscyphaceae的粒毛盘菌属*Lachnum*，肉杯菌科Sarcosomataceae的毛杯菌属*Cookeina*和歪盘菌属*Phillipsia*，柔膜菌科Helotiaceae等的一些属为主要组成类群；在担子菌类中，木耳科Auriculariaceae中的木耳属*Auricularia*，黑耳科Exidiaceae和银耳科Tremellaceae的一些属，羽瑚菌科Pterulaceae的龙爪菌属*Deflexula*和羽瑚菌属*Pterula*，珊瑚菌科Clavariaceae的扁枝瑚菌属*Scytinopogon*，柄杯菌科Podoscyphaceae的波皮革菌属*Cymatoderma*和柄杯菌属*Podoscypha*，灵芝科Ganodermataceae，多孔菌科Polyporaceae的韧伞属*Lentinus*、小孔菌属*Microporus*、微孔菌属*Microporellus*和线齿菌科Crammotheleaceae的的线齿菌属*Grammothele*和线孔菌属*Porogramme*，层锈科Phakopsoraceae和伞锈科Raveneliaceae的层锈属*Phakopsora*和伞锈属*Ravenelia*，黑粉菌科Ustilaginaceae的黑粉菌属*Ustilago*和团散黑粉菌属*Sporisorium*，蘑菇科Agaricaceae的白鬼伞属*Leucocoprinus*、蚁巢伞属*Termitomyces*、绿褶托菇属*Clarkeinda*，光柄菇科Pluteaceae的一些属，小皮伞科Marasmiaceae的小皮伞属*Marasmius*、微皮伞属*Marasmiellus*，白蘑科Tricholomataceae及粉褶蕈科Entolomataceae的一些属，还有牛肝菌科Boletaceae和小牛肝菌科Boletinellaceae的一些属及鬼笔科Phallaceae的竹荪属*Dictyophora*、蛇头菌属*Mutinus*和鬼笔属*Phallus*等

都是比较常见的类群。

根据目前能够知道的相对比较准确的资料，以杨祝良和臧穆等（2003）等的观点为主，初步可把中国热带地区的真菌属划分至少为以下12个类型：

世界分布 包括几乎广布于世界各大洲的属。它们绝大多数为中型属和大型属，如丝膜菌属*Cortinarius*、粉褶蕈属*Entoloma*、红菇属*Russula*和小脆柄菇属*Psathyrella*(Kirk等, 2008)。属于这类的属还有白粉菌属*Erysiphe*、柄锈菌属*Puccinia*、单孢锈菌属*Uromyces*、多孔菌属*Polyporus*、栓菌属*Trametes*、密孔菌属*Pycnoporus*等。这些属广布于世界各大洲。

泛热带分布 包括间断分布于东、西两半球热带、有时至亚热带地区的属。这类属如小煤炱属*Meliola*、星盾炱属*Asterina*、毛杯菌属*Cookeina*、炭角菌属*Xylaria*、刺皮耳属*Heterochaete*、假花耳属*Dacryopinax*、柄杯菌属*Podoscypha*、假芝属*Amauroderma*、鸡冠孢芝属*Haddowia*、韧伞属 *Lentinus*、微皮伞属*Marasmiellus*、钟伞属*Campanella*、暗褶菌属*Anthracophyllum*、竹荪属*Dictyophora*、蛇头菌属*Mutinus*、鬼笔属*Phallus*等在该区都具有一定的种类和种群数量，是该区真菌区系的重要组成部分。

旧世界热带分布 指间断分布于亚洲、非洲和大洋州热带地区及其邻近岛屿的属。如实心炭壳属*Sarcoxylon*、小孔菌属*Microporus*、粉孔菌属*Amylonotus*就属于这一类型。

热带亚洲、热带美洲分布 指间断分布于热带亚洲－热带美洲的属。这一类型的属不多。

热带亚洲至热带大洋洲分布 旧世界热带分布的东翼，但不到非洲大陆。指间断分布于热带亚洲、大洋洲和美洲的属。这一类型的属现知不多，一些可能存在的属尚待发现。

热带亚洲至热带非洲分布 包括分布在热带非洲、南亚至东南亚，有些或分布至太平洋的某些岛屿，但一般不到澳大利亚。属于此类型的有头炭棒属*Rhopalostroma*和蚁巢伞属*Termitomyces*，它们是典型的热带亚洲和热带非洲分布的属等。

热带亚洲分布 包括南亚、东南亚，或向东可到斐济等太平洋岛屿，但一般不到澳大利亚，其分布北缘在中国西南、华南至台湾，有时甚至延伸到日本南部群岛。这一类型的属可能较为丰富。

金黄喇叭菌 *Craterellus aureus* Berk. & M.A. Curtis (左图)，脱皮大环柄菇 *Macrolepiota detersa* Z. W. Ge, Zhu. L. Yang & Vellinga (右图) （吴兴亮 摄）

裂托草菇 *Volvariella terastia* (Berk. & Broome) Singer（左图）和朱红密孔菌 *Pycnoporus cinnabarinus* (Jacq.) P. Karst.（右图）（吴兴亮　摄）

北温带分布　指分布于欧亚及北美温带的属，有些属可沿山脉向南延伸至热带，但分布中心仍在北温带。

东亚至北美洲分布　指间断分布于东亚和北美温带及亚热带的属，在东亚它们常向南延伸至中国热带地区。这一类型的属目前已知一些，但较泛北极分布的属要少。

欧洲至亚洲分布　指间断分布于欧洲、热带亚洲的属种。这一类型的属不多。

东亚分布　指主要分布于东亚（中国、朝鲜、韩国、日本及俄罗斯远东地区）的属，有时它们常向南延伸至中国南部甚至中南半岛，向西可达印度、尼泊尔乃至巴基斯坦。这一分布类型的属较多，如胶刺耳属*Tremellochaete*和罩膜双胞锈菌属*Miyagia*即属东亚特有类型。

中国特有属分布　指现知分布于中国热带地区，向南有时也见于中南半岛的属。一般是指到至今为止，在热带地区发现的新属都属于这一成分，如拟黄杯菌*Calycelinopsis xishuangbanna* W. Y. Zhuang是在滇南发现的新属。这些特有属目前还不多。

四、中国热带真菌资源评价

食用菌　不仅味道鲜美、营养丰富，而且常被人们称作人类的健康食品，它们一般都含有各种人体所必需的营养物质如氨基酸、微量元素等，还具有降低血液中的胆固醇、治疗高血压的作用。中国食用菌资源丰富，也是最早栽培食用菌的国家之一。近年来发现香菇、双孢蘑菇、金针菇、猴头菇中含有能增强人体的抗癌能力的物质。尽管中国发现和利用食用菌已有数千年的历史，并在诸多文献中有多达几十种食用蘑菇的记载，但对食用菌资源进行广泛而系统的研究却始于20世纪80年代。过去30年间全国很多地方都开展了真菌资源调查，出版多部（册）真菌著作包括了有关食用菌方面的论著和记述。其中具有代表性的包括应建浙等（1982）发表的《食用蘑菇》，该书介绍了300 种食用蘑菇；毕志树等（1991）编写的《中国食用菌志》共收录567种；卯晓岚（1998，2000）在《中国经济真菌》和《中国大型真菌》中记述了有食用价值的种类分别为876 种和830 种。近年来，有关中国食用菌种类的报道多数引用《中国经济真菌》的数据。在中国过去发表的相关论著中，存在引用食用菌拉丁名称时不规范等问题，有的作者引用的是过时的名称，按照新近分类系统，这些名称已经不能使用；有的作者引用的是其他种类的同物异名，按最新国际植物命名法规要求，这类名称已被其他合法名称替代；更为普遍的问题是真菌名称的命名人没有按照国际规范的格式书写。

食用菌是中国的重要生物资源，也是科学研究的重要类群，与人们的物质生活密切相关，且相关报道逐年增加（戴玉成等，2009）。在中国已知的食用菌有900多种，但有利用记述的种类不到100种，其中多属担子菌门。根据调查，热带的食用菌种类主要包括有草菇*Volvariella volvacea* (Bull.) Singer、棘托竹荪*D. echinovolvata* M. Zang *et al*.、白鬼笔*Phallus impudicus* L.、金黄喇叭菌*Craterellus aureus* Berk. & M.A. Curtis、毛丁菇*Gomphus floccosus* (Schwein.) Singer、鸡油菌*Cantharellus cibarius* Fr.、球根白蚁伞*Termitomyces bulborhizus* T.Z.Wei *et al*.、金黄蚁巢伞*T. aurantiacus* (R. Heim) R. Heim、盾尖蚁巢伞*T. clypeatus* R. Heim、真根蚁巢伞*T. eurhizus* (Berk.) R. Heim、热带小奥德蘑*Oudemansiella canarii* (Jungh.) Höhn.、侧耳*Pleurotus ostreatus* (Jacq.) Quél.、牛舌菌*Fistulina hepatica* (Schaeff.) With.、大紫蘑菇*Agaricus augustus* Fr.、林地蘑菇*A. silvaticus* Schaeff.、紫褐牛肝菌*Boletus violaceofuscus* W.F. Chiu、花脸香蘑*Lepista sordida* (Schumach.) Singer等。

不同的食用菌生长分布在不同的地区、不同的生态环境中，但以森林中生长的种类和数量较多。但这些食用菌中多数目前还不能人工栽培生产，特别是一些珍稀种类，它们不仅味美且营养丰富多具有药用价值。过去人们对它们的了解甚少，缺少野生资源的调查、驯化选育，使很多味美价值高的野生食用菌尚未被开发利用。近年来野生食用菌产业的产值已在发展，同时中国热带亚热带地区的科技工作者，在驯化野生食用菌方面成绩显著，通过对优良的经济真菌菌株的收集与选育、人工驯化、栽培技术、代谢产物的发酵工艺以及药理学、活性成分的分析与提取工艺等多方面的系统研究，取得了一个又一个的阶段性成果，这些研究成果促进了食用菌产业的不断发展壮大，为社会及企业创造了巨大的经济效益。

药用菌 通常所说的药用真菌，多限于在生长发育的一定阶段能够形成个体较大的子实体或菌核结构的高等真菌，这些真菌是具有一定的药理作用，其中大部分属于担子菌亚门，少数属于子囊菌亚门，在酵母等其他真菌中也有少数种具药用价值。能产生抗生素的真菌作为药物历史悠久。早在2500年前，中国就已采用酒曲治疗肠胃病。中国东汉初期的《神农本草经》及以后历代本草书内就记载有不少种类的真菌。但对药用真菌进行系统的研究则始于20世纪80年代。刘波（1984）的《中国药用真菌》介绍了121 种，应建浙等（1987）的《中国药用真菌图鉴》报道了272 种。卯晓岚（1989，1998）在其论文和著作中，先后记载了387 种和406 种。2008～2009年戴玉成和杨祝良等对中国药用真菌的名称进行了系统考证，对所有名称按最新命名法规进行了订正，对所有名称的命名人的缩写按国际规范格式进行了统一；记载了540种，并根据新近公开发表的研究成果，对多孔菌类、珊瑚菌类、鹅膏属*Amanita*、红菇属*Russula* 和乳菇属*Lactarius*等主要药用真菌类群进行了必要的修订。特别是过去中国文献中曾报道过一些药用真菌，但根据研究证实，这些物种在中国实际上并不存在。到目前为止，中国药用真菌已知540 种，热带地区至少有200种，常见的种类有二年残孔菌*Abortiporus biennis* (Bull.) Singer、黑烟管菌*Bjerkandera fumosa* (Pers.) P. Karst.、假蜜环菌*Armillaria tabescens* (Scop.) Emel、铅色灰球菌*Bovista plumbea* Pers.、硬皮地星*Astraeus hygrometricus* (Pers.) Morgan 、银耳*Tremella fuciformis* Berk.、皱木耳*A.delicata* (Fr.) Henn.、蛹虫草*Cordyceps militaris* (L.) Fr.、蝉花虫草*C. sobolifera* (Hill) Berk. & Broome、红缘拟层孔菌*Fomitopsis pinicola* (Sw.) P. Karst.、大秃马勃*Calvatia gigantea* (Batsch) Lloyd 、紫色秃马勃*C. lilacina* (Berk. & Mont.) Lloyd 等，这些药用真菌都经历了长期的医疗实践，疗效得到了充分的验证，至今仍被广泛地应用。其中包括了目前临床上常用的药用真菌如黄硬皮马勃*Scleroderma flavidum* Ellis & Everh.、朱红密孔菌*Pycnoporus cinnabarinus* (Jacq.) P. Karst.、硫磺菌*Laetiporus sulphureus* (Bull.) Murrill等；还有对慢性肝炎、肾盂肾炎、血清胆固醇高、高血压、冠心病、白血球减少、鼻炎、慢性支气管炎、胃痛、十二指肠溃疡等有不同程度疗效的树舌灵芝*Ganoderma applanatum* (Pers.) Pat.等；随处可见的裂褶菌*Schizopyllum commune* Fr.所含的裂褶菌多糖对小白鼠肉瘤180、小白鼠艾氏癌、大白鼠吉田肉瘤、小白鼠内瘤39的抑制率为89%～100%；红菇属至少有6种对小白鼠肉瘤180及艾氏癌的抑制率均在60%～80%，以臭黄菇*Russula foetens* (Pers.) Pers.、蓝黄红菇*R. cyanoxantha* (Schaeff.) Fr.、壳状红菇*R. crustosa* Peck等最常见；香菇*Lentinula edodes* (Berk.) Pegler所含的香菇多糖可以促进白细胞升高，减轻X射线照射、环磷酰胺、盐酸阿糖胞苷导致的骨髓抑制，明显改善骨髓的造血功能。药用真菌具有较好的药理作用，目前在市场上出售的都为其野生种类，如抑肿瘤的荷叶离褶伞*Lyophyllum decastes* (Fr.) Singer 是中国和日本均视为味鲜宜人的野生食药用菌，日本早就将它列入驯化的对象，荷叶离褶伞在中国分布比较广泛，各地均以野生鲜品采食。随着人们大规模采集开发，药用菌野生资源日渐稀少，有必要进行人工栽培，以进一步开发利用及保护野生资源。可喜的是，近年来中国各地区的科技工作者在驯化野生药用菌方面成绩显著，一些热带亚热带的野生药用真菌被驯化成功，如抗溃疡，补血，润肺，止血，降血糖的木耳*Auricularia auricula-judae* (Bull.) Wettst.；治疗关节痛，抑肿瘤的安络小皮伞*Marasmius androsaceus* (L.) Fr.；增强免疫力，治疗失眠和抑肿瘤的蜜环菌*Armillaria mellea* (Vahl) P. Kumm.；降低血压，降低胆固醇，抑制肿瘤的毛柄小火焰菇*Flammulina velutipes* (M.A. Curtis) Singer；抑肿瘤，降血压，抗血栓，安神

下图中：生长在热带森林中的热带灵芝 *Ganoderma tropicum* (Jungh.) Bres.（1）、喜热灵芝 *G. calidophilum* J.D. Zhao（2）、灵芝 *G. lucidum* (M. A. Curtis)P. Karst（3）、紫芝 *G. sinense* J.D. Zhao L. W. Hsu & X. Q. Zhang（4）等灵芝种类具有较高的药用价值。（吴兴亮　摄）

补肝，增强免疫等方面的灵芝*Ganoderma lucidum* (M.A. Curtis) P. Karst.；治疗冠心病的松杉灵芝*G. tsugae* Murrill、热带灵芝*G. tropicum* (Jungh.) Bres.；养血，益神，补肝的花脸香蘑*Lepista sordida* (Fr.) Singer；安神补肝，治疗痢疾，降低胆固醇，治疗肝病，糖尿病，高血压，抑肿瘤，抑制艾滋病毒的灰树花*Grifola frondosa* (Dicks.) Gray；抑肿瘤的长裙竹荪*Dictyophora indusiata* (Vent.) Desv.、短裙竹荪*D. duplicata* (Bosc) E. Fisch.等，还有一些药用真菌如止血化痰，抑肿瘤，抗菌，补肾，治疗支气管炎的蛹虫草*Cordyceps militaris* (Fr.) Link；益肠，化痰，补肾，抑肿瘤的羊肚菌*Morchella esculenta* (L.) Pers.；化瘀，抑肿瘤的木蹄层孔菌*Fomes fomentarius* (L.) Fr.；治疗消化不良，止血，抑肿瘤的粗毛纤孔菌*Inonotus hispidus* (Bull.) P. Karst.；有清目，益肠胃，抑肿瘤，治疗呼吸道及消化道感染功能的鸡油菌*Cantharellus cibarius* Fr.等，都是有潜力的药用真菌。

毒蘑菇　许多野生食用菌被视为增强机体免疫力或营养价值很高或很珍贵的绿色食品而被人们接受，但误食野生蘑菇引发毒蘑菇中毒事故时有发生，已引起有关部门和社会的高度重视。毒蘑菇中毒往往是误食了野生的毒蘑菇而引起，轻者影响身体健康，重者导致生命危险甚至于死亡。中国曾记载引起中毒的事例及毒菌很多，尤其是20世纪60年代以来发生误食毒菌事件增多，国家有关部门在全国许多发生毒菌中毒地区进行了预防宣传，80年代之后，防治毒菌中毒宣传管理等有所放松，毒菌中毒时有发生却很少有报道。近年来，特别是华南地区因中毒事例增多，引起科技人员的关注，广东省把误食毒菌事件作为重点宣传的公共性事件。毒菌一般是指大型真菌的子实体食用后对人或畜禽产生中毒反应的物种。自然界的毒菌估计达1000 种以上，

鹅膏科中不少有毒种类如锥鳞白鹅膏 *Amanita virgineoides* Bas，为安全起见，最好避免采食鹅膏属真菌。（杨祝良　摄）

而中国至少有500 种。就多年来考察研究和查阅资料，中国目前包括怀疑有毒的在内多达421 种（卯晓岚，2006）。有毒真菌的种类繁多，主要是指真菌中的部分子囊菌和部分担子菌，其中绝大多数属于担子菌类的伞菌Agaricales。许多毒菌生态习性与食用菌相似，特别是绝大多数的野生食用菌形态特征与毒菌不易区别，甚至许多毒菌同样味道鲜美，有的真菌种类被怀疑有毒，如中华鹅膏亚球孢变种*Amanita sinensis* var. *subglobispora* Zhu L. Yang T.H. Li & X.L. Wu、刻鳞鹅膏*A. sculpta* Corner & Bas，在烘烤标本时气味难以忍受，慎食用。有的真菌种类本种可食，但建议不食或避免食老的个体，如高大鹅膏*A. princeps* Corner & Bas等。因此，在采撷此类野生食用菌时须格外小心，注意区分，为安全起见，最好避免采食鹅膏属真菌（杨祝良，2000）。中国热带地区可能有100多种或更多，常见的毒蘑菇种类有红托鹅膏 *A. rubrovolvata* S. Imai、拟卵盖鹅膏*A. neoovoidea* Hongo、异味鹅膏*A. kotohiraensis* Nagas. & Mitani、欧氏鹅膏 *A. oberwinklerana* Zhu L. Yang & Yoshim. Doi、灰疣鹅膏*A. griseoverrucosa* Zhu L.Yang ex Zhu L.Yang、残托鹅膏有环变型 *A. sychnopyramis* f. *subannulata* Hongo、簇生垂幕菇 *Hypholoma fasciculare* (Huds.) P. Kumm.、鳞皮扇菇 *Panellus stypticus* (Bull.) P. Karst.等。鹅膏菌科中有毒真菌大多具有杀蝇作用，其活性成分为鹅膏蕈氨酸，它本身又是一种谷氨酸激动剂，认为是毒杀昆虫的活性物质之一，杀虫作用机理可能与此有关。随着研究的深入，对丰富的有毒真菌资源进行广泛的抗虫活性物质的筛选和测定，全面探索人工驯化和培养技术，系统研究有毒真菌子实体及其发酵培养物的次生代谢产物，以及这些活性物质的化学结构及其抗虫机理，具有抗虫活性的有毒真菌以及具有良好抗虫活性的物质将会被发现，必将有效地促进有毒真菌的研究和开发利用，早日研制出环境友好型的真菌源新农药，有毒真菌将在未来新型生物源农药的研制与开发中具有巨大的潜力。

误食毒菌中毒是世界性的食物中毒，各国发生误食毒菌的事件有所不同。中国由于毒菌地理

热带地区大型真菌资源中不少种类为食用菌，如金顶侧耳 *Pleurotus citrinopileatus*（1）；有毒真菌，如致命鹅膏 *Amanita exitialis*（2）；木材腐朽菌，如粗皮灵芝 *Ganoderma tsunodae*（3）、宽鳞多孔菌 *Polyporus squamosus*（4）；药用菌，如紫芝 *Ganoderma sinense*（5）、蛹虫草 *Cordyceps militaris*（6）和菌根菌，如豆包菌 *Pisolithus arhizus*（7）。它们在真菌中处于特殊的位置，具重要经济价值。（吴兴亮、戴玉成、李泰辉、黄浩、王绍能　摄）

区系及民族习惯不同，毒真菌种、发生季节及其中毒反应也不同。针对误食毒菌中毒问题，首先应在相关主管部门的重视，立项研究毒蘑菇资源，成立全国毒蘑菇中毒防治科研协作组，完成各地区毒菌本底调查，作为毒蘑菇研究的基础。

木腐菌 木腐菌是森林生态系统中起着关键的降解还原作用的一些种类，从森林生物学和生态学角度来看，木腐菌是森林生态系统中的一个组成部分。但有些木腐菌不但分解倒木和腐木，而且还能侵染活立木，导至根部、干基、心材、边材或整个树干腐朽，侵染根部的种类能在短期内造成树木死亡，侵染其他部位长期也会造成树木死亡。林木腐朽是各国林业的大敌，在林业中它与其他病害不同，一旦发生腐朽，总是连年持续发展的，因此病害造成的损失也总是一年一年地不断扩大。木材腐朽菌主要分为白色腐朽菌和褐色腐朽菌两类，前者系指生长于活立木的基部或根部、树干或树枝上的腐朽菌，它们营寄生生活，引起严重的树木病害，影响树木正常生长，引起风折、风倒；后者系指生长在倒木、枯立木及一切木制品上的腐朽菌，它们营腐生生活，占了木材腐朽菌中的大部分。除了上述专性寄生和专性腐生外，尚有许多腐朽菌属于兼性寄生和兼性腐生。腐朽既能降解木材，完成森林生态系统中物质循环的重要作用，但也给人类造成了巨大的经济损失，据资料介绍，仅以腐朽造成的木材损失量，超过火灾、虫害、气象灾害和任何其他病虫害，约占损失量的1/3，而木制品的损失约占每年木材采伐量的10%（戴玉成，2003）。白色腐朽菌产生纤维素酶和木质素酶，因此它们能够将树木细胞壁的所有成分降解，大部分白色腐朽菌将木材中的木质素和其他多糖以同样的速度降解，因此，在腐朽的中期和后期木材组成成分的比例与原木基本相同。但有些白色腐朽菌能够以较快的速度降解木质素。褐色腐朽菌有选择地将木材中的纤维素和半纤维素降解，被褐色腐朽菌腐朽的木材通常表现为木材很快失去韧性，强烈收缩，最终呈破裂或颗粒状，在腐朽的最后阶段表现为残留木材变形、易碎、块状、褐色，且主要成分是木质素。除白色腐朽和褐色腐朽外，还有一种腐朽是软腐朽，但这种腐朽在森林中不是非常普遍。软腐朽主要发生在湿润的木材上，且主要降解纤维素，不降解木质素，造成软腐的真菌大多数是子囊菌。由于软腐菌通常不侵染活林木，因此不造成林木病害。林木腐朽病在中国主要发生在天然林中，特别是原始林中。中国热带木腐菌约有300多种，常见种类有半煤烟多孔菌*Polyporus leprieurii* Mont.、拟浅孔大孔菌*Megasporoporia subcavernulosa* Y.C. Dai & Sheng H.Wu、阿拉华蜡孔菌*Ceriporia alachuana* (Murrill) Hallenb.、撕裂蜡孔菌*C. lacerata* N. Maek., Suhara & R. Kondo、白囊耙菌*Irpex lacteus* (Fr.) Fr.、二年残孔菌*Abortiporus biennis* (Bull.) Singer、黑管孔菌*Bjerkandera adusta* (Willd.) P.Karst.、淡黄木层孔菌*Phellinus gilvus* (Schwein.) Pat.、绒毛栓孔菌*Trametes pubescens*(Schumach.) Pilát、毛栓孔菌*T. hirsuta* (Wulfen) Pilát、迷宫栓孔菌*T. gibbosa* (Pers.) Fr.、云芝栓孔菌*T. versicolor* (L.) Lloyd、下皮黑孔菌*Cerrena unicolor* (Bull.) Murrill、血红密孔菌*Pycnoporus sanguineus* (L.) Murrill、三色拟迷孔菌*Daedaleopsis tricolor* (Bull.) Bondartsev & Singer、南方灵芝*Ganoderma australe* (Fr.) Pat.、法国粗毛盖孔菌 *Funalia gallica* (Fr.) Bondartsev & Singer 、粗糙革孔菌*Coriolopsis aspera* (Jungh.) Teng、密褐褶菌*Gloeophyllum trabeum* (Pers.) Murrill、桦褶孔菌*Lenzites betulina* (L.) Fr.等。

木材腐朽真菌在森林生态系统中起着关键的降解还原作用，是森林生态系统物质循环中不可缺少的重要组成部分，如泊氏孔菌属的种类具有降解木材中的纤维素和半纤维素，造成木材褐色腐朽的功能，而混合于针叶林土壤中的褐腐残余物是针叶林生态系统更新所必不可少的。木材降解是森林生态系统物质循环的重要环节，其降解必须历经十几年到几十年甚至上百年的时间，而木材腐朽真菌是这一环节的重要执行者。根据降解木材的不同机制，木材腐朽真菌主要分为两种类型，即白腐真菌和褐腐真菌，其中白腐真菌占绝大部分，褐腐真菌大约只占木腐真菌的15%。但褐腐真菌在针叶林生态系统中具有关键作用，其褐腐残留物相当稳定，可以在森林土壤表层中存留500年以上。大量的褐腐残留物对针叶树和其他植物的更新具有很好的促进作用，而逐渐的降解过程对森林生态系统营养物质的循环和保持起到了关键作用（魏玉莲、戴玉成等，2008）。

菌根菌 菌根的研究已有100 多年的历史。菌根菌是指土壤中真菌与植物根系所建立的互惠共生体即植物种类与有益菌类形成共生体，植物根系被菌类包围，并在土壤中形成网络，这些与根系相结合的菌类称为菌根菌。菌根菌分为外生菌根菌和内生菌根菌2种类型。外生菌根菌是树木最重要的菌根菌类型，人工造林及森林经营中用于接种的菌根菌主要是外生菌根菌。外生菌根菌是以土壤真菌通过与植物根系的共生作用，从而对植物起到综合的生理生态效应。菌根菌具有特殊的酶系，可将土壤或其他基质中的一些不溶状态的矿质营养转变为可溶状态或甚至能分解、吸收石头中的一些营养成分而供植物和菌根菌利用。菌根菌这些特性能促进植物生长发育、抗病以及保持水土、维护生态系统等，并能形成良性循环。不同种类的外生菌根真菌的生态学特性不同，适应的生存条件也各异，开展外生菌根菌生态学特性的研究，通过对其生态特性的了解，根据生态环境、地质、气候等环境因子选择相适应的外生菌根菌接种培植林木，将为提高植物的抗逆性及生态安全，进而为生态环境的恢复与重建提供一条新的途径（景跃波，2007）。树木外生菌根菌在森林生态系统中，特别在对植物种的适应性（如干旱、瘠薄等极端环境因子），种间关系以及林分生产力等方面均具有特别重要的意义。外生菌根菌常出现在松柏科的林木中，加之外生菌根菌可通过人工培养而大量繁殖，因此对其的研究具有较高的应用价值，目前主要集中在松类的育苗造林上（朱教君等，2003）。在中国近5000多种热带真菌中，其中很多种类是菌根菌，常见热带菌根菌种类有粗鳞白鹅膏*Amanita castanopsidis* Hongo、乳牛肝菌*Suillus bovinus* (L.) Roussel 、点柄乳牛肝菌*S. granulatus* (L.) Roussel 、厚环乳牛肝菌*S. grevillei* (Klotzsch: Fr.) Singer、黄乳牛肝菌*S. luteus* (L.) Roussel、马勃状硬皮马勃*Scleroderma areolatum* Ehrenb.、奇异硬皮马勃*S. paradoxum* G.W. Beaton、大孢硬皮马勃*S. bovista* Fr.、光硬皮马勃*S. cepa* Pers.等。实验表明，尤其在育苗阶段应用菌根技术接种菌根菌，可显著提高苗木的成活率，造林后缩短缓苗期，增强幼树的生长能力。菌根菌对林木幼苗培植和壮苗后营造速生丰产林具有重要作用，菌根菌不仅大幅度地提高了苗木的出苗率、成苗率，而且增加了幼苗的抗逆性，促进了苗木生长。近年来，菌根菌对植物的多种效益已引起人们的高度重视，全国各地已在菌根菌资源调查、菌根菌的分类等方面开展了研究，并取得了可喜的成绩。但中国植被类型多样，物种丰富，树木外生菌根菌的研究起步较晚，有必要广泛深入地开展各地区森林外生菌根菌的资源调查与应用研究，为进一步开发利用外生菌根资源提供科学依据。

撰稿人：吴兴亮　宋斌

典形伞菌的子实体一般都有菌盖（包括菌肉、菌褶和菌管）和菌柄（包括菌托、菌环）等特征。

高大鹅膏 *Amanita princeps* Corner & Bas子实体生长发育过程。

菌褶中央是菌髓细胞，两面是子实层。它有厚薄、稀密、长短、有无分叉、边缘有无锯齿、是否会自溶等区别。菌管呈管状，长短、粗细等区别，排列方式有单孔和复孔，乳菇属的种类受伤后一般流出乳汁或水液。

真菌子实体的菌盖和菌柄形态

真菌子实体的各种形态

1～2 虫草类；3 羊肚菌类；4 炭棒类；5 盘菌类；6 齿菌类；7 革菌类；8 银耳类；9 珊瑚菌类；10～12 多孔菌类；13 伞菌类；14～21 腹菌类

子囊菌门是一类能产生子囊和子囊孢子的真菌类群，包括虫草、盘菌、麦角菌、块菌等

（王绍能　摄）

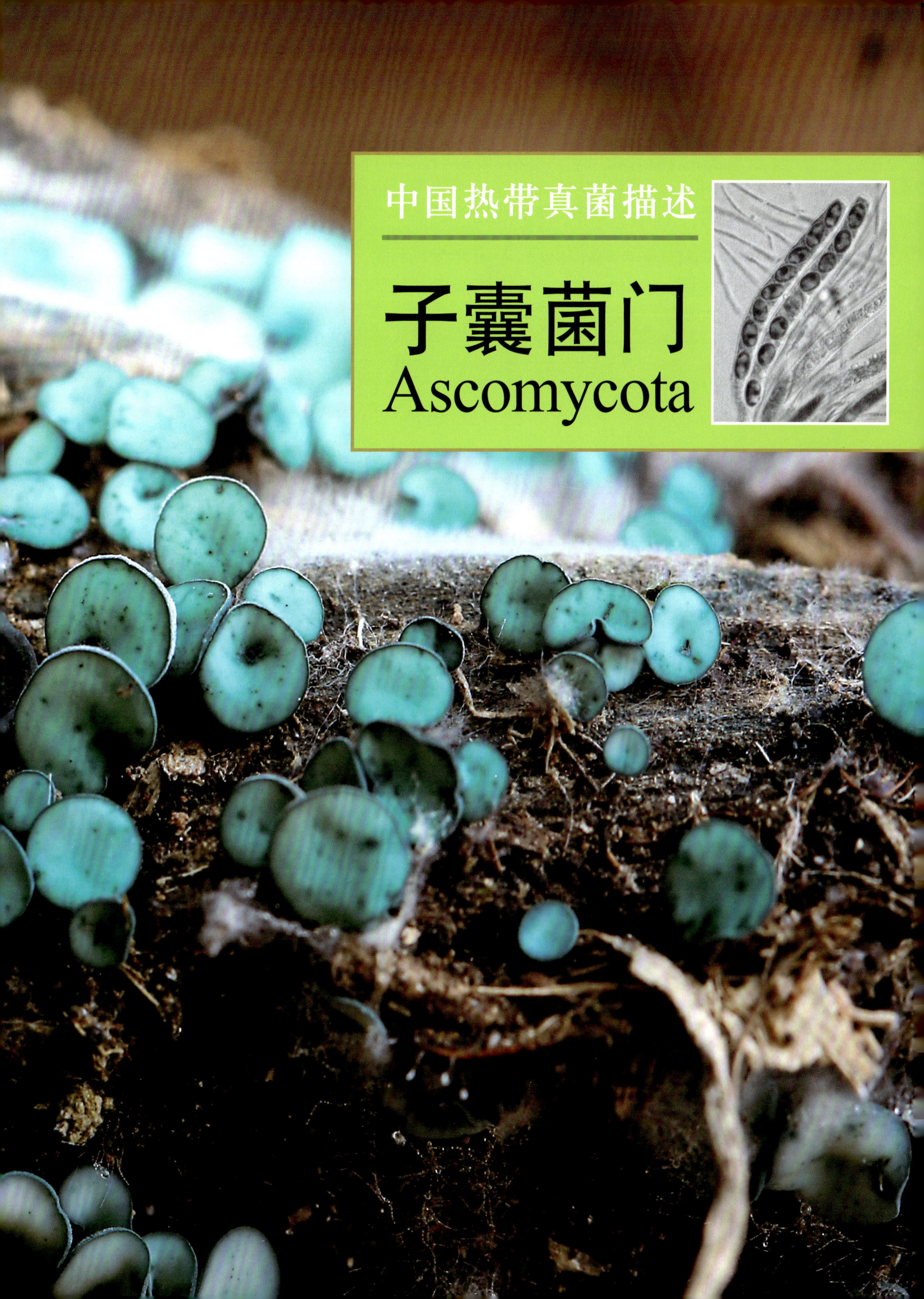
中国热带真菌描述
子囊菌门
Ascomycota

1 黏地舌菌 地舌菌科 Geoglossaceae

Geoglossum glutinosum Pers., Observ. Mycol. (Lipsiae) 1: 11, 1796.

子实体高约5cm，具柄；细棒状，上部为子实层部分，黑色，长舌形或长棒状，有时被灰白色粉末状分生孢子层；柄黑色，表面强烈胶化，极黏。子囊棒状，孔口在碘液中呈明显蓝色；子囊孢子近长圆柱形，褐色，成束排列，多数具7 个分隔，宽4～5μm；侧丝直或稍弯。

生境：常群生于林中地上。

产地：云南省怒江州泸水县，海拔2830m。

分布：广西、四川、云南。

讨论：本种的特点是子实体和柄的外层组织强烈胶化，极黏，子囊孢子多具7个分隔，较其他种的孢子窄。

撰稿人：唐丽萍

2 橘色小双孢盘菌 柔膜菌目 Helotiales

Bisporella citrina (Batsch) Korf & S.E. Carp., Mycotaxon 1(1): 58, 1974; —*Bisporella claroflava* (Grev.) Lizoň & Korf, Mycotaxon 54: 474, 1995; —*Calycella citrina* (Hedw.) Boud., Bull. Soc. Mycol. Fr. 1: 112, 1885; —*Calycina citrina* (Hedw.) Gray, Nat. Arr. Brit. Pl. (London) 1: 670, 821.

子囊盘散生至群生，伸展时近平坦，宽1～3.5mm，无毛，柠檬黄色至橘黄色，干时颜色变深并且边缘高起；柄粗短，长达1.5mm，粗0.8mm。子囊孢子椭圆形，9～14 × 3～5μm。侧丝粗1.5μm。

生境：生于阔叶树的枯枝上。

产地：海南尖峰岭自然保护区；广西大瑶山、十万大山自然保护区。

分布：广东、广西、海南、四川、贵州、云南。

讨论：本种是中国热带亚热带最常见种。

撰稿人：吴兴亮

3 小孢绿杯菌 柔膜菌目 Helotiales

Chlorociboria aeruginascens (Nyl.) Kanouse ex C.S. Ramamurthi, Korf & L.R. Batra, Mycologia 49(6): 858 , 1958; — *Chlorosplenium aeruginascens* (Nyl.) P. Karst., Bidr. Känn. Finl. Nat. Folk 19: 103, 1871.

子囊盘群生，盘状或碗状，宽3～6mm，子实层表面鲜蓝绿色，外部色与子实层表面同色或稍浅，内层色深，往往边缘稍内卷或呈波状，光滑，边缘稍呈波状，有中生菌柄，柄长1～6mm。子囊孢子椭圆形至棱形，6～8 × 1.5～2μm 。

生境：生于阔叶林中腐木上。

产地：广西猫儿山国家级自然保护区。

分布：吉林、河北、安徽、浙江、福建、湖北、广西、四川、云南、陕西、甘肃 。

讨论：食药不明。

撰稿人：吴兴亮

1 黏地舌菌

Geoglossum glutinosum Pers.

摄影：唐丽萍

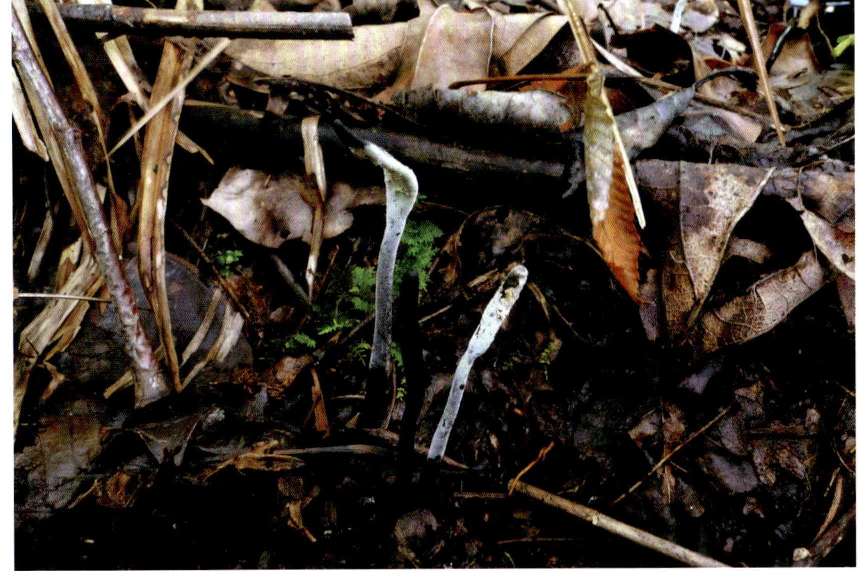

2 橘色小双孢盘菌

Bisporella citrina
(Batsch) Korf & S.E. Carp.

摄影：吴兴亮

3 小孢绿杯菌

Chlorociboria aeruginascens
(Nyl.) Kanouse
ex C.S. Ramamurthi, Korf &
L.R. Batra

摄影：王绍能

4 叶状耳盘菌 柔膜菌目 Helotiales

Cordierites frondosa (Kobayasi) Korf, Phytologia 21(4): 203, 1971. —*Bulgaria frondosa* Kobayasi in Rot. Mag. Tokyo. liii. 158, 1939.

子囊盘小，宽2～3cm，呈花瓣状、盘状或浅杯状，边缘波状，上表面近光滑，下表面有皱纹或粗糙，黑褐色至黑色，与木耳类极相似，由多枚叶状瓣片组成，干后墨黑色，脆而坚硬，具短柄或无。子囊细长，呈棒状，42～45 x 3～5μm，侧丝近无色，细长；子囊孢子无色，平滑，稍弯曲，近短柱状，5～7 x 1～1.3μm。

生境：生于阔叶树倒腐木上。

产地：广西十万大山、猫儿山国家级自然保护区。

分布：湖南、广西、四川、贵州、陕西、云南。

讨论：毒菌。由于与木耳类极相似原因，木耳产区多发生误食中毒。

撰稿人：吴兴亮

5 黄地锤菌 地锤菌科 Cudoniaceae

Cudonia lutea (Peck) Sacc., Miscell. Mycol. 2: 15, 1889.

子囊果半肉质，高6～18mm；头部扁半球形或舌状，一侧有条纵沟纹，宽3～8mm，橙黄色至橙色；柄浅黄色，凹凸不平，圆柱形，长3～13mm，粗1.5～3mm。子囊长棒形，110～150 x 10～13μm，无色，内含8个孢子，成束排列于子囊顶部；子囊孢子棒形至线形，50～80 x 3.5～5.2μm，无隔膜，内有许多油球；侧丝线形，顶部略膨大，85～115 x 2～3μm。

生境：散生于混交林中地上。

产地：广西猫儿山自然保护区。

分布：广东、广西、四川、贵州、云南、西藏、陕西、甘肃、青海。

讨论：食药不明。

撰稿人：李泰辉

6 黑马鞍菌 马鞍菌科 Helvellaceae

Helvella atra J. König, Fl, Isl. 20, 1770.

子囊果大，黑灰色；菌盖宽1～2cm，呈马鞍形或不正规马鞍形，边缘完整，与柄分离，上表面即子实层面黑色至黑灰色，平整，下表面灰色或暗灰色，平滑，无明显粉粒；菌柄圆柱形或侧扁，稍弯曲，黑色或黑灰色，往往较盖色浅，长2.5～4cm，粗0.3～0.4cm，表面有粉粒，基部色淡，内部实心。子囊圆柱形，200～280 x 9.5～12.3μm，含1大油球。侧丝细长，有分隔，不分枝，灰褐色至暗褐色，顶端膨大呈棒状，粗8μm。

生境：夏秋季林中地上散生或群生。

产地：广西十万大山、猫儿山自然保护区。

分布：河北、广西、云南、四川、湖南、山西、甘肃、新疆。

讨论：有记载列为食用菌。

撰稿人：李泰辉

4 叶状耳盘菌

Cordierites frondosa (Kobayasi) Korf

摄影：黄　浩

5 黄地锤菌

Cudonia lutea (Peck) Sacc.

摄影：李泰辉

6 黑马鞍菌

Helvella atra J. König

摄影：李泰辉

7　皱马鞍菌　　马鞍菌科　Helvellaceae

Helvella crispa (Scop.) Fr., Syst. Mycol. (Lundae) 2(1): 14, 1822; —*Costapeda crispa* (Scop.) Falck, 1923; —*Craterella crispa* (Bull.) Pers., Observ. Mycol. (Lipsiae) 1: 30, 1796; —*Helvella nigricans* Schaeff., Fung. Bavar. Palat. 4: 102, tab. 154, 1774.

子囊果较小。菌盖宽2～6cm，初始呈马鞍形，后张开呈不规则瓣片状，白色到淡黄色；子实层生于菌盖表面；菌柄长3～4cm，粗2～3cm，白色，圆柱形，有纵生深槽，形成纵棱；子囊240～300×12～18μm，圆柱形，子囊孢子8个，单行排列，13～20×10～15μm，宽椭圆形，光滑至粗糙，无色；侧丝单生，粗6～8μm，顶端膨大。

生境： 在林中地上单生或群生。

产地： 广西十万大山、猫儿山自然保护区。

分布： 湖北、河北、山西、黑龙江、江苏、浙江、广西、四川、西藏、陕西、甘肃、青海。

讨论： 可食用，味道好。

撰稿人：宋　斌

8　林地盘菌　　盘菌科　Pezizaceae

Peziza arvernensis Boud., Bull. Soc. Bot. Fr. 26: 26, 1879; —*Aleuria silvestris* Boud., Icon. Mycol. (Paris) 2: tab. 261, 1907; —*Galactinia sylvestris* (Boud.) Svrček, Česká Mykol. 16: 111, 1962; —*Peziza silvestris* (Boud.) Sacc. & Traverso, Syll. Fung. (Abellini) 20: 317, 1911.

子囊盘宽3～8cm，浅盘状、小碗状或杯状，边缘波状或内卷，外侧面淡污黄白色至淡污黄褐色，表面近光滑；子实层面淡黄褐色、淡枯叶色至浅褐色，无柄，干后脆而坚硬。子囊近圆柱形，260～280×12～16μm，内含8个孢子，单行排列；子囊孢子无色，宽椭圆形，光滑，15～18×8～11μm；侧丝线形，顶部稍膨大，3.5～5μm。

生境： 生于阔叶林中地上。

产地： 广西十万大山、猫儿山国家级自然保护区。

分布： 河北、山西、黑龙江、湖北、江苏、广西、贵州、云南、甘肃。

讨论： 食用菌。

撰稿人：吴兴亮

9　疣孢褐盘菌　　盘菌科　Pezizaceae

Peziza badia Pers., Observ. Mycol. (Lipsiae) 2: 78, 1800; —*Galactinia badia* (Pers.) Arnould, Bull. Soc. Mycol. Fr. 9: 111, 1893; —*Plicaria badia* (Pers.) Fuckel, Jb. nassau. Ver. Naturk. 23～24, 1870.

子囊盘宽3～8cm，盘状或杯状，边缘波状或内卷，外侧面褐色至暗褐色，表面近光滑，子实层面与外侧面同色，无柄，干后脆而坚硬。子囊上部圆柱形，向下渐细形成长柄，有孢子部分90～150×2～15μm，侧丝浅黄色，细长，顶部稍膨大，有分隔；子囊孢子无色，有明显小疣，椭圆形，17～20×8～10μm。

生境： 生于阔叶林中地上。

产地： 广西十万大山、大瑶山国家级自然保护区。

分布： 江苏、吉林、广西、贵州、西藏、青海。

讨论： 食用菌。

撰稿人：吴兴亮

7 皱马鞍菌

Helvella crispa (Scop.) Fr.

摄影：李泰辉

8 林地盘菌

Peziza arvernensis Boud.

摄影：吴兴亮

9 疣孢褐盘菌

Peziza badia Pers.

摄影：吴兴亮

10 茶褐盘菌 盘菌科 Pezizaceae

Peziza praetervisa Bres., Malpighia 11: 266, 1897; —*Aleuria viridaria* sensu auct. Brit.; Fide Cannon, Hawksworth & Sherwood-Pike, 2005.

子囊盘小，宽2～4cm，盘状、小碗状或浅杯状，边缘波状或内卷，初期乳白色至黄白色，成熟后外侧面淡黄色至淡黄褐色，表面微粗糙或似有粉末状；子囊盘层面褐紫色，后渐变成褐色、茶褐色至暗褐色；无柄，干后脆而坚硬。子囊孢子椭圆形，有小点，11～13.5 × 6～8μm。

生境：生于阔叶林中地上。

产地：广西猫儿山国家级自然保护区。

分布：福建、江西、广西。

讨论：不宜食用。

撰稿人：吴兴亮

11 橙黄网孢盘菌 火丝菌科 Pyronemataceae

Aleuria aurantia (Pers.) Fuckel, Jb. Nassau. Ver. Naturk. 23～24: 325, 1870; —*Peziza aurantia* Pers., Observ. Mycol. (Lipsiae) 2: 76, 180; —*Peziza aurantia* var. *stipitata* W.Phillips, Man. Brit. Discomyc. (London) 57, 1887.

子囊盘中等大，宽3～8cm，呈盘状或浅杯状，侧斜似耳状，边缘波状或内卷，外侧面浅杏黄色至橙黄色，表面近光滑；子实层面与外侧面同色或稍浅，无柄，干后脆而坚硬。子囊圆柱形，200～230 × 12～13μm，内含8个孢子，侧丝近无色，纤细，顶部膨大处粗5-6μm；子囊孢子微黄色，平滑，椭圆形，18 ～20 × 10～11.5μm。

生境：生于阔叶林中地上。

产地：广西十万大山国家级自然保护区、猫儿山国家级自然保护区。

分布：吉林、山西、湖南、广西、贵州、青海。

讨论：食药不明。

撰稿人：吴兴亮

12 红毛盾盘菌 火丝菌科 Pyronemataceae

Scutellinia scutellata (L.) Lambotte, Mém. Soc. Roy. Sci. Liège, Série 2 1: 299, 1887; —*Peziza scutellata* L., sp. pl 2 : 1181, 1753.

子囊盘杯形至盾形，宽3～8mm，子实层体表面橘红色，光滑，周边及下侧长有栗褐色的毛，周边的毛较长，达2mm，锥形，硬直，顶端尖。子囊孢子椭圆形至广椭圆形，14～18 × 9.5～11μm，有小疣，无色至浅黄色；侧丝丝状。

生境：群生于阔叶林中腐木上。

产地：海南尖峰岭国家级自然保护区；广西十万大山、猫儿山；广东鼎湖山国家级自然保护区。

分布：河北、山西、江苏、浙江、安徽、河南、广东、广西、海南、四川、贵州、云南、西藏、台湾。

讨论：食药不明。

撰稿人：吴兴亮

10 茶褐盘菌

Peziza praetervisa Bres.

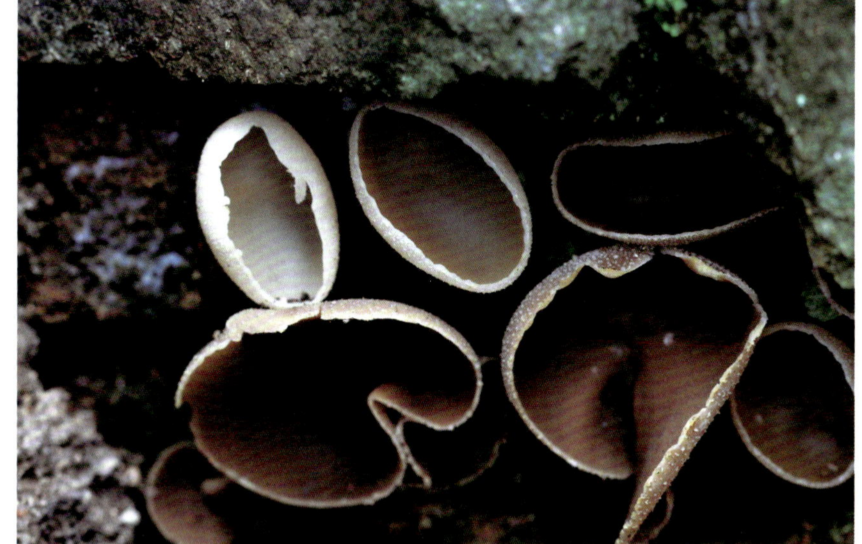

摄影：王绍能

11 橙黄网孢盘菌

Aleuria aurantia (Pers.) Fuckel

摄影：黄　浩

12 红毛盾盘菌

Scutellinia scutellata (L.) Lambotte

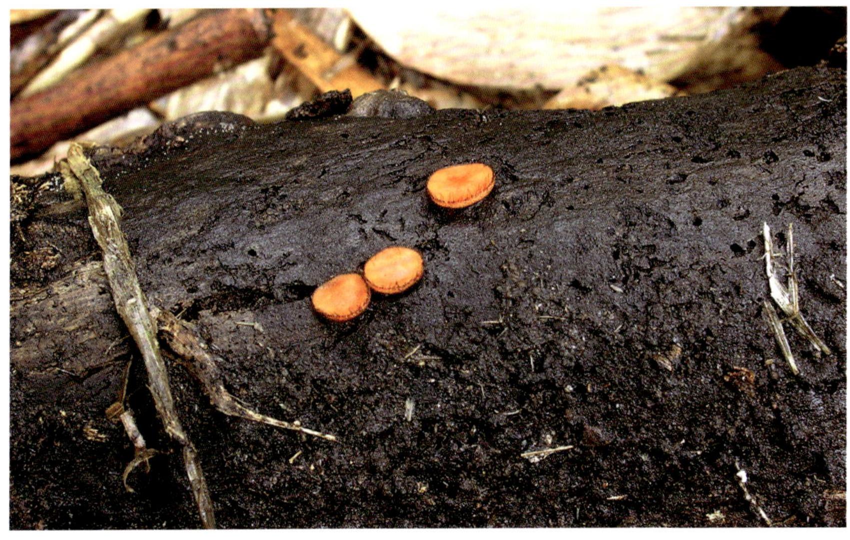

摄影：黄　浩

13 卷边假黑盘菌

火丝菌科 Pyronemataceae

Pseudoplectania vogesiaca (Pers.) Seaver, North American Cup-fungi, 48: 1928.

子囊盘具一短柄或无柄，基部有绒毛状黑色菌丝，盘状，直径20～40（60）mm；子实层白色，灰白色，浅褐色，干时黑褐色，边缘平滑，成熟时内卷，有些会裂开，外部黑褐色，有细绒毛，毛长200 × 7μm，褐色，有稀疏横膈；子囊250～300 × 10～13μm，孢子单行，直径10～12μm，内含小油滴，侧丝线形，顶端分叉，弯曲，粗达3μm。

生境： 生于阔叶林树干的苔藓上。

产地： 广西猫儿山自然保护区。

分布： 广西。

讨论： 本种基部菌柄有些个体较长，有些个体较短，子实层颜色会随生长期的变化而加深，孢子球形，侧丝无色，顶端常弯曲，该种为亚热带地区常见种类。

撰稿人：邓春英

14 毛缘毛杯菌

肉杯菌科 Sarcoscyphaceae

Cookeina tricholoma (Mont.) Kuntze, Revis. Gen. pl. (Leipzig) 2: 849, 1891; —*Trichoscypha tricholoma* (Mont.) Cooke, Syll. Fung. (Abellini) 8: 160, 1889.

子囊盘杯状或盘状，宽0.8～2.5cm，深0.6～1cm，淡橙红色、橙黄色、淡橙色或粉红色，边缘向内卷且有白色细长毛，外侧与内侧色基本一致，有白色细长毛；菌柄长0.5～3cm，圆柱形或向基部细，粗0.5～2cm，乳白色、淡橙红色、橙黄色、淡橙色或粉红色。子囊孢子椭圆形或近梭形，无色或近无色，透明，19～30 × 10～12μm。

生境： 生于阔叶树腐木上。

产地： 海南霸王岭、尖峰岭国家级自然保护区；广西九万大山、岑王老山自然保护区。

分布： 广东、广西、海南、四川、贵州、云南。

讨论： 中国热带亚热带地区常见种类。

撰稿人：吴兴亮

15 绯红肉杯菌

肉杯菌科 Sarcoscyphaceae

Sarcoscypha coccinea (Jacq.) Sacc., Syll. Fung. (Abellini) 8: 154, 1889; —*Geopyxis bloxamii* Massee, [as'*bloxarmi*] Grevillea 22(no. 104): 98, 1893; —*Peziza coccinea* Jacq., Fl. Austriac. 2: tab. 163, 1774.

子囊盘初近球形，后呈杯状，宽2～4cm，有柄至近无柄，鲜红色；子实层体下凹；子囊盘边缘常内卷，外侧红带白色，有微细绒毛，绒毛无色，多弯曲；菌柄极短，0.2～0.4cm，粗2.5mm，状如柄基。子囊圆柱状，240～340 × 12～15μm；孢子单行排列；子囊孢子椭圆形，单胞，21～22 × 9～11μm。

生境： 生于阔叶树腐木或枯枝上。

产地： 广西大瑶山、十万大山自然保护区；海南五指山、尖峰岭、霸王岭自然保护区。

分布： 广东、广西、海南、四川、贵州、西藏。

讨论： 本种侧丝细长，顶端稍膨大，无色。

撰稿人：吴兴亮

13 卷边假黑盘菌

Pseudopletania vogesiaca
(Pers.) Seaver

摄影：邓春英

14 毛缘毛杯菌

Cookeina tricholoma
(Mont.) Kuntze

摄影：吴兴亮

15 绯红肉杯菌

Sarcoscypha coccinea
(Jacq.) Sacc.

摄影：吴兴亮

16 大丛耳 肉杯菌科 Sarcoscyphaceae

Wynnea gigantea Berk. & M.A. Curtis, J. Linn. Soc., Bot. 9,1867; —*Midotis gigantea* (Berk. & M.A. Curtis) Sacc., Syll. Fung. 8: 547, 1889.

菌体通常数个，从共同的柄上长出；直立，呈兔耳状，扁平或内卷，长4.5～10.5cm，宽2.5～5cm，厚0.2～0.3cm；子囊盘内侧红褐色至紫褐色，外侧淡棕褐色或淡紫褐色至暗褐色；子实层在耳的内侧，平滑，发达；柄为共同的，从菌核上长出，长2.5～6cm，粗1.5～2cm，有深的皱纹；菌核黑紫褐色至黑色，块茎状，不规则，凸凹不平。子囊孢子椭圆形，光滑，无色，20～26 × 12～15μm；壁厚，侧丝顶端粗，宽达5～6μm。

生境： 生于阔叶林或竹林中地上。

产地： 云南西畴；广西十万大山自然保护区。

分布： 山西、浙江、安徽、江西、四川、贵州、云南、陕西。

讨论： 食用菌。鲜时肉质可食，干后变革质。

撰稿人：吴兴亮

---

17 爪哇胶盘菌 肉杯菌科 Sarcoscyphaceae

Galiella javanica (Rehm) Nannf. & Korf, Mycologia 49: 108, 1957; —*Sarcosoma javanicum* Rehm, Nytt. Mag. Bot. 15(2): 123, 1968.

子囊盘倒锥形或陀螺状，宽2～5cm，高3cm～5cm，青褐色至暗褐色，子囊盘柔软，内部由淡青褐色的胶质组成，水份多，干后变一薄层体，外侧被一层密生烟黑色绒毛。子实层体往往下陷成盘状，污土黄色或灰黄褐色，边缘有细长毛，暗褐色。子囊孢子椭圆形至长椭圆形，有细疣，无色至淡黄褐色，25～35 × 11～13μm。

生境： 生于阔叶林中腐木上。

产地： 广西花坪、十万大山；广东南岭国家级自然保护区；海南五指山、尖峰岭、霸王岭自然保护区。

分布： 安徽、广东、广西、海南、四川、贵州、云南、西藏。

讨论： 此种为典型的热带地区真菌，在亚热带地区也有发现。

撰稿人：吴兴亮

---

18 印度块菌 块菌科 Tuberaceae

Tuber indicum Cooke & Massee, Himalayan truffles. Grevillea, 20: 67, 1892.

子实体宽1.5～10cm，近球形或不规则块状，黄褐色或红褐色，成熟后色深或暗褐色，表面有小疣；孢体灰白色，具乳白色大理石状菌脉纹，逐变为淡褐或黑褐色，髓层和菌脉常通向子囊果表面的开口处。子囊球形至近球形，具柄状基部，内含1～4个孢子；子囊孢子无色至褐色，有网格，椭圆形。

生境： 云南松或华山松下石灰质土壤中。

产地： 云南市场。

分布： 四川、云南。

讨论： 可食用，属树木外生菌根菌。

撰稿人：李泰辉

---

16 大丛耳

Wynnea gigantea
Berk. & M.A. Curtis

摄影：戴玉成

17 爪哇胶盘菌

Galiella javanica
(Rehm) Nannf. & Korf

摄影：吴兴亮

18 印度块菌

Tuber indicum
Cooke & Massee

摄影：李泰辉

19 广东虫草

虫草科 Cordycipitaceae

Cordyceps guangdongensis T. H. Li, Q. Y. Lin & B. Song, Mycotaxon 103: 373, 2008.

子座从寄主大团囊菌的子实体长出，单生或多个，不分枝，柱形至棒形，长3～7cm，肉质；可育部分顶生，柱形，顶端圆形，橄榄色、暗橄榄色至黄灰色或褐灰色，有些在下部出现折皱，无不育顶端；子囊壳点状，不突出；不育部2～4×0.4～0.6cm，黄灰色、灰橄榄色至灰色或暗黄色，通常在靠基部呈灰色；基部和部分寄主处缠绕着一些白色菌丝。子囊孢子180～260×2～3.7μm，线形，两端平截。

生境：寄生在地上大团囊菌子实体，散生至群生。

产地：广东。

分布：广东。

讨论：本种与日本虫草*Cordyceps japonica*相似，但在子囊壳和子囊孢子大小上有明显差异。

撰稿人：李泰辉

20 古尼虫草

虫草科 Cordycipitaceae

Cordyceps gunnii Berk., J. Bot., London 7: 577. 1848.

子座从虫体头端长出，多单根，罕为2～4次分枝，长4～10cm，粗3～5mm，基部粗为7～8mm，圆柱形，多弯曲，灰白色至灰褐色，上有纵皱纹和微细绒毛；头部椭圆形至圆柱形，顶端钝圆，无不育顶端，长1.4～2.5cm，粗4～5mm，茶褐色；子囊孢子粗1～1.8μm，长达2～3mm，孢子横断成3.5～5.3×1～1.8μm小段。

生境：生于埋在阔叶林地内的鳞翅目昆虫幼虫上。

产地：广西。

分布：山西、安徽、福建、浙江、湖南、江西、广东、广西、四川、贵州。

讨论：食用菌和药用菌。

撰稿人：李泰辉

21 蛹虫草

虫草科 Cordycipitaceae

Cordyceps militaris (L.) Link, Handbuck zur Erkennung der Nutzbarsten und am Häufigsten Vorkommenden Gewächse 3:347. 1833; —*Clavaria granulosa* Bull., Hist. Champ. France (Paris) 10:199, tab. 496: 1, 1791; —*Clavaria militaris* L., Sp.pl.2:1182, 1753; —*Hypoxylon militare* (L) Mërat, Nouv. Fl. Environs Paris. 137, 1821; —*Xylaria militaris* (L.) Gray, Nat. Arr. Brit. Pl. (London) 1: 510, 1821.

子座单根或多个，从寄主虫体顶端长出，长2.7～10cm，粗2.8～5.5mm，黄色至橙黄色，不分枝；可育头部棒形，长0.8～3cm，粗3.3～6mm，黄色，顶端钝圆，无不育顶端，子囊壳半埋生，粗棒形，外露部分近锥形，呈棕褐色，500～1089×132～264μm，成熟时由壳口喷出白色胶质孢子角或小块；子囊140～570×4～6μm，蠕虫状，内含8个单行排列的孢子。子囊孢子柱状，断裂为5～7×1μm的小段。

生境：生于阔叶林及混交林地上或树皮缝内的鳞翅目昆虫蛹上。

产地：广西大瑶山自然保护区。

分布：河北、辽宁、吉林、黑龙江、安徽、陕西、福建、广东、广西、贵州、云南。

讨论：著名的食用及药用菌，所含虫草素(cordycepin)具有抗癌活性。

撰稿人：宋 斌

19 广东虫草

Cordyceps guangdongensis T. H. Li, Q. Y. Lin & B. Song

摄影：李泰辉

20 古尼虫草

Cordyceps gunnii Berk.

摄影：李泰辉

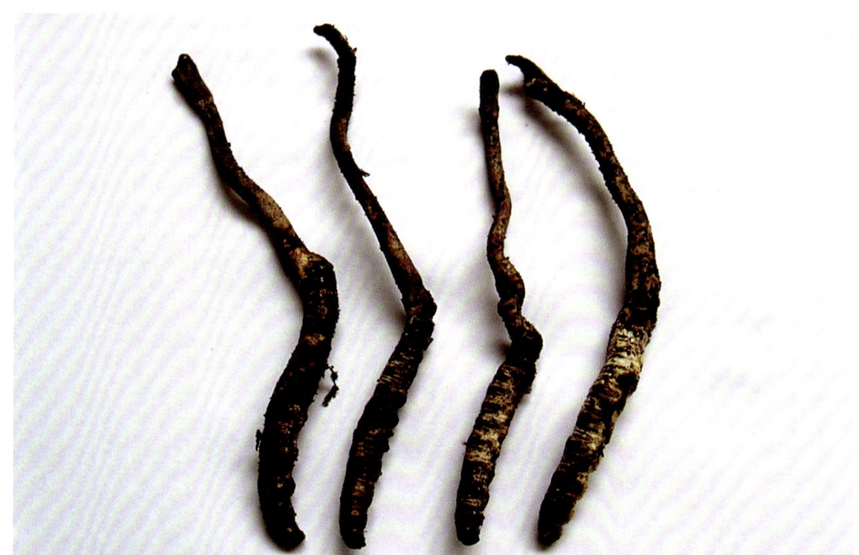

21 蛹虫草

Cordyceps militaris (L.) Link

摄影：黄　浩

22 新表生虫草

虫草科 Cordycipitaceae

Cordyceps neosuperficialis T.H. Li, Chun Y. Deng & B. Song, Mycotaxon 103: 373. 2008.

子座纤细，分枝或不分枝，从寄主虫体的一端或两端长出，长8～12cm，上截未长子囊壳时灰白色，下截则呈褐色；可育部分不膨大，与不育部分无明显界线；子囊壳表生于子座的上位四周，群生至丛生，卵形至近锥形，橙褐色，壳口稍突；子囊孢子比子囊略短，纤细，140～180 × 0.8～1.1μm, 有多个隔膜。

生境：生于阔叶林枯枝落叶层下腐枝内的鞘翅目幼虫体上。

产地：广东鼎湖山联合国人与生物圈自然保护区。

分布：广东。

讨论：新表生虫草最明显的识别特征是子座纤细、子囊壳表生、寄主鞘翅目幼虫藏于一截截的小枝中心。

撰稿人：李泰辉

---

23 蝉棒束孢

虫草科 Cordycipitaceae

Isaria cicadae Miq., Bull. Scienc. Phys. et Nat. Neerl., 86, 1838; —*Cordyceps cicadae* S.Z. Shing, Acta Microbiol. Sin. 15(1): 25, 1975; —*Paecilomyces cicadae* (Miq.) Samson, Stud. Mycol. 6: 52, 1974.

孢梗束从寄主蝉的头部生出，多根簇生，高5～12cm，基部和上部皆可分枝，圆柱形至棒状，直或稍弯曲，近白色，顶部粉状。分生孢子较大 6～10 × 2～3.5μm，常弯曲。

生境：在毛竹林的潮湿地方，寄生于蝉上。

产地：广西猫儿山国家级自然保护区。

分布：福建、广西、海南、台湾。

讨论：药用菌。

撰稿人：吴兴亮

---

24 头状虫草

线虫草科 Ophiocordycipitaceae

Elaphocordyceps capitata (Holmsk.) G.H. Sung, J.M. Sung & Spatafora, in Sung, Hywel-Jones, Sung, Luangsa-ard, Shrestha & Spatafora, Stud. Mycol. 57: 37, 2007; —*Cordyceps capitata* (Holmsk.) Link, Handbuck zur Erkennung der Nutzbarsten und am Häufigsten Vorkommenden Gewächse 3: 347, 1833.

子囊果寄生于大团囊菌果上，高6～10cm，单个，不分枝；柄部长6～8cm，粗1.5～1cm，圆柱形，直或多弯曲，淡黄色或黄白色，表面粗糙有稍颗粒；子座头部近头形或近球形，黄褐色或红褐色，表面有粗糙颗粒。子囊细长，320～350 × 9～10μm；子囊孢子无色，细长，线形，有多数分隔，约断为16～22 × 2～3.5μm的小段。

生境：阔叶林的潮湿地方，寄生于大团囊菌上。

产地：广西大瑶山国家级自然保护区。

分布：广西、云南。

讨论：药用菌。

撰稿人：吴兴亮

---

22 新表生虫草

Cordyceps neosuperficialis T.H. Li, Chun Y. Deng & B. Song

摄影：李泰辉

23 蝉棒束孢

Isaria cicadae Miq.

摄影：吴兴亮

24 头状虫草

Elaphocordyceps capitata (Holmsk.) G.H. Sung, JM. Sung & Spatafora

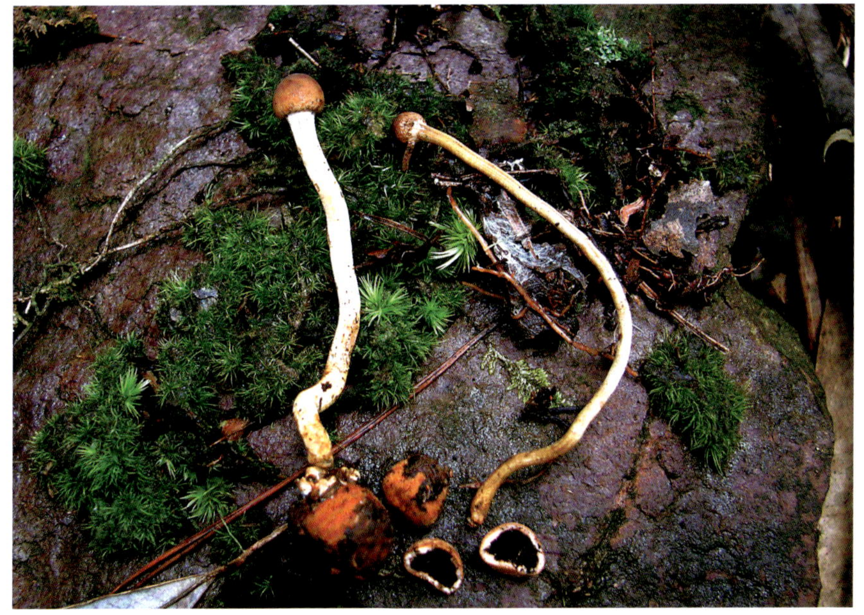

摄影：杨友联

25 稻子山虫草

线虫草科 Ophiocordycipitaceae

Elaphocordyceps inegoensis (Kobayasi) G.H. Sung, J.M. Sung & Spatafora [as *'inegoënsis'*], in Sung, Hywel-Jones, Sung, Luangsa-ard, Shrestha & Spatafora, Stud. Mycol. 57: 37, 2007; —*Cordyceps inegoensis* Kobayasi, Bull. Nat. Sci. Mus. Tokyo 6: 292, 1963.

子座单个或2个，从寄主蝉的头部长出，不分枝，高8.5～10.5cm，圆柱形至棒状，肉质，直或稍弯曲；可育部顶生，柱形至纺锤形，暗橄榄色，40～50mm，粗5～7mm，表面粗糙有稍颗粒，无不育尖端；柄部长3～4cm，粗5～7mm，淡黄色或淡黄白色，向下近白色；子囊孢子断裂，次生子囊孢子短柱状，2.5～3 x 3μm。

生境： 在毛竹林的潮湿地方，寄生于蝉上。

产地： 广西猫儿山国家级自然保护区。

分布： 福建、广西、台湾。

讨论： 稻子山虫草*Elaphocordyceps inegoensis* (Kobayasi) G.H. Sung, J. M. Sung & Spatafora归到*Elaphocordyceps*属是考虑到它的系统亲缘关系，而不是寄生。

撰稿人：吴兴亮

26 江西虫草

线虫草科 Ophiocordycipitaceae

Ophiocordyceps jiangxiensis (Z.Q. Liang, A. Y. Liu &Yong C. Jiang) G. H. Sung, J. M. Sung, Hywel-Jones & Spatafora, in Sung, Hywel-Jones, Sung, Luangsa-ard, Shrestha & Spatafora, Stud. Mycol. 57: 43, 2007; —*Cordyceps jiangxiensis* Z. Q. Liang, A. Y. Liu & Yong C. Jiang, Mycosystema 20(3): 306, 2001.

子座从寄主的头部长出，簇生或丛生，柱状，可分枝，45～80 x 3～5mm，淡褐色，无不育尖端。子囊400～450 x 7～7.5μm；子囊孢子不断裂，长柱状， 5.5～7 x 1～1.2μm。

生境： 在林下的潮湿地方，寄生于丽叩甲或绿腹丽叩甲的幼虫体上。

产地： 广西金花茶国家级自然保护区。

分布： 福建、江西、广西。

讨论： 本种归到线虫草属*Ophiocordyceps*是考虑到它的系统亲缘关系，而不是寄主。

撰稿人：吴兴亮

25 稻子山虫草 *Elaphocordyceps inegoensis* (Kobayasi) G.H. Sung, J.M. Sung & Spatafora　　摄影：吴兴亮

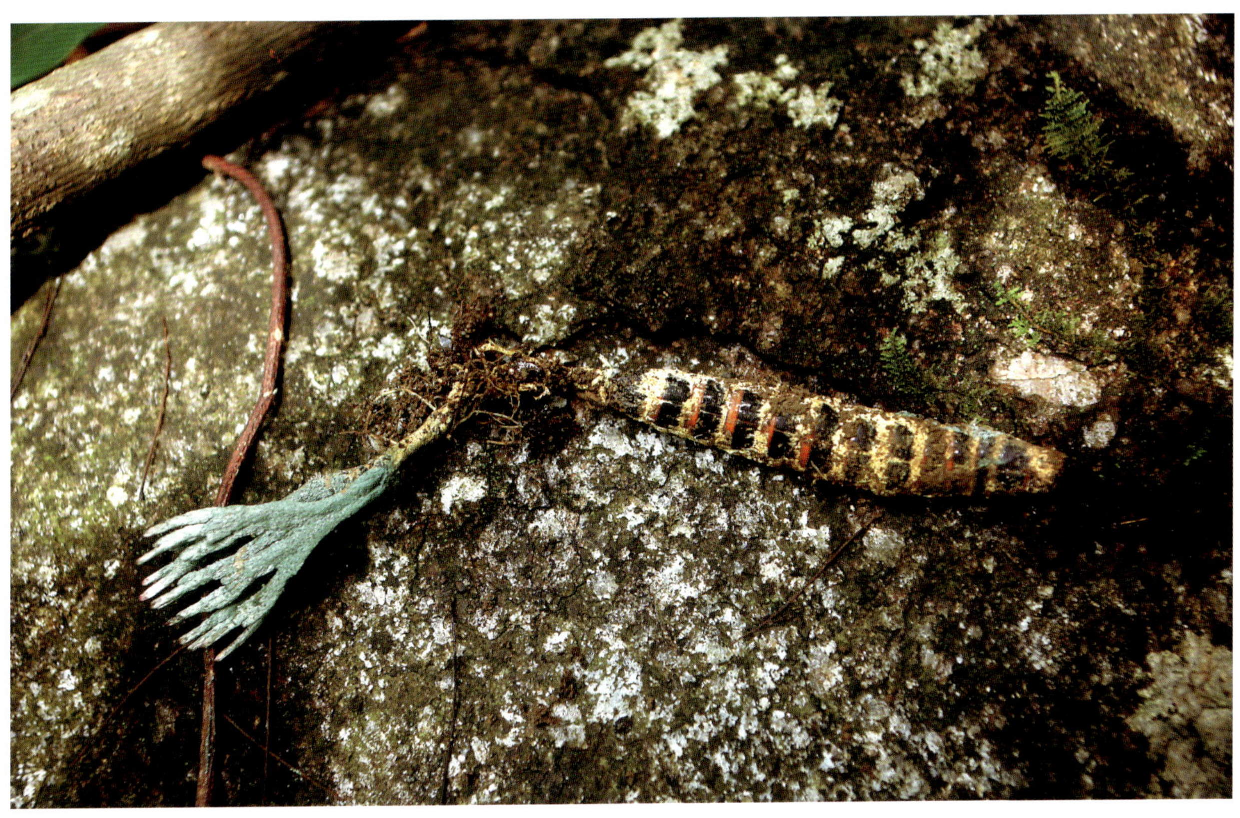

26 江西虫草 *Ophiocordyceps jiangxiensis* (Z.Q. Liang, A.Y. Liu & Yong C. Jiang) G.H. Sung *et al.*　　摄影：吴兴亮

27 蚁窝虫草

线虫草科 Ophiocordycipitaceae

Ophiocordyceps formicarum (Kobayasi) G.H. Sung, J.M. Sung, Hywel-Jones & Spatafora, in Sung, Hywel-Jones, Sung, Luangsa-ard, Shrestha & Spatafora, Stud. Mycol. 57: 45 2007; —*Cordyceps myrmecophila* Ces., in Rabenhorst, Klotzschii Herb. Viv. Mycol.: no. 1033, 1861.

子座单根，从寄主蚂蚁的胸部或颈部长出，细长而弯曲，长3.5～6.5cm，粗1～2mm，淡黄色、柠檬黄色至黄色，有光泽，较硬，顶端黄色至橙色，卵形、椭圆形至柠檬形或近球形，长0.4～0.6cm，粗3～4mm。子囊孢子横断成6～8 × 1～1.5μm的小段，小段与小段间段节分明。

生境：生于蚂蚁上。

产地：海南尖峰岭国家级自然保护区；广西十万大山、大瑶山自然保护区。

分布：福建、广东、广西、海南、贵州。

讨论：本种归到线虫草属*Ophiocordyceps*是考虑到它的系统亲缘关系，而不是寄主。

撰稿人：吴兴亮

28 下垂虫草

线虫草科 Ophiocordycipitaceae

Ophiocordyceps nutans (Pat.) G.H. Sung, J. M. Sung, Hywel-Jones & Spatafora, in Sung, Hywel-Jones, Sung, Luangsa-ard, Shrestha & Spatafora, Stud. Mycol. 57: 45, 2007; —*Cordyceps nutans* Pat., Bull. Soc. Mycol. Fr. 3: 127, 1887.

子座1～2个，从虫体胸部或背侧长出，长4～10cm；柄细长，直生或稍弯曲，粗1mm或稍粗，下部黑色，上部与头部同色；头部短棒形或圆柱形，橘黄色至橘红色，后褪为黄色，5～12 × 1.5～3mm。子囊孢子断为5～8 × 1～1.3μm的小段。

生境：生于半翅目的成虫上。

产地：海南霸王岭、五指山国家级自然保护区；广西十万大山国家级自然保护区。

分布：浙江、安徽、河南、广东、广西、海南、贵州。

讨论：在热带亚热带地区阔叶林的潮湿地方常见，有时数十条散生在一个不到1平方米的地方。

撰稿人：吴兴亮

29 尖头虫草

线虫草科 Ophiocordycipitaceae

Ophiocordyceps oxycephala (Penz. & Sacc.) G. H. Sung, J. M. Sung, Hywel-Jones & Spatafora, in Sung, Hywel-Jones, Sung, Luangsa-ard, Shrestha & Spatafora, Stud. Mycol. 57: 45, 2007; —*Cordyceps oxycephala* Penz. & Sacc., Malpiphia 11: 521, 1897.

子座单根，从蜂头长出，高10～15cm，粗约3.5mm，不分枝，子座上部近柠檬黄色，下部黄褐色，柄细长，直或弯曲，粗0.5～1mm；头部长椭圆形至圆柱状，柠檬黄色，15 × 1.5mm。子囊壳倾斜埋生于子座内，长颈瓶形，800 × 190μm；子囊孢子易断裂，断后的孢子小段约8～10 × 1～1.5μm。

生境：生于胡蜂科黄蜂的成虫上。

产地：海南五指山国家级自然保护区；广西大瑶山、十万大山国家级自然保护区。

分布：广东、广西、海南、贵州。

讨论：尖头虫草现归到线虫草属*Ophiocordyceps*中，是考虑到它的系统亲缘关系，而不是寄主。

撰稿人：吴兴亮

27 蚁窝虫草

Ophiocordyceps formicarum (Kobayasi) G. H. Sung, J. M. Sung, J.M. Sung. Hywel-Jones & Spatafora.

摄影：李常春

28 下垂虫草

Ophiocordyceps nutans (Pat.) G.H. Sung, J.M. Sung, J.M. Sung. Hywel-Jones & Spatafora.

摄影：吴兴亮

29 尖头虫草

Ophiocordyceps oxycephala (Penz. & Sacc.) G.H.Sung, J.M. Sung & Spatafora

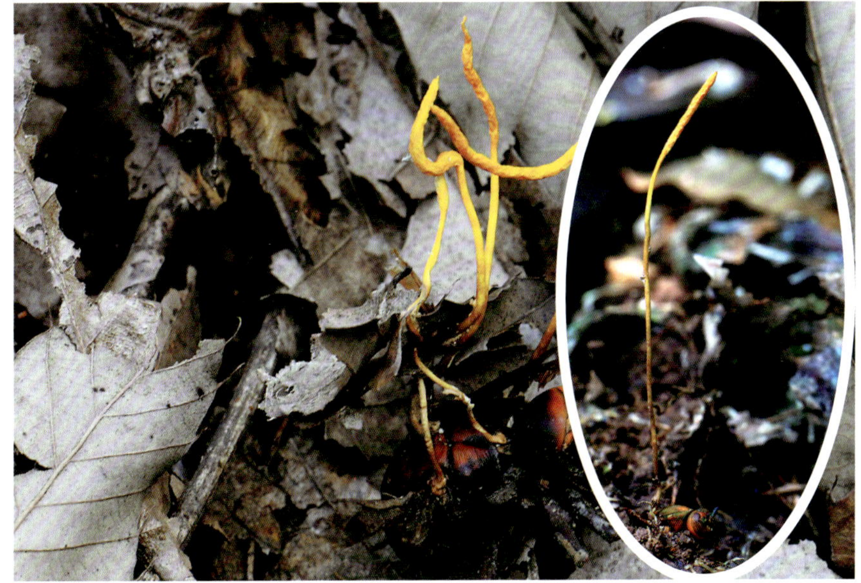

摄影：吴兴亮

30 蜂头虫草 线虫草科 Ophiocordycipitaceae

Ophiocordyceps sphecocephala (Klotzsch ex Berk.) G.H. Sung, J.M. Sung, Hywel-Jones & Spatafora, in Sung, Hywel-Jones, Sung, Luangsa-ard, Shrestha & Spatafora, Stud. Mycol. 57: 47, 2007; — *Cordyceps sphecocephala* (Klotzsch ex Berk.) Berk. & M. A. Curtis, J. Linn. Soc., Bot. 10(no. 46): 376, 1868.

子座单根，从寄主胸部长出，高8cm，淡黄色或近柠檬黄色至橙黄色，弯曲，粗0.5～1mm；头部棒形，15×1.5mm。子囊近圆柱形，130～200×5～7μm；子囊孢子易断裂，断后的孢子小段约6～13×1～1.5μm。

生境：生于黄蜂的成虫上。

产地：海南五指山国家级自然保护区；广西大瑶山、猫儿山国家级自然保护区。

分布：浙江、广西、海南、贵州。

讨论：蜂头虫草现归到线虫草属*Ophiocordyceps*中，是考虑到它的系统亲缘关系。

撰稿人：吴兴亮

---

31 吹泡虫虫草 线虫草科 Ophiocordycipitaceae

Ophiocordyceps tricentri (Yasuda) G.H. Sung, J.M. Sung, Hywel-Jones & Spatafora, in Sung, Hywel-Jones, Sung, Luangsa-ard, Shrestha & Spatafora, Stud. Mycol. 57: 47, 2007; —*Cordyceps tricentri* Yasuda, (as *C.* '*tricentrus*') in Lloyd, Mycol. Writ. 4: 568, 1915.

子座单根或2根，从寄主胸部长出，高10～15cm×1～1.5mm，不分枝；子座橙黄色，柄粗0.5～1.3mm，长100～120mm，棒状，直或弯曲；可育部分柠檬形至短柱状，15～20×1～1.5mm。子囊壳长颈瓶形，800×280μm；子囊长柱状，330×6～7μm，宽近7.2μm；子囊帽近柱状，9～12×1.5～2μm；子囊孢子断后的孢子小段约8～10×1～1.5μm。

生境：生于沫蝉的成虫上。

产地：广西猫儿山国家级自然保护区。

分布：吉林、广西、四川、贵州、云南。

讨论：吹泡虫虫草现归到线虫草属*Ophiocordyceps*中，是考虑到它的系统亲缘关系。

撰稿人：吴兴亮

---

32 歪孢菌寄生 肉座菌科 Hypocreaceae

Hypomyces hyalinus (Schwein.) Tul. & C. Tul., Annls Sci. Nat., Bot., Sér. 4 13: 11, 1860; —*Apiocrea hyalina* (Schwein.) Syd. & P. Syd., Annls Mycol. 18: 187, 1920; —*Hypolyssus hyalinus* (Schwein.) Kuntze, Revis. Gen. pl. (Leipzig) 3: 488, 1898; —*Peckiella hyalina* (Schwein.) Sacc., Syll. Fung. (Abellini) 9: 945, 1891; —*Sphaeria hyalina* Schwein., Schr. Naturf. Ges. Leipzig 1: 30, 1822.

肉座菌类真菌寄生在伞菌或喇叭菌子实体外表；初呈污白絮状覆盖，后呈淡粉色至淡灰红色，上表面呈橙黄色，下表面呈粉肉色。子囊长棒状，长110～150μm，宽5～6.5μm；子囊孢子单行排列；子囊孢子长纺缍形，长18～20μm，宽4.5～5.5μm，后期有微疣，透明至微黄色。

生境：生于伞菌或喇叭菌等菌体上。

产地：广西十万大山自然保护区。

分布：江苏、浙江、广西、四川、贵州、云南。

讨论：食用菌。

撰稿人：吴兴亮

30 蜂头虫草

Ophiocordyceps sphecocephala (Klotzsch ex Berk.) G.H. Sung, J.M. Sung. Hywel-Jones & Spatafora

摄影：李常春、王绍能

31 吹泡虫虫草

Ophiocordyceps tricentri (Yasuda) G.H. Sung, J.M. Sung. Hywel-Jones & Spatafora

摄影：吴兴亮、黄浩

32 歪孢菌寄生

Hypomyces hyalinus (Schwein.) Tul. & C. Tul.

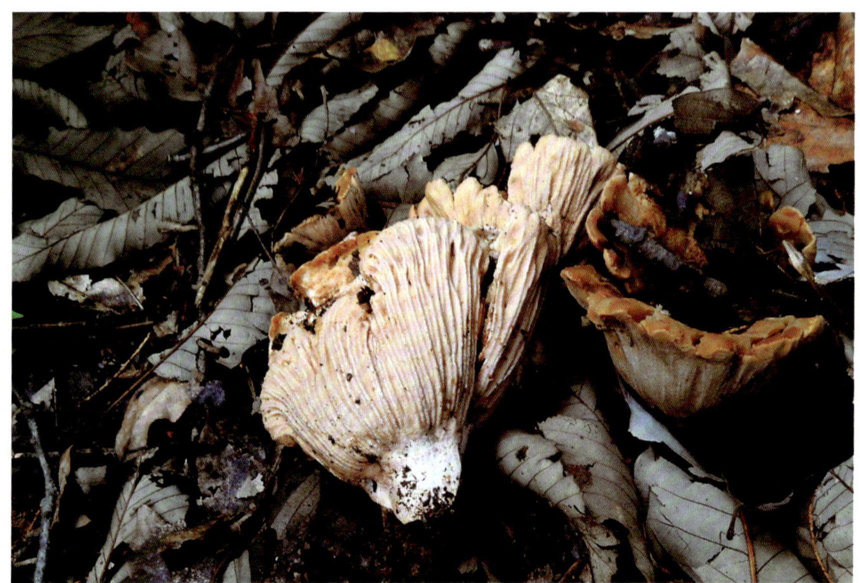

摄影：吴兴亮

33　黑轮层炭壳　　炭角菌科　Xylariaceae

Daldinia concentrica (Bolton) Ces. & De Not., Comm. Soc. crittog. Ital. 1: 197, 1863; —*Daldinia tuberosa* (Scop.) J. Schröt., Jber. Schles. Ges. vaterl. Kultur 59: 464, 1881.

子座球形或半球形，无柄或有短柄，单生或聚生于基物表面，外表面初期紫红褐色，后变黑褐色至黑色，内部暗褐色，横径0.8～4.5cm，纵径0.6～3cm；外层木炭质，木炭色，色深而致密；内层纤维质，色较浅而疏松，呈同心环带状。子囊孢子椭圆形或近似肾形，褐色至深褐色，11.5～15 × 6～8μm。

生境： 生于阔叶林中的伐桩或立木干基部朽木上。

产地： 海南五指山、尖峰岭、霸王岭自然保护区；广西大瑶山、十万大山自然保护区。

分布： 江苏、江西、福建、湖北、湖南、广东、广西、海南、四川、贵州、云南、西藏、台湾、陕西。

讨论： 木腐菌。被害木质部形成杂斑腐朽。

撰稿人：吴兴亮

34　光轮层炭壳　　炭角菌科　Xylariaceae

Daldinia eschscholzii (Ehrenb.) Rehm, Annls Mycol. 2: 175, 1904.

子座2～6 × 2～3cm，高0.8～1.3cm，扁球形，光滑，无柄，单生或相互连接；外子座薄而脆，暗褐色至黑色；内子座暗褐色，纤维状，可见明显的同心环带；子囊孢子单行，7～14 × 4.5～5.4μm，不等边椭圆形或近肾形，光滑，暗褐色。

生境： 生于阔叶树枯木和树皮上。

产地： 深圳梧桐山；海南五指山自然保护区。

分布： 福建、广东、海南、广西、云南、四川。

讨论： 层炭壳菌最明显的特征之一是其剖面有明显同心环带，采集时手指常会沾上黑色的粉末（孢子）。

撰稿人：李泰辉

35　大孢炭角菌　　炭角菌科　Xylariaceae

Xylaria berkeleyi Mont., Grevillea 11(no. 59): 85, 1883; —*Xylosphaera berkeleyi* (Mont.) Dennis, Kew Bull. 13(1): 102, 1958.

子座高3～8cm，头部长1.5～6cm，粗0.3～0.5cm，近圆柱形或椭圆形，顶部钝，内部白色；柄长1.5～3.6cm，暗紫褐色，有皱纹，基部有绒毛；子囊壳宽500～700μm，近球形，孔口疣状；子囊圆柱形，有孢子部分105～150 × 7～11μm。孢子9～25 × 5～7μm，椭圆形或肾形，单胞，深褐色或褐色。

生境： 群生于阔叶林中地上。

产地： 广东阳春鹅凰嶂。

分布： 广东。

讨论： 子囊孢子单行排列。

撰稿人：宋　斌

---

33 黑轮层炭壳

Daldinia concentrica
(Bolton) Ces. & De Not.

摄影：吴兴亮

34 光轮层炭壳

Daldinia eschscholzii
(Ehrenb.) Rehm

摄影：李泰辉

35 大孢炭角菌

Xylaria berkeleyi Mont.

摄影：李泰辉

36 巴西炭角菌 炭角菌科 Xylariaceae

Xylaria brasiliensis (Theiss.) Lloyd, Mycol. Notes (Cincinnati) 6(no. 61): 893, 1919; —*Xylaria arenicola* var. *brasiliensis* Theiss., Annls Mycol. 6(4): 343, 1908; —*Xylosphaera brasiliensis* (Theiss.) Dennis, Kew Bull. 13 (1): 102, 1958.

子座单根，有时柄顶分叉，地上部分高2～8cm；头部长扁形，长2～4cm，宽5～20mm，表面黑色，由于子囊壳孔口的突起而粗糙，内部白色，充实；菌柄长1～3cm，粗3～5mm，有皱纹，无毛，柄基有向下延伸的假根。子囊47～81×8～11μm，棒形；子囊孢子8～9×3.5～4μm，椭圆形，光滑，褐色至黑褐色。

生境： 阔叶林中地上。

产地： 广东深圳梧桐山。

分布： 江苏、浙江、江西、广东、广西、海南、云南。

讨论： 此种顶端不见不育部分。

撰稿人：宋　斌

37 果生炭角菌 炭角菌科 Xylariaceae

Xylaria carpophila (Pers.) Fr., Summa veg. Scand., Section Post. (Stockholm): 382, 1849.

子座一个至数个从一坚果长出，不分枝，内部白色；头部近圆形，顶端有不育小尖，长5～25mm（包括小尖），粗1.5～2.5mm，有纵向皱纹；柄长短不一，粗约1mm，基部有绒毛；子囊壳球形，宽约400μm，埋生，孔口疣状，外露；子囊圆筒形，有孢子部分100～120×6μm，柄长约50μm；孢子单行排列，不等边椭圆形或肾形，褐色，12－16×5μm。

生境： 单生至散生于枫香树的落果上。

产地： 海南五指山、尖峰岭、霸王岭自然保护区；广西大瑶山、猫儿山、十万大山自然保护区。

分布： 安徽、江苏、浙江、福建、江西、湖南、广西、贵州。

讨论： 用途不明。

撰稿人：吴兴亮

38 毛鞭炭角菌 炭角菌科 Xylariaceae

Xylaria ianthinovelutina (Mont.) Fr., in Montagne, Annls Sci. Nat., Bot., sér. 2 3: 339, 1835; —*Hypoxylon ianthinovelutinum* Mont., Annls Sci. Nat., Bot., sér. 2 13: 348, 1840; —*Xylosphaera ianthinovelutina* (Mont.) Dennis, Kew Bull. 13(1): 104, 1958.

子座散生至近群生，高2～7cm，单根，少数分叉，向上渐细，顶端不育，内部白色；柄暗褐色，长1～5cm，基部粗1～2mm，有粗毛；子囊壳球形，宽350～550μm，几乎生于子座的表面；子囊圆筒形，有长柄，有孢子部分65～75×5μm；孢子单行排列，不等边梭形，黑褐色，10～13×4～5.5μm。

生境： 生于落果上，有时生于木头上。

产地： 海南五指山、尖峰岭、霸王岭自然保护区；广西大瑶山、猫儿山自然保护区。

分布： 云南，广西，海南。

讨论： 用途不明。

撰稿人：吴兴亮

36 巴西炭角菌

Xylaria brasiliensis (Theiss.) Lloyd

摄影：李泰辉

37 果生炭角菌

Xylaria carpophila (Pers.) Fr.

摄影：吴兴亮

38 毛鞭炭角菌

Xylaria ianthinovelutina (Mont.) Fr.

摄影：吴兴亮，黄浩

39 黑柄炭角菌 炭角菌科 Xylariaceae

Xylaria nigripes (Klotzsch) Sacc., Syll. Fung. 9: 527, 1891; —*Sphaeria nigripes* Klotzsch, Linn 7: 203, 1832.

子座中等大，通常单生，但有时分枝，分散或丛生于地上。其地下部分连接着白蚁窝，高3.5～16cm，早期白色，后变黑色；菌柄长1.5～7cm，粗1～5mm；头部有纵行皱纹；假根从柄基部延伸在地下可达23cm末端连接着菌核；菌核卵圆形，暗褐色至黑色，5～7 × 3.5～5cm；子囊有孢子部分30～36 × 3.5～4.2μm，圆柱状。子囊孢子4～5.7 × 2.5～3μm，不等边椭圆形至半球形，褐色。

生境： 菌核生长在废弃的白蚁窝上。

产地： 海南尖峰岭、霸王岭自然保护区；广东阳春鹅凰嶂。

分布： 江苏、浙江、江西、台湾、广东、四川、西藏、河南、海南、广西、福建。

讨论： 菌核药用，能除湿、镇惊、止心悸，催乳、补肾、安眠的作用。治产后失血，跌打损伤。

撰稿人：李泰辉

40 多形炭角菌 炭角菌科 Xylariaceae

Xylaria polymorpha (Pers.) Grev., Fl. Edin.: 355, 1824.

子座一般中等，单生或几个在基部连在一起，干时质地较硬；可育部分高3～12cm，粗0.5～2.2cm，呈棒形、圆柱形、椭圆形、哑铃形、近球形或扁曲，内部肉色，表皮多皱，暗色或黑褐色至黑色，无不育顶部；菌柄一般较细，生腐木上者较生土中腐木或腐木缝中的要细长，往往生木上的基部有绒毛；子囊150～200 × 8～10μm，圆筒状，有长柄。孢子20～33 × 6~-8(11.4)μm，梭形，呈不等边，褐色至黑褐色。

生境： 生于林间倒腐木、树桩的树皮或裂缝间。

产地： 广东省车八岭国家级自然保护区；海南五指山、尖峰岭、霸王岭自然保护区；广西大瑶山、猫儿山自然保护区。

分布： 福建、台湾、香港、广东、广西、江西、云南、四川、西藏、海南。

讨论： 记载可药用。往往发生在木耳、香菇段木上，不过腐朽力弱。

撰稿人：李泰辉

41 皱皮炭角菌 炭角菌科 Xylariaceae

Xylaria scruposa (Fr.) Berk., Nova Acta R. Soc. Scient. Upsal., Ser. 3 1: 127, 1851; —*Sphaeria scruposa* Fr., Elench. Fung. (Greifswald) 2: 55, 1828.

子座单根，高2.5～8cm；可育头部长2.5～6cm，粗5～10mm，锥形或棒形，有时扁，顶端钝，表面暗褐色至黑色，有皱纹，内部白色，充实，有时头部中央有一纵长裂缝；菌柄长10～30mm，粗1.5～3mm，圆柱形，有细绒毛，后变光滑。子囊孢子21～28 × 5～8.5μm，长椭圆形或不等边椭圆形，单胞，浅褐色至褐色。

生境： 散生至群生于阔叶林中腐木上。

产地： 广东阳春鹅凰嶂；海南五指山自然保护区。

分布： 广东、海南、云南。

讨论： 属木腐菌，可能引起木腐。

撰稿人：宋　斌

39 黑柄炭角菌

Xylaria nigripes (Klotzsch) Sacc.

摄影：李泰辉

40 多形炭角菌

Xylaria polymorpha (Pers.) Grev.

摄影：吴兴亮、李泰辉

41 皱皮炭角菌

Xylaria scruposa (Fr.) Berk.

摄影：李泰辉

担子菌门是一类能产生担子和担孢子的真菌类群，包括了木耳、香菇、灵芝、马勃、鬼笔等，大多数是重要的食药用菌和菌根菌，少数为毒菌或有害真菌。

（曾念开　摄）

中国热带真菌描述
担子菌门
Basidiomycota

42 大紫蘑菇

伞菌科 Agaricaceae

Agaricus augustus Fr., Epicr. Syst. Mycol. (Uppsala): 212, 1838;—*Psalliota subrufescens* sensu Lange, Fl. Ag. Dan. 4: 55 & pl. 136B,1939;—*Psalliota augusta* (Fr.) Quél., Mém. Soc. Émul. Montbéliard Sér. 25: 255, 1872; —*Agaricus perrarus* Schulzer, Verh. Zool. -Bot. Ges. Wien 29: 493, 1880; —*Agaricus peroNatus* Massee, Brit. Fung.-Fl. (London) 1: 415, 1892; —*Agaricus augustus* var. *perrarus* (Schulzer) Bon & Cappelli, Doc. Mycol. 13(no. 52): 16, 1983.

菌盖宽5～12cm，初期扁半球形，后伸展，浅褐色，覆有褐色或紫褐色纤毛状鳞片；菌肉白色，厚，脆；菌褶初为粉白色，后为粉红色至紫褐色，最后变为黑褐色，离生，长短不等，密；菌柄近白色，长7～12cm，粗1.2～1.8cm，圆柱形或基部稍膨大，中空，菌环以上近白色，菌环以下有白色至黄褐色纤毛状鳞片；菌环生于柄的上部至中部，膜质，白色至淡黄褐色，易脱落。孢子印深褐色；担孢子椭圆形至近卵圆形，光滑，暗褐色，7～9 × 5.5～6μm。

生境： 生于林地上。

产地： 海南尖峰岭、霸王岭国家级自然保护区。

分布： 福建、广西、海南。

讨论： 食用菌。

撰稿人：吴兴亮

43 雀斑蘑菇

伞菌科 Agaricaceae

Agaricus micromegethus Peck, Bull. N.Y. St. Mus. 94: 36, 1905.

菌盖宽3.5～7.5cm，初期扁半球形，后伸展，近白色，具浅棕褐色纤毛状鳞片，中部较深；菌肉污白色，伤不变色；菌褶初期污白色，后为粉红色至红褐色，最后变为深褐色，离生，长短不等，密；菌柄圆柱形，污白色至灰白色，长3～5.5cm，粗0.8～1cm，圆柱状，有时基部稍膨大；菌环生于柄的上部，膜质，白色，易脱落。担孢子椭圆形，光滑，褐色， 4.5～6 × 3.5～4μm；孢子印深褐色。

生境： 生于竹林地上。

产地： 海南尖峰岭国家级自然保护区；广西猫儿山国家级自然保护区。

分布： 江苏、广西、海南。

讨论： 食用菌。

撰稿人：吴兴亮

42 大紫蘑菇 *Agaricus augustus* Fr. 摄影：吴兴亮

43 雀斑蘑菇 *Agaricus micromegethus* Peck 摄影：黄 浩

44 丛毛蘑菇 伞菌科 Agaricaceae

Agaricus moelleri Wasser, Nov. Sist. Niz. Rast. 13: 77, 1976; —*Agaricus xanthodermus* var. *obscuratus* Maire, Bull. Soc. Mycol. Fr. 26: 192, 1910; —*Psalliota meleagris* Jul. Schäff., Z. Pilzk. 4(2): 28, 1925; —*Agaricus meleagris* (Jul. Schäff.) Imbach, Mitt. Naturf. Ges. Luzern (London) 15: 15, 1946; —*Agaricus meleagris* var. *terricolor* (F. H. Møller) F.H. Møller, Friesia 4: 208, 1952.

菌盖宽6～7.5cm，灰白褐色，中央深灰褐色，不粘，凸出形至平展形，被白色绒毛和灰褐色绒毛状或丛毛状鳞片，肉质，边缘整齐至近波状，有内菌幕残片；菌肉近柄处厚5～6mm，白色，伤不变色；菌褶盖缘处每cm24～28片，宽4～6mm，红褐色，不等长，离生，褶缘近平滑；菌环白色，上位，单环，易脱落，不活动；菌柄中生，长7~10 cm，近柄顶部分粗5～7mm，棒形，微弯曲，柄基略膨大，白色，被白绒毛，空心；孢子印紫褐色。担孢子4～5.5（～6）× 2.5～3.5μm，椭圆形，无芽孔，光滑，紫褐色，非淀粉质；担子15～20 × 5～6μm，细棒形。褶缘囊状体28～32 × 11～13μm，宽棒形至近泡囊状，无色，非淀粉质；菌盖外皮层菌丝丛状翘起至不规则。未见锁状联合。

生境：单生于混交林地上。

产地：广东英德石门台、广州市越秀公园；海南霸王岭自然保护区。

分布：广东、海南。

讨论：有毒。

撰稿人：宋 斌

45 紫红蘑菇 伞菌科 Agaricaceae

Agaricus subrutilescens (Kauffman) Hotson & D.E. Stuntz, Mycologia 30(2): 219, 1938; —*Psalliota subrutilescens* Kauffman, Pap. Mich. Acad. Sci. 5: 141, 1925.

菌盖宽5～10cm，初期扁半球形，后伸展，近白色，覆有紫红褐色鳞片，边缘渐稀；菌肉污白色，较厚；菌褶初为白色，后为粉红色至红褐色，最后变为深褐色，离生，长短不等，密；菌柄圆柱形，污白色至灰白色，长7～16cm，粗1～2cm，光滑，基部稍膨大，中空，菌环以下有屑状鳞片；菌环大，生于柄的中至上部，膜质，白色，易脱落。担孢子椭圆形，光滑，暗褐色，有芽孢，5.5～6.5 × 3.2～4μm；孢子印深褐色。

生境：生于混交林地上。

产地：海南尖峰岭国家级自然保护区；广西猫儿山国家级自然保护区。

分布：广西、海南、西藏。

讨论：食用菌。

撰稿人：吴兴亮

44 丛毛蘑菇 *Agaricus moelleri* Wasser　　摄影：李泰辉

45 紫红蘑菇 *Agaricus subrutilescens* (Kauffman) Hotson & D.E. Stuntz　　摄影：黄　浩

46 小静灰球菌 伞菌科 Agaricaceae

Bovista pusilla (Batsch) Pers., Syn. Meth. Fung. (Göttingen) 1: 138, 1801; —*Bovistella pusilla* (Batsch) Lloyd, Mycol. Writ. 3: 603, 1910; —*Lycoperdon pusillum* Batsch, Elench. Fung., Cont. Sec. (Halle): 123, Tab. 41:228, 1789; —*Pseudolycoperdon pusillum* (Pers.) Velen., Novit. Mycol. Nov., (Op. Bot. Ćech.): 93, 1947.

担子果较小，近球形，宽1～2cm，幼时白色，后变为浅土黄色至浅茶褐色，无不育基部；包被两层，外包被为易于脱落的一层细小的颗粒所组成，内包被薄而平滑，成熟时顶端开一小口。孢体呈蜜黄色至浅茶褐色；孢丝浅黄色，分枝，宽3～4μm；担孢子球形，淡黄色，壁表近平滑，3～4μm。

生境： 生于林中地上。

产地： 海南五指山、尖峰岭、吊罗山、霸王岭、黎母山自然保护区；广西十万大山自然保护区。

分布： 福建、广东、广西、海南、贵州、云南。

讨论： 药用菌。

撰稿人：吴兴亮

47 白秃马勃 伞菌科 Agaricaceae

Calvatia candida (Rostk.) Hollós, Term. Fuez. 25: 112, 1902; —*Bovista tunicata* Bonord., Bot. Zeit. 15: 597, 1857; —*Lycoperdon candidum*(Rostk.)Bonord., in Sacc. Syll. Fung. 7: 483, 1888.

担子果陀螺形或葫芦形，宽3.5～6cm，高约3.5cm，白色；外包被膜质，薄，白色，上密生白绒毛或毛状小鳞片，逐渐光滑，内包被白色，较脆，成熟后顶部开裂，并成片脱落；产孢组织蜜黄色至浅茶褐色。担孢子卵圆形至近球形，4～5μm，近光滑至有不明显小疣；孢丝宽2.5～4.5μm，无色，有分枝和隔膜。

生境： 生于阔叶林或竹林中地上。

产地： 海南五指山国家级自然保护区、海口市公园。

分布： 河北、辽宁、山西、黑龙江、新疆、广东、广西、海南、贵州、西藏、陕西。

讨论： 食用菌。幼时可食用，成熟后可药用。

撰稿人：吴兴亮

48 头状秃马勃 伞菌科 Agaricaceae

Calvatia craniiformis (Schw.) Fr. , Summa Veg. Scand. 442. 1849; —*Bovista craniiformis* Schwein., Trans. Amer. Philos. Soc. 4(2): 256, 1832.

担子果高5～15cm，宽4～10cm，陀螺形，不育基部发达，以根状菌索固着在地上；包被二层均为膜质，茶黄褐色或酱黄褐色，表面初期具微细绒毛，逐渐光滑，成熟后顶部开裂，并成片脱落；产孢组织幼时白色，后为蜜黄色。担孢子球形或广椭圆形，淡黄色，表面有极细微的小疣或不明显，3～4μm；孢丝淡黄绿色。

生境： 生于阔叶林或竹林中地上。

产地： 海南五指山国家级自然保护区；广西十万大山国家级自然保护区。

分布： 浙江、安徽、河南、广东、广西、海南、贵州。

讨论： 食用菌。幼时可食用，成熟后可药用。

撰稿人：吴兴亮

46 小静灰球菌

Bovista pusilla (Batsch) Pers.

摄影：吴兴亮

47 白秃马勃

Calvatia candida (Rostk.) Hollós

摄影：吴兴亮

48 头状秃马勃

Calvatia craniiformis (Schw.) Fr.

摄影：吴兴亮

49 铅绿褶菇

伞菌科 Agaricaceae

Chlorophyllum molybdites (G. Mey.) Massee, Bull. Misc. Inf., Kew: 136, 1898; —*Agaricus molybdites* G. Mey., Prim. fl. esseq.: 300, 1818; —*Chlorophyllum esculentum* Massee, Bull. Misc. Inf., Kew, 1898; —*Lepiota molybdites* (G. Mey.) Sacc., Syll. Fung. (Abellini) 5: 30, 1887; —*Leucocoprinus molybdites* (G. Mey.) Pat., 1899; —*Macrolepiota molybdites* (G. Mey.) G. Moreno, Bañares & Heykoop, Mycotaxon 55: 467, 1995; —*Mastocephalus molybdites* (G. Mey.) O. Kuntze, Revis. Gen. pl. (Leipzig) 2: 860, 1891.

菌盖宽5～25cm，白色，半球形、扁半球形，中部稍凸起，幼时表皮暗褐色或浅褐色，逐渐裂为鳞片，顶部鳞片大而厚呈褐紫色，边缘渐少或脱落，后期近平展；菌肉白色或带浅粉红色，松软；菌褶初期污白色，后期呈浅绿至青褐色，离生，宽，不等长，褶缘有粉粒；菌柄长10～28cm，粗1～2.5cm，圆柱形，污白色至浅灰褐色，纤维质，表面光滑，菌环以上光滑，环以下有白色纤毛，基部稍膨大，内部空心，菌柄菌肉伤处变褐色，干时气香；菌环膜质，生菌柄之上部。孢子印带青黄褐色，后呈浅土黄色，担孢子8～12 × 6～8μm，宽卵圆形至宽椭圆形，光滑，具明显的发芽孔。

生境：夏秋季群生或散生，喜雨后在草坪、蕉林地上生长。

产地：海南尖峰岭、五指山、霸王岭、吊罗山自然保护区。

分布：广东、海南。

讨论：该菇是华南等地引起中毒事件最多的种类之一。所含有的毒素主要引起胃肠型症状，但也有些其他毒性，对肝等脏器和神经系统造成损害，进食量大时也会致命。

撰稿人：李泰辉

50 白蛋巢菌

伞菌科 Agaricaceae

Crucibulum laeve (Huds.) Kambly, Gast. Iowa: 167, 1936; —*Peziza crucibuliformis* Schaeff., Fung. Bavar. Palat. 2: 125, 1763; —*Peziza laevis* Huds., Fl. Angl. Edn 2 2: 634, 1778; —*Cyathus crucibuliformis* (Schaeff.) Hoffm., Veg. Crypt. 2: 29, 1790; —*Nidularia laevis* (Huds.) Huds., Fl. Cantab. Edn 2: 529, 1793; —*Cyathus scutellaris* Roth, Catal. Bot. 1: 217, 1797; —*Cyathus crucibulum* Pers., Syn. Meth. Fung. (Göttingen) 1: 238, 1801; —*Nidularia crucibulum* Fr., Syst. Mycol. (Lundae) 2(2): 299, 1823; —*Crucibulum vulgare* Tul. & C. Tul., Annls Sci. Nat. Bot., Sér. 3 1: 90, 1844.

包被杯状，成熟前杯口处有较厚而软的白色盖膜，高8～11mm，杯口宽4～6.5mm，向下渐细，基部有刚毛状菌丝垫；包被单层，外表面覆盖有一层粗毛，初期近白色，后淡土黄色，内侧表面初有白色膜，后逐渐脱落；小包多个，扁圆形，表面有一层较厚的白色外膜，下部有一乳头状突起与绳状体相连，固定于包被中。担孢子椭圆形，9～12 × 4.5～6μm，光滑，无色，内含颗粒状物。

生境：生于地上的落枝或腐木上。

产地：广西猫儿山自然保护区。

分布：江西、湖南、广东、广西、四川、贵州、云南、西藏、陕西、甘肃、青海、宁夏、新疆。

讨论：食药不明。

撰稿人：吴兴亮

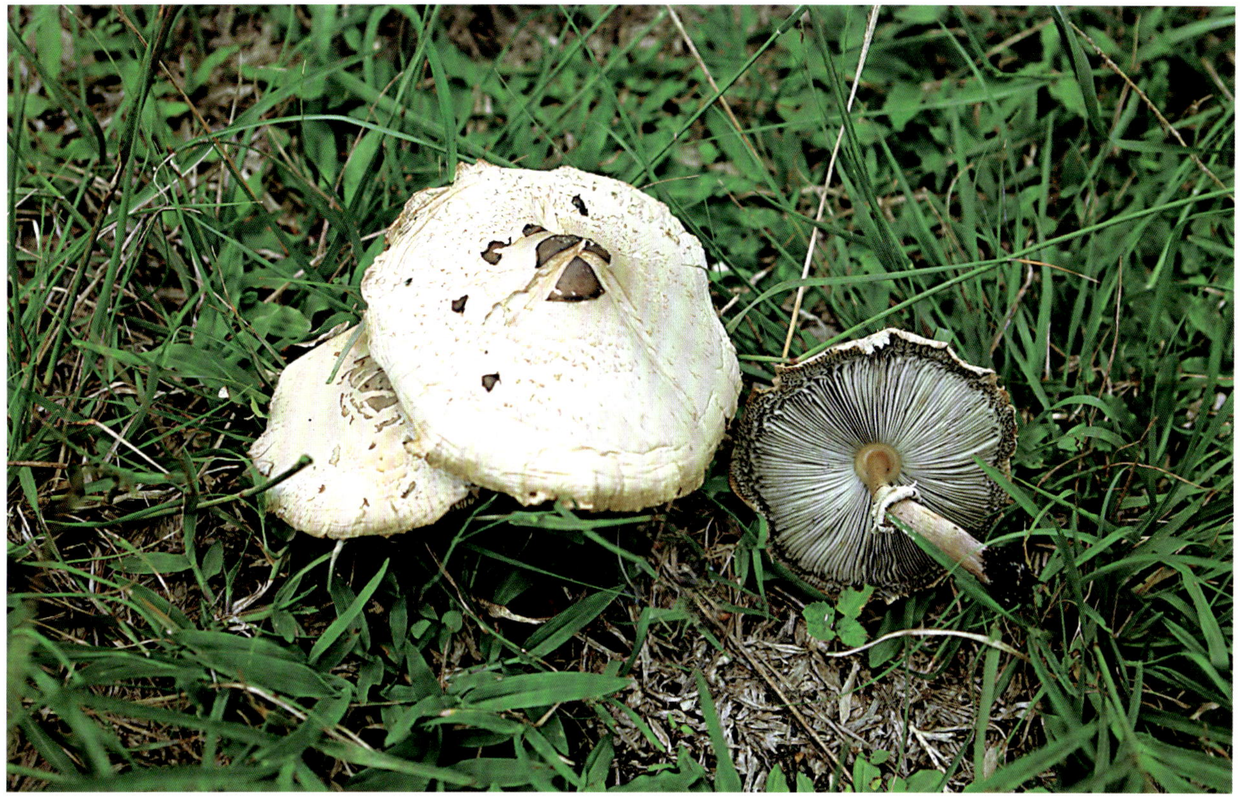

49 铅绿褶菇 *Chlorophyllum molybdites* (G. Mey.) Massee　　摄影：吴兴亮

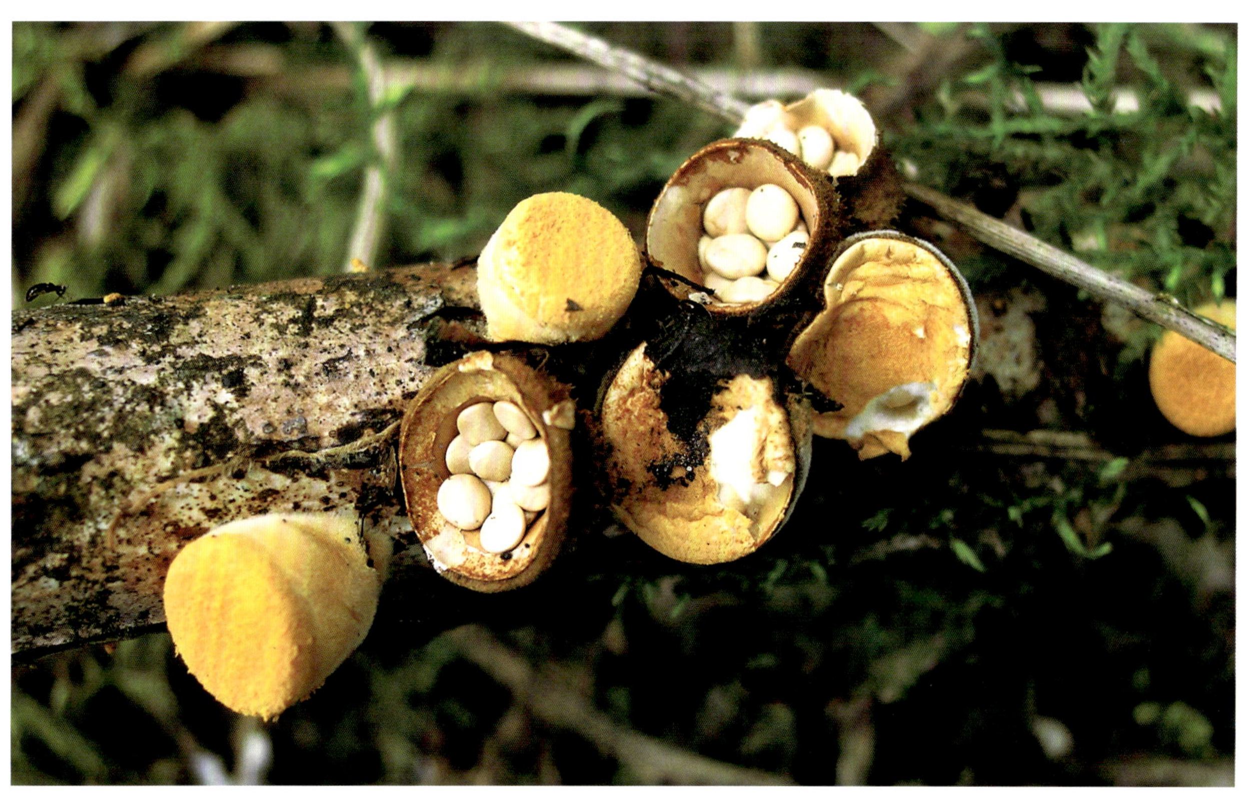

50 白蛋巢菌 *Crucibulum laeve* (Huds.) Kambly　　摄影：李泰辉

51 白被黑蛋巢菌

伞菌科 Agaricaceae

Cyathus pallidus Berk. & M.A. Curtis, in Berkeley, J. Linn. Soc., Bot. 10(no. 46): 346 [no. 517], 1868; —*Cyathia pallida* (Berk. & M.A. Curtis) V. S. White, Bull. Torrey Bot. Club 29: 263, 1902; —*Cyathodes pallidum* Ktz.Rev. Gen. Pl. 2: 851, 1891; —*Cyathus sphaerosporus* LloydMyc. Writ.2, Nidul. 23, 1906.

担子果小，包被杯形，高6～8mm，上部宽5～6mm，有粗毛，近白色、米黄色至蛋壳色，内侧米黄色，平滑或有不明显纵纹。小包扁圆形，宽1.5～2mm，淡灰色，具薄而透明的外膜，由绳状体固定于包被中，壁薄。担孢子椭圆形，9～10 x 5～7μm。

生境：群生于阔叶林中腐木上。

产地：广西十万大山自然保护区；海南五指山、尖峰岭、霸王岭自然保护区。

分布：广东、广西、四川、贵州、云南。

讨论：食药不明。

撰稿人：吴兴亮

52 粪生黑蛋巢菌

伞菌科 Agaricaceae

Cyathus stercoreus (Schwein.) De Toni, in Saccardo, Syll. Fung. (Abellini) 7: 40, 1888; —*Nidularia stercorea* Schwein., Trans. Am. Phil. Soc. Ser. 2 4(2): 253, 1834.

担子果小，包被杯状，宽0.4～0.6cm，高0.5～1.2cm，外表面覆盖有一层粗毛，早期棕黄色，后期色渐变深，毛脱落以后，无纵皱褶；内表面灰色至褐色，后期近黑色，平滑，无纵纹；小包黑色，扁圆形，由菌丝索固定于杯中，小包的外层由褐色粗丝所组成。担孢子透明，无色，近球形至广椭圆形，22～36 x 18～36μm。

生境：生于牛粪上。

产地：广西十万大山自然保护区。

分布：河北、山西、江苏、安徽、浙江、江西、湖南、广东、广西、四川、贵州、云南、西藏。

讨论：药用菌。

撰稿人：吴兴亮

53 隆纹黑蛋巢菌

伞菌科 Agaricaceae

Cyathus striatus (Huds.) Willd., Fl. Berol. Prodr.: 399, 1787; —*Peziza striata* Huds., Fl. Angl. Edn 2 2: 634, 1778; —*Nidularia striata* (Huds.) With., Bot. Arr. Brit. pl. Edn 2 (London) 3: 446, 1792.

包被杯状，宽0.6～1cm，高0.7～1cm，外表面覆盖有粗毛，棕褐色，后渐变深，毛脱落，露出纵皱褶；内表面栗褐色，平滑，有明显纵纹；小包扁圆形，宽1.5～2mm，由菌丝索固定于杯内，黑色，具透明而薄的外膜。担孢子透明，无色，壁厚，长椭圆形至卵圆形，15～22 x 8～11μm。

生境：生于阔叶林或针阔混交林中枯枝或落叶上。

产地：广西猫儿山、十万大山自然保护区；海南五指山、尖峰岭、霸王岭自然保护区。

分布：河北、山西、江苏、安徽、浙江、江西、湖南、广东、广西、四川、贵州、云南、西藏。

讨论：药用菌。

撰稿人：吴兴亮

51 白被黑蛋巢菌

Cyathus pallidus Berk. & M.A. Curtis

摄影：吴兴亮

52 粪生黑蛋巢菌

Cyathus stercoreus
(Schwein.) De Toni,

摄影：吴兴亮

53 隆纹黑蛋巢菌

Cyathus striatus (Huds.) Willd.

摄影：吴兴亮

54　鳞柄环柄菇　　伞菌科　Agaricaceae

Lepiota furfuraceipes Han C. Wang & Zhu L. Yang, Nova Hedwigia 81: 465, 2005.

担子果小型至中等；菌盖宽3～8.5cm，近平展，中部常具钝的脐突，污白色，具褐色，红褐色至黄褐色鳞片，向四周则随菌盖生长撕裂成渐小的鳞片；菌褶离生，白色至污白色，较密，不等长，边缘常变褐色至暗褐色；菌柄4～11 × 0.4～1.3cm，近圆柱形，基部稍膨大；菌环白色，菌环以上的菌柄近光滑，白色至污白色，以下具褐色、黄褐色或红褐色，有时锈红色的鳞片。担孢子6～8 × 4～5μm，近椭圆形。

生境： 夏秋季生于林下地上或人工种植草坪上。

产地： 海南海口金牛岭公园。

分布： 海南、云南。

讨论： 鳞柄环柄菇与始兴环柄菇*L. shixingensis* Z.S. Bi & T.H. Li相似，但后者担孢子稍小并多为近杏仁形。

撰稿人：曾念开

55　纯黄白鬼伞　　伞菌科　Agaricaceae

Leucocoprinus birnbaumii (Corda) Singer, Sydowia 15(1～6): 67, 1962; —*Agaricus luteus* Bolton, Hist. Fung. Halifax (Huddersfield) 2: 50, 1789; —*Lepiota lutea* (Bolton) Godfrin, Bull. Soc. Mycol. Fr. 13: 33, 1897; —*Lepiota aurea* Massee, Bull. Misc. Inf. Kew: 189, 1912; —*Lepiota pseudolicmophora* Rea, Brit. Basidiom.: 74, 1922; —*Leucocoprinus luteus* (Bolton) Locq., Bull. Soc. Linn. de Lyon 14: 93, 1945.

菌盖宽2～5cm，卵圆形至钟形，后平展，中央脐凸形，肉质，浅黄色，中部橘黄色至黄色，粘或干，上覆灰黄白色块状鳞片和绒毛，边缘有条纹，波状；菌肉淡黄色，无味道和气味；菌褶淡黄色或黄色，不等长，离生或直生；褶缘平滑；菌柄中生，长4～8cm，粗3～6mm，圆柱形，基部略膨大如球状，淡黄色至黄色，上有绒毛，空心；菌环位于中上部，单环，黄色，易脱落。担孢子7.5～10 × 6～7.5μm，卵圆形至广椭圆形，有芽孔。

生境： 单生至散生于阔叶林地下腐木上。

产地： 海南霸王岭、尖峰岭国家级自然保护区；广西十万大山、岑王老山自然保护区。

分布： 福建、广东、广西、海南、台湾。

讨论： 本菌有毒。

撰稿人：吴兴亮

54 鳞柄环柄菇 *Lepiota furfuraceipes* Han C. Wang & Zhu L. Yang 摄影：曾念开

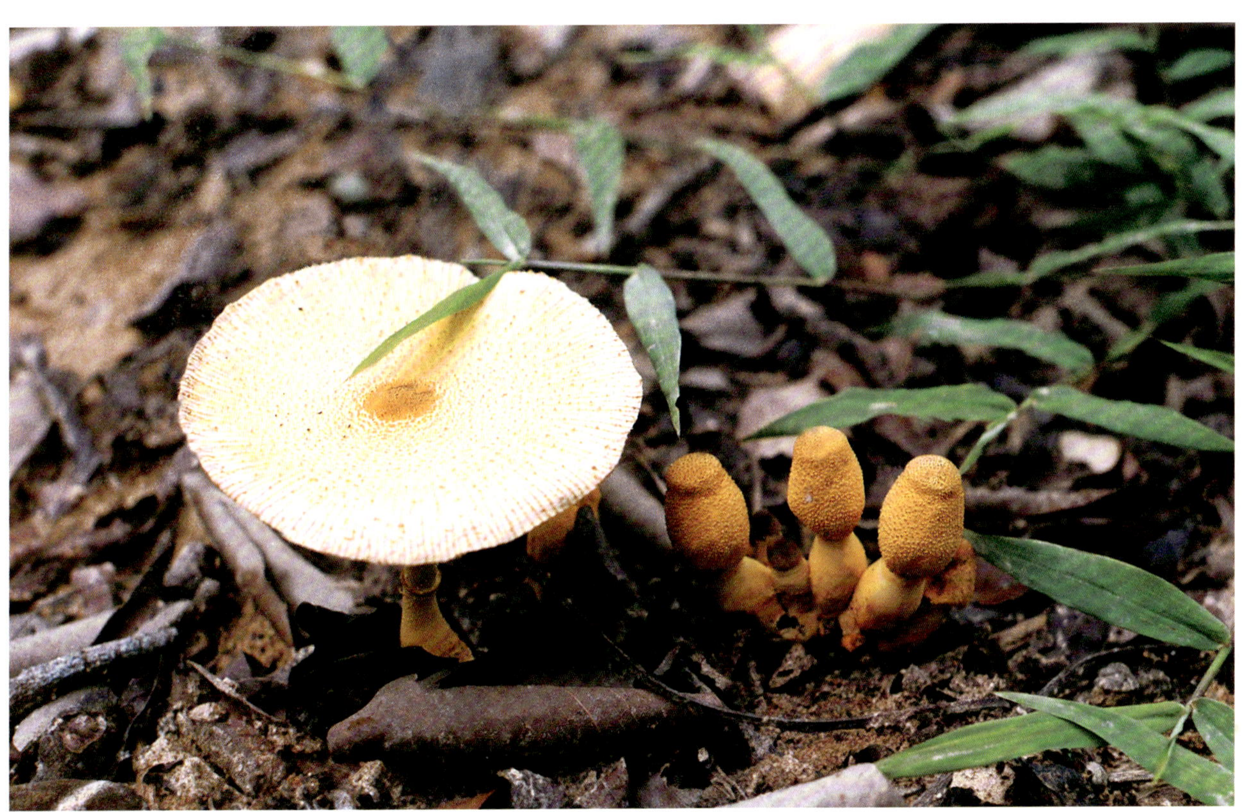

55 纯黄白鬼伞 *Leucocoprinus birnbaumii* (Corda) Singer 摄影：吴兴亮

56 粗柄白鬼伞

伞菌科 Agaricaceae

Leucocoprinus cepistipes (Sowerby) Pat., Tabl. Analyt. Fung. France (Paris) 7: 45, 1889; —*Agaricus cepistipes* Sowerby, Col. fig. Engl. Fung. (London) 1: pl. 2, 1796; —*Coprinus cepistipes* (Sowerby) Gray, Nat. Arr. Brit. Pl. 1: 633, 1821; —*Sclerotium mycetospora* Nees, in Fries, Syst. Mycol. (Lundae) 2(1): 253, 1822; —*Agaricus rorulentus* Panizzi, Comm. Soc. crittog. Ital. 3: 172, 1862.

菌盖直径2～5cm，白色，半球形，伸展后中央略呈脐凸形，密被易脱落污白色小鳞片，中部浅褐色，边缘有明显条纹，易撕裂；菌肉白色；菌褶白色，不等长，离生；菌柄长3～6cm，粗3～5mm，棒形，呈球形；菌环生菌柄中部。孢子印白色；担孢子6～8 × 4～5μm，卵圆形至椭圆形，光滑，无色。

生境：生于腐木上。

产地：海南佳西级自然保护区。

分布：河北、广东、海南、云南。

讨论：食用菌和药用菌。

撰稿人：吴兴亮

---

57 易碎白鬼伞

伞菌科 Agaricaceae

Leucocoprinus fragilissimus (Berk. & M.A. Curtis) Pat., Essai Tax. Hyménomyc. (Lons-le-Saunier): 171, 1900; —*Lepiota flammula* (Alb. & Schwein.) Gillet, Hyménomycètes (Alençon): 63, 1874.

菌盖宽2～3cm，膜质，易碎，近白色，稍带淡柠檬黄色，平展后中部较深，覆有易脱落的柠檬黄色粉粒，具显著的辐射状褶纹；菌褶与菌盖同色；菌柄长5～8cm，粗2～3mm，纤细，中空，易碎，覆有一层黄色粉粒，与菌盖同色；菌环生于菌柄上部，膜质，易脱落，与菌盖同色。担孢子卵圆形，无色，光滑，9～10 × 6～7.5μm。

生境：生于阔叶林中地上。

产地：广西大瑶山、花坪国家级自然保护区；海南霸王岭、尖峰岭、五指山国家级自然保护区。

分布：江苏、福建、广西、海南、四川、贵州。

讨论：本种是中国南方地区最常见的一种真菌，特别是夏季雨后。

撰稿人：宋 斌

---

58 网纹马勃

伞菌科 Agaricaceae

Lycoperdon perlatum Pers., Observ. Mycol. (Lipsiae) 1: 145, 1796.

担子果倒卵形至陀螺状，早期白色；外包被表面有无数小疣，小疣间混生有较大且易于脱落的长刺，刺脱落后现出淡色、平滑的斑点；后变为黄褐色至茶褐色，高2.5～5cm，宽2～3cm，不育基部发达，有时伸长如柄；孢体青黄色，后变为褐色，有时稍带紫色。担孢子球形，淡黄色，有细而密的小疣，直径3.5～4.5μm。

生境：生于阔叶林、针叶林或针阔混交林中地上，有时也生于草地中。

产地：海南五指山、尖峰岭、吊罗山、霸王岭、黎母山自然保护区；广西十万大山自然保护区。

分布：安徽、浙江、江西、福建、湖北、湖南、广东、广西、海南、四川、贵州、云南、台湾、陕西。

讨论：食用菌。幼时可食用。

撰稿人：吴兴亮

---

56 粗柄白鬼伞

Leucocoprinus cepistipes (Sowerby) Pat.

摄影：吴兴亮

57 易碎白鬼伞

Leucocoprinus fragilissimus (Berk. & M.A. Curtis) Pat.

摄影：吴兴亮

58 网纹马勃

Lycoperdon perlatum Pers.

摄影：吴兴亮

59 梨形马勃

伞菌科 Agaricaceae

Lycoperdon pyriforme Schaeff.: Pers., Fung. Bavar. Palat. 4: 128, 1774.

担子果小型，宽2～3cm，高2～3.5cm，梨形至近球形，不育基部发达，由白色菌丝束固定于基物上；包被初期白色，后呈茶褐色至浅烟色；外包被形成微细颗粒状小疣，内部橄榄色，后变为褐色。担孢子宽3.5～4.5μm，球形，青黄色，光滑至稍粗糙。

生境： 夏秋季生长在林中地上或枝物或腐熟木桩基部，丛生、散生或密集群生。

产地： 广西大瑶山自然保护区；西藏林芝。

分布： 安徽、香港、台湾、广西，陕西，甘肃、青海、新疆、四川、西藏、云南。

讨论： 幼时可食，老后内部充满孢丝和孢粉。可药用，用于止血。

撰稿人：李泰辉

60 长柄大环柄菇

伞菌科 Agaricaceae

Macrolepiota dolichaula (Berk. & Broome) Pegler & R.W. Rayner, Kew Bull. 23(3): 365, 1969; —*Lepiota dolichaula* (Berk. & Broome) Sacc., Syll. Fung. (Abellini) 4: 32, 1887.

菌盖宽6～16cm，白色至近色，上被浅褐黄色至浅褐色的细鳞，向边缘渐小和渐稀疏，中央具一钝脐突，菌褶离生，白色至近白色；菌柄长7～24cm，宽0.8～2.5cm，基部稍膨大，表面近白色；菌环上位，膜质，白色。担孢子12.5～16 × 8～10.5μm，近椭圆形至卵形，壁厚，光滑，无色，顶部具芽孔。

生境： 生针叶林、针阔混交林或阔叶林中地上。

产地： 云南景东哀牢山。

分布： 云南。

讨论： 长柄大环柄菇可食。

撰稿人：杨祝良

61 具托大环柄菇

伞菌科 Agaricaceae

Macrolepiota velosa Vellinga & Zhu L. Yang, Mycotaxon 85: 184, 2003.

担子果中等至大型。菌盖宽5.5～9cm，凸镜形，白色，被有褐色至深褐色的鳞片，边缘常常可见白色的菌幕残余；菌褶明显离生，白色，较密，不等长；菌柄6.5～8 × 0.6～1cm，圆柱形，基部膨大为近球形，膨大部分宽为1.2～1.8cm，浅褐色至淡紫褐色；菌环上位，上表面近白色，下表面浅褐色；菌托浅杯状，白色。担孢子8～10 × 6～7μm，近杏仁形至椭圆形。

生境： 夏秋季单生于林下地上。

产地： 海南霸王岭自然保护区。

分布： 海南、云南。

讨论： 具托大柄菇*M. velosa*的特点是菌柄基部具膜质的浅杯状菌托，菌盖表面常具有白色的菌幕残余。

撰稿人：曾念开

59 梨形马勃

Lycoperdon pyriforme Schaeff.: Pers.

摄影：李泰辉

60 长柄大环柄菇

Macrolepiota dolichaula (Berk. & Broome) Pegler & R.W. Rayner

摄影：杨祝良

61 具托大环柄菇

Macrolepiota velosa Vellinga & Zhu L. Yang

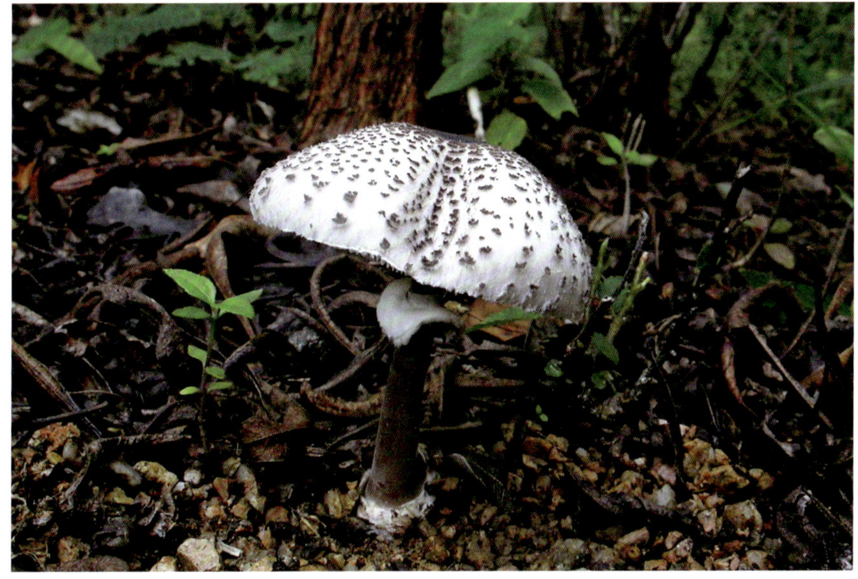

摄影：曾念开

62 白绒红蛋巢菌 伞菌科 Agaricaceae

Nidula niveotomentosa (Henn.) Lloyd, Mycol. Writ. 3: 455, 1910; —*Cyathus niveotomentosus* Henn., Hedwigia 37: 274, 1898.

担子果包被3层，顶部覆一盖膜，内附一层薄膜与盖膜相连，杯状，有一平截基部；高4～6mm，宽4～5mm，白色或略带浅黄色，外侧被绒毛，内侧光滑，黄褐色至污黄色；小包游离于包被中，扁圆形，宽约1mm，红褐色主暗红褐色，干时有皱纹。担孢子广椭圆形或近卵形，光滑，无色，6.5～8 x 4.5～6μm。

生境：群生于腐木或枯枝上。

产地：广西猫儿山自然保护区。

分布：安徽、福建、江西、广东、广西、云南、陕西。

讨论：小包无绳状体埋于粘基质中。

撰稿人：吴兴亮

63 斑褶菇 伞菌目 Agaricales

Panaeolus papilionaceus var. **papilionaceus** (Bull.) Quél., Mém. Soc. Émul. Montbéliard, Sér. 2 5: 152, 1872; —*Coprinarius campanulatus* (L.) Quél., Enchir. fung. (Paris): 118, 1886;—*Coprinarius papilionaceus* (Bull.) Quél., Enchir. fung. (Paris): 119, 1886; —*Coprinus papilionaceus* (Bull.) Gray, Nat. Arr. Brit. Pl. (London) 1: 633, 1821; —*Galerula campanulata* (Bull.) S. Imai, J. Coll. agric., Hokkaido Imp. Univ. 43: 252, 1938; —*Panaeolus campanulatus* (L.) Quél., Mém. Soc. Émul. Montbéliard, Sér. 2 5: 151, 1872; —*Panaeolus papilionaceus* (Bull.) Quél., Mém. Soc. Émul. Montbéliard, Sér. 2 5: 152, 1873; —*Panaeolus retirugis* (Fr.) Gillet, Hyménomycètes (Alençon): 621, 1878; —*Panaeolus sphinctrinus* (Fr.) Quél., Mém. Soc. Émul. Montbéliard, Sér. 2 5: 151, 1872.

担子果单生，初呈锥形、卵圆形，后呈圆锥形至钟形，中部凸起，菌盖宽2～3.5cm，灰褐色、褐色至暗灰色，湿时稍粘，干时褪色呈灰白色，光滑；菌肉淡褐色；菌褶直生，灰色，深褐色，有灰黑色花斑；菌柄长6～10cm，粗0.2～0.3cm，圆柱形，上部灰褐色，下部深红褐色。担孢子柠檬形，12～14 x 7～8μm；孢子印黑色。

生境：生于肥土或草地上。

产地：海南尖峰岭、五指山、吊罗山自然保护区；广西大瑶山、十万大山自然保护区。

分布：河北、山西、吉林、福建、江西、广东、海南、广西、四川、贵州、云南、西藏。

讨论：毒菌。误食后出现精神错乱，表现为跳舞、唱歌、大笑等。

撰稿人：吴兴亮

62 白绒红蛋巢菌 *Nidula niveotomentosa* (Henn.) Lloyd　　摄影：吴兴亮

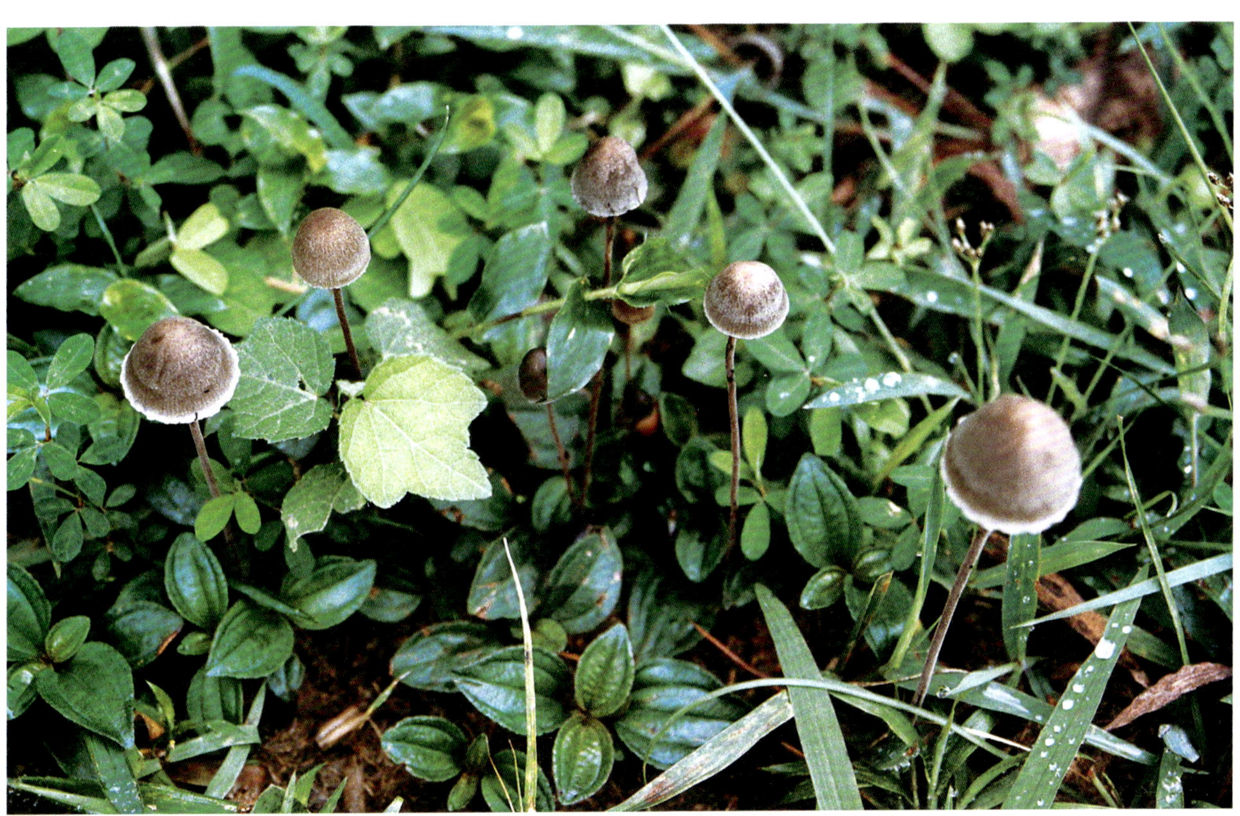

63 斑褶菇 *Panaeolus papilionaceus* var. *papilionaceus* (Bull.) Quél.　　摄影：吴兴亮

64 粪生斑褶菇

伞菌目 Agaricales

Panaeolus fimicola (Pers.) Gillet, Hyménomycètes (Alençon): 621, 1878; —*Agaricus fimicola* Pers., Syn. Meth. Fung. (Göttingen) 2: 412, 1801; —*Panaeolus obliquoporus* Bon, Docums Mycol. 13(no. 50): 28, 1983.

菌盖宽3～4.5cm，圆锥形至钟形，表面平滑，栗褐色至暗褐色，湿时稍粘，光滑，边缘超越菌褶，并悬有菌幕的残片；菌肉与菌盖同色；菌褶直生，稍密，不等长，深褐色，有灰黑色花斑，褶缘白色；菌柄长6～12cm，粗0.3～0.4cm，上下一样粗，深红褐色或深褐色。担孢子黑色，光滑，柠檬形，11～13.5 × 7～10μm。

生境：生于肥土或草地上。

产地：广西大瑶山、十万大山自然保护区。

分布：福建、广东、广西、四川、云南。

讨论：毒菌。误食后出现精神错乱，表现为跳舞、唱歌、大笑等。

撰稿人：吴兴亮

65 粗鳞白鹅膏

鹅膏科 Amanitaceae

Amanita castanopsidis Hongo, Bull. Soc. Linn. no. Spec. 192, 1974.

菌盖宽6～15cm，白色，初期近球形，后半球形至平展；其上的菌幕残余圆锥状至角锥状，白色至污白色，粗大，菌盖边缘具白色块状絮状物；菌肉白色，伤不变色，无特殊气味；菌褶离生至近离生，白色；菌柄长8～15cm，宽1.2～2.5cm，圆柱形，内部实心至松软，白色，基部膨大，腹鼓状、白萝卜状至假根状，其表面被有白色、疣状、颗粒状至近锥状的菌幕残余，呈不完整的环带状排成；菌环上位至近顶生，白色。担孢子椭圆形或近椭圆形，无色，光滑，9～11 × 5～6.5μm。

生境：生于阔叶林中地上。

产地：海南尖峰岭自然保护区。

分布：海南、云南。

讨论：菌根菌。

撰稿人：吴兴亮

66 白条盖鹅膏

鹅膏科 Amanitaceae

Amanita chepangiana Tulloss & Bhandary, Mycotaxon 43: 25, 1992.

菌盖初期钟形至卵形，后平展，宽8～18cm，初期浅黄白色，成熟后近白色至乳白色，往往中部凸起并略带淡土黄色，光滑，边缘具明显条纹；菌肉白色；菌褶白色，离生，稍密，宽，长短不一；菌柄圆柱状向上稍变细，长8～20cm，粗1.5～3cm，白色，具纤毛状鳞片，内部松软至中空；菌环白色，膜质，较大，下垂，生于菌柄上部至近顶生，易脱落；菌托大，苞状至袋状，白色。担孢子宽椭圆形至近球形，光滑，无色，10～12 × 8～10μm。

生境：生于阔叶林中地上。

产地：海南霸王岭、尖峰岭、吊罗山自然保护区；广西岑王老山、花坪国家级自然保护区。

分布：黑龙江、江苏、安徽、四川、广西、海南、贵州、云南、西藏。

讨论：有毒。过去一直把白条盖鹅膏误定为橙盖鹅膏白色变种*Amanita caesarea* var. *alba* Gillet。

撰稿人：吴兴亮

64 粪生斑褶菇

Panaeolus fimicola (Pers.) Gillet.

摄影：吴兴亮

65 粗鳞白鹅膏

Amanita castanopsidis Hongo

摄影：吴兴亮

66 白条盖鹅膏

Amanita chepangiana Tulloss & Bhandary

摄影：吴兴亮

67 致命鹅膏

鹅膏科 Amanitaceae

Amanita exitialis Zhu L. Yang & T.H. Li, Mycotaxon 77: 439, 2001,

菌盖宽3～5cm，中等大小，白色，通常无菌幕残余，湿时稍粘，菌盖边缘平滑无沟纹；菌褶离生，白色，稠密，短菌褶近菌柄端渐窄；菌柄白色，长5～9cm，粗0.6～1.2cm，光滑或被白色纤毛状鳞片，内部实心至松软，基部近球形；菌环顶生至近顶生，白色，膜质，菌托浅杯状，两面白色。担子具2小梗；担孢子9.5～12 × 9～11.5μm。

生境： 单生或群生，夏秋季生于阔叶林中地上，目前仅在广东有发现。

产地： 广东广州，白云区天麓湖附近，海拔50m。

分布： 广东。

讨论： 2000年3月中旬在广州，9人误食此毒菌，其中8人中毒死亡（Yang & Li，2001），本种是目前已知的世界上4种剧毒鹅膏之一。因此，在采食野生白色菇类时要格外注意。

撰稿人：杨祝良

68 小托柄鹅膏

鹅膏科 Amanitaceae

Amanita farinosa Schwein., Schr. Naturf. Ges. Leipzig 1: 79, 1822; —*Amanitopsis farinosus* (Schw.) Peck. Ann. Rep. N. Y. State Mus. 50: 87, 1989; —*Vaginata farinose* (Schw.) Murr., Myc. 4: 3. 1912.

菌盖宽2～5cm，初期扁半球形，后平展至中部稍下凹，浅灰褐色，中部色较深，表面有粉质状灰褐色鳞片，边缘有明显棱纹；菌肉白色，薄；菌褶白色，离生，不等长；菌柄近圆柱形，长3～6cm，粗0.3～0.7cm，白色至灰白色，基部膨大呈球状；菌托菌柄有不明显的界线，色较菌柄深。孢子近球形，6.8～8.8 × 5～6.5μm。

生境： 生于针叶林或阔叶林中地上。

产地： 海南尖峰岭国家级自然保护区；广西大瑶山、花坪、岑王老山自然保护区。

分布： 江苏、安徽、浙江、福建、广东、广西、海南、四川、贵州、云南、西藏。

讨论： 毒菌。

撰稿人：吴兴亮

67 致命鹅膏 *Amanita exitialis* Zhu L. Yang & T. H. Li　　摄影：李泰辉

68 小托柄鹅膏 *Amanita farinosa* Schwein.　　摄影：吴兴亮

69 黄柄鹅膏

鹅膏科 Amanitaceae

Amanita flavipes S. Imai, Bot. Mag., Tokyo 47: 428, 1933; —*Amplariella flavipes* (S. Imai) E. -J. Gilbert, Iconogr. Mycol. 27(Suppl. 1): 79, 1941.

菌盖初期近球形至钟形，后渐平展至扁半球形，宽4～8cm；菌盖表面蛋黄色，鸡油黄色至黄褐色，具易脱落的浅黄色颗粒状鳞片，边缘有明显或不明显的条纹；菌肉白色，稍带淡黄色，不变色，菌褶离生至近离生，较密，不等长，淡黄白色至淡黄色；菌柄长7～12cm，粗1～1.5cm，不均匀的淡白黄色至淡黄色，被淡黄色细小鳞片，老时常脱落，向下渐粗，基部膨大；菌托由黄色、深黄色粉质鳞片组成；菌环膜质，上位，易脱落，上表面黄色，下面近白色，有不明显的条纹。孢子印白色。担孢子椭圆形或卵圆形，7.5～10 × 5.5～7μm。

生境：生于阔叶林中地上。

产地：广西大瑶山国家级自然保护区。

分布：广西、四川、贵州、西藏。

讨论：毒菌。

撰稿人：吴兴亮

70 格纹鹅膏

鹅膏科 Amanitaceae

Amanita fritillaria (Berk.) Sacc., Syll. Fung 9: 2, 1891; Chiu, Sci. Rept. Natl. Tsing Hua Univ. Ser. B., Biol. & Psychol. 3(3): 169, 1948; Corner & Bas, Persoonia 2: 265, Fig. 23, 1962; Yang, Biblioth. Mycol. 170: 196, Abb. 164, 167, 1997; —*Agaricus fritillarius* Berk., Hooker's J. Bot. Kew Gard. Misc. 4: 97, 1852; —*Amanitopsis fritillaria*(Berk.)Sacc., Syll. Fung. 5: 26, 1887.

菌盖宽4～10（12）cm，浅灰色、褐灰色至浅褐色；菌幕残余锥状、疣状、颗粒状至絮状，深灰色、鼻烟色至近黑色；菌肉白色，不变色；菌褶离生至近离生，白色；菌柄长5～10cm，宽0.6～1.5cm，白色至污白色，菌环之上有浅灰色至灰色的蛇皮状鳞片，菌环之下被有灰色、浅褐色至褐色常呈蛇皮状的鳞片；基部膨大呈近球状、陀螺状至梭形，其上半部被有的菌幕残余深灰色、鼻烟色至近黑色，呈环带状排成数圈；菌环上位至近顶生，上表面多少白色、浅灰色至灰色，下表面浅灰色至灰色。担子具4小梗，基部横隔上无锁状联合；担孢子7～9 × 5.5～7μm，宽椭圆形至椭圆形。

生境：夏秋季于针叶、阔叶林中散生或群生。

产地：海南尖峰岭国家级自然保护区；云南墨江，海拔1600m；广西大瑶山自然保护区。

分布：云南、广西、海南、贵州。

讨论：本种在中国十分常见，在有些地区的市场上被作为食用菌出售，但它含有微量鹅膏肽类毒素，建议少食。

撰稿人：杨祝良

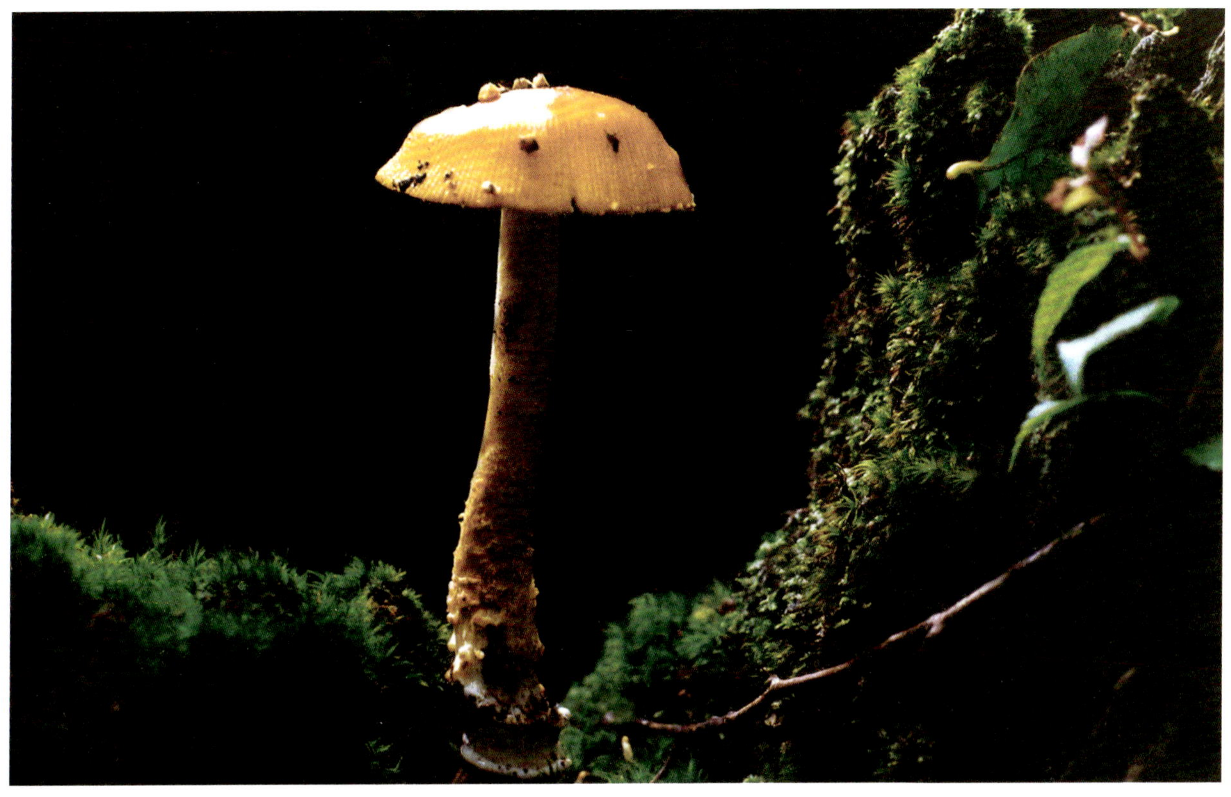

69 黄柄鹅膏 *Amanita flavipes* S. Imai　　摄影：吴兴亮

70 格纹鹅膏 *Amanita fritillaria* (Berk.) Sacc.　　摄影：吴兴亮

71 灰花纹鹅膏

鹅膏科 Amanitaceae

Amanita fuliginea Hongo, Journ. Jap. Bot. 28: 69, fig. 1, 1953; Imazeki & Hongo, Col. Ill. Fungi Jap. 1: 45, Pl. 18/103, Fig. 103, 1979; Imazeki *et al.*, Fungi Jap.: 56, 1988; Yang,Biblioth. Mycol. 170: 181, Abb. 149～150, 1997.

菌盖宽3～6cm，深灰色、暗褐色至近黑色，具深色纤丝状隐花纹或斑纹，边缘平滑无沟纹；菌褶离生，白色，较密，短菌褶近菌柄端渐变狭；菌柄白色至浅灰色，常被浅褐色鳞片，基部近球形；菌环顶生至近顶生，灰色，膜质；菌托浅杯状，两面白色。担子4小梗；担孢子8～10 × 7～9.5μm。

生境：夏秋季生于阔叶林或针阔混交林中地上。

产地：广东广州白云山，海拔380m。

分布：广东、湖南、江西。

讨论：灰花纹鹅膏为目前已知的世界上4种剧毒鹅膏之一，在中国湖南、江西因误食此菌曾发生多起多人死亡的恶性中毒事件。

撰稿人：杨祝良

72 灰疣鹅膏

鹅膏科 Amanitaceae

Amanita griseoverrucosa Zhu L. Yang ex Zhu L. Yang, Frontiers in Basidiomycote Mycology: 320, Figs. 8～13, 2004: —*Amanita griseoverrucosa* Zhu L. Yang, Biblioth. Mycol. 170: 155, Abb. 126～129, 1997.

菌盖宽7～15cm，中等至大型，浅灰色，有时污白色，其上的菌幕残余疣状至锥状，浅灰色至灰色，顶端多少白色；边缘常有絮状物，平滑无棱纹；菌褶离生至近离生，白色，较密，短菌褶近菌柄端渐窄；菌柄长6～15cm，粗0.7～3cm，近圆柱形，污白色至浅灰色，被有纤丝状至絮状浅灰色至灰色鳞片，内部实心，基部膨大，腹鼓状至梭形，有短假根，在膨大基部的上半部和菌柄下部常被有灰色至近白色的絮状至疣状的鳞片或菌幕残余；菌环膜质，易破碎消失。担子棒状，具4小梗；担孢子8～11 × 5.5～7μm，椭圆形，淀粉质。担子果各部位无锁状联合。

生境：夏秋季节生于针叶林、针阔混交林或阔叶林中地上。

产地：海南鹦哥岭自然保护区。

分布：海南、江苏、福建、广东、四川、云南。

讨论：本种含有微量鹅膏肽类毒素。

撰稿人：曾念开

71 灰花纹鹅膏 *Amanita fuliginea* Hongo　　摄影：吴兴亮

72 灰疣鹅膏 *Amanita griseoverrucosa* Zhu L. Yang ex Zhu L. Yang　　摄影：曾念开

73　灰褶鹅膏　　鹅膏科　Amanitaceae

Amanita griseofolia Zhu L. Yang, Frontiers in Basidiomycote Mycology: 315, 2004.

菌盖初期钟形，后渐平展，中央无凸起或稍凸起，宽3～6cm，灰色至灰褐色，具灰色至灰褐色粉质颗粒状菌幕残余，湿时稍粘，边缘具条纹；菌肉薄，白色；菌褶白色，较密，长短不一，与菌柄离生，干后变为灰色；菌柄圆柱形，细长，7～15cm，向上渐细，粗0.5～1.5cm，白色至污白色，脆，下部常有灰色纤毛状鳞片；菌柄基部菌幕残余灰色至灰褐色粉质，不规则排列，有时呈带状。担孢子光滑，无色，球形或近球形，9.5～13 × 9～12μm；孢子印白色。

生境：生于针叶林或阔叶林中地上。

产地：海南尖峰岭、吊罗山自然保护区；广西十万大山、岜盆自然保护区。

分布：北京、吉林、河南、湖南、广西、海南、贵州、云南、西藏。

讨论：菌根菌。

撰稿人：吴兴亮

74　红黄鹅膏暗褐亚种　　鹅膏科　Amanitaceae

Amanita hemibapha subsp. **similis** Corner & Bar. Persoonia 2(3): 295, 1962.

菌盖宽6～13cm，初期球形至卵形或钟形，后平展，鲜时橙黄色至橘红色，光滑，有时盖表附着不规则的白色外菌幕残片，稍粘或湿时粘，边缘具明显条纹;菌肉白色或带微黄色;菌褶浅黄色或浅柠檬黄色，较密，离生;菌柄长8～13cm，粗0.8～2cm，黄色，近圆柱形，向下渐粗，基部常膨大，内部初松软，后为中空内含少量絮状物，表面密被橙红色鳞片;菌环生于菌柄上部，膜质，大而明显，下垂，黄色，上面有微细条纹;菌托大，苞状或杯状，上缘呈裂片状，膜质，黄白色，常大部分埋于土中。担孢子无色至略带浅黄色，光滑，宽椭圆至近球形，8～9 × 6.5～8μm，孢子印近白色。

生境：夏秋生于针叶林或阔叶林中地上。

产地：海南五指山、黎母山、霸王岭、尖峰岭、吊罗山自然保护区；广西十万大山、岜盆自然保护区。

分布：江苏、安徽、福建、河南、湖北、湖南、广东、广西、海南、四川、贵州、云南、西藏。

讨论：食用菌。但文献记载该菌有毒。

撰稿人：吴兴亮

73 灰褶鹅膏 *Amanita griseofolia* Zhu L. Yang　　摄影：吴兴亮

74 红黄鹅膏暗褐亚种 *Amanita hemibapha* subsp. *Similis* Corner & Bar.　　摄影：吴兴亮

75 红黄鹅膏黄色亚种 鹅膏科 Amanitaceae

Amanita hemibapha subsp. **javanica** Corner & Bas, Persoonia 2(3): 297, 1962; —*Amanita javanica* (Corner & Bas) T. Oda, C. Tanaka & Tsuda, Mycoscience 40(1): 64, 1999.

菌盖宽6～8cm，初期球形至卵形或钟形，后平展，鲜时黄色至橙色，光滑，有时盖表附着不规则的菌幕残片，湿时稍粘，边缘具条纹；菌肉白色或带微黄色;菌褶浅黄色或浅柠檬黄色，较密，离生;菌柄长8～10cm，粗0.8～1.3cm，黄色，近圆柱形，向下渐粗，基部稍膨大，内部初松软，后为中空，表面被黄色或橙红色鳞片;菌环浅黄色至橙色，生于菌柄上部，膜质，下垂，上面有微细条纹；菌托苞状或杯状，膜质，黄白色，常大部分埋于土中。担孢子无色，光滑，宽椭圆至近球形，8～9.5×6.5～8μm；孢子印近白色。

生境：夏秋生于阔叶林中地上。

产地：海南霸王岭、尖峰岭自然保护区。

分布：海南。

讨论：食毒不明。

撰稿人：吴兴亮

76 本乡鹅膏 鹅膏科 Amanitaceae

Amanita hongoi Bas, Persoonia 5(4): 410, 1969.

担子果通常较大型；菌盖宽9～16cm, 半球形、扁半球形至稍平展，中部略凸，盖面中央浅黄褐色，污黄色，盖面渐变为白色至污白色，稍带灰白色至淡褐色角锥状鳞片；菌肉厚，白色；菌褶白色带粉黄色，离生至近离生，密，褶缘粉状；菌柄长11～13cm，粗1～3cm，白色至污白色，被白色至浅褐色近蛇皮状至环带状排列的细小鳞片；基部膨大，宽2～6cm，腹鼓状至近球形；菌环顶生至近顶生，白色至米色，膜质，上表面有辐射状细沟纹，下表面有疣突，易脱落消失，偶宿存。担孢子7.5～9.5×6.5～8.5(～9.5)μm，宽椭圆形至近球形，无色透明，光滑，淀粉质。

生境：阔叶林或针阔混交林中地上。

产地：广东英德石门台自然保护区。

分布：香港、福建、广东、台湾、云南。

讨论：食毒不明。

撰稿人：李泰辉

75 红黄鹅膏黄色亚种 *Amanita hemibapha* subsp. *javanica* Corner & Bas　　摄影：曾念开

76 本乡鹅膏 *Amanita hongoi* Bas　　摄影：吴兴亮

77 异味鹅膏

鹅膏科 Amanitaceae

Amanita kotohiraensis Nagas. & Mitani, Mem. Natn. Sci. Mus., Tokyo 32: 93, 2000.

担子果小型至中等，常有刺鼻气味；菌盖宽(3)5～8cm，幼时近半球形，后期扁平至平展，有的中央稍下陷，白色，有时中央带米黄色，常有块状到片状外菌幕残留；边缘常悬垂有絮状物，平滑无棱纹；菌肉白色；菌褶浅黄色，离生，密集；菌柄长6～13cm，宽0.5～1.5cm，近圆柱形，白色，被白色细小鳞片，内部实心至松软，白色，不变色。基部膨大，宽1.5～4cm，近球形，有环状排列的突起；菌环上位至近顶生，白色，膜质，宿存或在菌盖伸展中常撕破而悬垂于菌盖边缘或破碎消失。担孢子7.5～9.5 × 5～6.5μm，宽椭圆形至椭圆形，无色透明，光滑，薄壁，淀粉质。

生境： 夏秋季生于针阔混交林或常绿阔叶林地上。

产地： 广东肇庆鼎湖山自然保护区。

分布： 江苏、湖南、台湾、广东、海南、四川、云南。

讨论： 有毒。在四川德阳有人曾误食此菌而中毒。

撰稿人：李泰辉

78 隐花青鹅膏

鹅膏科 Amanitaceae

Amanita manginiana sensu W. F. Chiu, Sci. Rept. Natl. Tsing Hua Univ., Ser. B, Biol. & Psychol. Sci. 3(3): 166, 1948.

担子果中型至大型；菌盖宽5～13cm，初期卵圆形至钟形，后渐平展，灰色、浅灰褐色至浅褐色，中部色较深，具深色纤丝状隐生花纹，光亮，边缘平滑无条纹并往往悬挂白色内菌幕残片；菌肉白色，较厚；菌褶白色，稍密，宽，离生，不等长，边缘锯齿状；菌柄圆柱形，长12～17cm，粗1～4.5cm，圆柱形，白色无花纹，肉质，脆，内部松软至空心，具白色纤毛状鳞片，基部稍粗；菌环白色，膜质，下垂，上面有细条纹，往往易脱落，悬挂在菌盖的边缘；菌托杯状，白色，较大，有时上缘破裂成大片附着在菌盖表面。担孢子6～8 × 5.5～7μm，近球形至卵圆形，光滑，无色，淀粉质。

生境： 夏秋季在青杠林和松林等混交林中地上单生或群生。

产地： 广东阳春鹅凰嶂。

分布： 江苏、福建、四川、云南、广东、贵州。

讨论： 此种可食，味道较好。多产于中国西南地区。但与剧毒的毒鹅膏菌极相似，而后种菌盖无菌环残片悬挂在边缘，菌柄基部膨大近球形，菌托较小近肉质。采食时要特别注意。

撰稿人：李泰辉

77 异味鹅膏 *Amanita kotohiraensis* Nagas. & Mitani　　摄影：李泰辉

78 隐花青鹅膏 *Amanita manginiana* sensu W. F. Chiu　　摄影：李泰辉

79 拟卵盖鹅膏 鹅膏科 Amanitaceae

Amanita neoovoidea Hongo, Mem. Fac. Liberal Arts Shiga Univ., Pt. 2, Nat. Sci. 25: 57, 1976.

担子果中型到大型；菌盖宽5～13cm，幼时半球形或扁半球形，后期扁平，污白色，湿时表面稍粘，有粉末状物，往往覆盖大片淡土黄色外菌幕残片；菌盖边缘无条纹，表皮延伸撕裂呈附属物；菌肉白色，稍厚，伤后稍暗色且带红色；菌褶白色带浅土黄褐色，离生，密，不等长，边缘有细粉粒；菌柄长8～14cm，粗1.2～2.2cm，呈棒状，基部延伸后近纺锤状，白色至污白色，表面似粉状或棉毛状鳞片，下部菌托苞状，呈浅土黄色(同菌盖鳞片)，内部实心或松软近白色；菌环呈一层棉絮状膜，逐渐破碎脱落。担孢子8～10.5 × 6～8.5μm，椭圆形或长椭圆形，光滑，无色，淀粉质。

生境： 夏秋季生林中地上。

产地： 海南霸王岭。

分布： 云南、四川、海南、广西、贵州、西藏。

讨论： 可能有毒。属外生菌根菌。

撰稿人：李泰辉

80 欧氏鹅膏 鹅膏科 Amanitaceae

Amanita oberwinklerana Zhu L. Yang & Yoshim. Doi, Bull. Nat. Sci. Mus. Tokyo, Ser. B, 25(3): 120, Figs. 20~25, 1999; Zhu L. Yang & T. H. Li, Mycotaxon 78: 443, Figs. 5~6, 2001.

菌盖宽3～6（8）cm，白色，中央有时米黄色，光滑或有时有1～3大片白色、膜质菌幕残余；菌褶离生，白色，老时米色至浅黄色；菌柄白色，光滑或被白色纤毛状或反卷鳞片；基部近球形至白萝卜状；菌柄基部有时没有菌幕残余，有时菌幕残余浅杯状，两面白色，菌环上位，白色，膜质。担子具4小梗；担孢子椭圆形,（7.5）8～10.5（12）×（5.5）6～8（10.5）μm。

生境： 夏秋季生于阔叶林、针叶林或针阔混交林中地上。

产地： 广东广州白云山，海拔380m。

分布： 广东、海南。

讨论： 本种有毒。

撰稿人：杨祝良

79 拟卵盖鹅膏 *Amanita neoovoidea* Hongo　　摄影：李泰辉

80 欧氏鹅膏 *Amanita oberwinklerana* Zhu L. Yang & Yoshim　　摄影：杨祝良、曾念开

81 东方褐盖鹅膏

鹅膏科 Amanitaceae

Amanita orientifulva Zhu L. Yang, M. Weiss & Oberw., Mycologia, 96: 643, 2004.

菌盖宽4～8cm，钟形，后平展，湿时粘，红褐色或黄褐色，中部色较深，盖缘有条纹；菌肉白色；菌褶离生，白色；菌柄近圆柱形，向上渐细，与菌盖同色，长7～14cm，粗0.6～1cm，近光滑或有粉粒状小鳞片，中空，无菌环，菌托鞘状，近白色或带浅土黄色，高2.5～4cm，不消失。担孢子球形，平滑，无色，9.5～13 × 9 ～12μm。孢子印白色。

生境： 生于阔叶林或针叶林中地上。

产地： 海南尖峰岭自然保护区。

分布： 吉林、浙江、湖南、广东、广西、海南、四川、贵州、云南、西藏。

讨论： 食用菌。

撰稿人：吴兴亮

82 红褐鹅膏

鹅膏科 Amanitaceae

Amanita orsonii Ash. Kumar & T.N. Lakh., Amanitaceae of India (Dehra Dun): 75, 1990; —*Amanita rubescens* sensu Kumar *et al.*, Amanitaceae India (Dehra Dun): 82, 1990; non *Amanita rubescens*(Pers.:Fr.) Pers., Tent. Disp. Meth. Fung. (Lipsiae): 67, 1797.

菌盖宽3～8cm，初期半球形，后平展，浅红褐色红褐色，表面有块状或近疣状鳞片，边缘有不明显的条纹。菌肉白色，伤后渐变为浅红褐色；菌褶近白色，渐变浅红褐色，不等长，稍密，离生；菌柄圆柱形，长5～10cm，粗0.5～1.2cm，具纤毛状鳞片，菌柄上部有花纹，基部膨大，内部松软，后变空，全柄与菌盖同色；菌环生于菌柄上部，下垂，上面白色，下面灰褐色或近浅红褐色，膜质，易脱落，基部膨大，菌托不明显，由灰褐色絮状鳞片组成。担孢子椭圆形至宽椭圆形，无色，光滑，7~9 × 6 ～7.5μm。孢子印白色。

生境： 生于针叶林或阔叶林中地上。

产地： 广西十万大山自然保护区；海南岛尖峰岭自然保护区。

分布： 湖北、广东、广西、四川、贵州、云南、西藏。

讨论： 食用菌。味尚好。

撰稿人：吴兴亮

81 东方褐盖鹅膏 *Amanita orientifulva* Zhu L. Yang, M. Weiss & Oberw. 摄影：吴兴亮

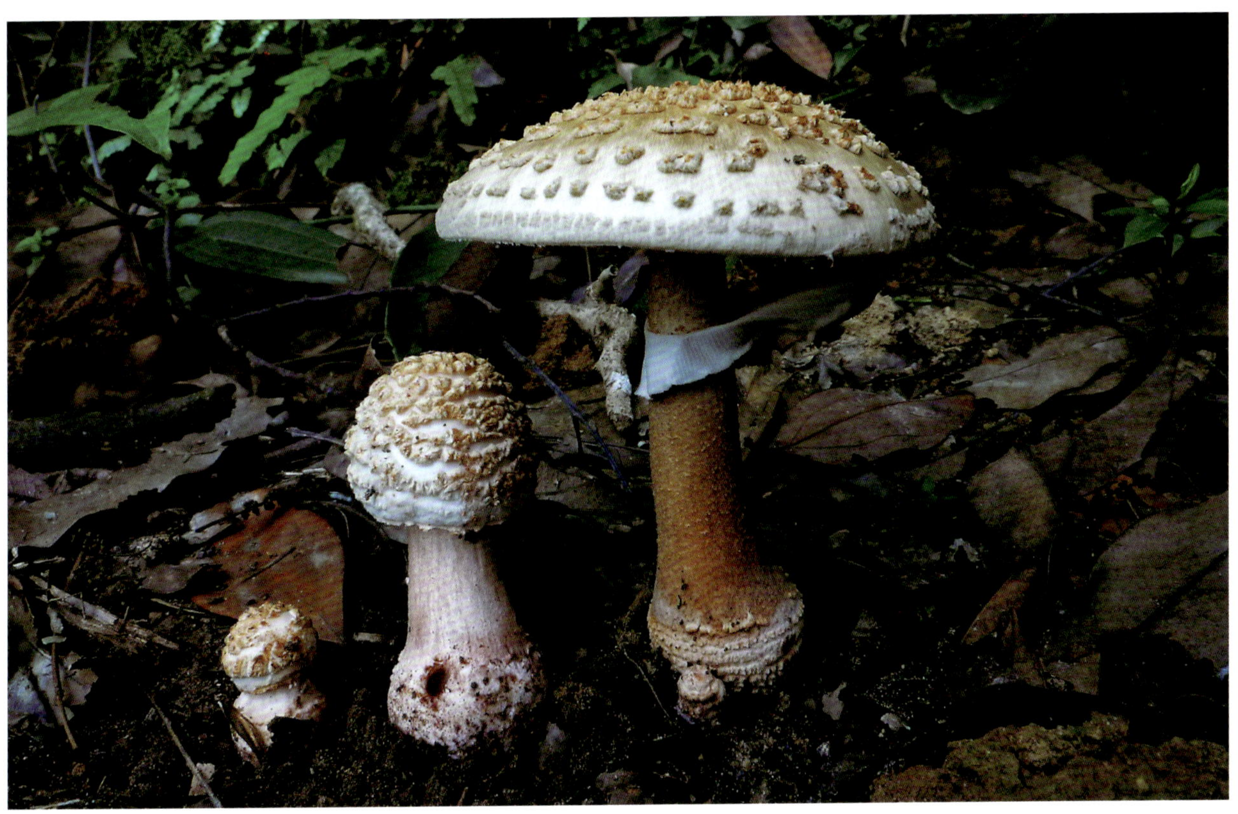

82 红褐鹅膏 *Amanita orsonii* Ash. Kumar & T.N. Lakh. 摄影：曾念开

83　卵孢鹅膏

鹅膏科　Amanitaceae

Amanita ovalispora Boedijn, Sydowia 5: 320, 1951; Yang, Biblioth. Mycol. 170: 92, Abb. 72～76, 1997.

菌盖宽4～7cm，灰色至暗灰色，表面平滑或偶有白色菌幕残片；边缘有长棱纹；菌褶离生，白色，干后常呈灰色或浅褐色；菌柄长6～10cm，宽0.5～1.5cm，近圆柱形，白色至浅灰色，无菌环，上半部常被白色粉状鳞片，内部松软至中空；菌幕残余袋状至杯状，膜质，外表面白色至污白色，内表面白色至灰色。担子43～57 × 12～16μm，棒状，具4小梗；担孢子9～11 × 7～9μm，宽椭圆形至椭圆形，无色，光滑，薄壁。

生境：夏秋季生于热带及亚热带阔叶林下或暖热性针叶树的林中地上。

产地：云南景东，碧安，海拔1650m。

分布：云南。

讨论：本种常误认为是灰托鹅膏*Amanita vaginata*(Bull.:Fr.)Lam.，但后者担孢子球形至近球形。

撰稿人：杨祝良

84　蟹红鹅膏

鹅膏科　Amanitaceae

Amanita pallidocarnea (Höhn.)Boedijn, Sydowia 5: 319, 1951; Yang, Mycotaxon 80: 281, Fig. 1～5, 2001; —*Amanitopsis vaginata* var. *pallidocarnea* Höhn., Akad. Wiss. Wien Sitzungsber., Math.- Naturwiss. Kl., Abt. I, 123: 74, 1914.

菌盖宽4～8cm，扁半球形至扁平，中央稍凸起，暗灰色至暗褐色，边缘灰色、灰褐色至浅黄色，表面光滑或有污白色、毡状至近膜状的菌幕残余；边缘有较长的棱纹；菌肉白色至淡粉色；菌褶离生，蟹红色至肉红色；菌柄长6～13cm，粗0.5～1.5cm，上半部粉红色，被粉红色细小鳞片，下半部色变浅，无菌环；菌幕残余袋状，内外两面白色。担子具4小梗，基部横隔上无锁状联合；担孢子9～12 × 8～11μm，球形至近球形，非淀粉质，无色，光滑，薄壁。

生境：夏秋季生于阔叶林中地上。

产地：海南霸王岭自然保护区。

分布：海南。

讨论：本种菌褶蟹红至肉红色，菌柄上半部粉红色，这是非常突出的。

撰稿人：杨祝良

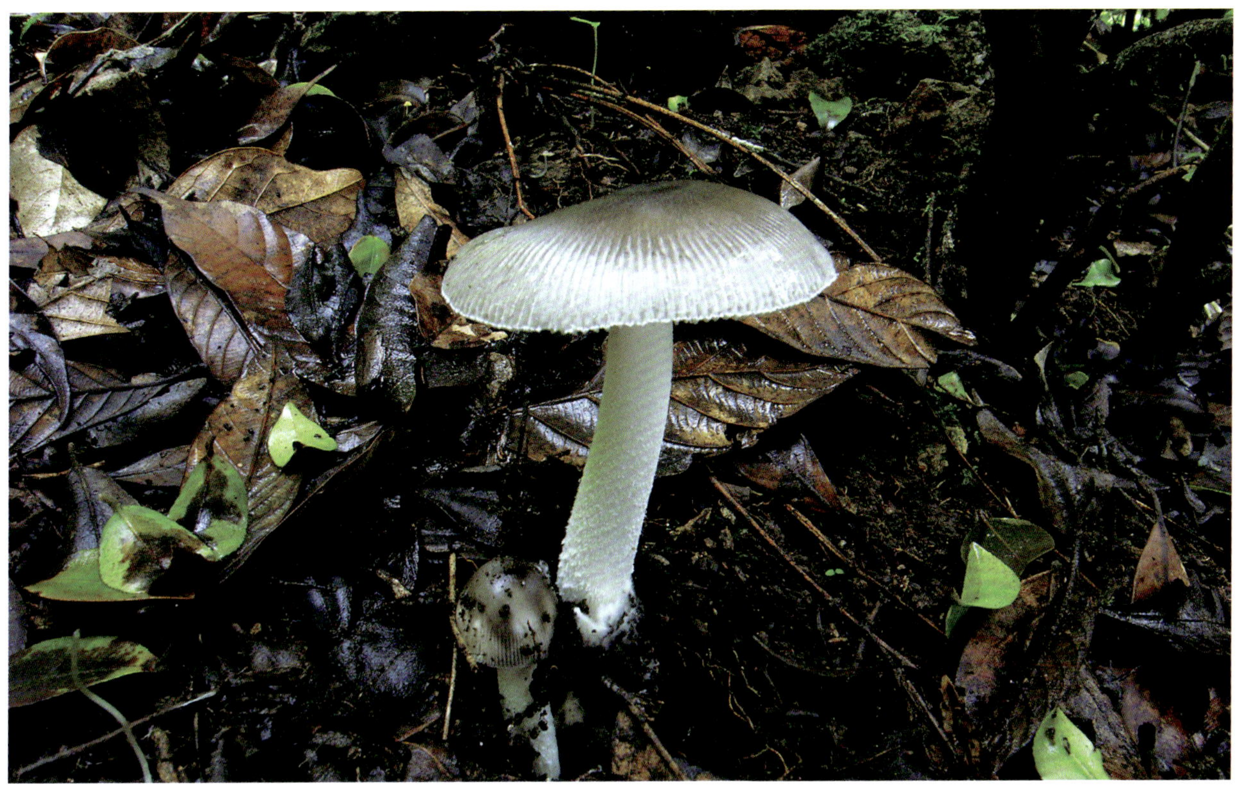

83 卵孢鹅膏 *Amanita ovalispora* Boedijn 摄影：杨祝良

84 蟹红鹅膏 *Amanita pallidocarnea*(Höhn.)Boedijn 摄影：吴兴亮

85　小豹斑鹅膏　　　　鹅膏科　Amanitaceae

Amanita parvipantherina Zhu L. Yang, M. Weiss & Oberw., Mycologia 96: 639, 2004.

菌盖宽4～8cm，初期扁半球形，后平展，湿时稍粘，浅黄色至黄色，中央黄褐色至褐色，边缘色较中部浅，有棱纹，表面附着灰黄色疣状或角状鳞片；菌肉白色，薄；菌褶白色，离生；菌柄长5～10cm，粗0.5～1.2cm，浅黄色至黄白色，近圆柱形，内部松软，脆。被浅灰色纤丝状鳞片，下半部常被白色鳞片，基部膨大，近球形至卵形；菌环生菌柄上部，白色。担孢子8.5～11 × 7～8.5μm，宽椭圆形，无色，光滑，薄壁。

生境：生于阔叶林中地上。

产地：海南尖峰岭自然保护区。

分布：湖南、广东、广西、海南、四川、云南、西藏。

讨论：小豹斑鹅膏与残托鹅膏有环变型*Amanita sychnopyramis* f. *subannulata* Hongo相似，不同之处在于后者菌盖灰褐色、褐色至棕褐色，菌环生菌柄中下部，担孢子较小，6.5～8.5×6.～8μm，球形至近球形。

撰稿人：吴兴亮

86　高大鹅膏　　　　鹅膏科　Amanitaceae

Amanita princeps Corner & Bas, Persoonia 2: 297, Pl. 10; Fig. 51, 1962; Zhu L. Yang, T. H. Li & X. L. Wu, Fungal Diversity 6: 153, 2001.

菌盖宽7～20cm，中部无凸起或有时具不明显的凸起，褐色至黄褐色，至边缘色渐变为赭色、浅赭色至浅黄色，湿时粘，光滑，偶被破布状、白色的菌幕残片，边缘有长棱纹；菌肉白色；菌褶离生，白色；菌柄长9～25cm，宽1～3cm，近圆柱形或向上稍变细，白色、污白色至灰色，近光滑或被灰色纤维状鳞片，内部中空；菌柄基部菌幕残余袋状，外表污白色、浅灰色至浅褐色，常龟裂成小片状至小块状；菌环着生菌柄顶部至近顶部，白色，膜质，在菌盖展开过程中易被撕破而脱落。担子棒状，具4小梗，担子基部横隔上常有锁状联合；担孢子8.5～12 × 7.5～11.5μm，近球形，有时宽椭圆形，非淀粉质，无色，薄壁。

生境：夏秋季生于热带、亚热带具有壳斗科植物的常绿阔叶林或针叶林中地上。

产地：云南景谷勐班，海拔1600m。

分布：广西、海南、贵州、云南。

讨论：本种可食，但建议不食，避免食老的个体。

撰稿人：杨祝良

85 小豹斑鹅膏 *Amanita parvipantherina* Zhu L. Yang, M. Weiss & Oberw. 摄影：唐丽萍

86 高大鹅膏 *Amanita princeps* Corner & Bas 摄影：曾念开

87 假黄盖鹅膏

鹅膏科 Amanitaceae

Amanita pseudogemmata Hongo, Bull. Soc. Linn. Lyon, no. Spec.: 189, 1974.

菌盖宽4～9cm，扁平至平展，黄色至浅黄褐色，边缘色变浅，菌盖表面菌幕残余疣状至粉状，有时毡状，边缘有棱纹；菌肉白色至浅黄色；菌褶离生，米色，较密；菌柄长6～10cm，粗0.5～1.5cm，近圆柱形或向上渐细，米色至白色，被黄色至褐色鳞片，内部白色，松软；基部宽约1.5～4cm，膨大呈杵状至浅杯状，上部常有菌幕残余形成领口状，白色，有时浅黄色；菌环上位，上表面黄色，下表面浅黄色，膜质，宿存。孢子(6)7～9.5 × 6～8.5μm, 宽椭圆形至椭圆形，光滑，无色，非淀粉质。

生境： 夏秋季生于阔叶林中地上。

产地： 广东省英德石门台自然保护区。

分布： 广东、湖北、云南。

讨论： 假黄盖鹅膏外观形态与橙黄鹅膏*A. citrine* (Schaeff.) Pers.相似, 但后者的边缘无辐射状棱纹，菌盖表面菌幕残余颜色较浅，担孢子淀粉质。

撰稿人：李泰辉

88 假豹斑鹅膏

鹅膏科 Amanitaceae

Amanita pseudopantherina Zhu L. Yang, Biblthca Mycol. 170: 44, 1997.

菌盖宽5～10cm，初期扁半球形，后平展，灰褐色、褐色至黄褐色，边缘色较中部浅，有短条纹，表面附着白色块状或角状鳞片；菌肉白色;菌褶白色，较密；菌柄长7～10cm，粗0.9～2cm，白色，近圆柱形，被纤毛状鳞片,空心，脆；菌环生菌柄上部，膜质，易脱落；基部膨大呈近球状，上部有白色1～3圈带状的菌幕残余。担孢子宽椭圆形，无色，光滑，9.5～12 × 7～9μm。孢子印白色。

生境： 生于针叶林或针阔混交林中地上。

产地： 广西十万大山、大瑶山国家级自然保护区。

分布： 广西、四川、贵州、云南。

讨论： 菌根菌

撰稿人：吴兴亮

87 假黄盖鹅膏 *Amanita pseudogemmata* Hongo 摄影：李泰辉

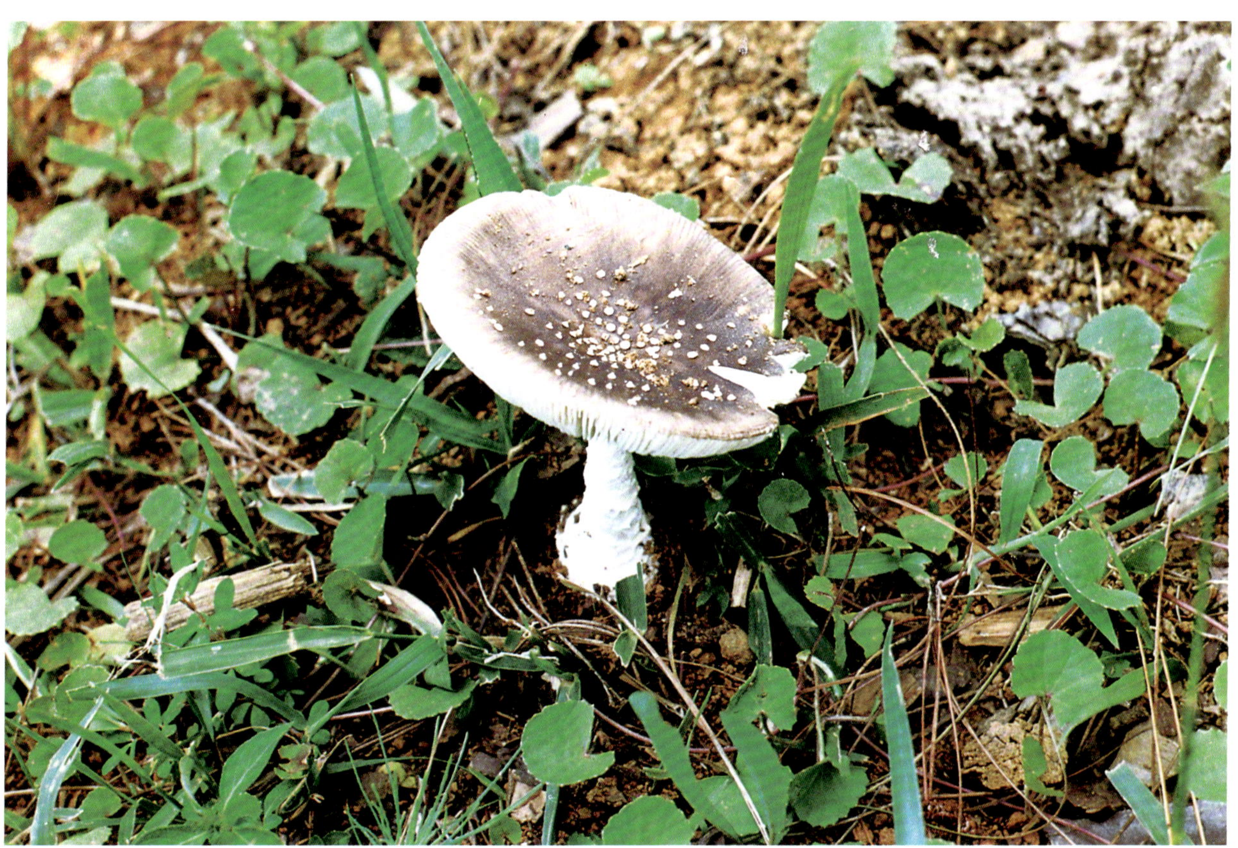

88 假豹斑鹅膏 *Amanita pseudopantherina* Zhu L. Yang 摄影：吴兴亮

89 假褐云斑鹅膏 鹅膏科 Amanitaceae

Amanita pseudoporphyria Hongo, J. Jap. Bot. 32: 141, 1957.

担子果中型；菌盖宽4～12cm，幼时半球形，后渐扁平或近平展，褐灰色，中部色深，光滑，似有隐生纤毛及形成花纹，稍粘，有时表面附有外菌幕（菌托）碎片；菌盖边缘平滑无条纹，常附有白色絮状菌幕残物；菌肉白色，中部稍厚；菌褶纯白色，密，离生，不等长，边沿似有粉粒；菌柄长5～12cm，粗0.6～1.8cm，近柱形，纯白色，常有纤毛状鳞片或有白色絮状物，基部膨大向下稍延伸根状，内部实心；菌环白色膜质，生柄之上部；菌托苞状或袋状，白色，有时边缘破碎。孢子印白色，孢子7.5～9 x 4～6μm，卵圆形至宽椭圆形，光滑，无色，淀粉质。

生境： 夏秋季生针叶林或阔叶林中地上。

产地： 广东阳春鹅凰嶂。

分布： 广东、四川、湖南。

讨论： 云南等地有人采食，但据有关研究记载该菌含有少量毒素，建议不要采食。此种外形似欧洲的毒鹅膏菌*Amanita phalloides*(Fr.:Fr.)Link, 但后者常带青黄褐色。属树木的外生菌根菌。

撰稿人：李泰辉

90 假灰鹅膏 鹅膏科 Amanitaceae

Amanita pseudovaginata Hongo, Mem. Fac. Educ. Shiga Univ., Nat. Sci. 33: 39, 1983; —*Amanitopsis pseudovaginata* (Hongo) Wasser, Ukr. bot. Zh. 45(6): 77, 1988.

菌盖宽3～6cm，初期半球形，后渐平展，中央有时稍凸起，浅灰色至灰色，具灰色至灰褐色小疣状、絮状至粉质颗粒状菌幕残余，湿时稍粘，边缘长棱纹；菌肉薄，白色；菌褶白色，较密，长短不一，与菌柄离生，干后有时呈浅灰色；菌柄圆柱形，细长，5～10cm，向上渐细，粗0.5～1.3cm，白色至污白色，有时呈浅灰色，脆；菌柄基部不膨大；菌托袋状至杯状，白色至污白色，有时呈浅灰色，菌托下部贴生于菌柄上。担孢子光滑，无色，近球形或宽椭圆形，9.5～12 x 7.5～10.5μm；孢子印白色。

生境： 生于阔叶林中地上。

产地： 海南尖峰岭自然保护区；广西大瑶山自然保护区。

分布： 河南、湖北、湖南、广西、海南、贵州、云南。

讨论： 食药不祥。

撰稿人：吴兴亮

89 假褐云斑鹅膏 *Amanita pseudoporphyria* Hongo　　摄影：李泰辉

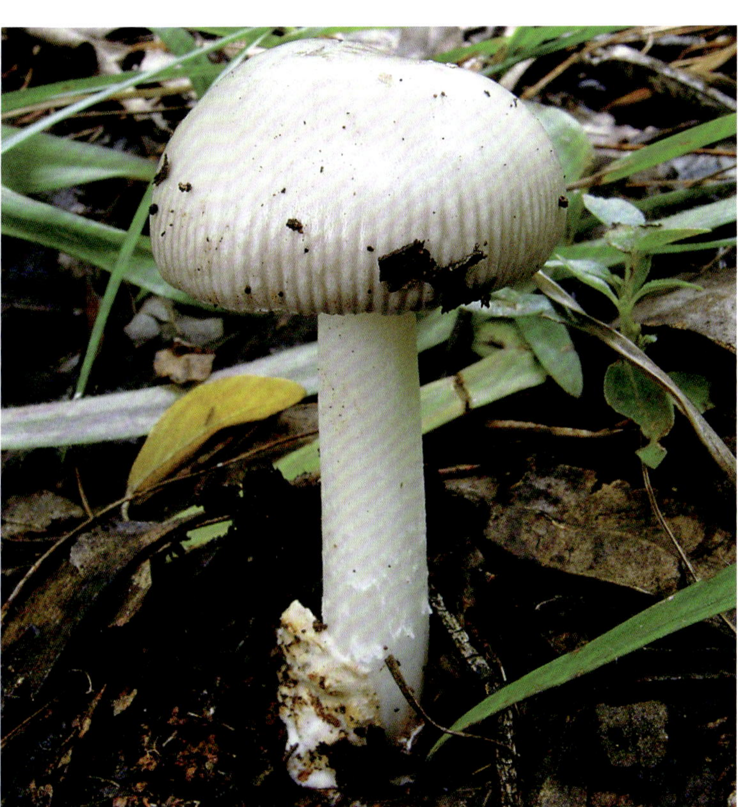

90 假灰鹅膏 *Amanita pseudovaginata* Hongo　　摄影：杨祝良

91 红托鹅膏

鹅膏科 Amanitaceae

Amanita rubrovolvata S. Imai, Bot. Mag. (Tokyo) 53: 392, 1939; Corner & Bas, Persoonia 2:287, Fig. 45～47, 1962; Imazeki & Hongo, Col. Ill. Mushr. Jap. 1: 118, Pl. 27/197, Fig. 197, 1987; Yang, Biblioth. Mycol. 170: 41, Abb. 27～29, 1997; —*Amplariella rubrovolvata* (S. Imai) J. -E. Gilbert, in Bres., Icon. Mycol. 27, Suppl. 1(1): 79, 1941.

菌盖小型，红色至橘红色，边缘橘色至带黄色，被有红色、橘红色至黄色鳞片；菌褶离生，白色；菌柄米色至带黄色；基部膨大，其上半部被红色、橘红色至橙色粉末状鳞片；菌环上表白色，下表带黄色，边缘常红色至橙色。担子具4小梗，担子基部横隔上无锁状联合；担孢子7.5～9 × 7～8.5μm，球形至近球形。

生境：生针叶林、针阔混交林或阔叶林中地上。

产地：云南江城、红疆，海拔1400m；海南尖峰岭自然保护区；广西大瑶山自然保护区。

分布：海南、广西、云南、贵州。

讨论：可能有毒。

撰稿人：杨祝良

92 土红粉盖鹅膏

鹅膏科 Amanitaceae

Amanita rufoferruginea Hongo, Journ. Jap. Bot. 41(6):165, 1966.

菌盖宽3～6cm，初期半球形，后平展，表面附着有土红色、锈红色的细粉末，边缘具明显条棱，菌幕粉末状，有时小疣状至絮状，土红色、红褐色至褐色，老后渐脱落；菌肉白色，近表皮处浅黄色，薄；菌褶白色，离生，较密，不等长，短菌褶近菌柄端多平截，褶缘粉状至絮状；菌柄细长，其表面附有土红色粉末，圆柱形，向下渐粗，长8～12cm，粗0.5～1cm，基部稍膨大；菌托与盖同色，菌托由几圈粉状颗粒组成，易脱落；菌环生柄之上部，破碎后常是桂在菌盖边沿，上表面白色，有辐射状细沟纹，下表面土红色、红褐色至褐色。孢子印白色。担孢子带黄色，近球形，7.5～9.5 × 6～8μm。

生境：生于针叶林或针阔混交林中地上。

产地：海南尖峰岭国家级自然保护区；广西十万大山、大瑶山国家级自然保护区。

分布：湖南、广东、广西、海南、贵州。

讨论：毒菌。据报道，能毒死苍蝇。

撰稿人：吴兴亮

91 红托鹅膏 *Amanita rubrovolvata* S. Imai　　摄影：唐丽萍

92 土红粉盖鹅膏 *Amanita rufoferruginea* Hongo　　摄影：吴兴亮

93 刻鳞鹅膏

鹅膏科 Amanitaceae

Amanita sculpta Corner & Bas, Persoonia 2(3): 255, 1962.

菌盖初期近球形，后半球形至平展，宽6～27cm，浅灰紫红褐色、紫褐灰色；菌盖上的菌幕残余锥状、疣状，灰紫红褐色、紫褐灰色，粗大，菌盖边缘具块状絮状物；菌肉白色至浅黄褐色，伤变浅灰褐色至褐色；菌褶离生至近离生，初期白色，后变紫褐色至深褐色；菌柄长8～37cm，宽2.2～5.5cm，圆柱形，向下变粗，内部实心，浅灰紫红褐色、紫褐灰色，其表面被有的菌幕残余紫褐灰色蛇皮状鳞片，基部膨大呈近球状，呈环带状排成数圈块状鳞片；菌环上位至近顶生，絮状，浅灰色至浅灰紫红褐色。担孢子近球形，无色，光滑，8～11 × 7.5～10μm。

生境：夏秋季于阔叶林中散生。

产地：海南尖峰岭自然保护区。

分布：广东、广西、海南、云南。

讨论：刻鳞鹅膏*Amanita sculpta* Corner & Bas主要分布在中国热带地区。

撰稿人：吴兴亮

94 中华鹅膏原变种

鹅膏科 Amanitaceae

Amanita sinensis var. **sinensis** Zhu L.Yang, Biblthca Mycol. 170: 23, 1997.

担子果中型至稍大型，有气味；菌盖宽7～12(～14)cm，初钟状、半球形，后扁半球形至平展，灰白色至浅灰色，边缘有棱纹，但有时几乎无棱纹；菌幕残余灰色、深灰色至灰褐色，在菌盖中部呈疣状至颗粒状，至边缘变为小疣状至絮状；菌肉较薄，白色；菌褶离生至近离生，白色，较密，不等长，有细齿；菌柄地上部分长8～15cm，粗1～2.5cm，近圆柱形或向上渐细，污白色至浅灰色，具浅灰色、灰色至深灰色粉状至絮状鳞片；内部松软至中空；基部棒状至近梭形，与菌柄本身无明显界限，地下常有假根，上部被浅灰色、灰色至深灰色粉状至絮状的菌幕残余；菌环顶生至近顶生，膜质，易脱落。担孢子9.5～12.5 × 7～8.5μm，宽椭圆形至椭圆形、稀近球形或长椭圆形，无色，光滑。

生境：夏秋季生针叶林或针阔混交林中地上。

产地：广东省英德石门台自然保护区。

分布：湖南、广东、广西、云南、四川、贵州。

讨论：中华鹅膏*A. sinensis*的主要特点是菌盖灰白色至浅灰色，盖表被灰色至深灰色疣状至颗粒状菌幕残余，菌环近顶生且易脱落，菌柄常有假根，气味较特殊。产区常有群众采食。

撰稿人：李泰辉

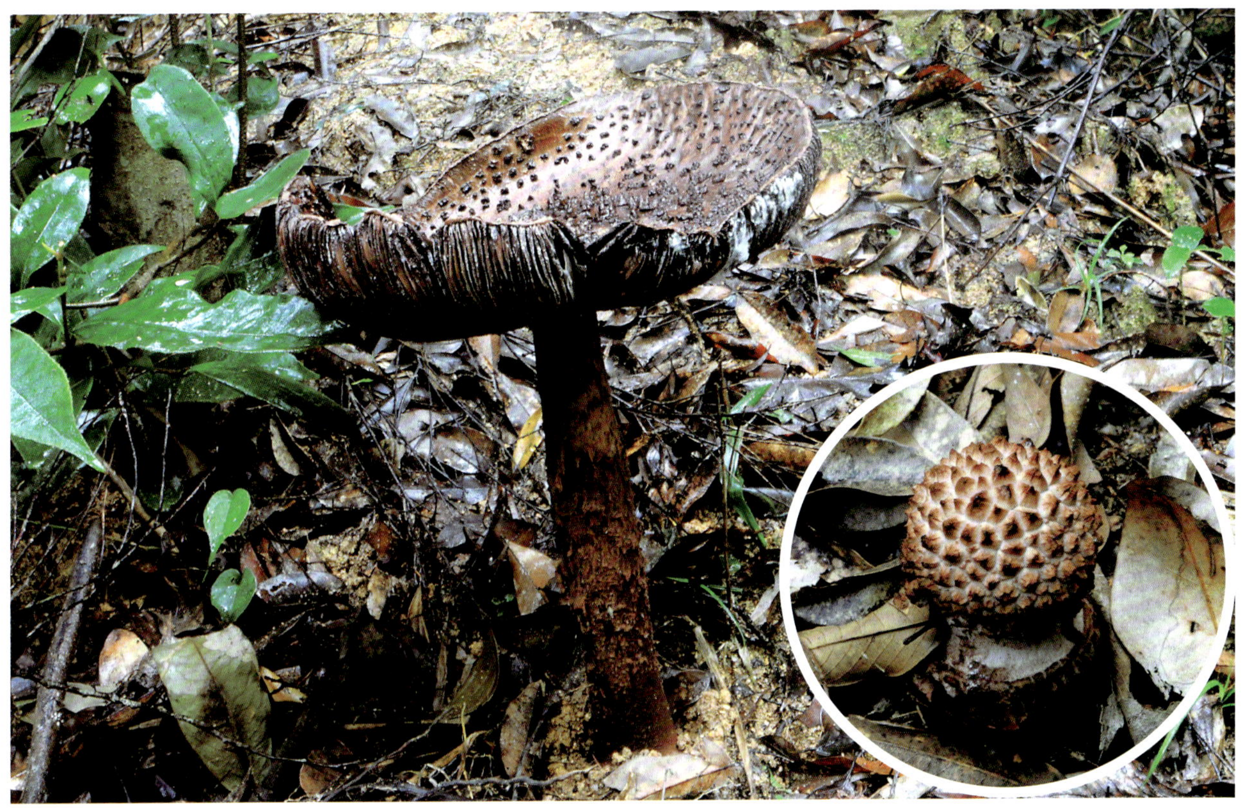

93 刻鳞鹅膏 *Amanita sculpta* Corner & Bas　　摄影：吴兴亮

94 中华鹅膏原变种 *Amanita sinensis* var *sinensis* Zhu L.Yang　　摄影：李泰辉、吴兴亮

95 中华鹅膏亚球孢变种 鹅膏科 Amanitaceae

Amanita sinensis var. **subglobispora** Zhu L. Yang, T.H. Li & X.L. Wu, Fungal Diversity 6: 154, 2001.

菌盖初期钟状，后半球形至平展，中央稍后凸起，宽7～12cm，鼠灰色至深灰色，边缘具棱纹，菌幕残余鼠灰色至深灰色，菌盖表面被有锥状、疣状至块状鳞片或絮状物；菌肉较薄，白色；菌褶白色，较密，长短不一，与菌柄近离生；褶缘有细齿，粉末至絮状；菌柄近圆柱形或向上渐细，10～15cm，粗1～2.5cm，浅灰色至灰色或与菌盖同色，具鼠灰色、深灰色粉末至絮状残余，内部松软至中空；基部棒状至梭形；菌环顶生至近顶生，上表面白色，有细的辐射状沟纹，下上表面被浅灰色粉质至纤丝状鳞片，膜质，易脱落。担孢子光滑，无色，宽椭圆形或椭圆形，8.5～10 × 7～8.5μm。孢子印白色。

生境： 生于阔叶林中地上。

产地： 海南尖峰岭国家级自然保护区。

分布： 海南。

讨论： 在烘烤标本时气味难以忍受，慎食用。

撰稿人：吴兴亮

96 黄盖鹅膏白色变种 鹅膏科 Amanitaceae

Amanita subjunquillea var. **alba** Zhu L. Yang, Biblthca Mycol. 170: 174, 1997.

菌盖宽3.5～5.5cm，幼时鸡蛋形至钟形，后平展，白色，粘，表面光滑，边缘无条纹，无菌幕残余；菌肉白色，伤不变色；菌褶白色，盖缘处每厘米11～13片，不等长，密，离生；菌柄中生，圆柱形或向上渐细，长4.5～10cm，粗10～20mm，白色，有白色纤毛或细小鳞片，基部膨大呈近球状，实心；菌环顶生至上位，白色，单环，膜质，易脱落；菌托白色，杯形至苞状，地下生。担孢子球形至近球形，6.5～9.5 × 6～8μm，光滑，无色。

生境： 生于针叶林或阔叶林中地上。

产地： 广西十万大山国家级自然保护区。

分布： 河南、湖北、湖南、广东、广西、四川、贵州、云南、西藏。

讨论： 该菌有毒。与剧毒鹅膏之一的致命鹅膏*A.exitialis* Zhu L.Yang & T.H.Li极相似，但后者担孢子较大，9.5～12 × 9～11.5μm

撰稿人：吴兴亮

95 中华鹅膏亚球孢变种 *Amanita sinensis* var. *subglobispora* Zhu L. Yang, T.H. Li & X.L. Wu　　摄影：吴兴亮

96 黄盖鹅膏白色变种 *Amanita subjunquillea* var. *alba* Zhu L. Yang　　摄影：吴兴亮

97　黄盖鹅膏原变种

鹅膏科　Amanitaceae

Amanita subjunquillea var. **subjunquillea** S. Imai, Bot. Mag. (Tokyo) 47: 424, 1933.

菌盖宽3.5～6cm，初期近钟形至扁半球形，后平展，黄色，稍粘，表面光滑，边缘无条纹，无菌幕残余；菌肉白色，伤不变色；菌褶白色，不等长，密，离生;菌柄中生，圆柱形或向上渐细，长4～11cm，粗3～10mm，淡黄色，有淡黄色纤毛或细小鳞片，基部膨大呈近球状，实心至松软；菌环上位至顶生，白色，膜质，宿存或有时破碎消失；菌托白色至污白色，浅杯形。担孢子近球形或宽椭圆形，6.5～9.5 x 6～8μm，光滑，无色。

生境：生于针叶林或阔叶林中地上。

产地：广西十万大山国家级自然保护区。

分布：河北、湖北、湖南、广东、广西、贵州。

讨论：该菌有剧毒。

撰稿人：吴兴亮

98　残托鹅膏有环变型

鹅膏科　Amanitaceae

Amanita sychnopyramis f. **subannulata** Hongo, Memoirs of Shiga University, 21: 63, 1971.

菌盖宽3～6.5cm，初期扁半球形，后平展，湿时稍粘，灰褐色、褐色至棕褐色，边缘色较中部浅，有条纹，表面附着白色块状或角状鳞片；菌肉白色，薄；菌褶白色，离生或近离生，较密；菌柄长5～12cm，粗0.8～1.5cm，白色或稍带淡黄白色，近圆柱形，基部膨大，空心，脆；菌环生菌柄中下部，膜质，白色或稍带淡黄白色，易脱落；菌托近杯状或呈环带。担孢子球形至近球形，无色，光滑，6.5～8.5 x 6.～8μm。孢子印白色。

生境：夏秋生于针叶林或阔叶林中地上。

产地：海南霸王岭、尖峰岭自然保护区。

分布：河北、吉林、黑龙江、河南、安徽、福建、广东、广西、海南、四川、贵州、云南、西藏。

讨论：文献记载该菌有毒。

撰稿人：吴兴亮

97 黄盖鹅膏原变种 *Amanita subjunquillea* var. *subjunquillea* S. Imai　　摄影：杨祝良

98 残托鹅膏有环变型 *Amanita sychnopyramis* f. *subannulata* Hongo　　摄影：吴兴亮

99 灰鹅膏 鹅膏科 Amanitaceae

Amanita vaginata (Bull.) Fr., Encyclop. Méthod. Botan. (Paris) 1: 109, 1783; —*Agaricus vaginatus* Bull., Herb. France (Paris) 3: pl. 98, 1782; —*Amanita vaginata* var. *vaginata* (Bull.) Fr., Encyclop. Méthod. Botan. (Paris) 1: 109, 1783; —*Vaginata livida* Gray, Nat. Arr. Brit. Pl. (London) 1: 601, 1821; —*Amanita vaginata* var. *livida* (Pers.) Gillet, Hyménomycètes (Alençon): 51, 1874; —*Amanitopsis vaginata* (Bull.) Roze, Bull. Soc. Bot. Fr. 23: 111, 1876; —*Amanita vaginata* f. *plumbea* (Schaeff.) Quél., Fl. Mycol. France (Paris): 302, 1888.

菌盖初期卵形或钟形，后渐平展，中央稍后凸起，宽5～12cm，鼠灰色至灰褐色，光滑，湿时粘，边缘具条纹，条纹通达菌盖中部，有时被有菌幕残片；菌肉薄，白色，脆；菌褶白色，密，长短不一，与菌柄离生；菌柄圆柱形，10～16cm，向上渐细，白色至污白色，脆，上部具白色粉末，下部常有纤毛状鳞片，中空；菌托较大，苞状至鞘状，白色，地下生，膜质，常破裂成大片附着在菌盖上。孢子光滑，无色，广椭圆形或近球形，9.5～11 × 7.8～9.5μm；孢子印白色。

生境：夏秋生于针叶林或阔叶林中地上。

产地：海南五指山、黎母山、霸王岭、尖峰岭、吊罗山自然保护区。

分布：河北、江苏、浙江、安徽、福建、河南、湖北、湖南、广东、广西、海南、四川、云南、西藏。

讨论：食用菌。但文献记载该菌有毒。

撰稿人：吴兴亮

100 绒毡鹅膏 鹅膏科 Amanitaceae

Amanita vestita Corner & Bas, Persoonia 2(3): 252, 1962.

担子果小型。菌盖宽3～5cm，扁平至平展，密被黄褐色、浅褐色至暗褐色绒状至毡状的菌幕残余，在菌盖中央菌幕残余有时近疣状，边缘常有絮状物，平滑无沟纹；菌褶离生至近离生，白色，较密，短菌褶近菌柄端渐窄；菌柄4～11.5 × 0.5～1cm，近圆柱形，污白色，被有纤丝状至絮状鳞片，在菌柄顶端被粉状鳞片，基部膨大，腹鼓状至近梭形，宽1～2cm，有短假根，在膨大基部的上半部被有粉状菌幕残余；菌环易破碎消失。担孢子7.5～9.5 × 5.5～6.5μm，椭圆形。担子果各部位皆无锁状联合。

生境：夏秋季生于热带阔叶林中地上。

产地：海南五指山自然保护区。

分布：海南、台湾。

讨论：绒毡鹅膏*A. vestita*与灰绒鹅膏*A. griseofarinosa* Hongo相似，但后者的菌盖菌幕灰色至深灰色，膨大细胞多为球形，连成的链较长、但各细胞间又易断开，其间夹杂的菌丝较少，担孢子较长、较宽。

撰稿人：曾念开

99 灰鹅膏 *Amanita vaginata* (Bull.) Fr. 摄影：吴兴亮

100 绒毡鹅膏 *Amanita vestita* Corner & Bas 摄影：曾念开

101 锥鳞白鹅膏 鹅膏科 Amanitaceae

Amanita virgineoides Bas, Persoonia 5(4): 435, 1969.

子实体大，白色，菌盖宽6～16cm，半球形至近平展，有角锥状鳞片，中部鳞片稍多，易脱落，幼时边缘向内卷曲，湿润时表面稍粘；菌肉白色，中部较厚，伤处不变色；菌褶白色，后期稍带黄色，不等长，较宽，稍密，边缘似粉状；菌柄较粗，长12～18cm，粗2～2.6cm，基部近棒状且有锥状及反卷的鳞片，内部实心，近纤维质；菌环生柄之上部，膜质，上表面似有条纹，下表面有角锥状小鳞片，菌环往往破碎后悬挂于盖缘或残存于菌柄上。孢子印白色；担孢子光滑，无色，宽椭圆形，8～10 × 6～7.5μm。

生境： 夏秋季生于阔叶林中。

产地： 海南尖峰岭自然保护区。

分布： 广东、广西、海南、贵州、云南。

讨论： 外生菌根菌。

撰稿人：吴兴亮

102 颜氏鹅膏 鹅膏科 Amanitaceae

Amanita yenii Zhu L. Yang & C. M. Chen, Mycotaxon, 88: 456, Figs. 1～6, 2003.

菌盖宽5～10cm，白色至污白色，中央有时米色至浅黄色，菌幕残余锥状至近锥状，白色至污白色，边缘常悬垂有絮状物，平滑无沟纹；菌肉白色，不变色；菌褶近离生，幼时白色，成熟后为米色至浅黄色；菌柄长6～12cm，宽0.5～1.5cm，近圆柱形或向上稍变细，上半部常被有白色反卷的鳞片，下半部光滑或有纤丝状鳞片；基部棒状至腹鼓状，与菌柄之间无明显界线；菌环膜质。担子具4小梗；担孢子7.5～10 × 4.5～6.5μm，椭圆形至长椭圆形。

生境： 夏秋季生于林中地上。

产地： 海南尖峰岭自然保护区，海拔900m；广西十万大山、大瑶山自然保护区。

分布： 广西、海南、台湾。

讨论： 颜氏鹅膏易与锥鳞白鹅膏*A. virgineoides* Bas相混淆。但后者担子果粗壮，菌褶白色至米色，菌柄上常被白色絮状至粉末状鳞片，菌环较厚，担孢子较宽，菌丝有锁状联合。

撰稿人：杨祝良

101 锥鳞白鹅膏 *Amanita virgineoides* Bas　　摄影：杨祝良

102 颜氏鹅膏 *Amanita yenii* Zhu L. Yang & C. M. Chen　　摄影：曾念开、吴兴亮

103 阿帕锥盖伞 粪锈伞科 Bolbitiaceae

Conocybe apala (Fr.) Arnolds, Persoonia 18(2): 225, 2003; —*Galera lateritia* sensu Cooke, Ill. Brit. Fung. 517 (460) Vol. 3, 1886; —*Agaricus tener* Sowerby, Col. fig. Engl. Fung. (London) 1: pl. 33, 1796; —*Mycena tenera* (Sowerby) Gray, Nat. Arr. Brit. Pl. (London) 1: 620, 1821; —*Bolbitius tener* (Sowerby) Berk. & Broome, Outl. Brit. Fung. (London): 183, 1860; —*Bolbitius albipes* G.H. Otth, Mitt. Naturf. Ges. Bern: 92, 1871; —*Galera apala* (Fr.) Sacc., Syll. Fung. (Abellini) 5: 860, 1887; —*Conocybe lactea* (J.E. Lange) Métrod, Bull. Trimest. Soc. Mycol. Fr. 56: 46, 1940; —*Galera lactea* J. E. Lange, Fl. Agaric. Danic. 4: 33, 1938; —*Conocybe albipes* Hauskn., Österr. Z. Pilzk. 7: 102, 1998.

菌盖宽1～3cm，伞形、圆锥形至钟形，菌盖浅黄褐色，往往边缘色浅，淡黄白色，有细条纹，薄，易脆，表面稍粘；菌肉污白色，很薄；菌褶直生，稍密，污白色，后呈浅褐色，不等长；菌柄长6～12cm，粗0.3～0.4cm，白色，表面有细粉粒，空心，上下一样粗或向下变粗，基部膨大。担孢子光滑，椭圆形至卵圆形，11～16 × 6.5～9.5μm。

生境： 生于草地上。

产地： 海南海口、尖峰岭自然保护区。

分布： 广西、海南、贵州、云南、台湾。

讨论： 记载有毒。

撰稿人：吴兴亮

104 脆珊瑚菌 珊瑚菌科 Clavariaceae

Clavaria fragilis Holmsk., Beata Ruris Ot Fung. Dan. imp. 1: 7, 1790; —*Clavaria vermicularis* Fr., Syst. Mycol. (Lundae) 1: 484, 1821; —*Clavaria cylindrica* Gray, Nat. Arr. Brit. Pl. (London) 1: 656, 1821; —*Clavaria vermicularis* var. *gracilis* Bourdot & Galzin, Hyménomyc. France (Sceaux): 110, 1928; —*Clavaria vermicularis* var. *sphaerospora* Bourdot & Galzin, Hyménomyc. France (Sceaux): 110, 1928.

担子果直立，不分枝，偶然出现分枝，丛生，成熟后稍弯曲，脆，高2～6cm，粗0.2～0.4cm，白色，老后略带淡黄色，圆柱形或近长梭形，后变扁平，向上渐细，顶部稍带淡黄色，常内实，后变中空。担孢子无色，光滑，椭圆形或果仁状，常具小尖，4～7.5 × 3～4μm，往往内含1个油滴。担子棍棒状，35～50 × 5.5～7.8μm。

生境： 生于阔叶林或竹林中地上。

产地： 广西大瑶山、十万大山、花坪自然保护区；海南尖峰岭自然保护区。

分布： 吉林、江苏、浙江、广东、广西、海南、四川、贵州、云南。

讨论： 食用菌。

撰稿人：吴兴亮

103 阿帕锥盖伞 *Conocybe apala* (Fr.) Arnolds　　摄影：吴兴亮

104 脆珊瑚菌 *Clavaria fragilis* Holmsk　　摄影：吴兴亮

105 怡人拟锁瑚菌

珊瑚菌科 Clavariaceae

Clavulinopsis amoena (Zoll. & Moritzi) Corner, Monograph of Clavaria and Allied Genera (Annals of Botany Memoirs No. 1): 352, 1950; —*Clavaria amoena* Zoll. & Moritzi, Natuur-Geneesk. Arch. Ned.-Indië 1: 380, 1844; —*Clavaria cardinalis* Boud. & Pat., J. Bot. Morot 2: 341, 1888.

担子果不分枝，高3～8cm，粗0.2～0.7cm，黄色至橙黄色，初呈纺锤形，顶端尖锐，后变为柱状钝形或变为扁平形，并有纵沟，常扭曲；柄不明显，基部有白色柔毛，菌肉内实，后变为中空。担孢子近球形，光滑，无色，5～7.5 × 4.5～6.5μm，内含一个大油滴。

生境：生于阔叶林或针阔混交林中地上。

产地：广西十万大山自然保护区。

分布：江苏、浙江、福建、广东、广西、四川、贵州、云南。

讨论：食用菌。

撰稿人：吴兴亮

106 金肉桂拟锁瑚菌

珊瑚菌科 Clavariaceae

Clavulinopsis aurantiocinnabarina (Schwein.) Corner, Monograph of Clavaria and Allied Genera (Annals of Botany Memoirs No. 1): 358, 1950; —*Clavaria aurantiocinnabarina* Schwein., Trans. Am. Phil. Soc., New Series 4(2): 183, 1832.

担子果不分枝或少许分枝，高1.5～2.5cm，橘红色，棒形，中空，枝端尖或微瓣裂；菌肉黄褐色。单型菌丝系统，有锁状联合；无囊状体；担子棒形，2～4个孢子，小梗直立，长3～6μm；孢子近球形，有尖突，5～7.5 × 5～6.5μm，光滑，无色，非淀粉质，内有1个大油球。

生境：单生或丛生至簇生于阔叶林中地上。

产地：广东阳春鹅凰嶂。

分布：广东、河北、吉林、江苏。

讨论：该种菌肉受伤后不变色。

撰稿人：宋　斌

107 沟纹拟锁瑚菌

珊瑚菌科 Clavariaceae

Clavulinopsis sulcata Overeem, Bull. Jard. Bot. Buitenz, 3 Sér. 5: 279, 1923; —*Clavaria miniata* Berk., J. Bot., London 2: 416, 1843; —*Clavaria sulcata* (Overeem) R.H. Petersen, Mycologia 70(3): 667, 1978.

担子果丛生，直立，不分枝，基部偶有短枝，高5～10cm，粗0.3～0.5cm，红色，后变为淡粉红色、浅肉色或黄褐色，常呈扁平状，棱形，顶端尖，有纵沟和皱纹，幼时内实，后变中空；柄不明显，近柱状，浅红色至红色，后变为淡粉红色、浅肉色或黄褐色。担孢子球形至近球形，光滑，无色，5.5～7 × 5.5～6.5μm，有小尖，内含一个大油滴。

生境：生于针叶林、阔叶林或竹林中地上。

产地：海南五指山、尖峰岭国家级自然保护区；广西金花茶国家级自然保护区。

分布：广西、海南、四川、贵州、云南。

讨论：食用菌。

撰稿人：吴兴亮

105 怡人拟锁瑚菌

Clavulinopsis amoena
(Zoll. & Moritzi) Corner

摄影：吴兴亮

106 金肉桂拟锁瑚菌

Clavulinopsis aurantiocinnabarina
(Schwein.) Corner

摄影：李泰辉

107 沟纹拟锁瑚菌

Clavulinopsis sulcata Overeem

摄影：吴兴亮

108　冠锁瑚菌　　珊瑚菌科　Clavariaceae

Clavulina coralloides (L.) J. Schröt., in Cohn, Krypt.-Fl. Schlesien Pilze (Breslau) 3(1): 443, 1888; —*Clavaria coralloides* L., Sp. pl. 2: 1182, 1753; —*Ramaria cristata* Holmsk., Beata ruris ot Fung. Dan. imp. 1: 92, 1790; —*Clavulina cristata* (Holmsk.) J. Schröt., in Cohn, Krypt.-Fl. Schlesien Pilze (Breslau) 3(1): 442, 1888.

担子果灰白色、淡黄褐色或褐色，顶端分枝，基部粗壮，末端分枝较纤细，高3～8cm，枝丛阔4～8.5cm，全株成丛团状，初期有粉质的绒毛，柄基菌丝白色，与所处的基质相交织；菌肉白色，内实；分枝末端的纤枝易于卷曲。担孢子近圆形或宽卵形，一端有钝喙状突起,光滑，透明，8～9×6～8μm。

生境： 生于针叶林、阔叶林或竹林中地上。

产地： 广西金花茶国家级自然保护区。

分布： 广西、云南、贵州。

讨论： 食用菌。

撰稿人：吴兴亮

109　窄褶干盖锈伞　　丝膜菌科　Cortinariaceae

Anamika angustilamellata Zhu L. Yang & Z.W. Ge, Mycol. Res. 109(11): 1261, 2005.

担子果中等至大型。菌盖宽3～10cm，初期半球形，后呈凸镜形，褐色至黄褐色；边缘的颜色初期较浅，后呈乳白色至浅黄色；盖表通常有细小放射状的皱褶，湿时稍粘；菌褶直生至稍延生，窄且密，初期白色，成熟后变为浅褐色至褐色；菌柄5～12×0.5～1.5cm，近圆柱形，白色至微黄色，被有白色至浅褐色的鳞片。担孢子9.5～11×7～8.5μm，杏仁状至近杏仁状，壁上具凹穴状纹饰。

生境： 夏秋季单生或群生于阔叶林中地上。

产地： 海南黎母山、鹦哥岭、五指山等自然保护区。

分布： 海南、云南。

讨论： 食药不明。

撰稿人：曾念开

110　詹尼暗金钱菌　　丝膜菌科　Cortinariaceae

Phaeocollybia jennyae (P. Karst.) Romagn., Bull. Trimest. Soc. Mycol. Fr. 58: 127 1944; —*Naucoria jennyi* Karst., Hedwigia 12:178, 1881.

菌盖宽1.5～4cm，平展脐凸形或扁锥形，橙褐色或蜡褐色，干，上有放射状贴生绒毛或光滑，肉质，边缘内卷；菌肉褐色，薄，无味道，无气味；菌褶盖缘处24～30片/厘米，锈色，不等长，弯生；褶缘平滑；菌柄中生至偏生，长4～5cm，粗3～4mm，近柄基稍为膨大后收缩成假根状，圆柱形，蜡褐色，光滑无附属物，纤维质，空心。孢子4.5～6×3～4.5μm，卵圆形，上有麻点，无芽孔，锈红褐色。

生境： 单生至散生于混交林或阔叶林中地上。

产地： 广东阳春鹅凰嶂。

分布： 广东、海南。

讨论： 食药不明。

撰稿人：李泰辉

108 冠锁瑚菌

Clavulina coralloides (L.) J. Schröt.

摄影：吴兴亮

109 窄褶干盖锈伞

Anamika angustilamellata Zhu L. Yang & Z.W. Ge

摄影：曾念开

110 詹尼暗金钱菌

Phaeocollybia jennyae (P. Karst.) Romagn.

摄影：李泰辉

111 皱纹斜盖伞

粉褶蕈科 Entolomataceae

Clitopilus crispus Pat., Bull. Soc. Myc. Fr. 29: 214, 1913.

担子果小到中型，菌盖宽2～6cm，凸镜形至平展形，中凹，白色至粉白色，边缘内卷，绒毛状，盖边缘有放射状的棱纹；菌肉白色；菌褶延生，不等长，宽2～3mm，白色或奶油色至粉红色；菌柄2～6 × 0.3～0.8cm，中生至偏生，白色，近圆柱状，平滑。担孢子(5.9～)6.8～8.5(～9.6) × (4～)4.5～5.5(～6)μm，淡粉红色，卵圆形，宽椭圆形至椭圆形，具9～11条纵棱纹；无侧生囊状体和褶缘囊状体。

生境：春、夏季节散生或群生于阔叶林或热带季雨林地上。

产地：广东深圳南山公园。

分布：广东、海南、云南。

讨论：皱纹斜盖伞易与柔软斜盖伞*C. apalus* var. *apalus* (Berk. & Broome) Petch 和东方斜盖伞*C. orientalis* T.J. Baroni & Watling相混淆。它们的主要区别是：柔软斜盖伞孢子近卵圆形，而皱纹斜盖伞和东方斜盖伞的孢子多为椭圆形，但东方斜盖伞常具褶缘囊状体。中国皱纹斜盖伞常被误定为柔软斜盖伞*C. apalus*或*Clitocybe*的种类。

撰稿人：李泰辉

112 白方孢粉褶蕈

粉褶蕈科 Entolomataceae

Entoloma album Hiroë, in Appl. Mushroom Sci.4, p.1.1939; —*Rhodophyllus murrayi* f. *albus* (Hiroë) Hongo, J. Jap. Bot. 29(3): 92, 1954.

担子果小型；菌盖宽1.5～3cm，白色、污白色至淡黄白色，初期圆锥形至斗笠形，中部具有一明显尖状突起，稍粘，湿时表面有细条纹；菌肉白色，薄；菌褶淡肉红色至粉红色，直生；菌柄中生，长3～8cm，粗0.2～0.4cm，白色至污白色，圆柱形，表面纤维状，中空。担孢子四角形，光滑，透明，9.2～11.5μm。

生境：生于阔叶林或竹林地上。

产地：海南五指山国家级自然保护区；广西十万大山国家级自然保护区。

分布：福建、广东、广西、海南、四川、贵州、云南。

讨论：食毒不明。

撰稿人：吴兴亮

111 皱纹斜盖伞 *Clitopilus crispus* Pat. 摄影：李泰辉

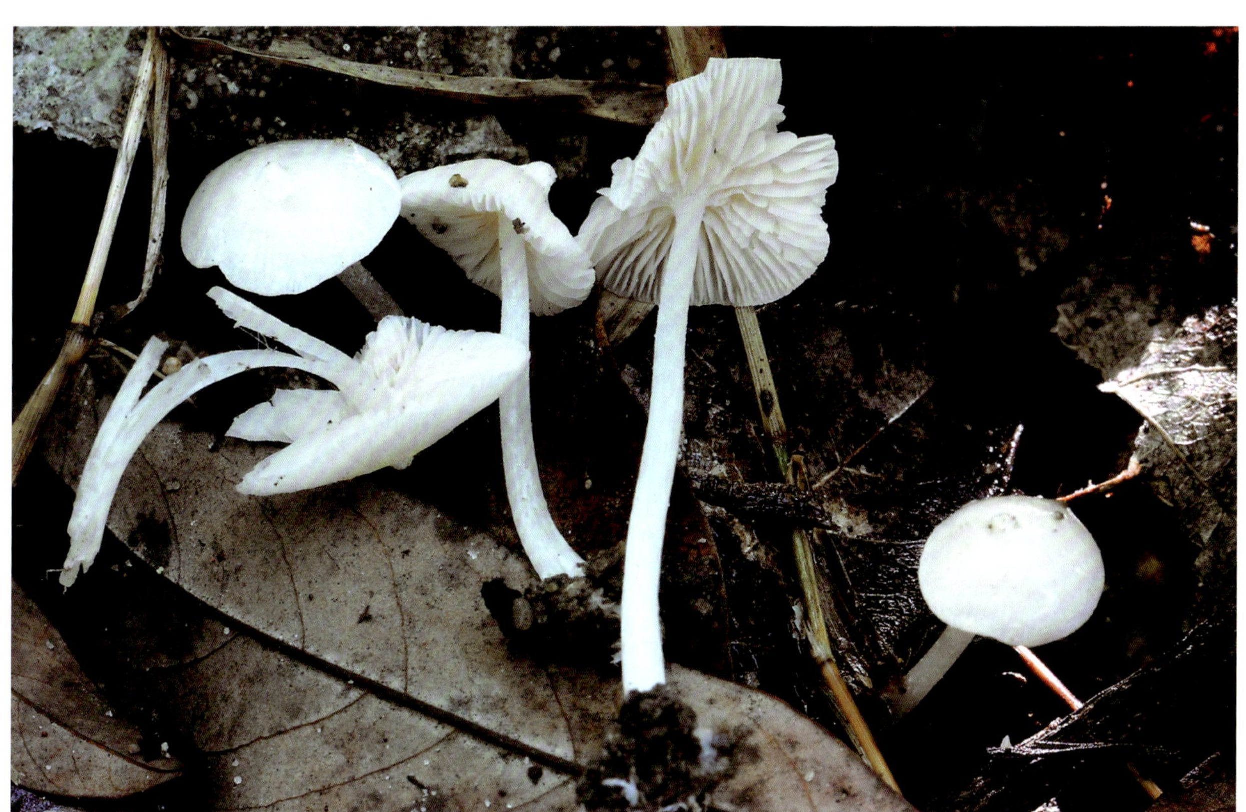

112 白方孢粉褶蕈 *Entoloma album* Hiroë. 摄影：吴兴亮

113 高粉褶蕈

粉褶蕈科 Entolomataceae

Entoloma altissimum (Mass.) E. Horak, Sydowia 28: 203, 1976; —*Leptonia altissima* Massee, Kew Bull. 93, 1906.

菌盖宽3.5～5cm，斗笠形至凸出形，干，蓝色至蓝紫色，伤变绿色，上密生褐色绒毛，尤以中部为多，边缘有直达盖中央的条纹；菌肉深蓝色，伤变绿色，薄，有辣味，无气味；菌褶盖缘处10～22片/厘米，深蓝色，稀疏，宽，不等长，弯生，伤变绿色，褶缘平滑或微锯齿状；菌柄中生，长50～70mm，近柄顶处粗3～5mm，棒形，淡蓝色，光滑，上有条纹，脆骨质，空心。担孢子7.7～10μm，近方形，具尖突，光滑，淡粉红色，非淀粉质；担子38～51 × 10～15μm，棒形，无色，2～4个孢子，小梗长2.5～5μm；侧生囊状体与褶缘囊状体未见。

生境：生于阔叶林中地上。

产地：广东阳春鹅凰嶂红花潭。

分布：广东、海南。

讨论：本种与近高粉褶蕈*E. subaltissimum* T. H. Li & Chuan H. Li和变绿粉褶蕈*E. virescens* (Berk. & M.A. Curtis) E. Horak相似。

撰稿人：李传华

114 肉褐色粉褶蕈

粉褶蕈科 Entolomataceae

Entoloma carneobrunneum W.M. Zhang, in Zhang, Li, Bi & Zheng, Acta Mycol. Sin. 13(3): 193, 1994.

菌盖宽2～4cm，平展脐凸形，光滑，肉质，褐色至深肉褐色，中央暗褐色，干；菌肉厚0.5～1.5mm，白色，无气味；菌褶盖缘处14～17片/厘米，宽1～3mm，淡红色或肉白色，宽直生至短延生，不等长，褶缘平滑；菌柄中生，长2～4cm，粗3～5mm，圆柱形至近棒形，白色，空心，纤维质，光滑无附属物。孢子7.7～10 × 5～7.7μm，（5～）6～7角，多为6角，具尖突，光滑，淡粉红色，非淀粉质，内含1～2个油滴。担子26～36 × 9～10μm，棒形，4个孢子，小梗长2.6～3.8μm，无色；侧生囊状体缺；褶缘囊状体40～90 × 4～7μm，圆柱形，有的顶端膨大成头状，无色，多。

生境：散生于混交林地上。

产地：广州白云区大罗村路。

分布：海南、广东。

讨论：本种与褐灰粉褶蕈*E. brunneocinereum* Hesl.相似，但菌体较大，菌盖深肉褐色，菌丝无锁状联合。

撰稿人：李传华

113 高粉褶蕈 *Entoloma altissimum* (Mass.) E. Horak 摄影：李泰辉

114 肉褐色粉褶蕈 *Entoloma carneobrunneum* W.M. Zhang 摄影：李泰辉

115 纯黄粉褶蕈

粉褶蕈科 Entolomataceae

Entoloma luteum Peck, Ann. Rep. N.Y. St. Mus. nat. Hist. 54: 146, 1902; —*Rhodophyllus luteus* (Peck) A.H. Sm., 38: 72, 1953.

子实体小型；菌盖半球形，凸镜形或近钟形，直径1～2.5cm, 光滑至纤毛状的，顶端具鳞片，无脐突或尖突，浅黄色至深黄色，成熟后颜色变浅，干，水渍状，具条纹；菌褶直生或近离生，较稀，初白色后变粉色，边缘与菌褶同色，不整齐；菌柄6.5 × 0.5cm，中生，圆柱形，中空，具纵条纹，脆；菌肉白色或带浅黄色，薄；气味和味道未知。担孢子方形，7.3～9.3μm。

生境：单生或散生于林中地上。

产地：云南省景洪市大渡岗；广西猫儿山自然保护区。

分布：广西、云南。

讨论：纯黄粉褶蕈与方孢粉褶蕈*E. murrayi*极为相似，但方孢粉褶蕈菌盖圆锥形，具明显尖突。

撰稿人：何晓兰

116 黄方孢粉褶蕈

粉褶蕈科 Entolomataceae

Entoloma murrayi (Berk. & M.A. Curtis) Sacc., Syll. Fung. (Abellini) 14(1): 127, 1899; —*Rhodophyllus murrayi* (Berk. & M.A. Curtis) Singer, Lloydia 5: 101, 1942; —*Agaricus murrayi* Berk. & M.A. Curtis, Ann. Mag. Nat. Hist., Ser. 3 4: 289, 1859.

担子果小型；菌盖宽1.5～3.5cm，黄色，初期圆锥形至斗笠形，中部具有一明显尖状突起，稍粘，湿时表面有细条纹；菌肉白色至淡黄色，薄；菌褶淡粉红色，直生；菌柄中生，长3～9cm，粗0.2～0.4cm，黄色，圆柱形，中空。担孢子四角形，光滑，透明，10～12.5μm；缘生囊状体圆柱体至棍棒形，85～115 × 10～20μm。

生境：生于阔叶林或竹林地上。

产地：海南五指山国家级自然保护区；广西十万大山国家级自然保护区。

分布：福建、广东、广西、海南、四川、贵州、云南。

讨论：食毒不明。

撰稿人：吴兴亮

115 纯黄粉褶蕈 *Entoloma luteum* Peck.　　摄影：黄　浩

116 黄方孢粉褶蕈 *Entoloma murrayi* (Berk. & M.A. Curtis) Sacc.　　摄影：吴兴亮

117 赭红方孢粉褶蕈 粉褶蕈科 Entolomataceae

Entoloma quadratum (Berk. & M.A. Curtis) E. Horak, Sydowia, 28:190, 1975; —*Entoloma salmoneum* (Peck) Sacc., Syll. Fung. (Abellini) 5: 693, 1887; —*Rhodophyllus salmoneus* (Peck) Singer, Lloydia 5: 102, 1942.

担子果小型；菌盖宽1.5～3.2cm，朱红色,橙红色至橘红色，初期圆锥形至斗笠形，中部具有一明显尖状突起，湿时表面有细条纹；菌肉淡黄红色至淡朱红色，薄；菌褶淡粉红色至淡朱红色，直生；菌柄中生，长3.5～8.5cm，粗0.2～3.5cm，朱红，圆柱形，表面纤维状，中空。担孢子四角形，光滑，透明，7～10μm。

生境： 生于阔叶林或竹林地上。

产地： 海南五指山国家级自然保护区；广西十万大山国家级自然保护区。

分布： 广东、广西、海南。

讨论： 食毒不明。

撰稿人：何晓兰

118 近高粉褶蕈 粉褶蕈科 Entolomataceae

Entoloma subaltissimum T. H. Li & Chuan H. Li, Mycotaxon, 107: 406～409, 2009.

担子果小型，金钱菌状，菌盖宽2～3.5cm宽，幼时圆锥形至半球形，后凸面镜形，边缘锯齿状或圆锯齿状，光滑或具有不明显绒毛，水渍状，深蓝色，浅松绿色或浅绿色，青灰绿色至绿色，边缘有时浅蓝色，具有绣褐色；菌褶2～3.5mm宽，近离生至弯生，菌盖边缘10～12片/厘米，稀疏，边缘整齐，浅蓝色，部分绣褐色，不等长；菌柄中生，50～80×2～3mm，圆柱形，同盖色或稍浅，中空；菌肉薄，浅蓝色至浅绿色，具有辣味。孢子8～12.5×8～12μm，4～5角，多4角，近方形至方形，粉红色。

生境： 散生于阔叶林中地上。

产地： 海南尖峰岭国家级自然保护区。

分布： 海南。

讨论： 本种与*E. altissimum* (Massee) E. Horak比较相似，但后者菌盖无条纹，菌褶密，担孢子小(7～10.5μm)，褶缘囊状体长而窄(50～130 × 6～20μm)。

撰稿人：李泰辉

119 变绿粉褶蕈 粉褶蕈科 Entolomataceae

Entoloma virescens (Berk. & M.A. Curtis) E. Horak, Sydowia 28(1～6): 200, 1976; —*Agaricus virescens* Berk. & M.A. Curtis, Proc. Amer. Acad. Arts & Sci. 4: 116, 1860.

菌盖宽2～3.5cm，斗笠形，顶部较凸，平滑或有细鳞，蓝绿色；菌肉薄；菌褶弯生或离生，不等长；菌柄细长，长4～8cm，空心，表面有纵条纹或纤毛，基部有浅色绒毛。担孢子四角形，9.5～10.5μm；褶缘囊状体棒状。

生境： 针叶林中地上散生或群生。

产地： 广东阳春鹅凰嶂。

分布： 湖南、海南、广东。

讨论： 本种最初由Berkerly和Curtis于1857年发现，但当时并未注意到其方形孢子。

撰稿人：李传华

117 赭红方孢粉褶蕈

Entoloma quadratum (Berk. & M.A. Curtis) E. Horak

摄影：吴兴亮、邓春英

118 近高粉褶蕈

Entoloma subaltissimum T. H. Li & Chuan H. Li

摄影：李泰辉

119 变绿粉褶蕈

Entoloma virescens (Berk. & M.A. Curtis) E. Horak

摄影：李泰辉

120 牛舌菌 牛舌菌科 Fistulinaceae

Fistulina hepatica (Schaeff.) With., Bot. Arr. Brit. pl. Edn 2 (London) 2: 405, 1792; —*Boletus hepaticus* Schaeff., Fung. Bavar. Palat. 2: 116, 1763.

担子果肉质，近匙形，宽5～15cm，有短柄，红褐色或血红色，成熟后变为暗褐色，从基部至盖缘具有放射状深红褐色花纹，粘，粗糙，子实层生于管内；菌管长1～2cm，初期白色，后为淡红色；管孔近白色，后为肉色，受伤处为浅褐色或锈色；菌肉淡红色，厚1～3cm，纵切面有纤维状分叉的深红色花纹，新鲜时软而多汁。担孢子广椭圆形或近球形，近无色或粉红色，光滑，4.5～5 × 3～4μm。内含一油滴。

生境： 生于阔叶树的树干或腐木上。

产地： 海南尖峰岭、五指山、霸王岭、黎母山自然保护区；广西大瑶山、花坪国家级自然保护区。

分布： 浙江、福建、河南、湖南、广西、海南、四川、贵州、云南、台湾。

讨论： 食用菌。肉质细嫩，滑腻松软，味道鲜美。对对小白鼠肉瘤S-180及艾氏癌的抑制率分别为95%及90%。

撰稿人：吴兴亮

121 双色蜡蘑 角齿菌科 Hydnangiaceae

Laccaria bicolor (Maire) P.D. Orton, Trans. Br. Mycol. Soc. 43(2): 280, 1960; —*Laccaria laccata* var. *bicolor* Maire, Publ. Inst. Bot. Barcelona 3(4): 84, 1937; —*Laccaria proxima* var. *bicolor* (Maire) Kühner & Romagn., Fl. Analyt. Champ. Supér. (Paris): 131, 1953.

菌盖宽2～4.5cm，初期扁半球，后期稍平展，中部平或稍下凹，边缘内卷，浅赭色或暗粉褐色至皮革褐色，干燥时色变浅，表面平滑或稍粗糙，边沿有条纹；菌肉污白色或浅粉褐色，无明显气味；菌褶浅紫色至暗色，干后色变浅，直生至稍延生，边缘稍呈波状；菌柄长6～15cm，粗0.3～1cm，柱形，常扭曲，同盖色，具长条纹和纤毛，带浅紫色，基部稍粗且有淡紫色绒毛，内部松软至变空心。孢子印白色；孢子7～10 × 6～7.8μm，近卵圆形，无色。

生境： 秋季生针阔混交林地上，群生或散生。

产地： 广东英德石门台自然保护区。

分布： 广东、香港、西藏、四川、云南。

讨论： 可食用。

撰稿人：宋　斌

120 牛舌菌 *Fistulina hepatica* (Schaeff.) With. 摄影：戴玉成、张亨定

121 双色蜡蘑 *Laccaria bicolor* (Maire) P.D. Orton 摄影：李泰辉

122 漆蜡蘑 角齿菌科 Hydnangiaceae

Laccaria laccata (Scop.) Cooke, Grevillea 12(no. 63): 70, 1884; —*Clitocybe laccata* (Scop.) P. Kumm., Führ. Pilzk. (Zwickau): 122 ,1871; —*Laccaria laccata* var. *affinis* Singer, Bull. trimest. Soc. mycol. Fr. 83: 111, 1967; —*Laccaria tetraspora* var. *scotica* Singer, Bull. trimest. Soc. mycol. Fr. 83: 114, 1967; —*Laccaria laccata* var. *moelleri* Singer, Sydowia Beih. 7: 9, 1973; —*Laccaria affinis* (Singer) Bon, Doc. Mycol. 13(no. 51): 49, 1983; —*Laccaria scotica* (Singer) Contu, Micol. ven. 1(2): 7, 1985.

菌盖宽2.5～4.5cm，扁半球形，后渐平展并上翘，鲜时肉红色、淡红褐色或鲜时灰蓝紫色，干后呈肉色至藕粉紫色或浅紫色，光滑或近光滑，中部脐状，边缘波状或瓣状，有条纹；菌肉与菌盖同色，薄；菌褶鲜时肉红色、淡红褐色或鲜时灰蓝紫色，稀，不等长，直生或近弯生；菌柄长3.5～8.5cm，粗0.3～0.6cm，近圆柱状，内实，纤维质，较韧，与菌盖同色，往往弯曲。担孢子近球形，有小刺，无色，7.5～11μm；孢子印白色。

生境：生于针叶林或阔叶林中地上。

产地：广西大瑶山、十万大山自然保护区；海南尖峰岭国家级自然保护区。

分布：河北、江苏、浙江、福建、湖南、广东、广西、海南、四川、云南、新疆。

讨论：食药用菌。

撰稿人：吴兴亮

123 朱红湿伞 蜡伞科 Hygrophoraceae

Hygrocybe miniata (Fr.) P. Kumm., Führ. Pilzk. (Zwickau): 112, 1871; —*Agaricus miniatus* Fr., Syst. Mycol. (Lundae) 1: 105, 1821; —*Hygrocybe strangulata* (P.D. Orton) Svrček, Česká Mykol. 16: 167, 1962. —*Agaricus miniatus* Fr., Syst. Mycol. (Lundae) 1: 105, 1821; —*Hygrophorus miniatus* (Fr.) Fr., Epicr. Syst. Mycol. (Upsaliae): 330, 1838; —*Hygrophorus strangulatus* P.D. Orton, Trans. Br. Mycol. Soc. 43: 266, 1960.

菌盖宽1～4cm，初期为扁半球形，后平展，中部下凹或脐状，担子果红色、橘红色、朱红色、盖缘湿时微见透明条纹或不明显，老后稍开裂，盖面有微细纤毛鳞片，老后近光滑；菌肉薄，脆，蜡质，淡黄色；菌褶蜡质，初期黄色，后为橙色或橙黄色，直生或近延生，厚，稍稀；菌柄圆柱形，向下稍细，长2～6cm，粗0.2～0.5cm，与菌盖同色，后褪色为橙色或橙黄色，光滑，初期内实，后中空，无毛或有微细纤毛。孢子印白色；担孢子椭圆形，无色，光滑，6.8～9.5 × 4.5～6μm。

生境：生于阔叶林中地上。

产地：海南霸王岭、尖峰岭自然保护区；广西龙滩自然保护区。

分布：浙江、江苏、安徽、江西、广东、广西、海南、贵州、台湾。

讨论：食用菌。

撰稿人：吴兴亮

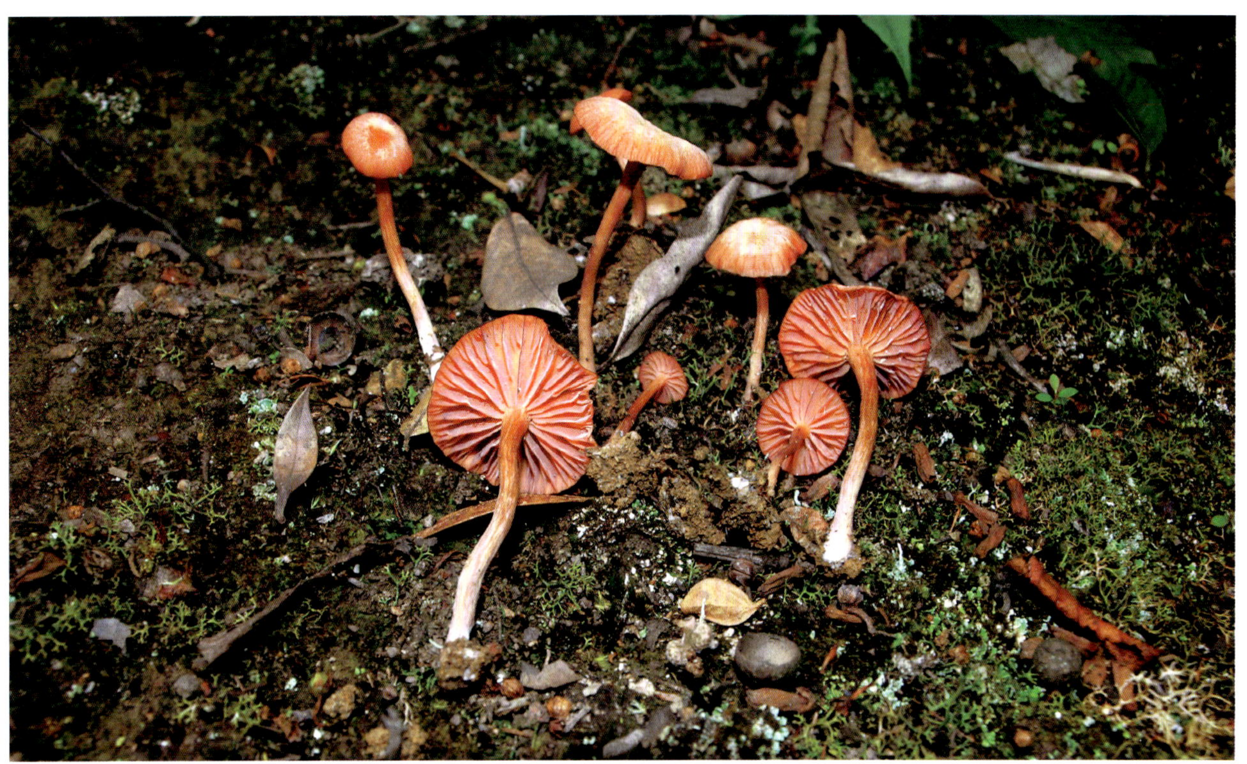

122 漆蜡蘑 *Laccaria laccata* (Scop.) Cooke　　摄影：邹方伦

123 朱红湿伞 *Hygrocybe miniata* (Fr.) P. Kumm.　　摄影：吴兴亮

124 变黑湿伞 蜡伞科 Hygrophoraceae

Hygrocybe nigrescens (Quél.) Kühner, Le Botaniste, 17(1～4): 57, 1926; —*Hygrophorus puniceus* var. *nigrescens* Quél., Assoc. Franç. Avancem. Sci., Congr. Rouen 1883 12: 6, 1883.

菌盖宽2～6cm，初期圆锥形，后呈斗笠形，橙红、橙黄或鲜红色，从顶部向四面分散出许多深色条纹，边缘常开裂；菌褶浅黄色；菌肉浅黄色，受伤后变黑色，尤其菌柄下部最容易变黑色；菌柄长4～12cm，粗0.5～1.2cm，表面带橙色并有纵条纹，内部变空心。孢子印白色，担孢子10～12 × 7.5～8.7μm，光滑，稍圆形，带黄色。

生境：夏秋季在针叶林或阔叶林中地上成群或分散生长。

产地：广东阳春鹅凰嶂;广西猫儿山自然保护区。

分布：河北、吉林、黑龙江、福建、广东、广西、湖南、四川、贵州、云南、西藏、新疆、台湾。

讨论：多记载有毒, 中毒后潜伏期较长。发病后剧烈吐泻，类似霍乱，甚至因脱水而休克死亡。因分布广泛，采食时注意鉴别。

撰稿人：宋　斌

125 红菇蜡伞 蜡伞科 Hygrophoraceae

Hygrophorus russula (Schaeff.) Kauffman, Publications Mich. Geol. Biol. Surv., Biol. Ser. 5 26: 185, 1918; —*Agaricus russula* Schaeff., Fung. Bavar. Palat. 4: tab. 58, 1774; —*Gymnopus russulus* (Fr.) Gray, Nat. Arr. Brit. Pl. (London) 1: 607, 1821; —*Limacium russula* (Schaeff.) Ricken, Blätterpilze 1: 10, 1910; —*Tricholoma russula* (Schaeff.) Gillet, Hyménomycètes (Alençon): 91, 1874.

担子果中等至大型；菌盖宽8～17(20)cm，扁半球形至近平展，污粉红至暗紫红色，常有深色斑点，一般不粘，中部具细小的块状鳞片；菌肉厚，白色近表皮处带粉红色；菌褶初期近白色，常常有紫红色至暗紫红色斑点，较密，直生至延生或有时近弯生，不等长，蜡质；菌柄长6～11cm，粗1.5～4cm，污白色至暗紫红色，具细条纹，上部近粉状，实心。担孢子无色，光滑，椭圆形，5.5～8 × 3.3～4.5μm。

生境：秋季在混交林地上，群生或近似蘑菇圈。

产地：广西岑王老山自然保护区；西藏林芝。

分布：辽宁、吉林、黑龙江、广西、台湾、西藏。

讨论：可食用，其个体大、肉厚、味较好。可与栎、赤松形成菌根。

撰稿人：李泰辉

124 变黑湿伞 *Hygrocybe nigrescens* (Quél.) Kühner 摄影：李泰辉、吴兴亮

125 红菇蜡伞 *Hygrophorus russula* (Schaeff.) Kauffman 摄影：李泰辉

126 软靴耳

丝盖伞科 Inocybaceae

Crepidotus mollis (Schaeff.) Staude, Schwämme Mitteldeutschl. 25: 71, 1857.

担子果小型；菌盖宽1～5cm，半圆形至扇形，水侵后半透明，粘，白色或带上孢子的颜色，基部有毛，初期边缘内卷；菌肉薄；菌褶稍密，从盖至基部辐射而出，延生，初白色，后变为锈褐色。孢子印锈褐色，担孢子6～9.5 × 4～5μm，椭圆形或卵形，淡锈色。

生境： 生于腐木上，群生至叠生。

产地： 广东车八岭国家级自然保护区。

分布： 河北、山西、吉林、江苏、浙江、福建、河南、湖南、广东、四川、云南、陕西、青海。

讨论： 此种文献记载可食用，但个体较小，食用意义不大。

撰稿人：何晓兰

127 星孢寄生菇

离褶伞科 Lyophyllaceae

Asterophora lycoperdoides (Bull.) Ditmar, J. Bot. (Schrader) 2: 56, 1809.

担子果寄生在红菇属*Russula*担子果上；菌盖宽0.5～2.5cm，最初近球形，呈马勃状，后为半球形，白色，其上产生粉末状、土黄色或浅茶褐色的厚垣孢子；菌肉白色；菌柄圆柱形，长1～2.5cm，粗0.2～0.5cm，白色，基部有白色毛状菌丝；棱褶稀疏，白色，厚，分叉。担孢子无色，椭圆形，5～6 × 3～3.5μm。

生境： 寄生在红菇属*Russula*的担子果上。

产地： 广西十万大山自然保护区。

分布： 安徽、江苏、广西、贵州、云南。

讨论： 据报道有微毒，慎食。

撰稿人：吴兴亮

128 金黄蚁巢伞

离褶伞科 Lyophyllaceae

Termitomyces aurantiacus (R. Heim) R. Heim, Termites et Champignons (Paris): 56, 1977; —*Termitomyces cylindricus* S.C. He, Acta Mycol. Sin. 4(2): 104, 1985; —*Termitomyces striatus* var. *aurantiacus* R. Heim, 80(1): 23, 1952.

菌盖宽5～10cm，初期圆锥形、钟形或斗笠形，盖中央具乳头状突起，表面土黄色、金黄色至红褐色，顶部色深，盖缘成熟后裂开；菌肉白色至污白色；菌褶离生，白色，稍稀，不等长；菌柄圆柱形，柄长8～15cm，粗0.5～2cm，近白色，中上部乳白色，往往被有白色纤毛状鳞片，柄基部棕黑色，基部膨大又延伸成10～30cm的假根，向下渐细，假根的末梢呈柱状与地下白蚁巢相连结。担孢子卵圆形或宽椭圆形，光滑，无色，透明，5.5～7.5 × 3.5～5μm。侧生囊状体近纺缍形。

生境： 生于地下蚁巢上。

产地： 海南尖峰岭国家级自然保护区；广西花坪国家级自然保护区。

分布： 广西、海南、贵州、云南。

讨论： 食用菌。味极鲜美。

撰稿人：吴兴亮

126 软靴耳

Crepidotus mollis
(Schaeff.) Staude

摄影：王绍能

127 星孢寄生菇

Asterophora lycoperdoides
(Bull.) Ditmar

摄影：吴兴亮

128 金黄蚁巢伞

Termitomyces aurantiacus
(R. Heim) R. Heim

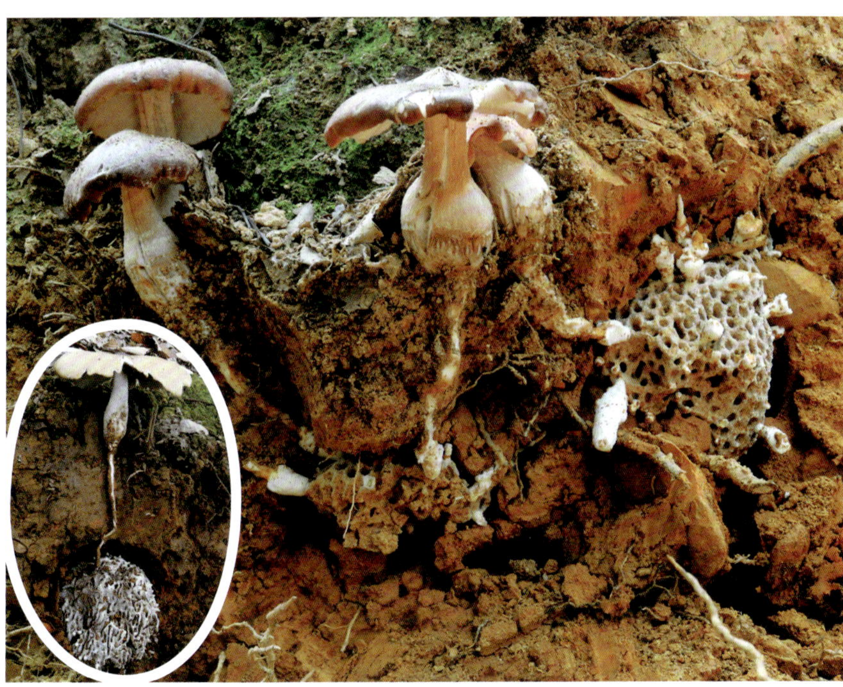

摄影：吴兴亮

129 盾尖蚁巢伞

离褶伞科 Lyophyllaceae

Termitomyces clypeatus R. Heim, Bull. Jard. Bot. État 21: 207, 1951; —*Sinotermitomyces taiwanensis* M. Zang & C.M. Chen, Fungal Science, Taipei 13(1, 2): 25, 1998.

菌盖宽5～8cm，盖中央具矛尖状突起，初呈淡褐色，后呈赭褐色，或灰褐色；盖中央具环状轮生的斑点，周散形成辐射状条纹，盖缘成熟后裂开；菌褶离生，白色；菌肉白色至污白色；菌柄圆柱形，近等粗，基部有假根状延伸，中上部乳白色至淡赭色，柄基部棕黑色，柄长8～13cm，粗0.5～1.5cm。担孢子卵圆形至椭圆形，透明，4.5～7 × 3.2～4μm；侧生囊状体纺缍形，22～40 × 9～7μm；褶缘囊状体近棒形，20～36 × 8～12μm。

生境：生于地下蚁巢上。

产地：海南尖峰岭国家级自然保护区；广西大瑶山、花坪国家级自然保护区。

分布：广东、广西、海南、贵州、云南。

讨论：食用菌。味极鲜美。

撰稿人：吴兴亮

130 球根蚁巢伞

离褶伞科 Lyophyllaceae

Termitomyces bulborhizus T.Z. Wei, Y.J. Yao, B. Wang & Pegler, Mycol. Res. 108(12): 1458, 2004.

菌盖宽6～15cm，起初为凸镜形，成熟后呈突起平展形，中央具有一个圆形或钝尖的突出的顶体；菌盖中央为红褐色至黑褐色，其他部分浅褐色至褐色，并向边缘逐渐变浅，表面粗糙；成熟后菌盖边缘平直或上翘，常开裂。菌褶离生，幼年时白色，成熟后变为粉红色，菌柄长4～12cm，粗1.2～2.2cm，在地面处及以下处膨大至宽2.8～5.5cm，并通常在近土表部分多呈纺缍状膨大，中生；表面白色，至球状物处略带浅褐色，具有同色的长存而明显的鳞片状的绒毛；中实，纤维质，下部连以细长的假根，假根长距随蚁巢之埋土深浅而异，菌柄纤维质，表面常具多条纵裂。担子棒形，光滑，透明，17～20 × 6～8μm；担孢子6～9 × 4～6μm，卵圆至椭圆形，半透明，薄壁。

生境：生于林缘或耕地中白蚁巢上，菌柄的假根与白蚁巢相连。

产地：海南尖峰岭国家级自然保护区；广西十万大山、岑王老山自然保护区。

分布：广东、广西、海南、四川、贵州、云南。

讨论：食用菌。肉厚，味鲜美，细嫩可口。

撰稿人：吴兴亮

129 盾尖蚁巢伞 *Termitomyces clypeatus* R. Heim　　摄影：吴兴亮、大瑶山提供

130 球根蚁巢伞 *Termitomyces bulborhizus* T.Z. Wei, Y. J. Yao & Pegler　　摄影：吴兴亮

131 真根蚁巢伞

离褶伞科 Lyophyllaceae

Termitomyces eurhizus (Berk.) R. Heim, Arch. Mus. Hist. Nat. Paris, ser. 6 18: 140, 1942; —*Rajapa eurhiza* (Berk.) Singer, Lloydia 8: 143, 1945; —*Termitomyces albiceps* S.C. He, Acta Mycol. Sin. 4(2): 106, 1985; —*Termitomyces macrocarpus* Z.F. Zhang & X.Y. Ruan, Acta Mycol. Sin. 5(1): 10, 1986; —*Termitomyces poonensis* Sathe & S.D. Deshp., Maharashtra Association for the Cultivation of Sciencc, Monograph No. 1 Agaricales (Mushrooms) of South West India (Pune): 36, 1981.

菌盖宽5～20cm，初期圆锥形，后渐伸展，中央有显著的斗笠状突起，淡灰褐色、淡褐色或灰褐色，盖面往往呈辐射状撕裂，表面湿时粘，光滑；菌肉白色，较厚；菌褶白色，后变为浅粉红色或米黄色，密，近离生至弯生，密，不等长；菌柄长5～16cm，圆柱形或近纺缍形，内实，纤维质，近白色至淡褐色或灰白色，内部白色，基部稍膨大延伸成10～30cm的假根，向下渐细，假根的末梢与地下白蚁巢相连结。担孢子7～8.5 x 4.5～5.5μm，椭圆形，光滑，无色。

生境：生于白蚁巢上。

产地：海南海口、五指山、尖峰岭自然保护区；广西大瑶山、十万大山自然保护区。

分布：江苏、浙江、安徽、广东、广西、海南、贵州、云南。

讨论：食用菌。是著名的食用菌，肉质细嫩，洁白如瑕，营养丰富，味美而鲜。

撰稿人：吴兴亮

132 小果蚁巢伞

离褶伞科 Lyophyllaceae

Termitomyces microcarpus (Berk. & Broome) R. Heim, Arch. Mus. Hist. Nat. Paris, ser. 6 18: 128, 1942; —*Agaricus microcarpus* Berk. & Broome, J. Linn. Soc., London 11: 537, 1871; —*Entoloma microcarpum* (Berk. & Broome) Sacc., Syll. Fung. (Abellini) 5: 687, 1887; —*Podabrella microcarpa* (Berk. & Broome) Singer, Lloydia 8: 143, 1945; —*Termitomyces microcarpus* (Berk. & Broome) R. Heim, C.R. Acad. Sci. Paris 213: 147, 1941; —*Termitomyces microcarpus* f. *santalensis* R. Heim,: 127, 1977.

菌盖宽1.5～2.5cm，初期圆锥形，后渐伸展，中央有显著的斗笠状突起，淡灰白褐色至淡褐色，光滑；菌肉白色，较厚；菌褶白色，后变为浅粉红色或米黄色，密，近离生，不等长；菌柄中生，长3～6cm，圆柱形，纤维质，淡褐色或灰白色，内部白色，基部延伸成假根不明显，担孢子5～6 x 4～5.5μm，广椭圆形，光滑，无色至近粉红色。

生境：近地表生。

产地：海南海口、霸王岭、尖峰岭、五指山自然保护区；广西大瑶山、十万大山自然保护区。

分布：福建、广东、广西、海南、四川、贵州、云南。

讨论：食用菌。其味鲜美。

撰稿人：吴兴亮

131 真根蚁巢伞 *Termitomyces eurhizus* (Berk.) R. Heim　　摄影：吴兴亮、曾念开

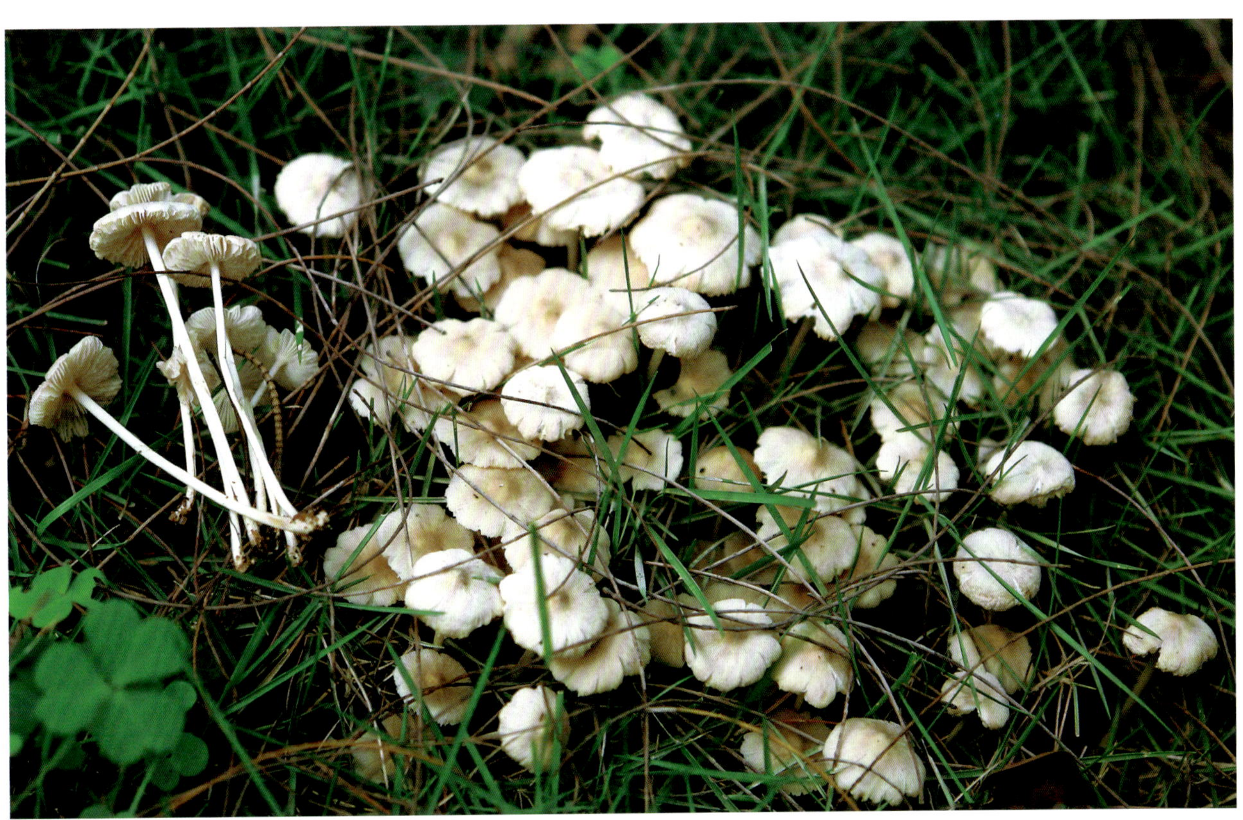

132 小果蚁巢伞 *Termitomyces microcarpus* (Berk. & Broome) R. Heim　　摄影：吴兴亮

133 脉褶菌

小皮伞科 Marasmiaceae

Campanella junghuhnii (Mont.) Singer, Lloydia 8(3): 192, 1945; —*Cantharellus junghuhnii* Mont., in Léveillé, Annls Sci. Nat., Bot., Sér. 2 16: 318, 1841; —*Favolaschia celebensis* (Pat.) Kuntze, Revis. Gen. pl. (Leipzig) 3(2): 476, 1898; —*Laschia celebensis* Pat., J. Bot. Morot 1: 227, 1887.

菌盖宽0.5～1.5cm，薄圆扇形，质韧，白色带点淡黄色，平滑，盖缘全缘；菌肉白色，薄；菌褶叶脉状隆起，从基部辐射状生出，白色；菌柄极短或无，侧生。孢子印白色，担孢子7.7～9 × 4.2～5μm，椭圆形，无色，平滑。

生境：群生于阔叶林中。

产地：广东阳春鹅凰嶂；海南五指山、尖峰岭自然保护区。

分布：广东、海南、台湾。

讨论：这个种菌褶特征十分特殊，状似叶脉般隆起，自基部呈辐射状生出，因而得名。

撰稿人：邓春英

134 白皮微皮伞

小皮伞科 Marasmiaceae

Marasmiellus albus-corticis (Secr.) Singer,Lilloa 22: 300, 1951; —*Agaricus albus-corticis* Secr., Mycogr. Suisse 2: 229, 1833.

菌盖宽6～30mm，初钟形，后平展形，中央微凹，膜质，灰白色，干，上有绒毛，边缘有褶状条纹；菌肉白色，极薄，无味道，无气味；菌柄棒形，长3～38 × 0.5～2.5mm，弯曲，上部白色，下部浅紫色，在放大镜下可看到微细绒毛和粉粒状物，直插入基物内，或基部膨大，状似吸盘，纤维质，空心；菌褶与菌盖同色，盖缘处13～17片每cm，稀疏，不等长，稍有分叉和横脉，直生至短延生，褶缘平滑。担孢子8～11 × 3～3.5μm，瓜子形或棒形，光滑，无色，非淀粉质。担子31～60 × 6～7μm，长棒形，无色至淡黄色；侧生囊状体70～95 × 6～9μm，尖棒形，单生，无色；褶缘囊状体40～90 × 5～9μm，长棒形，个别顶端分叉，单生，无色；柄生囊状体36～90 × 4～5μm，粗毛状，无色；菌褶菌髓平行。菌盖外皮层菌丝多平伏，丝状，个别顶端分叉，粗4～6μm，无色或微黄色。菌肉菌丝黄色，有锁状联合。

生境：群生至丛生于阔叶树的腐木或枯枝上。

产地：广东鼎湖山保护区、车八岭国家级自然保护区。

分布：广东、广西、海南、四川、云南。

讨论：白皮微皮伞*M. albus-corticis* 是Boudier, Kuhner, Singer 定义的*M.candidus*中的一种。*M. candidus*为一复合种。

撰稿人：邓春英

133 脉褶菌 *Campanella junghuhnii* (Mont.) Singer 摄影：吴兴亮

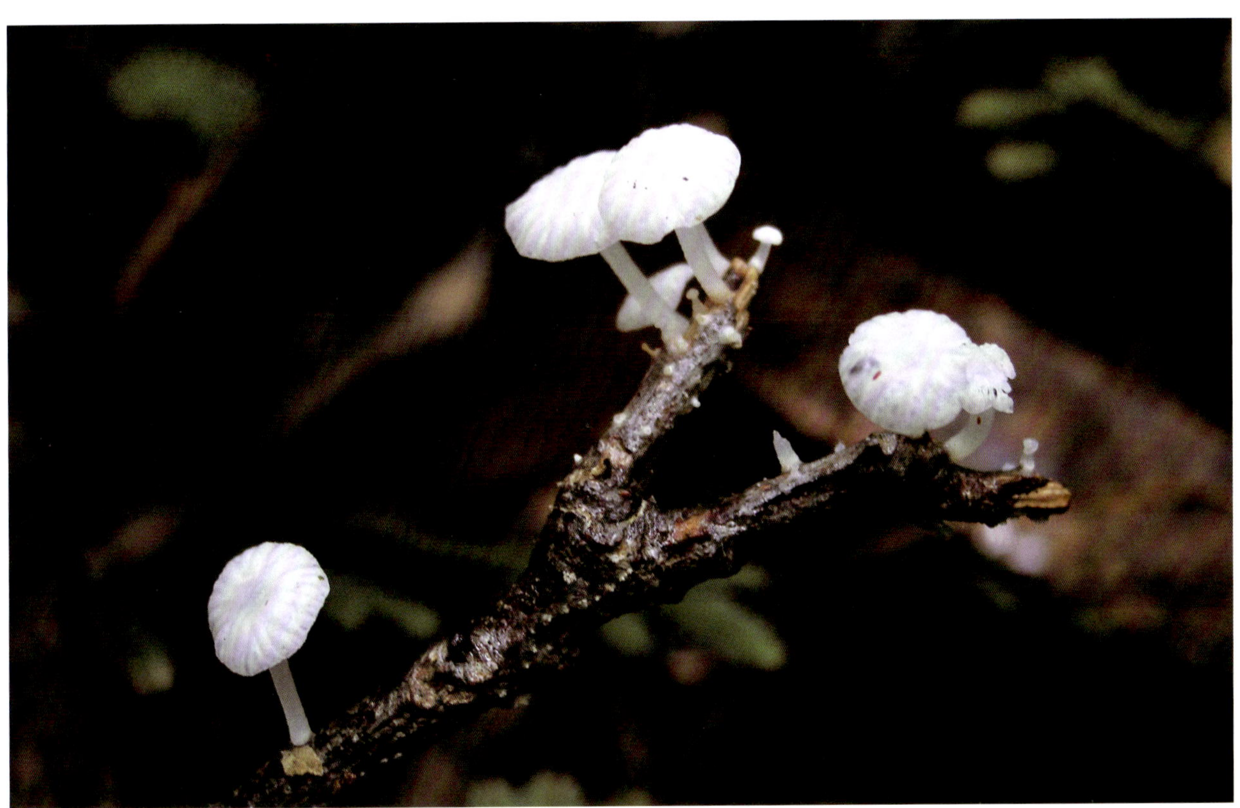

134 白皮微皮伞 *Marasmiellus albus-corticis* (Secr.)Singer 摄影：邓春英

135 皮微皮伞

小皮伞科 Marasmiaceae

Marasmiellus corticum Singer, Beih. Nova Hedwigia 44: 325, 1973.

菌盖宽0.6～4cm，平展，凸镜形至扇形，中央下凹，膜质，干后胶质，白色，半透明，被白色细绒毛，具辐射沟纹；菌褶直生，不等长；菌柄偏生，长3～9mm，圆柱形至近棒状，白色，被绒毛。担孢子7～10×4～5.3μm，椭圆形，光滑，无色，非淀粉质。

生境： 群生于混交林中腐木上或竹枝上。

产地： 广州篱箕窝水库。

分布： 广东。

讨论： 产生白腐。

撰稿人：邓春英

136 树生微皮伞

小皮伞科 Marasmiaceae

Marasmiellus dendroegrus Singer, Beih. Nova Hedwigia 44: 326, 1973.

菌盖宽6～20mm，淡黄褐色至褐色，平展至平展脐凹或凸出脐凹，膜质，有辐射状沟纹；菌肉微黄褐色，极薄，无味;菌褶黄褐色至橙褐色或褐色，褶缘10～14片/厘米，不等长，有分叉，直生；菌柄长7～25mm，粗0.4～1.8mm，中生至偏生，黄色至黄褐色，中空，菌索发达。担孢子5～7×3～4μm，椭圆形至梨核形。

生境： 群生于阔叶林内腐木上。

产地： 广东车八岭国家级自然保护区。

分布： 广东。

讨论： 菌盖外皮层菌丝有锁状联合。

撰稿人：李泰辉

137 无节微皮伞

小皮伞科 Marasmiaceae

Marasmiellus enodis Singer, Beih. Nova Hedwigia 44: 327, 1973.

菌盖宽2～3cm, 初钟形, 后平展, 中央凹陷, 半膜质, 淡黄白色、淡土黄色至淡黄褐色, 光滑至被微细绒毛, 有放射状沟纹, 由盖缘通向菌盖中央, 达3/4的位置, 边缘内卷; 菌褶近白色、淡黄色至粉黄色, 近离生, 盖缘处每厘米9～10片, 不等长; 菌柄中生, 长2 cm, 粗1mm, 上部粉黄褐色, 下部淡红褐色, 有微细绒毛。担孢子瓜子形, 6～7×3～3.5μm, 无色, 非淀粉质; 担子棒形, 21～29×5～6.5μm, 浅黄色, 4个孢子, 小梗长2～3μm; 侧生囊状体缺。褶缘囊状体棒形至纺锤形, 28～31×6～8μm, 常有小分枝或小突起, 无色; 菌褶菌髓平行; 菌盖外皮层菌丝平伏, 部分有枝状突起, 有褐色结晶物, 有锁状联合。

生境： 生于阔叶林中枯枝落叶上。

产地： 广东鼎湖山自然保护区。

分布： 广东。

讨论： 菌肉有苦味。

撰稿人：邓春英

135 皮微皮伞

Marasmiellus corticum Singer

摄影：吴兴亮

136 树生微皮伞

Marasmiellus dendroegrus Singer

摄影：邓春英

137 无节微皮伞

Marasmiellus enodis Singer

摄影：邓春英

138 半焦微皮伞

小皮伞科 Marasmiaceae

Marasmiellus epochnous (Berk. & Broome) Singer, Sydowia 9(1-6): 392, 1955 —*Marasmius epochnous* Berk. & M.A. Curtis, Journ. Linn. Soc. 14: 41, 1875.

菌盖宽2～7mm，凸镜形，后平展形至中凹形，近圆形至椭圆形，白色，近白色至微褐色带点灰，被粉末状细绒毛，无条纹，边缘整齐；菌肉白色，肉质；菌丝白色要，老后部分白带淡褐色，直生或离生具项圈，不等长，有分叉，稍稀至稍密；菌柄偏生至近侧生，长3～5mm，粗约0.5mm，白色，被粉末状绒毛。担孢子6～8×3.5～4.5μm，椭圆形，光滑，无色，非淀粉质。担子18～23×6～7μm，棒形，4个孢子。

生境：群生于阔叶林枯枝上。

产地：广东英德石门台自然保护区。

分布：广东、海南、台湾。

讨论：菌肉无味道及气味。

撰稿人：邓春英

139 狭褶微皮伞

小皮伞科 Marasmiaceae

Marasmiellus stenophyllus (Mont.) Singer, Sydowia 15: 58, 1962; —*Marasmius stenophyllus* Mont., Ann. Sc. Nat. Bot. Ser. IV, 1: 116, 1854; —*Marasmiellus albiceps* Bi, Act. Myc. Sinic. 2(1): 31, 1983.

菌盖宽4～12mm，白色，半球形至平展形，或中央稍为凹陷，膜质，从盖缘至中部有2/3长的辐射状沟纹，被短绒毛；菌肉白色，极薄;菌褶白色，稀疏，狭窄，不等长，直生至短延生；褶缘平滑；菌柄长0.5～1.5cm，粗1～1.5mm，中生，圆柱形，白色，有绒毛，空心。担孢子6～8 × 3～3.5μm，梨核形，有尖突，光滑，无色。

生境：丛生、群生于阔叶林及针叶林小枝上或腐木上。

产地：广东阳春鹅凰嶂

分布：广东、海南。

讨论：菌肉无味道。

撰稿人：邓春英

140 特洛伊微皮伞

小皮伞科 Marasmiaceae

Marasmiellus troyanus (Murrill) Dennis, Kew Bull., Addit. Ser. 3: 31, 1970; —*Marasmius troyanus* Murrill, North Amer. Flora 9: 263, 1915; —*Collybia troyana* (Murr.)Dennis, Trans. Brit. Mycol. Soc. 34: 452, 1951.

菌盖宽1.5～2cm，近白色，后变成黄褐色，老时带有红肉桂色斑点，凸镜形，膜质，水渍状，边缘内卷，边缘有微弱沟纹，波状；菌褶白色，不等长，有微弱横脉，直生；菌柄1～10 × 2～2.5mm，侧生或偏生，圆柱形，近白色至淡褐色，有白色绒毛，实心；菌肉白色。担孢子8.5～10 × 4.5～5.5μm，宽椭圆形至梨核形。

生境：单生或近群生于阔叶林中腐木上或枯枝上。

产地：广东车八岭保护区。

分布：广东、广西、海南。

讨论：特洛伊微皮伞 *M. troyanus* 的基物可以为单子叶植物也可以为双子叶植物，该种会引起香蕉病害。

撰稿人：邓春英

138 半焦微皮伞

Marasmiellus epochnous
(Berk. & Broome) Singer

摄影：邓春英

139 狭褶微皮伞

Marasmiellus stenophyllus
(Mont.) Singer

摄影：邓春英

140 特洛伊微皮伞

Marasmiellus troyanus
(Murrill) Dennis

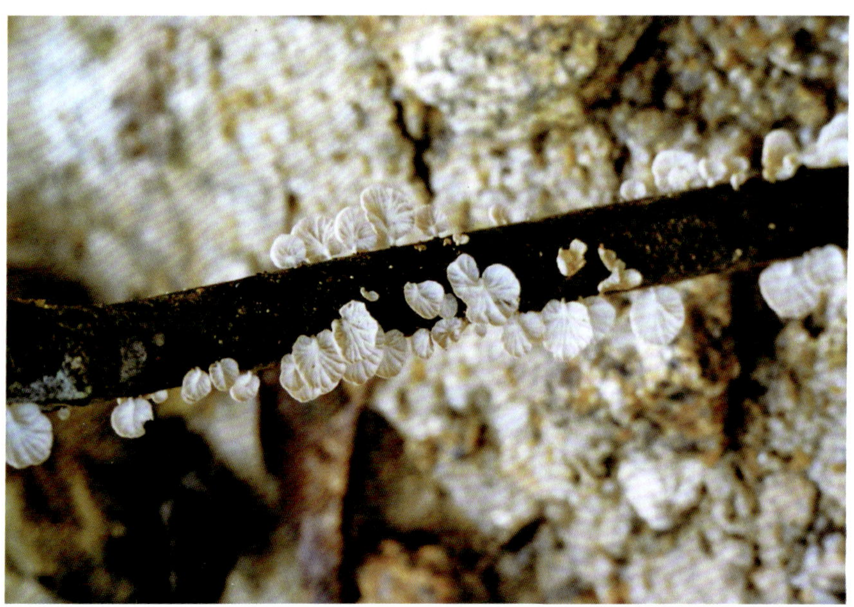

摄影：邓春英

141 橙黄小皮伞

小皮伞科 Marasmiaceae

Marasmius aurantiacus (Murrill) Singer, Sydowia 18: 268, 1964; —*Gymnopus aurantiacus* Murrill, Bull. Torr. Bot. Cl. 66: 157, 1939.

菌盖宽3～20mm，凸镜形，后平展形，老时平展中凹形，淡蛋黄色至红褐色，干，不粘，有皱纹；菌肉白色，薄；菌褶白色，不等长，短延生，附生至近离生；菌柄长1～2.2cm，粗1～2mm，圆柱形，顶端近白色，其余部分褐色，柄基不插入基物内，具绒毛状菌丝体或粗毛。担孢子8～11 x 3.3～4.3μm，椭圆形，光滑，无色。

生境： 群生于阔叶林中腐木上。

产地： 车八岭国家级自然保护区。

分布： 吉林、广东、海南。

讨论： 菌肉无味道。

撰稿人：邓春英

---

142 贝科拉小皮伞

小皮伞科 Marasmiaceae

Marasmius bekolacongoli Beeli, Bull. Soc. R. Bot. Belg. 60(2): 157, 1928.

担子果小，菌盖宽1.5～2.8cm，乳黄色、淡黄白色、淡黄色至浅土黄色，初期钟形、伞形，后变半球形至扁平，表面平滑，中央脐部色较深，由菌盖顶部向四面形成明显的放射状紫褐色沟条；菌肉近白色，薄；菌褶近白色，近直生，稀，有横脉，较宽，不等长；菌柄圆柱状，上部淡褐色至黄褐色，下部紫褐色，长6～10.5cm，粗0.25～0.4cm，平滑，有白色细绒毛。担孢子无色，光滑，近长棒状，17.5～27 x 3.5～4.8μm。

生境： 生于林中落枝叶上。

产地： 海南尖峰岭国家级自然保护区；广西十万大山、猫儿山自然保护区。

分布： 广东、广西、海南。

讨论： 可食。

撰稿人：吴兴亮

---

143 靓丽小皮伞

小皮伞科 Marasmiaceae

Marasmius bellus Berk., Hook. Journ. Bot. 8: 139, 1856; —*Marasmius dinghuensis* Z. S. Bi et G. Y. Zheng, Trop. Subtrop. For. Ecosys. 1 : 188, 1982.

菌盖宽(8～)15～25mm，半球形至钟形，后平展而具脐凹，膜质，浅黄色到黄白色，干，有绒毛或光滑，边缘整齐，有条纹。菌肉薄，厚0.8～1.3mm，具轻微蒜辣味。菌褶与菌盖同色或稍浅，完全菌褶14～16片，不等长，有少量分叉，直生，无项圈。菌柄中生，圆柱形，长3～6cm，粗1mm，上部与菌盖同色，下部紫褐色至黑褐色，被不明显绒毛或光滑，纤维质，空心，基部有白色菌丝体和硬毛，不插入基物内。孢子印白色。担孢子8～12 x 3～3.5μm，长椭圆形，光滑，无色，非淀粉质。

生境： 群生至丛生于竹林中落叶小枝上。

产地： 广东肇庆市鼎湖山保护区。

分布： 广东。

讨论： 菌肉无味道。

撰稿人：邓春英

---

141 橙黄小皮伞

Marasmius aurantiacus (Murrill) Singer

摄影：邓春英

142 贝科拉小皮伞

Marasmius bekolacongoli Beeli

摄影：吴兴亮

143 靓丽小皮伞

Marasmius bellus Berk.

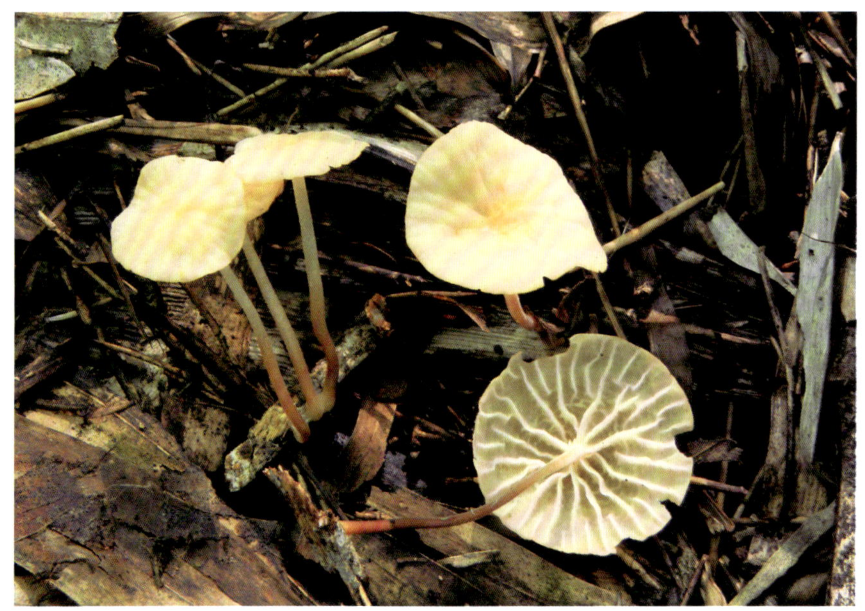

摄影：邓春英

144 伯特路小皮伞

小皮伞科 Marasmiaceae

Marasmius berteroi (Lev.) Murrill, N.Amer.. Fl. (New York) 9(4): 267, 1915; —*Heliomyces berteroi* Lev., Annls Sci. Nat., Bot., sér. 3, 2: 177, 1844.

菌盖宽4～20mm，斗笠状，钟形至凸镜形，橙黄色、橙红色、橙褐色至金黄褐色，干，被短绒毛，具较长的沟纹，中微脐凹状；菌肉近柄处厚约1mm，白色；菌褶不等长，白色至浅黄色，直生至弯生，无项圈；菌柄长20～40mm，粗（0.2～）0.5～1.3mm，上部色较淡，下部与菌盖同色，有光泽，基部不插入基物内，具菌丝垫。担孢子10～16 x 3～4.5μm，长椭圆形、梭形至披针形，光滑，无色。

生境：群生于阔叶林中枯枝落叶上。

产地：广东英德石门台自然保护区。

分布：广东、海南。

讨论：菌肉无味道或有辣味。

撰稿人：邓春英

---

145 群生小皮伞膜盖变种

小皮伞科 Marasmiaceae

Marasmius cohortalis var. **hymeniicephalus** (Speg.) Singer, Sydowia,1959; —*Marasmius subsetiger* Z.S. Bi & G.Y. Zheng, Acta Mycol. Sin. 4(1): 43, 1985.

菌盖宽1～4cm，凸镜形至半球形，中央脐凹，膜质，乳白色，有从中部至边缘的沟纹，光滑无附属物；菌肉白色，极薄。白色至乳油色，不等长，有分叉和横脉，直生，无项圈；褶缘波状；菌柄中生，长5～12cm，粗1～2.5mm，圆柱形，黄褐色，向下变红褐色，纤维质，空心，上被白色短绒毛，柄基具密集白色绒毛，不插入基物内。担孢子5～7 x 2.5～3.5μm，椭圆形，光滑，无色，非淀粉质。

生境：群生至丛生于阔叶林中腐枯枝落叶上。

产地：广西大瑶山自然保护区；海南尖峰岭自然保护区。

分布：广东、广西、海南。

讨论：食用菌。

撰稿人：邓春英

---

146 禾小皮伞

小皮伞科 Marasmiaceae

Marasmius graminum (Lib.) Berk., Outl. Brit. Fung. (London): 222, 1860; —*Chamaeceras graminum* (Lib.) Kuntze, Revis. Gen. pl. (Leipzig) 3: 456, 1898.

菌盖宽6～8mm，半球形，具脐凹，膜质，深橙色，具不明显绒毛，边缘延伸 ;菌肉白色，薄；菌褶黄色，盖缘处7～9片/厘米，不等长，离生而有一项圈；菌柄中生，上部淡黄色，下部橙带褐色。担孢子8～14 x 3.2～4.3μm，长瓜子形，光滑，无色或微黄色，非淀粉质；侧生囊状体长梭形至棒形，无色，褶缘囊状体棒状，末端分枝呈帚状。

生境：散生或群生于草本植物和落叶上。

产地：广东阳春鹅凰嶂。

分布：广东。

讨论：菌肉无味道。

撰稿人：邓春英

144 伯特路小皮伞

Marasmius berteroi (Lev.) Murrill

摄影：曾念开

145 群生小皮伞膜盖变种

Marasmius cohortalis var. *hymeniicephalus* (Speg.) Singer

摄影：邓春英、吴兴亮

146 禾小皮伞

Marasmius graminum (Lib.) Berk.

摄影：李泰辉

147 红盖小皮伞

小皮伞科 Marasmiaceae

Marasmius haematocephalus (Mont.) Fr., Epicr. Syst. Mycol. (Upsaliae): 382, 1838.

菌盖宽5～25mm，初钟形，后平展脐凸形，紫红褐色，干，上密生微细绒毛；菌肉白色；菌褶初白色，后转淡黄色，盖缘处15～20片/厘米，不等长，有横脉，弯生至离生，无项圈；菌柄中生，棒形，深褐色，近顶部黄白色，实心后空心，基部稍膨大呈吸盘状。担孢子14～20 × 3～4μm，狭长，近长梭形，光滑，无色。

生境：阔叶林中枯枝腐叶上。

产地：海南保亭县七仙岭。

分布：江苏、浙江、广东、广西、贵州、云南。

讨论：木材腐朽菌。

撰稿人：邓春英

148 类黄小皮伞

小皮伞科 Marasmiaceae

Marasmius luteolus Berk & M.A. Curtis, Proc. Amer. Acad. Arts 4: 119. 1860; —*Chamaeceras luteolus* (Berk. & M.A. Curtis) Kuntze, Revis. Gen. pl. (Leipzig) 3: 456, 1898.

菌盖宽4～42mm，广凸镜型，后平展下凹，表面有条纹或沟纹，中央亮褐橙色至金橙色，边缘浅橙色，黄橙色；菌肉浅黄色，薄；菌褶直生，8～14片长菌褶，两片长菌褶之间有2～3片小菌褶，窄（<4mm），白色至浅黄色，无横脉；菌柄10～35 × 1mm，中生，圆柱形，基部近球状膨大，空心，顶端黄白色至浅黄色，基部褐色。担孢子9～12 × 3.5～5μm，椭圆形，侧面观弯曲，光滑。

生境：群生于竹叶或双子叶植物的叶片上。

产地：海南尖峰岭自然保护区。

分布：广东，海南。

讨论：该种与*M.setulosifolius* Singer相似，后者侧生囊状体不为帚状细胞，菌柄囊状缺少长的刚毛状的类型。

撰稿人：邓春英

149 大盖小皮伞

小皮伞科 Marasmiaceae

Marasmius maximus Hongo, Memoirs of the Faculty of Education, Shiga University 12: 39, 1962.

菌盖初钟形，后展开至半圆形或近平展，中部下凹而中央微呈脐突状，宽3～10cm，淡土黄色、乳黄色至淡乳黄色，中央色较深，渐向盖缘过渡到淡乳黄色，有明显的放射状沟纹，稀疏；菌肉白色，薄；菌褶初期白色，后变淡土黄色、乳黄色至淡乳黄色，褶片大而稀疏，弯生或近离生；菌柄柱形，长5～10cm，粗2～4mm，质韧，淡褐色，表面有纵条纹，近光滑或近粉绒状，基部近白色菌丝。担孢子椭圆形，7.5～9 × 3～4μm。

生境：生于林中枯枝落叶层上。

产地：海南五指山、尖峰岭国家级自然保护区；广西猫儿山国家级自然保护区。

分布：广西、海南、云南。

讨论：食用菌。

撰稿人：吴兴亮

147 红盖小皮伞

Marasmius haematocephalus (Mont.) Fr.

摄影：王冬梅

148 类黄小皮伞

Marasmius luteolus Berk Berk & M.A. Curtis

摄影：邓春英

149 大盖小皮伞

Marasmius maximus Hongo

摄影：吴兴亮

150 新无柄小皮伞 小皮伞科 Marasmiaceae

Marasmius neosessilis Singer, Mycologia 50: 103, 1958.

菌盖宽1～25mm，侧耳状至扇菇状，膜质，初期白色，后橙褐色，不粘，光滑至被短绒毛，边缘整齐，有弱沟纹；菌肉白色，极薄，类糊精质，无味道或有蒜味；菌褶乳黄色，盖缘处每厘米8～12片，不等长，分叉，有横脉，直生，无项圈；菌柄侧生或缺，长0～2.5mm，粗0.3～1.2mm，近白色或淡褐色，上有绒毛，实心。担孢子6～9 × 3.5～5μm，椭圆形至肾形，光滑，无色。

生境： 腐生于热带亚热带群生于阔叶林中腐立木上

产地： 广东始兴樟栋水保护区、乳源青溪洞保护区、广西大浦丰溪保护区，海南吊罗山、黎母山、尖峰岭。

分布： 广东、广西、海南

讨论： 新无柄小皮伞*M. neosessilis*的主要特征是菌盖与菌柄之间无项圈，菌柄偏生或缺，孢子小于10μm。

撰稿人：邓春英

151 雪白小皮伞 小皮伞科 Marasmiaceae

Marasmius niveus Mont., Ann. Sci. Nat. Bot.Ser. IV, 1: 117, 1854; —*Chamaeceras niveus* (Mont.) Kuntze, Revis. gen. pl. (Leipzig) 3: 456, 1898; —*Collybia nivea*(Mont.) Denn., Tr. Br. Myc. Soc. 34: 434, 1951.

菌盖宽8～18mm，半球形至凸镜形，中凹，半革质至膜质，白色，不粘，有的起皱，上被细粉末或近光滑，有沟纹。菌肉白色，薄，无味道，无气味。菌褶直生，黄白色，密，完全菌褶17～20片，不等长，分叉，有横脉，无项圈，褶缘平滑。菌柄中生，圆柱形，长50～95 × 1～2mm，上部黄白色，下部深褐色，上被细粉末或近光滑，纤维质至脆骨质，空心，柄基有粗毛，不插入基物内。担孢子7～9.5 × 3～5.5μm，近梭形，光滑，无色，非淀粉质。

生境： 群生至丛生于枯枝落叶上。

产地： 广东黑石顶省级自然保护区。

分布： 广东。

讨论： *M.niveus* 孢子7～9.5 × 3～5.5μm，菌盖外皮层菌丝由光滑梨形至球星细胞栅状排列。

撰稿人：邓春英

152 褐红小皮伞 小皮伞科 Marasmiaceae

Marasmius pulcherripes Peck, Rep. 24: 77, 1871.

菌盖宽0.8～1.8cm，初钟形，后半球形至扁平，中央有凸起，浅粉红至紫红，有的呈土黄色，表面平滑，边缘有明显条纹；菌肉薄；菌褶白色，直生至近离生；菌柄长3～6.5cm，较韧，黑褐色，上部近白色，光滑。担孢子11～15 × 3～4μm，光滑，无色；侧生囊状体近柱状或近棒状，褶囊状体同菌盖皮层菌丝，由帚状细胞组成。

生境： 夏秋季生林中落枝叶上。

产地： 广东车八岭国家级自然保护区。

分布： 广东、香港。

讨论： 分解菌。

撰稿人：邓春英

150 新无柄小皮伞

Marasmius neosessilis Singer

摄影：邓春英

151 雪白小皮伞

Marasmius niveus Mont

摄影：邓春英

152 褐红小皮伞

Marasmius pulcherripes Peck

摄影：邓春英

153 轮小皮伞

小皮伞科 Marasmiaceae

Marasmius rotalis Berk. & Broome, Journ. Linn. Soc. Bot. 14: 40, 1873.

菌盖宽1.5～7.5mm，初半球形，后凸镜形，中央有一小乳突，白色、黄白色至灰褐色，中央颜色较深，边缘条纹明显；菌肉薄，与菌盖同色；菌褶直生，形成一项圈；菌柄20～25 × 0.1～0.2mm，中生，圆柱形，空心，黑褐色，马鬃毛状，有黑色的菌索，直插入基物。担孢子7～9 × 3～4μm，椭圆形，光滑、透明、非淀粉质；担子14～17 × 4～6.5μm，棒状，4-孢；子实层菌丝宽2～8μm，非常薄，白色，非类糊精质，侧生囊状体12.5～18 × 9～12μm，近球形，梨形，顶端有短而钝的轮状小枝。

生境：生于地上。

产地：广东肇庆鼎湖山；海南五指山保护区。

分布：广东、海南。

讨论：该种为泛热带种类，在全球都有广泛分布。

撰稿人：邓春英

154 干小皮伞

小皮伞科 Marasmiaceae

Marasmius siccus (Schwein.) Fr., Schr. Naturf. Ges. Leipzig 1: no. 677, 1822; —*Agaricus siccus* Schwein., Schr. Naturf. Ges. Leipzig 1: 84, 1822.

菌盖宽1～2cm，钟形至凸镜形，表面土黄色或肉桂色，有辐射状沟纹；菌肉极薄，皮质；菌褶13～15片，白色，直生或离生；菌柄长4～7cm，粗1mm，上部白色，黑褐色，铁丝状。担孢子细长，18～21 × 4～5μm，向一端渐细。

生境：夏秋季生林中落枝叶上。

产地：广东英德石门台自然保护区。

分布：山西、江苏、江西、广西、四川、贵州、西藏、青海、陕西、甘肃。

讨论：与国外*Marasmius siccus* (Schwein.) Fr.相比中国标本菌褶较稀。

撰稿人：邓春英

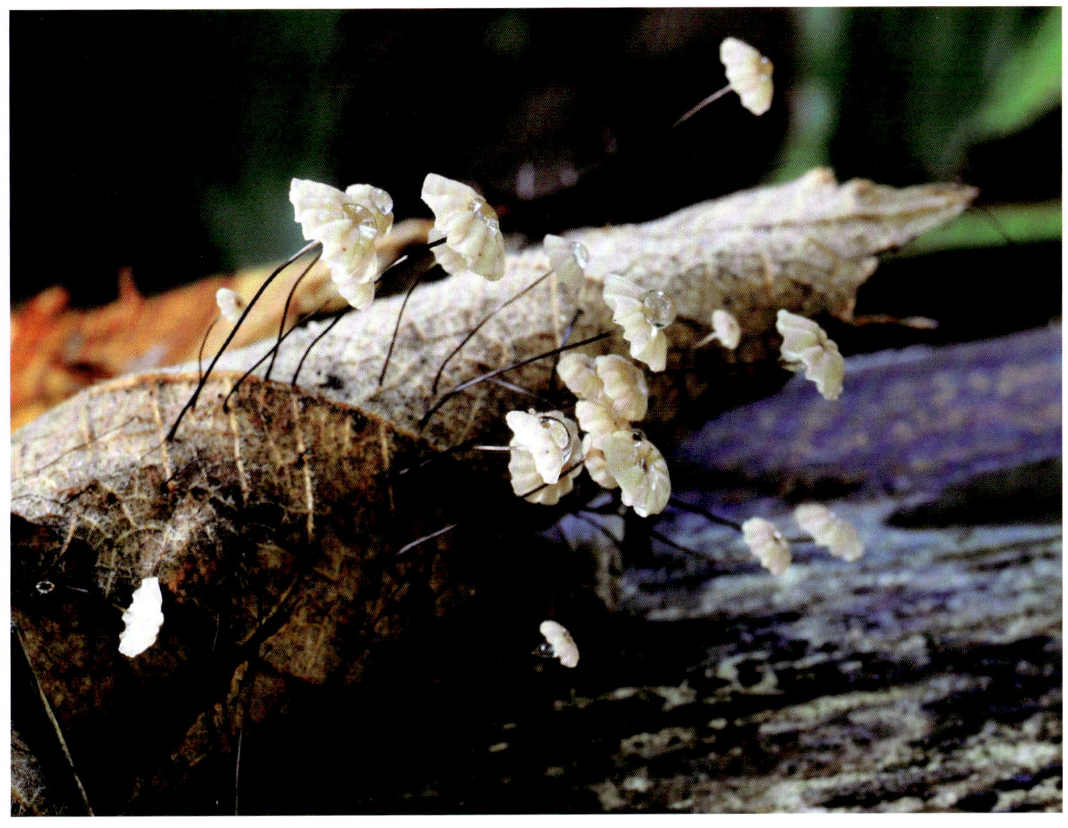

153 轮小皮伞 *Marasmius rotalis* Berk. & Broome　　摄影：吴兴亮

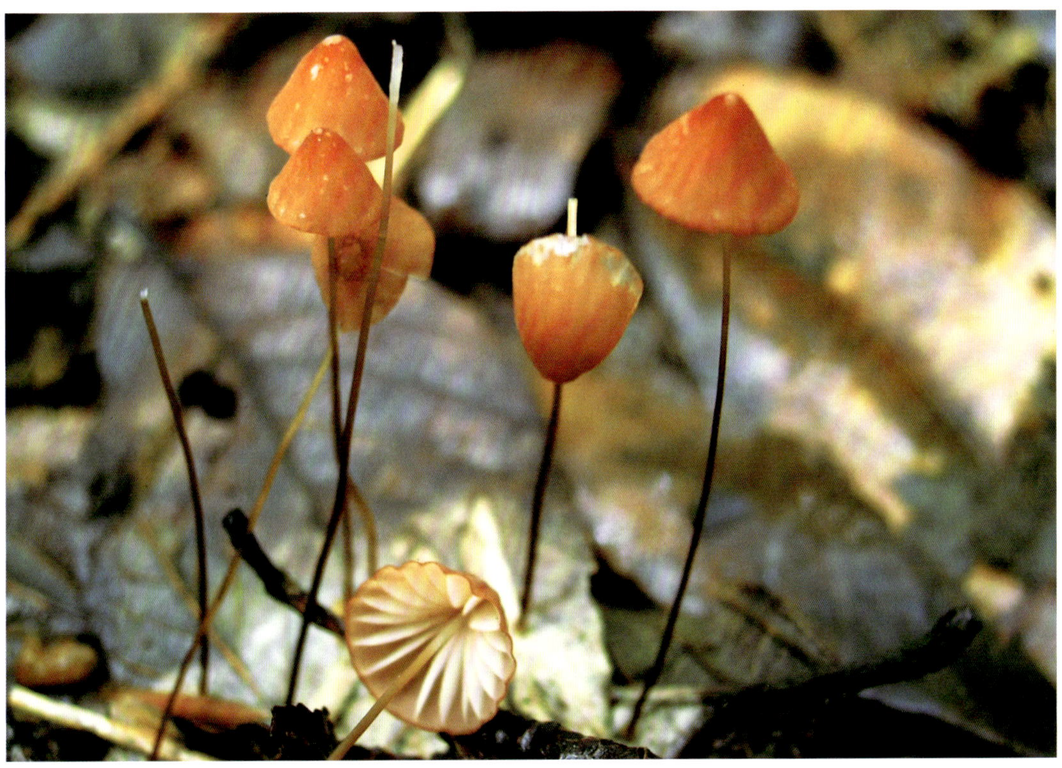

154 干小皮伞 *Marasmius siccus*(Schwein.) Fr.　　摄影：邓春英

155 香菇

小皮伞科 Marasmiaceae

Lentinula edodes (Berk.) Pegler, Kavaka 3: 20, 1976; —*Agaricus edodes* Berk., J. Linn. Soc., Bot.16: 50, 1878; —*Armillaria edodes* (Berk.) Sacc., Syll. Fung. (Abellini) 5: 79, 1887; —*Collybia shiitake* J. Schröt., Gartenflora 35: 105, 1886; —*Cortinellus shiitake* (J. Schröt.) Henn., Notizblatt des Königl. Bot. Gartens u. Museum zu Berlin 2: 385, 1899; —*Lentinus edodes* (Berk.) Singer, Mycologia 33(4): 451, 1941; —*Lentinus shiitake* (J. Schroeter) Singer, Annls Mycol.34(4/5): 332, 1936; —*Lentinus tonkinensis* Pat., J. Bot. Morot 4: 14, 1890; —*Lepiota shiitake* (J. Schröt.) Nobuj. Tanaka, Bot. Mag., Tokyo 3: 159, 1889. —*Mastoleucomyces edodes* (Berk.) Kuntze, Revis. Gen. pl. (Leipzig) 2: 861, 1891; —*Tricholoma shiitake* (J. Schröt.) Lloyd, Mycol. Writ.5 (Letter 67): 11, 1918.

菌盖宽4～10cm，扁半球形，后渐平展，红褐色、菱色至深肉桂色，上有鳞片；菌肉白色，厚；菌褶白色，稠密，弯生；菌柄中生或偏生，近圆柱形或稍扁，长3～5cm，粗0.5～0.8cm，上部近白色或浅褐色，下部褐色，内实，常弯曲，菌环以下往往覆有鳞片；菌环丝膜状，易消失。担孢子无色，光滑，椭圆形，4.5～5 x 2～2.5μm。孢子印白色。担子棒状，23～30 x 3.5～4.5μm。

生境： 生于阔叶树的倒木上。

产地： 广西大瑶山、底定、十万大山自然保护区。

分布： 江苏、浙江、安徽、广东、海南、贵州、云南。

讨论： 食用菌。是世界上最著名的食药用菌。营养丰富，用效显著。该种已广泛进行人工栽培。

撰稿人：吴兴亮

156 金肾胶孔菌

小菇科 Mycenaceae

Favolaschia auriscalpium (Mont.) Henn., Engler's Bot. Jahrb., Biebl. 22: 93, 1895; —*Laschia auriscalpium* Mont., Annls Sci. Nat., Bot., Sér. 4 1: 137, 1854.

菌盖宽3～7mm，肾形、半圆形或圆形，有明显的网格，全体鲜橙色，干后黄色；菌柄近等粗，圆柱状，侧生，柄长3～12mm，色泽与盖同色；色胞存在于菌盖表皮层、子实层上及管孔边缘，菌管色泽与盖同色；管孔多角形或不规则形，色泽与盖同色。担孢子椭圆形，9.5～10.5 x 6.5～7.5μm。

生境： 生于阔叶林中腐木或枯技上。

产地： 广西大瑶山、邦亮、底定自然保护区。

分布： 广西、贵州、云南。

讨论： 本种主要分布在热带亚热带地区。

撰稿人：吴兴亮

409 香菇 *Lentinula edodes* (Berk.) Pegler　　摄影：吴兴亮

156 金肾胶孔菌 *Favolaschia auriscalpium* (Mont.) Henn.　　摄影：吴兴亮

157 日本胶孔菌

小菇科 Mycenaceae

Favolaschia nipponica Kobayasi, J. Hattori Bot. Lab. 8: 1, 1952.

担子果小，群生，菌盖宽0.6～1.2cm，半球形或圆盘形，胶质，白色，老后污白色，表面湿润近透明，可见下面的菌管，菌肉较薄，白色，后为污白色至灰白色；菌褶为放射孔状，白色，孔壁厚，管口近圆形至不规则圆形，宽0.2～0.5mm；无柄，以侧面着生于基物上。担孢子无色，卵形至椭圆形，6～7 × 3.5～4.2μm。

生境：生于竹杆上。

产地：海南尖峰岭自然保护区；广西猫儿山自然保护区。

分布：福建、广西、海南。

讨论：用途不明。

撰稿人：吴兴亮

158 疹胶孔菌

小菇科 Mycenaceae

Favolaschia pustulosa (Jungh.) Kuntze, Revis. Gen. pl. (Leipzig) 3(2): 476, 1898; —*Favolus pustulosus* Jungh., Praemissa in floram cryptogamicam Javae insulae (Batavia): 73, 1838.

担子果木生，全部胶质，菌盖白色，干浅黄褐色，贝壳状至近肾形或近圆形，宽1.5～3.5cm，表面有格纹；柄无或短而侧生；管孔多角形，中部者较大，宽2～3.5mm，近边缘者较小。担孢子无色，6～7 × 5～5.5μm，椭圆形，光滑；无色胞及刺胞。

生境：生于阔叶林中倒木上。

产地：海南尖峰岭自然保护区；广西大瑶山自然保护区。

分布：福建、广西、海南、云南。

讨论：疹胶孔菌*Favolaschia pustulosa* (Jungh.) Kuntze多发在热带及南亚热带地区。

撰稿人：吴兴亮

157 日本胶孔菌 *Favolaschia nipponica* Kobayasi　　摄影：吴兴亮

158 疹胶孔菌 *Favolaschia pustulosa* (Jungh.) Kuntze　　摄影：吴兴亮

159 小网孔扇菇

小菇科 Mycenaceae

Panellus pusillus (Pers. ex Lév.) Burds. & O.K. Mill., Beih. Nova Hedwigia 51: 85, 1975; —*Dictyopanus pusillus* (Pers. ex Lév.) Singer, Lloydia 8: 224, 1945; —*Favolus granulosus* Lév., Annls Sci. Nat., Bot., Sér. 4 20: 286, 1863; —*Favolus rhipidium* (Berk.) Sacc., Syll. Fung. (Abellini) 6: 397, 1888.

菌盖宽2～6mm，厚0.5～1mm，半圆形至肾形或稍凸镜形至平展形，淡黄白色、淡褐色至褐色，干，近光滑无毛至被微细柔毛；菌肉极薄，白色；菌孔近圈形至长形，射状排列，与菌盖同色；菌柄偏生至侧生，多为侧生，长1～2mm，圆柱形，微带褐色或淡褐色。担孢子卵圆形至椭圆形，6～7 x 4～5μm。

生境： 生于阔叶林中腐木上。

产地： 广东鼎湖山；海南五指山、尖峰岭国家级自然保护区。

分布： 安徽、福建、广东、广西、海南、四川、贵州、云南、台湾。

讨论： 担子果小，子实层体呈菌管状。

撰稿人：吴兴亮

160 鳞皮扇菇

小菇科 Mycenaceae

Panellus stipticus (Bull.) P. Karst., Bidr. Känn. Finl. Nat. Folk 1: 96, 1879; —*Panus stipticus* (Bull.) Fr., Epicr. Syst. Mycol. (Uppsala): 399, 1838; —*Pleurotus stipticus* (Bull.) P. Kumm., Führ. Pilzk. (Zwickau): 105, 1871.

菌盖宽1.5～3cm，扇形，肉质至革质，土黄色或黄褐色，有龟裂麸皮状小鳞片，边缘延伸，撕裂或波状；菌肉黄白色至微褐色；菌褶浅黄褐色，窄而密，不等长，延生，有分叉；褶缘平滑，或粗糙，有颗粒；菌柄侧生，极短，圆柱形，基部膨大成杵状，纤维质，有龟裂麸皮。担孢子4～6 x 2～2.5μm，短圆柱形，光滑，无色。

生境： 群生至叠生于腐木上。

产地： 广西大瑶山、十万大山自然保护区。

分布： 福建、广东、广西、海南、贵州、云南。

讨论： 记载有毒。对小白鼠肉瘤S-180及艾氏癌的抑制率分别为70%和80%。

撰稿人：吴兴亮

159 小网孔扇菇 *Panellus pusillus* (Pers. ex Lév.) Burds. & O.K. Mill.　　摄影：吴兴亮

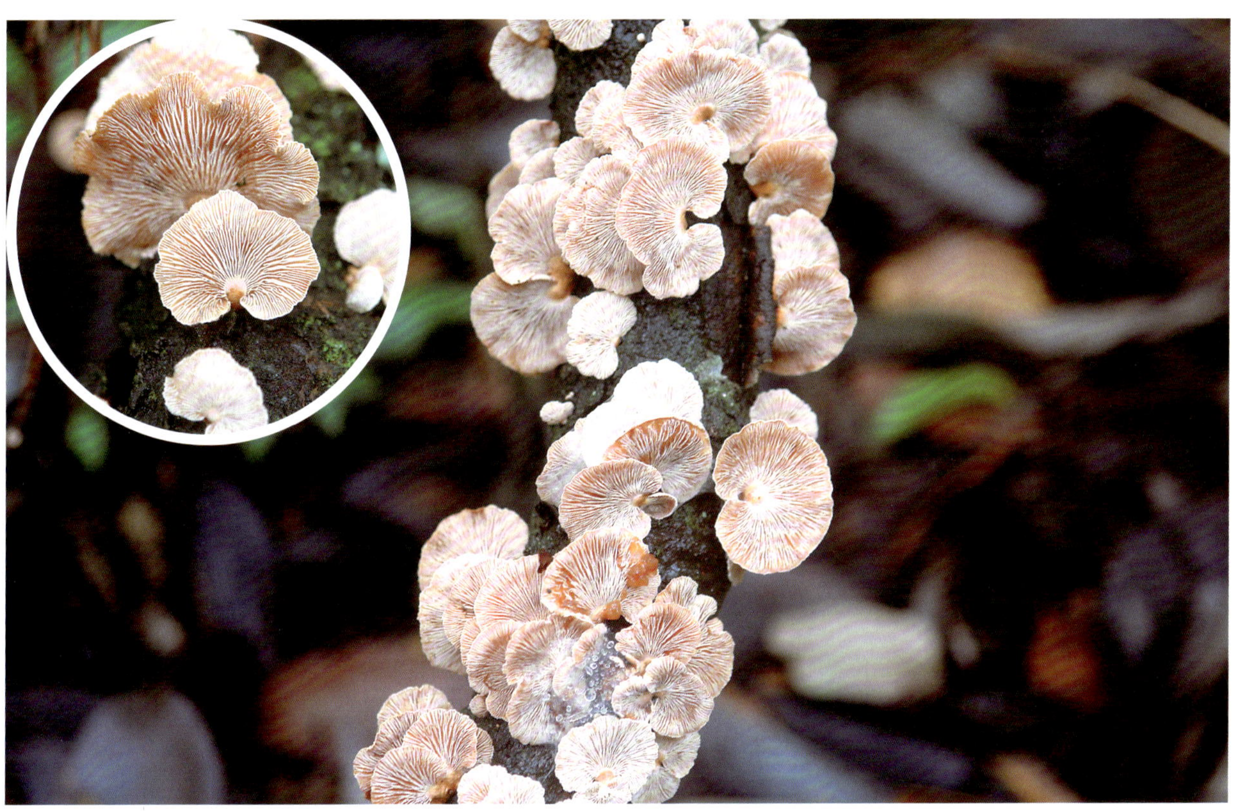

160 鳞皮扇菇 *Panellus stipticus* (Bull.) P. Karst.　　摄影：吴兴亮

161 钟形干脐菇

小菇科 Mycenaceae

Xeromphalina campanella (Batsch) Kühner & Maire, Bull. Trimest. Soc. Mycol. Fr. 50: 18, 1934; —*Agaricus campanella* Batsch, Elench. Fung. (Halle): 73, 1783; —*Omphalina campanella* (Batsch) Quél., Enchir. Fung. (Paris): 45, 1886.

菌盖宽0.8～1.8cm，半球形至钟形，后展开，中部下凹或近漏斗形，橘黄色，光滑，边缘有条纹；菌肉膜质，黄色；菌褶延生，稀，黄白色，或比菌盖色稍浅，褶间有明显横脉；菌柄长1～3cm，粗1～1.5mm，橙黄色、红褐色至褐色，基部有毛。担孢子椭圆形，5～7 × 2.5～3.5μm，无色。

生境：生于腐木上。

产地：广西大瑶山、十万大山自然保护区。

分布：江苏、浙江、安徽、广东、海南、贵州、云南。

讨论：食毒不明。

撰稿人：吴兴亮

162 金黄鳞盖菇

膨瑚菌科 Physalcriaceae

Cyptotrama chrysopeplum (Berk. & M.A. Curtis) Singer, Beih. Sydowia 7: 34, 1973; —*Collybia chrysopepla* (Berk. & M.A. Curtis) A. Pearson, Trans. Br. mycol. Soc. 33: 297, 1950; —*Gymnopus chrysopeplus* (Berk. & M.A. Curtis) Murrill, N. Amer. Fl. (New York) 9(5): 359, 1916; —*Lentinus chrysopeplus* Berk. & M.A. Curtis, J. Linn. Soc., Bot. 10(no. 45): 301 ,1868;—*Pocillaria chrysopepla* (Berk. & M.A. Curtis) Kuntze, Revis. Gen. pl. (Leipzig) 2: 865, 1891; —*Xerula chrysopepla* (Berk. & M.A. Curtis) Singer, Mycologia 35(2): 175, 1943; —*Xerulina chrysopepla* (Berk. & M.A. Curtis) Singer, Sydowia 15: 59, 1962.

菌盖宽1.5～3.5cm，扁半球形至平展，橙黄色，表面密被有刺鳞；菌肉近白色至淡黄白色，较薄，无气味；菌褶白色，近表皮处淡黄白色，稀疏，不等长，直生；菌柄中生，长2～3.5cm，粗3～6mm，圆柱形，内部实心至松软，上部近乳黄白色，下部淡黄色至柠檬黄色，上有橙黄色绵毛状或纤维状物，基部膨大具有白色至淡黄色刺鳞片。孢子印白色；担孢子无色，7.5～9 × 5～6.5μm，近宽柠檬形，光滑。

生境：生于腐木上。

产地：海南尖峰岭国家级自然保护区；广西大瑶山国家级自然保护区。

分布：福建、广东、广西、海南、贵州。

讨论：木腐菌。

撰稿人：吴兴亮

161 钟形干脐菇 *Xeromphalina campanella* (Batsch) Kühner & Maire　摄影：吴兴亮

162 金黄鳞盖菇 *Cyptotrama chrysopeplum* (Berk. & M.A. Curtis) Singer　摄影：孙庆文、王绍能

163 毛柄小火焰菇

膨瑚菌科 Physalcriaceae

Flammulina velutipes (M. A. Curtis) Singer, Lilloa 22: 307, 1949; —*Collybia velutipes* (M. A. Curtis) P. Kumm., Führ. Pilzk. (Zwickau): 116, 1871; —*Collybia eriocephala* Rea, Trans. Br. Mycol. Soc. 3: 46, 1908.

菌盖宽1.5～3.2cm，平展脐凸形，黄色、黄褐色，黏，光滑，边缘色淡；菌肉白色，薄；菌褶盖缘处每厘米13～15片，不等长，淡黄白色，弯生；菌柄中生，长2.6～6cm，粗2～3.5mm，圆柱形，淡褐色，空心，纤维质，下部密生黄褐色至深褐色短绒毛。担孢子无色至微黄色，5.5～7.5 x 3.5～4.2μm，椭圆形或梨核形。

生境： 群生于混交林的腐木上。

产地： 广西十万大山、花坪国家级自然保护区。

分布： 福建、广东、广西、海南、贵州、云南、西藏、台湾。

讨论： 食药用菌。本种商品名多称为金针菇，肉质细嫩，食味鲜美。所含冬菇素对实验动物肿瘤有很高的抑制作用。

撰稿人：吴兴亮

164 蜜环菌

膨瑚菌科 Physalcriaceae

Armillaria mellea (Vahl) P. Kumm., Führ. Pilzk. (Zwickau): 134, 1871; —*Agaricus melleus* Vahl, Fl. Dan. 9: Tab. 1013, 1790; —*Armillaria mellea* var. *sulphurea* (Weinm.) P. Karst., Ryssl., Finl. Skandin. Halföns. Hattsvamp. (Helsingfors) 32: 22, 1879; —*Armillariella mellea* (Vahl) P. Karst., Acta Soc. Fauna Flora fenn. 2(1): 4,1881; —*Armillaria mellea* var. *minor* Barla, Bull. Soc. Mycol. Fr. 3: 143, 1887; —*Armillaria mellea* var. *maxima* Barla, Bull. Soc. Mycol. Fr. 3: 143,1887; —*Clitocybe mellea* (Vahl) Ricken, Die Blätterpilze: 362, 1914.

菌盖宽3.5～11.5cm，初期呈半球形，后渐平展至中央稍凹陷，淡蜜黄色，浅土黄色或栗褐色，有细鳞片，滑润，稍黏，老熟后边缘有放射状条纹，色较中部浅；菌肉近白色或微浅黄色；菌褶近白色，直生或近延生，较疏，后期变污黄白色至浅肉桂色；菌柄近圆柱形，长4～9.5cm，粗0.5cm～1.2cm，各菌柄基部往往相连，柄表光滑或菌环以下稍有丛卷毛状鳞片，菌环以下呈浅褐色至黄褐色，菌环以上近白色或淡褐色，纤维质或近肉质，初期充实，老时中空；菌环生于柄之上部，近白色至奶油色。担孢子椭圆形或球形，近无色或稍带淡黄色，透明，光滑，8～9 x 5～6μm。

生境： 生于阔叶林中的伐桩或立木干基部朽木上。

产地： 广西大瑶山十万大山自然保护区。

分布： 浙江、福建、湖南、广西、贵州、四川、云南、西藏、陕西、甘肃、青海、新疆。

讨论： 食用菌。是著名的食药兼用药。

撰稿人：吴兴亮

163 毛柄小火焰菇 *Flammulina velutipes* (M. A. Curtis) Singer　　摄影：吴兴亮

164 蜜环菌 *Armillaria mellea* (Vahl) P. Kumm.　　摄影：杨祝良、曾念开

165 假蜜环菌

膨瑚菌科 Physalcriaceae

Armillaria tabescens (Scop.) Emel, Le Genre *Armillaria* Fr. Sa Suppression de la Systèmatiquê Botanique. Thèse, Faculté de Pharmacie, Université de Strasbourg (Thesis) (Strasbourg): 50, 1921; —*Omphalia gymnopodia* sensu Quélet,Fl. Mycol. France: 251, 1888; —*Lentinus caespitosus* Berk., J. Bot., London 6: 317, 1847; —*Pleurotus caespitosus* (Berk.) Sacc., Syll. Fung. (Abellini) 5: 352, 1887; —*Clitocybe tabescens* (Scop.) Bres., Fung. Trident. 2: 84, 1900; —*Armillaria mellea* var. *tabescens* (Scop.) Rea & Ramsb., Trans. Br. Mycol. Soc. 5: 352, 1917.

菌盖宽2.5～6cm，初期扁半球形，后渐平展，中部下凹，黄褐色至褐色，中部有较密的毛状小鳞片，边缘有不明显的条纹；菌肉黄白色，中部厚，边缘薄；菌褶浅肉色，不等长，延生，稍稀；菌柄圆柱形，纤维质，内部松软，长5～12cm，粗0.3～0.8cm，上部蛋壳色或灰黄白色，基部浅棕灰色至深棕灰色，有细毛鳞片，渐变光滑。担孢子光滑，无色，广椭圆形，7.5～10 x 5.3～7.5μm，孢子印白色。

生境：生于针阔混交林中树干基部或木桩上。

产地：广西大瑶山、十万大山、雅长自然保护区。

分布：河北、江苏、浙江、安徽、广西、四川、贵州、云南、陕西。

讨论：食用菌。本种与蜜环菌外形相似，但无菌环。

撰稿人：吴兴亮

166 长根小奥德蘑

膨瑚菌科 Physalacriaceae

Oudemansiella radicata (Relhan) Singer, Annls Mycol. 34(4/5): 333, 1936; —*Xerula radicata* (Relhan) Dörfelt, Veröffentlichungen der Museen der Stadt Gera 2～3: 67, 1975; —*Agaricus radicatus* Relhan, Fl. Cantab.: 1040, 1785; —*Gymnopus radicatus* (Relhan) Gray, Nat. Arr. Brit. Pl. (London) 1: 605,1821; —*Collybia radicans* P. Kumm., Führ. Pilzk. (Zwickau): 117, 871; —*Collybia radicata* (Relhan) Quél., Mém. Soc. Émul. Montbéliard Sér. 2 5: 92, 1872; —*Mucidula radicata* (Relhan) Boursier, Bull.Trimest. Soc. Mycol. Fr. 40: 332, 1924; —*Oudemansiella radicata* var. *marginata* (Konrad & Maubl.) Bon & Dennis, in Bon, Doc. Mycol. 15(no. 59): 51, 1985.

菌盖宽 5～8cm，扁半球形至扁平，边缘稍内卷，平展后边缘上，中央微凸起脐状，并有辐射状皱纹，光滑，湿时黏，浅褐色、茶褐色至褐色；菌肉白色；菌褶离生或贴生，白色，成熟后浅褐色，稍稀，不等长；菌柄长10～20cm，粗0.5～1cm，与菌盖同色，近光滑，有花纹，常扭曲，向下渐粗，延伸地下部分形成很长的假根，长达10～20cm。孢子印白色；担孢子广椭圆形，无色，光滑，13～18 x 10～15μm。

生境：生于阔叶林或竹林中地上。假根着生于地下腐木上。

产地：海南五指山、尖峰岭、吊罗山、霸王岭自然保护区。

分布：浙江、安徽、福建、河南、湖南、广东、广西、海南、四川、贵州、云南、西藏、台湾。

讨论：食用菌；菌肉脆嫩，清香可口，富含多种营养成分。担子果具有降低血压的作用。

撰稿人：吴兴亮

165 假蜜环菌 *Armillaria tabescens* (Scop.) Emel　　摄影：吴兴亮

166 长根小奥德蘑 *Oudemansiella radicata* (Relhan) Singer　　摄影：吴兴亮

167 亚白环黏小奥德蘑 膨瑚菌科 Physalcriaceae

Oudemansiella submucida Corner, Gdns' Bull., Singapore 46(1): 70, 1994.

菌盖宽3～9cm，初期扁半球形，后渐平展，极黏，白色，边缘透出不明显的稀疏条纹；菌肉白色，薄，软；菌褶白色，不等长，较稀，较厚，与菌柄直生至弯生，长短不等；菌柄长3.6～6cm，粗0.5～1cm，白色，纤维质，硬，圆柱形，基部往往膨大，直生或弯曲；上端具白色的菌环，膜质，中上位，下垂，易消失。担孢子卵球形至球形，光滑，无色透明，16～21 x 15～19μm。

生境： 单生或群生于阔叶树的枯立木或倒木上，尤其是雨后在热带亚热带各自然保护区常见。

产地： 广西九万大山、花坪自然保护区。

分布： 浙江、福建、江西、湖南、广东、广西、海南、四川、贵州、云南、台湾。

讨论： 食用菌和药用菌。可产生黏蘑菌素（mucidin）拮抗真菌。对小白鼠S-180、艾氏癌的抑制率分别为80%和90%。

撰稿人：吴兴亮

168 花瓣亚侧耳 侧耳科 Pleurotaceae

Hohenbuehelia petaloides (Bull.) Schulzer, in Schulzer, Kanitz & Knapp, Verh. zool.-bot. Ges. Wien, 16(Abh): 45, 1866; —*Acanthocystis geogenia* (DC.) Kühner, Le Botaniste 17: 111, 1926; —*Agaricus geogenius* DC., in Fries, Epicr. Syst. Mycol. (Upsaliae): 134, 1838; —*Agaricus petaloides* Bull. [as' *petaloder*'] Herb. Fr 5:tab 226, 1785; —*Geopetalum geogenium* (DC.) Pat., Hyménomyc. Eur. (Paris): 127, 1887; —*Pleurotus geogenius* (DC.) Gillet, Hyménomycètes (Alençon): 339, 1876; —*Pleurotus petaloides* (Bull.) Quél., Mém. Soc. Émul. Montbéliard Sér. 2 5: 226, 1872; —*Pleurotus petaloides* var. *geogenius* (DC.) Pilát, Atlas Champ l'Europe II Pleurotus Fries (Praha): 91, 1935.

菌盖宽3～7cm，勺形或扇形，向柄部渐细，无后沿，光滑，白色后呈淡粉灰色至浅褐色，水浸状，稍黏，边缘有条纹；菌褶白色，不等长，稠密，延生，窄；菌柄侧生，污白色，有细绒毛，长1～3cm，粗0.5～1cm。孢子光滑，无色，近椭圆形，壁薄，有内含物，4.5～6 x 3～4.6μm；囊状体多，无色至浅黄色，梭形，厚壁，35～85 x 10～20μm。

生境： 夏季在枯腐木上或埋于地下的腐木上生出，群生或近丛生。

产地： 广东英德石门台自然保护区。

分布： 河北、吉林、河南、广东、西藏。

讨论： 本种是有抑肿瘤的作用。

撰稿人：宋　斌

167 亚白环黏小奥德蘑 *Oudemansiella submucida* Corner　　摄影：李常春

168 花瓣亚侧耳 *Hohenbuehelia petaloides* (Bull.) Schulzer　　摄影：李泰辉

169 金顶侧耳

侧耳科 Pleurotaceae

Pleurotus citrinopileatus Singer, Annls Mycol. 40: 149, 1943; —*Pleurotus cornucopiae* subsp. *citrinopileatus* (Singer) O. Hilber, Mitteilungen der Versuchsanstalt für Pilzanbau der Landwirtschaftskammer Rheinland Krefeld-Grosshüttenhof ,16: 62, 1993; —*Pleurotus cornucopiae* var. *citrinopileatus* (Singer) Ohira, in Imazeki & Hongo, [Colored illustrations of mushrooms of Japan] (Osaka): 28, 1987.

菌盖漏斗形或近扇形，肉质，柔软易烂，柠檬黄色至鲜黄色，宽2.5～10cm，表面光滑，边缘内卷；菌肉白色，近皮部浅黄色，有菌香味；菌褶白色或稍带黄色，沿菌柄延生，向菌盖边缘呈放射状生出，不等长，不分叉；菌柄偏心生，基部相连并愈合，着生于基物上，淡黄色，长1.2～8cm，粗0.5～1.5cm，向上渐细。担孢子近圆柱形或长椭圆形，无色，平滑，7～9 × 2.5～4μm。

生境：生于阔叶树的腐木上。

产地：广西龙滩、大瑶山、花坪、十万大山自然保护区。

分布：河北、吉林、黑龙江、广西、四川、贵州。

讨论：食用菌。香甜可口，食味鲜美，富含蛋白质，氨基酸和维生素等多种营养成分。该菌已较大面积的人工栽培。

撰稿人：吴兴亮

170 侧耳

侧耳科 Pleurotaceae

Pleurotus ostreatus (Jacq.) P. Kumm., Führ. Pilzk. (Zwickau): 105, 1871; —*Agaricus ostreatus* Jacq., Fl. Austriac. 2: pl. 104, 1775; —*Agaricus salignus* Pers., Syn. Meth. Fung. (Göttingen) 2: 479, 1801; —*Crepidopus ostreatus* (Jacq.) Gray, Nat. Arr. Brit. Pl. (London) 1: 616, 1821; —*Crepidopus ostreatus* β *atroalbus* Gray, Nat. Arr. Brit. Pl. (London) 1: 616, 1821; —*Pleurotus salignus* (Pers.) P. Kumm., Führ. Pilzk. (Zwickau): 105, 1871; —*Pleurotus revolutus* (J. Kickx f.) Gillet, Hyménomycètes (Alençon): 347, 1876; —*Pleurotus columbinus* Quél., in Bresadola, Fung. Trident. 1: 10, 1881.

菌盖漏斗形或近扇形，肉质，灰白色至青灰色，宽5～10cm，表面光滑或有条纹，边缘内卷；菌肉白色，近皮部浅灰白色，有菌香味；菌褶白色或稍带灰白色，沿菌柄延生，在菌柄上交织，稍密至稍稀，不等长；菌柄侧生，白色，长1.5～3cm，粗1～2cm，向上渐细，基部相连并愈合，着生于基物上。担孢子近圆柱形，无色，光滑，7～10 × 2.5～3.5μm。

生境：生于阔叶树的腐木上。

产地：广西龙滩、大瑶山、花坪、十万大山、猫儿山自然保护区。

分布：河北、吉林、黑龙江、广西、四川、贵州。

讨论：食用菌。该菌已较大面积的人工栽培。

撰稿人：吴兴亮

169 金顶侧耳 *Pleurotus citrinopileatus* Singer　　摄影：杨成华

170 侧耳 *Pleurotus ostreatus* (Jacq.) P. Kumm.　　摄影：吴兴亮

171 嫩光柄菇

光柄菇科 Pluteaceae

Pluteus ephebeus (Fr.) Gillet, Hyménomycètes (Alençon): 392, 1876; —*Agaricus ephebeus* Fr., Observ. Mycol. (Havniae) 2:87, 1818; —*Pluteus murinus* Bres., Annls Mycol. 3(2): 160, 1905; —*Pluteus lepiotoides* A. Pearson, Trans. Br. Mycol. Soc. 35(2): 109, 1952; —*Pluteus pearsonii* P.D. Orton, Trans. Br. Mycol. Soc. 43(2): 361, 1960.

菌盖宽5～11cm，初期近半球形，后渐平展，灰褐色至暗褐色，近光滑或具深色纤毛状鳞片往往中部较多，稍粘；菌肉白色，薄；菌褶白色至粉红色，稍密，离生，不等长；菌柄长7～9cm，粗0.4～1cm，近圆柱形，同菌盖色且上部白色，具毛，脆，内实至松软。孢子印粉红色；担孢子6.2～8.3 x 4.5～6.2μm，近卵圆形至椭圆形，稀近球形，光滑，无色；侧生和褶缘囊体52～83 x 12～16.2μm，梭形，顶部具3～5个犄角。

生境：生于倒木上或林中地上。

产地：广西金秀。

分布：江苏、吉林、河南、山西、福建、湖北、湖南、广西、四川、西藏、甘肃、新疆。

讨论：可食用，但味较差。此菌是倒腐木上常见的木腐菌。

撰稿人：宋　斌

172 皱盖光柄菇

光柄菇科 Pluteaceae

Pluteus umbrus (Pers.) P. Kumm., Führ. Pilzk. (Zwickau): 98, 1871; —*Agaricus umbrus* Pers., Icon. Desc. Fung. Min. Cognit. (Leipzig) 1: 8, 1798; —*Pluteus cervinus* var. *umbrosus* (Pers.) J.E. Lange, Dansk bot. Ark. 9(no. 6): 79, 1938.

菌盖宽3～8cm，初期扁半球形，后平展，灰褐色至烟色，突起部色深，中部至边缘有放射状深褐色条纹；菌肉白色，薄，无气味；菌褶初期白色，淡肉褐色至粉红色，不等长，离生；菌柄中生，长5～8cm，粗4～10mm，近圆柱形，灰白色至浅褐色。担孢子6～7.5 x 4～5μm，近球形；孢子印淡肉红色。

生境：生于阔叶林的腐木上。

产地：广西大瑶山国家级自然保护区。

分布：福建、广西、贵州。

讨论：食用菌。

撰稿人：吴兴亮

171 嫩光柄菇 *Pluteus ephebeus* (Fr.) Gillet 摄影：李泰辉

172 皱盖光柄菇 *Pluteus umbrus* (Pers.) P. Kumm. 摄影：吴兴亮

173 雪白草菇

光柄菇科 Pluteaceae

Volvariella nivea T.H. Li & Xiang L. Chen, Mycotaxon, 109: 255-261, 2009.

担子果中等；菌盖宽7～9cm，初近圆锥形，后展开至凸镜形，纯白色，不粘，边缘完整，薄，无条纹；菌肉白色，薄，近菌柄处厚约5mm，伤不变色，味道和气味温和；菌褶幼时白色，成熟后变粉红色，离生，较密，菌盖边缘每厘米8～9片，宽5～7mm；菌柄长10～11.5cm，粗0.7～0.8cm，白色，中生，圆柱形，上下近等粗，略带丝状条纹；菌托肉质，白色，呈苞状。孢子印粉红色；担孢子卵圆形至宽椭圆形，(5.2～)6～7(～8) × (4～)4.5～5.5(～6)μm，光滑，厚壁，鲑鱼色。

生境：生于竹林下中地上。

产地：广州市白云山。

分布：广东。

讨论：该种最明显的特征在于其担子果纯白色。

撰稿人：李泰辉

174 裂托草菇

光柄菇科 Pluteaceae

Volvariella terastia (Berk. & Broome) Singer, Mushr. & Truffl.: 114, 1961; —*Agaricus terastius* Berk. & Broome, J. Linn. Soc., Bot. 11(no. 56): 530, 1871.

菌盖直径6～10cm，半球形，近钟形至平展，中央凸起，褐色至灰褐色，中部色深，表面具辐射的纤毛状条纹；菌褶离生，稍密，白色，后变为淡粉红色；菌柄5～8 × 1～2cm，基部膨大，表面白色至浅灰色；菌托高3～5cm，杯状，厚，表面因不规则开裂而形成黑褐色斑块。担孢子5.0～6.5 × 4.0～5.0μm，近球形至阔卵形，粉红色。

生境：常群生于草地上。

产地：海南乐东尖峰镇。

分布：海南。

讨论：本种的特点是菌托表面能形成不规则开裂。

撰稿人：杨祝良

173 雪白草菇 *Volvariella nivea* T.H. Li & Xiang L. Chen　　摄影：李泰辉

174 裂托草菇 *Volvariella terastia* (Berk. & Broome) Singer　　摄影：吴兴亮

175 假小鬼伞　　小脆柄菇科 Psathyrellaceae

Coprinellus disseminatus (Pers.) J.E. Lange, Dansk Bot. Ark. 9(6): 93, 1938; —*Coprinus disseminatus* (Pers.) Gray, Nat. Arr. Brit. Pl. (London) 1: 634, 1821; —*Coprinarius disseminatus* (Pers.) P. Kumm., Führ. Pilzk. (Zwickau): 68, 1871; —*Psathyrella disseminata* (Pers.) Quél., Mém. Soc. Émul. Montbéliard Sér. 2 5: 123, 1872; —*Pseudocoprinus disseminatus* (Pers.) Kühner, Le Botaniste 20: 156, 1928.

担子果小，密集丛生或群生；宽0.6～1cm，初卵形，后稍展开，钟帽状，白色、灰白色，后为灰褐色，中央较深，盖缘色淡，边缘有折扇状沟纹，几乎达菌盖中央，膜质，表面初具鳞片和毛绒，后光滑；菌肉薄如膜，白色；菌褶贴生，膜质，初白色，成熟后呈暗灰至墨黑色，半液化或干燥而卷缩；柄细长，中生，圆柱状，灰白色，中空，嫩脆，易折，长2～4cm，粗0.3～0.7cm，柄基有白色纤毛。担孢子椭圆形，光滑，6～9 x 4～5μm，暗褐色。

生境： 阔叶林中树桩 (往往大的树桩) 或路边腐殖土上。

产地： 海南五指山、尖峰岭、吊罗山自然保护区；广西龙滩自然保护区。

分布： 河北、江苏、江西、广西、海南、贵州、云南。

讨论： 食用菌。

撰稿人：吴兴亮

176 辐毛小鬼伞　　小脆柄菇科 Psathyrellaceae

Coprinellus radians (Desm.) Vilgalys, Hopple & Jacq. Johnson, in Redhead, Vilgalys, Moncalvo, Johnson & Hopple, Taxon 50(1): 234, 2001; —*Coprinus radians* (Desm.) Fr., Epicr. Syst. Mycol. (Upsaliae): 248, 1838; —*Agaricus radians* Desm., Annls Sci. Nat., Bot., Sér. 1 13: 214, 1828; —*Coprinus hortorum* Métrod, Revue Mycol., Paris 5(2～3): 80,1940; —*Coprinus similis* Berk. & Broome, Ann. Mag. Nat. Hist., Ser. 3 13: 214, 1865.

菌盖未成熟时卵形、钟形或锥形，后钟形至平展，宽2.5～3.5cm，黄褐色至土红褐色，肉质，表皮被有粒状小鳞片，并有显著的辐射状褶纹；菌肉白色至稍带淡黄褐色，极薄；菌褶初白色，后呈灰黑紫色，密，不等长，直生；菌柄长2.5～5m，粗4～6mm，圆柱形，白色至稍带淡褐色，上有白色细粉末，柄基略膨大，菌柄基部的基物上往往出现放射状黄褐色菌丝团。担孢子椭圆形，有明显的牙孔，6.5～8.5 x 3～5μm，黑褐色。

生境： 群生于树桩或腐殖土上。

产地： 广西十万大山、大瑶山国家级自然保护区。

分布： 河北、江苏、浙江、湖南、广西、海南、四川、贵州、西藏。

讨论： 药用菌。

撰稿人：吴兴亮

175 假小鬼伞 *Coprinellus disseminatus* (Pers.) J.E. Lange　　摄影：吴兴亮

176 辐毛小鬼伞 *Coprinellus radians* (Desm.) Vilgalys, Hopple & Jacq. Johnson　　摄影：吴兴亮

177 墨汁拟鬼伞 小脆柄菇科 Psathyrellaceae

Coprinopsis atramentaria (Bull.) Redhead, Vilgalys & Moncalvo, in Redhead, Vilgalys, Moncalvo, Johnson & Hopple, Taxon 50(1): 226, 2001; —*Agaricus atramentarius* Bull., Herb. Fr.: tab. 164, 1786; —*Agaricus sobolifer* Hoffmann, Nomencl. Fung. 1: 216, 1789; —*Coprinus atramentarius* (Bull.) Fr., Epicr. Syst. Mycol. (Upsaliae): 243, 1838. —*Coprinus atramentarius* var. *soboliferus* (Fr.) Rea, Brit. basidiomyc. (Cambridge): 502, 1922; —*Coprinus luridus* (Bolton) Fr., Epicr. Syst. Mycol. (Upsaliae): 243, 1838; —*Coprinus plicatus* (Pers.) Gray, Nat. Arr. Brit. Pl. (London) 1: 634, 18219.

菌盖未成熟时卵形、钟形或锥形，后平展呈斗笠状，宽5～10cm，灰白色、灰色、灰褐色至烟灰色，肉质，初期盖表光滑，后表皮裂成丛生毛状小鳞片，并有显著的辐射状褶纹，边缘花瓣状，反卷，撕裂；菌肉初污白色至褐色，后变成墨黑色，极薄，有黑色汁液；菌褶初白色带褐色，后呈灰黑色，稠密，不等长，离生，褶缘微波状，后期液化为墨汁状；菌柄中生，长6～8cm，粗4～6mm，圆柱形，白色至白带浅褐色，上有绒毛小鳞片，脆骨质，空心，柄基略膨大；菌环生菌柄下部，易消失。孢子印黑色。担孢子椭圆形，有明显的中生牙孔，牙孔处平截，7～10×5～6μm，黑褐色。

生境： 散生至群生于地上。

产地： 海南霸王岭、尖峰岭国家级自然保护区；广西十万大山自然保护区。

分布： 河北、山西、吉林、江苏、湖南、福建、广东、广西、海南、四川、贵州、云南、台湾。

讨论： 幼嫩时可食，但饮酒时不能食，否则引起中毒。

撰稿人：吴兴亮

178 黄白小脆柄菇 小脆柄菇科 Psathyrellaceae

Psathyrella candolleana (Fr.) G. Bertrand, Bull. Soc. Mycol. Fr. 29: 185, 1913; —*Agaricus appendiculatus* Bull., Herb. France (Paris) 9: pl. 392, 1789; —*Agaricus candolleanus* Fr., Observ. Mycol. (Leipzig) 2: 182, 1818; —*Hypholoma appendiculatum* (Bull.) Quél., Mém. Soc. Émul. Montbéliard Sér. 25: 146,1872; —*Psathyrella corrugis* var. *vinosa* (Corda) Cooke, Illustrations of British Fungi (Hymenomycetes) (London) 4: 612,1885;—*Drosophila candolleana* (Fr.) Quél., Enchir. Fung. (Paris): 115, 1886; —*Hypholoma felinum* (Pass.) Sacc., Syll. Fung. (Abellini) 5: 1040, 1887; —*Psathyrella appendiculata* (Bull.) Maire, in Maire & Werner, Mém. Soc. Sci. Nat. Maroc. 45: 112, 1937; —*Psathyrella microlepidota* P.D. Orton, Trans. Br. Mycol. Soc. 43(2): 375, 1960.

菌盖宽2.5～5cm，初期钟形，后平展，中部稍凸起，初期浅黄褐色，后为黄褐色或浅灰褐色至茶褐色，中部色较深，光滑或有细颗粒；盖缘初期挂在菌幕片；盖面展开后往往上翘常幅射状开裂；菌肉白色，薄；菌褶直生，稍密，初期灰白色，很快变为茶褐色，后变为暗褐紫色；菌柄长3～6cm，粗0.2～0.5cm，圆柱形，白色，常纵裂，有平伏纤毛，中空。担孢子椭圆形，光滑，暗紫褐色，6.5～8×3.5～4.5μm；孢子印暗褐紫色。

生境： 生于林中地上、路旁或田野草地上。

产地： 广西大瑶山自然保护区。

分布： 广东、广西、四川、贵州、云南。

讨论： 食药用菌。

撰稿人：吴兴亮

177 墨汁拟鬼伞 *Coprinopsis atramentaria* (Bull.) Redhead, Vilgalys & Moncalvo　　摄影：吴兴亮

178 黄白小脆柄菇 *Psathyrella candolleana* (Fr.) G. Bertrand　　摄影：吴兴亮

179 雪白龙爪菌　　羽瑚菌科 Pterulaceae

Deflexula nivea (Pat.) Corner, Ann. Bot. Mem. 1: 398, 1950.

担子果倒悬，针刺状，不分叉，成丛地由同一基点发出，7～15枚成一簇，全体纯白色，菌肉结实，质韧；倒悬的针刺圆柱形，长5～10mm，粗220～250μm，全部有子实层。无囊状体。担孢子11～13×7～8μm，椭圆形，光滑，无色；有锁状联合。

生境：生于倒木树皮上。

产地：广东阳春鹅凰嶂红花潭。

分布：广东、海南；广西猫儿山、广西。

讨论：担子果成丛针刺状倒悬，较易识别。

撰稿人：李泰辉

180 白须瑚菌　　羽瑚菌科 Pterulaceae

Pterula subulata Fr., Syst. Orb. Veg. (Lundae) 1: 90, 1825; —*Penicillaria multifida* Chevall., Fl. Gén. Env. Paris (Paris) 1: 111, 1826; —*Pterula debilis* Corner, Monograph of Clavaria and allied Genera (Annals of Botany Memoirs No. 1): 698, 1950; —*Pterula multifida* (Chevall.) Fr., Linnaea 5: 531, 1830.

担子果多细，分枝，高2～5.5cm，上部多次分出细枝，小枝顶端尖细，色暗，初期污白灰色，后呈淡灰色或浅褐黄色，干，柔软。孢子6.3～7.5×3～4μm，椭圆形，无色，平滑。

生境：林下枯枝落叶上群生。

产地：深圳梧桐山。

分布：广东、香港。

讨论：食药不明。

撰稿人：宋　斌

181 裂褶菌　　裂褶菌科 Schizophyllaceae

Schizophyllum commune Fr., Syst. Mycol. 1: 330, 1821.

担子果通常覆瓦状叠生，或左右连生，新鲜时肉革质，无嗅无味，干后革质，重量中度减轻；菌盖扇形、侧耳形、肾形或掌状，长可达3cm，宽可达5cm，基部厚可达3mm；菌盖上表面灰白色至黄棕色，被绒毛或粗毛，同心环区不明显；边缘锐，多瓣裂，干后内卷；子实层体假褶状，假菌褶白色、黄棕色、灰褐色，每毫米14～26片，不等长，沿中部纵裂成深沟纹；不育边缘几乎无；褶缘钝且宽，锯齿状；菌肉乳白色，韧革质，厚约1mm。担孢子圆柱形至腊肠形，无色，薄壁，光滑，5～7.3×1.7～2.5μm。

生境：生在多种阔叶树上。

产地：海南保亭植物园、黎母山、尖峰岭。

分布：江苏、湖北、湖南、广东、广西、海南、重庆、四川、贵州、云南、陕西、甘肃、青海、西藏。

讨论：裂褶菌是最常见的木材腐朽菌之一，能腐生在几乎所有阔叶树储木、房屋木、桥梁木、坑木、桩木、仓库木、车辆木、堤坝木、栅栏木和薪炭木上，造成木材白色腐朽。

撰稿人：戴玉成

179 雪白龙爪菌

Deflexula nivea (Pat.) Corner

摄影：李泰辉

180 白须瑚菌

Pterula subulata Fr.

摄影：李泰辉

181 裂褶菌

Schizophyllum commune Fr.

摄影：吴兴亮

182 橙褐裸伞 球盖菇科 Strophariaceae

Gymnopilus aurantiobrunneus Z.S. Bi, in Bi, Li & Zheng, Acta Mycol. Sin. 5(2): 95, 1986.

菌盖宽1.8～5cm，浅黄色至黄褐色或锈褐色至紫褐色，不粘，扁半球形至平展形，肉质，上被绒毛或鳞片；菌肉近柄处厚1～5mm，白色或黄色至肉黄色或淡黄色，伤不变色，无味道，无气味；菌褶盖缘处17～23片/厘米，宽1～5mm，黄褐色或锈褐色，不等长，直生至弯生，边缘波状；菌柄中生至偏生，长1～3.7cm，粗1～6mm，圆柱形，上有鳞片或纤毛，黄褐色或紫褐色，纤维质，初实心，后空心。孢子5.1～7.9 × 3.8～5.1μm，椭圆形，有尖突，具有细小疣至近平滑，无芽孔，褐色。

生境： 散生或群生于阔叶林中腐木上。

产地： 广东英德石门台自然保护区。

分布： 广东、海南。

讨论： 本种与*Gymnopilus pacificus* Hesler 近似，但菌盖较大，侧生囊状体遇KOH液渐由褐色转呈红褐色。

撰稿人：宋　斌

183 绿褐裸伞 球盖菇科 Strophariaceae

Gymnopilus aeruginosus (Peck) Singer, Lilloa 22: 560, 1951.

菌盖宽3～8cm，扁半球形至平展形，黄褐色至紫红褐色，往往不均匀地呈现紫褐色、褐绿色斑纹，上被褐色鳞片；菌肉淡黄色至肉黄色；菌褶初期淡黄绿色，后锈褐色，不等长，直生至弯生，边缘波状；菌柄中生至偏生，长3～6cm，粗4～15mm，圆柱形，有纵条纹，常弯曲，初实心，后空心，上部有膜质菌环，菌环以下褐色或紫褐色。担孢子6.5～7.5 × 4.3～5.2μm，卵圆形至椭圆形，有麻点，浅褐色。

生境： 生于阔叶林中腐木上。

产地： 海南尖峰岭、佳西自然保护区。

分布： 广东、海南、贵州。

讨论： 有毒。

撰稿人：吴兴亮

184 橘黄裸伞 球盖菇科 Strophariaceae

Gymnopilus spectabilis (Fr.) Singer, Nov. Holland. pl. Spec.: 471, 1951; —*Agaricus spectabilis* Fr., Elench. Fung. (Greifswald) 1: 28, 1828.

菌盖宽3～7.5cm，扁半球形至平展形，黄色或橘黄色，味苦，有橘黄色细鳞片；菌肉淡黄色；菌褶黄色至锈色，稍密，不等长，直生；菌柄长3～9.5cm，粗4～10mm，圆柱形，黄色或橘黄色，实心，基部稍膨大；菌环生菌上部，膜质，黄锈色。担孢子6～7.5 × 4.3～5.5μm，椭圆形至宽椭圆形，表面粗糙，浅锈色。

生境： 生于阔叶林中腐木上。

产地： 海南尖峰岭、佳西自然保护区；广西猫儿山国家自然保护区。

分布： 广东、海南、贵州。

讨论： 有毒。

撰稿人：吴兴亮

182 橙褐裸伞

Gymnopilus aurantiobrunneus
Z.S. Bi

摄影：李泰辉

183 绿褐裸伞

Gymnopilus aeruginosus
(Peck) Singer

摄影：吴兴亮

184 橘黄裸伞

Gymnopilus spectabilis
(Fr.) Singer

摄影：王绍能

185 红垂幕菇

球盖菇科 Strophariaceae

Hypholoma cinnabarinum Teng, Contrib. Biol. Lab. Sci. Soc. China, Bot. Ser. 7: 117, 1932.

担子果小型，菌盖宽2～6cm，幼时半球形至钟形，后平展至扁半球形，中间突起，橙黄色至橙红色，表面密被有绒毛或丛毛状鳞片，盖缘表皮延伸有菌幕；菌肉近白色、污白色至淡黄褐色，较薄；菌褶近生，初期灰白色至暗灰褐色，后期近黑色，稍密，长短不一；菌柄长3～8cm，粗0.4～0.9cm，橙黄色至橙红色，被有绒毛或丛毛状鳞片。担孢子淡灰褐色，光滑，卵圆形至近椭圆形，5～8 × 3.5～4.5μm。孢子印紫褐色；囊状体金黄色，近梭形，23～45 × 7～13μm。

生境： 生于阔叶林地上。

产地： 海南尖峰岭国家级自然保护区；广西十万大山自然保护区。

分布： 江苏、广东、广西、海南、贵州、云南、西藏。

讨论： 毒菌。

撰稿人：吴兴亮

186 簇生垂幕菇

球盖菇科 Strophariaceae

Hypholoma fasciculare (Huds.) P. Kumm., Führ. Pilzk. (Zwickau): 72, 1871; —*Clitocybe sadleri* (Berk. & Broome) Sacc., Syll. Fung. (Abellini) 5: 163, 1887.

菌盖宽2～5cm，幼时半球形，后平展，淡黄色至硫黄色，中间锈褐色至红褐色；菌肉黄色；菌褶与菌柄直生或弯生，黄色，后为青黄色至青褐色，稠密，长短不一；菌柄长3～10cm，粗0.4～1.2cm，黄色，下部黄褐色，纤维质，表面有纤毛；菌环常呈蛛网状，生柄的上部。担孢子淡紫褐色，光滑，椭圆形或卵圆形，6～8.8 × 4～5.3μm。

生境： 生于阔叶树枯木基部或木桩上。

产地： 广西猫儿山国家自然保护区。

分布： 河北、黑龙江、江苏、安徽、湖南、广西、四川、贵州、云南、西藏、陕西、甘肃。

讨论： 毒菌。误食后主要引起胃肠炎型症状，严重会引起死亡。

撰稿人：吴兴亮

187 多脂鳞伞

球盖菇科 Strophariaceae

Pholiota adiposa (Batsch) P. Kumm., Führ. Pilzk. (Zwickau): 83, 1871; —*Agaricus adiposus* Batsch, Elench. Fung. Cont. prima (Halle): 147 & tab. 22, fig. 113, 1786.

菌盖宽3～8cm，扁半球形，边缘内卷，谷黄色、污黄色或黄褐色，有平伏鳞片，中央较密；菌肉淡黄色；菌褶直生或近弯生，稍密，黄色至锈褐色；菌柄长3.5～9cm，粗0.5～1.5cm，圆柱形，下部稍弯曲，与菌盖同色，内实，有反卷纤毛状鳞片，菌环淡黄色，生于菌柄上部，易脱落。担孢子光滑，淡褐色，椭圆形，7～9 × 5～6.3μm。

生境： 生于阔叶林中倒木上。

产地： 广西大瑶山自然保护区。

分布： 广西、海南、云南。

讨论： 食用菌。

撰稿人：吴兴亮

185 红垂幕菇

Hypholoma cinnabarinum Teng

摄影：吴兴亮

186 簇生垂幕菇

Hypholoma fasciculare (Huds.) P. Kumm.

摄影：王绍能

187 多脂鳞伞

Pholiota adiposa (Batsch) P. Kumm.

摄影：李常春

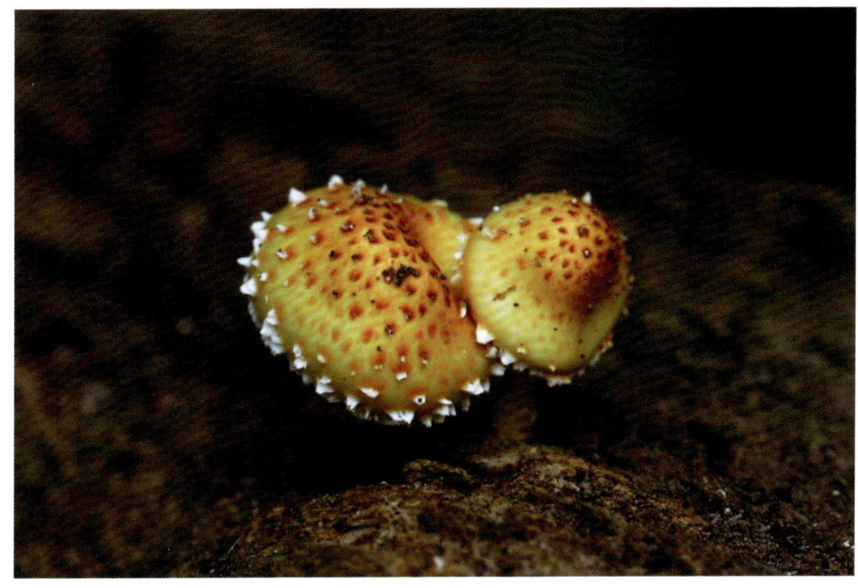

188 黄鳞伞 球盖菇科 Strophariaceae

Pholiota flammans (Batsch) P. Kumm., Führ. Pilzk. (Zwickau): 84, 1871; —*Agaricus flammans* Batsch, Elench. Fung. (Halle): 87, 1783; —*Dryophila flammans* (Batsch) Quél., Enchir. fung. (Paris): 68, 1886.

菌盖宽3～5.5cm，初期扁半球形，后平展，中部稍凸起，黄色、橙黄色，有纤毛状鳞片，盖缘有菌幕残片；菌肉磺色；菌褶直生，密，窄，初期与菌盖同色，后为黄褐色至锈色；菌柄长3.5～5cm，粗0.5～1.2cm，近圆柱形，常常稍弯曲，内实，后中空，与菌盖同色，有反卷纤毛状鳞片。担孢子光滑，淡褐色，椭圆形，4～4.5 x 2.5～3μm。

生境：生于阔叶林中倒木上。

产地：广西猫儿山国家自然保护区。

分布：广西、海南、云南。

讨论：食用菌。

撰稿人：吴兴亮

189 光帽鳞伞 球盖菇科 Strophariaceae

Pholiota microspora (Berk) Sacc., Syll. Fung. 5: 742, 1887; — *Agaricus microsporus* Berk., in Hooker. J. Bot. 2: 86, 1850; — *Pholiota nameko* (T. Itô) S. Itô & S. Imai, Bot. Mag., Tokyo 47: 388, 1933; — *Kuehneromyces nameko* (T. Itô) S. Ito, Mycol. Fl. Japan 2(5): 355, 1959.

菌盖宽3～8.5cm，初期扁半球形，后平展，中部稍凸起，橙黄色至红黄褐色，表面光滑至有一层黏液，盖缘平滑，初期内卷，有菌膜残片；菌肉近黄白色，近表皮下带淡红褐色，中部厚；菌褶直生至延生，密，窄，初期与菌盖同色，后为黄褐色至锈色，不等长；菌柄长3.5～8cm，粗0.5～0.8cm，近圆柱形，向下渐粗，常常稍弯曲，内实，后中空，菌环以上近黄白色至浅黄色，菌环以下与菌盖同色，近光滑，黏；菌环膜质，生菌柄上部，黏性，易脱落。孢子印深锈褐色；担孢子光滑，淡黄褐色，宽椭圆形或卵圆形，4.5～5.5 x 2.5～3.5μm。

生境：生于阔叶树的腐木上。

产地：广西龙滩、大瑶山、花坪、十万大山、猫儿山自然保护区。

分布：广西、四川、贵州、西藏。

讨论：食药用菌。香甜可口，食味鲜美，富含蛋白质，氨基酸和维生素等多种营养成分。该菌已较大面积的人工栽培。

撰稿人：吴兴亮

188 黄鳞伞 *Pholiota flammans* (Batsch) P. Kumm.　　摄影：张定亨

189 光帽鳞伞 *Pholiota microspora* (Berk) Sacc.　　摄影：张定亨

190 尖鳞伞

球盖菇科 Strophariaceae

Pholiota squarrosoides (Peck) Sacc., Syll. Fung. (Abellini) 5: 750, 1887; —*Agaricus squarrosides* Peck, Ann. Rep. N.Y.State Mus. 31: 33. 1879.

菌盖扁半球形，中央微凸；宽3～8cm，浅土黄色，幼时微黏，覆盖有浅褐色至褐色的角锥状鳞片，有锐尖，盖中央密集，盖缘渐稀疏；菌肉近白色，较厚；菌褶直生，近白色，老后呈淡褐色至褐色，盖缘后期微上卷；菌柄长4～8cm，粗5～12mm，圆柱形，内实，色泽与菌盖同色；菌柄上部近白色，鳞片少或无，柄基部多具浅褐色鳞片，菌柄幼时，其上部有易碎的菌环，呈残膜状，易早落。孢子印锈褐色；担孢子椭圆形或近球形，光滑，7～8 × 2.5～3μm。

生境：生于阔叶林立木或倒腐木上。

产地：广西大瑶山、雅长、花坪自然保护区。

分布：河北、辽宁、吉林、黑龙江、江苏、浙江、安徽、福建、广西、四川、贵州、云南。

讨论：食用菌。

撰稿人：吴兴亮

191 地鳞伞

球盖菇科 Strophariaceae

Pholiota terrestris Overh., N. Amer. Fl. (New York) 10(4): 268, 1924.

菌盖扁半球形，中央微凸，后平展，宽3～5cm，表面淡黄褐色、黄褐色至红褐色，幼时微黏，覆盖有似环纹的红褐色纤毛状鳞片，鳞片近三角形，有锐尖，盖中央密集，渐趋盖缘渐稀疏，盖缘有菌幕残片；菌肉近白色带淡黄褐色；菌褶直生至弯生，密，浅肉褐色、淡褐色至黄褐色，不等长；菌柄长3.5～8cm，粗3～8.5mm，圆柱形，有时弯曲，色泽与菌盖同色，菌柄上部被有绵毛状鳞片，其上有易碎的菌环，呈残膜状，易早落，下部被有红褐色纤毛状鳞片，内实，后中空。担孢子带黄色，椭圆形或近卵圆形，光滑，5～7 × 3～4μm。

生境：生于阔叶林中地上。

产地：广西猫儿山国家级自然保护区。

分布：广西、西藏。

讨论：食用菌。有抗癌活性，提取物对肉瘤S-180和艾氏腹水癌均有抑制作用。

撰稿人：吴兴亮

190 尖鳞伞 *Pholiota squarrosoides* (Peck) Sacc. 摄影：曾念开

191 地鳞伞 *Pholiota terrestris* Overh 摄影：李常春

192 喜粪裸盖菇

球盖菇科 Strophariaceae

Psilocybe coprophila (Bull.) P. Kumm., Führ. Pilzk. (Zwickau): 71, 1871.

菌盖宽1～4cm，半球形至扁半球形，表面稍黏；灰褐色至红褐色，初期有小鳞片，后变光滑；菌肉污白色；菌褶直生，稍稀，深灰褐色，不等长，褶缘粗糙近齿状；菌柄长4～6cm，粗0.2～0.3cm，灰褐色或与盖同色，空心；菌环污白色，生柄上部，易脱落。担孢子光滑，椭圆形至广椭圆形，暗褐色，有芽孔，10～12 x 7～8.5μm。

生境： 生于粪堆上。

产地： 广西花坪国家级自然保护区。

分布： 湖南、广东、广西、贵州。

讨论： 记载有毒。

撰稿人：吴兴亮

193 梭柄乳头蘑

口蘑科 Tricholomataceae

Catathelasma ventricosum (Peck) Singer, Revue Mycol., Paris 5: 9, 1940; —*Armillaria ventricosa* (Peck) Peck, Bull. Torrey Bot. Club 34: 104, 1907; —*Biannularia ventricosa* (Peck) Pomerl., Naturaliste Can. 107: 303, 1980; —*Lentinus ventricosus* Peck, Bull. Torrey bot. Club 23: 414, 1896.

菌盖宽8～10cm，初期呈乳头状，扁半球形，外表具发达的膜状包被，菌盖伸展后呈半圆形，中部微凸或近平展，中央具灰褐色的斑点和绒毛，白色，光滑，黏，干后变为灰白色至淡褐色，边缘稍内卷；菌肉白色，厚；菌褶白色，稍密，与菌柄延生；菌柄白色，内部充实，长5～13cm，粗2～5cm，往往中部膨大；菌环白色，厚，生于菌柄之中部或中上部。担孢子椭圆形，光滑，无色，8～13.5 x 4.5～7μm。

生境： 生于针叶林中地上。

产地： 云南罗坪。

分布： 黑龙江、四川、贵州、云南、西藏。

讨论： 著名的食用菌，俗称“老人头”，肉质洁白细嫩，美味可口。

撰稿人：吴兴亮

192 喜粪裸盖菇 *Psilocybe coprophila* (Bull.) P. Kumm.　　摄影：吴兴亮

193 梭柄乳头蘑 *Catathelasma ventricosum* (Peck) Singer　　摄影：吴兴亮

194 花脸香蘑 口蘑科 Tricholomataceae

Lepista sordida (Fr.) Singer, Lilloa 22: 193, 1951; —*Agaricus sordidus* Fr., Syst. Mycol. (Lundae) 1: 51, 1821; —*Tricholoma sordidum* (Fr.) P. Kumm., Führ. Pilzk. (Zwickau): 134, 1871; —*Gyrophila nuda* var. *lilacea* Quél., Fl. Mycol. France (Paris): 271, 1888; —*Rhodopaxillus sordidus* (Fr.) Maire, Annls Mycol. 11: 338, 1913; —*Lepista sordida* var. *obscurata* (Bon) Bon, Doc. Mycol. 10(nos 37～38): 91, 1980; —*Lepista sordida* var. *lilacea* (Quél.) Bon, Doc. Mycol. 10(nos 37～38): 91, 1980; —*Lepista sordida* var. *ianthina* Bon, Doc. Mycol. 10(nos 37～38): 91, 1980.

菌盖宽3～8cm，初期扁球形，后渐伸展，中央有稍下凹，淡紫色，盖面往往呈不规则形，表面湿时水浸状，光滑，边缘波状，向下卷曲；菌肉肥厚，淡紫色；菌褶淡紫色，近直生至弯生，不等长；菌柄中生，圆柱形，内实，纤维质，淡紫色，3～6cm，担孢子无色，椭圆形，7～9 × 3.5～5μm；孢子印近白色至粉红色。

生境： 生于草地上。

产地： 海南海口。

分布： 海南、四川、贵州、云南。

讨论： 食用菌。气味浓香，色泽宜人，味道鲜美，鲜食、干食风味俱佳,是香蘑属中具有很高开发价值的优良食用菌。1995年人工驯化栽培成功。

撰稿人：吴兴亮

195 大白桩菇 口蘑科 Tricholomataceae

Leucopaxillus giganteus (Sibth.) Singer, Schweiz. Z. Pilzk. 17: 14, 1939; —*Agaricus giganteus* Sibth., Fl. Oxon: 420, 1794; —*Clitocybe gigantea* (Sibth.) Quél., Mém. Soc. Émul. Montbéliard Sér. 2: 88, 1872; —*Paxillus giganteus* (Sibth.) Fr., Hymenomyc. Eur. (Uppsala): 401, 1874; —*Aspropaxillus giganteus* (Sibth.) Kühner & Maire, Bull. trimest. Soc. Mycol. Fr. 50: 13, 1934.

担子果大型；菌盖宽7～36cm，扁半球形至近平展，中部下凹至漏斗状，污白色，青白色或稍带灰黄色，光滑，边缘内卷至渐伸展；菌肉白色，厚；菌褶白色至污白色，老后青褐色，延生，稠密，窄，不等长；菌柄较粗壮，长5～13cm，粗2～5cm，白色至青白色，光滑，肉质，基部膨大可达6cm。孢子印白色，孢子椭圆形，6～8 × 4～6μm，稍粗糙，无色，淀粉质反应。

生境： 夏秋季在草原上单生或群生，常形成蘑菇圈，有时生林中草地上。

产地： 广东深圳南山公园。

分布： 河北、山西、内蒙古、吉林、辽宁、黑龙江、广东、青海、新疆。

讨论： 此种蘑菇个体大，肉肥厚，味道鲜，属中国出产的“口蘑”之一种。商品名称有大青蘑、青腿片、青蘑等。本菌可药用，治小儿麻疹欲出不出，烦躁不安。用鲜姜、雷蘑各切片，水煎服，可治伤风感冒。另外，此菌能产生杯伞素(clitocybin)，有抗肺结核病的作用。

撰稿人：邓春英

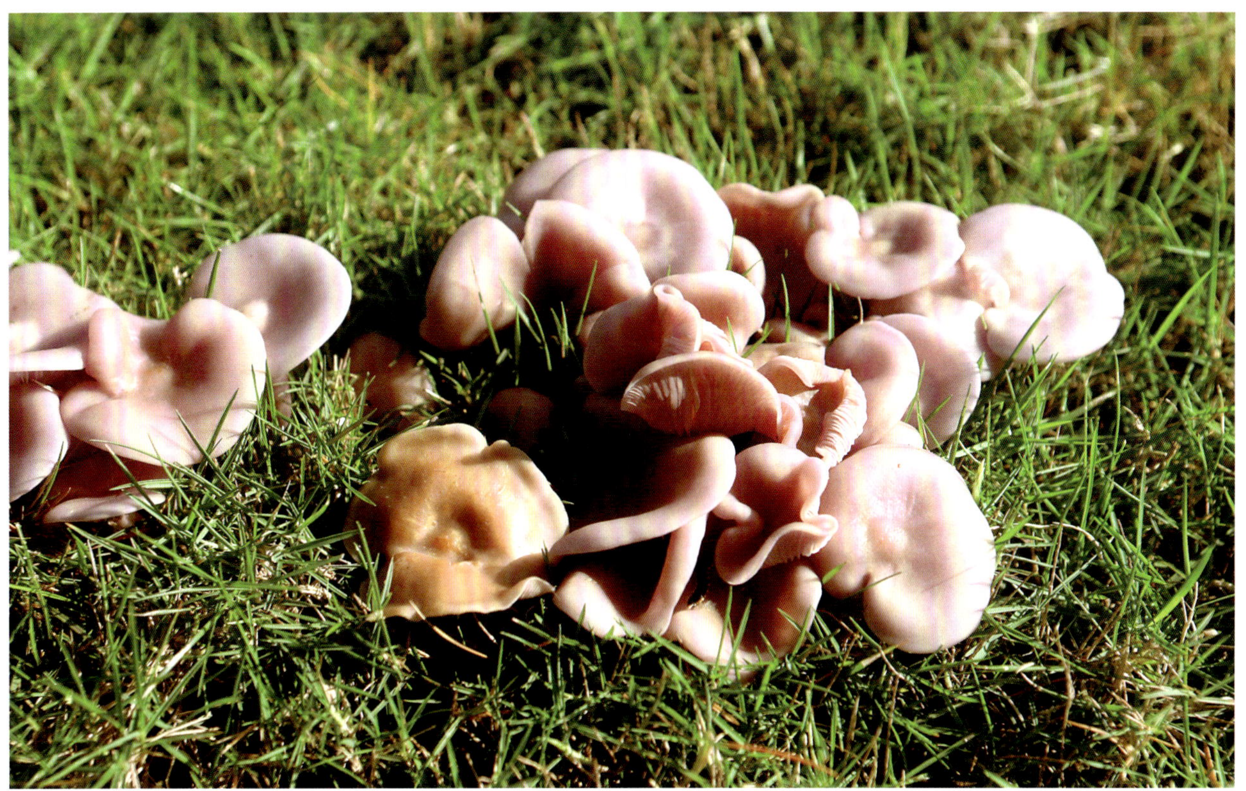

194 花脸香蘑 *Lepista sordida* (Fr.) Singer　　摄影：吴兴亮

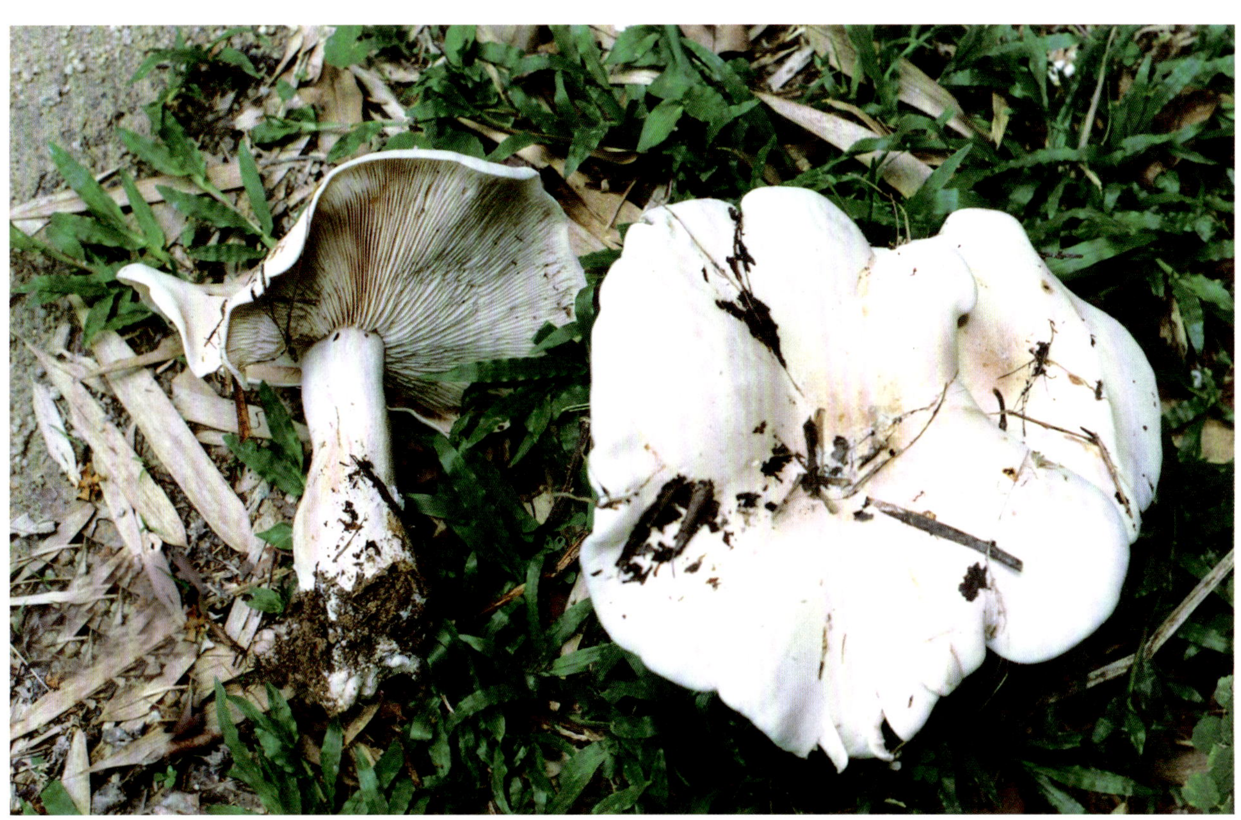

195 大白桩菇 *Leucopaxillus giganteus* (Sibth.) Singer　　摄影：吴兴亮

196 巨大口蘑 口蘑科 Tricholomataceae

Macrocybe lobayensis (R. Heim) Pegler & Lodge, Mycologia 90(3): 498, 1998; —*Tricholoma lobayense* R. Heim, Revue Mycol., Paris 34(4): 346, 1970.

担子果中至大型；菌盖宽3～28cm，簇生，污白、象牙白或淡褐色，不黏，初期半球形或扁半球形，后渐平展或中部稍下凹；菌肉白色，厚，无明显气味或稍有淀粉味；菌褶白色，弯生，不等长，宽，较密；柄长7～16cm或更长，粗5.5～10cm，下部膨大，幼时柄呈瓶装，中生，白色，实心，基部常与其他菌柄相连。担孢子印白色；孢子5～7.5 x 3.5～5μm，卵圆形至宽椭圆形，光滑，无色。

生境： 春夏季生于草地或蕉林地上，常丛生。

产地： 广东省广州市华南植物园。

分布： 广东、香港。

讨论： 可食用，担子果大菌肉肥厚。

撰稿人：李泰辉

197 毛伏褶菌 口蘑科 Tricholomataceae

Resupinatus trichotis (Pers.) Singer, Persoonia 2(1): 48, 1961; —*Agaricus rhacodius* Berk. & M.A. Curtis, Ann. Mag. Nat. Hist., Ser. 3 4(22): 288, 1859; —*Agaricus trichotis* Pers., Mycol. eur. (Erlanga) 3: 18, 1828; —*Dendrosarcus rhacodium* (Berk. & M.A. Curtis) Kuntze, Revis. Gen. pl. (Leipzig) 3: 464, 1898; —*Geopetalum rhacodium* (Berk. & M.A. Curtis) Kühner & Romagn., Fl. Analyt. Champ. Supér. (Paris): 68, 1953; —*Pleurotus applicatus* f. *rhacodium* (Berk. & M.A. Curtis) Pilát, Atlas des Champignons de l'Europe, II: Pleurotus Fries: 67, 1935; —*Pleurotus rhacodium* (Berk. & M.A. Curtis) Sacc., Syll. Fung. (Abellini) 5: 380, 1887; —*Resupinatus applicatus* var. *trichotis* (Pers.) Krieglst., Beitr. Kenntn. Pilze Mitteleur. 8: 177, 1992; —*Resupinatus rhacodium* (Berk. & M.A. Curtis) Singer, Lilloa 22: 253, 1951.

担子果群生；菌盖宽0.5～1cm，贝壳、肾形至扇形，灰色，无柄，以背面着生在基物上，表面有灰色放射状皱纹，基部密生暗褐色至黑色的软毛；菌褶灰色，呈放射状排列。担孢子近球形，4～5.5 x 4～5μm，平滑，无色。

生境： 群生于阔叶树腐木上。

产地： 广西十万大山自然保护区；海南霸王岭自然保护区。

分布： 浙江、福建、广东、广西、海南、贵州。

讨论： 食药不明。

撰稿人：吴兴亮

196 巨大口蘑 *Macrocybe lobayensis* (R. Heim) Pegler & Lodge　　摄影：李泰辉

197 毛伏褶菌 *Resupinatus trichotis* (Pers.) Singer　　摄影：吴兴亮

198 赭红拟口蘑

口蘑科 Tricholomataceae

Tricholomopsis rutilans (Schaeff.) Singer, Schweiz. Z. Pilzk. 17: 56, 1939; —*Agaricus xerampelinus* Scop., Fl. Carniol.: 8, 1770; —*Agaricus rutilans* Schaeff., Fung. Bavar. Palat. 3: 219, 1770; —*Agaricus variegatus* Scop., Fl. carniol. Edn 2 (Vienna) 2: 434, 1772; —*Agaricus serratis* Bolton, Hist. Fung. Halifax (Huddersfield) 1: 14, 1788; —*Gymnopus rutilans* (Schaeff.) Gray, Nat. Arr. Brit. Pl. (London) 1: 605, 1821; —*Tricholoma rutilans* (Schaeff.) P. Kumm., Führ. Pilzk. (Zwickau): 133, 1871;—*Tricholoma variegatum* (Scop.) Sacc., Syll. Fung. (Abellini) 5: 96, 1887.

菌盖宽4～15cm，有短绒毛组成的鳞片，浅砖红色或紫红色，甚至褐紫红色，往往中部浮色；菌褶带黄色，弯生或近直生，密，不等长，褶缘锯齿状；菌肉白色带黄，中部厚；菌柄细长或者粗壮，长6～11cm，粗0.7～3cm，上部黄色下部稍暗具红褐色或紫红褐色小鳞片，内部松软后变空心，基部稍膨大。孢子5.1～6 x 3.5～4μm，近球形或近卵圆形，光滑，带黄色。

生境：夏秋季生于针叶树腐木上或腐树桩上，群生或成丛生长。

产地：云南保山施甸。

分布：吉林、广西、四川、甘肃、陕西、西藏、新疆、台湾。

讨论：此菌有毒，误食此菌后，往往产生呕吐、腹痛、腹泻等胃肠炎病症。但也有人无中毒反应。

撰稿人：李泰辉

199 木耳

木耳科 Auriculariaceae

Auricularia auricula-judae (Bull.) Wettst., in Patouillard, Cat. pl.Cell. Tunisie (Paris): 75, 1897; —*Tremella auricula* L., Sp. pl. 2: 1157, 1753; —*Tremella auricula-judae* Bull., Herb. France (Paris) 9: pl. 427, fig. 2, 1789; —*Exidia auricula-judae* (Bull.) Fr., Syst. Mycol. (Lundae) 2(1): 221, 1822; —*Hirneola auricula* (L.) H. Karst., Deutschl. Fl. III (Pilze): 93, 1880; —*Auricularia auricula-judae* var. *lactea* Quél., Enchir. Fung. (Paris): 207, 1886; —*Auricularia auricula* (L.) Underw., Mem. Torrey Bot. Club 12: 15, 1902.

担子果薄，有弹性，胶质，半透明，中凹，往往呈耳状或杯状，后为叶状或花瓣状，红褐色或黑褐色，宽达2～9cm，表面近平滑或有脉状皱纹，干后强烈收缩；子实层变为褐色至黑色，不孕的上面为暗青褐色，上表面有极短的绒毛，密生，不分隔，多弯曲，向顶端渐渐尖削，先端尖锐或钝圆，基部显著褐色，往上渐变浅，40～170 x 4.5～6.5μm，基部膨大，粗10μm，下部突然细缩呈根状。担子呈长圆柱形，50～70 x 3～5.5μm。担孢子圆柱形或肾形，无色，透明，9～16 x 5～7.5μm。

生境：生于阔叶树的腐木上。

产地：广西大瑶山国家级自然保护区。

分布：福建、广东、广西、海南、云南、西藏、台湾。

讨论：食用菌。营养丰富，细嫩可口。

撰稿人：吴兴亮

198 赭红拟口蘑 *Tricholomopsis rutilans* (Schaeff.) Singer　　摄影：李泰辉

199 木耳 *Auricularia auricula-judae* (Bull.) Wettst.　　摄影：吴兴亮

200　皱木耳　　木耳科　Auriculariaceae

Auricularia delicata (Fr.) Henn., Bot. Jb. 17: 492, 1893; —*Laschia delicata* Fr., Epicr. Syst. Mycol. (Upsaliae): 499, 1838.

担子果中等大，宽2～6 x 1～12cm，杯状、耳状或浅碗状，黄褐色至红褐色，胶质，干后强烈收缩，无柄或有短柄；子实层生下表，近白色，有显著放射状皱褶，形成网格，不孕面乳黄色、灰黄色、红褐色或红棕色，平滑，其上有毛。担子圆柱形，40～45 x 3～4μm；担孢子圆柱形至腊肠形，无色，光滑，10～13 x 5～6μm。

生境：生于阔叶树的腐木上。

产地：海南尖峰岭、五指山、吊罗山自然保护区；广西大瑶山、十万大山自然保护区。

分布：福建、江西、广东、广西、海南、四川、贵州、云南、台湾。

讨论：食用菌。营养丰富，细嫩可口。

撰稿人：吴兴亮

201　盾形木耳　　木耳科　Auriculariaceae

Auricularia peltata Lloyd, Mycol. Writ. 7: 1117, 1922.

担子果一般较小，宽4～5cm，黄褐色、棕褐色或红褐色，碟形或呈耳状、杯状，胶质，软而有弹性，半透明，中凹，红褐色或红棕褐色，干后强烈收缩，不育面有绒毛，毛长70～80μm，粗3～3.5μm，透明无色至淡褐色；子实层生于下面，宽约150μm，老后变为褐色至深褐色，不孕的上面为红褐色，上表面密生有极短的绒毛。担子呈长圆柱形，35～45 x 4～6μm；担孢子腊肠形至圆柱形，略弯曲，无色，透明，11～13 x 5～5.5μm。

生境：生于阔叶树的腐木上。

产地：广西大瑶山、十万大山自然保护区。

分布：福建、广东、广西、贵州、云南、台湾。

讨论：食用菌。营养丰富，细嫩可口。

撰稿人：吴兴亮

200 皱木耳 *Auricularia delicata* (Fr.) Henn.　　摄影：吴兴亮

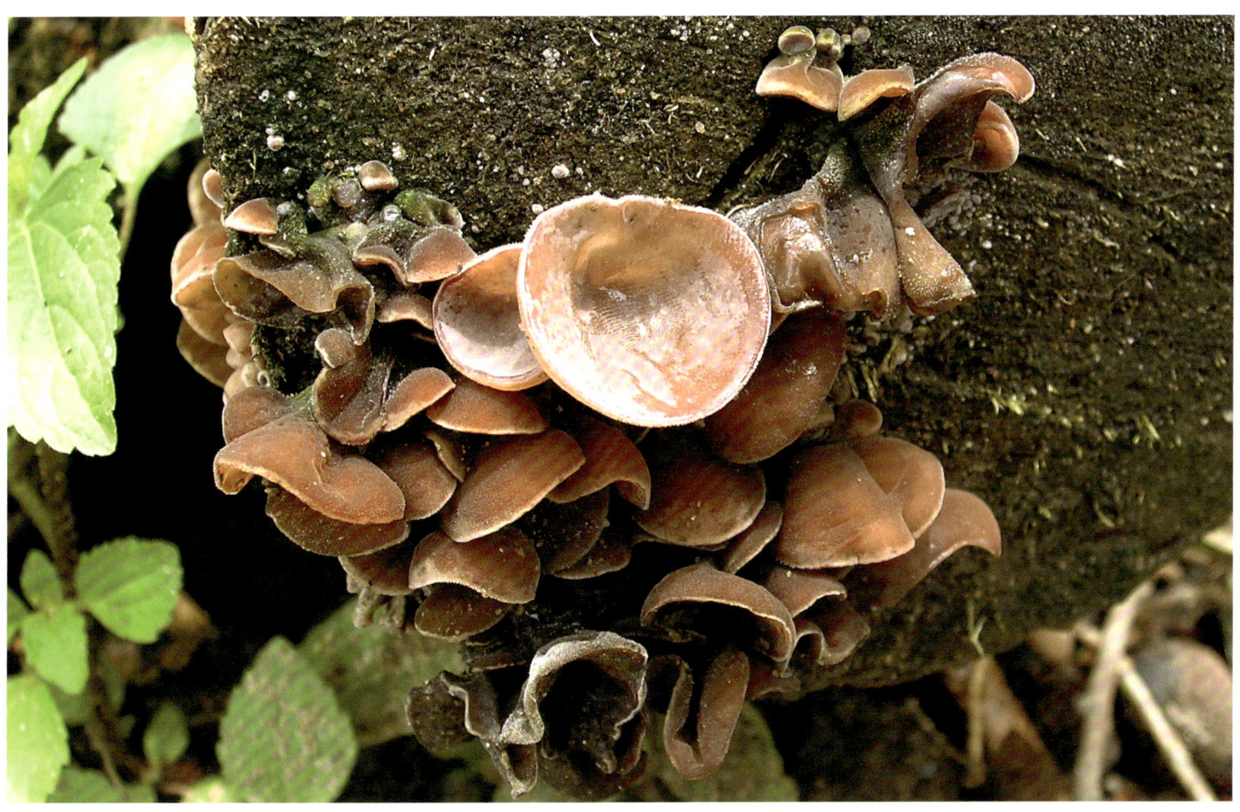

201 盾形木耳 *Auricularia peltata* Lloyd　　摄影：吴兴亮

202 毛木耳

木耳科 Auriculariaceae

Auricularia polytricha (Mont.) Sacc., Atti Inst. Veneto Sci. Lett., ed Arti, Série 6 3: 722, 1885; —*Auricularia auricula-judae* var. *polytricha* (Mont.) Rick, Iheringia, Sér. Bot. 2: 22, 1958; —*Exidia polytricha* Mont., Voy. Indes Or., Bot. 2: 154, 1834.

担子果一年生，长达6cm，宽达8cm，厚达1.5mm，新鲜时无嗅无味，较厚，通常群生或覆瓦状叠生；赭色、棕褐色至黑褐色，肉质、胶质有弹性，质地稍硬，中部凹陷，背面中部常收缩成短柄状，与基质相连；新鲜时呈盘形、杯状、碗状、碟状、耳壳状或漏斗状，边缘锐，波状，通常上卷；干后收缩成不规则形，变硬、脆，角质，浸水后可恢复成新鲜时形态及质地；子实层面平滑，灰褐色、深褐色至黑色；不孕面被绒毛，初期赭色，后期灰白色、浅灰色、暗灰色。担孢子腊肠形，无色，薄壁，光滑，11.5～13.8 × 4.8～6μm。

生境：生在阔叶树上。

产地：海南海口人民公园、尖峰岭、吊罗山；广西花坪；云南西双版纳。

分布：浙江、福建、河南、湖北、湖南、广西、海南、四川、云南、西藏、陕西、甘肃、新疆。

讨论：毛木耳能生长在多种阔叶树储木、建筑木、栅栏木和薪炭木上，是最常见的储木腐朽菌之一，造成木材白色腐朽。

撰稿人：戴玉成

203 黑胶菌

木耳科 Auriculariaceae

Exidia glandulosa (Bull.) Fr., Syst. Mycol. (Lundae) 2(1): 224,1822; —*Tremella atra* O.F. Müll., Fl. Dan. 5: tab. 884, 1782; —*Tremella glandulosa* Bull., Herb. France (Paris) 9: pl. 420, fig. 1, 1789; —*Tremella spiculosa* Pers., Observ. Mycol. (Copenhagen) 2: 99, 1800; —*Gyraria spiculosa* (Pers.) Gray, Nat. Arr. Brit. Pl. (London) 1: 594, 1821; —*Exidia truncata* Fr., Syst. Mycol. (Lundae) 2(1): 224, 1822; —*Exidia spiculosa* (Pers.) Sommerf., Suppl. fl. Lapp. (Oslo): 307, 1826.

担子果黑色，胶质，扭曲，初期有如小瘤，很快扩展并相互连接，基部狭窄，往往沿树皮的裂缝长条地连接在一起，干后收缩、平伏，其表面现出细小的疣点；担子卵圆形，13～15 × 9～11μm；担孢子腊肠形，12～14 × 3.5～4μm。

生境：生于树皮或树枝上。

产地：广西九万大山、岑王老山自然保护区。

分布：河北、江苏、浙江、广西、海南、甘肃、宁夏、青海。

讨论：毒菌。

撰稿人：吴兴亮

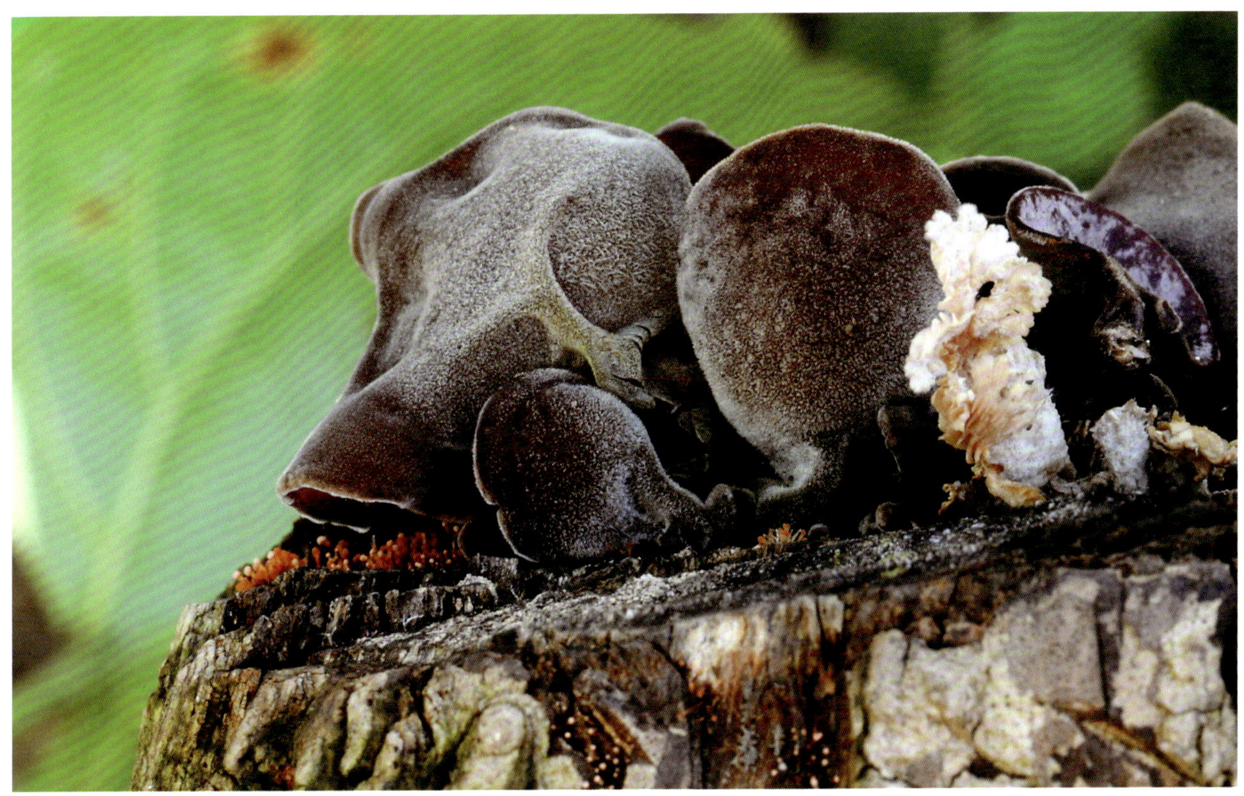

202 毛木耳 *Auricularia polytricha* (Mont.) Sacc.　　摄影：吴兴亮

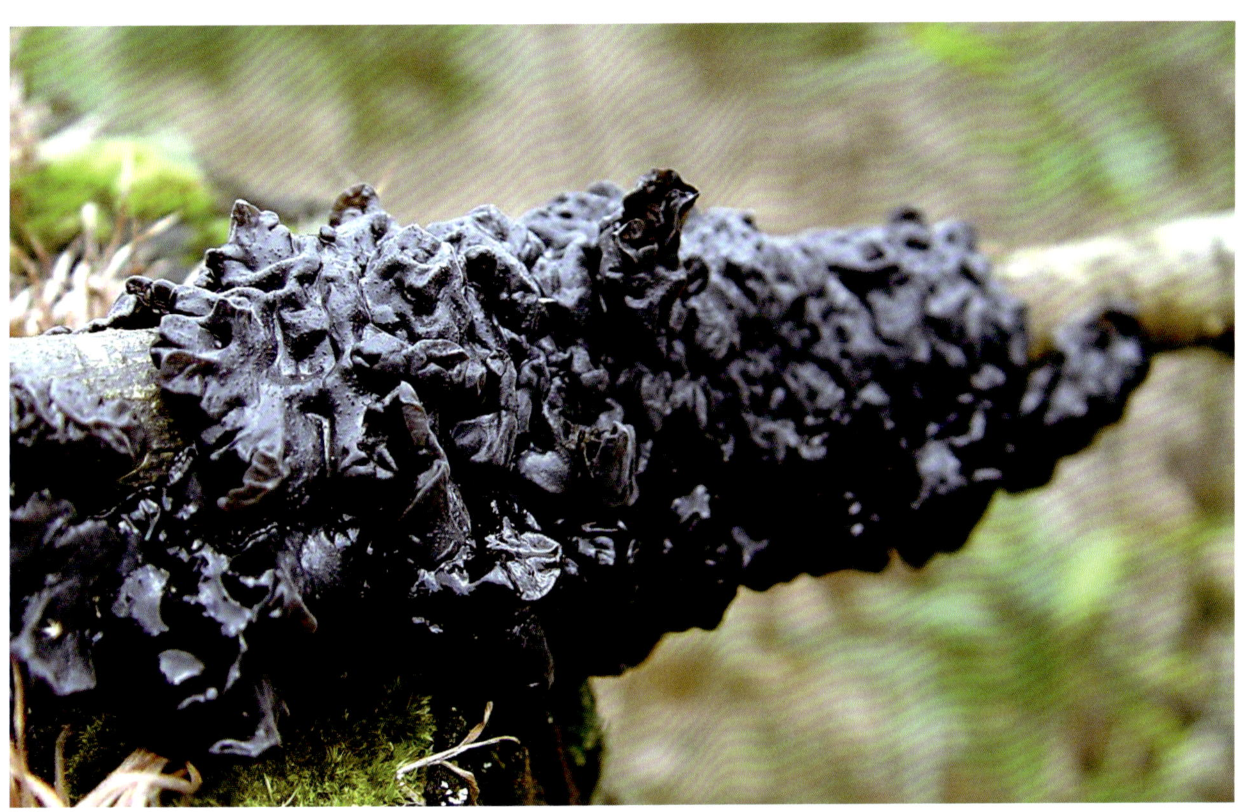

203 黑胶菌 *Exidia glandulosa* (Bull.) Fr.　　摄影：张定亨

204 胶质刺银耳　　木耳科 Auriculariaceae

Pseudohydnum gelatinosum (Scop.) P. Karst., Not. Sällsk. Faun. Fl. Fenn. Forhandl. 9: 374, 1868; —*Hydnum gelatinosum* Scop., Fl. carniol. Edn 2 (Vienna) 2: 472, 1772; —*Steccherinum gelatinosum* (Scop.) Gray, Nat. Arr. Brit. Pl. (London) 1: 651, 1821; —*Hydnogloea gelatinosa* (Scop.) Curr. ex Berk., Grevillea 1(no.7): 101, 1873; —*Tremellodon gelatinosum* (Scop.) Pers., Hymenomyc. Eur. (Uppsala): 618, 1874.

担子果柔软胶质，具弹性，无柄或有短柄；菌盖贝壳状至半圆形，宽2～5 × 1.5～4cm，肉较厚，上表面浅灰白色，有同色小疣散生，下表面密生白色或微灰白色胶质刺齿，圆锥长，长2～4mm，常稍延生至柄之上部。子实层生刺齿上；担子近球形，十字形纵分隔；担孢子无色透明，近球形，8～14 × 3.5～4.5μm。

生境： 生于阔叶树腐木桩上。

产地： 广西大瑶山、十万大山、猫儿山自然保护区。

分布： 广东、广西、贵州、西藏。

讨论： 食用菌，具有较高的营养价值。本种对小白鼠肉瘤S-180及艾氏癌的抑制率为90%。

撰稿人：吴兴亮

205 胡桃纵隔担孔菌　　木耳科 Auriculariaceae

Protomerulius caryae (Schwein.) Ryvarden, Syn. Fung. 5: 115, 1991; —*Polyporus caryae* Schwein., Trans. Am. Phil. Soc., New Series 4: 159, 1832; —*Aporpium caryae* (Schwein.) Teixeira & D.P. Rogers, Mycologia 47: 410, 1955; —*Poria caryae* (Schwein.) Sacc., Syll. Fung. 6: 306, 1888.

担子果一年生，偶尔可存活至第二年，平伏，新鲜时肉革质，无嗅无味，干后木栓质，重量中度减轻，长可达18cm，宽约5cm，厚可达2mm；孔口表面新鲜时浅灰色至灰色，干后灰褐色至褐色，无折光反应；不育边缘明显，奶油色至浅灰色，宽可达2mm；孔口近圆形，每毫米6～8个；管口边缘厚，全缘；菌肉灰褐色，新鲜时革质，干后木栓质，厚约0.2mm；菌管与孔口表面同色，干后木栓质，长约1.5mm。担孢子腊肠形，无色，薄壁，光滑，5～6 × 1.9～2.9μm。

生境： 生在多种阔叶树储木、木制房屋、桥梁木、坑木、桩木、堤坝木、栅栏木和薪炭木上。

产地： 海南吊罗山自然保护区。

分布： 江苏、浙江、福建、河南、湖北、广西、海南、陕西、新疆。

讨论： 造成木材白色腐朽。

撰稿人：戴玉成

204 胶质刺银耳 *Pseudohydnum gelatinosum* (Scop.) P. Karst.　　摄影：吴兴亮

205 胡桃纵隔担孔菌 *Protomerulius caryae* (Schwein.) Ryvarden　　摄影：戴玉成

206 网翼南方牛肝菌

牛肝菌科 Boletaceae

Austroboletus dictyotus (Boedijn) Wolfe, Bibl. Myc. 69: 92, 1979; —*Austroboletus dictyotus* var. *dictyotus* (Boedijn) Wolfe, Biblthca Mycol. 69: 92, 1980; —*Austroboletus dictyotus* var. *kinabaluensis* (Corner) Wolfe, Biblthca Mycol. 69: 101, 1980; —*Boletus dictyotus* (Boedijn) Corner, Trans. Br. Mycol. Soc. 59(3): 80, 1972; —*Porphyrellus dictyotus* Boedijn, Persoonia, 1: 316, 1960.

菌盖宽1.5～6cm, 半球形，淡锈黄色至淡橙色；菌肉白色，伤不变色或微变黄色，有辣味，无气味；菌管长2～10mm，不易剥离；菌孔1～3个每毫米，角形，淡灰玫红色至淡紫色；菌柄长5～7cm，粗0.5～1cm，向下渐粗，白色上有明显突起网纹，棱纹宽和高0.5～1mm，被白色绒毛。孢子12～16 × 6～8μm，纺锤形至椭圆形，锈色，具小瘤或鸡冠状纹饰，两端各有一长为1～1.5μm、色较浅而收缩成尖突的光滑部分。

生境： 单生或群生于混交林或阔叶林中地上。

产地： 广东肇庆市鼎湖山。

分布： 广东。

讨论： 网翼南方牛肝菌特征明显：菌柄网纹显著，担孢子中部具粗疣，两端平滑。食毒不明。

撰稿人：李泰辉

207 纺锤孢南方牛肝菌

牛肝菌科 Boletaceae

Austroboletus fusisporus (Imazeki. & Hongo) Wolfe, Biblthca Mycol. 69: 96, 1980; —*Porphyrellus fusisporus* Kawam. ex Imazeki & Hongo, Acta Phytotax., 18(4): 110, 1960.

菌盖宽2.5～4cm，半球形，黄褐色，覆角鳞或具龟裂纹；菌盖边缘具白色菌幕残余或无；菌肉白色；菌管离生，孔口四角至五角形，灰红色带紫色，约1毫米1个；菌柄长4～6cm，中生，中实，土黄色，具褐色粗网纹，有黏性。担孢子13.5～18 × 8～11μm，广纺锤形，暗褐色，具疣，两端平滑；侧生囊状体较少，纺锤形。

生境： 单生于林中地上，外生菌根菌。

产地： 广东省车八岭国家级自然保护区。

分布： 广东、台湾。

讨论： 纺锤孢南方牛肝菌同样具有显著的菌柄网纹和粗糙的担孢子，但菌盖颜色及孢子大小等与网翼南方牛肝菌*A. dictyotus*不同。食用性不明，有文献记载具有香浓气味及苦味。

撰稿人：李泰辉

206 网翼南方牛肝菌 *Austroboletus dictyotus* (Boedijn) Wolfe　　摄影：曾念开

207 纺锤孢南方牛肝菌 *Austroboletus fusisporus* (Imazeki. & Hongo) Wolfe　　摄影：李泰辉、曾念开

208 木生条孢牛肝菌

牛肝菌科 Boletaceae

Boletellus emodensis (Berk.) Singer, Annls Mycol. 40: 19,1942; —*Boletus emodensis* Berk., Hook. Journ. Bot. 3: 48, 1851.

菌盖宽4.5～8cm，扁半球形，盖表被紫红色至红褐色、老后变为土褐色的鳞片，幼时菌盖边缘延伸而包被着子实层面，成熟后则撕裂成片状；菌肉黄色，伤后迅速变蓝；菌管在菌柄周围下陷，黄色，伤后迅速变蓝；管口宽0.1～0.2cm，角形；菌柄6～8 × 0.8～1cm，近圆柱形，基部略膨大，与菌盖同色，表面有纤毛状条纹；菌柄实心，菌肉黄色，伤后迅速变蓝。担孢子18～23 × 8～10μm，长椭圆形，浅黄褐色至黄褐色，壁上具明显的纵向脊，脊上具横纹；侧生囊状体72～90 × 11～18μm，纺锤形至近纺锤形。

生境： 夏秋季节单生或散生于阔叶林中的树桩、腐木或树桩附近。

产地： 福建龙岩，海拔360m。

分布： 福建、广东、广西、海南、云南、西藏、香港、台湾。

讨论： 据记载幼嫩担子果可食。

撰稿人：曾念开

209 长柄条孢牛肝菌

牛肝菌科 Boletaceae

Boletellus longicollis (Ces.) Pegler & T.W.K. Young, Trans. Br. Mycol. Soc. 76(1): 115, 1981; —*Boletus longicollis* Ces., Atti Accad. Sci. Fis. Mat. Napoli 8: 4, 1879.

菌盖宽5～9.5cm，初半球形，渐成平展脐凸形，表面有透明黏液，有凹陷，肉质，灰褐色至红褐色；菌肉黄白色或较深，受伤时变浅黄褐色或不变色，无味道和气味；菌管表面鲜黄色或略带绿色，离生或近直生；菌孔每毫米1－2个，圆形；菌柄长14～25cm，粗5～10mm，圆柱形，细长，上部灰褐色，向下渐变红褐色，有黏液，空心，光滑，上有纵条纹，基部略膨大；菌环上位，上表污绿色，下表白色，易脱落。担孢子10.5～14 × 9～10.5μm，广椭圆形至近球形，有纵条纹，黄褐色，非淀粉质。

生境： 单生至散生于阔叶林中地上。

产地： 广东广州福田。

分布： 广东、海南。

讨论： 用途未明。该菌担子果黏，菌柄细长，有菌环，孢子较宽且条纹显著，易于识别。

撰稿人：李泰辉

208 木生条孢牛肝菌 *Boletellus emodensis* (Berk.) Singer　　摄影：曾念开

209 长柄条孢牛肝菌 *Boletellus longicollis* (Ces.) Pegler & T.W.K. Young　　摄影：曾念开

210 暗绯红条孢牛肝菌　　牛肝菌科 Boletaceae

Boletellus obscurococcineus (Höhn.) Singer, Farlowia 2:127, 1945; —*Boletus obscurecoccineus* Höhn., Sber. Akad. Wiss. Wien, Math. -naturw. Kl., Abt. 1 123: 88, 1914.

担子果小型至中等。菌盖宽2～7cm，凸镜形至平展形，盖表被淡红色至暗绯红色鳞片；菌肉浅黄色，伤后不变色；菌管在菌柄周围下陷，黄色，伤后不变色；管口角形，宽1～2mm；菌柄长3～4.5cm，由上至下渐粗，近顶部宽为0.2～0.3cm，基部宽为0.5～0.8cm，表面被绯红色细鳞，基部颜色较浅；菌柄实心，菌肉白色，伤后不变色。担孢子14.5～18 × 6～8μm，长椭圆形，壁上具弱纵沟纹。

生境：夏秋季单生或散生于阔叶林中地上，有时生于腐木上。

产地：海南鹦哥岭、尖峰岭等自然保护区。

分布：海南、台湾。

讨论：暗绯红条孢牛肝菌*B. obscurococcineus*的特点是担子果小型至中等；菌肉受伤后不变色；管口宽较大；担孢子壁上具有弱条纹。

撰稿人：曾念开

211 青木氏牛肝菌　　牛肝菌科 Boletaceae

Boletus aokii Hongo, Trans. Mycol. Soc. Japan 25(3): 283, 1984.

担子果很小。菌盖直径0.8～2cm，近半球形至平展，表面干燥，红色，菌肉黄色，伤后变蓝；菌管在菌柄周围稍下陷，黄色，伤后变蓝；管口角形；菌柄0.5～1.6 × 0.2～0.3cm，近圆柱形，由上至下渐细，表面红色至淡红色，下端通常黄色，菌肉伤后变蓝。担孢子9.0～11.0 × 4.5～5.0μm，椭圆形，黄色至黄褐色，壁表光滑。

生境：夏秋季群生于壳斗科植物下。

产地：海南万宁南林自然保护区。

分布：福建、广东、海南。

讨论：本种的主要特征是担子果小，盖表红色，菌管及菌肉受伤后变蓝。

撰稿人：曾念开

210 暗绯红条孢牛肝菌 *Boletellus obscurococcineus* (Höhn.) Singer 摄影：曾念开

211 青木氏牛肝菌 *Boletus aokii* Hongo 摄影：邓春英

212 美味牛肝菌

牛肝菌科 Boletaceae

Boletus edulis Bull., Herb. France (Paris) 2: pl. 60, 1782; —*Boletus solidus* Sowerby, Col. fig. Engl. Fung. Suppl. (London): pl. 419, 1809; —*Leccinum edule* (Bull.) Gray, Nat. Arr. Brit. Pl. (London) 1: 647, 1821; —*Boletus edulis* var. *laevipes* Massee, Brit. Fung.-Fl. (London) 1: 284, 1892.

菌盖宽3.5～15cm，扁半球形，淡灰褐色、黄褐色至红褐色，不黏，光滑无绒毛；菌肉白色，近菌盖处微呈淡污红色，伤后不变色，干后呈淡黄色，肥厚，质嫩而脆；菌管乳白色，后为淡黄褐色至黄褐色，柄之周围凹陷；管口小，圆形，与菌管同色；菌柄棒状，厚实，高5～14cm，粗2～4cm，上小下大，基部尤为膨大，与菌盖同色，有明显的网纹。担孢子椭圆形、光滑，近透明，浅黄色，10～12 × 4.5～5.5μm。

生境：生于混交林或阔叶树地上。

产地：广西大瑶山国家级自然保护区。

分布：内蒙古、辽宁、吉林、黑龙江、山东、江西、福建、广东、广西、四川、贵州、云南、台湾。

讨论：食用菌。据报道，该菌对肉瘤S-180的抑制率为100%，对艾氏腹水癌的抑制率为90%。

撰稿人：宋　斌

213 红金色牛肝菌

牛肝菌科 Boletaceae

Boletus rufoaureus Massee, Kew Bull. 204, 1909.

担子果中等。菌盖直径4～8cm，凸镜形至平展，表面干燥，橙红色，具与盖表同色的平伏鳞片，边缘处受伤后迅速变为蓝绿色，菌肉黄色，伤后迅速变为蓝绿色；菌管在菌柄周围下陷，浅橙红色，伤后迅速变为蓝绿色；管口角形，密；菌柄5～8 × 1.6～3cm，近圆柱形，由上至下渐粗，表面与盖表同色，伤后迅速变为蓝绿色，菌肉黄色，伤后迅速变为蓝绿色。担孢子10.0～13.0 × 4.5～5.0μm，椭圆形，黄色至黄褐色，壁表光滑。

生境：夏秋季群生于壳斗科植物下。

产地：海南鹦哥岭、五指山、黎母山等自然保护区。

分布：海南。

讨论：本种担子果橙红色，盖表边缘、菌柄表面、菌管及菌肉受伤后均能迅速变为蓝绿色。

撰稿人：曾念开

212 美味牛肝菌 *Boletus edulis* Bull. 摄影：吴兴亮

213 红金色牛肝菌 *Boletus rufoaureus* Massee 摄影：曾念开

214 华金黄牛肝菌

牛肝菌科 Boletaceae

Boletus sinoaurantiacus M. Zang & R.H. Petersen, Mycotaxon 80: 481, 2001.

担子果小型。菌盖直径2～5cm，近半球形至平展，橘黄色至金黄色，表面幼时稍黏，成熟后干燥，密被与盖表同色的细绒毛，菌肉白色，伤后不变色；菌管在菌柄周围稍下陷，黄色，伤后不变色；管口多角形，孔口小；菌柄5～8 × 0.6～1.2cm，近圆柱形，与盖表同色，并被有麸糠状小粒点，菌肉白色，伤后不变色。担孢子9～11 × 4.5～5.0μm，椭圆形，黄色至黄褐色，壁表光滑。

生境：散生于壳斗科植物下。

产地：云南祥云。

分布：云南。

讨论：本种担子果橘黄色至金黄色，菌管及菌肉伤后不变色，在野外极易识别。

撰稿人：曾念开

215 紫褐牛肝菌

牛肝菌科 Boletaceae

Boletus violaceofuscus W.F. Chiu, Mycologia 40: 210, 1948.

菌盖宽4～8cm，半球形，后渐平展，淡灰紫褐色、黄褐色、紫红褐色至灰蓝紫色，光滑或被短绒毛；菌肉白色，近菌盖处微呈淡污白色，伤后不变色，干后呈淡黄褐色，肥厚，质嫩而脆；菌管乳白色、淡黄色至黄褐色，弯生或离生，在柄之周围凹陷；管口近圆形，与菌管同色，每毫米1～2个；菌柄圆柱形，稍弯曲，高5～10cm，粗1～2cm，基部稍为膨大，紫褐色，有明显的白色网纹。担孢子椭圆形，光滑，近浅褐色，12～15 × 5.5～6.5μm。

生境：生于阔叶树混交林地。

产地：海南尖峰岭国家级自然保护区。

分布：广西、海南、四川、贵州、云南。

讨论：菌根菌。

撰稿人：吴兴亮

214 华金黄牛肝菌 *Boletus sinoaurantiacus* M. Zang & R.H. Petersen　　摄影：曾念开

215 紫褐牛肝菌 *Boletus violaceofuscus* W.F. Chiu　　摄影：吴兴亮

216 双孢叶腹菌 牛肝菌科 Boletaceae

Chamonixia bispora B.C. Zhang & Y.N. Yu, Mycotaxon 35(2): 278, 1989.

担子果宽1～2cm，近球形至扁形，无柄，具基部菌丝索；包被灰白色或灰褐色，受伤后变暗蓝色，干后赭色至褐色；孢体幼时微褐色至暗褐色；小腔宽0.25～1mm，空虚或充满孢子。中柱缺如；菌髓片局部或全部胶质化。担孢子15～21 x 6～8μm，椭圆形至短梭状，顶端钝。

生境：阔叶林内地上。

产地：广东鼎湖山自然保护区。

分布：广东。

讨论：该种担孢子较叶腹菌*C. caespitosa* Roll.稍小，其腹肢也稍短，二者形状也不同。

撰稿人：李泰辉

217 网孢牛肝菌 牛肝菌科 Boletaceae

Heimioporus retisporus var. **retisporus** (Pat. & C.P. Baker) E. Horak, Sydowia 56(2): 239, 2004; —*Heimiella retispora* (Pat.& C.F.Baker) Boedijn, Sydowia 5(3～6): 217, 1951; —*Strobilomyces retisporus* (Pat.et Bak.) Gilb., Bolets 108, 1931.

菌盖宽8.4cm，平展形，肉红色至暗大红色，近盖缘处较浅色至褐色至黄带粉红色甚至黄色，初期不黏，被细绒毛；菌肉近柄处厚10mm，黄色，伤变蓝色，肉质；菌孔表面黄色，伤变淡蓝色，菌孔1～2个/厘米，角形；菌管长13mm，与菌孔表面同色；菌柄中长，长10cm，近顶部粗12mm，圆柱形，略向下增粗，砖红色至暗大红色，上部有网纹，被绒毛或细小的糠麸状附属物，空心。孢子10～13 x 8～10μm，椭圆形，有明显的网纹。

生境：单生于阔叶林地上。

产地：广东车八岭国家级自然保护区。

分布：广东、海南、贵州、云南。

讨论：食用菌，但也有报道认为有毒，宜慎食。

撰稿人：李泰辉

218 日本网孢牛肝菌 牛肝菌科 Boletaceae

Heimioporus japonicus (Hongo) E. Horak, Sydowia 56(2): 238, 2004; —*Boletellus japonicus* (Hongo) L. D. Gómez, Revta Biol. Trop. 44(Suppl. 4): 71, 1997, 1996; —*Heimiella japonica* Hongo, J. Jpn. Bot. 44: 237, 1969.

菌盖宽3.5～10cm，半球形，红色，表面具有微绒毛；菌肉黄白色，伤后不变色；菌管在菌柄周围下陷，黄色，伤后不变色；管口近圆形，约1毫米2个；菌柄7～13 x 0.8～1.2cm，与菌盖同色，但近顶端处黄色，表面具网纹，且有红色的小疣突，基部菌丝白色；菌柄实心，菌肉黄白色，伤后不变色。担孢子9.5～15 x 7～8μm，椭圆形，壁上具明显网纹。

生境：夏秋季节单生于壳斗科植物下。

产地：福建龙岩，海拔350m。

分布：江苏、安徽、福建、广东、四川、云南。

讨论：毒菌。

撰稿人：曾念开

216 双孢叶腹菌

Chamonixia bispora
B.C. Zhang & Y.N. Yu

摄影：李泰辉

217 网孢牛肝菌

Heimioporus retisporus var. *retisporus* (Pat. & C.P. Baker) E. Horak

摄影：李泰辉

218 日本网孢牛肝菌

Heimioporus japonicus
(Hongo) E. Horak

摄影：曾念开

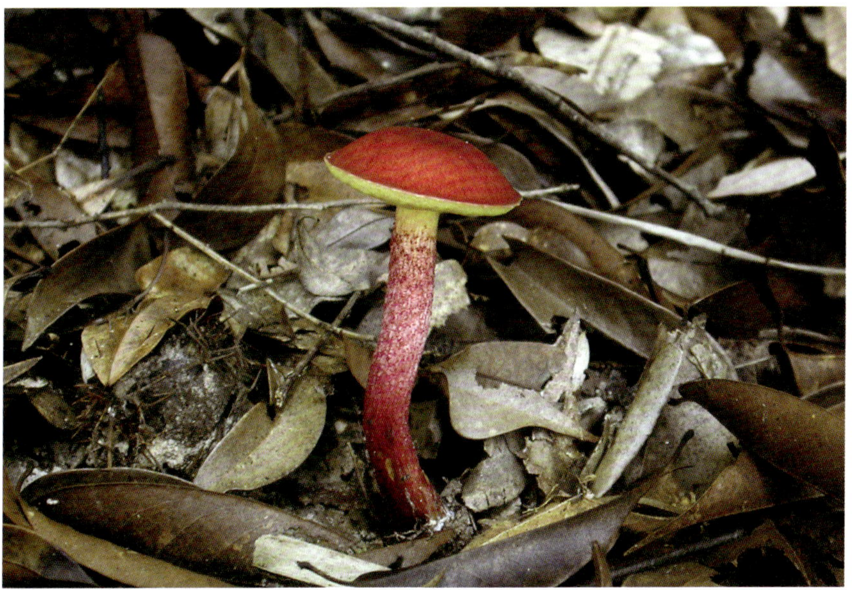

219 远东疣柄牛肝菌 牛肝菌科 Boletaceae

Leccinum extremiorientale (L. Vass.) Singer, Agaricales Modern Tax., 744, 1962 —*Krombholzia extremiorientalis* L. Vass. Not. Syst. Crypt. Ins. Acad. Sci. USSR 6: 191, 1950.

菌盖初期近球状，成熟时扁半球形后平展，宽5～13cm，杏黄色、黄褐色或土黄色，覆盖有毛茸，边缘有明显菌幕残片，多皱，成熟后龟裂；菌肉白色，淡白色到淡黄白色，有香味；菌管杏黄色至橙黄色，弯生至近离生，绕柄而下陷；管口同色，近圆形，每毫米3～4个；菌柄长7～15cm，粗2～3cm，近圆柱形，基部微膨大，杏黄色至橙黄色，具颗粒状小点或小鳞片，向下色较深。孢子印橄榄褐色；担孢子长圆形至椭圆形，微带黄褐色，15～18 × 5～6.5μm；囊状体近纺锤形或棒状，无色，26～43 × 4～9μm。

生境：生于阔叶林中地上。

产地：海南尖峰岭国家级自然保护区。

分布：广西、海南、四川、贵州、云南。

讨论：食用菌。

撰稿人：吴兴亮

220 褐疣柄牛肝菌 牛肝菌科 Boletaceae

Leccinum scabrum (Bull.) Gray, Nat. Arr. Brit. Pl. (London) 1: 646, 1821; —*Boletus scaber* Bull., Herb. France (Paris) 3: pl. 132, 1783; —*Krombholziella scabra* (Bull.) Maire, Publ. Inst. Bot. Barcelona Ser. Altera 1937 3(4): 46, 1937; —*Boletus avellaneus* J. Blum, Bull. trimest. Soc. Mycol. Fr. 85(4): 560, 1970; —*Leccinum subcinnamomeum* Pilát & Dermek, Hribovite Huby: 144, 1974; —*Leccinum melaneum* (Smotl.) Pilát & Dermek, Hribovite Huby: 145, 1974; —*Krombholziella melanea* (Smotl.) Šutara, Česká Mykol. 36(2): 81, 1982; —*Krombholziella mollis* Bon, Doc. Mycol. 56(no. 14): 22, 1984; —*Leccinum molle* (Bon) Lannoy & Estadès, Doc. Mycol. 19(no. 75): 58, 1989; —*Leccinum olivaceosum* Lannoy & Estadès, Doc. Mycol. 24(no. 94): 10, 1994.

菌盖宽4～7cm，半球形，干，湿时微黏，覆盖有毛茸，灰褐色、深黄褐色、褐色至深褐色，光滑；菌肉白色，伤后渐变褐色；菌管长8～15mm，孔径细小，多小于1mm，直生至近离生，绕柄而下陷，淡灰色、褐色至深褐色，伤后不变色；菌柄长7～12cm，粗1～2cm，内实，狭长，等粗，基部微膨大，灰白色，外被黑褐色的疣突和鳞片，黑白分明，极为明显，近白色，伤后微现灰蓝红色，极淡。担孢子近棱形，无色，光滑，15～18 × 5～6μm。

生境：生于林地上。

产地：海南尖峰岭国家级自然保护区。

分布：吉林、黑龙江、江苏、浙江、广西、海南、贵州、云南。

讨论：食用菌。

撰稿人：吴兴亮

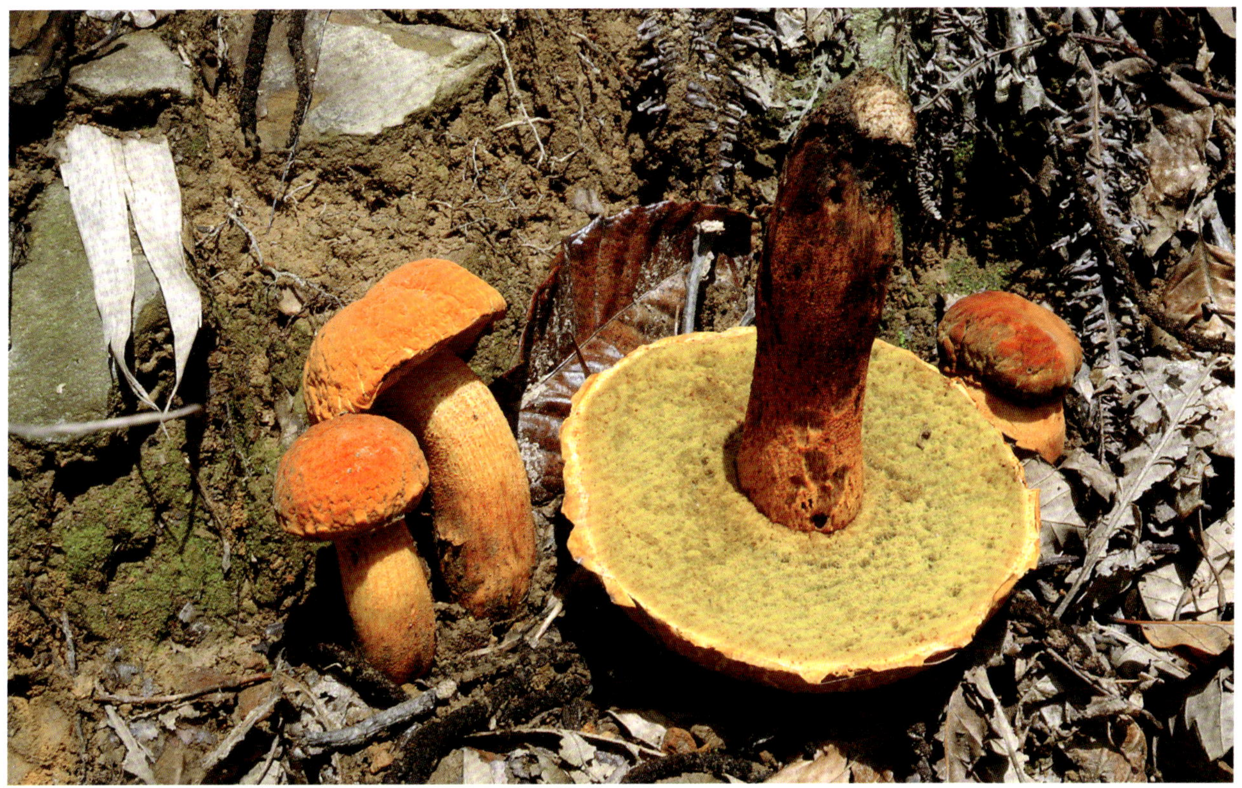

219 远东疣柄牛肝菌 *Leccinum extremiorientale* (L. Vass.) Singer　　摄影：吴兴亮

220 褐疣柄牛肝菌 *Leccinum scabrum* (Bull.) Gray　　摄影：吴兴亮

221 美丽褶孔菌

牛肝菌科 Boletaceae

Phylloporus bellus (Massee) Corner, Nov. Hedwigia, 20(3～4):798, 1971; —*Hydrocybe bella* (Massee) Murrill, Mycologia 3(4): 196, 1911.

菌盖宽3～4.5cm，半球形、平展形至中凹形，肉褐色、褐色、红褐色或赤褐色，不黏至微黏，被淡褐色绒毛或偶有小鳞片，边缘初内卷，后上翘，肉质至海棉质；菌肉黄白色，伤不变色至变浅蓝色，无味道及气味；菌褶盖缘处7～10片/厘米，宽4～8mm，鲜黄色，伤不变色至变浅蓝色，不等长，稍厚，延生，常有分叉，有细横脉，褶缘平滑；菌柄中生至略偏生，长3～4cm，近柄顶粗6～8mm，圆柱形，淡黄色至微褐色，有纵条纹，被绒毛，肉质至近纤维质。孢子8～10.5 × 3.5～5μm，长椭圆形至米粒状，光滑，淡黄色，非类糊精质，内有1～3个油球。

生境： 单生至散生于阔叶林或混交林中地上。

产地： 广东车八岭国家级自然保护区。

分布： 广东、海南。

讨论： 食用菌。

撰稿人：李泰辉

222 红黄褶孔菌

牛肝菌科 Boletaceae

Phylloporus rhodoxanthus (Schwein.) Bres., Fung. Trident. 2(14): 95, 1900; —*Agaricus rhodoxanthus* Schwein., Syn. Fung. Carol. Sup.: 83, 1822; —*Flammula rhodoxanthus* (Schwein.) Lloyd, Mycol. Notes (CincinNati) 1(3): 17, 1889; —*Xerocomus rhodoxanthus* (Schwein.) Bresinsky & Manfr. Binder, in Bresinsky & Besl, Regensb. Mykol. Schr. 11: 233, 2003.

担子果较小；菌盖宽3.4～5cm，初期扁半球形，渐平展中部稍下凹，具细绒毛，土褐色至带红褐色，边缘渐薄，有时上翘；菌肉中部厚，近表皮下带粉红，份处变青绿色，青蓝色；菌柄较细，长3.5～4cm，粗0.4～0.6cm，色较盖浅，有纤毛状鳞片，圆柱形，有时基部稍有膨大；内部实心至松软；菌褶黄色，稍宽，不等长，延生，褶间有横脉相连成网状，伤处变青绿色。有褶侧囊体；担孢子浅黄色，长椭圆形，近纺锤状椭圆形，或不正长椭圆形，光滑，10.5～14.5 × 4～5.6μm。

生境： 夏秋季生于阔叶林地上。

产地： 广西猫儿山自然保护区。

分布： 广东、四川、贵州。

讨论： 可食用，其味较好。属外生菌根菌。

撰稿人：吴兴亮

221 美丽褶孔菌 *Phylloporus bellus* (Massee) Corner　　摄影：吴兴亮

222 红黄褶孔菌 *Phylloporus rhodoxanthus* (Schwein.) Bres　　摄影：李泰辉

223 黄疸粉末牛肝菌

牛肝菌科 Boletaceae

Pulveroboletus icterinus (Pat. & Bak.) Watl., Not. Roy. Bot. Gdn. Edinb. 46(3): 413, 1990; —*Boletopsis icterinus* Pat. & Bak., J. Straits Br. R. Asiatic Sac. 78: 68, 1918.

菌盖宽1.5～5.5cm，凸镜形至扁凸镜形，干，覆有一层厚的硫磺色粉末，粉末脱离之后，盖色为浅紫红色至红褐色，上有绒毛，硫磺色菌幕从盖缘延伸一直将整个菌柄包裹，破裂后残余物挂在菌盖边缘；菌肉近柄处厚约4～8mm，黄白色、伤时变为浅蓝色，无味道，有一股硫磺气味；菌管表面橙黄色至红黄色，伤时变青绿色至蓝褐色或蓝绿色，管里黑黄色；菌孔1.5～4个/毫米，多为1～2个，角形，与菌柄成短延生或弯生；菌管长2～10mm，不易剥离；残留菌环位于柄上位，黄色，单环，易脱落，不活动；菌柄中生至偏生，长2～7.5cm，粗6～8mm，圆柱形，直至微弯曲，上粗下细，鲜黄色，伤时变灰蓝色至蓝色，上覆有硫磺色粉末，初实心，后为空心。孢子8～10 × 3.5～6μm，椭圆形至广椭圆形，光滑，浅黄色，非淀粉质，内含1个油球。

生境： 单生至散生于混交林中地上。

产地： 广东英德石门台自然保护区；海南霸王岭国家级自然保护区。

分布： 广东、海南。

讨论： 有毒。

撰稿人：李泰辉

224 黄纱松塔牛肝菌

牛肝菌科 Boletaceae

Strobilomyces mirandus Corner, Boletus in Malaysia: 61, 1972.

菌盖宽2.5～6cm，凸镜形，金黄褐色至黄褐色，表面被有初期为黄色或褐色，后变为黑色的毛毡状鳞片，边缘常常具有黄色至暗黄色的菌幕残余；菌管直生至稍延生，白色至灰粉色，受伤后变为灰褐色至深褐色，常具有红色调；管口角形，约1毫米2个；菌柄6～10 × 0.5～0.8cm，近圆柱形，白色至黄色，上部具有浅的网纹，并被有黄色或褐色的鳞片，且常常有残留的菌环。担孢子7.5～8.5 × 6.5～7.5μm，近球形至宽椭圆形，壁上具网纹；侧生囊状体33～49 × 13.5～19μm，纺锤形至近纺锤形。

生境： 夏秋季单生或散生于阔叶林中地上。

产地： 海南鹦哥岭自然保护区；福建龙岩，海拔365m。

分布： 福建、海南、云南。

讨论： 黄纱松塔牛肝菌*Strobilomyces mirandus*的特点是菌盖金黄褐色至黄褐色；担孢子具网纹；侧生囊状体纺锤形，顶部有短的指状突起。

撰稿人：曾念开

223 黄疸粉末牛肝菌 *Pulveroboletus icterinus* (Pat. & Bak.) Watl.　　摄影：曾念开

224 黄纱松塔牛肝菌 *Strobilomyces mirandus* Corner　　摄影：曾念开、李常春

225 锥鳞松塔牛肝菌

牛肝菌科 Boletaceae

Strobilomyces polypyramis Hook, Journ. Bot. Kew Gard. Misc. 3: 78. 1851.

菌盖半圆球形，中部渐凸，菌盖边缘向下卷曲，盖缘有不完整的残膜附着，直径4～8cm，盖表密生锥状鳞片，黑色或黑紫色，盖中央多呈龟裂状纹饰，锥鳞直径2～8mm；菌肉初为污灰白色，伤后变成污褐红色；菌管直生或稍离生，管长0.4～1.5cm；管孔多角形，初期污白色、后浅黑色；菌柄近圆柱状，柄长4～8cm，粗1～2cm，内实，外有鳞片状物覆盖，色泽与盖相似或略淡。担孢子近卵圆形，9～13 x 7～10μm，脊突呈密疣状。

生境： 生于针阔混交叶林或阔叶林中地上。

产地： 广西十万大山自然保护区；海南尖峰岭自然保护区。

分布： 广西、四川、贵州、云南。

讨论： 食用菌。外生菌根菌。

撰稿人：吴兴亮

226 半裸松塔牛肝菌

牛肝菌科 Boletaceae

Strobilomyces seminudus Hongo, Trans. Mycol. Soc. Japan 23 (3): 197, 1983.

菌盖宽3～7cm，初期半球形，后呈圆锥至平展形，表面有绒毛或鳞片，干，绒毛灰褐色至土褐色，常裂成大小鳞片块，露出白色至灰色盖面；盖缘初期具膜质白色残留物，后期消失；菌肉白色，伤后变红再变黑，无气味；菌管直生，有时弯生，灰白色至烟灰色，多角形，1～2个每毫米，伤后变红再变黑；菌柄长4～15cm，实心，表面淡土褐色至暗褐色，上半部有纵向长网格，下部绒质至细鳞片状；无菌环。孢子印黑色，孢子7～9.5 x 6.5～8.5μm，近球形，有疣和不完整网纹，锈褐色。

生境： 秋季生阔叶林中地上。

产地： 海南霸王岭自然保护区。

分布： 浙江、福建、广东、海南、甘肃。

讨论： 外生菌根菌。

撰稿人：李泰辉

225 锥鳞松塔牛肝菌 *Strobilomyces polypyramis* Hook　　摄影：吴兴亮

226 半裸松塔牛肝菌 *Strobilomyces seminudus* Hongo　　摄影：李泰辉

227 松塔牛肝菌

牛肝菌科 Boletaceae

Strobilomyces strobilaceus (Scop.) Berk., Hooker's J. Bot. Kew Gard. Misc. 3: 78, 1851; —*Boletus floccopus* Vahl, Fl. Dan.: tab. 1252, 1799; —*Boletus cinereus* Pers., Syn. Meth. Fung. (Göttingen) 1: 504, 1801; —*Strobilomyces floccopus* (Vahl) P. Karst., Bidr. Känn. Finl. Nat. Folk 37: 16, 1882; —*Strobilomyces strobiliformis* (Vill.) Beck, Z. Pilzk. 2: 148, 1923.

菌盖宽3～9.5cm，初期半球形，后平展，灰黑褐色、黑褐色至黑色，表面有粗糙的毡毛鳞片或疣；菌肉白色至淡灰白色，受伤时淡红色，后渐变黑色；菌管初由菌幕盖着，后菌幕脱落，少数残留在菌盖边缘，直生或近下延，灰色至黑褐色；管口多角形，与菌盖同色；菌柄长3～10cm，粗0.5～2cm，与菌盖同色，上部有网棱，下部有鳞片和绒毛，质脆，内实。担孢子近球形至球形，深褐色，有网纹，8～12 × 8～10μm；囊状体棒状，26～38 × 11～17μm；孢子印褐色。

生境：生于针阔混交叶林或阔叶林中地上。

产地：广西十万大山自然保护区；海南尖峰岭自然保护区。

分布：江苏、浙江、安徽、福建、山东、河南、湖北、广东、广西、四川、贵州、云南、西藏。

讨论：食用菌。外生菌根菌。

撰稿人：吴兴亮

228 超群粉孢牛肝菌

牛肝菌科 Boletaceae

Tylopilus eximius (Peck) Singer, Amer. Midl. Nat. 37: 109. 1947; —*Boletus eximius* Peck, Journ. Mycol. 3: 54. 1887.

菌盖宽5～14cm，半球形，后近平展，中凹；盖表具短茸毛，初期微黏，后期光滑，紫褐色、巧克力褐色，手压后变黑；菌肉灰白色，厚1～2cm，伤后变紫褐色；子实层褐紫色，菌管贴生；管长1～1.7cm，管孔径0.2～0.3mm；菌柄柱形，近等粗，或中下部膨大，高4.5～9cm，粗1～3cm，内实，表面紫灰色、灰紫色，外表具深褐紫色的秕糠状鳞片或疣突，多排呈纵长状条纹。孢子印红褐色；担孢子狭纺缍形，淡紫色，半透明，12～13 × 3.5～5μm。

生境：生于混交林中地上。

产地：海南尖峰岭国家级自然保护区；广西花坪、大瑶山自然保护区。

分布：广西、海南、四川、贵州、云南、西藏。

讨论：外生菌根菌。

撰稿人：吴兴亮

227 松塔牛肝菌 *Strobilomyces strobilaceus* (Scop.) Berk　　　　摄影：吴兴亮

228 超群粉孢牛肝菌 *Tylopilus eximius* (Peck) Singer　　　　摄影：吴兴亮

229 小孢粉孢牛肝菌 牛肝菌科 Boletaceae

Tylopilus microsporus S.Z. Fu, Q.B. Wang & Y.J. Yao, Mycotaxon 96: 41, 46. 2006.

菌盖宽3.8～16cm，半球形至平展，紫罗兰色至淡紫褐色或褐色，表面具有微绒毛；菌肉白色，伤后不变色；菌管在菌柄周围下陷，白色至淡粉色，伤后不变色；管口角形，约1毫米2个；菌柄4～15×1～3.5cm，近圆柱形，褐色，表面光滑，基部菌丝白色；菌柄实心，菌肉白色，伤后不变色。担孢子8～9×3～4μm，侧面观近纺锤形，浅黄褐色或粉褐色，光滑；侧生囊状体近纺锤形。

生境： 夏秋季节单生或散生于针叶林或针阔混交林内。

产地： 福建龙岩，海拔350m。

分布： 福建、湖南、云南。

讨论： 小孢粉孢牛肝菌与紫色粉孢牛肝菌*Tylopilus plumbeoviolaceus* (Snell & E.A. Dick) Snell & E.A. Dick相似，但前者的菌盖表皮是由平伏的、较细的菌丝组成，而后者的菌盖表皮则是由直立的、较直径的菌丝组成。

撰稿人：曾念开

---

230 大津粉孢牛肝菌 牛肝菌科 Boletaceae

Tylopilus otsuensis Hongo, Mem. Shiga Univ. 16: 60, 1966.

菌盖宽3.5～9.5cm，凸起至近半球形，表面具微绒毛，橄榄绿色，边缘颜色略浅；菌肉白色，伤后逐渐变红褐色；菌管与菌柄直生，管口与菌管内部同色，白色至淡粉色，有时具橄榄绿色调；管口角形；直径约0.5mm；菌柄6.5～11×1～3cm，近圆柱形，向下变细，与菌盖同色，表面具有粉末状覆盖物，菌柄基部菌丝白色；菌柄实心，白色，伤后逐渐变红褐色。担孢子5.5～6.5×4～4.5μm，近椭圆形或卵形；侧生囊状体及管缘囊状体45～55×9～11μm，近纺锤形，透明或具有黄色或黄褐色细胞色素。

生境： 夏秋季单生或散生于阔叶林中。

产地： 海南黎母山自然保护区；福建龙岩，海拔365m。

分布： 福建、湖南、海南、云南。

讨论： 大津粉孢牛肝菌*T. otsuensis*的特点是担子果橄榄绿色；菌肉白色，伤后逐渐变红褐色；担孢子椭圆形或卵形。

撰稿人：曾念开

---

231 类铅紫粉孢牛肝菌 牛肝菌科 Boletaceae

Tylopilus plumbeoviolaceoides T. H. Li, B. Song & Y. H. Shen, Mycosystema 21: 3～5, 2002.

菌盖宽4～10(14)cm, 半球形至中央凸起，深紫色或紫色带棕色至栗色，无光泽，边缘整齐，湿时黏或稍黏，略被绒毛至稍糠麸状；菌肉白色，受伤后略变桃色或浅紫色；无明显气味，味道苦；菌管长达8～12mm，直生至略延生，幼时白色，成熟后变粉色、肉色或浅紫褐色；菌柄与菌盖同色，基部具白色菌丝，无网纹或顶部略具网纹。担孢子8.5～10.5×3～3.8μm，长椭圆形至近纺锤形，光滑。

生境： 散生至群生于山毛榉科树林下土壤。

产地： 广东广州北郊。

分布： 广东。

讨论： 这个种与铅紫粉孢牛肝菌*T. plumbeoviolaceus*最大的区别在于前者孢子明显比后者小。

撰稿人：李泰辉

---

229 小孢粉孢牛肝菌

Tylopilus microsporus S.Z. Fu, Q. B, Wang & Y. J. Yao

摄影：曾念开

230 大津粉孢牛肝菌

Tylopilus otsuensis Hongo

摄影：曾念开

231 类铅紫粉孢牛肝菌

Tylopilus plumbeoviolaceoides T. H. Li, B. Song & Y. H. Shen

摄影：李泰辉

232 红盖粉孢牛肝菌 牛肝菌科 Boletaceae

Tylopilus roseolus (W.F. Chiu) F.L. Tai, Syll. Fung. Sinicorum: 758, 1979; —*Boletus roseolus* W.F. Chiu, Mycologia 40(2): 208, 1948.

担子果小型。菌盖直径2～4cm，近半圆形至中央稍凸起，表面粗糙，玛瑙红色至紫红色或淡红色，菌肉白色至奶油色，伤后不变色；菌管在菌柄周围下陷与菌柄呈齿状着生，管口与菌管内部同色，幼嫩时白色，成熟后淡粉色至粉色或灰紫色；管口角形，碰触后具有锈色的斑点；菌柄4～7 × 0.3～0.6cm，近圆柱形，基部有时略膨大，表面具有粉色至粉紫色小疣突，基部菌丝黄色，菌肉受伤后局部缓慢变为蓝色。担孢子13.0～16.0 × 6.0～7.0μm，椭圆形至长椭圆形，黄色至黄褐色，壁表光滑。

生境： 夏秋季单生或散生于针阔混交林中。

产地： 云南祥云。

分布： 福建、云南。

讨论： 本种的主要特征是菌盖玛瑙红色至紫红色或淡红色，边缘淡粉色，有时白色，担孢子宽达7 μm，菌柄菌肉受伤后局部缓慢变为蓝色。

撰稿人：曾念开

---

233 粗壮粉孢牛肝菌 牛肝菌科 Boletaceae

Tylopilus valens (Corner) Hongo & Nagas., Rep. Tottori Mycol. Inst. 14:87, 1976; —*Boletus valens* Corner, Boletus in Malaysia: 161, 1972.

菌盖宽5～9cm，近半球形至平展，中央光滑，有时具有放射状排列的纤维状鳞片；灰紫色或铅灰色至灰褐色；菌肉白色，伤后不变色；菌管与菌柄呈直生，管口与菌管内部同色，淡粉色；管口直径0.3～1mm，多角形；菌柄9～12 × 1.5～2.5cm，近圆柱形，乳白色至白色，碰触后变灰褐色，具有明显的同色网纹，基部菌丝白色；菌柄实心，白色，伤后不变色。担孢子11～14 × 4～5μm，近纺锤形。

生境： 夏秋季单生或散生于阔叶林中。

产地： 海南琼中黎母山自然保护区。

分布： 湖南、海南、云南。

讨论： 粗壮粉孢牛肝菌的特点是菌盖灰紫色或铅灰色至灰褐色；菌柄粗壮，白色，具明显网纹。

撰稿人：曾念开

---

234 绿盖粉孢牛肝菌 牛肝菌科 Boletaceae

Tylopilus virens (W.F. Chiu) F. L. Tai, Syll. Fung. Sinicorum: 758, 1979; —*Boletus virens* W. F. Chiu, Mycologia, 40: 206, 1948.

菌盖宽3.5～6cm，初期半圆形，后平展，中央凹起呈孤形，幼时绿色、铜绿色、棕绿色、黄绿色，中部有密集的簇生绒毛，后期呈龟裂状粗糙花纹，或具有鳞片状斑块；菌管离生，近柄处下陷；管口初期白色，后淡粉白色、淡粉紫色、粉紫红色；菌柄中生，圆柱形，向下稍膨大，上部淡黄色，下部黄色，长3～4.5cm，实心，担孢子椭圆形，光滑，11～14 × 5.5～6μm。

生境： 生于林地上。

产地： 广西大瑶山、岑王老山自然保护区。

分布： 广西、贵州、云南。

讨论： 菌肉具苦味。为外生菌根菌。

撰稿人：吴兴亮

232 红盖粉孢牛肝菌

Tylopilus roseolus
(W.F. Chiu) F. L Tai

摄影：曾念开

233 粗壮粉孢牛肝菌

Tylopilus valens
(Corner) Hongo & Nagas.

摄影：曾念开

234 绿盖粉孢牛肝菌

Tylopilus virens
(W.F. Chiu) F.L.Tai

摄影：吴兴亮

235 红皮丽口包

丽口包科 Calostomataceae

Calostoma cinnabarinum Corda, Anleitung, 2: 94, 1809; —*Scleroderma calostoma* Pers., J. de Bot. 2: 15, 1089; —*Mitremyces cinnabarinum* Schw., Syn. Fung. Amer. Bor in Amer. Phil. Soc., 255, No. 2244.

担子果近球形，基部具柄，长2～4.5cm，圆柱形，由多数浅黄色、软胶质线状体交织而成；外包被厚，透明胶质，微黄色；内层薄，膜质，朱红色至鲜红色，全部开裂成片，并完全脱落；内包被薄，干时坚韧，角质，全部覆盖有朱红色的粉粒，嘴部有5～7个深红色突起的皱褶。孢子袋浅黄色，孢体粉白色。担孢子淡黄色，长方椭圆形，10～13 × 7.5～10μm，表面具小刺或小点。

生境： 生于阔叶林或竹林中地上。

产地： 广西大瑶山、十万大山自然保护区。

分布： 湖南、广东、广西、海南、贵州、云南。

讨论： 红皮丽口包初期埋土生，成熟后露出地面。

撰稿人：吴兴亮

236 猫儿山丽口包（新似）

丽口包科 Calostomataceae

Calostoma maoershanense L. X. Wu, T. H. Li & B. Song.

担子果小型，头部近球圆形，9～11mm，基部有较发达地的柄；外包被淡白色，表面被圆锥形或不规则角锥状小颗粒，顶端的较大，成熟后完全脱落，外包被变淡土黄色；内包被薄，平滑，淡白色，坚韧，软骨质，干后脆；角质嘴部有5～6片深红色突起的皱褶；柄长0.8～1.8cm，由多数胶质柱状交织而成，近白色，透明；孢子袋浅白色，孢体白色。担孢子白色，球形，10～11 × 10～11.5μm，孢壁表面具网络凹穴如同绣球状纹饰。

生境： 生于阔叶林或竹林中地上。

产地： 广西猫儿山自然保护区。

分布： 广西。

讨论： 本种担孢子孢壁表面具网络凹穴如同绣球状纹饰，不同于丽口包属*Calostoma*其它种孢子。

撰稿人：吴兴亮

237 小丽口包

丽口包科 Calostomataceae

Calostoma miniata M. Zang, Acta Bot. Yunn. 9(1): 84, 1987.

担子果很小，圆形至近圆形，高5～7mm，直径6～8mm，浅土黄褐色，外包被表面粗糙至近似于鳞片或散生的角锥状小颗粒，基无柄，基部具一束丛生而往往交织的根状菌索；嘴部孔口呈星芒状裂为5～6片突起的皱褶，朱红色至鲜红色。担孢子无色，圆形至近圆形，17～20μm，孢壁表面具网络凹穴状纹饰。

生境： 生于阔叶林或竹林中地上。

产地： 广西十万大山自然保护区。

分布： 四川、广西、贵州、云南。

讨论： 食药不详。

撰稿人：吴兴亮

235 红皮丽口包

Calostoma cinnabarinum Corda

摄影：吴兴亮

236 猫儿山丽口包（新拟）

Calostoma maoershanenes L.X.Wu T. H. Li & B. Song

摄影：王绍能

237 小丽口包

Calostoma miniata M. Zang

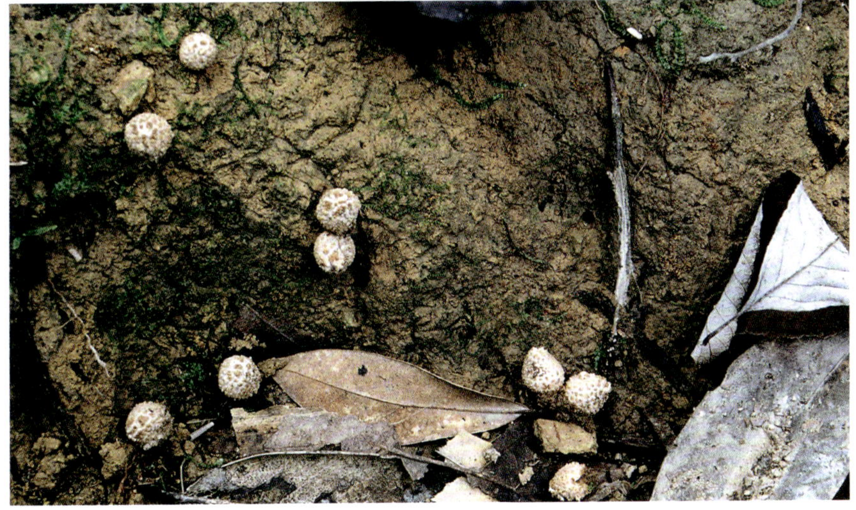

摄影：吴兴亮

238 糖圆齿菌

粉孢革菌科 Coniophoraceae

Gyrodontium sacchari (Spreng.) Hjortstam, Mycotaxon 54: 186, 1995; —*Hydnum sacchari* Spreng., K. Svenska VetenskAkad. Handl.: 51, 1820.

担子果一年生，起初平伏，后边缘反卷，卷起处迅速生成盖形，单生或覆瓦状叠生，易与基物分离，新鲜时松软，干后皱缩变脆，重量明显变轻，菌盖长可达10cm，直径8cm，基部厚1cm；菌盖表面新鲜时奶油色至浅黄色，光滑，无环带，干后表面覆盖棕褐色粉末层，边缘锐，浅黄色；平伏部分边缘白色，呈棉絮状隆起。子实层面新鲜时黄色至黄绿色或浅棕黄色，干后变为深棕褐色；子实层体幼时呈瘤状或略呈孔状，后变为针形，扁平至锥形，单生或侧向联合生长；不育边缘明显；菌肉层淡黄色，厚1～2mm。担孢子椭圆形，淡黄色，厚壁，光滑，3.8～4.2 × 2.5～2.8μm。

生境：生于热带和亚热带地区的阔叶树活树上。

产地：云南西双版纳自然保护区、景洪市版纳森林公园。

分布：云南、台湾。

讨论：该真菌通常生长在热带雨林中的阔叶树树干基部或中部，被侵染的树木树叶枯黄，树干逐渐腐朽，最后死亡。此种过去在中国台湾南部热带地区有过报道。

撰稿人：戴玉成

239 硬皮地星

硬皮地星科 Diplocystidiaceae

Astraeus hygrometricus (Pers.) Morgan, J. CincinNati Soc. Nat. Hist. 12: 20, 1889; —*Geastrum hygrometricum* Pers., Syn. Meth. Fung. (Göttingen) 1:135, 1801; —*Geastrum diderma* Defv., J. Bot., 2:102, 1809; — *Geastrum vulgaris* Corda, Icon. Fung. (Prague) 5: 64, 1842; —*Geastrum stellatus* Schroet., Pilze Schles, 1:701, 1889; — *Astraeus stellatus* (Scop.) E. Fisch., Nat. Pflanzenfam. 1(1): 341, 1900.

担子果未开裂时呈球形；开裂后露出地面，外包被厚，3层，外层薄而软，中层纤维质，内层软骨质，成熟时开裂成7～9瓣，潮湿时外翻，干燥时强烈内卷，外表面干时灰色至灰褐色，湿时深褐色至黑褐色，内侧深褐色且常有许多深裂痕；内包被薄膜质，近球形，直径1.2～2.8cm，灰色至褐色，里面无中轴，顶部开裂成一个孔口。担孢子球形，褐色，壁表有小疣，7～9.5μm，表面附着有粒状物。

生境：散生阔叶林边缘砂土地上,特别是林缘修路后的土上。

产地：广西大瑶山、雅长、岑王老山自然保护区。

分布：江苏、安徽、浙江、福建、江西、河南、湖南、广西、四川、贵州、云南。

讨论：药用菌。将孢子粉撒在伤口上，可治外伤出血，冻疮流水。

撰稿人：吴兴亮

238 糖圆齿菌 *Gyrodontium sacchari* (Spreng.) Hjortstam　　　　摄影：戴玉成

239 硬皮地星 *Astraeus hygrometricus* (Pers.) Morgan　　　　摄影：吴兴亮

240 红铆钉菇

铆钉菇科 Gomphidiaceae

Gomphidius roseus (Fr.) Fr., Epicr. Syst. Mycol. (Upsaliae): 319, 1838; —*Agaricus glutinosus* β *roseus* Fr., Syst. Mycol. (Lundae) 1: 315, 1821; —*Gomphus glutinosus* var. *roseus* (Fr.) P. Kumm., Führ. Pilzk. (Zwickau): 93, 1871.

菌盖宽2.5～4.5cm，粉红色或粉肉色，弧形，中央稍凹或凸起，黏，光滑；菌肉灰白色，干后变黑灰色；菌褶延生，稀、窄，近菌柄处分叉，淡色，后变为黑灰色；菌柄长3～6cm，粗0.5～1.5cm，向下渐细，上部近白色，中下部粉红色；菌环上位，白色，绵毛状，易消失。担孢子光滑，近菱形或近纺缍形，15～18 x 5～6μm；囊状体无色，圆柱形，90～150 x 12～15μm。

生境： 多生于针叶林或针阔混交叶林中地上。

产地： 广西十万大山自然保护区。

分布： 江西、湖南、广东、广西、四川、贵州、云南。

讨论： 食用菌。

撰稿人：吴兴亮

241 褐圆孢牛肝菌

圆孔牛肝菌科 Gyroporaceae

Gyroporus castaneus (Bull.) Quél., Enchir. Fung. (Paris): 161, 1886; —*Boletus castaneus* Bull., Herb. Fr. 7: tab. 328, 1788; —*Boletus cyanescens* var. *fulvidus* (Fr.) Fr., Syst. Mycol. (Lundae) 1: 395, 1821; —*Boletus fulvidus* Fr., Observ. Mycol. (Havniae) 2: 247, 1818; —*Leucobolites castaneus* (Bull.) Beck, Z. Pilzk. 2: 142, 1923; —*Leucobolites fulvidus* (Fr.) Beck, Z. Pilzk. 2: 142, 1923.

菌盖宽2～8cm，扁半球形，后渐平展至下凹，干，有细微的绒毛，淡红褐色至深咖啡色；菌肉白色，伤不变色；菌管离生或近离生，白色，后变淡黄色；孔口1～2个每mm；菌柄长2～8cm，粗0.5～2cm，近柱形，与菌盖同色，有微绒毛，上下略等粗，中空。孢子印淡黄色，孢子近7～13 x 5～6μm，椭圆形或广椭圆形，平滑，无色。

生境： 夏秋季于橡树林或针阔混交林中地上单生、散生至群生。

产地： 广东车八岭国家级自然保护区。

分布： 吉林、江苏、浙江、湖南、广东、云南、西藏。

讨论： 可食用，但在云南地区群众反应有毒，其国外也有毒的记载，采食时注意。此菌试验抗癌，对小白鼠瘤的抑制率为80%，对艾氏癌的抑制率为70%。外生菌根菌。

撰稿人：李泰辉

240 红铆钉菇 *Gomphidius roseus* (Fr.) Fr. 摄影：吴兴亮

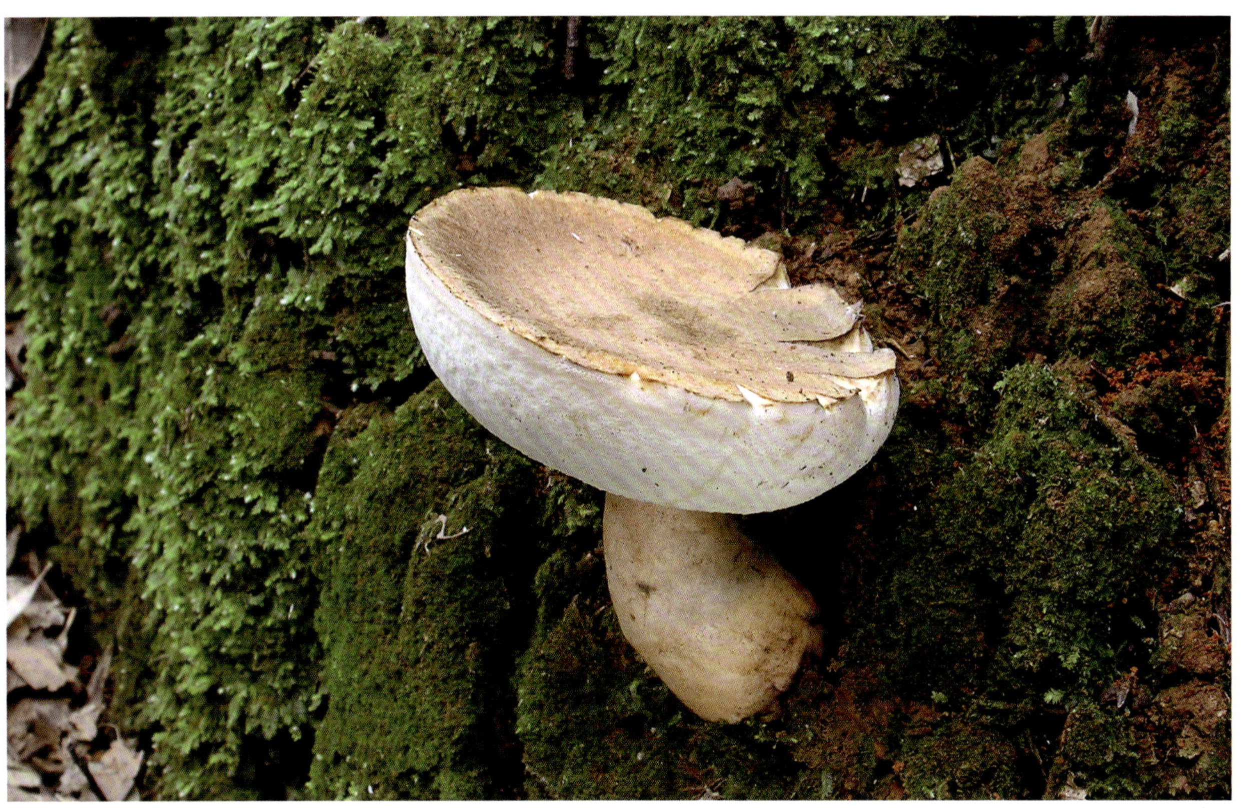

241 褐圆孢牛肝菌 *Gyroporus castaneus* (Bull.) Quél 摄影：李泰辉

242 铅色短孢牛肝菌

桩菇科 Paxillaceae

Gyrodon lividus (Bull.) Sacc., Syll. Fung. (Abellini) 6: 52,1888; —*Boletus lividus* Bull., Hist. champ. France (Paris): pl. 490, 1791; —*Boletus sistotremoides* Fr., Observ. Mycol. (Leipzig) 1: 120,1815; —*Boletus sistotrema* Fr., Syst. Mycol. (Lundae) 1: 389,1821; —*Boletus brachyporus* Pers., Mycol. eur. (Erlanga) 2: 128, 1825; —*Gyrodon sistotremoides* (Fr.) Opat., Arch. Naturgesch. 2(1): 5, 1836; —*Uloporus lividus* (Bull.) Quél., Enchir. Fung. (Paris): 162, 1886; —*Gyrodon sistotrema* (Fr.) Sacc., Syll. Fung. (Abellini) 6: 53, 1888; —*Gyrodon sistotrema* var. *brachyporus* (Pers.) Rea, Brit. Basidiom.: 557, 1922.

菌盖宽3～8cm，半圆形，后近平展，盖表干燥，微具毛绒，成熟后渐变光滑，灰褐色、茶褐色，边缘内卷；菌肉近黄白色，伤后变蓝色至蓝黑色；菌管延生，幼时灰白色、淡黄灰色，老后呈青褐色，管口大小不等；菌柄较短，圆柱状，近等粗，微弯曲，长3～5cm，粗0.5～1cm，内实，与菌盖同色或稍浅。担孢子近球形至卵圆形，带黄色，5～6 x 3～3.5μm。

生境：生于阔叶林下地上。

产地：广西九万大山自然保护区。

分布：广西、贵州、云南。

讨论：食用菌。外生菌根菌。

撰稿人：吴兴亮

243 竹林毛桩菇

桩菇科 Paxillaceae

Paxillus atrotomentosus var. **bambusinus** R.E.D. Baker & W.T. Dale, Mycol. Pap. 33: 92, 1951; —*Paxillus bambusinus* (R.E.D. Baker & W.T. Dale) Singer, in Singer, García & Gómez, Beih. Nova Hedwigia 102: 94, 1991.

菌盖宽5～15cm，扁半球形，后平展，不粘或潮湿时微黏，黄褐色、污褐色至深红褐色，边缘淡黄褐色，上密生细绒毛，边缘上翘；菌肉黄白色，无味道至微苦，鲜时略有清香气；菌褶黄白色至淡黄褐色，干后变黑褐色，稀疏，不等长，延生，有横脉，基部分叉，褶缘平滑；菌柄偏生，圆柱形，长5～6cm，粗1～2cm，基部略膨大，黑褐色，上密生深栗褐色长绒毛，实心。担孢子卵圆形，3.5～5 x 3～4.5μm，薄壁，光滑。

生境：生于竹林中腐竹茎上。

产地：广西猫儿山自然保护区。

分布：福建、广西。

讨论：不食用。

撰稿人：吴兴亮

242 铅色短孢牛肝菌 *Gyrodon lividus* (Bull.) Sacc　　摄影：吴兴亮

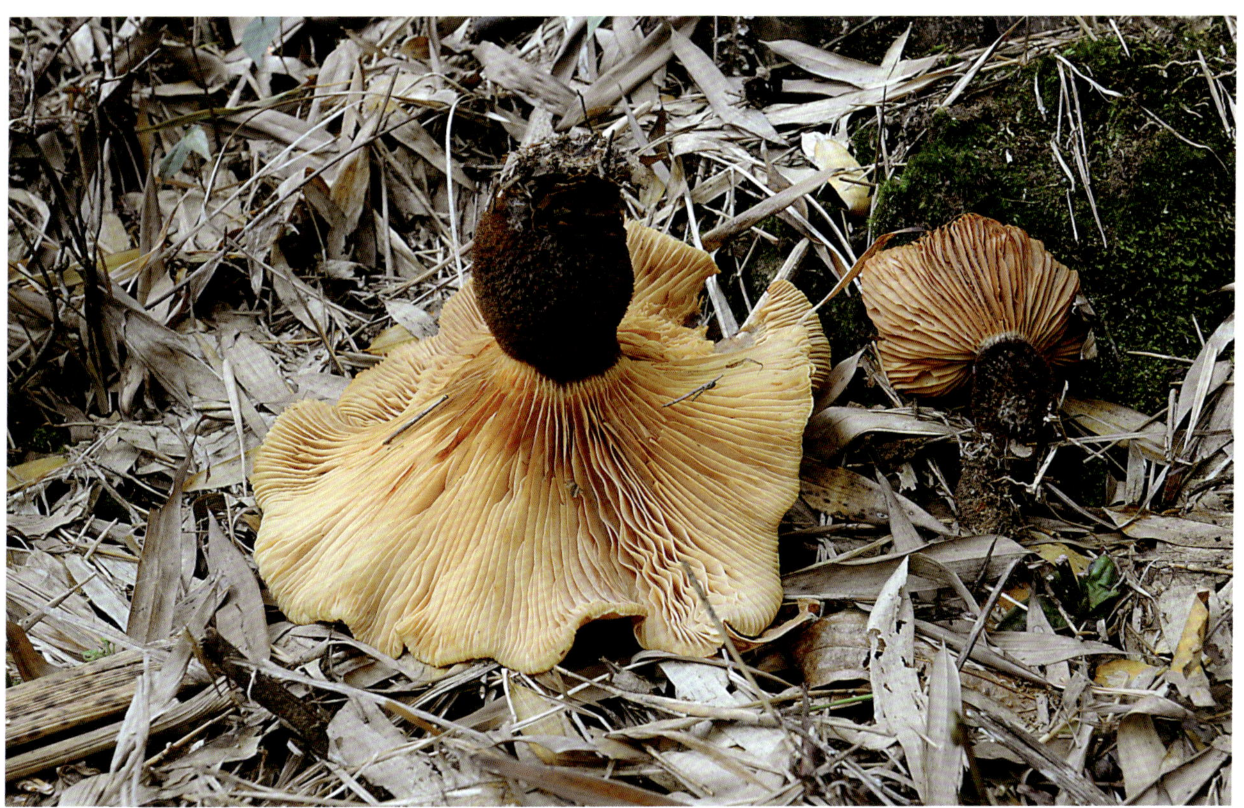

243 竹林毛桩菇 *Paxillus atrotomentosus* var. *bambusinus* R.E.D. Baker & W.T. Dale　　摄影：吴兴亮

244 卷边桩菇 桩菇科 Paxillaceae

Paxillus involutus (Batsch) Fr., Epicr. Syst. Mycol. (Upsaliae): 317, 1838.

菌盖宽5～12cm，初扁半球形，后平展中凹形，不粘至微黏，干后有光泽，黄褐色、红褐色至青褐色，上被微细绒毛或光滑，边缘整齐和内卷，个别延伸；菌肉近柄处厚5～15mm，微黄色至黄色，伤时变青黄色转呈淡褐色至近黑褐色，边缘处渐消失，无味道；菌褶黄色至青黄色，伤变褐色，较密，延生，易与菌肉分离，分叉，有发达横脉，交错成网状；菌柄偏生或中生，长4～6cm，粗10～25mm，圆柱形，褐色，被白绒毛或光滑，肉质，实心，后空心。担孢子7～10×4～7μm，椭圆形，光滑，黄褐色。

生境： 单生或散生于阔叶林及混交林中地上。

产地： 海南尖峰岭、吊罗山自然保护区。

分布： 福建、广东、海南、贵州、云南、西藏。

讨论： 食用菌。但据报道有毒或生吃时有毒，中毒后产生胃肠道病症。

撰稿人：吴兴亮

245 山西须腹菌 须腹菌科 Rhizopogonaceae

Rhizopogon shanxiensis B. Liu [as '*Rhizpogon*'], Acta Mycol. Sin. 4(2): 86, 1985.

担子果小, 近球圆形至不规则，直径1.7～3.2cm，新鲜时表面黏，平滑或具少量根状菌索，早期白色，后变浅红褐色、暗褐色至黑色；孢体粘，早期白色，后变浅棕色至棕色；菌丝有锁状联合。担孢子长椭圆至长方形，(5.8～)7～9(–10)×(3.2)3.5～4(–5)μm，平滑，无色，不具一基杯状截痕。

生境： 生于针叶树林地上。

产地： 广州佛冈。

分布： 山西、广东。

讨论： 幼嫩时可食用。

撰稿人：宋　斌

246 豆包菌 硬皮马勃科 Sclerodermataceae

Pisolithus arhizus (Scop.) Rauschert, Z. Pilzk. 25: 51, 1959; —*Lycoperdon arrizon* Scop., Delic. Fl. Faun. Insubr. 1: 40, tab. 18, 1786; —*Scleroderma arhizum* (Scop.) Pers., Syn. Meth. Fung. (Göttingen) 1: 152, 1801; —*Pisolithus arenarius* Alb. & Schwein., Consp. Fung. Lusat. (Leipzig): 82, 1805.

担子果呈近球形或扁球形，直径3～6cm；光滑，但顶部凹凸不平，土黄色或灰黄褐色至深褐色，下部收缩柄状基部，柄状基部长1.8～3.5cm，直径1～2cm，由一团黄色的菌丝束固定于基物上；包被薄，内包被含小包；小包幼时黄白色、黄色，成熟时黄褐色，近扁圆形或不规则多角形，直径1～3.5mm，厚0.2～0.5mm，内充满褐色孢体。担孢子球形，7～12μm，有小刺，褐色。

生境： 单生或群生于地上。

产地： 广西大瑶山，十万大山、金花茶国家级自然保护区。

分布： 江苏、浙江、安徽、福建、江西、河南、湖北、湖南、广东、广西、四川、贵州、云南。

讨论： 该菌可与林木形成外生菌根，是造林的重要真菌之一。

撰稿人：吴兴亮

244 卷边桩菇

Paxillus involutus (Batsch) Fr.

摄影：吴兴亮

245 山西须腹菌

Rhizopogon shanxiensis B. Liu

摄影：李泰辉

246 豆包菌

Pisolithus arhizus (Scop.) Rauschert

摄影：吴兴亮

247 小果豆马勃 硬皮马勃科 Sclerodermataceae

Pisolithus microcarpus (Cooke & Massee) G. Cunn., Proc. Linn. Soc. N.S.W. 56(4): 290, 1931; —*Polysaccum microcarpum* Cke. et Mass. Grevillea 16: 28, 1887.

担子果陀螺形，上部呈球形；高2.8～3.8cm，直径2～3.5cm，外表面有细纹及黑色斑点，边缘黄褐色，顶端褐色，基部褐色，基部收缩成柄状，长1.8～2.5cm，由菌索附于基物；包被单层，产孢组织土黄色，由暗褐色的隔膜隔成椭圆形小包；小包干后颗粒状。担孢子球形，5～8μm，具密集平顶小疣，壁厚，浅黄色至褐色；孢丝粗4～5μm，黄色，有分枝，具锁状联合。

生境：单生至散生于阔叶林中地上。

产地：广西十万大山自然保护区。

分布：广东、广西、贵州。

讨论：药用菌。

撰稿人：吴兴亮

248 光硬皮马勃 硬皮马勃科 Sclerodermataceae

Scleroderma cepa Pers., Syn. Meth. Fung.155, 1801; —*Lycoperdastrum cepaefacie* Mich. Nov. Pl. Gen.220, 1729; —*Scleroderma flavidum* Ell. et Ev. J. Myc.1: 88, 1885; —*Scleroderma vulgare* var. *cepa* (Pers.) W. G. Sm. Syn. Br. Bas.79, 1908; —*Sclerangium flavidum* (Ell.et Ev.) Wils. Proc. Iow. Acad. Sci.23: 414, 1916.

担子果直径1.4～9cm，近球形、梨形或陀螺形，无柄或由一团黄色菌丝索收缩成状似柄状基固定于地上，不育基部小；包被杏黄色，厚0.5～1.5mm，上有龟裂不规则褐色小鳞片，成熟时不规则开裂成数裂片，裂片尖端外卷或不外卷，有时呈星状伸展；产孢组织褐色，粉末状。孢子直径7～10μm，球形，具长1～2μm的紫黑色小刺，褐色。

生境：散生至群生于混交林中地上。

产地：广东阳春鹅凰嶂。

分布：江苏、浙江、福建、河南、湖北、湖南、广东、广西、海南、四川、云南。

讨论：幼时可食。入药，有止血、消肿、解毒作用。

撰稿人：宋　斌

249 橙黄硬皮马勃 硬皮马勃科 Sclerodermataceae

Scleroderma citrinum Pers., Syn. Meth. Fung. (Göttingen) 1: 153, 1801; —*Scleroderma aurantiacum* sensu Carleton Rea 1922, Ramsbottom, 1953, non Linnaeus (Sp. Pl., 1753); fide Checklist of Basidiomycota of Great Britain and Ireland, 2005.

担子果较小或中等大，直径2～13cm，近球形或扁圆形，土黄色或近橙黄色，表面初期近平滑，渐形成龟裂状鳞片；皮层厚，剖面带红色，成熟后变浅色；内部孢体初期灰紫色，后呈黑褐紫色，后期破裂散放孢粉。担孢子直径9～12μm，球形，具网纹突起，褐色；孢丝粗2.5～5.5μm，厚壁，褐色，多分枝；有锁状联合。

生境：夏秋季生松及阔叶林砂地上，群生或单生。

产地：广东深圳七狼山。

分布：福建、广东、香港、西藏、台湾。

讨论：含有微毒，但在有些地区在幼时食用。孢粉有消炎作用。又为树木的外生菌根菌。

撰稿人：宋　斌

247 小果豆马勃

Pisolithus microcarpus (Cooke & Massee) G. Cunn

摄影：吴兴亮

248 光硬皮马勃

Scleroderma cepa Pers.

摄影：李泰辉

249 橙黄硬皮马勃

Scleroderma citrinum Pers.

摄影：李泰辉

250 黄硬皮马勃　　硬皮马勃科 Sclerodermataceae

Scleroderma flavidum Ellis & Everh., J. Mycol. 1(7): 88, 1885.

担子果中等大，直径4～10cm，扁圆球形，佛手黄或杏黄色，后渐为黄褐至深青黄灰色，有深色小斑片和紧贴的小鳞片，成熟时呈不规则裂片；无柄或基部似柄状，由一团黄色的菌丝索固着于地上；孢体灰褐或带淡紫灰，后变深棕灰色。担孢子直径7～10μm，球形，深褐色，多刺，刺长约1μm，常相连成网纹。

生境：夏秋季在阔叶林地上群生或单生。

产地：广东省深圳市羊台山森林公园。

分布：广西、福建、广东、云南、香港。

讨论：成熟后孢粉药用消炎。此菌又是树木的外生根菌，与栎、马尾松形成菌根。

撰稿人：李泰辉

251 马勃状硬皮马勃　　硬皮马勃科 Sclerodermataceae

Scleroderma lycoperdoides Schwein., Schr.Naturf. Ges. Leipzig 1:61. 1822; —*Scleroderma areolatum* Ehrenb., Sylv. Mycol. Berol. (Berlin) 15: 27, 1818.

担子果小；直径1～2.5cm，扁半球形，下部平，有长短不一的柄状基部，其下开散成许多菌丝束；包皮薄，浅土黄色，其上有细小暗褐色、紧贴的鳞片，顶端不规则开裂；孢丝褐色，厚壁，粗2.5～10μm, 顶端膨大呈粗棒状。担孢子球形，深褐色，直径7～13μm，刺长1μm；孢子成堆时暗灰褐色。

生境：生于针叶林中地上，群生。

产地：广东鼎湖山自然保护区。

分布：河北、山西、江苏、浙江、安徽、江西、福建、广东、广西、四川、云南、甘肃。

讨论：此菌幼嫩时可食用，老熟后可药用消炎等。属树木外生菌根菌。

撰稿人：李泰辉

252 奇异硬皮马勃　　硬皮马勃科 Sclerodermataceae

Scleroderma paradoxum G.W. Beaton, in Beaton & Weste, Trans. Br. Mycol. Soc. 79(1): 42, 1982.

担子果高1.5～2cm，直径2.5～3.5cm，不规则扁球状，无不育基部，由基部菌索附着于基物上，无臭味；包被单层，厚1.5～2.5mm，浅黄褐色，干时韧，由胶质菌丝组成，后期表面龟裂呈麸皮状，顶部不规则开裂；产孢组织黑色，成熟时粉末状，充满孢子；菌索菌丝无色透明至浅黄色，直径2～4μm，壁粗糙，有分枝和隔膜，具锁状联合，成熟时溃碎。担孢子直径9～16μm(包括直径3～6μm、皱花瓣状、无色至浅黄色的胶质孢外膜)，球形，具小疣及网纹，茶褐色。

生境：单生至散生于混交林中地上。

产地：广东阳春鹅凰嶂。

分布：广东、香港。

讨论：幼时可食，成熟后孢子可消炎止血。

撰稿人：宋　斌

250 黄硬皮马勃

Scleroderma flavidum Ellis & Everh.

摄影：李泰辉

251 马勃状硬皮马勃

Scleroderma lycoperdoides Schwein.

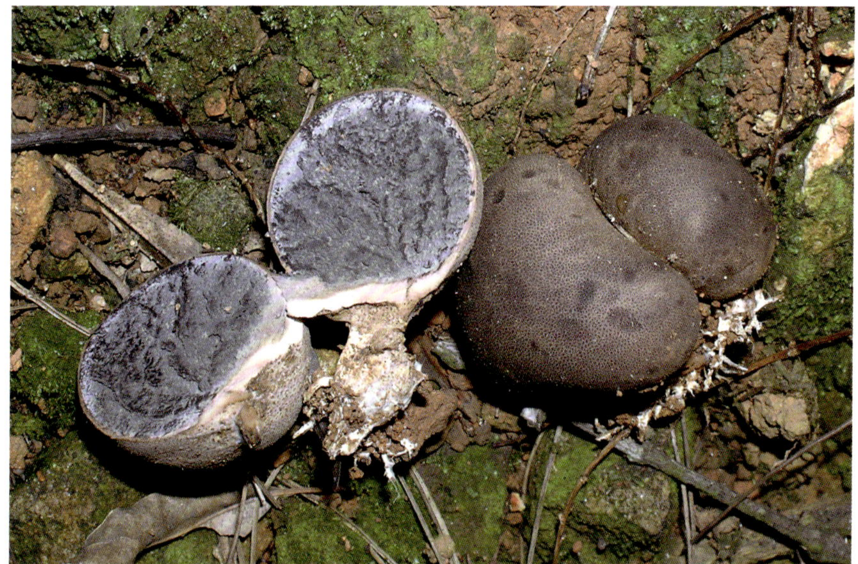

摄影：李泰辉

252 奇异硬皮马勃

Scleroderma paradoxum G.W. Beaton

摄影：李泰辉

253 多根硬皮马勃

硬皮马勃科 Sclerodermataceae

Scleroderma polyrhizum (J.F. Gmel.) Pers., Syn. Meth. Fung. (Göttingen) 1: 156, 1801; —*Lycoperdon polyrhizon* J.F. Gmel., Syst. Nat., Edn 13 2: 1464, 1796; —*Scleroderma geaster* Fr., Syst. Mycol. (Lundae) 3(1): 46, 1829.

担子果近球形，基部有菌丝盘或绵状菌丝束，未开裂时直径3～9cm；包被鲜时厚0.4～0.5cm，干后厚约0.1～0.25cm，浅土黄色，表面往往呈斑纹或鳞片，成熟后为星状开裂；裂片数目不定且外卷；孢体暗褐色。担孢子球形，褐色5～10μm，壁表具刺并相连成不完整的网纹。

生境： 生于针叶或阔叶林中地上，可与林木形成外生菌根。

产地： 广西十万大山自然保护区。

分布： 福建、广东、广西、云南。

讨论： 药用菌。能消肿、止血。

撰稿人：吴兴亮

---

254 相似干腐菌

干腐菌科 Serpulaceae

Serpula similis (Berk. & Broome) Ginns, Mycologia,63(2): 231, 1971; —*Merulius similis* Berk. & Broome, J. Linn. Soc., Bot. 14: 58, 1875.

担子果一年生，平伏至盖状，有时呈覆瓦状，新鲜时肉质且含较多水分，干后软木质且易碎，重量明显减轻；菌盖无柄，扇形至不规则圆形，菌盖长达3cm，直径5cm，厚5mm；菌盖表面奶油色至浅黄色，无环纹，粗糙且不平；子实层面黄褐色，皱孔状至网纹褶状，近中央部分褶厚且占绝大多数，边缘褶较小；边缘颜色较浅；菌肉浅奶油色，软木质至海绵质，厚可达4mm。担孢子近球形，亮黄色，光滑，4.3～5 x 3.7～4.1μm。

生境： 生于阔叶树腐木。

产地： 海南海口人民公园；广东广州华南植物园。

分布： 广东，贵州，云南。

讨论： 相似干腐菌与该属其他2个种的主要区别是近球形的担孢子，目前只发现生长在热带地区的竹子上。

撰稿人：戴玉成

---

255 乳牛肝菌

乳牛肝菌科 Suillaceae

Suillus bovinus (L.) Roussel, Fl. Calvados Edn 2: 34, 1796; —*Boletus bovinus* L., Fl. Suec. Edn 2: 1246, 1755.

担子果群生或丛生；菌盖宽3.5～10cm，近扁平 ，盖缘初内卷，后呈波状，鲜时土黄色、淡黄褐色，干后呈肉桂色，湿时胶黏；菌肉浅黄色，味道宜人；菌管直生或近延生，淡黄褐色；管孔复式，大，角形或常呈辐射状排列，孔径0.7～1.3mm；菌柄2.5～7cm x 0.5～1.2cm，近圆柱形，有时基部稍细，光滑，无腺点，上部色泽浅于菌盖，下部呈黄褐色。担孢子淡黄色，光滑，7～11 x 3～4.5μm。

生境： 夏秋生于松林及其他针叶林中地上。

产地： 广西十万大山自然保护区。

分布： 辽宁、吉林、浙江、安徽、福建、江西、湖南、广东、广西、贵州、云南、西藏、台湾。

讨论： 食用。担子果提取物对小白鼠肉瘤180的抑制率达90%，对小白鼠艾氏腹水癌抑制率为100%。

撰稿人：李泰辉

---

253 多根硬皮马勃

Scleroderma polyrhizum
(J.F. Gmel.) Pers.

摄影：吴兴亮

254 相似干腐菌

Serpula similis
(Berk. & Broome) Ginns

摄影：戴玉成

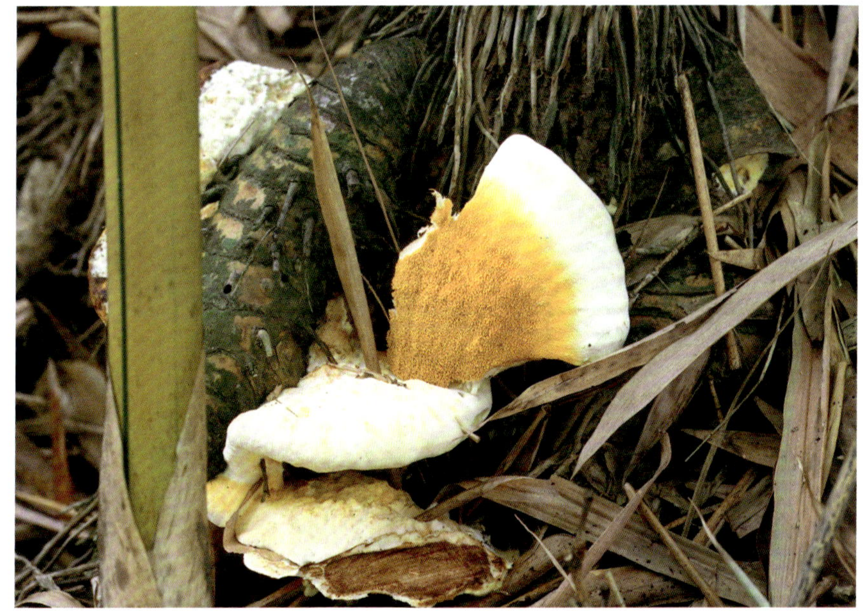

255 乳牛肝菌

Suillus bovinus
(L.) Roussel

摄影：李泰辉

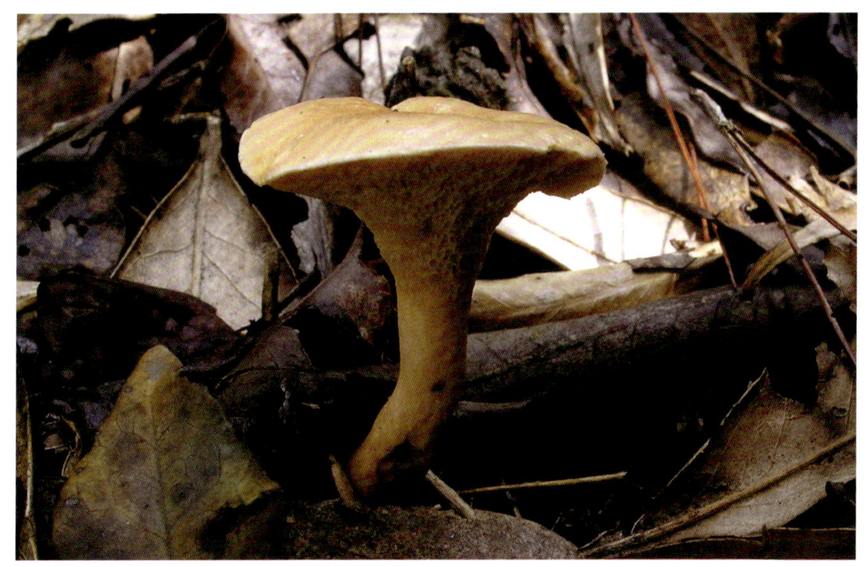

256 点柄乳牛肝菌

乳牛肝菌科 Suillaceae

Suillus granulatus (L.) Roussel, in Sipp. & Snell, Fl. Calvados Edn 2: 34, 1796; —*Boletus granulatus* L., Sp. pl. Edn 2 2: 1617, 1763; —*Boletus lactifluus* Sowerby, Col. fig. Engl. fung. Suppl. (London): pl. 420, 1814; —*Leccinum lactifluum* (Sowerby) Gray, Nat. Arr. Brit. Pl. (London) 1: 647, 1821; —*Ixocomus granulatus* (L.) Quél., Fl. Mycol. France (Paris): 412, 1888; —*Suillus lactifluus* (Sowerby) A.H. Sm. & Thiers, Michigan Bot. 7: 16, 1968.

菌盖宽3.4～14cm，扁半球形，后平展，浅褐色至红褐色，黏，上有绒毛或光滑，边缘整齐，延伸；菌肉白色或微带红色，伤不变色，近柄处厚6～20mm，近边缘处几近消失；菌管表面黄色至绿黄色，伤不变色，老时变褐色，管里与管表同色；菌管长2.5～7mm，直生至短延生；菌孔角形，每毫米1～2个；菌柄中生，棒形，长6.2～8cm，粗6～23mm，上部黄色，下部红褐色，上有绒毛，有或无黑色小腺点，有条纹，柄基膨大，纤维质，实心。担孢子椭圆形至梭形，8～10 x 3.2～4μm，光滑，浅黄色；担子粗棒形，20～30 x 10～12μm，无色；侧生囊状体近纺锤形，26～40 x 9～10μm，不多，无色。

生境： 单生至群生于混交林中地上。

产地： 广东鼎湖山自然保护区。

分布： 河北、山西、辽宁、吉林、黑龙江、江苏、浙江、安徽、山东、河南、湖南、广东、广西、四川、贵州、云南、西藏、台湾。

讨论： 可食用，味较好。入药，可治大骨节病。

撰稿人：李泰辉

257 虎皮乳牛肝菌

乳牛肝菌科 Suillaceae

Suillus pictus (Peck) A.H.Sm. & Thiers, A Contribution Toward a Monograph of North American Species of Suillus: 31, 1964; —*Boletinus pictus* (Peck) Lj.N. Vassiljeva, 1978; —*Boletus pictus* Peck, Rep. 23: 128, 1898.

菌盖宽4～9.8cm，扁半球形至半球形，淡黄褐色，满布红褐色绒毛状鳞片；边缘内卷后平展，有或无菌幕残余；菌肉米黄色至淡黄褐色，伤后微变红；菌管深黄色至黄褐色，延伸；管口多角形，辐射状排列，伤变淡红色或淡褐色；菌柄黄褐色或土褐色，实心，具明显或不明显网纹，上部有残余菌环。担孢子8～11 x 3～4.5μm，椭圆形，无色到淡黄色，平滑，有时具有油滴；囊状体棒状，顶端钝或稍尖，无色，有淡褐色内含物。

生境： 秋季于松林地上散生至群生。

产地： 云南保山施甸。

分布： 内蒙古、吉林、黑龙江、江苏、西藏、云南。

讨论： 可食用，味较好。

撰稿人：李泰辉

256 点柄乳牛肝菌 *Suillus granulatus* (L.) Roussel　　摄影：曾念开

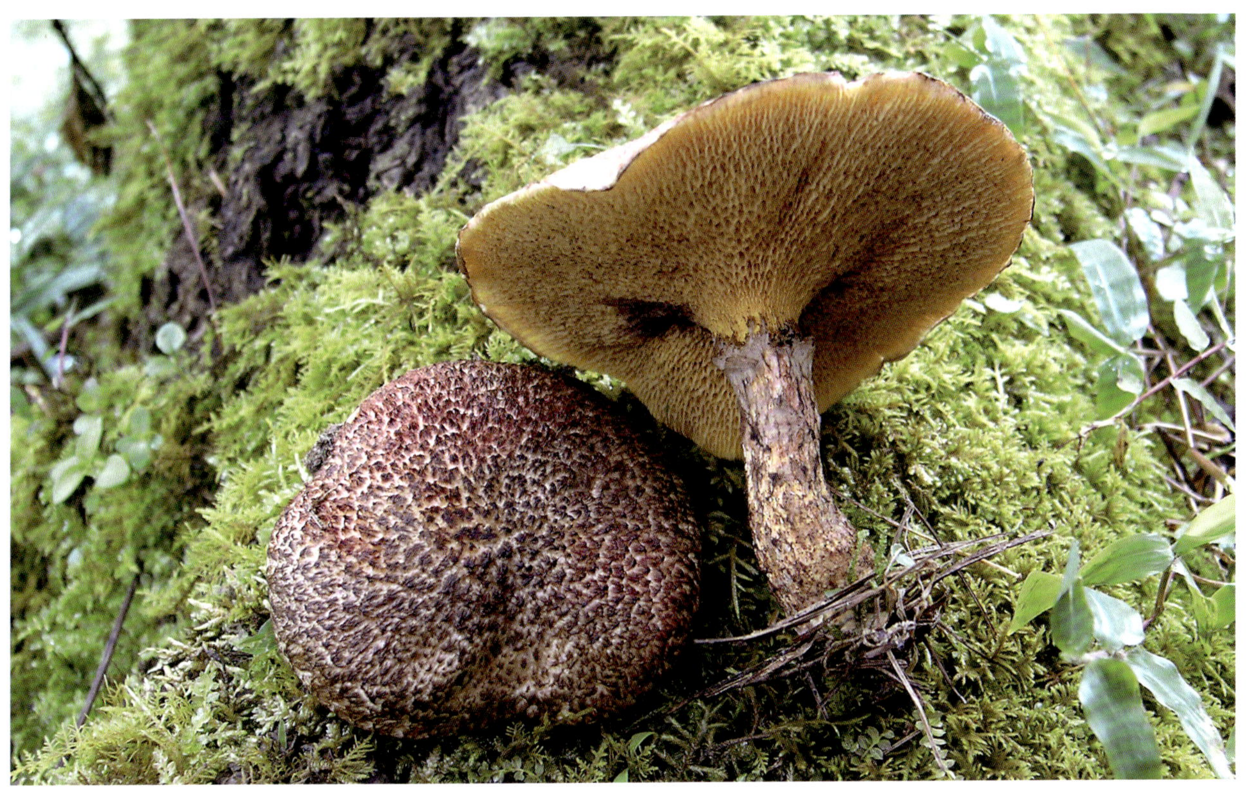

257 虎皮乳牛肝菌 *Suillus pictus* (Peck) A.H.Sm.& Thiers　　摄影：李泰辉

258 琥珀乳牛肝菌

乳牛肝菌科 Suillaceae

Suillus placidus (Bonord.) Singer, Farlowia 2: 42,1945; —*Boletus placidus* Bonord., Beitr. Mykol. 19: 204, 1861; —*Ixocomus placidus* (Bonord.) E.-J. Gilbert, Bolets (Paris): 134, 1931; —*Suillus plorans* subsp. *placidus* (Bonord.) Pilát,: pl. 7, 1961; —*Suillus plorans* subsp. *placidus* (Bonord.) Pilát, 2: pl. 7, 1959.

担子果较小；菌盖宽5～9cm，半球形，表面黏滑，黄白色，污黄色或带黄褐色，老后呈红褐色，幼时边缘有残留菌幕；菌肉白色，后渐变淡黄白色；菌管直生或延生，黄白色至污黄色，管口小，近角形；每mm2～4个，有乳白色至淡黄色小腺点，后变褐色小点；菌柄长4～6cm，粗0.8～1.5cm，近圆柱形，基部稍膨大，内实，初白色，后与菌盖同色，有乳白色至淡黄色小腺点，后变褐色小点。孢子印青褐色；孢子7.5～11 × 3.5～4.5μm，长椭圆形，无色到淡黄色，光滑，有时具有油滴。

生境： 夏秋季于松林中地上单生或群生。

产地： 广东封开黑石顶。

分布： 辽宁、吉林、辽宁、陕西、广东、四川、西藏、云南、香港。

讨论： 食后往往引起腹泻，但经浸泡、煮沸淘洗后可食用。属外生菌根菌，与松等形成菌根。

撰稿人：宋 斌

259 褐环乳牛肝菌

乳牛肝菌科 Suillaceae

Suillus luteus (L.) Roussel, Fl. Calvados Edn 2: 34, 1796; —*Boletus luteus* L., Sp. pl. 2: 1177, 1753; —*Ixocomus luteus* (L.) Quél., Fl. Mycol. France (Paris): 414, 1888.

菌盖宽3～8cm，初期扁半球形，后渐平展，肉褐色、黄褐色或褐色，极黏，光滑。菌肉白色，后为淡黄色；菌管初为鲜柠檬黄色，后变为棕黄色或芥黄色，呈蜂窝状排列，与菌柄直生或稍下延，在菌柄之周围稍凹陷；管孔小，多角形，有腺点；菌柄长2～6cm，粗1～1.5cm，近圆柱状，淡黄色至草黄色，有散生小腺点，菌环以下部分常变为浅褐色或浅丁香粉色，内实；菌环生于柄的上部，薄膜质，初为黄白色，后为浅褐色至褐色。孢子椭圆形或近梭形，淡黄色，光滑，7～9.5 × 3～3.6μm。孢子印黄褐色；囊状体棒形，无色至浅褐色，散生至丛生，22～38 × 3～8μm。

生境： 生针叶林或针阔混交林中地上。

产地： 广西十万大山自然保护区。

分布： 河北、辽宁、吉林、黑龙江、江苏、山东、湖南、广东、广西、贵州、云南、西藏。

讨论： 食用菌。

撰稿人：吴兴亮

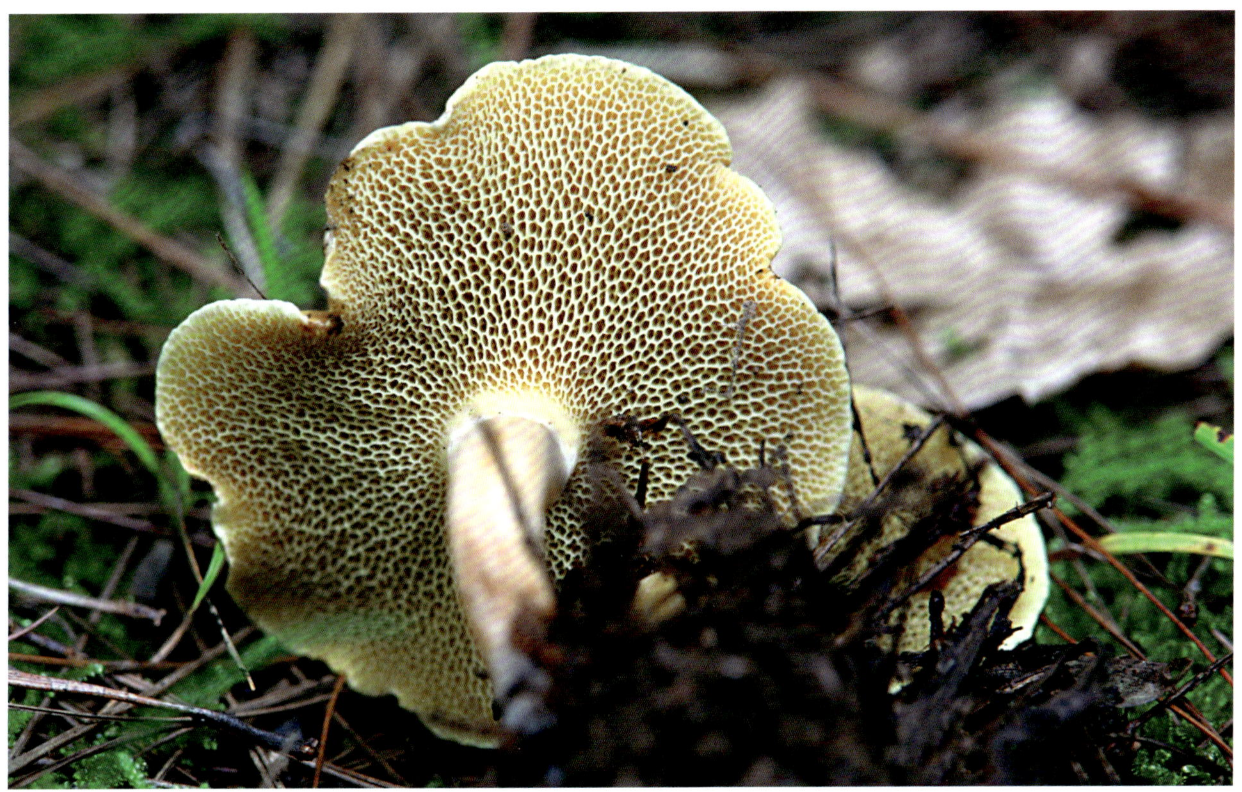

258 琥珀乳牛肝菌 *Suillus placidus* (Bonord.) Singer　　摄影：吴兴亮

259 褐环乳牛肝菌 *Suillus luteus* (L.) Roussel　　摄影：王绍能

260 黑毛小塔氏菌

小塔氏菌科 Tapinellaceae

Tapinella atrotomentosa (Batsch) Šutara, Česká Mykol. 46(1~2): 50,1992; —*Agaricus atrotomentosus* Batsch, Elench. Fung. Cont. Prima (Halle): 89 & Tab. 8, fig. 32, 1786; —*Paxillus atrotomentosus* (Batsch) Pers., Syn. Meth. Fung. (Göttingen): 472, 1801.

菌盖宽6~10cm，扁半球形，后平展，不粘或潮湿时微黏，污橙褐色、锈褐色至烟褐色，边缘同色或黄褐色，上密生细绒毛，这缘稍内卷；菌肉淡黄白色，无味道至微苦；菌褶浅黄白色至淡黄褐色，干后变黑褐色，稀疏，不等长，延生，有横脉，基部分叉；褶缘平滑；菌柄偏生，长3~5cm，粗1~2.5cm，圆柱形，基部略膨大，暗红褐色，上密生栗褐色长绒毛，实心。担孢子4.5~6.5 × 3~5μm，卵圆形至宽椭圆形，厚壁，光滑，浅黄锈色。

生境： 散生至丛生于阔叶林中腐木或倒木基部土。

产地： 广西十万大山自然保护区。

分布： 福建、广东、广西、海南、贵州、云南、西藏。

讨论： 据报道有毒，慎食。

撰稿人：吴兴亮

261 覆瓦假皱孔菌

小塔氏菌科 Tapinellaceae

Pseudomerulius curtisii (Berk.) Redhead & Ginns, Trans. Mycol. Soc. Japan 26(3): 372, 1985; —*Meiorganum curtisii* (Berk.) Singer, J. García & L.D. Gómez, Beih. Nova Hedwigia 98: 63, 1990; —*Paxillus curtisii* Berk., in Berkeley & Curtis, Ann. Mag. nat. Hist., Ser. 2 12: 423, 1853.

担子果中等，无菌柄，菌盖扁平，半圆形或扁形，平展，黄色，老后茶褐灰色，表面具细绒毛或光滑，边缘内卷，菌盖宽可达3~15cm；菌肉黄色，具强烈的腥臭气味；菌褶较密，波状，长短不一，分叉交织成网状，初期橘黄色，老后青色至深烟色。孢子印锈色，担孢子3~4 × 2~2.5μm，椭圆形，光滑，浅青黄色。

生境： 夏秋季在阔叶林等树木桩上覆瓦状生长。

产地： 云南保山施甸。

分布： 河南、山西、福建、广东、广西、四川、云南、西藏、香港。

讨论： 此菌不论新鲜或干燥时均有强烈的腥臭气味，一般无人采食，群众反映及文献记载认为有毒。

撰稿人：李泰辉

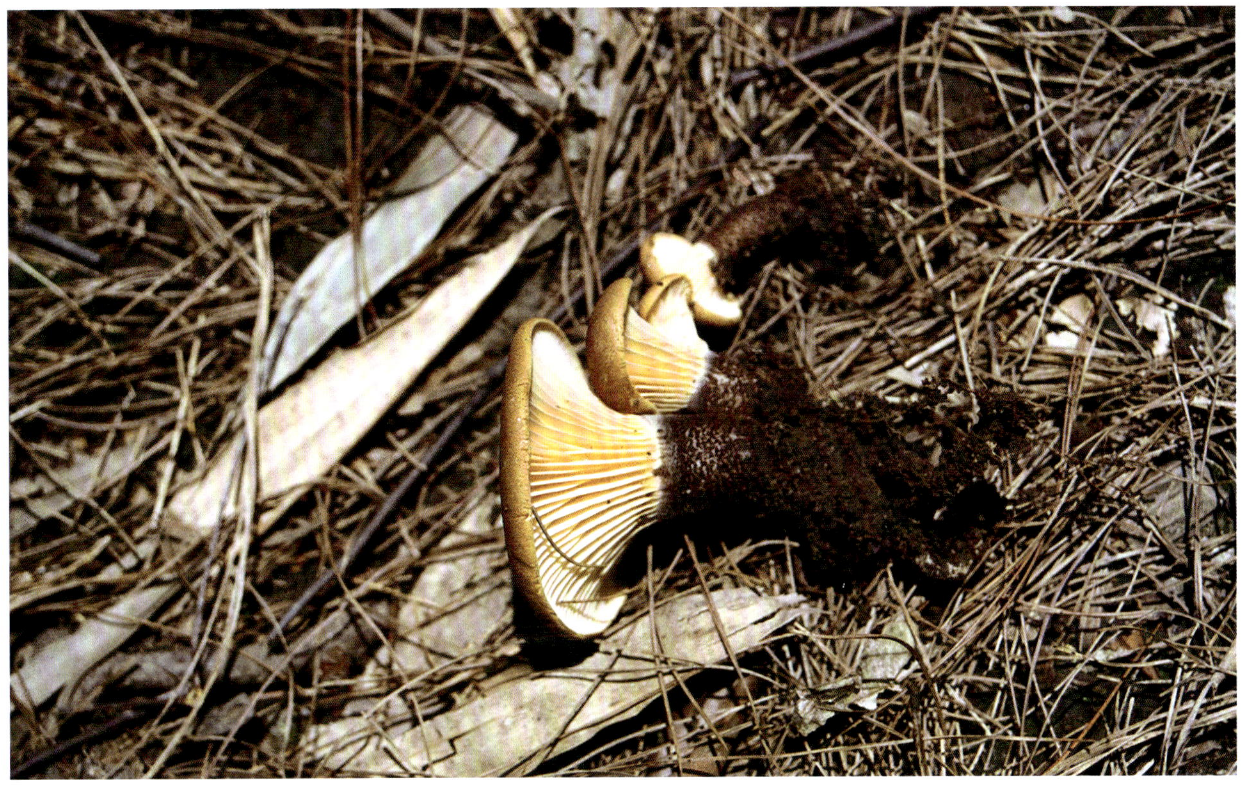

260 黑毛小塔氏菌 *Tapinella atrotomentosa* (Batsch) Šutara　　摄影：吴兴亮

261 覆瓦假皱孔菌 *Pseudomerulius curtisii* (Berk.) Redhead & Ginns　　摄影：李泰辉

262 树状滑瑚菌

滑瑚菌科 Aphelariaceae

Aphelaria dendroides (Jungh.) Corner, Ann.Bot.Mem.1: 182, 1950; —*Clavaria dendroides* Jungh., Praemissa in Floram Cryptogamicam Javae Insulae (Batavia): 33, 1838; —*Clavaria ornithopoda* Massee, Bull. Misc. Inf., Kew: 54, 1901; —*Lachnocladium dendroides* (Jungh.) Sacc. & P. Syd., Syll. Fung. (Abellini) 16: 213, 1902; —*Lachnocladium kurzii* Berk. ex Cooke, in Cooke, Grevillea 20(no. 93): 11, 1891; —*Merisma dendroides* (Jungh.) Lév., Annls Sci. Nat., Bot., Sér. 3 5: 157, 1846; —*Pterula dendroides* (Jungh.) Fr., Nova Acta R. Soc. Scient. upsal., Ser. 3 1: 117, 1851; —*Thelephora bidentata* Pat., Ann. Jard. Bot. Buitenzorg, suppl. 1(Suppl.): 115, 1897; —*Tremellodendropsis lurida* (Kalchbr.) R.H. Petersen, Mycotaxon 29: 63, 1987.

担子果高3.5～5.5cm，上部黄白色，下部黄白色或黄褐色，革质，扭曲；柄长10～15mm，粗1～2mm。下部呈3～4次分枝，上部双叉分枝，枝端尖长；菌肉味道苦，有腥气味；孢子广椭圆形至近球形，7～10 × 6.5～8μm，光滑，无色至微黄色，内含无数油球；囊状体缺；担子棒形，50～60 × 8～12μm，2个孢子，近无色，小梗长7～8μm。

生境： 单生至散生于阔叶林中地上。

产地： 广东阳春鹅凰嶂红花潭。

分布： 广东、海南、云南、西藏。

讨论： 食用性和毒性未明。

撰稿人：宋 斌

263 鸡油菌

鸡油菌科 Cantharellaceae

Cantharellus cibarius Fr., Syst. Mycol. (Lundae) 1: 318, 1821; —*Agaricus chantarellus* L., Sp. pl. 2: 1171, 1753; —*Cantharellus vulgaris* Gray, Nat. Arr. Brit. Pl. (London) 1: 636, 1821; —*Craterellus cibarius* (Fr.) Quél., Fl. Mycol. France (Paris): 37, 1888; —*Cantharellus cibarius* f. *neglectus* Souché, Bull. Soc. Mycol. Fr. 20: 39, 1904; —*Cantharellus cibarius* f. *pallidus* R. Schulz, in Michael & Schulz, Führer für Pilzfreunde (Zwickau) 1: pl. 82, 1924; —*Cantharellus pallens* Pilát, Acad. Republ. Pop. Romine: 600, 1959.

担子果肉质，高4～10cm，全菌杏黄色或鸡油黄色；菌盖初期内卷呈凸型，后展开，由于边缘高举形成中间下凹，呈喇叭形，直径3～8cm，光滑，边缘厚而纯，呈波浪状，内卷且常有瓣裂；菌肉浅黄色，较厚；菌褶狭窄，棱脊状，稀疏，下延至柄部，分叉或相互交织；菌柄内实，圆柱形或向下渐细狭，光滑。担孢子椭圆形，光滑，7～10 × 5～6.5μm。

生境： 生于阔叶林中地上。

产地： 广西十万大山自然保护区，海南尖峰岭、五指山、霸王岭、吊罗山自然保护区。

分布： 安徽、福建、湖北、湖南、广东、海南、四川、贵州、云南、陕西、甘肃。

讨论： 是著名的世界性食用菌。据报道，该菌具有抗癌活性，对癌细胞有一定的抑制作用。

撰稿人：吴兴亮

262 树状滑瑚菌 *Aphelaria dendroides* (Jungh.) Corner　　摄影：李泰辉

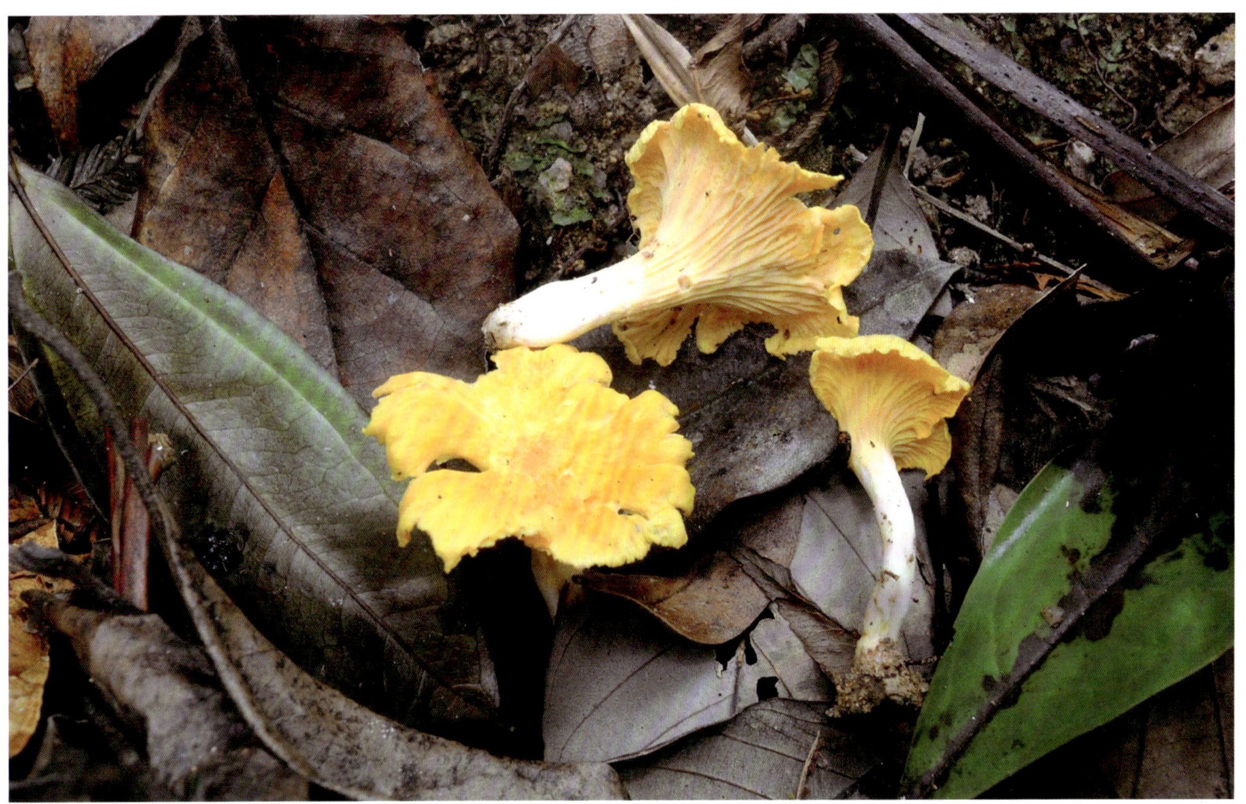

263 鸡油菌 *Cantharellus cibarius* Fr.　　摄影：吴兴亮

264 红鸡油菌

鸡油菌科 Cantharellaceae

Cantharellus cinnabarinus (Schwein.) Schwein., Trans. Am. Phil. Soc., New Series 4(2): 153, 1832; —*Agaricus cinnabarinus* Schwein., Schr. Naturf. Ges. Leipzig 1: 73, 1822; —*Chanterel cinnabarinus* (Schwein.) Murrill, Mycologia 5(5): 258, 1913; —*Hygrophorus cinnabarinus* (Schwein.) Sacc. Syll. Fung.5: 414, 1887.

菌盖宽2～5cm，初半球形，后中凹状，最终成漏斗形，肉质，肉红色至橙红色，被白色绒毛，边缘初内卷，后下垂；菌肉呈肉红色，近柄处厚1—2mm，边缘处很薄，几消失，无味道；子实层体黄白色，有纵棱，纵棱分叉，较密有横脉，几成网状，延生；菌柄中生至偏生，棒形，长10～26mm，近柄顶处粗1.5～7μm，被白色绒毛，上有条纹，近肉质，实心，后空心。担孢子印白色；担孢子卵圆形至短圆柱形，7～8.5 x 4～6μm，光滑，无色；担子棒形，18～23 x 6～8μm，无色，4个孢子；子实层体菌髓非平行；盖外皮层菌丝管状，有分枝，交错；菌肉菌丝无色至浅黄色，有锁状联合。

生境：生于混交林中地上。

产地：广东鼎湖山国家级自然保护区。

分布：江苏、浙江、安徽、广东、四川、贵州、西藏。

讨论：食用菌。该菌幼嫩时脆香味浓，味美可口。

撰稿人：吴兴亮

265 小鸡油菌

鸡油菌科 Cantharellaceae

Cantharellus minor Peck, Ann. Rep. Reg. St. N.Y. 23: 122, 1872; —*Merulius minor* (Peck) Kuntze, Revis. Gen. pl. (Leipzig) 2: 862, 1891.

担子果小，肉质，高0.7～25mm，呈喇叭形，全菌杏黄色或鸡油黄色；菌盖初期内卷呈凸型，后展开，由于边缘高举形成中间下凹，光滑，边缘厚而纯，呈波浪状，内卷且常有瓣裂；菌肉浅黄色，较厚；菌褶狭窄，棱脊状，稀疏，下延至柄部，分叉或相互交织；菌柄内实，后变中空，直径1.5～3.5mm，粗2～5mm，圆柱形或向下渐细狭，往往弯曲，光滑。担孢子椭圆形至卵圆形，光滑，6.5～8 x 4.5～5.5μm，有尖突，内含多个油滴。

生境：生于阔叶林中地上。

产地：海南尖峰岭、五指山、霸王岭、吊罗山自然保护区。

分布：江苏、福建、湖南、广东、广西、海南、四川、贵州、云南、陕西。

讨论：食味与鸡油菌*Cantharellus cibarius* Fr.相同。

撰稿人：吴兴亮

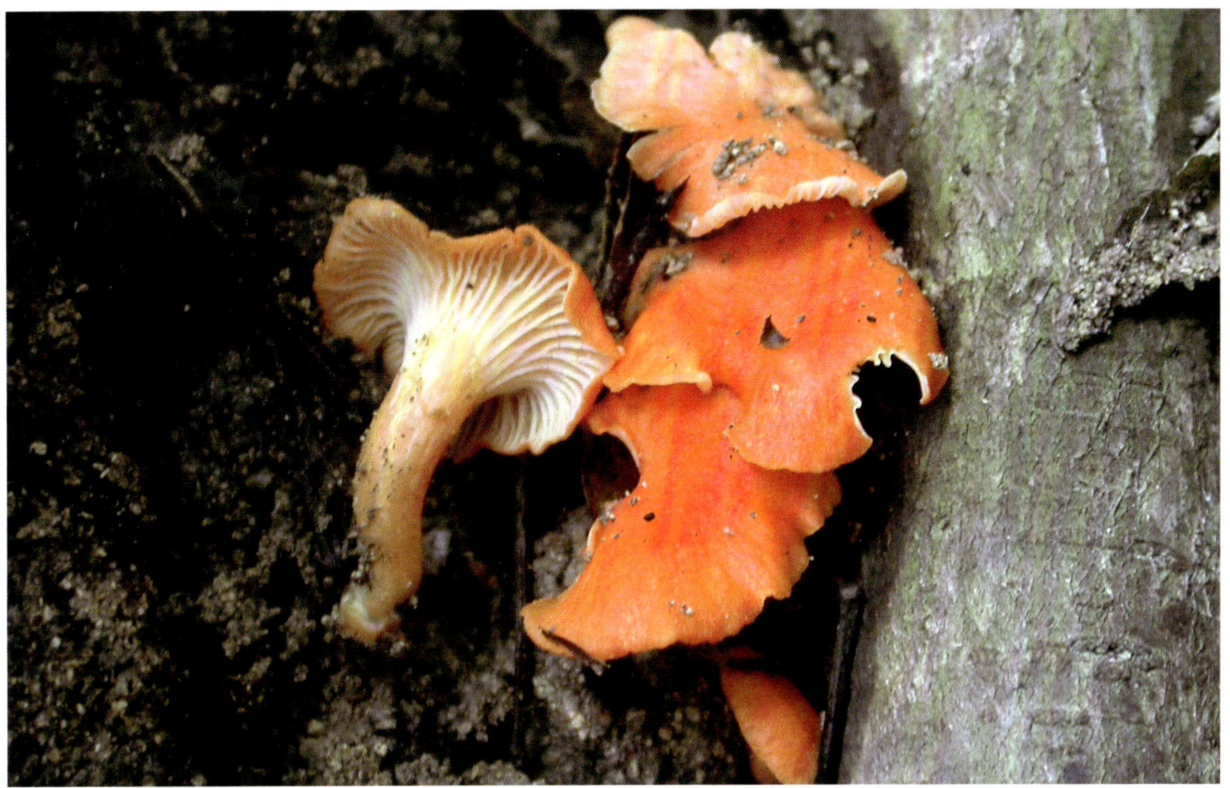

264 红鸡油菌 *Cantharellus cinnabarinus* (Schwein.) Schwein. 摄影：曾念开

265 小鸡油菌 *Cantharellus minor* Peck 摄影：吴兴亮

266 淡黄鸡油菌 鸡油菌科 Cantharellaceae

Cantharellus tubaeformis (Bull.) Fr., Syst. mycol. (Lundae) 1: 319, 1821; —*Peziza undulata* Bolton, Hist. fung. Halifax (Huddersfield) 3: 105, 1789; —*Helvella tubaeformis* Bull., Herb. France (Paris) 10: pl. 461, 1790; —*Helvella cantharelloides* Bull., Herb. France (Paris) 10: pl. 473, 1790; —*Agaricus cantharelloides* Sowerby, Col. fig. Engl. fung. (London) 1: pl. 47, 1796; —*Merulius lutescens* Pers., Syn. meth. fung. (Göttingen) 1: 489, 1801; —*Cantharellus tubaeformis* var. *lutescens* (Pers.) Fr., Epicr. syst. mycol. (Uppsala): 366, 1838; —*Cantharellus infundibuliformis* (Scop.) Fr., Epicr. syst. mycol. (Uppsala): 366, 1838; —*Craterellus lutescens* (Pers.) Fr., Epicr. syst. mycol. (Uppsala): 532, 1838; —*Cantharellus infundibuliformis* var. *subramosus* Bres., Fung. trident. 1: tab. 97, 1881.

菌盖呈漏斗形、喇叭形，直径2～8cm；初黄褐色、橄榄黄色后呈深橄榄褐色，盖表光滑，初微粘，中央的漏斗下陷至柄的中下部；菌肉薄，淡黄色；子实层乳白色，有分叉的隆起脉络从菌盖边缘的下部延伸到柄部，老后，子实层近于平展，几呈革菌状；菌柄中生，中空，外表光滑，淡黄色，老后呈深黄色；脆骨质，易纵长撕裂。担孢子长圆形，一端偏斜，两侧面不等长，一端有钝尖突出，6～11 × 5～7μm，中央具有一明显油滴，透明，无色泽，孢壁光滑而薄。

生境：生于林缘地上。

产地：广西大瑶山国家级自然保护区。

分布：湖南、福建、广西、四川、贵州、云南、西藏、陕西。

讨论：食用菌。

撰稿人：吴兴亮

267 金黄喇叭菌 鸡油菌科 Cantharellaceae

Craterellus aureus Berk. & M.A. Curtis, Proc. Amer. Acad. Arts & Sci. 4: 123, 1860; —*Cantharellus aureus* (Berk. & M.A. Curtis) Bres., Hedwigia 53: 46, 1913; —*Cantharellus diamesus* (Ricker) Pat., Annals Cryptog. Exot. 1: 18, 1928; —*Craterellus laetus* Pat. & Har., Bull. Soc. Mycol. Fr. 28: 282, 1912; —*Thelephora diamesa* Ricker, Philipp. J. Sci., C, Bot. 1: 284, 1906; —*Trombetta aurea* (Berk. & M.A. Curtis) Kuntze, Revis. gen. pl. (Leipzig) 2: 873, 1891.

担子果一年生，丛生；菌盖口部直径约2～5cm，高约3～8cm，呈喇叭形，鲜黄色；边缘薄，波状，向下卷曲，瓣裂；菌肉薄，黄鲜色；子实层面鲜时黄色，平滑。担孢子7～10 × 5.5～7.5μm，椭圆形，光滑，无色。

生境：生于阔叶林中地上。

产地：海南吊罗山、尖峰岭自然保护区；广西大瑶山自然保护区。

分布：福建、广东、广西、海南、云南、西藏。

讨论：食用菌，味道鲜美。

撰稿人：吴兴亮

266 淡黄鸡油菌 *Cantharellus tubaeformis* (Bull.) Fr.　　摄影：吴兴亮

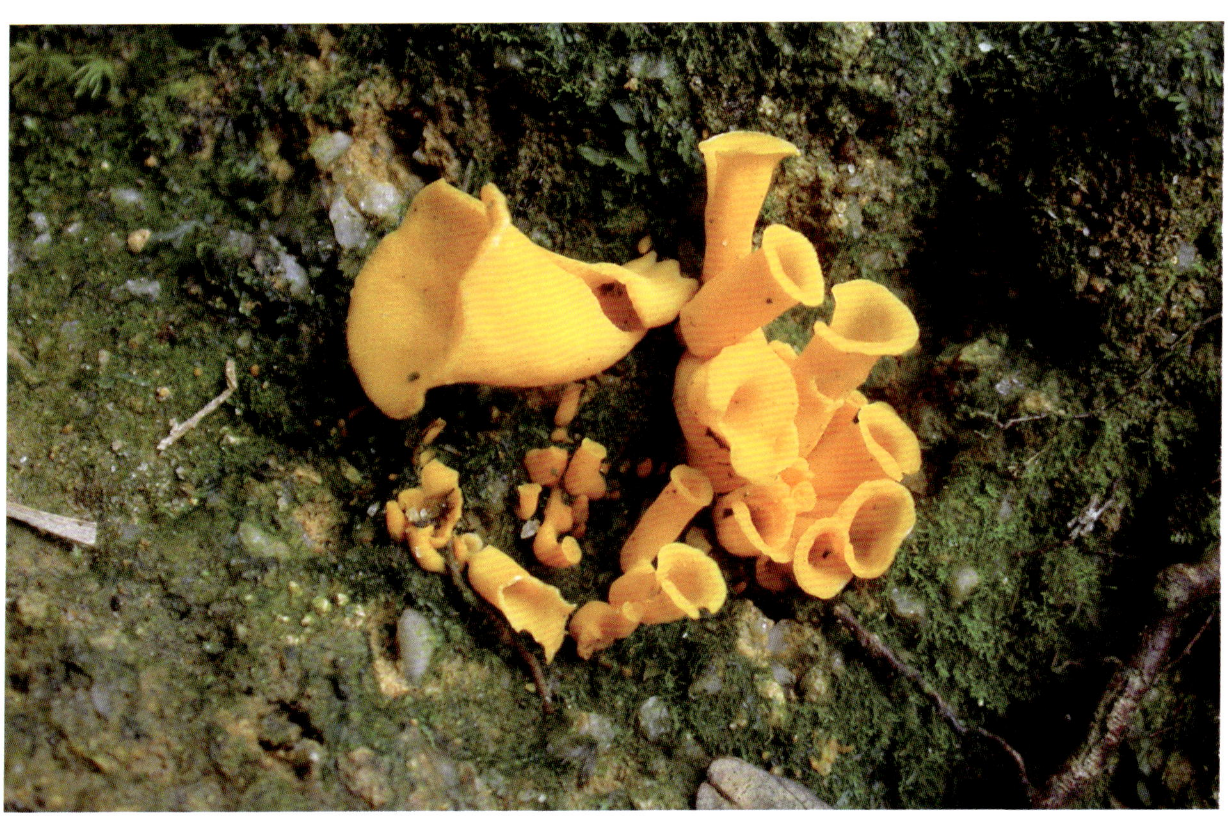

267 金黄喇叭菌 *Craterellus aureus* Berk. & M.A. Curtis　　摄影：曾念开

268 灰喇叭菌

鸡油菌科 Cantharellaceae

Craterellus cornucopioides (L.) Pers., Mycol. Eur. (Erlanga) 2: 5, 1825; —*Merulius purpureus* With., Bot. Arr. Brit. pl. Edn 2 (London) 3: 280, 1792; —*Merulius cor nucopioides* (L.) Pers., Syn. Meth. Fung. (Göttingen) 2: 491, 1801; —*Cantharellus cornucopioides* (L.) Fr., Syst. Mycol. (Lundae) 1: 321, 1821.

担子果高2～8cm，菌盖号角形或深漏斗形，中部深深地凹陷至基部，直径2.5～8.5cm，浅棕灰色或灰褐色，有细小鳞片，盖薄，半膜质，边缘波浪状，瓣裂或不规则地下卷；子实层灰紫色，平滑或有皱纹；菌柄与菌盖的分界不甚明显，菌柄长1.5～3cm，粗3～7mm，黑褐色，平滑，中空。孢子无色，光滑，椭圆形，10～13 × 6～8μm。

生境： 生于阔叶林中地上。

产地： 海南吊罗山、尖峰岭自然保护区；广西大瑶山自然保护区。

分布： 吉林、江苏、安徽、福建、江西、湖南、广东、广西、海南、云南、西藏、陕西。

讨论： 食用菌。该菌含水较少，柔中有脆，味美可口。含有亮氨酸、缬氨酸、赖氨酸、甘氨酸、谷氨酸、天门冬氨酸、丁氨酸等15种氨基酸，其中6种为人类必需氨基酸。

撰稿人：吴兴亮

269 地衣珊瑚菌

锁瑚菌科 Clavulinaceae

Multiclavula clara (Berk. & M.A. Curtis) R.H. Petersen, Am. Midl. Nat. 77: 217, 1967; —*Clavaria clara* Berk. & M.A. Curtis, J. Linn. Soc., Bot. 10(no. 46): 338, 1868; —*Clavaria flavella* Berk. & M. A. Curtis, J. Linn. Soc., Bot. 10(no. 46): 338, 1868; —*Clavulinopsis flavella* (Berk. & M.A. Curtis) Corner, Monograph of *Clavaria* and Allied Genera (Annals of Botany Memoirs No. 1): 365, 1950.

担子果不分枝，细长，高3～4cm，粗0. 1 ～0. 2 cm，黄色至橙黄色，呈棒状，顶部和基部变尖，直立或弯曲；近有柄或柄不明显，基部稍膨大；菌肉淡黄色，内实。担孢子近椭圆形，6.5～8 × 3.3～4.5μm，光滑，无色。

生境： 散生至群生于绿藻上。

产地： 海南霸王岭、尖峰岭自然保护区；广西九万大山自然保护区。

分布： 湖南、福建、广西、海南、贵州、云南。

讨论： 数枚担子果与绿藻丛生一起。

撰稿人：吴兴亮

268 灰喇叭菌 *Craterellus cornucopioides* (L.) Pers. 摄影：曾念开

269 地衣珊瑚菌 *Multiclavula clara* (Berk. & M.A. Curtis) R.H. Petersen 摄影：吴兴亮

270　美味齿菌　　齿菌科　Hydnaceae

Hydnum repandum L., Sp. pl. 2: 1178, 1753; —*Dentinum repandum* (L.) Gray, Nat. Arr. Brit. Pl. (London) 1: 650, 1821; —*Hydnum aurantium* Raf., J. Bot. (Desvaux) 1: 237, 1813; —*Hydnum flavidum* Schaeff., Fung. Bavar. Palat. 4: 99, 1774; —*Hydnum medium* Pers., Observ. Mycol. (Lipsiae) 2: 97, 1800.

菌盖扁半球形至扁平，往往不规则，直径3～10cm，表面平滑，乳黄色、浅肉色、浅黄色，边缘初期向内卷，后向上翘；菌肉近白色；菌刺锥形，近乳黄白色或与浅肉色；菌柄柱形，与盖同色，长2～8cm，粗0.5～2cm，外部纤维质，内部海锦质，后中空。担孢子近球形，无色，光滑，7～9×6.5～7.5μm；孢子印白色。

生境： 生于林地上。

产地： 广西十万大山国家级自然保护区。

分布： 广西、贵州、云南。

讨论： 食用菌。

撰稿人：吴兴亮

271　丛生地星　　地星科　Geastraceae

Geastrum caespitosus (Lloyd) Lloyd, Sacc. Syll. Fung. 16: 744, 1907.

担子果丛生，由菌丝索固定在地面上，近球形至卵形，尖端突起，未开裂前直径12～15mm，外包被基部袋形，上半部分裂为6～7瓣，外侧有密绒毛或粗毛，锈褐色，内侧淡烟色至浅烟色；内包被无柄，薄浅烟色；嘴部平滑，明确，色较浅。孢子褐色，球形，具细微小疣，直径3～3.5μm。

生境： 林内地上

产地： 广东阳春鹅凰嶂。

分布： 湖南、广东

讨论： 丛生地星小型，外包被相对较厚，外表面有明显绒毛或粗毛。

撰稿人：李泰辉

272　桃红色胶鸡油菌　　钉菇科　Gomphaceae

Gloeocantharellus persicinus T.H. Li, Chun Y. Deng & L.M. Wu, in Chun Y. Deng, T. H. Li & Mycotaxon, 106: 450. 2008.

菌盖长3.8～7cm, 直径3.5～6cm, 凸镜形至扁平, 或呈浅漏斗状, 表面干性, 橙红色或浅橙红色, 边缘波状或瓣裂, 初期内卷; 菌肉白色, 伤不变色, 干后变黄褐色; 菌褶白色带黄呈乳黄色, 且带微青灰色, 干后呈烟灰色或青褐色, 延生, 不等长, 密, 褶缘平滑; 菌柄中生至偏生, 长4～4.5cm, 直径0.9～1.1cm, 圆柱形, 基部稍细, 白带粉红色至浅黄带点红色, 与菌盖色相近或稍浅。担孢子4.5～5×7.23～12μm, 长椭圆形, 粗糙, 褐色或黄褐色; 担子7～8×29～36μm, 棒形, 小梗长5～8μm; 子实层中的产油菌丝4.82～7.23×43～52μm, 褐色。

生境： 生于林中地上。

产地： 广东阳春鹅凰嶂红花潭。

分布： 广东。

讨论： 食毒不明。

撰稿人：李泰辉

270 美味齿菌

Hydnum repandum L.

摄影：吴兴亮

271 丛生地星

Geastrum caespitosus (Lloyd) Lloyd

摄影：李泰辉

272 桃红色胶鸡油菌

Gloeocantharellus persicinus T.H. Li, Chun Y. Deng & L. M. Wu

摄影：李泰辉

273 毛钉菇

钉菇科 Gomphaceae

Gomphus floccosus (Schwein.) Singer, Lloydia 8: 140, 1945; —*Cantharellus canadensis* Klotzsch ex Berk., Ann. Mag. Nat. Hist., Ser. 1 3: 380, 1839; —*Cantharellus floccosus* Schwein., Trans. Am. Phil. Soc., Ser. 2 4(2): 153,1832; —*Cantharellus princeps* Berk. & M.A. Curtis, Ann. Mag. Nat. Hist., Ser. 3 4(no. 22): 293, 1859; —*Chanterel floccosus* (Schwein.) Murrill, N. Amer. Fl. (New York) 9(3): 168, 1910; —*Craterellus canadensis* (Klotzsch ex Berk.) Sacc., in Berkeley, Syll. Fung. (Abellini) 6: 519, 1888; —*Gomphus canadensis* (Klotzsch ex Berk.) Corner, Ann. Bot. Mem. 2: 116, 1966; —*Merulius floccosus* (Schwein.) Kuntze, Revis. Gen. pl. (Leipzig) 2: 862, 1891; —*Merulius princeps* (Berk. & M.A. Curtis) Kuntze, Revis. gen. pl. (Leipzig) 2: 862, 1891; —*Nevrophyllum floccosum* (Schwein.) R. Heim, Revue Mycol., Paris 19: 51, 1954; —*Trombetta canadensis* (Klotzsch ex Berk.) Kuntze, Revis. Gen. pl. (Leipzig) 2: 873, 1891.

担子果中等大，喇叭状；菌体高达10～15cm；菌盖宽达8～10cm，表面有橙褐红色大鳞片；菌肉厚而白色；菌柄细长，后期内部呈管状；菌褶厚而窄似棱状，在菌柄延生或相互交织。担孢子12～16 × 6～7.5μm，形状椭圆形，初期光滑，成熟后表面粗糙，淡黄色或近无色。

生境：在阔叶或针叶林中地上成群或单独生长。

产地：云南保山施甸。

分布：山东、湖南、湖北、福建、广西、广东、四川、贵州、云南、西藏、陕西、台湾。

讨论：此菌在许多地区采食，但在云南曾报道食后会中毒，引起胃肠道病症。

撰稿人：李泰辉

274 浅褐钉菇

钉菇科 Gomphaceae

Gomphus fujisanensis (S. Imai) Parmasto, Identification of URSS Clavariaceae: 28, 1965; —*Cantharellus fujisanensis* S. Imai, Bot. Mag., Tokyo 60: 519, 1941.

担子果中等大，喇叭状；菌体高8～10cm；菌盖宽4～8cm，近肉色、浅土黄色或淡褐色，表面有红褐色大鳞片；菌肉污白色；菌褶污黄白色，厚而窄似曲折棱状，在菌柄延生或相互交织，菌柄粗0.8～1.2cm，与菌盖无明显界线，菌盖中央呈管状向基部延伸，近淡肉色、浅土黄色或淡褐色。担孢子12～14 × 6～8μm，近椭圆形，初期光滑，成熟后表面具细小的疣，近无色。

生境：在阔叶林中地上成群生长。

产地：广西十万大山自然保护区。

分布：广西、云南。

讨论：有毒。

撰稿人：吴兴亮

273 毛钉菇 *Gomphus floccosus* (Schwein.) Singer　　摄影：李泰辉

274 浅褐钉菇 *Gomphus fujisanensis* (S. Imai) Parmasto　　摄影：吴兴亮

275 东方钉菇

钉菇科 Gomphaceae

Gomphus orientalis R.H. Petersen & M. Zang, in Zang, Li & Xi, [Fungi of the Henguan Mountains, The Comprehensive Scientific Expedition to the Qinghai-Xizang Plateau, Chinese Academy of Sciences] (Beijing): 181, 1996.

担子果散生至群生，喇叭形、漏斗形，菌体高8～15cm；菌盖宽5～12cm，菌表具细毛绒，紫色，与下延的柄部均呈紫色;菌肉白至淡紫色，尝后无特殊气味;子实层面具纵长而分叉的脊纹，由盖缘下延至柄的中上部；分叉的脊幅直径窄不等，有时结联成迷路状，紫色。担孢子椭圆形，10～14.5 x 5～7.5μm，壁有脊状突起的纹饰，纹饰的点、条排列较稀疏。

生境： 生于针阔叶树混交林下。

产地： 广西九万大山国家自然保护区。

分布： 广西、贵州、云南。

讨论： 食用菌，菌肉脆嫩，食味超过鸡油菌，是上品食用菌，菌肉有浓香野菌气味。

撰稿人：吴兴亮

276 萎垂枝瑚菌

钉菇科 Gomphaceae

Ramaria flaccida (Fr.) Bourdot, Rev. Sci. Bourb. Centr. Fr. 11: 235, 1898; —*Clavaria flaccida* Fr., Syst. Mycol. (Lundae) 1: 471, 1821.

担子果丛状直立分枝，基部分枝较稀疏，中上部分枝开始逐渐密集，渐向上渐趋于挺直；基部多形成粗团块状；菌株高6～12cm，直径5～8cm；外表初呈乳白色，而渐呈淡褐色，或淡肉红色；菌轴基部白色；顶端分枝多较细长，不扭曲，排列较为整齐。担孢子椭圆形，6.5～8.5 x 3.5～5μm，具一突起的尖部，孢壁具突出的棘刺，棘刺0.2μm高。

生境： 多见于针阔叶混交林下。

产地： 广东台山、肇庆。

分布： 广东、四川、贵州、云南、西藏。

讨论： 食用菌。

撰稿人：吴兴亮

277 淡红枝瑚菌

钉菇科 Gomphaceae

Ramaria hemirubella R. H. Petersen & M. Zang, Acta Bot. Yunn. 8(3): 285, 1986.

担子果高达15cm，直径达10cm；菌柄粗壮、单一，直径达2～5cm，近白色，菌肉白色，伤不变色；主枝分为2～3枝，近白色至米色；顶枝柔弱，淡粉红色。担子棒状，具4小梗，基部有锁状联合；担孢子 9.5～11.5 × 4.5～5μm，长椭圆形至近圆柱状，表面有斜向、近平行的条状纹饰。

生境： 夏秋季生于针阔混交林中地上。

产地： 云南西双版纳勐腊县勐仑。

分布： 贵州、云南。

讨论： 本种可食，是滇南及滇中的重要野生食用菌，现知分布于中国西南热带和亚热带地区。

撰稿人：杨祝良

275 东方钉菇

Gomphus orientalis
R.H. Petersen & M. Zang

摄影：吴兴亮

276 萎垂枝瑚菌

Ramaria flaccida (Fr.) Bourdot

摄影：吴兴亮

277 淡红枝瑚菌

Ramaria hemirubella
R. H. Petersen & M. Zang

摄影：杨祝良

278 印滇丛枝瑚菌 钉菇科 Gomphaceae

Ramaria indoyunnaniana R.H. Petersen & M. Zang [as 'indo-yunnaniana'], Acta Bot. Yunn. 8(3): 287,1986.

担子果高4～8cm，宽2～6cm；从基部向上分枝，枝表光滑；主枝短，向上分枝，近白色；菌体白色至乳白色，末端淡粉红色至淡玫瑰红色，老后下端主茎处呈淡赭褐色；菌肉白色至乳白色，伤不变色。担孢子7.2～8.3×4.3～5μm，卵圆形，微弯曲，近蚕豆形，脐上区弯曲，芽孔管侧生呈乳头状突起。

生境：生于松属和壳斗科植物的混交林下地上。

产地：云南思茅。

分布：贵州、云南。

讨论：食用菌，肉质较细，煮熟后有清香味，味色均较佳。

撰稿人：吴兴亮

279 红柄丛枝瑚菌 钉菇科 Gomphaceae

Ramaria sanguinipes R.H. Petersen & M. Zang, Acta Bot. Yunn. 8(3): 289, 1986.

担子果呈庞大直径阔的丛状分枝状，基部有较大的主轴，向上呈多回分枝；枝的顶端分枝较密集，但不是太密集，分枝的末端微钝，全株中部以上的分枝较多而近于直立；株高8～14cm，直径6～15cm；全株初为象牙白色，奶烙黄色，枝顶端或近顶端有紫红色斑点，或枝上部呈淡紫红色；主轴和茎部用手擦磨或其他外伤均变成深紫红色，故野外菌株受动物或风雨袭击后，其柄部明显呈深紫红色或红褐色；菌肉白色，伤后亦显淡紫红色。担孢子椭圆形至长卵圆形，9.4～11.5×4.3～5μm，一端脐状弯尖，孢壁脊突高0.7～0.8μm，呈斑点状，弯条状。

生境：多生于松栎混交林地。

产地：云南思茅。

分布：贵州、云南。

讨论：食用菌。

撰稿人：宋　斌

280 枝瑚菌 钉菇科 Gomphaceae

Ramaria stricta (Pers.) Quél., Fl. Mycol. France (Paris): 464, 1888; —*Clavaria stricta* Pers., Comment. Fungis Clavaeform: 45, 1797; —*Clavaria condensata* Fr., Epicr. Syst. Mycol. (Uppsala): 575, 1838; —*Clavariella condensata* (Fr.) P. Karst., Ryssl., Finl. Skandin. Halföns. Hattsvamp. (Helsingfors) 37: 184, 1882; —*Ramaria condensata* (Fr.) Quél., Fl. Mycol. France (Paris): 467, 1888.

担子果高3～8cm，浅肉色、淡黄色，下部近土黄色，干后浅褐色；柄明显，长1～2.5cm，不规则地多回双叉分枝，形成直立细而密的小枝，最终尖端有2～3个小齿，浅黄色；菌肉白色或带浅黄色，内实。担孢子近无色或带浅黄褐色，近光滑或略粗糙，椭圆形，6.5～10×3.5～5μm。

生境：群生于阔叶树腐木上。

产地：广西十万大山自然保护区，海南霸王岭自然保护区。

分布：河北、山西、吉林、黑龙江、安徽、广东、广西、海南、贵州、云南、西藏。

讨论：食用菌。

撰稿人：吴兴亮

278 印滇丛枝瑚菌

Ramaria indoyunnaniana R.H. Petersen & M. Zang

摄影：吴兴亮

279 红柄丛枝瑚菌

Ramaria sanguinipes R.H. Petersen & M. Zang

摄影：李泰辉

280 枝瑚菌

Ramaria stricta (Pers.) Quél.

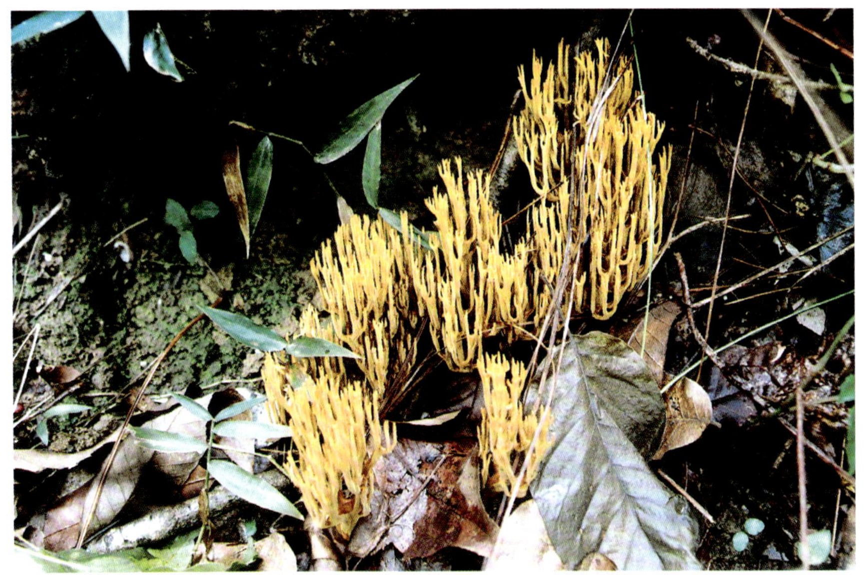

摄影：吴兴亮

281 肉桂色集毛菌

刺革菌科 Hymenochaetaceae

Coltricia cinnamomea (Jacq.) Murrill, Bull. Torrey Bot. Club 31(6): 343, 1904; —*Coltricia oblectans* (Berk.) G. Cunn., Bull. N.Z. Dept. Sci. Industr. Res., Pl. Dis. Div. 77: 3, 1948; —*Coltricia parvula* (Klotzsch) Murrill, Bull. Torrey bot. Club 31(6): 345, 1904; —*Microporus cinnamomeus* (Jacq.) Kuntze, Revis. gen. pl. (Leipzig) 3(2): 495, 1898; —*Pelloporus cinnamomeus* (Jacq.) Quél., Fl. mycol. (Paris): 402, 1888; —*Polyporus bulbipes* Fr., Pl. Preiss. 2: 135, 1847.

担子果散生或群生，菌盖宽2.5～5.5cm，革质，近圆形，薄，中部脐状或近漏斗形，肉桂色、褐色、污红褐色至深红褐色，有微细绒毛和明显的环纹，有时有辐射条纹，边缘薄而锐；菌肉与菌盖同色，厚0.1～0.2cm；菌管长约0.1cm，管口色与菌盖同色，多角形；菌柄中生，圆柱形，与菌盖同色，有细绒毛，长2～3cm，粗0.2～0.4cm。担孢子长方椭圆形，光滑，6～6.5 × 4～5μm。

生境： 生于阔叶林中地上。

产地： 广西花坪国家级自然保护区。

分布： 福建、湖南、广东、广西、四川、贵州、云南。

讨论： 肉桂色集毛菌*Coltricia cinnamomea* (Jacq.) Murrill是亚热带最常见种。

撰稿人：吴兴亮

282 多年生集毛菌

刺革菌科 Hymenochaetaceae

Coltricia perennis (L.) Murrill, J. Mycol. 9: 91, 1903; —*Boletus subtomentosus* sensu Bolton [Hist. Fung. Halifax 2: 87, 1788; —*Boletus perennis* L., Sp. pl. 2: 1177, 1753; —*Coltricia connata* Gray, Nat. Arr. Brit. Pl. (London) 1: 644, 1821; —*Polyporus perennis* (L.) Fr., Syst. Mycol. (Lundae) 1: 350, 1821; —*Polystictus perennis* (L.) P. Karst., Meddn Soc. Fauna Flora fenn. 5: 39, 1879.

担子果散生或群生，菌盖宽3～4.5cm，革质，干后硬，近圆形，薄，中部脐状或近漏斗形，土黄色、浅褐色至锈褐色，有微细绒毛和明显的环纹，有时有辐射条纹，边缘薄而锐，内卷；菌肉与菌盖同色，厚0.1～0.2cm；菌管长约0.1cm，管口色较菌盖稍深，多角形；菌柄中生，圆柱形，与菌盖同色或咖啡色，有细绒毛，长2～3cm，粗0.2～0.4cm。担孢子长方椭圆形，光滑，6～7.5 × 4～5μm。

生境： 生于阔叶林中地上。

产地： 广西十万大山国家级自然保护区。

分布： 吉林、福建、湖南、广东、广西、四川、贵州、云南。

讨论： 多年生集毛菌*Coltricia perennis* (L.) Murrill是亚热带最常见种。

撰稿人：吴兴亮

281 肉桂色集毛菌 *Coltricia cinnamomea* (Jacq.) Murrill　　摄影：吴兴亮

282 多年生集毛菌 *Coltricia perennis* (L.) Murrill　　摄影：吴兴亮

283 同心环褶孔菌 刺革菌科 Hymenochaetaceae

Cyclomyces fuscus Fr., Linnaea 5: 512, 1830.

担子果一年生，菌盖以直径的基部着生于基物或呈扇形，常具发育不完全的菌柄，单生或覆瓦状叠生，干后常为革质，菌盖长达1～2cm，直径2～4cm，基部厚1.5～2mm；菌盖表面暗褐色至锈褐色，有同心环沟和窄的同心环带，被绒毛；边缘锐，全缘或瓣裂，干后反卷；子实层体表面暗褐色至酱红色，同心环褶状，褶片每毫米2～5片，薄，全缘至开裂或齿状；不育边缘狭窄或几乎没有；菌肉暗褐色，木栓质，厚可达0.5mm，双层，以一黑色环带与绒毛层隔开；褶片与子实层体表面同色或颜色稍淡，革质，达1.5毫米厚。担孢子矩椭圆形，无色，薄壁，平滑，3.7～4.3 × 1.7～2.2μm。

生境：生在多种阔叶树上。

产地：福建清流；海南尖峰岭自然保护区。

分布：福建、海南。

讨论：同心环褶孔菌以其特殊的子实层体而非常易于辨别，是锈革孔菌科中唯一的子实层体呈同心环褶状的种。

撰稿人：戴玉成

284 纵褶环褶孔菌 刺革菌科 Hymenochaetaceae

Cyclomyces lamellatus Y.C. Dai & Niemelä, Ann. Bot. Fennici 40: 384, 2003.

担子果一年生，无柄盖形或有时形成不明显的柄状结构，或平伏反卷，通常覆瓦状叠生，有时达数百个菌盖聚生，侧部连接，新鲜时革质，无嗅无味，干后硬革质；菌盖半圆形、扇形，单个菌盖长可达1cm，直径可达2cm，基部厚可达2mm，从基部向边缘逐渐变薄；平伏的担子果长可达50cm，直径可达10cm，基部厚可达2mm；菌盖表面黄褐色至锈褐色，粗糙，具明显的同心环沟，被厚绒毛；边缘金黄色，锐，干后有时内卷；子实层体孔状、齿状、不规则状至明显褶状，表面黄褐色、灰褐色、暗褐色；不育边缘不明显至几乎无，金黄色；菌褶或菌孔每毫米2～4个；菌褶边缘薄，撕裂状；菌肉褐色，革质，异质，两层菌肉之间有一黑色细线，整个菌肉层可达2mm，上层菌肉松软，下层菌肉木栓质；菌褶黄褐色，革质，长可达0.5mm。担孢子圆柱形，无色，薄壁，光滑，3.6～4.8 × 1.5～1.8μm。

生境：生在多种阔叶树储木和栅栏木上。

产地：广西花坪。

分布：浙江、福建、湖北、湖南、广西。

讨论：纵褶环褶孔菌造成木材白色腐朽。

撰稿人：戴玉成

283 同心环褶孔菌 *Cyclomyces fuscus* Fr.　　摄影：戴玉成

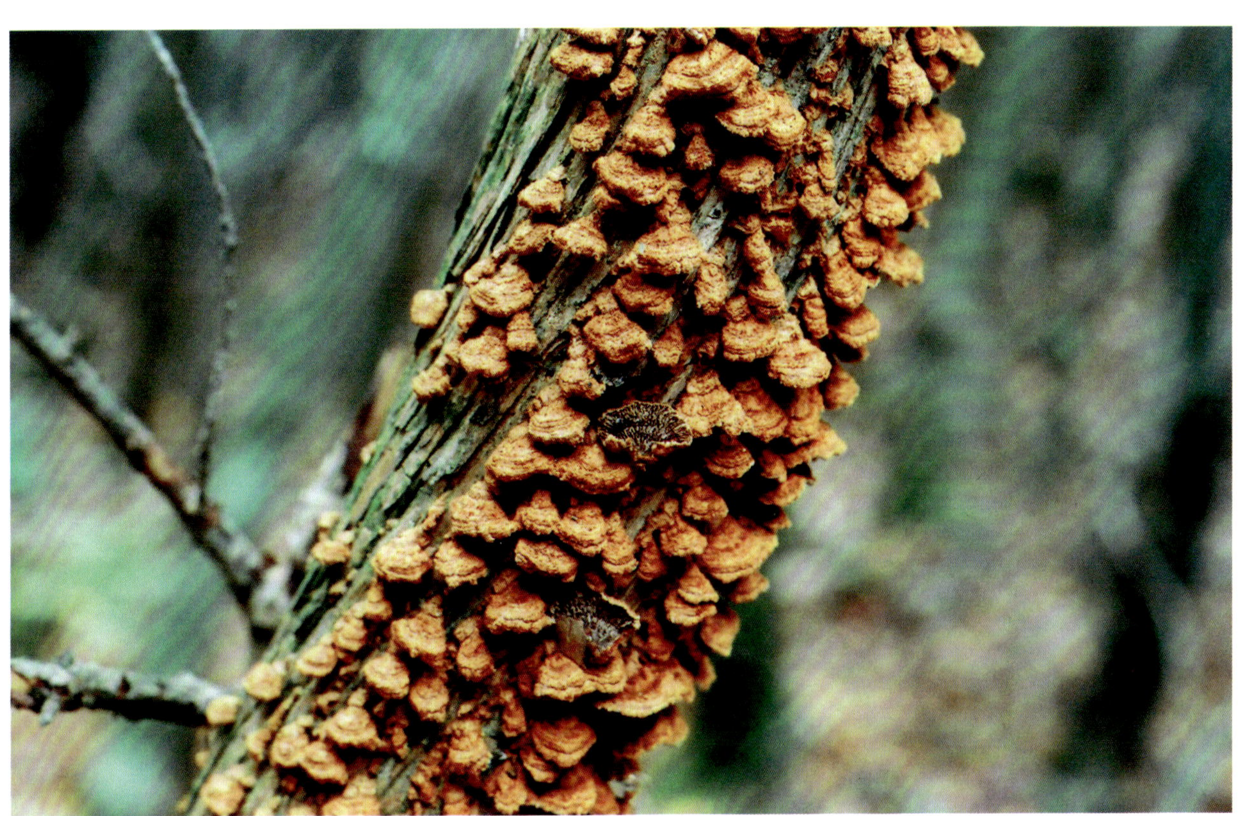

284 纵褶环褶孔菌 *Cyclomyces lamellatus* Y.C. Dai & Niemelä　　摄影：戴玉成

285 口孔环褶孔菌

刺革菌科 Hymenochaetaceae

Cyclomyces setiporus (Berk.) Pat., Essai Tax. Hymen. 98, 1900; —*Polyporus setiporus* Berk., London J. Bot. 6: 505, 1847; —*Polyporus cichoriaceus* Berk. ex Fr., Nova Acta Reg. Soc. Sci. Upsala 3(1): 92, 1851; —*Cyclomyces cichoriaceus* (Berk.) Pat., Essai Tax. Hymen. 98, 1900; Teng, Fungi of China, p. 538, 1963.

担子果一年生至二年生，具菌盖，半圆形至扇形，以侧生或中生的基部着生于基物，有时具明显的短柄，单生或覆瓦状叠生，干后常为革质，菌盖长1～3cm，直径1.5～5cm，基部厚1.5～3mm；菌盖表面暗褐色至栗色或浅红褐色，具不同颜色狭窄的同心环带，活跃生长时有硬毛但随着担子果生长变化而变成短绒毛至光滑；边缘锐，有时瓣裂；孔口表面肉桂褐色，几乎没有不育边缘；孔口多角形，每毫米1～3个，孔口边缘薄，幼时全缘，成熟后开裂成齿状；菌肉肉桂色至黄褐色，革质，厚可达0.5～1mm，双层，由一黑色环带与上部绒毛层隔开；菌管与孔口表面同色，长1～2mm。担孢子椭圆形，无色，薄壁，平滑，多数四个一组粘在一起，3.2～4 × 1.7～2μm。

生境：生在多种阔叶树上。

产地：广东鼎湖山；海南尖峰岭自然保护区；云南勐养。

分布：广东、海南、云南。

讨论：口孔环褶菌以其大而撕裂的孔口边缘区别于该属的其他种。

撰稿人：戴玉成

286 浅褐环褶孔菌

刺革菌科 Hymenochaetaceae

Cyclomyces tabacinus (Mont.) Pat., Essai Tax. Hymen., p. 98, 1900; —*Polyporus tabacinus* Mont., Ann. Sci. Nat. (Ser. 3) 3: 349, 1835; —*Inonotus tabacinus* (Mont.) P. Karst., Rev. Mycol. 3: 19, 1881.

担子果一年生或多年生，无柄盖形，菌盖通常覆瓦状叠生，通常侧部连接，有时达数百个菌盖聚生，新鲜时革质，无嗅无味，干后骨质；菌盖半圆形、扇形，单个菌盖长可达5cm，直径可达8cm，厚可达3mm；菌盖表面锈褐色、红褐色、黑褐色，具明显的同心环带和浅的环沟，被厚绒毛；边缘鲜黄色，锐或钝，干后有时内卷；孔口表面暗褐色至黑褐色；不育边缘明显，锈褐色至暗褐色，直径可达2mm；孔口圆形，每毫米7～9个；管口边缘薄，全缘；菌肉锈褐色至暗褐色，革质，异质，两层菌肉之间有一黑色细线，整个菌肉层可达2mm；菌管黄褐色，比孔口颜色略浅，革质，长可达1mm。担孢子窄椭圆形，无色，薄壁，光滑，3.7～4.2 × 1.9～2.2μm。

生境：腐生在多种阔叶树储木和薪炭木上，有时也腐生在堤坝木和桩木上。

产地：海南尖峰岭、吊罗山自然保护区；云南西双版纳。

分布：福建、湖北、海南、四川、云南。

讨论：此菌造成白色腐朽。

撰稿人：戴玉成

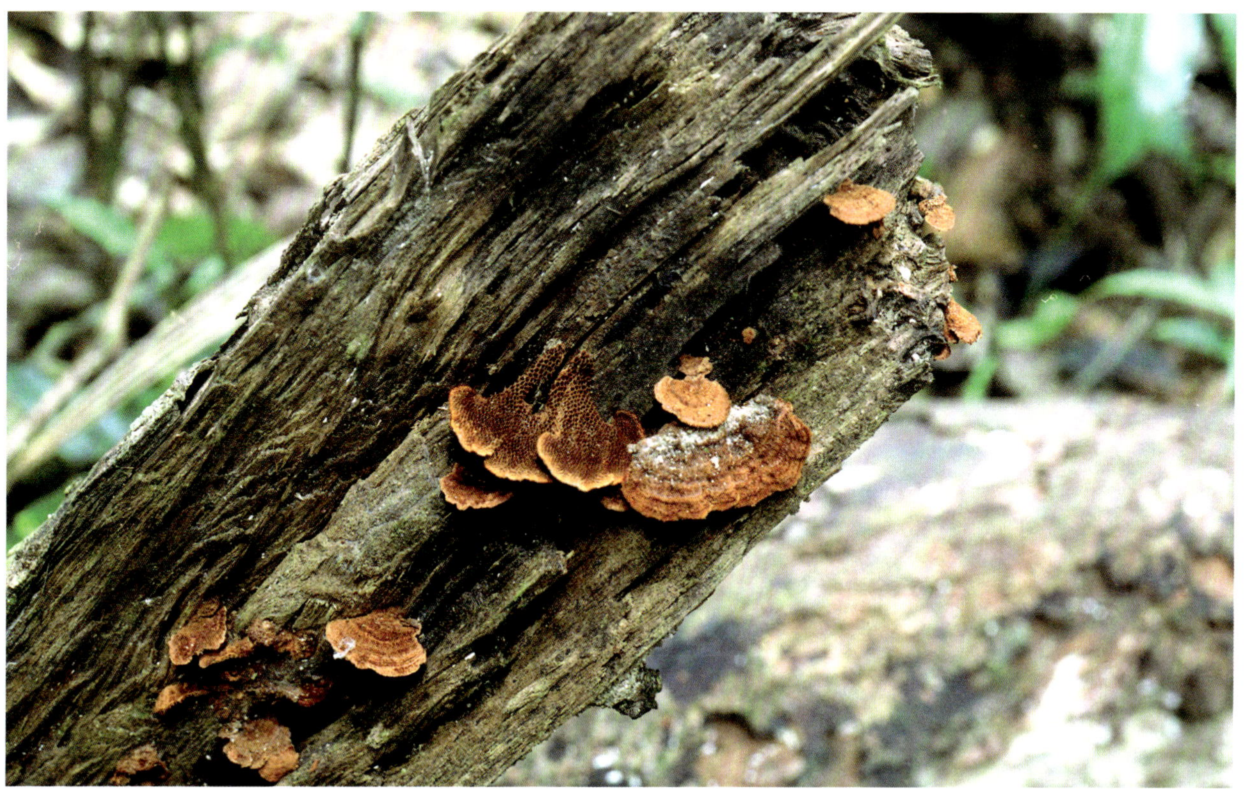

285 口孔环褶孔菌 *Cyclomyces setiporus* (Berk.) Pat. 摄影：戴玉成

286 浅褐环褶孔菌 *Cyclomyces tabacinus* (Mont.) Pat. 摄影：戴玉成

287 版纳嗜蓝孢孔菌

刺革菌科 Hymenochaetaceae

Fomitiporia bannaensis Y.C. Dai,MycoSystema 20: 17, 2001.

担子果多年生，平伏，不易与基物分离，新鲜时硬木质，无嗅无味，干后硬木质至硬骨质，重量明显变轻；担子果长可达30cm，直径15cm，中部厚约12mm；边缘收缩生长，直径达2mm，浅褐色；孔口表面浅黄褐色，有折光反应；孔口圆形(斜生孔口扭曲形), 每毫米8～10个；孔口边缘薄，全缘；菌肉层栗褐色，硬木质，非常薄，约1mm厚；菌管锈褐色，颜色比孔口表面稍暗，比菌肉颜色明显深，脆木质至硬木栓质，分层不明显，长达10mm。担孢子近球形至球形，无色，稍厚壁，平滑，4.2～5.2 × 3.8～4.8mm。

生境： 生在阔叶树上，造成榕属树木干基白色腐朽。

产地： 云南西双版纳；海南尖峰岭、吊罗山自然保护区。

分布： 海南、云南、江西。

讨论： 版纳嗜蓝孢孔菌与同属讨论平伏种类的区别是其孢子较小，该种与斑点嗜蓝孢孔菌非常相似，但后者通常发生在温带地区，造成小树、灌木或大树的枝条心材白色腐朽，而版纳嗜蓝孢孔菌通常侵染人树和老树，造成干基和根部白色腐朽。

撰稿人：戴玉成

288 海南纤孔菌

刺革菌科 Hymenochaetaceae

Inonotus hainanensis H.X. Xiong & Y.C. Dai, Cryptogamie Mycologie 29: 280, 2008.

担子果一年生，盖形，覆瓦状叠生，通常可形成数百个菌盖，新鲜时软木栓质，无色无味，干后木栓质，脆，重量明显变轻；菌盖半圆形，长可达3cm，宽可达1.5cm，厚可达3mm；菌盖表面黄褐色，干后乌褐色或锈褐色，粗糙或光滑，具不明显的同心环带；边缘锐，孔表面黄褐色；孔口多角形，每毫米3～4个，管壁薄，全缘；菌肉黑褐色，木栓质，厚可达1mm；菌管与菌肉同色，木栓质，长达2mm；菌丝系统一体型，所有隔膜无锁状联合；在KOH试剂中组织颜色变黑。担孢子椭圆形，黄褐色，厚壁而平滑，6～7 × 3.9～4.9μm。

生境： 生于阔叶树腐朽木上。

产地： 海南尖峰岭自然保护区。

分布： 海南。

讨论： 海南纤孔菌是最近在中国海南发现的一个新种，目前只发现在海南省尖峰岭自然保护区，该种造成木材白色腐朽。

撰稿人：戴玉成

287 版纳嗜蓝孢孔菌 *Fomitiporia bannaensis* Y.C. Dai　　摄影：戴玉成

288 海南纤孔菌 *Inonotus hainanensis* H.X. Xiong & Y.C. Dai　　摄影：戴玉成

289 颇氏纤孔菌　　刺革菌科 Hymenochaetaceae

Inonotus patouillardii (Rick) Imazeki,Bull. Tokyo Sci. Mus. 6: 105, 1943; —*Polystictus patouillardii* Rick, Broteria 6: 89, 1907.

担子果一年生，有菌盖，通常单生；菌盖半圆形，长达6cm，直径达10cm，基部厚达2cm；上表面栗褐色至黑褐色，无绒毛但粗糙，无明显的同心环带但不规则开裂；边缘钝；孔面红褐色至栗褐色，无明显的不育边缘；管口近圆形至多角形，每毫米3～5个，管口边薄，全缘；菌管层黄褐色，比孔面颜色浅，菌管脆纤维质至木栓质，长可达15mm；菌肉栗褐色，木栓质，达15mm厚。担孢子椭圆形，黄褐色，光滑，厚壁，7～8.1 x 5～5.8μm 。

生境：生于阔叶树上。

产地：海南省海口市人民公园。

分布：海南。

讨论：颇氏纤孔菌在印度曾报道具有子实层刚毛, 但在中国的材料中我们未发现刚毛，该菌也分布于美国南部，其报道也没有子实层刚毛。该种也造成木材白色腐朽。

撰稿人：戴玉成

290 橡胶小针层孔菌　　刺革菌科 Hymenochaetaceae

Phellinidium lamaënse (Murrill) Y. C. Dai, Ann. Bot. Fennici 32: 69, 1995; —*Pyropolyporus lamaënsis* Murrill, Bull. Tokyo Bot. Club. 34: 479, 1907; —*Phellinus lamaënsis* (Murrill) Pat., Bull. Mus. Hist. Nat. (Paris) 29: 336, 1923; Teng, Fungi of China, p. 462, 1963.

担子果多年生，半圆形，干后骨质重量明显变轻，菌盖长2～17cm，直径4～25cm，基部厚1～3cm；菌盖表面暗褐色至黑色，具明显的同心环沟和狭窄的环带，略被绒毛至细密绒毛；边缘钝；孔口表面赭色至暗褐色，边缘暗褐色，直径达3mm；孔口圆形，每毫米7～9个，管口边缘薄而全缘；菌肉浅黄褐色，比菌管稍浅，硬木栓质，无环带，厚0.5～1cm，菌肉与表层绒毛间有一层明显的皮壳，菌肉中有数条细黑线和白色菌丝束；菌管浅灰褐色，干后硬木质，长达8～10mm，明显分层，层间被薄菌肉层隔开。担孢子矩椭圆形，无色，薄壁，3.2～4.3 x 2～2.4μm。

生境：生于阔叶树腐木、倒木上。

产地：广东封开；海南黎母山、尖峰岭、霸王岭自然保护区。

分布：广东、海南、广西、云南。

讨论：橡胶小针层孔菌与有害小针层孔菌很相近，但前者菌髓中具有狭窄的刚毛状菌丝，直径为7～14.5μm，后者的直径为4～7μm。

撰稿人：戴玉成

289 颇氏纤孔菌 *Inonotus patouillardii* (Rick) Imazeki　　摄影：戴玉成

290 橡胶小针层孔菌 *Phellinidium lamaënse* (Murrill) Y. C. Dai　　摄影：戴玉成

291 有害小针层孔菌　　刺革菌科 Hymenochaetaceae

Phellinidium noxium (Corner) Bondartseva & S. Herrera, Mikol. Fitopatol. 26: 13, 1992; —*Fomes noxius* Corner, Gard. Bull. Straits Settlem. 5: 324, 1932; —*Phellinus noxius* (Corner) G. Cunn., New Zealand Dept. Sci. Indus. Res. Bull. 164: 221, 1965.

担子果一年生，平伏，或平伏反卷形成窄的菌盖，新鲜时硬革质或软木栓质，无嗅无味，干后硬木质，重量明显变轻；菌盖表面暗褐色至黑色，具不规则的环带，光滑，长可达10cm，直径可达6cm，基部厚可达2.5cm；平伏时长可达40cm，直径可达15cm；孔口表面灰褐色至暗褐色，无折光反应；不育边缘明显，直径达5毫米；孔口圆形，每毫米7～8个；管口边缘薄而全缘；菌肉黄褐色，硬木质或硬木栓质，具同心环带，厚达1cm，菌肉上方具一明显的黑色薄皮壳，菌肉和菌管之间有一条黑色细线相间；菌管褐色，干后木质，长达4mm。担孢子椭圆形或倒卵形，无色，薄壁，4～4.5 x 3～3.5μm。

生境：生长在阔叶树上，造成橡胶等多种热带阔叶树根部腐朽，腐朽类型为白腐，但颜色为褐色。

产地：海南黎母山、尖峰岭自然保护区。

分布：海南、云南。

讨论：有害小针层孔菌容易被辨认，因为其菌髓里的刚毛状菌丝钝而菌肉里的刚毛状菌丝锐。该种是阔叶树许多树种的病原菌，虽然引起白色腐朽，但被腐朽的木材多为褐色，同时该菌一般很少形成担子果，因此，有时树木死亡后也很难找到病原菌的担子果。

撰稿人：戴玉成

292 相连木层孔菌　　刺革菌科 Hymenochaetaceae

Phellinus contiguus (Pers.) Pat., Hyménomyc. de France (Sceaux), p. 624, 1928; —*Boletus Contiguus* Pers., Syn. Meth. Fung. (Göttingen) 2: 544, 1801; —*Fuscoporia Contigua* (Pers.) G. Cunn., Bull. N.Z. Dept. Sci. Industr. Res., Pl. Dis. Div. 73: 4, 1948; —*Polyporus Contiguus* (Pers.) Fr., Observ. Mycol. (Havniae) 1: 129, 1815; —*Poria Contigua* (Pers.) P. Karst., Revue Mycol., Toulouse 3(9): 19, 1881.

担子果一年生至二年生，平伏，不易与基物分离，新鲜时软木栓质，无嗅无味，干后硬木栓质，重量中度减轻，长可达20cm，直径可达5cm，厚可达2mm；孔口表面浅黄褐色、暗褐色至黑褐色，稍有折光反应；不育边缘窄至几乎没有，红褐色，有大量菌丝状刚毛；孔口多角形，有时不规则或扭曲状，每毫米2～3个；管口边缘薄，全缘；菌肉暗褐色，木栓质，厚可达0.5mm；菌管灰褐色，比孔口表面和菌肉颜色稍浅，新鲜时软木栓质，干后硬纤维质，长可达1.5mm。担孢子窄椭圆形，无色，薄壁，光滑， 4.5～6.1 x 2.5～3.5μm。

生境：生在多种阔叶树储木、坑木、桩木、栅栏木和薪炭木上。

产地：海南吊罗山自然保护区。

分布：浙江、福建、河南、湖北、湖南、海南、广西、四川、云南、西藏、陕西、甘肃。

讨论：相连木层孔菌造成木材白色腐朽。

撰稿人：戴玉成

291 有害小针层孔菌 *Phellinidium noxium* (Corner) Bondartseva & S. Herrera　　摄影：戴玉成

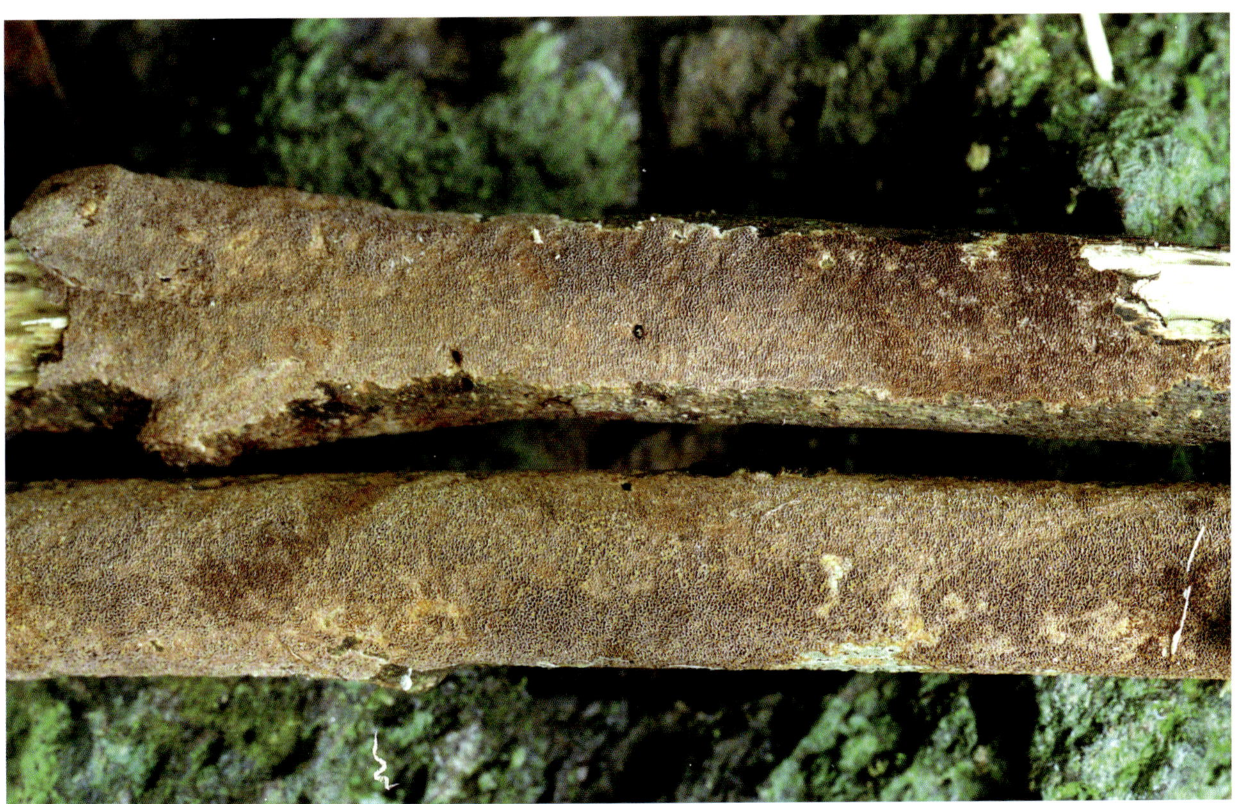

292 相连木层孔菌 *Phellinus contiguus* (Pers.) Pat.　　摄影：戴玉成

293 侧柄木层孔菌

刺革菌科 Hymenochaetaceae

Phellinus discipes (Berk.) Ryvarden, Kew Bull. 31: 88, 1976; —*Polyporus discipes* Berk., Hooker London J. Bot. 6: 499, 1847; —*Coriolopsis discipes* (Berk.) Teng, Chung-kuo Ti Chen-chun, p. 759, 1963; —*Microporus discipes* (Berk.) Kuntze, Revis. Gen. Pl. (Leipzig) 3(2): 496, 1898.

担子果一年生或二年生，盖状，通常有侧生短柄，覆瓦状叠生，新鲜时革质，无嗅无味，干后重量明显减轻，木栓质；菌盖半圆形、扇形，长可达4cm，直径可达6cm，厚可达3mm；菌盖表面锈褐色至暗红色，有同心环带或环沟，活跃生长期间有细绒毛，后期光滑；边缘黄褐色，锐，有时叶状开裂，干后内卷；孔口表面黄褐色至暗褐色；不育边缘明显，锈褐色，比菌管颜色浅，直径可达2mm；孔口圆形，每毫米6～8个；管口边缘薄，全缘至裂齿状；菌肉锈褐色至金黄褐色，木栓质至纤维质，厚可达2mm；菌管暗褐色，硬木栓质，长可达1mm；菌柄木质，长可达5mm，直径可达4mm。担孢子圆柱形至窄椭圆形，无色，薄壁，光滑，通常4个黏结在一起，5.2～6.5 × 2.5～3μm。

生境：生在多种阔叶树储木、栅栏木上。

产地：海南尖峰岭自然保护区。

分布：海南。

讨论：侧柄木层孔菌在热带地区造成木材白色腐朽。

撰稿人：戴玉成

294 铁木层孔菌

刺革菌科 Hymenochaetaceae

Phellinus ferreus (Pers.) Bourdot & Galzin, Bull. Soc. Mycol. France 41: 247, 1925; —*Polyporus ferreus* Pers., Mycol. Europaea 2: 89, 1825; —*Fuscoporia ferrea* (Pers.) G. Cunn., Bull. N.Z. Dept. Sci. Industr. Res., Pl. Dis. Div. 73: 7, 1948; —*Poria ferrea* (Pers.) Bourdot & Galzin, Bull. Soc. Mycol. Fr. 41: 247, 1925.

担子果一年生或二年生，平伏，不易与基质分离，新鲜时革质，无嗅无味，干后木栓质，重量轻，长可达16cm，直径可达5cm，厚可达5mm；孔口表面浅黄色、黄褐色至暗褐色，有折光效应；不育边缘明显，灰褐色至锈褐色，无菌丝状刚毛，直径可达1.5mm；孔口圆形，每毫米5～7个；管口边缘薄，全缘；菌肉暗褐色，木栓质，厚可达0.5mm；菌管黄褐色，比孔口表面颜色浅，木栓质，分层明显，菌管层厚可达4mm。担孢子圆柱形，无色，薄壁，光滑，通常4个黏结在一起，5.5～7.6 × 2～2.6μm。

生境：生在多种阔叶树储木、木制房屋、桥梁木、坑木、桩木、堤坝木、栅栏木和薪炭木上。

产地：海南霸王岭自然保护区。

分布：山西、内蒙古、辽宁、吉林、浙江、河南、湖北、湖南、海南、四川、贵州、云南、陕西。

讨论：铁木层孔菌造成木材白色腐朽。

撰稿人：戴玉成

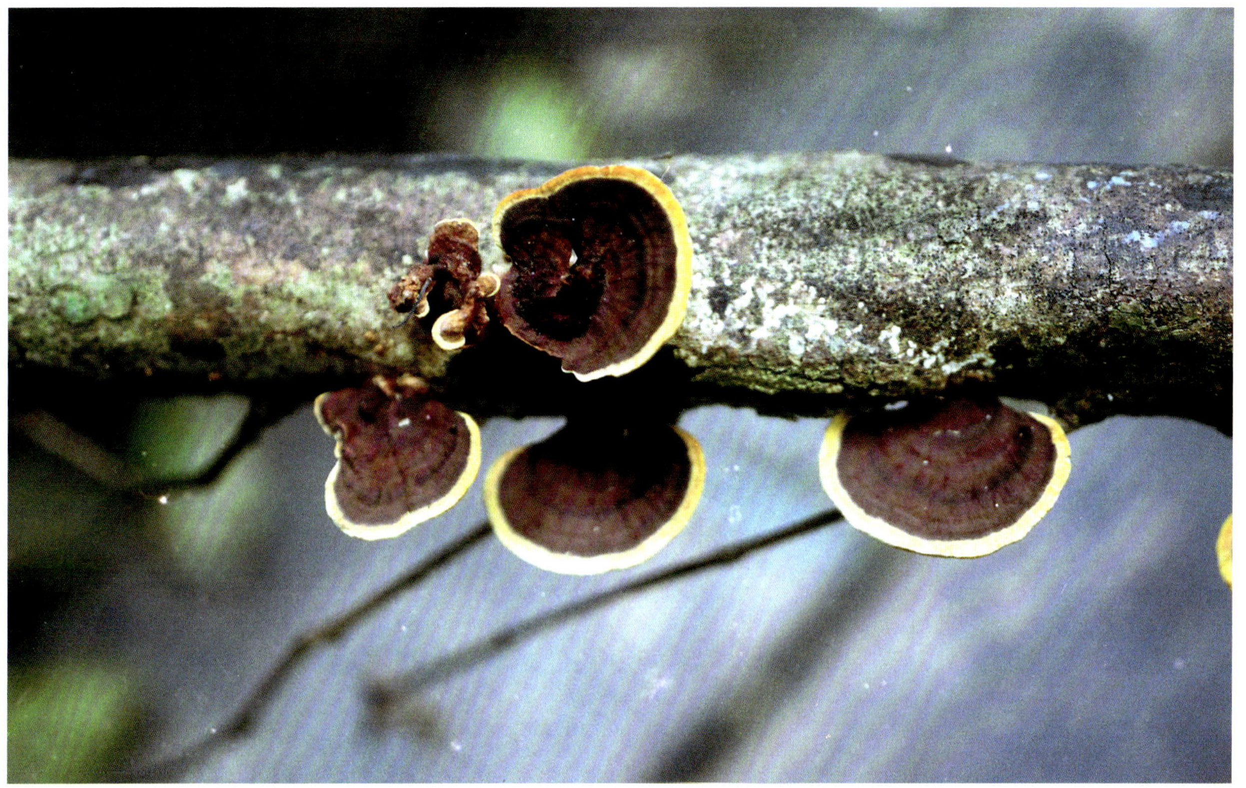

293 侧柄木层孔菌 *Phellinus discipes* (Berk.) Ryvarden　　摄影：戴玉成

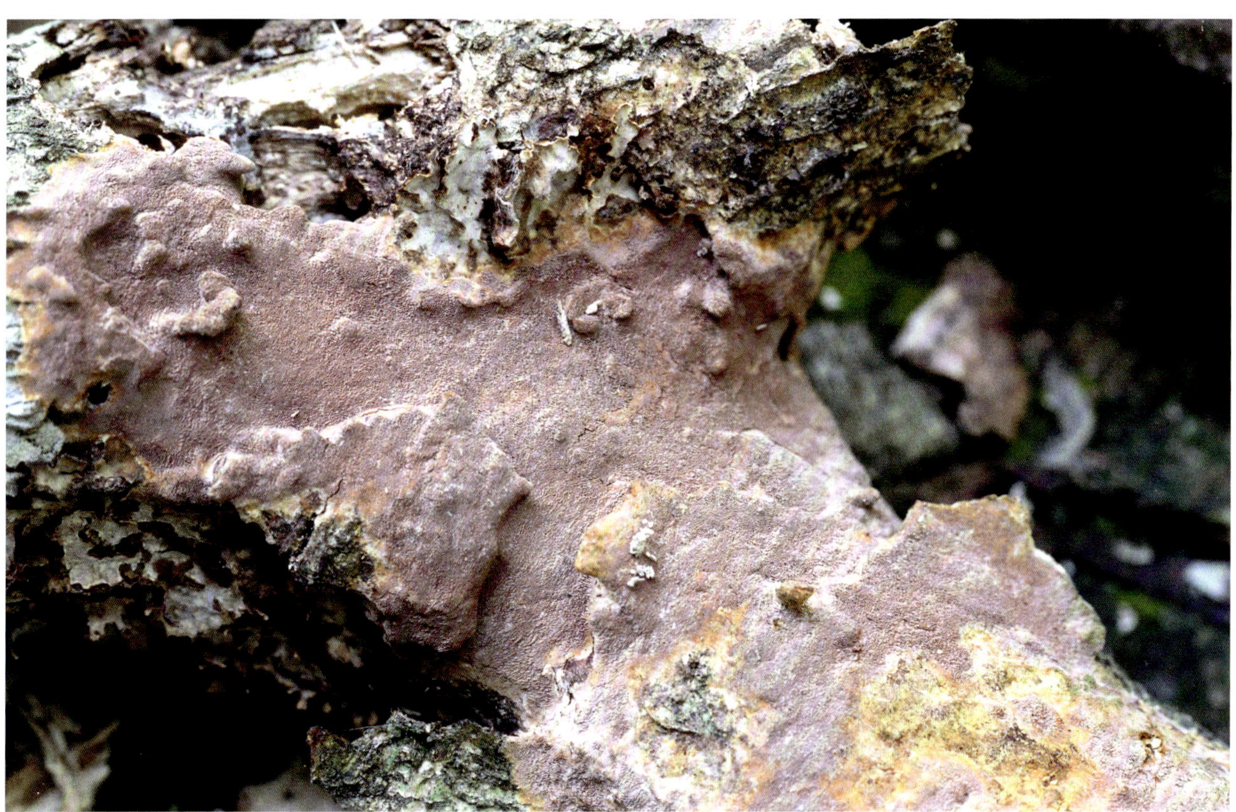

294 铁木层孔菌 *Phellinus ferreus* (Pers.) Bourdot & Galzin　　摄影：戴玉成

295 淡黄木层孔菌

刺革菌科 Hymenochaetaceae

Phellinus gilvus (Schwein.) Pat., Essai Tax Hymen., p. 97, 1900; —*Boletus gilvus* Schwein., Fungi Carol. Super. 2: 270, 1882; —*Polyporus gilvus* (Schwein.) Fr., Elench. Fung. 1: 104, 1828.

担子果一年生，偶尔多年生，无柄盖状，有时平伏反卷，通常覆瓦状叠生，互相融合形成复合担子果，新鲜时木栓质，无嗅无味，干燥后重量明显减轻；菌盖半圆形或贝壳形，长可达4cm，直径可达7cm，厚可达1.5cm；菌盖上表面淡黄褐色至红褐色，同心环带不明显，活跃生长期间有粗毛着生，后期粗毛脱落，表面呈粗糙；边缘锐；孔口表面酒红色、暗红色至黄褐红色，有折光效应；孔口圆形，每毫米6～8个；管口边缘薄，裂齿状；菌肉黄褐色至暗褐色，木栓质，厚可达3mm；菌管比菌肉颜色淡，纤维质至木栓质，长可达12mm。担孢子椭圆形，无色，薄壁，光滑，中间通常有一油滴，3.2～5 × 2.2～3.5μm。

生境：生于多种阔叶树储木、栅栏木、桥梁木及其他建筑木上。

产地：广东鼎湖山自然保护区；海南尖峰岭自然保护区。

分布：江苏、浙江、福建、河南、湖北、湖南、广东、广西、海南、四川、贵州、云南、陕西。

讨论：淡黄木层孔菌造成木材白色腐朽。

撰稿人：戴玉成

296 无刺木层孔菌

刺革菌科 Hymenochaetaceae

Phellinus inermis (Ellis & Everhart) G. Cunn., New Zealand Dept. Sci. Indus. Res. Bull. 164: 234, 1965; —*Poria inermis* Eills & Everhart, Acad. Nat. Sci. Philadelphia Proc. for 1894, 322, 1894.

担子果一年至两年生，平伏，干后略开裂，长达8cm，直径3cm，厚2mm；孔口表面暗红色，略具折光反应，边缘浅黄褐色，狭窄，直径度少于1mm，向外渐变薄；孔口多角形至圆形，每毫米5～7个，管口边缘薄，全缘；菌肉层暗褐色，厚约0.5mm；菌管锈褐色，较孔口表面色浅，长达1mm，分层不明显。担孢子宽椭圆形，浅黄褐色，略厚壁，4.2～5 × 3.3～4μm。

生境：生长在多种阔叶树上。

产地：广东鼎湖山自然保护区；海南吊罗山自然保护区。

分布：福建、江西、海南、广东。

讨论：无刺木层孔菌造成木材白色腐朽。

撰稿人：戴玉成

295 淡黄木层孔菌 *Phellinus gilvus* (Schwein.) Pat.　　摄影：戴玉成

296 无刺木层孔菌 *Phellinus inermis* (Ellis & Everhart) G. Cunn.　　摄影：戴玉成

297 褐肉木层孔菌　　刺革菌科 Hymenochaetaceae

Phellinus kanehirae (Yasuda) Ryvarden, Mycotaxon 38: 98, 1990; —*Polyporus kanehirae* Yasuda, Bot. Mag. Tokyo 35: 205, 1921; —*Polyporus sinensis* Lloyd, Mycol. Writ. 7: 1192, 1923; —*Inonotus sinensis* (Lloyd) Teng, Fungi of China, p. 476, 1963.

担子果一年生至多年生，有菌盖并具侧生菌柄，干后重量明显减轻，硬木质，菌盖扇形，长达7cm，直径8cm，基部厚1cm；菌盖表面浅灰褐色至栗褐色，具不明显环带，有硬长毛至绒毛；边缘锐，浅灰色，被短绒毛；孔口表面栗色至黑色，稍具折光反应，不育边缘狭窄或明显，被绒毛，直径2mm；孔口圆形，每毫米6～7个，管口边缘薄，全缘或撕裂；菌肉明显两层，上层绒毛层和下层致密层被一条黑色细线隔开，致密层栗色，硬木质，厚达5mm，绒毛层浅黄褐色，软木栓质，厚达2mm；菌管浅灰褐色，颜色明显比菌肉和孔口表面浅，硬木栓质，长达3mm，菌管分层明显；菌柄短，长达5mm。担孢子宽椭圆形，浅黄色，稍厚壁，平滑，3.1～3.9 × 2.2～3μm。

生境：生在油茶、红楣干等阔叶树倒木。

产地：海南尖峰岭自然保护区；广西大明山自然保护区；云南西双版纳。

分布：江苏、福建、台湾、海南、广西、四川、云南。

讨论：褐肉木层孔菌造成木材白色腐朽。

撰稿人：戴玉成

298 劳埃德木层孔菌　　刺革菌科 Hymenochaetaceae

Phellinus lloydii (Cleland) G. Cunn., New Zealand Dept. Sci. Indus. Res. Bull. 164: 234, 1965; —*Fomes lloydii* Cleland, Trans. & Proc., Roy. Soc. South Australia 59: 219, 1935.

担子果多年生，菌盖扁平，单生，干后硬木质，重量明显减轻，菌盖长达6cm，宽8cm，基部厚3cm；菌盖表面暗灰色至黑色，光滑并具一些瘤或疣，具同心环沟和直径的环带；边缘钝，暗褐色；孔口表面污褐色，边缘狭窄或几乎无边缘；孔口圆形，每毫米4～7个，管口边缘薄至稍厚壁，全缘；菌肉浅黄褐色至污褐色，硬木栓质，菌肉上具黑色皮壳层；菌管黄褐色至暗褐色，较菌肉色暗，硬木质，长达8mm，分层不明显。担孢子近球形，厚壁，橄榄褐色至暗褐色，平滑，5～6 × 4.3～5.3μm。

生境：生于多种阔叶树倒木。

产地：海南霸王岭、尖峰岭自然保护区。

分布：海南。

讨论：劳埃德木层孔菌引起木材白色腐朽。

撰稿人：戴玉成

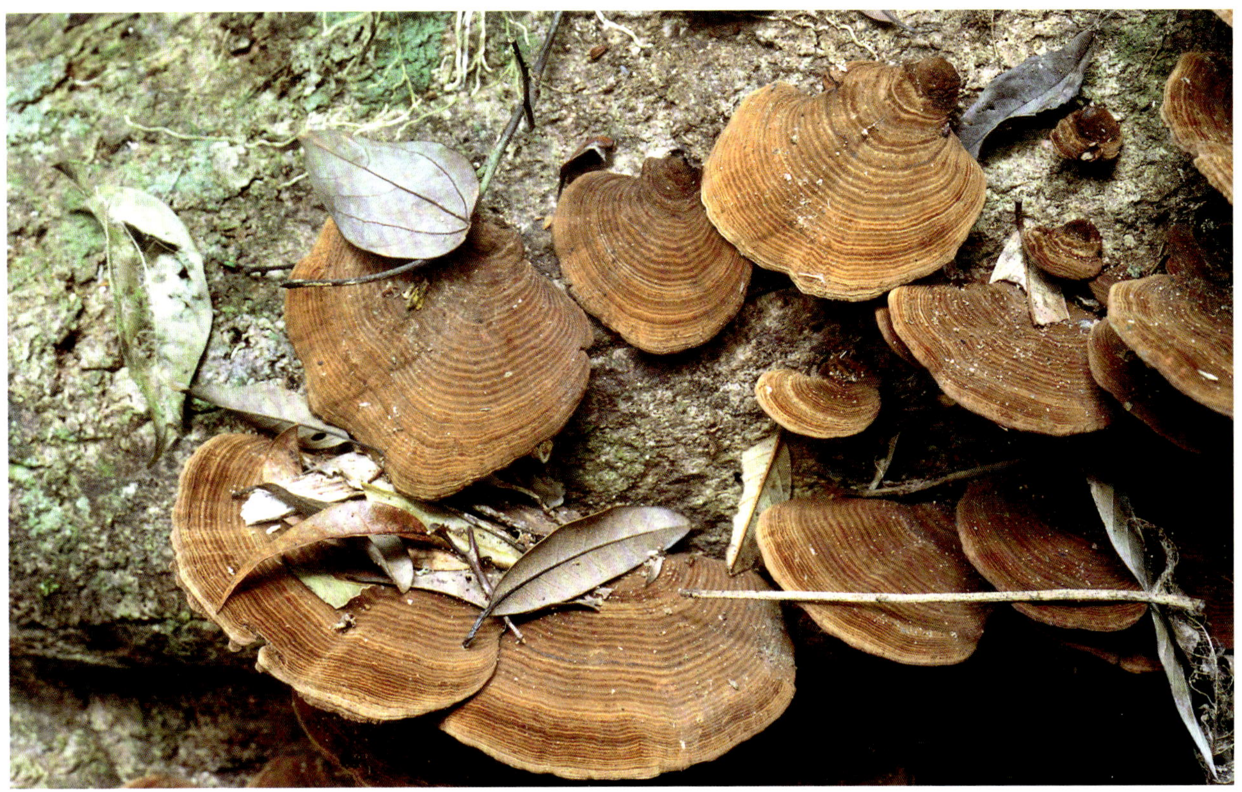

297 褐肉木层孔菌 *Phellinus kanehirae* (Yasuda) Ryvarden 摄影：戴玉成

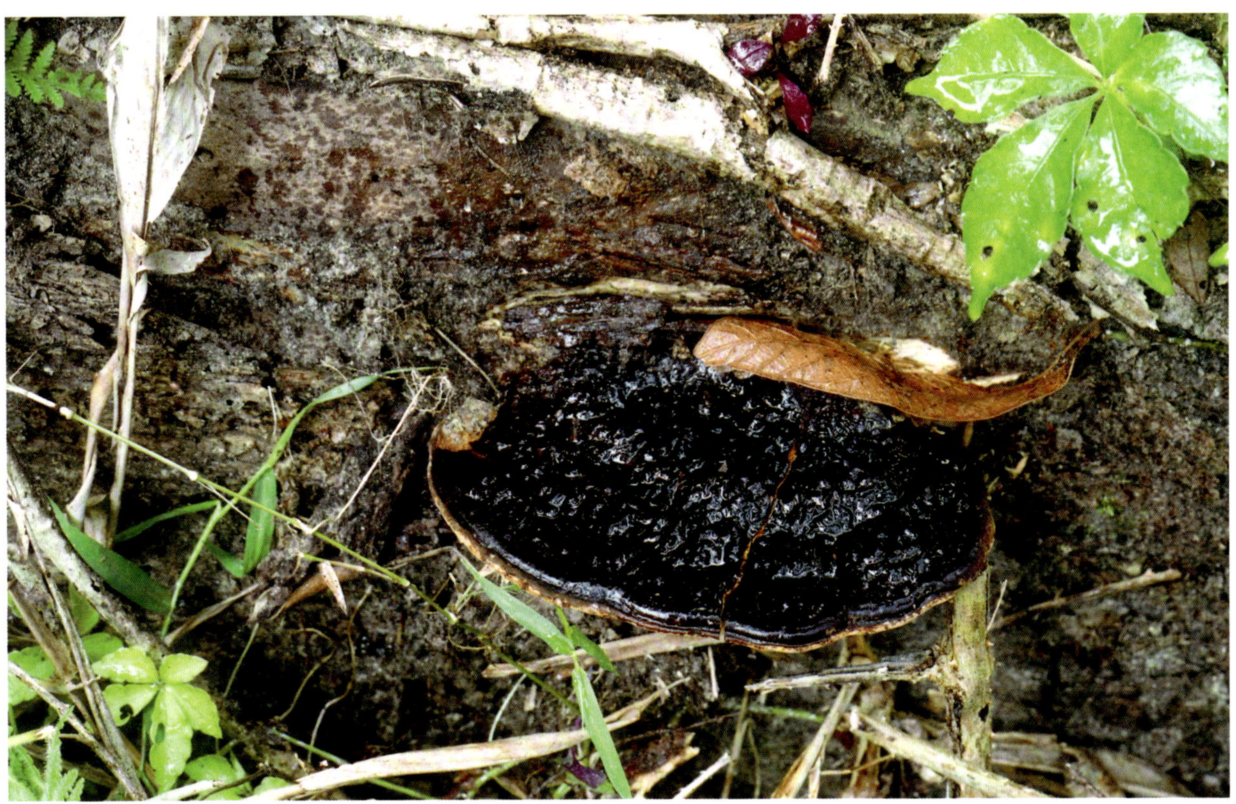

298 劳埃德木层孔菌 *Phellinus lloydii* (Cleland) G. Cunn. 摄影：戴玉成

299 梅里尔木层孔菌

刺革菌科 Hymenochaetaceae

Phellinus merrillii (Murrill) Ryvarden, Norwegian J. Bot. 19: 234, 1972; —*Pyropolyporus merrillii* Murrill, Bull. Torrey Bot. Club. 34: 479, 1907.

担子果多年生，菌盖近蹄形，单生，干后硬木质重量不明显减轻，菌盖长达9cm，直径15cm，基部厚4.5cm；菌盖表面具不明显的皮壳，淡红褐色至暗褐色，不光滑至多皱，具不明显的同心环带；边缘钝，淡红褐色至污褐色；孔口表面金黄褐色至锈褐色，边缘浅黄褐色，无折光反应，直径达1mm；孔口圆形，每毫米7～8个，管口边缘厚，全缘且不光滑；菌肉金黄褐色，硬木栓质，略有同心环纹和黑线；菌管污褐色，比孔口表面色暗，硬木栓质，长达2cm，菌管分层不明显。担孢子近球形，金黄褐色，厚壁，平滑，4.4～5.2 × 3.8～4.7μm。

生境： 生于多种阔叶树倒木。

产地： 海南尖峰岭自然保护区。

分布： 海南。

讨论： 梅里尔木层孔菌造成木材白色腐朽。

撰稿人：戴玉成

300 褐贝木层孔菌

刺革菌科 Hymenochaetaceae

Phellinus pectinatus (Klotzsch) Quél., Enchir. Fung. 173, 1886; —*Polyporus pectiNatus* Klotzsch, Linnaea 8: 486, 1833; —*Pyropolyporus pectiNatus* (Klotzsch) Murrill, Bull. Torrey Bot. Club. 34: 979, 1907; Teng, Fungi of China, p. 469, 1963.

担子果多年生，菌盖贝壳状，通常由一个共同的基部生出几个菌盖呈覆瓦状叠生排列，干后硬木栓质或硬骨质，重量减轻，单个菌盖长达2cm，直径4cm，基部厚0.5cm，复合的担子果较大；菌盖表面浅灰褐色至栗褐色，具同心环沟和狭窄的环带，具纤细的绒毛或柔毛，老后逐渐消失并形成一层薄皮壳；边缘锐，全缘或干裂，干后略内卷；孔口表面黄褐色至栗褐色，略具折光反应；边缘狭窄，直径0.5mm，浅黄褐色；孔口圆形，每毫米8～11个，管口边缘薄，全缘；菌肉栗褐色，双层，下层硬木栓质，以黑线与上部绒毛层隔开；菌管栗褐色至浅灰褐色，颜色比孔口表面稍淡，硬木栓质，长达3mm，菌管分层不明显。担孢子宽椭圆形，浅黄色，薄壁至稍厚壁，多数4个粘在一起，后期分离，2.7～3.3 × 2～2.5μm。

生境： 雪柳属等阔叶树腐木或倒木上。

产地： 海南尖峰岭、黎母山、吊罗山自然保护区，万宁，岭口，儋县；广西凌乐；云南西双版纳。

分布： 江苏、浙江、江西、海南、广西、云南。

讨论： 褐贝木层孔菌引起木材白色腐朽。

撰稿人：戴玉成

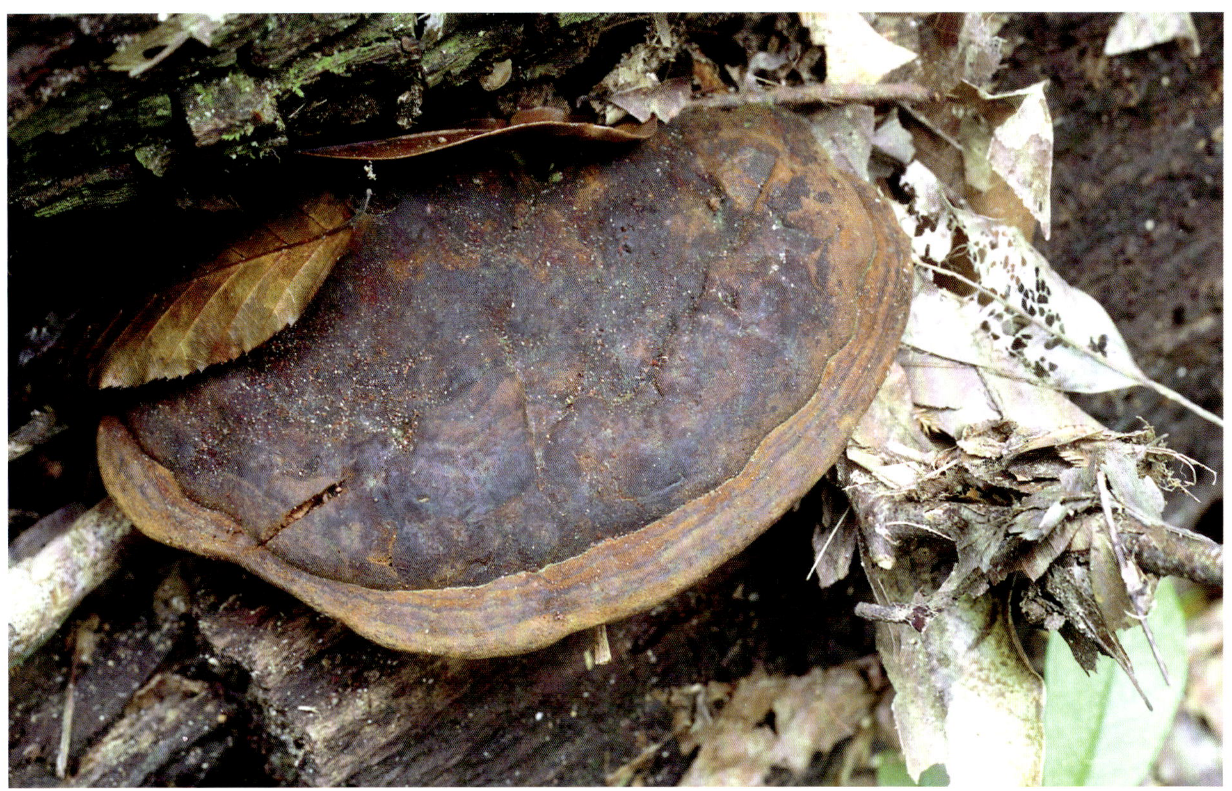

299 梅里尔木层孔菌 *Phellinus merrillii* (Murrill) Ryvarden　　摄影：戴玉成

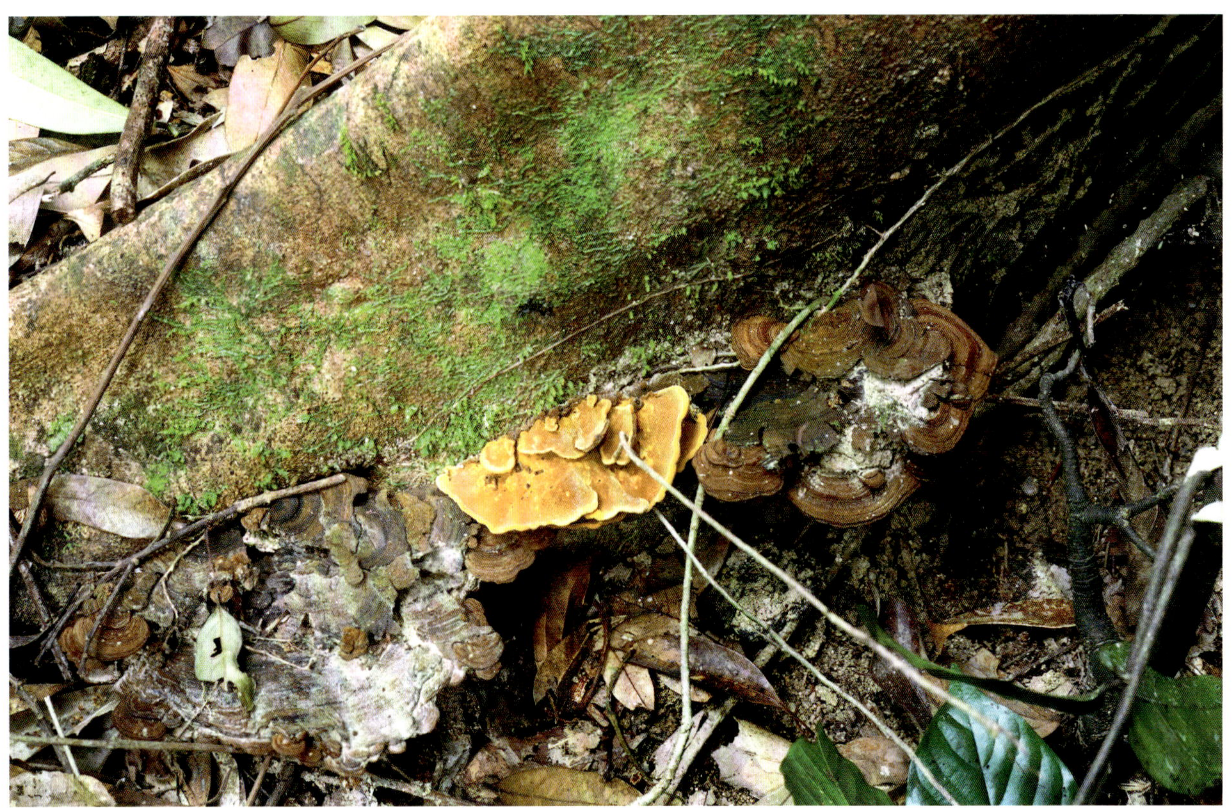

300 褐贝木层孔菌 *Phellinus pectinatus* (Klotzsch) Quél　　摄影：戴玉成

301 暗色木层孔菌

刺革菌科 Hymenochaetaceae

Phellinus pullus (Berk. & Mont.) Ryvarden, Norwegian J. Bot. 19: 235, 1972; —*Polyporus pullus* Berk. & Mont., London J. Bot. 3: 332, 1844; —*Coltricia opisthopus* (Pat.) Teng, Fungi of China, p342, 1996; —*Pyropolyporus pectinatus* var. *pullus* (Berk. & Mont.)Teng, Fungi of China, p469, 1963.

担子果多年生，菌盖小，单生或覆瓦状叠生，下悬生长，干后硬木栓质，重量减轻，菌盖长达0.5cm，直径0.6cm，基部厚1cm；菌盖表面污褐色至暗褐色，具同心环沟和狭窄的环带，被细绒毛或柔毛，老后变光滑；边缘锐，略内卷；孔口表面污褐色至浅灰褐色；边缘狭窄，浅黄褐色，不光滑或绒毛状，直径达0.5mm；孔口圆形，每毫米8～11个，管口边缘薄，全缘；菌肉污褐色，双层，具一条或几条黑线，下层菌肉硬木栓质，年幼的菌盖有绒毛层存在，成熟的菌盖表面硬化形成薄皮壳；菌管栗褐色，比孔口色浅，菌管分层不明显，单层菌管的长度不超过0.5mm。担孢子宽椭圆形，浅黄色，薄壁至稍厚壁，多数4个粘在一起，后期分离，3～3.5 × 2～2.6μm。

生境：生于多种阔叶树腐木或倒木上。

产地：海南保亭，尖峰岭自然保护区。

分布：海南。

讨论：暗色木层孔菌引起木材白色腐朽。

撰稿人：戴玉成

302 黑壳木层孔菌

刺革菌科 Hymenochaetaceae

Phellinus rhabarbarinus (Berk.) G. Cunn., New Zealand Dept. Sci. Indus. Res. Bull. 164: 229, 1965; —*Polyporus rhabarbarinus* Berk., Ann. Nat. Hist. 2: 388, 1839; —*Fomes rhabarbarinus* (Berk.) Sacc., Syll. Fung. 6: 16, 1888.

担子果多年生，无柄盖形，菌盖广泛与基物相连接，单生或覆瓦状叠生，新鲜时木栓质，无嗅无味，干后硬木栓质且重量减轻；菌盖贝壳状，半圆形，从基部向边缘渐薄，长4～10cm，直径3～7cm，基部厚1～1.5cm；菌盖表面浅黄褐色、灰褐色、暗褐色或黑色，具同心环沟和狭窄的环纹，被绒毛或微细短绒毛，成熟后光滑有时被苔藓覆盖；边缘钝，活跃生长时黄褐色；孔口表面污褐色至浅栗褐色，无折光反应；边缘直径达2mm；孔口圆形，每毫米7～9个；管口边缘厚，全缘；菌肉栗褐色，干后硬木栓质，厚达2cm，成熟担子果的菌肉上被皮壳；菌管与菌肉同色，但比孔口表面色浅，硬木质，菌管分层清晰，层间被菌肉层隔开，长达12mm。担孢子宽椭圆形至椭圆形，无色，薄壁，平滑，内含一个中等大小油滴，通常4个黏结在一起，3.3～4.1 × 2.1～2.4μm。

生境：生于阔叶树上，造成青冈枥等山毛榉科树木心材白色腐朽。

产地：海南尖峰岭、吊罗山、五指山、霸王岭自然保护区；广东鼎湖山自然保护区。

分布：广东、海南、广西、云南。

讨论：黑壳木层孔菌幼期时几乎没有皮壳，但是成熟担子果有明显的皮壳。该菌在中国主要分布在热带和亚热带林分中，通常生长在活立木上，担子果可以在基部或树干上，但该菌也能生长在倒木上，因此是一种兼性腐生菌。由于该菌引起心材白色腐朽，被侵染的树木还能生活多年而不死亡。

撰稿人：戴玉成

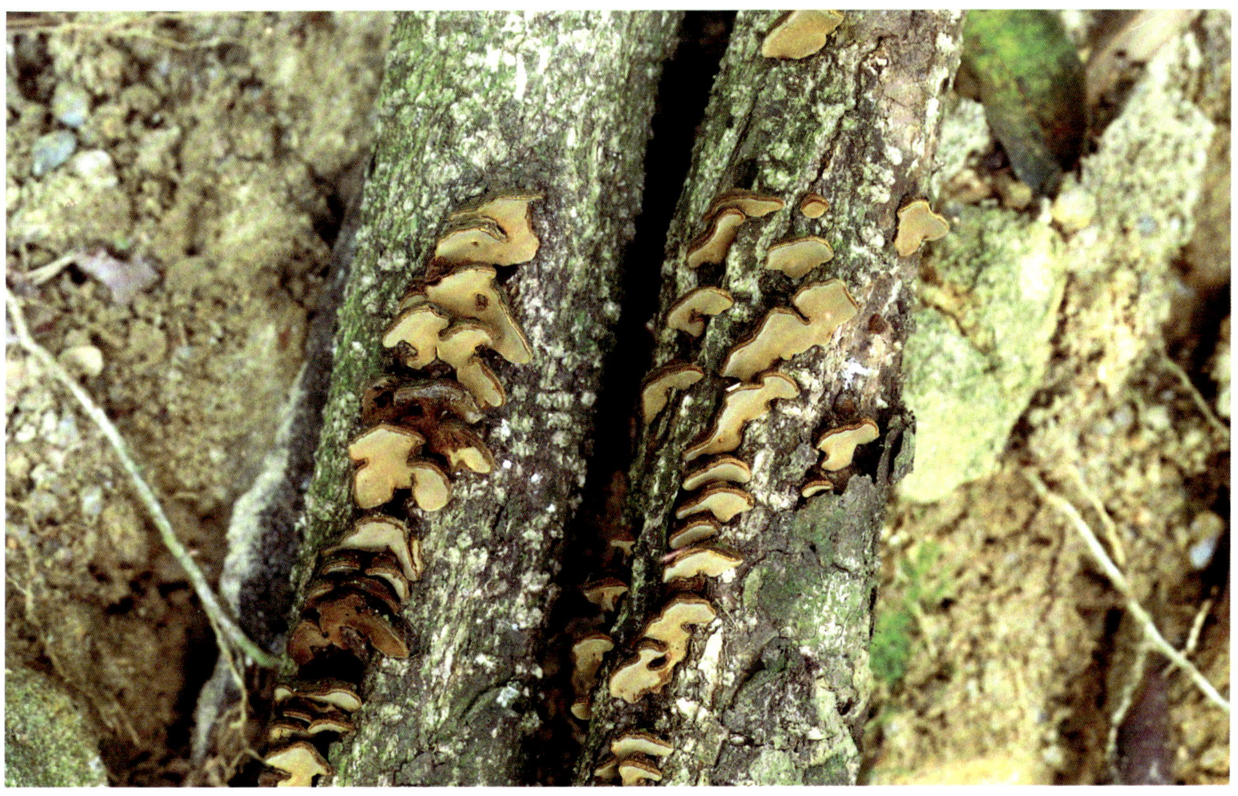

301 暗色木层孔菌 *Phellinus pullus* (Berk. & Mont.) Ryvarden　　摄影：戴玉成

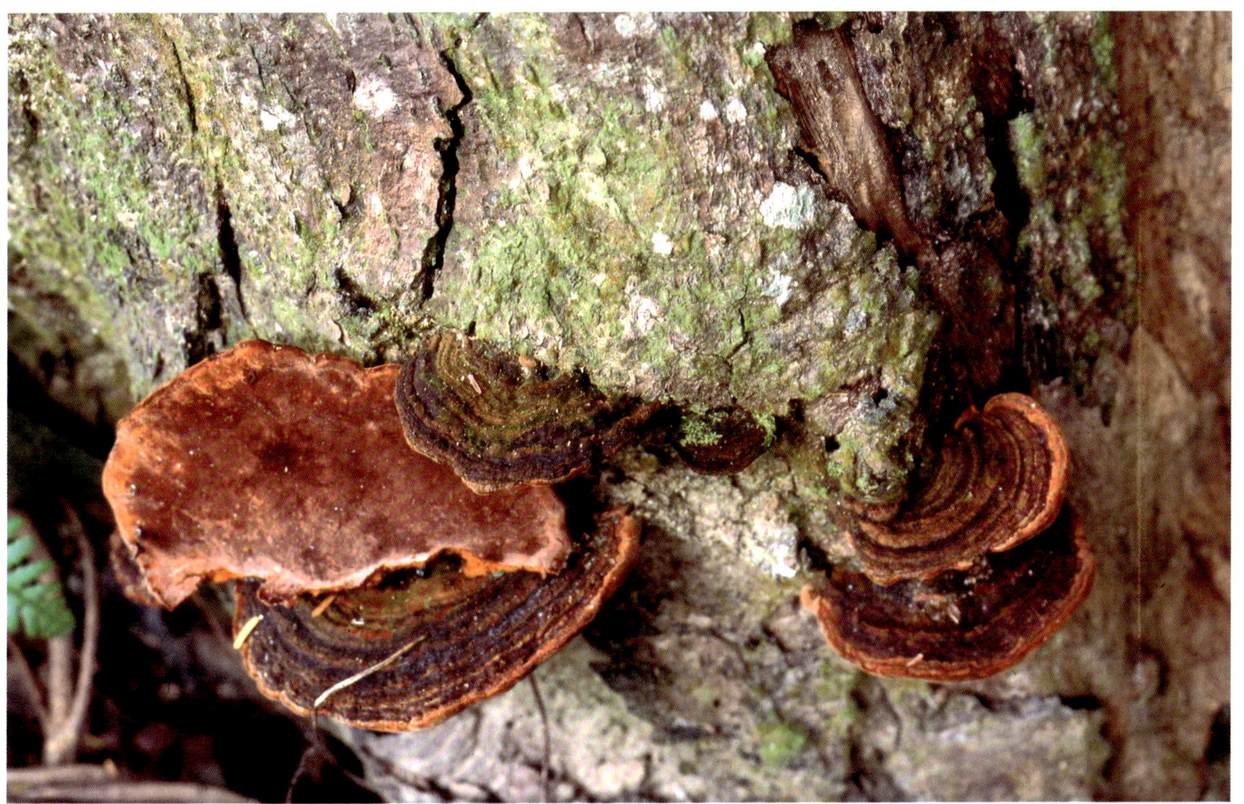

302 黑壳木层孔菌 *Phellinus rhabarbarinus* (Berk.) G. Cunn　　摄影：戴玉成

303 锐边木层孔菌

刺革菌科 Hymenochaetaceae

Phellinus senex (Nees & Mont.) Imazeki, Bull. Govern. Forest Exp. Sta. 57: 115, 1952; —*Polyporus senex* Nees & Mont., Ann. Sci. Nat. Bot. Sér. 2 (5): 70, 1836.

担子果多年生，菌盖明显平展，半圆形，干后硬木质，重量不明显减轻，长达11cm，直径20cm，基部厚1.5cm；菌盖表面栗褐色，具同心环沟和狭窄的环纹，被微细短绒毛；边缘钝；孔口表面污褐色至栗褐色，稍具折光反应，边缘狭窄几乎无；孔口圆形，每毫米7～9个，管口边缘薄而全缘；菌肉黄褐色，硬木栓质，略有同心环纹，厚4mm，有时具一条黑色细线；菌管与菌肉同色但比孔口表面色浅，木栓质，长10mm，新生菌管浅灰褐色，分层清晰或不清晰。担孢子宽椭圆形至近球形，无色，薄壁，平滑，内含一个中等大小油滴，通常4个黏结在一起，4～4.8 x 3.6～3.9μm。

生境：生于多种阔叶树腐木或倒木上。

产地：海南儋县。

分布：海南。

讨论：从微观上看，锐边木层孔菌与直径棱木层孔菌*P. torulosus*具有相似的担孢子和菌丝系统，但是后者的担子果明显蹄形，骨架菌丝在KOH试剂中无变化。

撰稿人：戴玉成

304 宽棱木层孔菌

刺革菌科 Hymenochaetaceae

Phellinus torulosus (Pers.) Bourdot & Galzin, Bull. Soc. Mycol. France 41: 191, 1925; —*Polyporus torulosus* Pers., Mycol. Europ. 2: 29, 1825.

担子果多年生，菌盖近马蹄形，覆瓦状叠生，常常侧面融合而生，干后硬，重量不明显减轻，菌盖长5cm，直径10cm，基部厚2cm；菌盖表面浅灰褐色至暗灰色，具同心环沟和直径的环纹，被微细短绒毛，老后光滑；边缘钝，浅黄褐色；孔口表面栗褐色至暗灰褐色，稍具折光反应，边缘锈褐色，直径达4mm；孔口圆形，每毫米6～8个，管口边缘厚而全缘；菌肉浅黄褐色，硬木栓质，具同心环纹，厚1mm，有时具一条或二条黑色细线；菌管与孔口表面同色但比菌肉色暗，硬木栓质，长5mm，菌管分层清晰。担孢子宽椭圆形并内含一个大油滴，无色，薄壁，平滑，4.1～5 x 3.1～4μm。

生境：生于多种阔叶树腐木或倒木上。

产地：台湾南投；广东肇庆；广西南宁；云南昆明；海南尖峰岭自然保护区。

分布：海南、台湾、广东、广西、云南。

讨论：直径棱木层孔造成木材白色腐朽。

撰稿人：戴玉成

303 锐边木层孔菌 *Phellinus senex* (Nees & Mont.) Imazeki　　摄影：戴玉成

304 宽棱木层孔菌 *Phellinus torulosus* (Pers.) Bourdot & Galzin　　摄影：戴玉成

305 三色木层孔菌 刺革菌科 Hymenochaetaceae

Phellinus tricolor (Bres.) Kotl., Česká Mykol. 22: 177, 1968; —*Poria tricolor* Bres., Hedwigia 51: 316, 1912.

担子果一年生，具菌盖，干后硬木质重量明显减轻，菌盖长达3cm，直径7cm，基部厚1cm；菌盖表面浅灰褐色，具同心环沟和狭窄的环带，被短绒毛至光滑，边缘圆钝；孔口表面栗褐色，孔口圆形，每毫米8～10个，管口边缘薄，全缘；菌肉木材色至浅褐色，硬木栓质，无环纹，厚达5mm，菌肉上层覆盖有一层薄的黑色皮壳，菌管与菌肉间有一条细的黑线；菌管浅黄灰色，颜色比菌肉暗，干后硬木质，长达5mm。担孢子宽椭圆形至近球形，浅黄色，壁稍厚，平滑，3.9～4.8 × 3.1～4μm。

生境：生于多种阔叶树腐木或倒木上。

产地：云南屏边；海南尖峰岭自然保护区。

分布：海南、云南。

讨论：三色木层孔菌引起木材白色腐朽。

撰稿人：戴玉成

306 茶褐木层孔菌 刺革菌科 Hymenochaetaceae

Phellinus umbrinellus (Bres.) Ryvarden, Prelim. Polypore Fl. East Africa 224, 1980; —*Poria umbrinella* Berk., Hedwigia 35: 282, 1896.

担子果一年生，平伏，与基物不易分离，长达10cm，直径4cm；孔口表面浅黄色至浅红褐色，具有明显的折光反应；边缘浅黄色，狭窄，直径约1mm；孔口多角形至不规则，每毫米8～9个，管口边缘薄，全缘或撕裂；菌肉层暗褐色，薄，厚约0.5mm；菌管颜色比孔口表面浅，长达1mm。担孢子近球形，锈褐色，厚壁，平滑，3.8～4.3 × 3.1～3.9μm。

生境：生于多种阔叶树腐木或倒木上。

产地：云南景洪、盈江；海南吊罗山自然保护区森林公园。

分布：云南、海南。

讨论：茶褐木层孔菌引起木材白色腐朽。

撰稿人：戴玉成

305 三色木层孔菌 *Phellinus tricolor* (Bres.) Kotl.　　摄影：戴玉成

306 茶褐木层孔菌 *Phellinus umbrinellus* (Berk.) Ryvarden　　摄影：戴玉成

307 瓦伯木层孔菌

刺革菌科 Hymenochaetaceae

Phellinus wahlbergii (Fr.) A. D. Reid, Contr. Bolus Her.7: 97, 1975; —*Trametes wahlbergii* Fr., Kung. Vet. Akad. Handl. 131, 1848; —*Phellinus zelandicus* (Cooke) Teng, Fungi of China, p. 463, 1963; —*Phellinus hamatus* (Corner) Imazeki, Bull. Tokyo Sci. Mus. 6: 104, 1943; Teng, Fungi of China, p. 465, 1963.

担子果多年生，无柄，菌盖平展，单生，半圆形，左右相连或呈覆瓦状叠生，干后硬木栓质，重量不明显减轻，长7～14 cm，直径5.5～25 cm，厚0.3～4.5cm；菌盖表面浅黄褐色至浅红褐色或栗褐色，具同心环沟和狭窄的环纹，被绒毛或纤细的短绒毛，老标本绒毛脱落；边缘钝，狭窄至清晰，直径1mm；孔口表面黄褐色、污褐色至浅栗色，孔口圆形，每毫米平均6～9个，管口边缘非常厚，全缘；菌肉黄褐色或栗褐色，硬木质，具不明显的环纹，厚达10mm，无表皮或皮壳；菌管浅灰褐色至浅栗褐色，颜色比菌肉和孔口表面浅，硬木栓质，多层，分层明显或不明显，每层长约1～2mm，总长达10mm。担孢子宽椭圆形，无色，成熟后浅黄色，薄壁，平滑，有时内含一个中等大小油滴，4.6～5.2 × 3.3～4μm。

生境：生于栎属等阔叶树倒木上。

产地：海南吊罗山、霸王岭、五指山自然保护区；云南景洪。

分布：云南、海南。

讨论：瓦伯木层孔菌与该亚属其他种的区别是刚毛呈钩状。老的菌管中担孢子呈浅黄色，但是当年菌管中的担孢子多数无色，薄壁，生殖菌丝通常被结晶体。

撰稿人：戴玉成

308 极硬红皮孔菌

刺革菌科 Hymenochaetaceae

Pyrrhoderma adamantinum (Berk.) Imazeki, Trans. Mycol. Soc. Japan 7: 5, 1966; —*Polyporus adamantinus* Berk., Hooker's J. Bot. Kew Gard. Misc. 6: 141, 1854; —*Phellinus adamantinus* (Berk.) Ryvarden, Norwegian J. Bot. 19: 234, 1972; —*Pyropolyporus adamantinus* (Berk.) Teng, Fungi of China, p. 472, 1963.

担子果多年生，菌盖单生，有时具柄状基部，干后硬骨质，重量不明显变轻，菌盖长达5cm，直径8cm，基部厚1cm；菌盖表面浅灰色至浅灰褐色，有明显的黑色皮层或皮壳，具同心环带和不明显的沟纹，光滑；边缘锐；孔口表面浅灰色至浅灰褐色，不育边缘狭窄或几乎无；孔口圆形，每毫米5～6个，管口边缘薄，全缘；菌肉浅黄褐色，硬木栓质或硬纤维质，基部常具放射状白色的菌丝束；菌管浅灰褐色，比菌肉色淡，硬纤维质，长达6mm，分层不明显。担孢子近球形，无色，薄壁，平滑，5.5～7 × 5～5.7μm。

生境：油茶等阔叶树倒木上。

产地：云南盈江。

分布：云南。

讨论：造成木材白色腐朽。

撰稿人：戴玉成

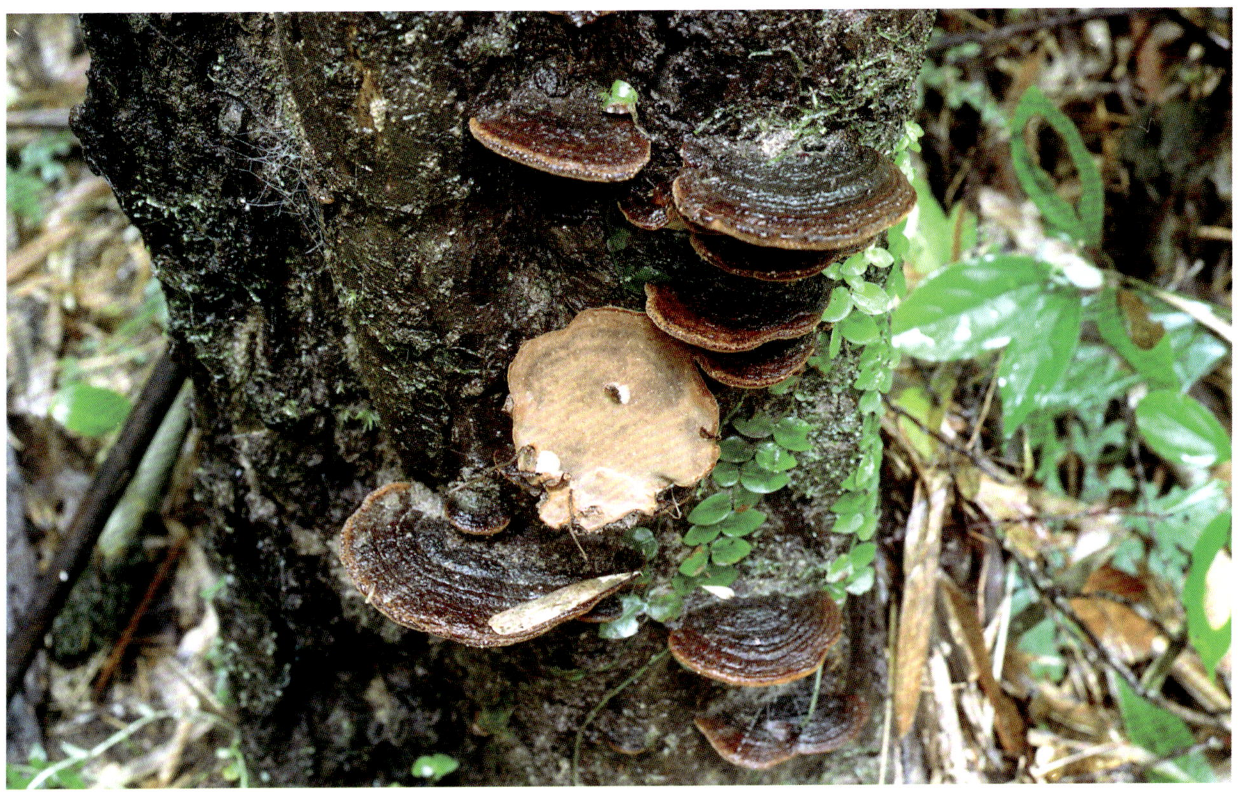

307 瓦伯木层孔菌 *Phellinus wahlbergii* (Fr.) A. D. Reid　　摄影：戴玉成

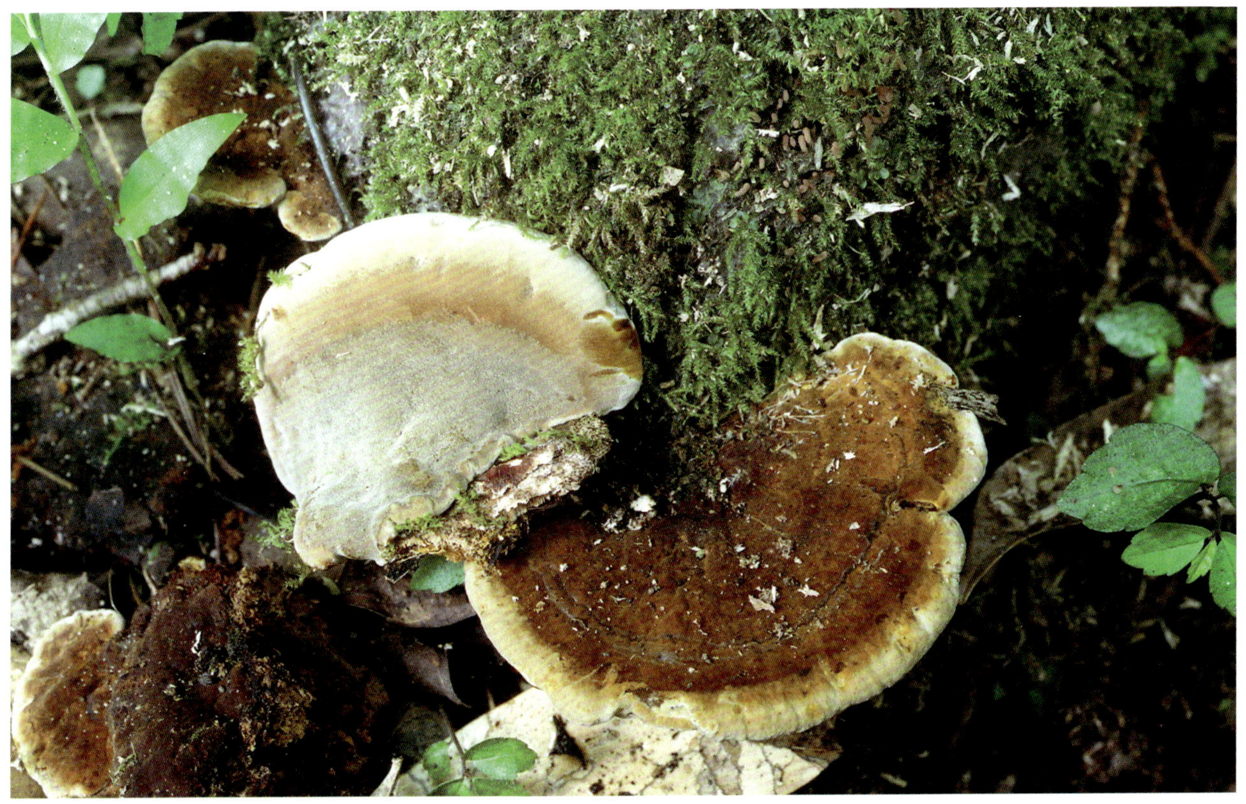

308 极硬红皮孔菌 *Pyrrhoderma adamantinum* (Berk.) Imazeki　　摄影：戴玉成

309 仙台红皮孔菌

刺革菌科 Hymenochaetaceae

Pyrrhoderma sendaiense (Yasuda) Imazeki, Trans. Mycol. Soc. Japan 7: 4, 1966; —*Polyporus sendaiensis* Yasuda, Bot. Mag. Tokyo 37: 128, 1923.

担子果一年生，近有柄，单生，硬木栓质，干后重量减轻，菌盖平展，长达5cm，直径7cm，基部厚6mm；菌盖表面浅红褐色至暗褐色，具不明显的同心环带，光滑；边缘钝；孔口表面褐色至污褐色；孔口圆形，每毫米5～6个，管口边缘厚，全缘；菌肉褐色，硬木栓质至硬纤维质，接近基部的地方具放射状白色菌丝束；菌管与孔口表面同色但比菌肉色淡，硬纤维质，长达4mm。担孢子近球形并内含一个中等大小油滴，无色，薄壁，平滑，5～7.5 × 4.5～6μm。

生境： 生于阔叶树倒木上。

产地： 海南尖峰岭自然保护区

分布： 海南。

讨论： 仙台红皮孔菌引起木材白色腐朽。

撰稿人：戴玉成

310 齿状刺孔菌

裂孔菌科 Schizoporaceae

Echinoporia hydnophora (Berk. & Broome) Ryvarden in Ryvarden & Johansen, Prelim. Polyp. Fl. East Africa, p. 326, 1980; —*Polyporus hydnophorus* Berk. & Broome, J. Linn. Soc., Bot. 14: 54, 1873; —*Poria hydnophora* (Berk. & Broome) Sacc., Syll. Fung. (Abellini) 6: 296, 1888.

担子果一年生，起初平伏，后边缘反卷，单生或覆瓦状叠生，不易与基物分离，新鲜时软，肉质，无色无味，干后变脆，重量明显变轻，菌盖切面三角形，长可达4cm，直径3cm，基部厚0.6cm，边缘钝；菌盖表面新鲜时白色，后期奶油色，至浅黄色，光滑，无环带，有明显条纹状排列的长绒毛（分生孢子器），绒毛新鲜时奶油色，干后浅黄色，长可达1mm；孔口表面新鲜时奶油色，干后变为浅黄色；孔口多角形，每毫米3～4个，管口边缘薄，全缘或稍撕裂状；菌肉奶油色，新鲜时软，干后软木栓质，厚约3mm；菌管干后奶油色且脆，长约3mm。担孢子近球形或广椭圆形，无色，薄壁，光滑，4～4.8 × 3.5～4.1μm。

生境： 生于阔叶树上。

产地： 海南尖峰岭、吊罗山自然保护区。

分布： 台湾、海南。

讨论： 齿状刺孔菌通常在菌盖表面形成毛状的分生孢子器，是该种的重要特征。

撰稿人：戴玉成

309 仙台红皮孔菌 *Pyrrhoderma sendaiense* (Yasuda) Imazeki　　摄影：戴玉成

310 齿状刺孔菌 *Echinoporia hydnophora* (Berk. & Broome) Ryvarden　　摄影：戴玉成

311 浅黄产丝齿菌

裂孔菌科 Schizoporaceae

Hyphodontia flavipora (Berk. & M.A. Curtis ex Cooke) Sheng H. Wu, Mycotaxon 76: 54, 2000; —*Poria flavipora* Berk. & M.A. Curtis ex Cooke, Grevillea 15(73): 25, 1886; —*Schizopora flavipora* (Berk. & M.A. Curtis ex Cooke) Ryvarden, Mycotaxon 23: 186, 1985.

担子果通常一年生，偶尔能存活到次年，平伏，不易与基物分离，新鲜时肉革质至革质，无嗅无味，干后软木栓质，重量稍微减轻；担子果长可达20cm，直径可达6cm，厚可达1mm，通常中部稍厚，向边缘逐渐变薄；孔口表面新鲜时奶油色、浅黄色、浅黄褐色、粉红褐色、酒红褐色，干后浅黄色、肉色或浅黄褐色；不育边缘明显，乳白色至奶油色，直径可达1mm；孔口多角形至圆形，每毫米3～6个；管口边缘稍厚，撕裂状；菌肉浅黄色，干后软木质，很薄，约0.1mm；菌管与菌肉同色，软木质，长可达0.9mm。担孢子广椭圆形至卵圆形，无色，薄壁，光滑，3.5～4.2 × 2.5～3.1μm。

生境：生在几乎所有种类的针阔叶树储木、房屋木、桥梁木、桩木、栅栏木和薪炭木上。

产地：海南海口人民公园，广东广州白云山。

分布：浙江、江西、福建、湖北、湖南、广东、广西、海南、四川、贵州、云南、西藏、陕西、甘肃、新疆。

讨论：浅黄产丝齿菌是中国最为常见的木材腐朽菌之一，造成木材白色腐朽。

撰稿人：戴玉成

312 隐囊产丝齿菌

裂孔菌科 Schizoporaceae

Hyphodontia latitans (Bourdot & Galzin) Ginns & M.N.L. Lefebvre, Mycol. Mem. 19: 89, 1993; —*Chaetoporellus latitans* (Bourdot & Galzin) Bondartsev & Singer ex Singer, Mycologia 36: 67, 1944; —*Chaetoporus latitans* (Bourdot & Galzin) Parmasto, Tartu R. Ülik. Toim.136 (Bot. 6): 113, 1963; —*Grandinia latitans* (Bourdot & Galzin) Jülich, Int. J. Mycol. Lichenol. 1: 36, 1982; —*Poria latitans* Bourdot & Galzin, Bull. Soc. Mycol. Fr. 41: 226, 1925.

担子果一年生至多年生，平伏，贴生，紧贴于基物上，新鲜时无特殊气味，软，干后软木栓质；子实层体孔状，孔口表面新鲜时奶油色，干后奶油色至黄褐色，有折光反应；孔口多角形，每毫米3～6个；管口边缘薄，全缘，偶尔撕裂；菌肉层很薄，厚不到1mm，奶油色，木栓质；菌管奶油色，木栓质，长可达2mm。担孢子窄腊肠形，无色，薄壁，光滑，3～4 × 0.5～0.8μm。

生境：生于阔叶树或针叶树倒木上。

产地：海南五指山森林公园。

分布：吉林、辽宁、海南。

讨论：隐囊产丝齿菌造成木材白色腐朽。

撰稿人：戴玉成

311 浅黄产丝齿菌 *Hyphodontia flavipora* (Berk. & M.A. Curtis ex Cooke) Sheng H. Wu　　摄影：戴玉成

312 隐囊产丝齿菌 *Hyphodontia latitans* (Bourdot & Galzin) Ginns & M.N.L. Lefebvre　　摄影：戴玉成

313 热带产丝齿菌

裂孔菌科 Schizoporaceae

Hyphodontia tropica Sheng H. Wu, Mycotaxon 76: 62, 2000.

担子果一年生，平伏，紧贴于基物上，新鲜时无特殊气味，软木质，干燥后变为木栓质，长可达8cm，直径可达3cm，厚可达6mm；子实层体孔状，新鲜时白色至奶油色，干后变为奶油色至浅黄色，有折光反应；不育的边缘明显，白色至奶油色，直径可达2mm；孔口圆形或近圆形至不规则形，每毫米6～8个；管口边缘薄，全缘，偶尔撕裂；菌肉层奶油色，木栓质，很薄，厚不到1mm；菌管奶油色至淡黄色，木栓质，长可达5mm。担孢子广椭圆形至近球形，无色，薄壁，平滑，3.7～4.1 × 2.9～3.2μm。

生境： 生于阔叶树倒木上。

产地： 海南省五指山自然保护。

分布： 浙江，海南，台湾。

讨论： 热带产丝齿菌最初报道于台湾，与浅黄产丝齿菌易混淆，区别在于热带产丝齿菌有较小的孔口（每毫米6～8和3～6）及较小的担孢子（3.7～4.1 × 2.9～3.2μm和4～5.1 × 2.9～3.7μm）。另外，热带产丝齿菌只发生在亚热带及热带地区，而浅黄产丝齿菌是世界广布种。

撰稿人：戴玉成

314 阿切尔尾花菌

鬼笔科 Phallaceae

Anthurus archeri (Berk.) E. Fisch., Lich. Mexique 4: 81, 1886; —*Lysurus archeri* Berk., in Hooker, Flora Tasman., Fungi 2: 264, 1859; —*Pseudocolus archeri* (Berk.) Lloyd,: 14, 1913.

担子果未开裂时1.5～2 × 1.8～2.5cm，倒卵形，白色，外层糠麸状。成熟时长出菌托。菌托为一短柱形中空的柄，上部生出2～5根半圆锥形分枝，长3～7cm，顶端红色，新鲜张开时顶端相连，随后分离。孢体生于分枝的内侧表面，青黄色，黏，有臭味，干后暗青灰褐色至近灰黑色。担孢子5～6 × 2～2.5μm，长椭圆形，光滑，无色至浅青黄色。

生境： 单生或散生于阔叶林中地上。

产地： 广东英德石门台自然保护区。

分布： 广东、湖南、云南。

讨论： 此种形态特殊，孢体有臭气味，一般视为毒菌或怀疑有毒。

撰稿人：李泰辉

313 热带产丝齿菌 *Hyphodontia tropica* Sheng H. Wu　　摄影：戴玉成

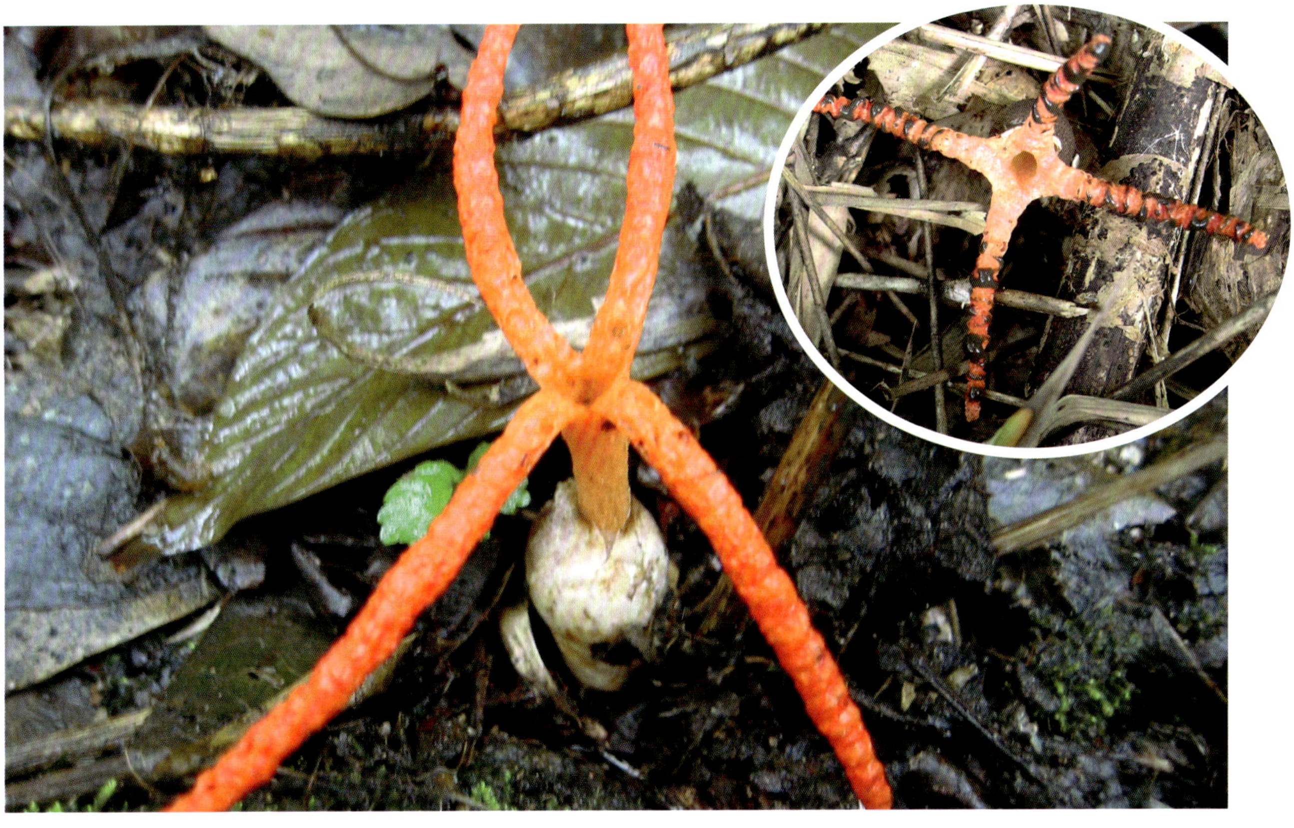

314 阿切尔尾花菌 *Anthurus archeri* (Berk.) E. Fisch.　　摄影：李泰辉、吴兴亮

315 红星头鬼笔 鬼笔科 Phallaceae

Aseroë rubra Labill., Bull. Murith. Soc. Valais. Sci. Nat. 1: 145, 1800; —*Aseroë pentactina* Endl., Iconogr. Pl. Gen, 1:50, 1837; —*Aseroë viridis* Berk., Hook. Lond, Jour. Bot., 3:192, 1844; —*Aseroë actinobola* Corda, Icon.Fung., 6:23,1854; —*Aseroë multiradiata* Zoll., Syst. Verz., 1:11, 1854; —*Aseroë hookeri* Berk., Fl.N.Z., 2: 187, 1855; —*Aseroë corrugata* Colenso, Trans. N.Z., Inst., 16(1a): 362, 1884; —*Aseroë lysuroides* E. Fisch., Jahrb.Bot.Gart.Mus.Berlin,4:89, 1886; —*Aseroë muelleriana* (E. Fisch.) Lloyd, 18,1907; —*Aseroë pallida* Lloyd, Syn.Phall., p. 47, 1909.

担子果有柄，高5～8cm；菌托污白色，较规则开裂；菌柄圆柱状，中空，粉红色至红色，下部污白色带红色，向下稍尖，柄的顶端与托臂连接的部分成红色直径大盘状；盘的外侧长有16～20枚托臂，托臂不分叉，粉红色，扁平，托臂由柄顶端横向平展辐射，基部直径大，内部有5～8个细长的小腔，小腔随托臂逐渐尖削数目减少，托臂顶端变尖成纤毛状。孢体着生于柄顶的盘状部位，黑褐色，黏稠，有恶臭味；担孢子长椭圆形，4～5 × 1.5μm，光滑，透明无色。

生境：生于阔叶林中地上。

产地：广西猫儿山、花坪国家级自然保护区。

分布：浙江、江西、福建、广西、海南、云南。

讨论：担子果内含有抑制杆菌生长的成份。

撰稿人：吴兴亮

316 柱状笼头菌 鬼笔科 Phallaceae

Clathrus columnatus Bosc, Magazin Ges. Naturf. Freunde, Berlin 5: 85, 1811; —*Colonnaria columnata* (Bosc) E. Fisch., Dic Naturl. Pflanzenf., 2 Aufl.: 85, 1933; —*Linderia columnata* (Bosc) G. Cunn., Proc. Linn. Soc. N.S.W. 56(3): 193, 1931; —*Linderiella columnata* (Bosc) G. Cunn., N.Z. Jl Sci. Technol., ser. B: 171, 1942.

菌蕾直径2～2.5cm，卵圆形或近长圆形，白色至灰白色带褐斑，基部有白色菌索与基质相固着；菌蕾启开时包被从顶部开裂，在担子果的基部形成菌托，菌托高达3cm，直径3cm，其中心向上托起形成孢托。孢托高3.5～5cm，由3～5枚（通常4枚）臂状分枝而组成，臂状分枝直径达1.5cm，基部分离，顶端变尖，与最顶端组织相连，稍向外弯曲成弧状，具腔室，内侧面有横向的皱纹或乳头状突起，外侧面有纵条纹，基部淡橙色，顶部猩红色。孢体橄榄色，黏稠，生长于托臂上部分的内表面，有臭味。担孢子钝端圆柱状至长椭圆形，3.8～6 × 1.5～2μm，平滑，浅色至淡青绿色。

生境：生于阔叶林下或竹林下。

产地：海南尖峰岭自然保护区。

分布：上海、福建、广东、广西、海南、贵州、云南、台湾。

讨论：新鲜时有恶臭，往往在数米以外，即有此气味弥漫，能吸引昆虫传递孢子。

撰稿人：李泰辉

315 红星头鬼笔 *Aseroë rubra* Labill　　摄影：张定亨

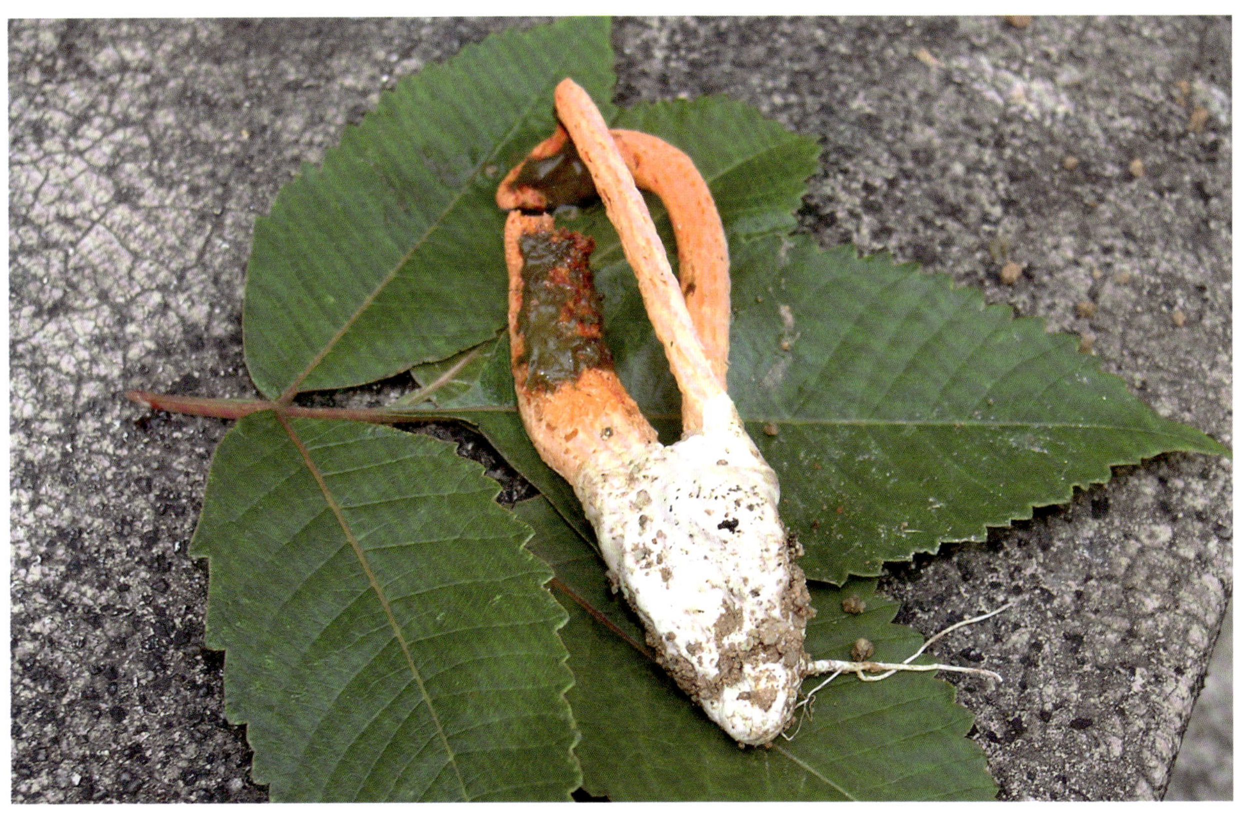

316 柱状笼头菌 *Clathrus columnatus* Bosc　　摄影：李泰辉

317 海南笼头菌 鬼笔科 Phallaceae

Clathrus hainanensis X.L. Wu, Mycosystema 17(3): 206, 1998.

担子果初期圆球形至近圆球形，直径4～7.5cm，由白色菌索固定于基物上；白色至污白色；成熟时包被不规则开裂，部分残留，露出白色笼头状孢托，极脆，高12～18cm，直径7～11cm，网格为不相等的多边形，外侧平滑，内侧凹凸不平，分技较粗壮，直径1～3cm；菌柄短，粗壮，圆柱状，中空，长度为全高的1/5～1/4，海绵质，近白色；产孢组织黏，有恶臭，橄榄褐色，生于网格的内侧。担孢子椭圆形至长椭圆形，3.8～4.5 x 2～2.3μm，光滑，淡色。

生境： 生于沙地上。

产地： 海南三亚。

分布： 海南。

讨论： 海南笼头菌*Clathrus hainanensis* X.L. Wu与红笼头菌*Clathrus ruber* P. Micheli ex Pers.区别在于后者为红色笼头状孢托。

撰稿人：吴兴亮

318 红笼头菌 鬼笔科 Phallaceae

Clathrus ruber P. Micheli ex Pers., Syn. Meth. Fung. (Göttingen) 1: 241, 1801; —*Clathrus cancellatus* L., Sp. Pl. (Lundae) 2: 1179, 1753.

担子果初期球形至卵圆形，具凹陷网格，干时变为网状棱格，直径4～6cm，由白色菌索固定于基物上；包被外层薄，膜状，乳白色至淡乳黄白色，中层较厚，胶质，干时黑褐色，内部中空；成熟时包被开裂，部分残留，露出红色笼头状孢托，粗8～12mm，极脆，网格较多，常为10～20个左右，不规则，网格顶部容易断裂，边缘具横皱褶或小疣突起；产孢组织生于网格的内侧，黏，青绿色。担孢子近椭圆形，4～5 x 1.5～1.8μm，光滑，无色。

生境： 单生至散生于阔叶林或竹林中地上。

产地： 广西十万大山、猫儿山自然保护区。

分布： 湖南、广东、广西、四川、贵州、西藏。

讨论： 食药不明。

撰稿人：吴兴亮

317 海南笼头菌 *Clathrus hainanensis* X.L. Wu 摄影：吴兴亮

318 红笼头菌 *Clathrus ruber* P. Micheli ex Pers 摄影：吴兴亮

319 双柱林德氏鬼笔

鬼笔科 Phallaceae

Linderia bicolumnata (Kusano) G. Cunn., Proc. Linn. Soc. N.S.W. 56: 193, 1931; —*Laternea bicolumnata* Lloyd, Myc. Writ.2, L21: 3, 1908; Syn.Phall:51,1909; LiuBo, Flora Fungorum Sinicorum, Vol.23, 106, 2005; —*Clathrus bicolumnatus* (Kusano) Sacc. & Trotter, Syll. Fung., 21: 462, 1912; —*Laternea columnata* Fisch. in Engler & Prantl, Nat. Pfl.-Fam. 11,7a: 85, 1933; —*Linderiella bicolumnata* (Kusano) G. Cunn., Gasterom. Austral. New Zealand, 100, 1944.

担子果（菌蕾）未展开时卵圆形或近球形，白色，包被薄,基部有白色菌索与基质固着，直径2～2.5cm，高2.5～3.5cm；菌蕾展开后，包被破裂，基部为托部，菌托白色；由菌托内分为2个柱状体向上托起，在中上部外弯成弧形，上部渐变细内弯曲并在顶部结合；每个柱状体直径0.8～1.5cm，高5～7cm，海绵质，中空，下部淡白色，向上渐变柠檬黄色、橙黄色至朱红色，极艳丽；顶部结合部外围均呈横皱突起，内侧为黑褐色黏液层覆盖，为孢子堆附着处，新鲜时有恶臭，往往在数米以外，即有此气味弥漫，能吸引昆虫传递孢子。担孢子长椭圆形，3.5～4.5 × 1.5～1.8μm，淡黄绿色，光滑。

生境：生于阔叶林下或竹林下。

产地：广东肇庆鼎湖山；广西花坪国家级自然保护区。

分布：江苏、广东、广西、贵州。

讨论：本菌是热带地区少见种。

撰稿人：吴兴亮

320 五棱散尾鬼笔

鬼笔科 Phallaceae

Lysurus mokusin (L.) Fr., Syst. Mycol. (Lundae) 2(2): 288, 1823; —*Lysurus mokusin* f. *mokusin* (L.) Fr., Syst. Mycol. (Lundae) 2(2): 288, 1823; —*Lysurus mokusin* var. *mokusin* (L.) Fr., Syst. Mycol. (Lundae) 2(2): 288, 1823; —*Phallus mokusin* L., Suppl. Pl.: 514, 1782.

担子果高5～8cm，顶端分裂4～5片，裂片尖，长1.5～2.5cm，初期联接在一起，后期分离，红色，其上有凹槽；菌柄棱柱状，淡肉色至肉红色，下部渐淡，中空，具明显纵行的凹槽，成4～5棱，壁海绵状；菌托白色，高2～3.5cm；孢体着生于裂片上的凹槽内，暗褐色，有臭味。担孢子椭圆形，半透明，3.5～5 × 1.5μm。

生境：生于竹林或针阔混交林中地上。

产地：广西九万大山自然保护区。

分布：河北、浙江、安徽、河南、湖南、湖北、广西、四川、贵州、云南、西藏。

讨论：据报道有毒。

撰稿人：吴兴亮

319 双柱林德氏鬼笔 *Linderia bicolumnata* (Kusano) G. Cunn.　　摄影：李泰辉、张定亨

320 五棱散尾鬼笔 *Lysurus mokusin* (L.) Fr.　　摄影：吴兴亮

321 安顺假笼头菌 鬼笔科 Phallaceae

Pseudoclathrus anshunensis W. Zhou & K. Q. Zhang, Acta Mycol. Sin.10(3): 200, 1991; —*Pseudoclathrus pentabrachiatus* F. L. Zou, G. C. Pan et Y. C. Zou, Acta Mycol. Sin.27(1): 54-560, 2008.

未开裂的担子果（菌蕾）卵圆形或宽卵圆形，灰白色，具灰褐色的斑块，直径3～4cm；继菌蕾启开，基部为托部，顶部为一柄向上托起，柄端有4～5个柱状托臂，均为柠檬黄色至橙黄色，柄圆柱形，中空，海绵状，高4～7cm，上部柠檬黄色，下部淡黄色或比柄端柱状托臂略淡；托臂长4～6cm，连结一起，永不分离，有横向皱褶，向上渐细。孢体着生于内侧；担孢子椭圆形至圆柱状，光滑，2.5 × 4～1.2 × 1.8μm。

生境： 生于阔叶林中地上。

产地： 广西猫儿山自然保护区、岑王老山自然保护区。

分布： 广西、贵州、云南。

讨论： 托臂连结一起，永不分离是*Pseudoclathrus*属主要分类特征。

撰稿人：吴兴亮

322 雷公山假笼头菌 鬼笔科 Phallaceae

Pseudoclathrus leigongshanensis W. Zhou & K. Q. Zhang, Acta Mycol. Sin.6(2): 94, 1987.

未开裂的担子果（菌蕾）卵圆形或近卵圆形，灰白色，直径3～5cm，继菌蕾启开，基部为托部，顶部为一柄向上托起，柄端有5～6个柱状托臂，均为粉红色；柄圆柱形，中空，海绵状，高4～7cm，粉红色或比柄端柱状托臂略淡；托臂长8～10cm，连结一起，永不分离，有横向皱褶，向上渐细。孢体褐色至黑褐色，黏液状，有臭味，着生于内侧；担孢子圆柱状，透明无色，光滑，3.6 × 4.2～1.6 × 1.8μm。

生境： 生于阔叶林中地上。

产地： 广西岑王老山自然保护区。

分布： 广西、贵州。

讨论： 托臂连结一起，永不分离是*Pseudoclathrus*属主要分类特征。

撰稿人：吴兴亮

321 安顺假笼头菌 *Pseudoclathrus anshunensis* W. Zhou & K.Q. Zhang　　摄影：吴兴亮

322 雷公山假笼头菌 *Pseudoclathrus leigongshanensis* W. Zhou & K.Q. Zhang　　摄影：吴兴亮

323 朱红竹荪　　鬼笔科 Phallaceae

Dictyophora cinnabarina Lee, Mycologia, 49: 156, 1957.

菌蕾卵形，浅污白色，2.5～3.5 × 1.8～3.5cm；菌盖钟形至圆锥形，高2.5～3cm，宽2.2～2.5cm，四周有显著网络，表面覆盖一层青褐色或暗橄榄绿色的黏液状臭孢体，顶端平，有一环状的孔口；菌裙从菌盖下垂长达菌柄基部，鲜朱红色，网眼多角形或不规则形，直径0.5～2.5cm；菌柄上部近白色至浅肉桂色，下部渐变淡，海绵状，圆柱状，向上渐变细，中空，长7.5～12.5cm，粗1～2cm。担孢子椭圆形至棒形，光滑，3～4 × 1.6～2μm。

生境：生于竹林或草地上。

产地：海南尖峰岭、吊罗山国家级自然保护区、中国热带农业科学院热带植物园。

分布：台湾、海南。

讨论：食药不明。

撰稿人：吴兴亮

324 棘托竹荪　　鬼笔科 Phallaceae

Dictyophora echinovolvata M. Zang, D. R. Zheng & Z. X. Hu, Mycotaxon 33: 146, 1988.

菌蕾卵形或近球形，白色至浅灰褐色，2.5～3.5 × 2.5～3.5cm，表面具白色至灰褐色的棘突，棘端渐突，托下部具多数菌索相系；菌盖帽状、钟状，子实层为不规则的网络成，橄榄褐色、青褐色，上部中央有开口；菌裙从菌盖下垂长达菌托处，网状；菌柄圆柱形，白色，海绵质，中空，高9～15cm，粗2～3cm；菌托白色、灰白色至灰褐色，表面具棘突，棘端渐突。担孢子近棒状，肾状或长卵圆形，微弯曲，3～4 × 1.3～2μm。

生境：生于竹林或阔叶林中地上。

产地：广西十万大山、九万大山国家级自然保护区。

分布：江苏、安徽、福建、湖南、广东、广西、四川、贵州、云南。

讨论：食用菌。与长裙竹荪*Dictyophora indusiata*相似。

撰稿人：吴兴亮

325 长裙竹荪原变型　　鬼笔科 Phallaceae

Dictyophora indusiata f. **indusiata**, Vent.: Pers., Fisch., Ann. Myc.25: 472, 1927; —*Phallus indusiatus* Vent.: Pers. Syn. Meth. Fung.244, 1801; —*Dictyophora phalloidea* Desv. J. Bot.2: 92, 1809.

担子果（菌蕾）未展开时，近球形，3～5 × 4～5cm，近白色或浅灰褐色，基部常有白色的菌丝索，成熟时包被破裂伸出笔形的孢托；孢托由菌柄和菌盖组成；菌盖生于菌柄顶部，钟形，顶部平截并开口，高2.8～4cm，宽2.8～3.5cm，表面有深网状突起，上面附着暗绿色的黏液状恶臭孢体；菌裙网状，白色，从菌盖下垂长达菌柄基部，边缘宽可达8～12cm，网眼多角形、近圆形或不规则形，直径0.5～1.5cm；菌柄白色，圆柱形，中空，壁海绵状，长9～15cm，基部粗3～5cm，向上渐细；菌托鞘状蛋形，近白色至淡褐色，长3.5～5cm，直径3～5cm。担孢子椭圆形，平滑，3～4 × 1.5～2μm。

生境：生于阔叶林或竹林下。

产地：海南尖峰岭国家级自然保护区；广西岑王老山、广西雅长自然保护区。

分布：河北、江苏、浙江、安徽、江西、福建、湖南、广东、广西、海南、四川、贵州、云南、台湾。

讨论：食用菌。有抑制肿瘤活性作用；对高血压、高胆固醇及腹壁脂肪过厚等有较好的疗效。

撰稿人：吴兴亮

323 朱红竹荪

Dictyophora cinnabarina Lee

摄影：吴兴亮

324 棘托竹荪

Dictyophora echinovolvata M. Zang, D. R. Zhang & Z. X. Hu

摄影：吴兴亮

325 长裙竹荪原变型

Dictyophora indusiata f. *indusiata* Vent.: Pers.

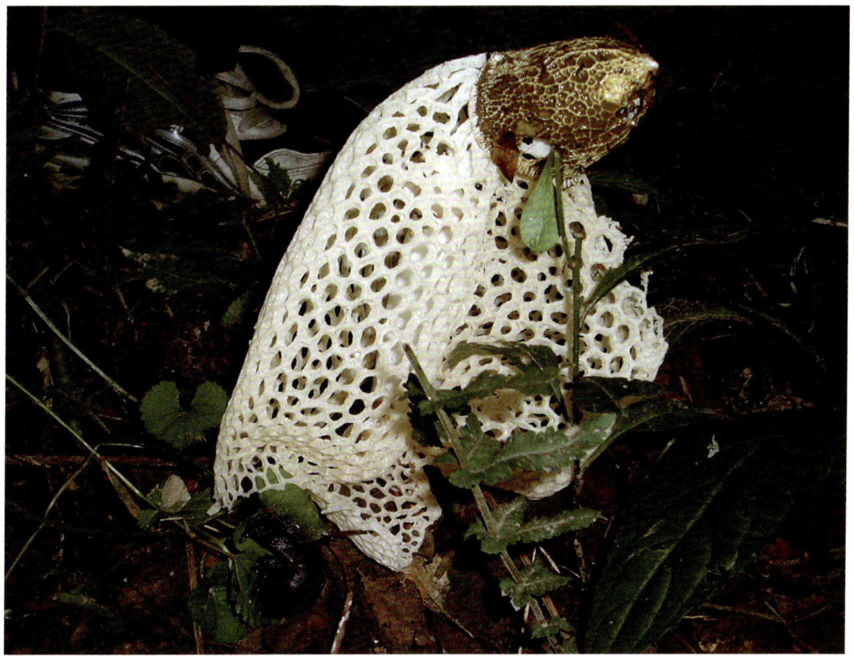

摄影：吴兴亮

326 长裙竹荪纯黄变型 鬼笔科 Phallaceae

Dictyophora indusiata (Vent.: Pers.) Fisch. f. **lutea** Kobay., Nova Fl. Jap. Hymenogast. et Phall., p.83, 1938; —*Dictyophora lutea* Liou & L. Hwang, Chinese J. Bot., 1: 89, 94, f.1, 1936.

担子果高18.5～20cm; 菌蕾近球形至卵球形, 3～4×3.5～5cm, 浅灰白色, 基部常有白色的菌丝索; 孢托由菌柄和菌盖组成; 菌盖生于菌柄顶部, 钟形, 顶部平截并有一圆孔, 高3～4cm, 宽2.8～3.5cm, 表面有深网状突起, 上面附着暗绿色的黏液状恶臭孢体; 菌裙网状, 淡黄色, 从菌盖下垂长达菌柄基部, 边缘宽可达14～16cm, 网眼多角形、近圆形或不规则形; 菌柄白色至淡黄白色, 圆柱形, 中空, 壁海绵状, 长13～15cm, 基部粗3～3.5cm; 菌托鞘状蛋形, 污白色至淡褐色。担孢子椭圆形, 平滑, 3.5～5×1.2～1.5μm。

生境: 生于阔叶林地上。

产地: 海南霸王岭国家级自然保护区。

分布: 安徽、福建、海南、台湾。

讨论: 食用菌。

撰稿人: 吴兴亮

---

327 杂色竹荪 鬼笔科 Phallaceae

Dictyophora multicolor Berk. & Broome, Trans. Linn. Soc. Lond.2. Ser. Bot.2: 3, 1883.

菌蕾卵形至近球形，白色或污白色，3～4 x 3～4.5cm；菌盖钟形，高3～4cm，宽2.8～3.5cm，四周有显著网络，黄色至桔黄色，表面覆盖一层青褐色或橄榄绿色的黏液状臭孢体，顶端平，有穿孔；菌裙从菌盖下垂长达菌柄基部，黄色，网眼多角形或不规则形，直径0.5~2.5cm；菌柄近白色或淡黄色，海绵状，中空，长10～18cm，粗2～3.5cm。担孢子椭圆形，光滑，透明，3～4 x 1.5～2μm。

生境: 生于阔叶林或竹林中地上。

产地: 海南霸王岭、尖峰岭国家级自然保护区；广西十万大山、岑王老山自然保护区。

分布: 江苏、浙江、福建、湖南、广东、广西、海南、四川、贵州、云南、西藏、台湾。

讨论: 有微毒，不宜食用。可药用，民间用于治脚气，有解毒、除湿、止痒等功效。

撰稿人: 吴兴亮

---

328 红托竹荪 鬼笔科 Phallaceae

Dictyophora rubrovolvata M. Zang, D. G. Ji & X. X. Liu [as '*rubrovalvata*'], Yunnan Zhiwu Yanjiu 2: 11, 1976.

菌蕾近球形或卵圆形，污紫红褐色至深紫红褐色，直径4～5cm；菌盖钟形，高3.5～5cm，宽3.5～4cm，顶端有一穿孔，四周有显著网络，白色，表面有一层臭而黏液状的孢体，青褐色；菌裙较短，从菌盖下垂仅达菌柄上部或中部，白色，网状，网眼不规则多边形，直径0.6～1.5cm，边缘的网眼较小；菌柄圆柱形，长8～15cm，粗2～4cm，白色，海绵质，中空；菌托污白色至粉灰色。担孢子光滑，无色，椭圆形，3.5～4.3 x 1.3～1.6μm。

生境: 生于竹林中地上。

产地: 广西十万大山、大瑶山自然保护区。

分布: 福建、广东、广西、四川、贵州、云南。

讨论: 食用菌。味道鲜美，营养丰富。

撰稿人: 吴兴亮

---

326 长裙竹荪纯黄变型

Dictyophora indusiata (Vent.: Pers.) Fisch. f. *lutea* Kobay.

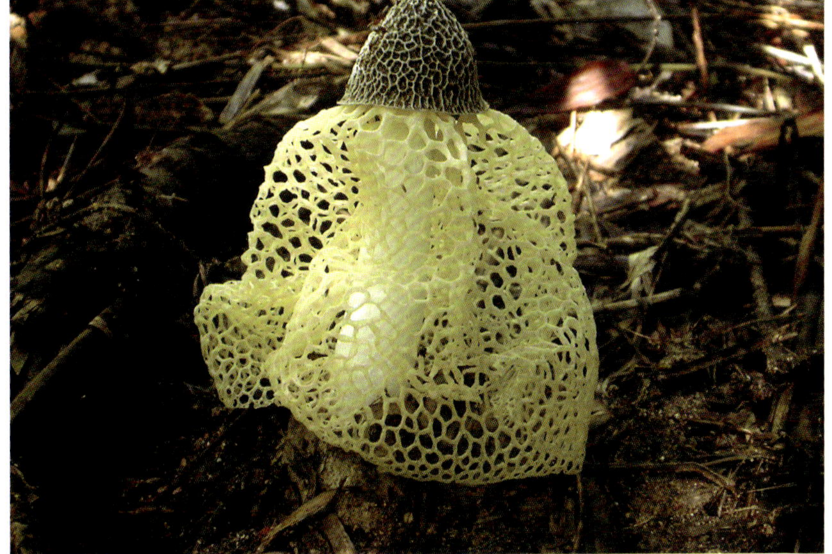

摄影：曾念开

327 杂色竹荪

Dictyophora multicolor Berk. & Broome

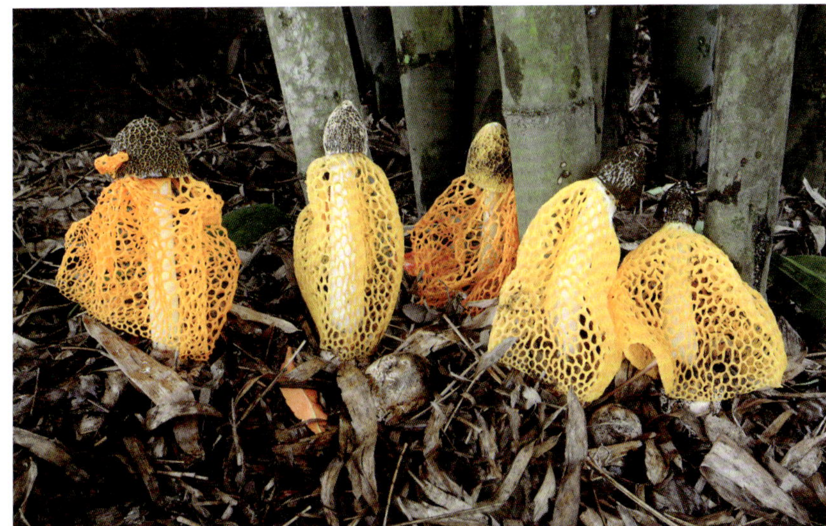

摄影：吴兴亮

328 红托竹荪

Dictyophora rubrovolvata M. Zang, D. G. Ji & X. X. Liu

摄影：邹方伦

329 疣盖鬼笔

鬼笔科 Phallaceae

Jansia elegans Penzig, Annals du Jard. Bot. de Buitenzorg 16: 140 [ser.2, 1], fig.5~13, 1899.

担子果全体白色，高2.1~3.8cm。幼时菌蕾近长椭圆形，直径02.5～0.4cm，成熟时孢托从包被内伸出，由菌盖和菌柄所组成；菌柄圆柱形，向上渐尖削，高0.8～2cm，宽0.15～0.25cm，中空；产孢组织圆锥形，长0.6～0.8cm，表面有许多扁半球圆形的粒状突起，其上覆盖有黏稠、暗青灰色的孢体，向顶端稍平截，穿孔不明显或基本不开口；菌托长0.7～1 × 0.3～0.45cm，担孢子椭圆形，无色，平滑，2.5～3.7 × 0.8～1.7μm。

生境：生于阔叶林活立木的树皮上。

产地：广西九万大山国家级自然保护区。

分布：广西。

讨论：疣盖鬼笔*Jansia elegans* Penzig长在活立木上为极少见种，在中国首次发现。

撰稿人：吴兴亮

330 竹林蛇头菌

鬼笔科 Phallaceae

Mutinus bambusinus (Zoll.) E. Fisch , Ann. Jard. Bot. Buitenzorg 6: 30, tab. 4 & 5, figs 26~31, 1886; —*Aedycia bambusina* (Zoll.) Kuntze, Revis. Gen. pl. (Leipzig) 3: 441, 1898; —*Phallus bambusinus* Zoll., Syst. Verz. Arch., 1: 11, 1854.

菌蕾长卵圆形至椭圆形，高1.5～2.5cm，直径1～2cm，白色至近灰白色，平滑或有灰色斑块，基部有菌丝索；孢托圆柱形，菌柄海绵质，高7～15cm，直径0.8～1.2cm，中空，下部橙黄，上部渐为橘红色至红色；产孢组织圆锥形，长2～4cm，大红色至深红色，表面有疣状皱纹，其上覆盖有暗绿色的孢体，向顶端平截有一穿孔；菌托近灰白色，高2～2.5cm，直径1～2cm。担孢子近圆筒形，淡青色，平滑，4～4.5 × 1.5～2μm。

生境：生于竹林中地上。

产地：云南西双版纳、勐腊勐仑植物园。

分布：上海、湖南、广东、广西、贵州、云南。

讨论：本种为少见种，在中国主要分布在热带亚热带地区。

撰稿人：吴兴亮

331 蛇头菌

鬼笔科 Phallaceae

Mutinus caninus (Huds.:Pers.)Fr., Summ. Veg. Scand., 2: 434, 1849.

菌蕾长卵圆形至近球形，高2.2～2.5cm，直径1.3～2cm，白色至近灰白色，基部有菌丝索；孢托圆柱形，菌柄海绵质，高7～12cm，直径1～1.8cm，中空，粉红色；产孢组织圆锥形，长1.5～2cm，大红色至深红色，表面有有许多扁半球圆形的粒状突起，其上覆盖有黏稠、暗青绿色的孢体，向顶端稍平截，穿孔不明显或基本不开口；菌托白色至近灰白色，高2.2～2.8cm，直径1.3～2cm。担孢子长圆筒形至长椭圆形，无色淡青绿色，平滑，3.5～4.5 × 1.5～2μm。

生境：生于竹林中地上。

产地：广西猫儿山自然保护区。

分布：广西、贵州。

讨论：本种为少见种，在中国主要分布在热带亚热带地区。

撰稿人：吴兴亮

329 疣盖鬼笔

Jansia elegans Penzig

摄影：吴兴亮

330 竹林蛇头菌

Mutinus bambusinus (Zoll.) E. Fisch.

摄影：吴兴亮

331 蛇头菌

Mutinus caninus (Huds.:Pers.)Fr.

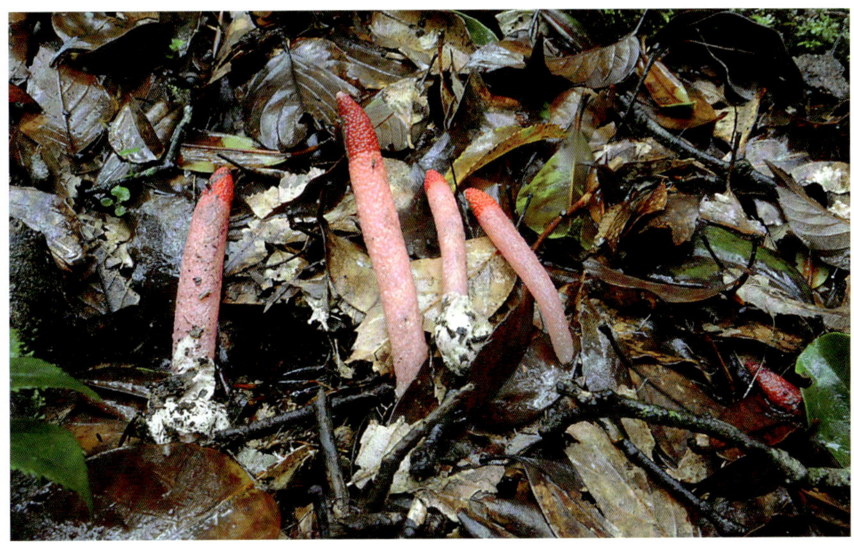

摄影：吴兴亮

332 红鬼笔

鬼笔科 Phallaceae

Phallus rubicundus (Bosc.) Fr., Syst. Myc.2: 284.1823; —*Satyrus rubicundus* Bosc, Mag. Ges. Nat. Freunde 5: 86.1811; —*Phallus gracilis* (Frish.) Lloyd, Myc. Writ.3, Syn, Phall.14, 1909; —*Ithyphallus rubicundus* (Bosc) E. Fisch., Jahrb. Bot. Gart. Mus. Berl., 4: 49, 1886; —*Leiophallus rubicundus* (Bosc) Mussat, Syll. Fung. (Abellini) 15: 187, 1901; —*Phallus canariensis* Mont., Phyto. Canariensis, 84, 1540.

担子果高8～20cm；菌盖钟形，高2.5～4cm，直径1.2～1.7cm，桔红色或红色，表面有细皱纹，上面覆盖一层青褐色的恶臭孢体，顶端平截，有穿孔；菌柄长5～16cm，粗0.5～2cm，近圆柱形，中空，上部桔红色、深红色或红色，向下色渐变淡，壁海绵状，向外开孔。担孢子无色，椭圆形，4～5 × 2～3μm。

生境：生于竹林或荒地上。

产地：海南尖峰岭自然保护区；广西十万大山、猫儿山自然保护区。

分布：江苏、福建、广东、广西、海南、台湾、四川、云南。

讨论：据报道有毒。

撰稿人：吴兴亮

333 白鬼笔

鬼笔科 Phallaceae

Phallus impudicus L., Sp. pl. 2:1648, 1753; —*Ithyphallus impudicus* (L.) Fr., Lich. Mexique 4: 42, 1886; —*Morellus impudicus* (Pers.) Eaton, Man. Bot.,Edn 2: 324, 1818; —*Phallus foetidus* Sowerby, Col. fig. Engl. Fung. (London) 3: Pl.329, 1801; —*Phallus impudicus* L., Sp. pl.2: 1648, 1753.

担子果单生或群生；幼时菌蕾近球形，直径2～2.5cm，白色，包被成熟时顶端裂开，孢托从包被内伸出，由菌盖和菌柄所组成，高15～17cm，基部有白色菌托；菌盖钟形，顶端平截，有穿孔，高2～3cm，白色，表面有明显网格，上有黏臭青褐色的孢体；菌柄圆柱状，中空，壁薄，海绵质，白色，向上渐尖削，8～13cm，粗2～2.5cm，。担孢子长椭圆形至椭圆形，2.8～4.5 × 1.6～2.2μm，光滑，无色或近无色。

生境：生于竹林地上。

产地：广西大瑶山自然保护区。

分布：广东、广西、贵州、四川、西藏。

讨论：食药用菌；菌柄可食。担子果入药，可治风湿病。

撰稿人：吴兴亮

332 红鬼笔 *Phallus rubicundus* (Bosc.) Fr. 摄影：吴兴亮

333 白鬼笔 *Phallus impudicus* L. 摄影：邹芳伦

334 黄鬼笔

鬼笔科 Phallaceae

Phallus tenuis (Fisch.) Kuntze, Rev. Gen. Pl.2: 865, 1891; Lloyd, Myc. Writ., 2: 402, 1908; Syn. Phall., 10, 1909; Kobayasi, Nova Fl. Jap. Hymenogast. Phall., 74, 1938; Mendoza, J. M. Philippines Mushrooms. Philippine Journal of Science 65: 1: 128, 1938; Teng, Fungi of China, 655, 1963; Tai, Syll. Fung. Sin., 565, 1979; Liu, Nova Hedw., 76: 45, 1984; Liu, Flora Fungorum Sinicorum, 23: 154, 2005; —*Ithyphallus tenuis* E. Fisch., Ann. Jard. Bot. Buitenz. VI, 4, Pls, 1-3, figs. 1-18, 1887.

担子果菌蕾近球形，直径1～2cm，白色，包被成熟时顶端裂开，孢托从包被内伸出，孢托由菌盖和菌柄所组成，高9～15cm，基部有白色菌托；菌盖钟形，顶端平截，有穿孔，高2～3cm，黄色，表面有明显网格，上有黏臭青褐色的孢体；菌柄圆柱状，中空，壁薄，海绵质，淡黄色，向上渐尖削，6～13cm，粗1～1.8cm，基部粗1～1.2cm。担孢子椭圆形，2.5～3 × 1～1.8μm，光滑，无色。

生境： 生于草地上。

产地： 海南海口、海南尖峰岭国家级自然保护区；广西龙滩自然保护区。

分布： 吉林、湖南、广东、广西、海南、贵州、四川、西藏、甘肃。

讨论： 有记载认为有毒。

撰稿人：吴兴亮

335 威兰薄孔菌

拟层孔菌科 Fomitopsidaceae

Antrodia vaillantii (DC.) Ryvarden, Norw. J. Bot.20: 8, 1973; —*Boletus vaillantii* DC., in de Candolle & Lamarck, Fl. Franç., Edn 3 (Paris) 5/6: 38, 1815; —*Fibroporia vaillantii* (DC.) Parmasto, ConSpectus Systematis Corticiacearum, Tartu, p.177, 1968; —*Fibuloporia vaillantii* (DC.) Bondartsev & Singer ex Bondartsev, Annls Mycol.39: 49, 1941; —*Leptoporus vaillantii* (DC.) Pat., Essai Tax. Hyménomyc., p.85, 1900; —*Polyporus vaillantii* (DC.) Fr., Syst. Mycol. (Lundae) 1: 383, 1821; —*Poria vaillantii* (DC.) Cooke, Grevillea 14(72): 112, 1886.

担子果一年生，平伏，较易与基物剥离，肉质至软革质，干燥后变为软木栓质，易碎，长可达20cm，宽可达6cm，中部厚可达4mm；孔口表面新鲜时白色至奶油色，干后变为淡黄色至淡黄褐色，部分区域变成污褐色，孔口表面有弱的折光反应；不育边缘明显，新鲜时白色至奶油色，干后奶油色至乳黄色，通常具菌索，菌索白色至奶油色；孔口圆形或近圆形，有时不规则形，每毫米4～6个；管口边缘薄；菌肉白色至浅黄色，新鲜时革质，干后变为棉质，厚可达2mm；菌管与菌肉同色或略浅，长可达4mm。担孢子卵圆形至广椭圆形，无色，薄壁至稍厚壁，光滑，大小为4.3～6.3 × 3～3.4μm。

生境： 生在多种针叶树储木和建筑木上。

产地： 广西。

分布： 内蒙古、吉林、黑龙江、河南、西藏、甘肃、江西、广西。

讨论： 主要造成木材褐色腐朽。

撰稿人：戴玉成

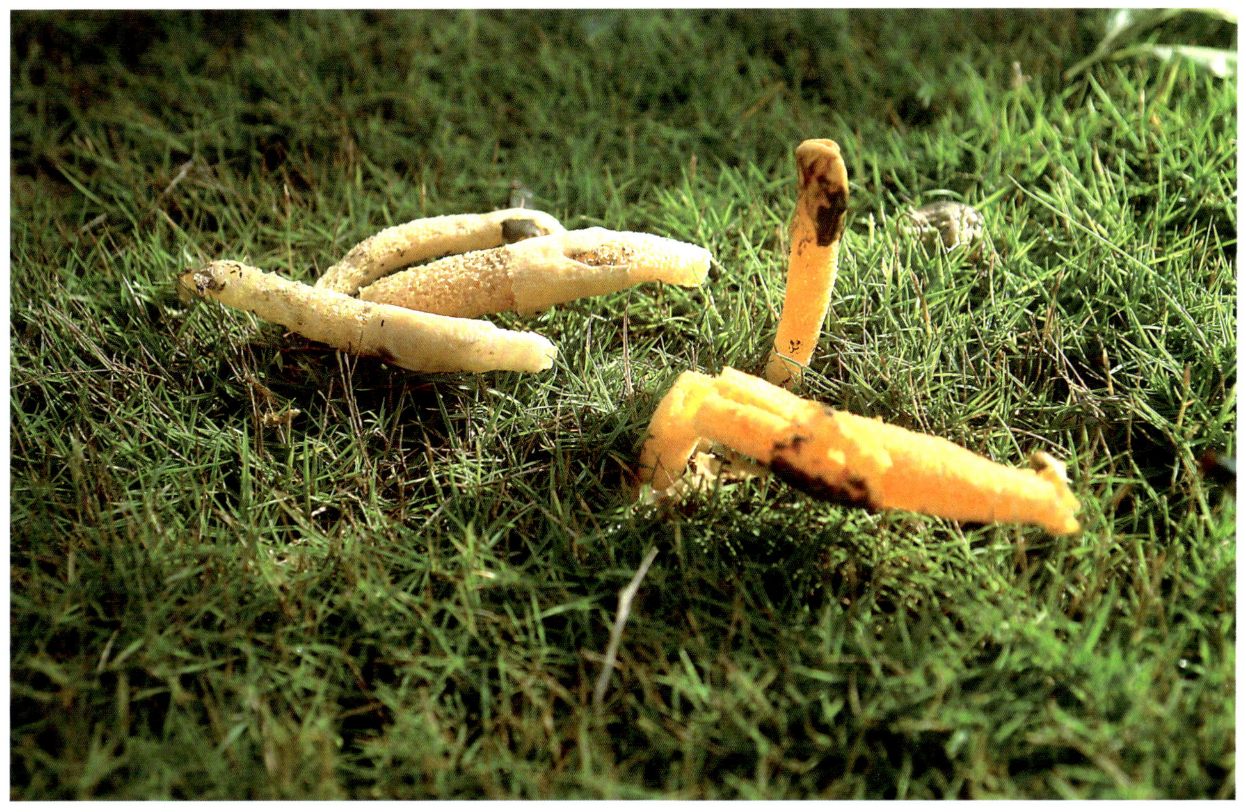

334 黄鬼笔 *Phallus tenuis* (Fisch.) Kuntze 摄影：吴兴亮

335 威兰薄孔菌 *Antrodia vaillantii* (DC.) Ryvarden 摄影：戴玉成

336 硬拟层孔菌

拟层孔菌科 Fomitopsidaceae

Fomitopsis spraguei (Berk. & M. A. Curtis) Gilb. & Ryvarden, Mycotaxon 22(2): 364, 1985; —*Pilatoporus spraguei* (Berk. & M. A. Curtis) Vampola, Czech Mycology 49(2): 90, 1996; —*Polyporus sordidus* Cooke, Grevillea 15 (73): 20, 1886.

担子果单年生，无柄，单生或叠生；新鲜时韧肉质，多汁，无特殊气味；干燥后重量明显变轻，变为木栓质，菌盖半圆形，长达8.5cm，宽达8cm，基部厚达2cm，边缘0.5cm；菌盖表面幼时浅黄色，基部具同心沟槽，有绒毛着生；老时菌盖表面淡黄褐色，绒毛脱落，边缘钝；孔口表面奶油色至淡黄褐色；管口圆形至不规则形，每毫米3～4个，管口边缘较厚，全缘；菌肉乳白色，厚可达1cm；菌管比孔面颜色稍浅，木栓质，长约0.4～0.7cm。担孢子椭圆形，无色，薄壁，光滑，4～6 x 3.3～5μm。

生境：生于阔叶树活立木上。

产地：海南尖峰岭自然保护区。

分布：海南、湖南。

讨论：硬拟层孔菌是一种病原菌，造成壳斗科树木褐色腐朽。

撰稿人：戴玉成

337 硫磺菌

拟层孔菌科 Fomitopsidaceae

Laetiporus sulphureus (Bull.) Murrill, Mycologia 12: 11, 1920; —*Boletus sulphureus* Bull., Herb. France. Pl., p.429, 1788; —*Polyporus sulphureus* Bull.: Fr., Syst. Mycol.1: 357, 1821; —*Tyromyces sulphureus* (Bull.: Fr.) Donk, Med. Bot. Mus. Herb. Rijksuniv. Utrecht.9: 145, 1933.

担子果一年生，无柄盖形或有非常短的菌柄，通常覆瓦状叠生，有时单生，新鲜时肉质，后期干酪质，无嗅无味，干后脆干酪质，重量明显减轻；菌盖半圆形或扇形，长可达25cm，宽可达37cm，中部厚可达2cm；菌盖表面幼时桔黄色，后期退色变为浅黄褐色至污白色，有微细绒毛，后期变光滑，有不明显的同心环沟或环带；边缘与菌盖表面基本同色或略浅，钝或略锐，波状；孔口表面幼期乳白色，逐渐变为硫磺色，后期变为污白色，无折光反应；不育边缘窄至几乎没有；孔口多角形，每毫米3～4个；管口边缘薄，略锯齿状；菌肉乳白色，干后干酪质或脆木栓质，无环区，厚可达1cm；菌管与孔口表面同色，比菌肉颜色深，木栓质，长可达10mm。担孢子椭圆形，无色，薄壁，光滑，有时含一小油滴，4.9～6 x 3.2～4μm。

生境：生在落叶松、蒙古栎、杨树和柳树在贮木场的原木上。

产地：海南五指山自然保护区。

分布：江苏、浙江、福建、河南、湖北、湖南、广西、海南、云南、西藏、陕西、甘肃、新疆。

讨论：硫磺菌主要造成木材褐色腐朽。

撰稿人：戴玉成

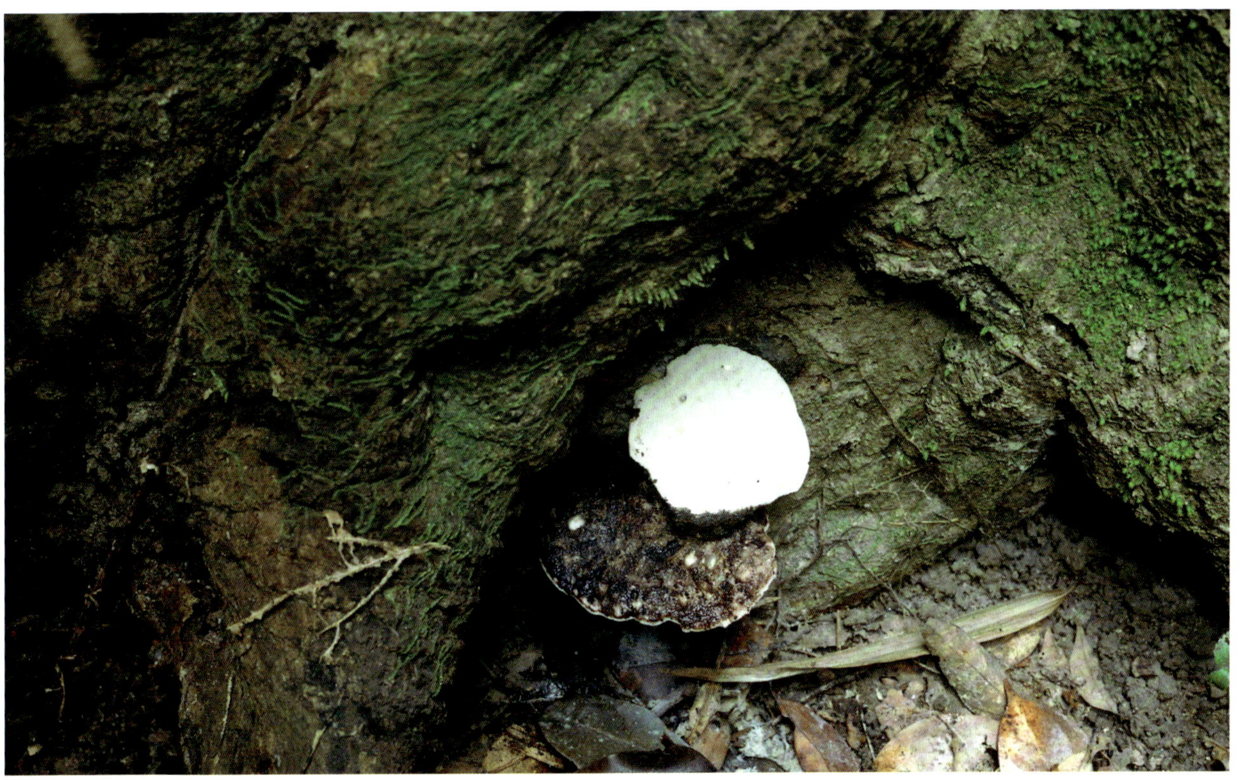

336 硬拟层孔菌 *Fomitopsis spraguei* (Berk. & M.A. Curtis) Gilb. & Ryvarden　　摄影：戴玉成

337 硫磺菌 *Laetiporus sulphureus* (Bull.) Murrill　　摄影：王绍能

338 软帕氏孔菌

拟层孔菌科 Fomitopsidaceae

Parmastomyces mollissimus (Maire) Pouzar, Česká Mykol.38: 203, 1984; —*Tyromyces mollissimus* Maire, Bull. Soc. Hist. Nat. Afr. N.36: 37, 1945; —*Parmastomyces transmutans* (Overh.) Ryvarden & Gilb., Mycotaxon 19: 144, 1984; —*Polyporus transmutans* Overh., Mycologia 44: 226, 1952; —*Tyromyces transmutans* (Overh.) J. Lowe, Mycotaxon 2: 29, 1975.

担子果一年生，平伏或平伏反卷，反卷部分菌盖通常左右连接，新鲜时软，肉质，无嗅无味，干后变脆，易碎；菌盖通常窄半圆形，长可达1cm，宽可达3cm，基部厚可达2mm；平伏时长可达7cm，宽可达3cm，厚可达1mm；菌盖表面新鲜时奶油色，后期浅黄褐色，被细绒毛，无环沟和同心环带；边缘钝，干后内卷；孔口表面新鲜时奶油色至乳黄色，手触摸后变褐色，干后为黄褐色至暗褐色，无折光反应；不育边缘明显，奶油色，宽可达 3mm；孔口圆形至多角形，每毫米2～3个；管口边缘薄，撕裂状；菌肉新鲜时乳白色，肉质，干燥后变为褐色，脆，厚约1mm；菌管干后褐色，脆，长约1mm。担孢子椭圆形，无色，厚壁，光滑，5～6 × 2.9～3.2μm。

生境：生在针叶树储木、桥梁木、坑木、桩木、仓库木、车辆木及陈旧木制建筑木上。

产地：海南吊罗山自然保护区。

分布：辽宁、吉林、黑龙江、海南、新疆。

讨论：软帕氏孔菌造成木材褐色腐朽。

撰稿人：戴玉成

339 华南假芝

灵芝科 Ganodermataceae

Amauroderma austrosinense J. D. Zhao & L. W. Xu, Acta Mycol, Sinica 3(1): 20, 1984.

担子果一年生，木栓质；菌盖近圆形，有时不规则形圆形，直径3～6cm，厚0.3～0.6cm，中央稍平坦，表面黄褐色或淡黄褐色，具较稠密的同心环纹，并有不规则的放射纵沟，边缘钝，略向内卷；菌肉近白色，厚0.2～0.3cm；菌管与菌盖同色或稍浅，长0.1～0.25cm；孔面淡白色，管口近圆形，完整，每毫米5～6个；菌柄近中生、偏生，与菌盖同色或稍深，中空，长6～13.5cm，粗0.4～0.8cm，近圆柱状，粗细不均匀，无光泽。担孢子近球形，双层壁，外壁无色透明，平滑，内壁淡黄色，具稠密的小刺，7～8.8 × 6.2～8μm。

生境：生于阔叶林中的伐桩上，或立木干基部朽木上。

产地：海南五指山、尖峰岭、霸王岭自然保护区；广西大瑶山、十万大山自然保护区。

分布：广西、海南。

讨论：木腐菌。被害木质部形成杂斑腐朽。

撰稿人：吴兴亮

338 软帕氏孔菌 *Parmastomyces mollissimus* (Maire) Pouzar　　摄影：戴玉成

339 华南假芝 *Amauroderma austrosinense* J.D. Zhao & L.W. Xu　　摄影：吴兴亮

340 粗柄假芝　　灵芝科 Ganodermataceae

Amauroderma elmerianum Murrill, Bull. Torrey Bot. Club, 34: 475, 1907; —*Ganoderma elmerianum* (Murrill) Sacc. & Trott., In Syll. Fung., 21: 305, 1912.

担子果一年生，有柄或近无柄，通常覆瓦状叠生，有时单生，新鲜时软木栓质，干燥后变为木质，且重量明显变轻；菌盖半圆形，圆形或扇形，长8～12cm，宽6～10cm，基部厚0.4～1.1cm；菌盖上表面初期有微细绒毛，后期变粗糙，灰褐色或褐色，干燥后几乎黑褐色，有同心环沟和放射状皱纹，无漆样光泽；边缘锐，波浪状，灰白色；管口表面灰色，触摸后迅速变为血红色，最后变为黑色；不育的边缘明显，宽达3mm，灰色；管口近圆形，每毫米5～7个；管口边薄且全缘；菌肉灰褐色，软木栓质，干燥后变为黑色，硬木质，厚达5mm；菌盖上表面形成一硬皮壳；菌管一层，灰褐色至黑色，木栓质，长达0.6cm；菌柄偏生，偶有中生，圆柱形，有时似念珠状，与菌盖同色，常弯曲，有细微绒毛，长7～14cm，直径为5～12mm。担孢子广椭圆形，浅褐色，双层壁，外壁平滑，无色，内壁有小刺，9～11 × 8～9.5μm。

生境：生在阔叶树上，造成台湾相思树等阔叶树活立木干基白色腐朽。

产地：海南海口海南师范大学校园内。

分布：海南、贵州。

讨论：由于过去认为假芝的重要性不大，以前也未见假芝种类引起林木病害的报道。但粗柄假芝生长在台湾相思树活立木的根基部，有的生长在已经死亡的台湾相思树根基部，明显是一种病原菌。

撰稿人：戴玉成

341 江西假芝　　灵芝科 Ganodermataceae

Amauroderma jiangxiense J. D. Zhao & X. Q. Zhang, Acta Mycol. Sin.6(4): 206, 1987.

担子果一年生，有柄，木栓质到木质；菌盖半圆形、近圆形到圆形，宽8～12 × 10～12cm，厚0.8～1.5cm，光滑，紫黑色到黑色，具似漆样光泽或弱，边缘微带紫红褐色，有稀疏同心环和稠密纵皱，边缘稍薄或略钝，完整，稍呈波状，下面具0.2～0.3mm的不孕带；菌肉均匀褐色到栗褐色，厚0.4～1cm；菌管长0.3～0.6cm，淡褐色至褐色; 孔面污黄白色、淡褐色到褐色; 管口近圆形，每毫米5～6个；菌柄中生、偏侧生或侧生，圆柱形，长6～12cm，粗1.2～2cm，黑色，有似漆样光泽。担孢子近球形或宽卵圆形，外壁无色透明，平滑，内壁微带淡褐色，有小刺或小刺不清楚，6～9 × 6～7μm。

生境：生于热带雨林中地下腐木上。

产地：广西大瑶山自然保护区、广西十万大山自然保护区。

分布：广西。

讨论：本种有光泽。

撰稿人：吴兴亮

340 粗柄假芝 *Amauroderma elmerianum* Murrill　　摄影：戴玉成

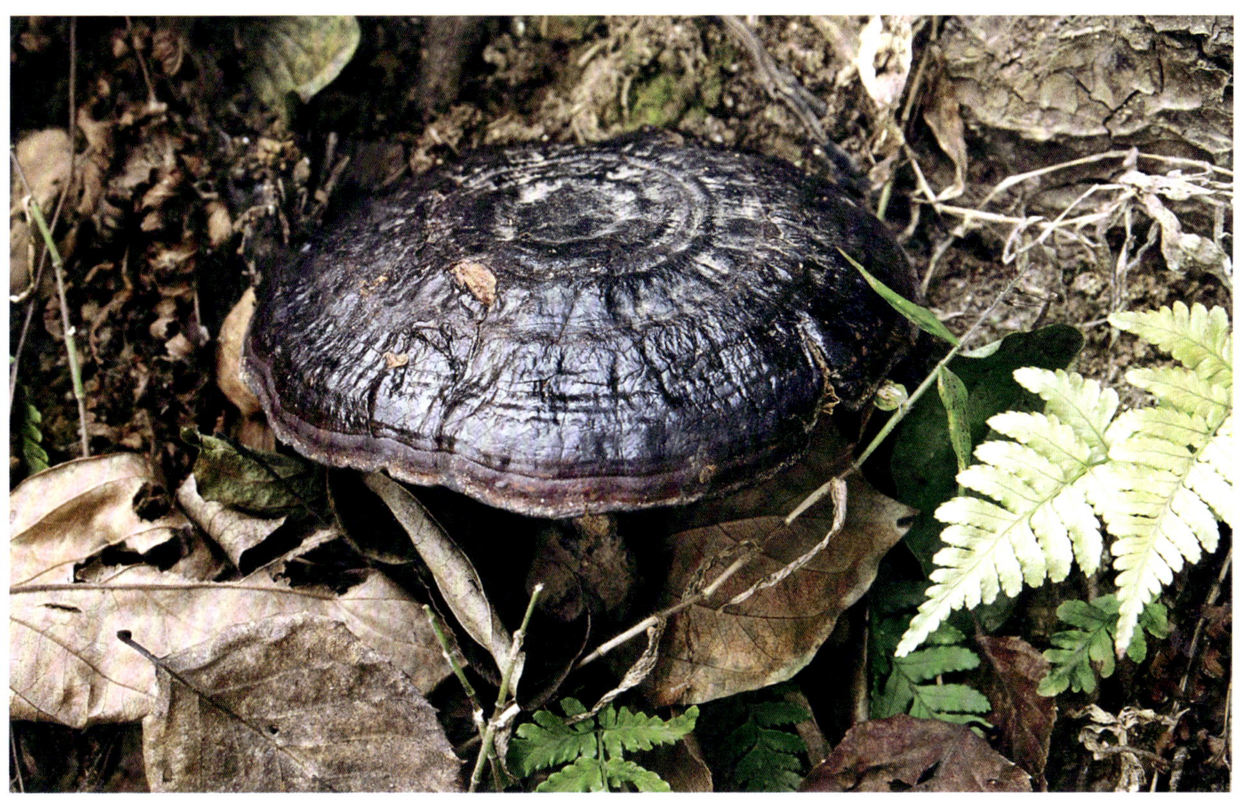

341 江西假芝 *Amauroderma jiangxiense* J.D. Zhao & X.Q. Zhang　　摄影：吴兴亮

342 弄岗假芝

灵芝科 Ganodermataceae

Amauroderma longgangense J. D. Zhao & X. Q. Zhang, Acta Mycol. Sin. 5(4): 222, 1986.

担子果一年生，有柄，木栓质到木质；菌盖半圆形或近圆形，中部稍下凹呈脐状，黑色，有似漆样光泽，同心环明显或不明显，有较大的纵皱，直径5～12cm，厚0.5～1.5cm，边缘钝而稍薄，完整或波浪状；菌肉淡褐色至褐色，厚0.3～0.8cm；菌管长0.3～0.6cm；孔面污白色、淡褐色至褐色，不平坦；管口近圆形，每毫米5～6个；菌柄侧生或偏生，圆柱状或向下渐细，长6—10cm，粗1～2cm。担孢子宽卵形或近球形，淡黄褐色，双层壁，外壁透明，平滑，内壁有小刺或小刺不清楚，6～9 × 5～7.5μm。

生境：生于阔叶林中地下腐木上。

产地：广西弄岗、十万大山自然保护区。

分布：广西。

讨论：本种与紫芝*Ganoderma sinense* J. D. Zhao, L. W. Hsu & X. Q. Zhang很相似，但后者担孢子呈卵圆形，顶端脐突或稍平截。它与广西假芝*Amauroderma guangxiense* J. D. Zhao & X. Q. Zhang相似，但后者皮壳构造呈较规则的栅栏状组织。

撰稿人：吴兴亮

343 普氏假芝

灵芝科 Ganodermataceae

Amauroderma preussii (Henn.) Steyaert, Persoonia 7(1): 107, 1972; —*Amauroderma rubeolum* (Bres.) Otieno, Sydowia 22: 177, 1969; —*Amauroderma zambesianum* (Lloyd) D. A. Reid , Contr. Bolus Herb.7: 37, 1975; —*Fomes preussii* (Henn.) Sacc., Syll. Fung. (Abellini) 11: 89 , 1895; —*Ganoderma preussii* Henn., Bot. Jb.14: 342, 1891; —*Ganoderma puberulum* Pat., Bull. Soc. Mycol. Fr.30(3): 343 , 1914; —*Ganoderma rubeolum* Bres., Mycologia 17(2): 73, 1925; —*Ganoderma sikorae* Bres., Annln Naturh. Mus. Wien 26: 157, 1912.

担子果一年生，有柄，木栓质；菌盖近圆形圆，3.5 × 4cm，较薄，厚0.2～0.6cm，表面红褐色至红褐色，无光泽，有同心环或不明显，有显著的放射状纵皱，边缘薄，中部下凹呈漏斗状，锐；菌肉淡褐色至褐色，厚0.2cm；菌管长0.2～0.4cm，淡褐色至褐色；孔面污白色，伤变黑褐色；管口近圆形，每毫米5～6个；菌柄偏生或侧生，圆柱形，常弯曲，长5～7.5cm，粗0.85cm，与菌盖同色。担孢子近球形，双层壁，透明，平滑，内壁淡黄褐色，有小刺，8.5～11 × 7～9.5μm。

生境：生于热带雨林中地下腐木上。

产地：海南五指山、尖峰岭自然保护区。

分布：海南。

讨论：本种主要分在热带地区。

撰稿人：吴兴亮

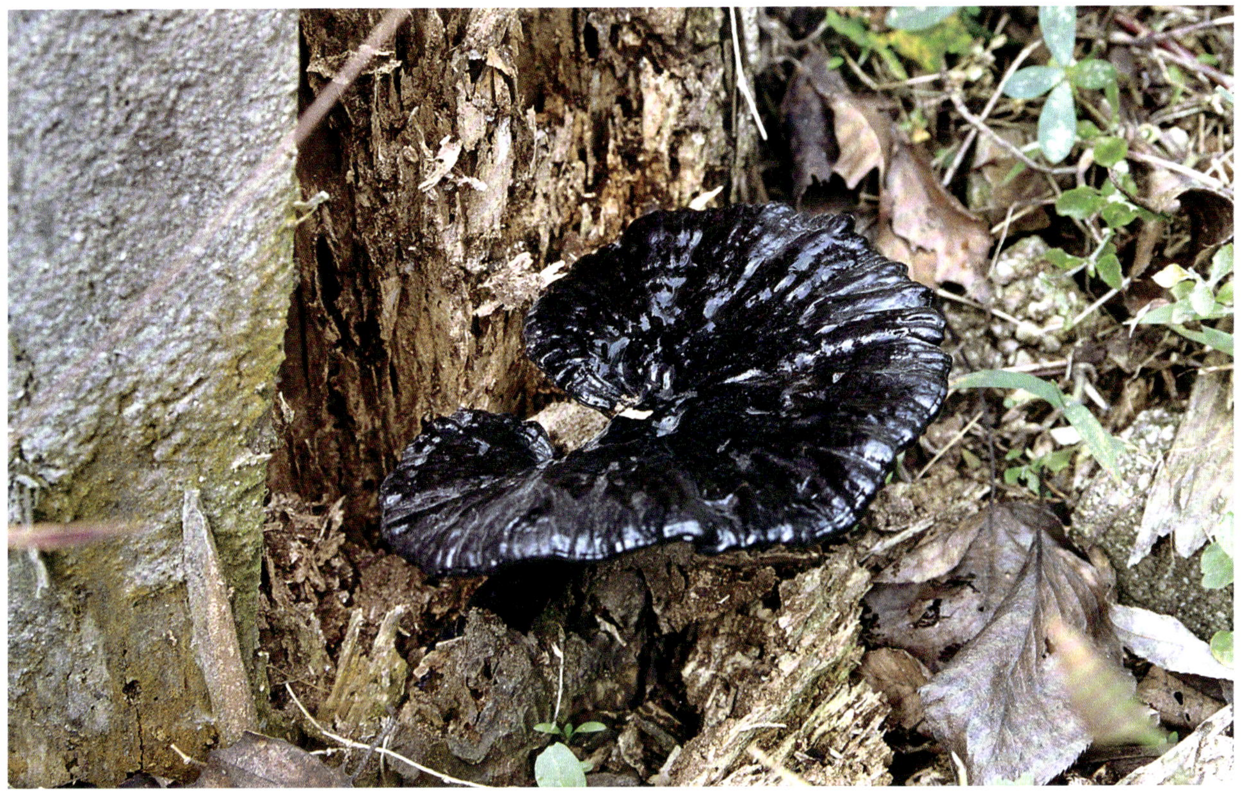

342 弄岗假芝 *Amauroderma longgangense* J.D. Zhao & X.Q. Zhang　　摄影：吴兴亮

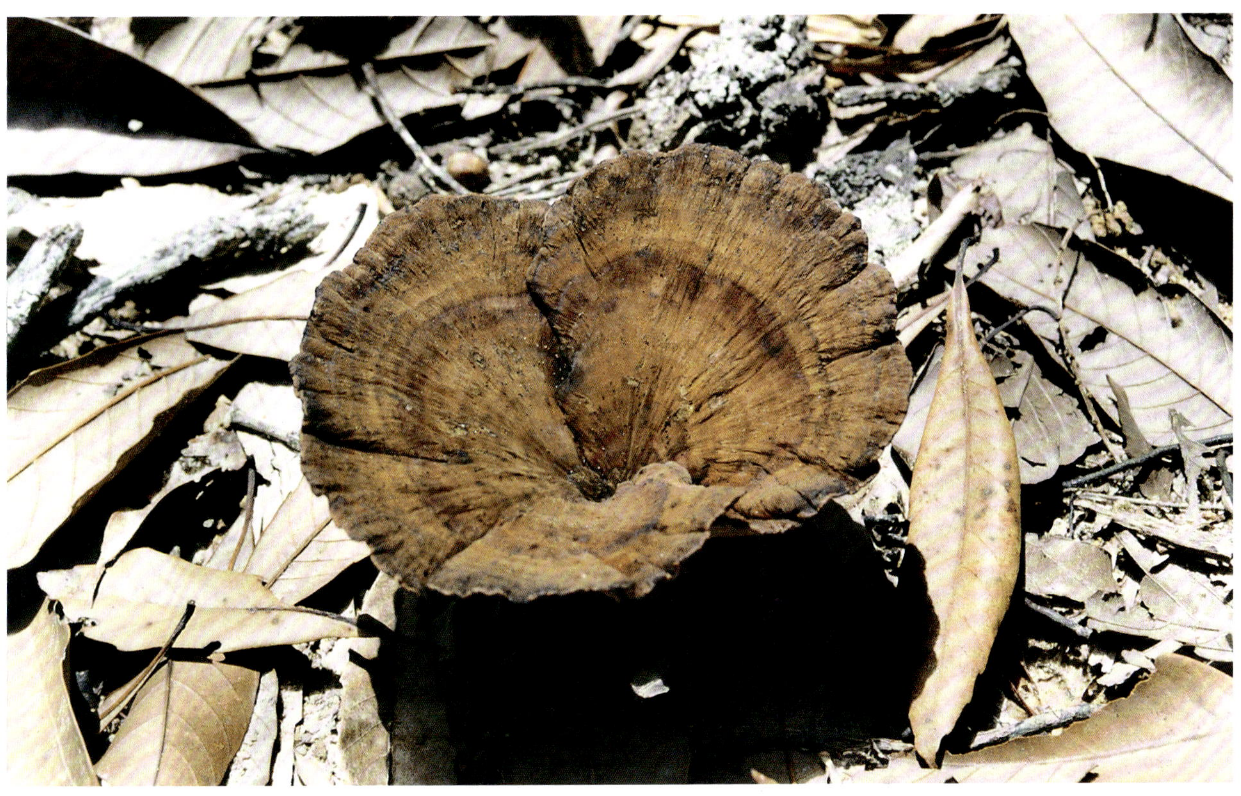

343 普氏假芝 *Amauroderma preussii* (Henn.) Steyaert　　摄影：吴兴亮

344 皱盖假芝

灵芝科 Ganodermataceae

Amauroderma rude (Berk.) Torrend, Brotéria, Sér. Bot.75: 240, 1950; —*Amauroderma intermedium* (Bres. & Pat.) Torrend, Brotéria, Sér. Bot.18: 128, 1920; —*Fomes pseudoboletus* (Speg.) Speg., Revista Argent. Hist. Nat.1: 103, 1891. —*Fomes pullatus* Berk. ex Cooke, Grevillea 15(no.73): 21, 1886; —*Fomes rudis* Berk., Grevillea 13(no.68): 117, 1885; —*Ganoderma pseudoboletus* (Speg.) Pat., Anal. Mus. nac. Hist. Nat. B. Aires 19: 274, 1909; —*Phellinus rudis* (Berk.) X. L. Zeng, Acta Mycol. Sin.6(3): 145, 1987; —*Polyporus pseudoboletus* Speg., Anal. Soc. Cient. Argent.16: 279, 1883; —*Polyporus rudis* Berk., Ann. Mag. Nat. Hist., Ser.1 3: 323, 1839.

担子果一年生，有柄，木栓质；菌盖近圆形或近肾形，直径6～10.5 × 8～12.6cm，厚0.4～1.1cm，表面有放射状深皱纹，灰褐色或褐色，中部稍深，有明显或不明显的环纹，无光泽，边缘锐，波浪状；菌肉暗灰土黄色至暗灰黄褐色，厚0.2～0.5cm；菌管长0.2～0.3cm，颜色较菌肉深，灰黑色至黑色；管口近圆形，每毫米4～5个；孔面初为灰白色，伤变红色，不久变为灰黑色至黑色；菌柄偏生，偶有中生；圆柱形或不规则圆柱形，似念珠状，长7～14cm，粗0.5～1.2cm，常弯曲，与菌盖同色，下部似假根状。担孢子近球形，双层壁，外壁透明，平滑，内壁小刺不明显，近无色或稍带淡黄褐色，8～10.5 × 8～9.5μm。

生境：生于阔叶树桩旁地上。

产地：海南五指山国家级自然保护区；广西十万大山国家级自然保护区。

分布：福建、广西、海南、贵州、云南。

讨论：药用菌。

撰稿人：吴兴亮

345 假芝

灵芝科 Ganodermataceae

Amauroderma rugosum (Blume & T. Nees) Torrend, Brotéria, Sér. Bot.18: 127, 1920; —*Amauroderma atrum* (Lloyd) Corner, Beih. Nova Hedwigia 75: 70, 1983; —*Amauroderma elmerianum* Murrill, Bull. Torrey Bot. Club 34: 475, 1907; —*Amauroderma juxtarugosum* (Lloyd) Imazeki, Bull. Tokyo Sci. Mus.6: 100, 1943; —*Amauroderma vansteenisii* (Steyaert) Teixeira, Revista Brasileira de Botânica 15(2): 125, 1992.

担子果一年生，有柄，木栓质；菌盖肾形、半圆形或近圆形，宽2.8～10 × 2.8～12cm，厚0.3～1.2cm，表面灰褐色、褐色或褐色，无光泽，有显著的纵皱和同心环纹，常有不显著的放射状皱纹，被青灰色微绒毛，边缘钝或锐、波浪状；菌肉灰褐色、深灰色至深褐色；菌管暗褐色至黑褐色；长1.8～4.5mm；孔面新鲜时灰白色，伤变血红色，后变黑褐色至黑色；管口近圆形或稍不规则形，每毫米4～6个；菌柄侧生或偏生，圆柱形，偶有中生，长5～15cm，粗0.3～1.5cm，有时分叉，近光滑或被有短绒毛，与菌盖同色，有假根，长达8cm，无光泽。担孢子近球形，双层壁，平滑，近无色，有微小刺或小刺不清楚，8～10.5 × 7～10μm。

生境：生于阔叶林中地下朽木上。

产地：海南五指山、尖峰岭、霸王岭自然保护区；广西大瑶山、十万大山自然保护区。

分布：广东、广西、海南、贵州、云南。

讨论：本种是热带亚热带最常见的种类。

撰稿人：吴兴亮

344 皱盖假芝 *Amauroderma rude* (Berk.) Torrend　　摄影：吴兴亮

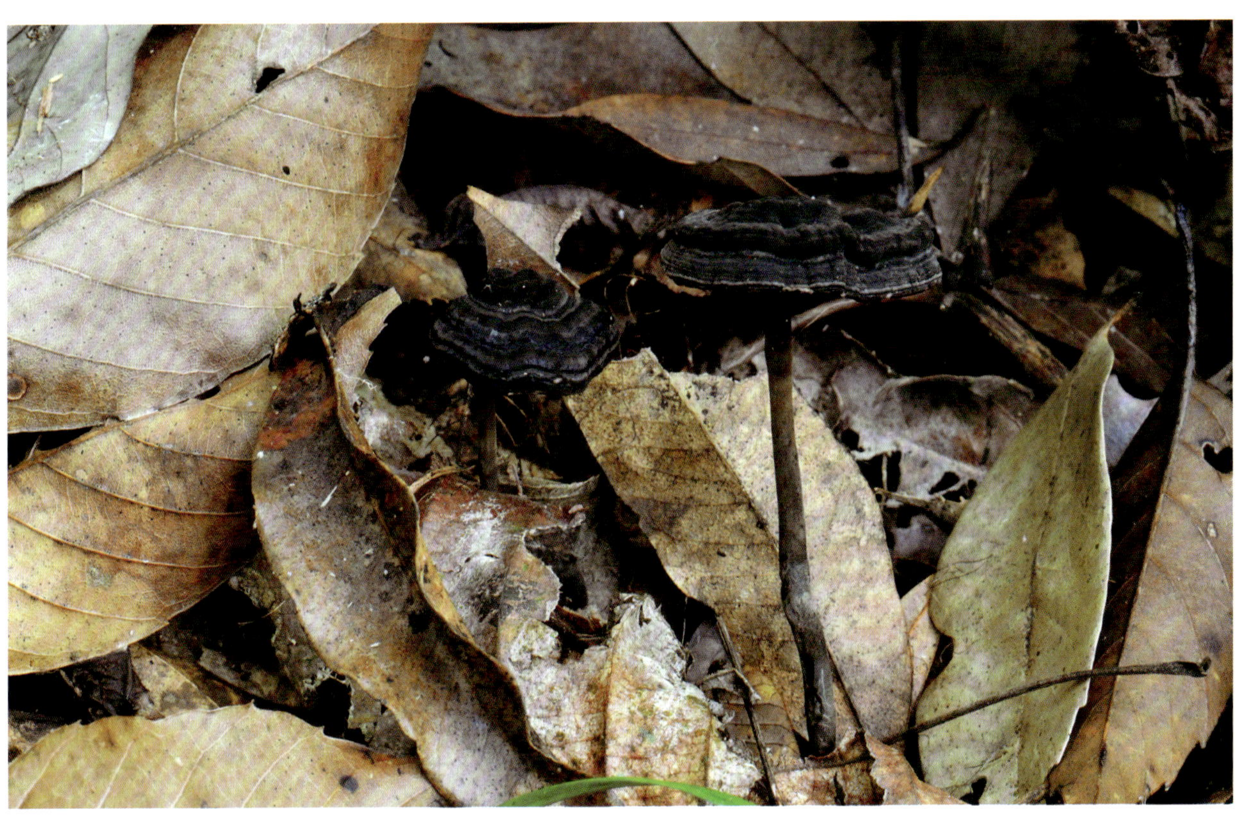

345 假芝 *Amauroderma rugosum* (Blume & T. Nees) Torrend　　摄影：吴兴亮

346 树脂假芝

灵芝科 Ganodermataceae

Amauroderma subresinosum (Murrill) Corner, Beih. Nova Hedwigia 75: 93, 1983; —*Fomes subresinosus* Murrill, Bull. Torrey Bot. Club 35: 410, 1908; —*Ganoderma subresinosum* (Murrill) Humphrey, Mycologia 30: 332, 1938; —*Magoderna subresinosum* (Murrill) Steyaert, Persoonia 7: 112, 1973; —*Polyporus mamelliporus* Beeli, Bull. Soc. R. Bot. Belg.62: 62, 1929; —*Trachyderma subresinosum* (Murrill) Imazeki, Bull. Gov. Forest Exp. St. Tokyo 57: 119, 1952.

担子果一年生，无柄，单生或覆瓦状叠生，新鲜时木质，干后硬木质，重量明显变轻；菌盖半圆形，单个菌盖长可达4cm，宽可达10cm，中部厚可达3cm；菌盖表面新鲜时黄褐色，后变为深红褐色至黑色，光滑，同心环纹；边缘钝，奶油色；孔面初期白色，后变为乳白色，干后为奶油色；不育边缘不明显；管口圆形或多角形，每毫米约4～5个；管口边缘厚，全缘；菌肉乳白色，新鲜时木栓质，干后硬木栓质，有明显环区，厚可达20mm；菌管奶油色，与孔口表面同色，比菌肉颜色略深，新鲜时木栓质，干后硬木栓质，长达10mm。担孢子卵圆形或宽椭圆形，浅黄褐色，双层壁，内壁具刺，12～16 × 7～9μm。

生境： 生于多种阔叶树储木和建筑木上。

产地： 海南海口人民公园、海南七仙岭国家森林公园、五指山自然保护区；广西大瑶山。

分布： 海南、广西。

讨论： 造成木材白色腐朽。

撰稿人：戴玉成

347 五指山假芝

灵芝科 Ganodermataceae

Amauroderma wuzhishanense J. D. Zhao, Acta Mycol. Sinica 6 (4): 208, 1987.

担子果一年生，有柄，木栓质；菌盖似漏斗形，10～15 × 8～14cm，厚1～2cm，表面初期黄褐色、褐色，后呈暗褐色、黑褐色到黑色，同心环带有或无，凹凸不平，有疣、瘤或大的刺状物和大的纵皱，有时形成重叠菌盖，边缘不整齐，波浪形，瓣裂；菌肉暗灰色，厚0.5～1cm；菌管初期粉灰色后为褐色至黑色，长0.3～0.6cm；孔面新鲜时灰白色、污白色，伤变血红色呈黑褐色或黑色，高低不平，管口近圆形或不规则，与菌柄形成清楚的界限，每毫米4～5个；菌柄偏生或近中生，光滑，近圆柱状或粗细不等，长6～12cm，粗0.9～1.5cm，黑褐色至黑色，无光泽。担孢子近球形或宽椭圆形，双层壁，外壁透明，平滑，骨壁淡褐色，有小刺，10.4～12.8 × 8～11μm。

生境： 生于热带雨林中阔叶树根部腐朽处或地下腐木上。

产地： 海南五指山自然保护区。

分布： 海南。

讨论： 热带地区特有种。

撰稿人：吴兴亮

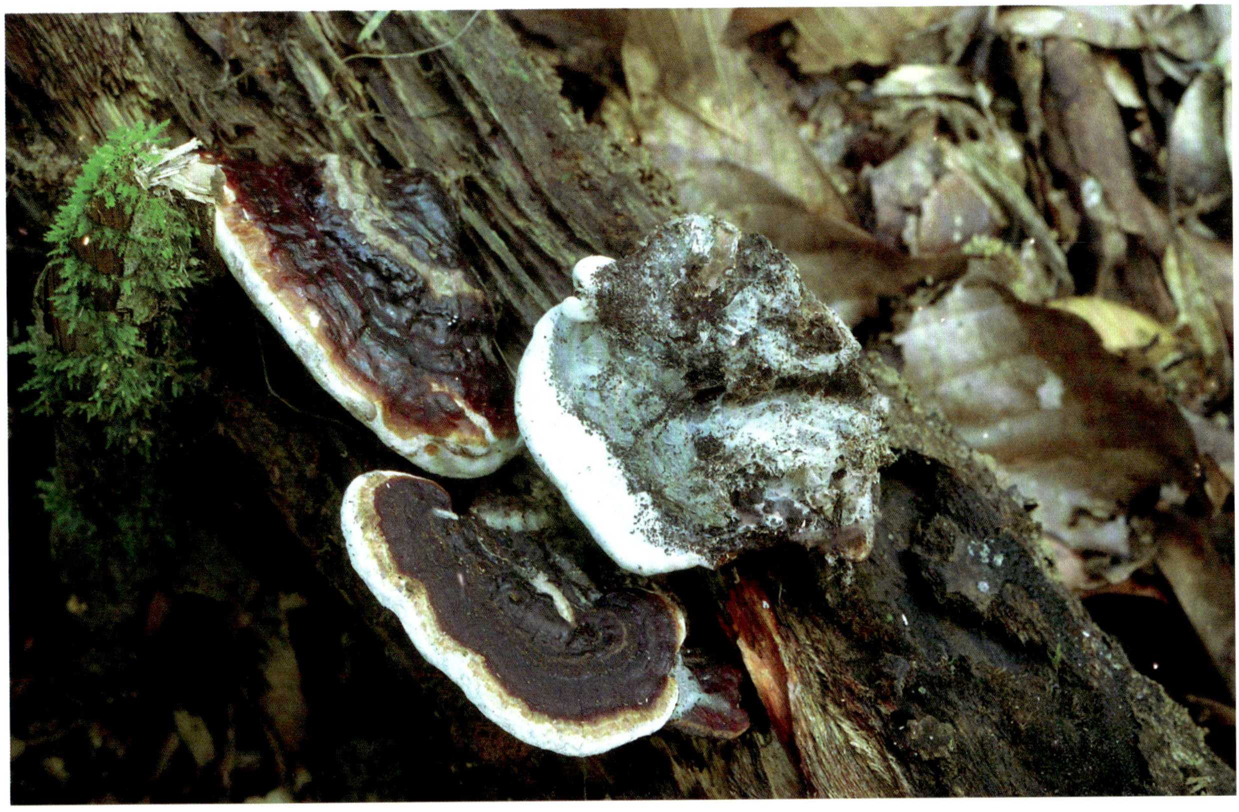

346 树脂假芝 *Amauroderma subresinosum* (Murrill) Corner　　摄影：戴玉成

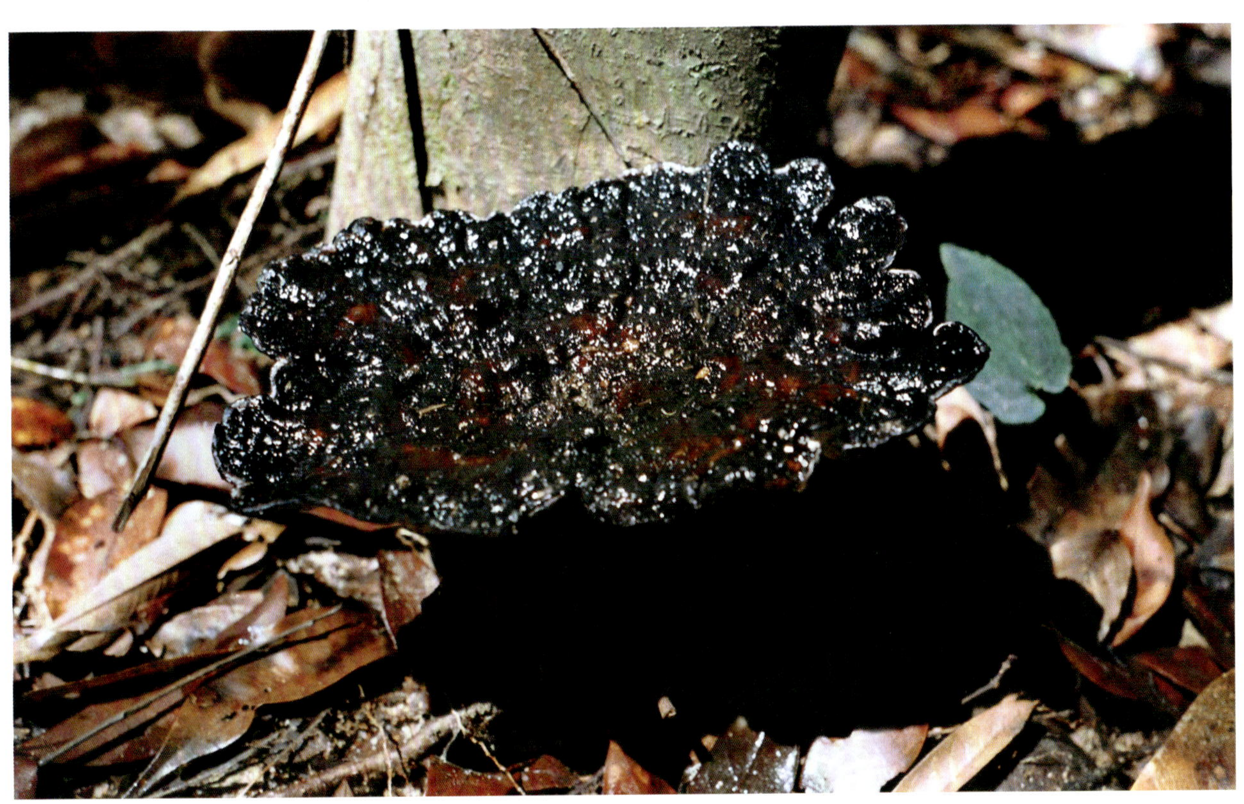

347 五指山假芝 *Amauroderma wuzhishanense* J.D. Zhao　　摄影：吴兴亮

348 树舌灵芝

灵芝科 Ganodermataceae

Ganoderma applanatum (Pers.) Pat., Hyménomyc. Eur. (Paris): 143, 1887; —*Boletus applanatus* Pers., Observ. Mycol. (Lipsiae) 2: 2, 1800; —*Polyporus applanatus* (Pers.) Wallr., Fl. Crypt. Germ. (Nuremburgh) 2: 591, 1833; —*Fomes applanatus* (Pers.) Gillet, Hyménomycètes (Alençon): 685, 1878; —*Ganoderma lipsiense* (Batsch) G. F. Atk., Annls Mycol.6: 189, 1908; —*Ganoderma flabelliforme* Murrill, J. Mycol.9(2): 94, 1903; —*Ganoderma gelsicola* (Berl.) Sacc., Fl. ital. Crypt., Fungi: 1010, 1916; —*Ganoderma incrassatum* (Berk.) Bres., Hedwigia 56(4, 5): 295, 1915; —*Ganoderma leucophaeum* (Mont.) Pat., Bull. Soc. Mycol. Fr.5(2, 3): 73, 1889.

担子果一年生，无柄，木栓质，菌盖半圆形或不规则形，4～7 × 5～13cm，厚1.5～4cm，表面褐色至黑褐色，光滑，同心环纹明显或不明显，无似漆样光泽；边缘薄或厚，完整，下边下孕；菌肉淡褐色到褐色，有同心环纹，无黑色壳质层，厚1～2cm；菌管褐色，长1～1.5cm；孔面新鲜时污白色或淡褐色，后为褐色至暗褐色；管口近圆形，每毫米4～5个；无柄，基部形成柄基与基物连接。担孢子卵圆形、椭圆形或顶端平截，双层壁，外壁透明，平滑，内壁淡褐色，有小刺或小刺不清楚，7～11 × 6～7μm。

生境： 生于阔叶林中的伐桩或立木干基部朽木上。

产地： 海南五指山、尖峰岭、霸王岭自然保护区；广西十万大山自然保护区。

分布： 广西、海南、贵州。

讨论： 木腐菌。被害木质部形成杂斑腐朽。

撰稿人：吴兴亮

349 南方灵芝

灵芝科 Ganodermataceae

Ganoderma australe (Fr.) Pat., Bull. Soc. Mycol. Fr.5: 67, 1889; —*Polyporus australis* Fr., Elench. Fung., p.108, 1828; —*Polyporus adspersum* S. Schulzer, Flora 61: 11, 1878.

担子果多年生，无柄，新鲜时木栓质，无嗅无味，干燥后变为硬木栓质；菌盖通常半圆形，长可达55cm，宽可达35cm，基部厚可达7cm, 复合的担子果厚可达20cm；菌盖表面锈褐色、灰褐色至黑褐色，具明显的环沟和环带，活跃生长期间菌盖表面覆盖有一层褐色孢子粉，无似漆样光泽；边缘奶油色至浅灰褐色，圆钝；孔口表面新鲜灰白色，干后灰褐色、近污黄色或淡褐色，手触摸后变为暗褐色或黑色；孔口圆形，每毫米4～5个；管口边缘较厚，全缘；菌肉新鲜时浅褐色，木栓质，干燥后变为棕褐色，硬，厚可达3cm；菌管暗褐色，比菌肉颜色深，木栓质或纤维质，分层不明显，长可达40mm。担孢子广卵圆形，顶端通常平截，淡褐色至褐色，双层壁，外壁无色，光滑，内壁有小刺，7～8.9 × 5～6μm。

生境： 生于阔叶树倒木上。

产地： 海南尖峰岭自然保护区；云南西双版纳。

分布： 江苏、浙江、福建、湖北、湖南、广西、海南、四川、云南、西藏、陕西。

讨论： 南方灵芝*Ganoderma australe* (Fr.) Pat是亚热带和热带地区的常见种类，能腐生在多种阔叶树储木、桥梁木、坑木和桩木上，造成木材白色腐朽。

撰稿人：戴玉成

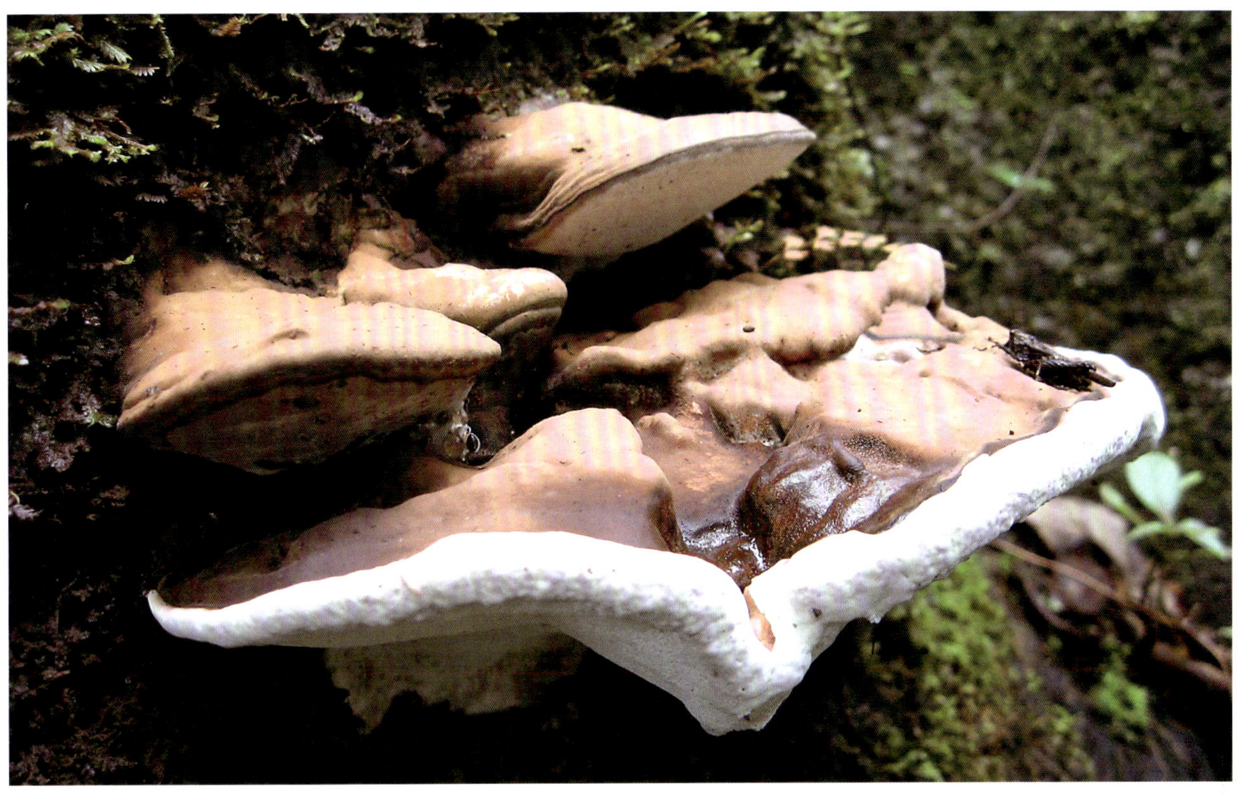

348 树舌灵芝 *Ganoderma applaNatum* (Pers.) Pat. 摄影：李常春

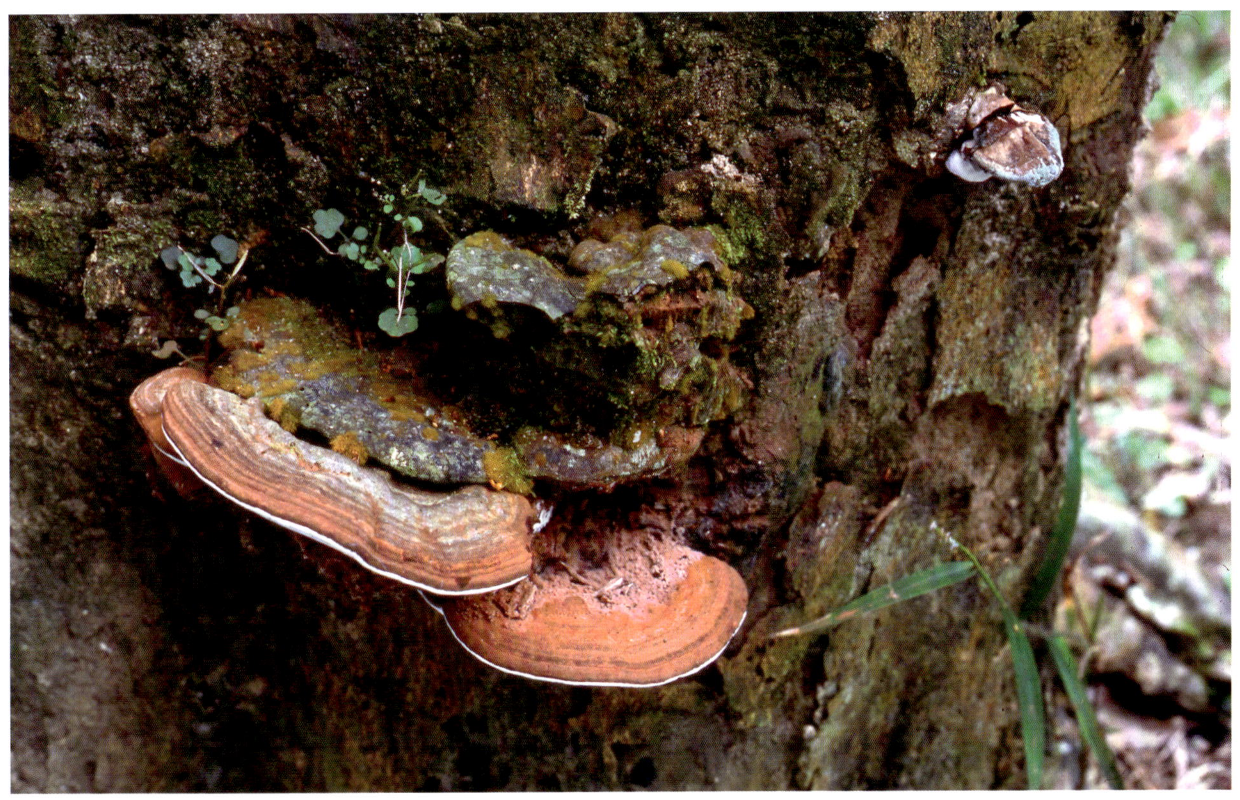

349 南方灵芝 *Ganoderma australe* (Fr.) Pat. 摄影：戴玉成

350 布朗灵芝

灵芝科 Ganodermataceae

Ganoderma brownii (Murrill) Gilb., Mycologia, 53(5): 505, 1962; —*Elfvingia brownii* Murrill, Western Polypores, 5: 29, 1915; —*Fomes brownii* (Murrill) Sacc. & Trotter, Syll. Fung. (Abellini) 23: 394, 1925; —*Ganoderma applanatum* (Pers.) Pat. var. *brownii*, Murril1, Humphrey et Leus Palo, Philippine Jour. Sci., 45: 531, 1931.

担子果一年生，无柄，木栓质；菌盖半圆形或不规则形，4～7 x 5～13cm，厚1.5～4cm，表面褐色至黑褐色，光滑，同心环纹明显或不明显，无似漆样光泽；边缘薄或厚，完整，下边下孕；菌肉淡褐色到褐色，有同心环纹，无黑色壳质层，厚1～2cm；菌管褐色，长1～1.5cm；孔面新鲜时污白色或淡褐色，后为褐色至暗褐色；管口近圆形，每毫米4～5个；无柄，基部形成柄基与基物连接。担孢子卵圆形，椭圆形或顶端平截，双层壁，外壁透明，平滑，内壁淡褐色，有小刺或小刺不清楚，7～11 x 6～7μm。

生境：生于阔叶树腐木桩上。

产地：海南尖峰岭、吊罗山自然保护区。

分布：福建、广西、海南、贵州、云南、西藏。

讨论：药用菌。

撰稿人：吴兴亮

351 喜热灵芝

灵芝科 Ganodermataceae

Ganoderma calidophilum J. D. Zhao, L. W. Hsu & X. Q. Zhang, Acta Microbiol. Sin.19: 270, 1979; Zhao & Zhang Flora Fungorum Sinicorum, Vol.18, 89, 2000; Wu & Dai, Coloured Illustrations of Ganodermataceae of China, 86, 2005.

担子果一年生，有柄，木栓质，菌盖近扇形、半圆形或近圆形，2～3.5 x 2.5～4.5cm，厚0.4～1.2cm，表面红褐色或紫褐色，有似漆样光泽，有同心环沟和环纹，稍有纵皱; 边缘较钝或截形；菌肉分两层，上层木材色或淡褐色，下层褐色，厚0.2～0.3cm；菌管长约0.25～0.5cm，褐色；孔面近白色或淡黄白色; 管口近圆形，每毫米4～6个；菌柄背生或背侧生，长6～15cm，粗0.3～0.8cm，圆柱形，有光泽，粗细不等或近似念珠状，与菌盖同色或色较深。担孢子卵圆形，顶端有脐突，有时顶端平截，双层壁，外壁无色透明，平滑，内壁淡褐色，无小刺或小刺不清楚，8.2～11 x 5.5～7.5μm。

生境：生于热带季雨林或阔叶林中地下腐木上，特别在竹林中地上。

产地：海南五指山、尖峰岭、吊罗山、霸王岭、黎母山自然保护区；广西大瑶山自然保护区。

分布：广东、广西、海南、四川、贵州。

讨论：食药用菌。作为灵芝*Ganoderma lucidum*（M. A. Curtis）P. Karst. 使用。与后者区别在于喜热灵芝*Ganoderma calidophilum*担子果小，菌柄细长，担孢子卵圆形，无小刺或小刺不清楚。

撰稿人：吴兴亮

350 布朗灵芝 *Ganoderma brownii* (Murrill) Gilb. 摄影：吴兴亮

351 喜热灵芝 *Ganoderma calidophilum* J.D. Zhao 摄影：吴兴亮

352 琼中灵芝

灵芝科 Ganodermataceae

Ganoderma chiungchungense X. L. Wu, Mycosystema 16(4): 253, 1997.

担子果一年生，有柄，木栓质；菌盖扇形或近圆形，2～6 × 2～5.8cm，厚0.2～0.7cm，表面黑褐色或污黑色，趋向边缘渐变黑紫色到暗深红色，具污白色的同心环带，纵皱不显著，有似漆样光泽，边缘稍薄或略锐，有污白色带，下边不孕；菌肉褐色，厚0.1～0.6cm；菌管长约0.2～0.4cm；孔面污白色或略带灰黄白色; 管口近圆形，每毫米4～5个；菌柄背侧生，近圆柱形长2～3.5cm，粗0.4～1.1cm，黑色，有似漆样光泽。担孢子长椭圆形，或顶端平截，双层壁，外壁无色透明，平滑，内壁淡褐色，有小刺或小刺不清楚，7.2～8.6 × 4.5～5.7μm。

生境：生于阔叶林中的伐桩上。

产地：海南五指山、尖峰岭自然保护区。

分布：海南。

讨论：木腐菌。

撰稿人：吴兴亮

353 背柄紫灵芝

灵芝科 Ganodermataceae

Ganoderma cochlear (Nees) Merr., An interpretation of Rumphius's Herbarium Amboinense (Manila): 58, 1917; —*Polyporus cochlear* Blume & Nees, Nova Acta Acad. Leop. Carol 13: 20, 1826.

担子果一年生，有柄，木栓质；菌盖近圆形或椭圆形，5～8 × 6～8cm， 厚1～1.5cm，表面黑紫褐色或紫黑色，有似漆样光泽或较弱，常有辐射状皱纹和不明显的同心棱纹，边缘较薄或钝; 菌肉厚0.6～0.9cm，深咖啡色; 菌管长0.3～0.5cm；孔面污白色至黄白色，老后变褐色; 管口近圆形，每毫米4～5个；菌柄背生，长4～9cm，粗1～1.5cm，近圆柱形或粗细不均匀，与菌盖同色，有似漆样光泽。担孢子卵圆形，或有时顶端平截，双层壁，外壁无色透明，平滑，内壁淡褐色，有小刺或小刺不清楚，8.7～11.5 × 6～7μm。

生境：生于阔叶林中地下腐木上。

产地：海南五指山国家级自然保护区；广西十万大山国家级自然保护区。

分布：浙江、安徽、河南、广东、海南、广西、贵州。

讨论：木腐菌。

撰稿人：吴兴亮

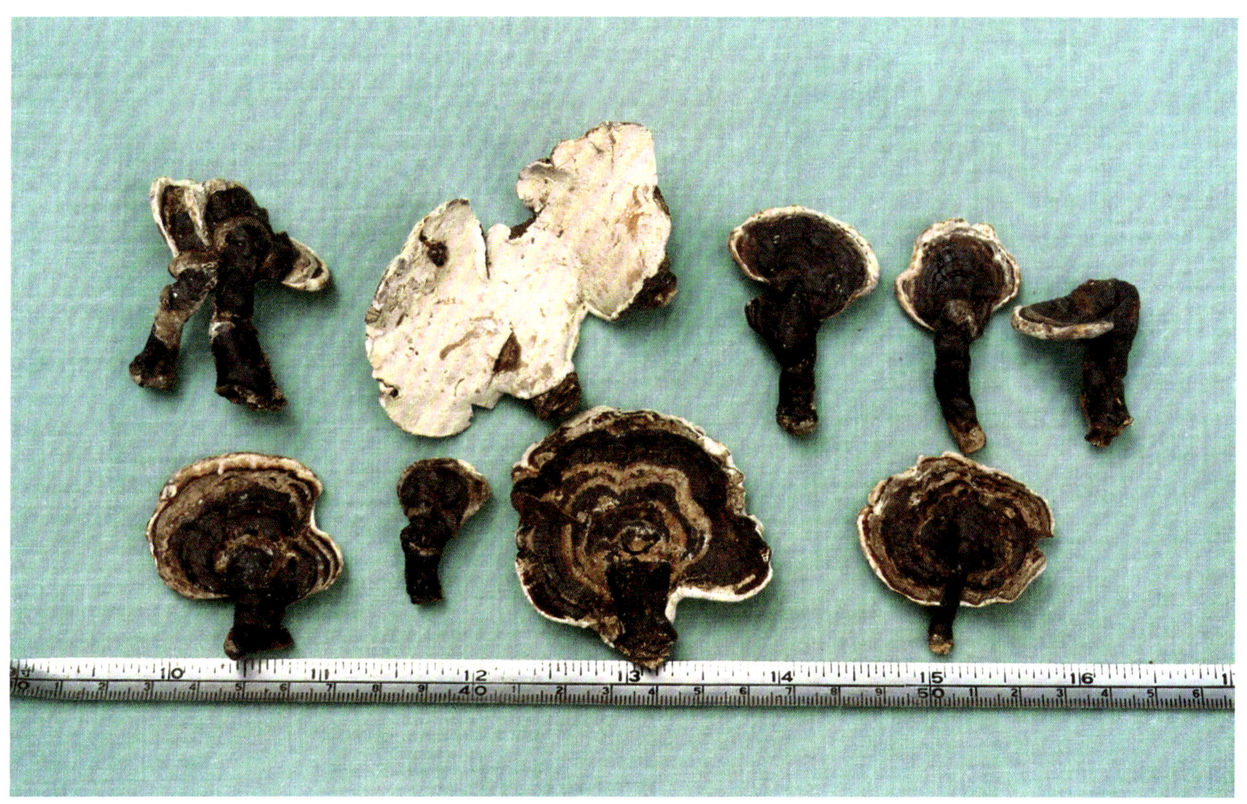

352 琼中灵芝 *Ganoderma chiungchungense* X.L. Wu　　摄影：吴兴亮

353 背柄紫灵芝 *Ganoderma cochlear* (Nees) Merr.　　摄影：吴兴亮

354 弱光泽灵芝 灵芝科 Ganodermataceae

Ganoderma curtisii (Berk.) Murrill, N. Amer. Fl. (New York) 9(2): 120, 1908; —*Fomes curtisii* (Berk.) Cooke, Grevillea 13(no.68): 118, 1885; —*Polyporus curtisii* Berk., Hooker's J. Bot. Kew Gard. Misc.1: 101, 1849; —*Scindalma curtisii* (Berk.) Kuntze, Revis. Gen. pl. (Leipzig) 3(2): 518, 1898.

担子果一年生，有柄，木栓质，菌盖近肾形、扇形、半圆形或近圆形，有时呈不规则形，4.5～12×3～12cm，厚0.8～1.8cm，表面黄褐色、红褐色或污紫红褐色，似漆样光泽较弱，有不明显的环纹，有纵皱，近平滑，有时往往凹凸不平，并被有褐色孢子粉；边缘较薄或较厚；有时呈截形，下边有较宽的不孕带；菌肉厚0.2～0.8cm，较坚硬，上层木材色，下层接近菌管处淡褐色，有黑色壳质层；菌管长0.5～0.8cm，淡褐色；孔面污白色或淡黄褐色；管口近圆形，每毫米4～5个；菌柄侧生，长3～10cm，粗0.8～1.5cm，近圆柱形或粗细不等，紫红褐色到紫褐色或与菌盖同色，有似漆样光泽。担孢子卵圆形，有时顶端平截，双层壁，外壁无色透明，平滑，内壁淡褐色，有小刺，7.5～10.5×5～6.5μm。

生境：生于阔叶林中地下腐木上。

产地：广西大瑶山国家级自然保护区，十万大山国家级自然保护区。

分布：广西、海南、云南、贵州等省区。

讨论：木腐菌。

撰稿人：吴兴亮

355 大青山灵芝 灵芝科 Ganodermataceae

Ganoderma daiqingshanense J. D. Zhao, Acta Mycol. Sin.8(1): 25, 1989.

担子果一年生，无柄，木栓质到木质，菌盖近扇形、半圆形或不规则形，8～15×10～25cm，厚1.5～2.5cm，基部厚达4cm，表面红褐色、暗红褐色或黑红褐色，有似漆样光泽，有同心环脊，脊高0.5～1.5cm，宽1～1.5cm，有瘤状物和不清楚的纵皱，凹凸不平，边缘平而钝；菌肉厚0.5～1cm，上层木材色或淡褐色，下层近褐色；菌管长0.6～1.2cm；孔面新鲜时黄白色至淡黄褐色，老后呈褐色；管口近圆形，每毫米4～5个。皮壳构造呈不规则型，淡褐色，组成菌丝没有一定的排列方向，直径大小不等，通常宽4～7μm，长17.5～25μm。担孢子卵圆形，有时顶端平截，双层壁，外壁无色透明，平滑，内壁淡褐色，有小刺或小刺不清楚，7～8.8×5～6μm。

生境：生于阔叶林中的伐桩或立木干基部朽木上。

产地：海南霸王岭自然保护区；广西大瑶山、十万大山自然保护区。

分布：广西、海南。

讨论：木腐菌。

撰稿人：吴兴亮

354 弱光泽灵芝 *Ganoderma curtisii* (Berk.) Murrill 摄影：吴兴亮

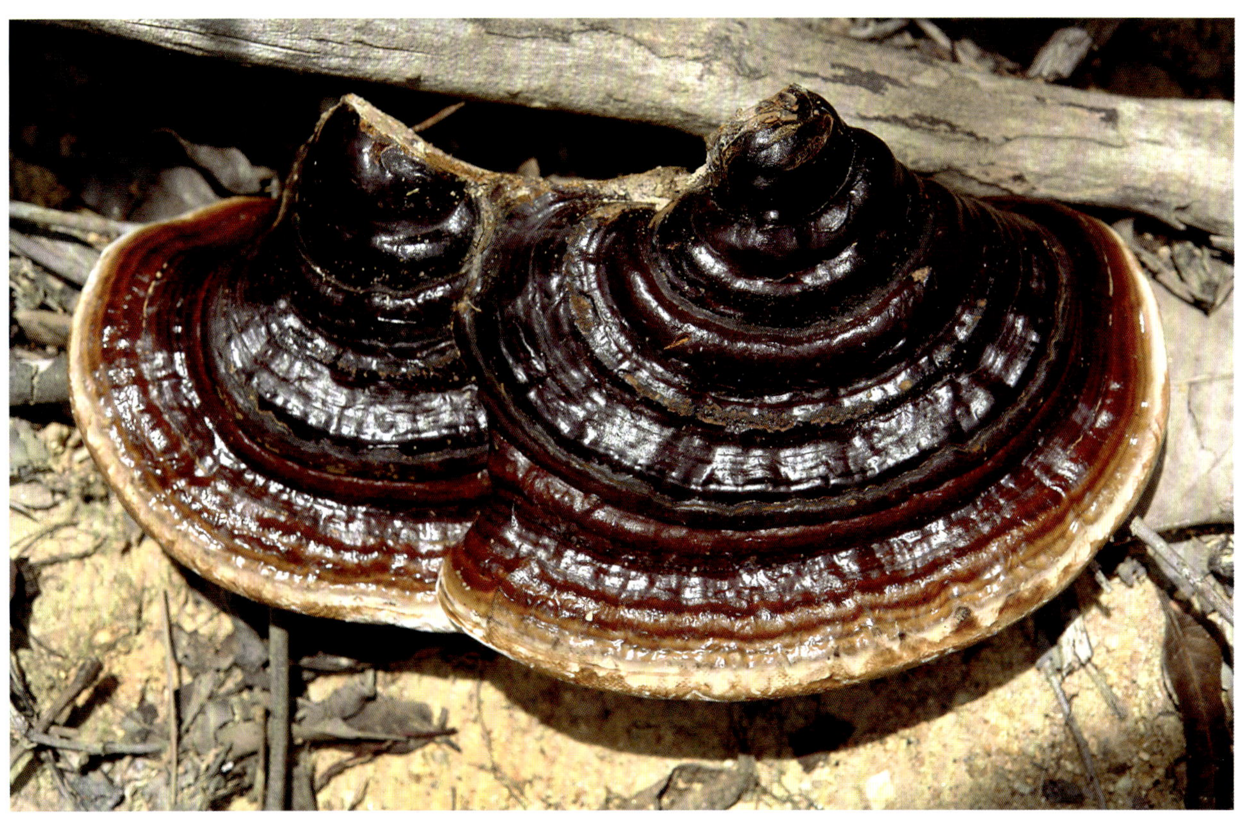

355 大青山灵芝 *Ganoderma daiqingshanense* J.D. Zhao 摄影：吴兴亮

356 吊罗山灵芝

灵芝科 Ganodermataceae

Ganoderma diaoluoshanense J. D. Zhao & X. Q. Zhang, Acta Mycol. Sinica 6(1): 1~2, 1987.

担子果多年生，无柄，木栓质到木质；菌盖半圆形，剖面呈三角形，4.5～6.5 × 6.5～12cm，厚0.5～2cm，基部较厚，达3.5cm，上表面有显著同心环沟，褐色、锈褐色到黑褐色，光泽有或无，常被有褐色孢子粉，边缘圆钝，完整，下面不孕带宽约1～2mm；菌肉火绒状，呈均匀的褐色，厚0.3～2cm，无黑色壳质层；菌管淡褐色到一层或多层，每层长3～5mm，有时管层间有薄的褐色菌肉；孔面粉白色，浅褐色至锈褐色，管口略圆形，每毫米4～6个；无菌柄或有柄基。担孢子椭圆形，卵圆形，双层壁，外壁无色透明，平滑，内壁淡褐色，有小刺或具有不清楚的小刺，6～10.4 × 4.8～6.4μm。

生境：生于阔叶林中的伐桩上，或立木干基部朽木上。

产地：海南五指山、尖峰岭、吊罗山自然保护区。

分布：海南。

讨论：木腐菌。

撰稿人：吴兴亮

357 弯柄灵芝

灵芝科 Ganodermataceae

Ganoderma flexipes Pat., Bull. Soc. Mycol. Fr.23: 75, 1907; —*Fomes flexipes* (Pat.) Sacc. & Traverso, Syll. Fung. (Abellini) 19: 710, 1910; —*Polyporus flexipes* (Pat.) Lloyd, Mycol. Writ.3 (Syn. Stip. Polyporoids): 104, 1912.

担子果一年生，有柄，木栓质，菌盖近匙形、半圆形或近圆形，0 .4～1.2 × 0.5～1.5cm，厚0.4～1cm，表面黄红褐色到红褐色，有似漆样光泽，有显著的同心环沟，边缘纯或呈截形; 菌肉厚1～2.5cm，木材色或淡褐色，分层不明显；菌管长0.2～0.6cm；孔面淡灰白色、污白色至淡黄褐色; 管口近圆形，每毫米4～5个；菌柄背生或背侧生，长3.5～10cm，粗0.3～0.5cm，圆柱形，粗细不等或近似念珠状，深红褐色、紫褐色或紫黑色。担孢子卵圆形或阔卵圆形，有时顶端平截，双层壁，外壁无色透明，平滑，内壁淡黄褐色，有小刺或小刺不清楚，7～10 × 5.8～7μm。

生境： 生于竹林中地上。

产地：海南尖峰岭自然保护区。

分布：海南。

讨论：海南当地把弯柄灵芝 *Ganoderma flexipes* Pat. 当作灵芝*Ganoderma lucidum*（M. A. Curtis）P. Karst. 使用。

撰稿人：吴兴亮

356 吊罗山灵芝 *Ganoderma diaoluoshanense* J.D.Zhao et X.Q.Zhang　　摄影：吴兴亮

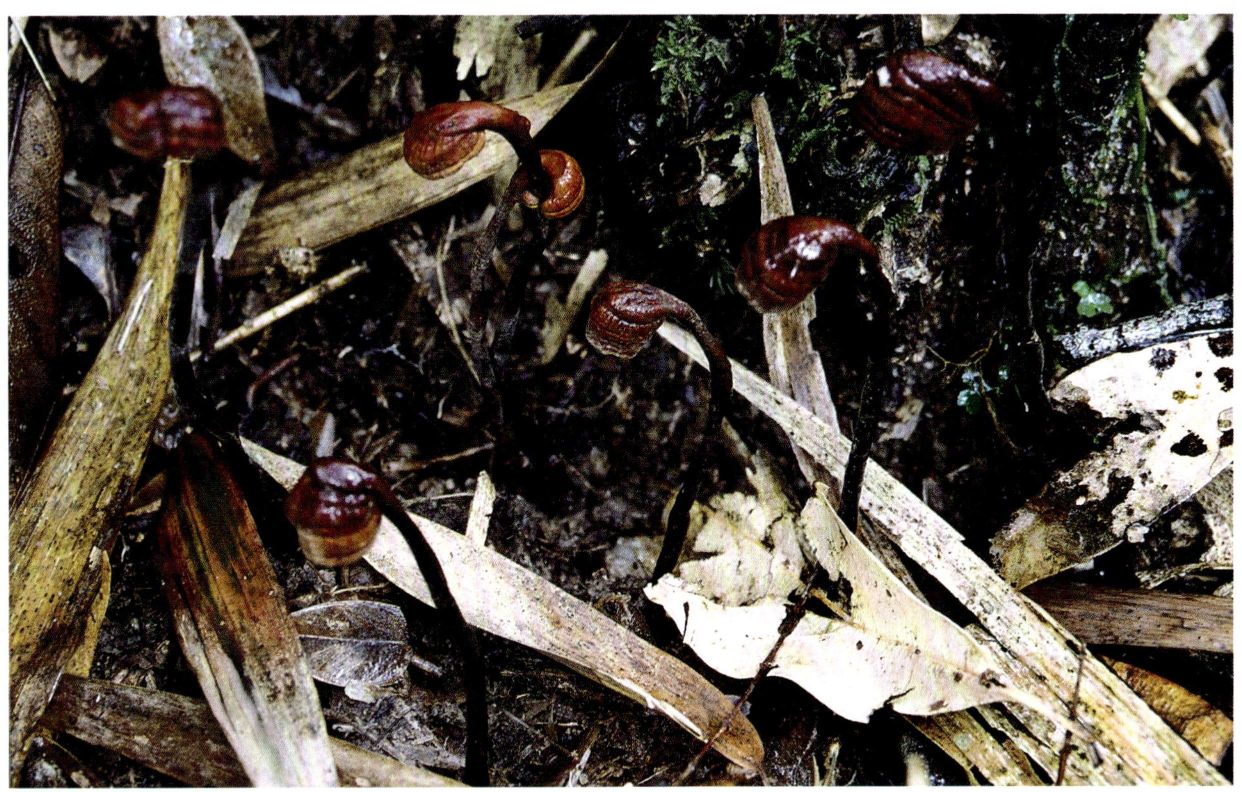

357 弯柄灵芝 *Ganoderma flexipes* Pat.　　摄影：吴兴亮

358 拱状灵芝

灵芝科 Ganodermataceae

Ganoderma fornicatum (Fr.) Pat., Bull. Soc. Mycol. Fr.5(2, 3): 71, 1889; —*Polyporus fornicatus* Fr., Linnaea 5: 516, 1830; —*Fomes fornicatus* (Fr.) Sacc., Syll. Fung. (Abellini) 6: 156, 1888; —*Scindalma fornicatum* (Fr.) Kuntze, Revis. Gen. pl. (Leipzig) 3(2): 518, 1898.

担子果一年生，有柄，木栓质，菌盖近肾形或近圆形，3～5 × 3～6cm，厚0.3～1.5cm，表面紫褐色、深褐色或紫黑色到黑色，有似漆样光泽或较弱，有明显的同心环带，边缘钝; 菌肉呈均匀的褐色，厚0.3～0.6cm; 菌管长0.3～0.6cm；孔面褐色至深褐色; 管口近圆形，每毫米5～6个；菌柄背侧生，长2～6cm，粗0.6～1.5cm，近圆柱形，紫褐色到紫黑色或与菌盖同色，有似漆样光泽。担孢子卵圆形或近椭圆形，双层壁，外壁无色透明，平滑，内壁淡褐色，有小刺或小刺不清楚，7.5～9.5 × 6～7μm。

生境： 生于阔叶林中地下腐木上。

产地： 海南尖峰岭自然保护区。

分布： 广东、海南。

讨论： 药用菌。

撰稿人：吴兴亮

359 黄褐灵芝

灵芝科 Ganodermataceae

Ganoderma fulvellum Bres., Bull. Soc. Mycol. Fr.5(2, 3): 69, 1889.

担子果一年生或多年生，无柄或有柄基，木栓质到木质；菌盖近扇形、半圆形或近贝壳形，5～8 × 6～10cm， 有时小菌盖可从老菌盖上生出，形成覆瓦状或连接在一起，厚1.5～2.5cm，初期表面黄红褐色、红褐色，老后深红褐色到黑红褐色有似漆样光泽，有同心环纹或环纹不明显，常有环纹暗色带；边缘膨大，白色到淡黄白色; 菌肉棕褐色到褐色，厚0.5～1.5cm，有环纹，无黑色壳质层; 菌管长0.5～1cm; 孔面幼时白色，老后淡褐色至褐色; 管口近圆形，每毫米4～5个；无柄或有壮的柄基。担孢子卵圆形，顶端圆钝或稍平截，双层壁，外壁无色透明，平滑，内壁淡褐色，有小刺或小刺不清楚，8～9.5 × 5～7μm。

生境： 生于热带季雨林阔林中腐木上。

产地： 海南五指山、尖峰岭、吊罗山、霸王岭、黎母山自然保护区。

分布： 广西、海南、四川、云南、贵州。

讨论： 食药用菌。

撰稿人：吴兴亮

358 拱状灵芝 *Ganoderma fornicatum* (Fr.) Pat. 摄影：吴兴亮

359 黄褐灵芝 *Ganoderma fulvellum* Bres. 摄影：吴兴亮

360 有柄灵芝 灵芝科 Ganodermataceae

Ganoderma gibbosum (Blume & T. Nees) Pat., Ann. Jard. Bot. Buitenzorg 8: 114, 1897; —*Polyporus gibbosus* Blume & T. Nees, Nov. Act. N. Cur. XIII, t.5, 1826; —*Fomes amboinensis* var. *gibbosus* (Blume & Nees) Cooke, Grevillea 13(no.68): 118, 1885; —*Fomes gibbosus* (Blume & T. Nees) Sacc., Syll. Fung. (Abellini) 6: 156, 1888; —*Scindalma gibbosum* (Blume & T. Nees) Kuntze, Revis. Gen. pl. (Leipzig) 3(2): 518, 1898.

担子果有柄，木栓质到木质；菌盖半圆形或近圆形，3.5～9 × 4～8cm，厚0.6～1.8cm，表面污褐色或锈褐色，有同心环带，皮壳有时用手指即可压碎，无似漆样光泽；边缘圆钝，完整；菌肉褐色至暗褐色，厚0.5～0.9cm；菌管深褐色，长0.4～0.8cm；孔面污白色、污黄白色或褐色；管口近圆形，每毫米4～5个；菌柄侧生或背侧生，长3～6cm，粗1～2cm，与菌盖同色，无光泽。担孢子卵圆形或顶端平截，双层壁，外壁无色透明，平滑，内壁淡褐色，有小刺，6.5～8.5 × 4.7～5.5μm。

生境：生于阔叶树腐木桩和倒木上。

产地：海南尖峰岭、吊罗山自然保护区；广西大瑶山自然保护区。

分布：广东、广西、海南、贵州、云南。

讨论：药用菌。

撰稿人：吴兴亮

361 桂南灵芝 灵芝科 Ganodermataceae

Ganoderma guinanense J. D. Zhao & X. Q. Zhang, Acta Mycol. Sinica 6(1): 4, 1987.

担子果一年生，有柄，木栓质，菌盖初期半圆形，成熟的担子果近圆形，中央部分往往下凹呈漏斗状，直径5～15cm，厚0.3～1cm，表面紫红褐色、紫黑褐色到紫黑色，边缘稍淡，有似漆样光泽较强，稍具同心环带或环带不明显，边缘完整，较薄，下面有0.2～0.4cm的不孕带；菌肉均匀的褐色，厚0.2～0.7cm，趋向边缘渐变薄；菌管短，长约0.1～0.3cm；孔面初期近白色，淡褐色，老后呈褐色；管口近圆形，每毫米4～5个；菌柄侧生、偏生至近中生，长15～20cm，粗1～1.5cm，近圆柱形，有时粗细不等或近似念珠状，与菌盖同色或近黑色，具强烈的似漆样光泽。担孢子宽卵圆形或近球形，双层壁，外壁无色透明，平滑，内壁无色或稍带淡褐色，小刺不清楚，6～11 × 5～7.5μm。

生境：生于阔叶林中地下腐木上或枯树桩上。

产地：广西大瑶山、十万大山国家级自然保护区。

分布：广西、海南、贵州。

讨论：药用菌。

撰稿人：吴兴亮

360 有柄灵芝 *Ganoderma gibbosum* (Blume & T. Nees) Pat　　摄影：吴兴亮

361 桂南灵芝 *Ganoderma guinanense* J.D.Zhao & X.Q.Zhang　　摄影：吴兴亮

362 广西灵芝

灵芝科 Ganodermataceae

Ganoderma guangxinese X. L. Wu, in Wu & Dai,Coloured Illustraions of Ganodermaceae China, Science Press, (Beijing.): p.145, 2005.

担子果多年生，无柄，木质；菌盖呈马蹄状，被有硬皮壳，以广阔或狭窄的基部与基物相连接；菌盖8～12 × 6～10cm，厚2～4cm，表面呈褐色至暗褐色，具有稠密的同心环沟或环棱，不平坦，无似漆样光泽，边缘钝，完整，下面不孕；菌肉呈褐色或栗褐色，具有许多黑色壳质层，厚0.6～lcm；菌管分层，每层长0.5～0.8cm；孔面淡黄白色、污黄褐色或淡褐色；管口近圆形，每毫米4～5个。担孢子长卵圆形或长椭圆形，顶端有突起，双层壁，外壁无色透明，平滑，内壁近无色，无小刺，7～8.2 × 3.5～4.5μm。

生境： 生于阔叶树倒腐木上。

产地： 广西岑王老山自然保护区。

分布： 广西。

讨论： 担子果菌盖呈马蹄状，被有硬皮壳，以广阔或狭窄的基部与基物相连接；菌盖呈马蹄状，被有硬皮壳，以广阔或狭窄的基部与基物相连接，具有许多黑色壳质层。担孢子长卵圆形或长椭圆形，无小刺，区别灵芝属其它种类。

撰稿人：吴兴亮

363 海南灵芝

灵芝科 Ganodermataceae

Ganoderma hainanense J. D. Zhao, L. W. Hsu & X. Q. Zhang, Acta Microbiol. Sinica 19(3): 269, 1979.

担子果一年生，有柄，木栓质，菌盖近匙形、肾形、半圆形或近圆形，稍厚或近马蹄形，1.5～3 × 1.5～3.5cm， 厚1～2cm，表面红褐色或紫红褐色，有似漆样光泽，有明显的同心环沟，边缘钝或呈截形，完整; 菌肉厚0.2～0.3cm，上层木材色或淡褐色，下层褐色；菌管长0.5～1.5cm；孔面淡黄白色、淡褐色至褐色; 管口近圆形，每毫米4～6个；菌柄背生或背侧生，长8～16cm，粗0.3～0.5cm，圆柱形，粗细不等，有时近似念珠状，与菌盖同色或较深。担孢子卵圆形，有时顶端稍平截，双层壁，外壁无色透明，平滑，内壁淡褐色，有显著小刺，7.5～9.5 × 5.5～6.5μm。

生境： 生于阔叶林中地下腐木上。

产地： 海南五指山、黎母山、霸王岭、尖峰岭、吊罗山自然保护区；广西十万大山、岜盆自然保护区。

分布： 福建、广东、广西、海南、四川、贵州、云南。

讨论： 药用菌。

撰稿人：吴兴亮

362 广西灵芝 *Ganoderma guangxinese* X.L.Wu　　摄影：吴兴亮

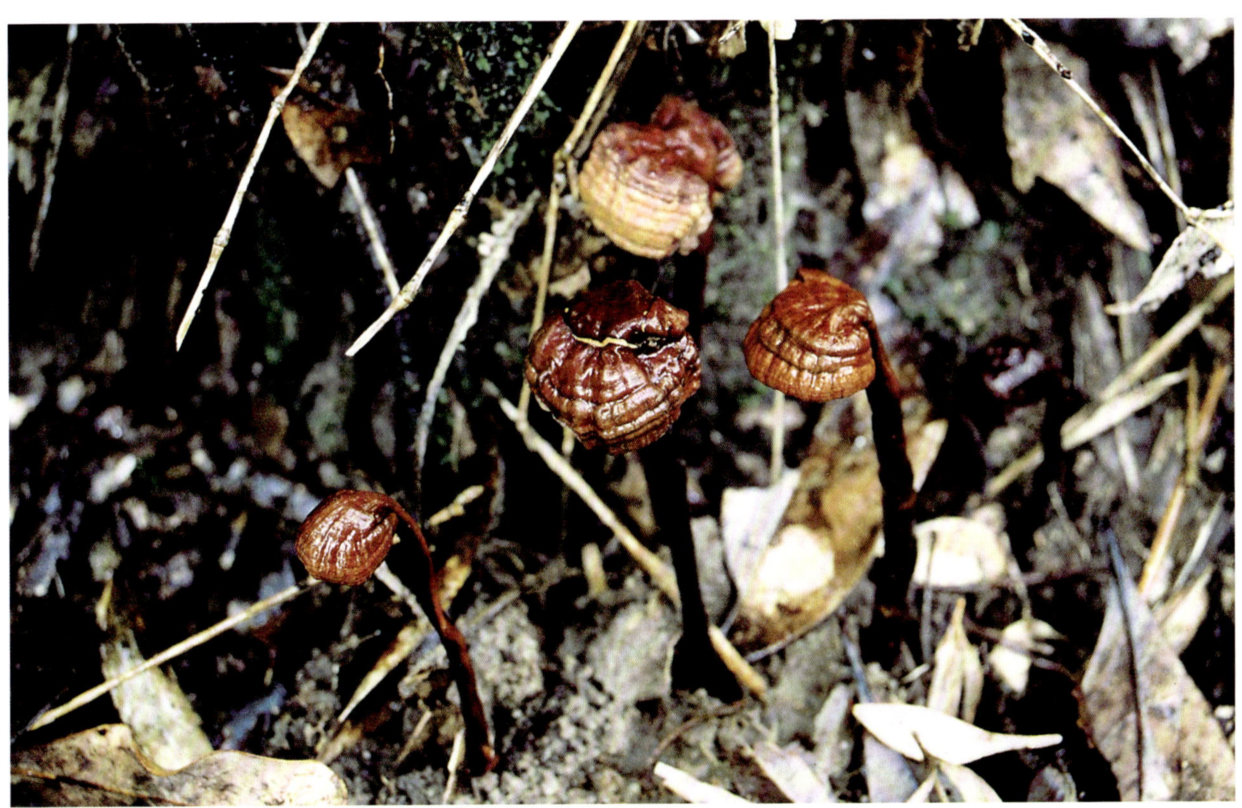

363 海南灵芝 *Ganoderma hainanense* J. D. Zhao, L. W. Hsu & X. Q. Zhang　　摄影：吴兴亮

364 尖峰岭灵芝

灵芝科 Ganodermataceae

Ganoderma jianfenglingense X. L. Wu, Acta Mycol. Sinica 15(4): 260, 1996.

担子果一年生，有柄或具短柄到无柄，木栓质，菌盖近扇形、半圆形或近圆形，有时呈不规则形，5～10 x 5～8cm，厚0.5～1.8cm，表面新鲜时红褐色到污红褐色或紫红褐色，有似漆样光泽，有同心环纹，稍有纵皱，边缘薄，通常完整或瓣裂，黄褐色到污土黄色，下边不孕；有时在菌管层上长出2～3个小菌盖；菌肉分层不明显，厚0.3～0.8cm，上层浅黄褐色，下层淡褐色，有环纹；菌管褐色，长0.2～0.5cm；孔面淡白色至淡黄褐色；管口近圆形，每毫米4～6个；菌柄侧生或背侧生，有时平侧生，长2.5～3.5cm，粗1～1.5cm，近圆柱形或不规则形，单一或基部相连，紫红褐色或暗紫红色，有似漆样光泽。担孢子宽卵圆形，新鲜标本孢子顶端有小突起，少有顶端平截，标本干后所有孢子顶端平截，双层壁，外壁无色透明，平滑，内壁淡褐色，有小刺或小刺不清楚，7.8～8.4（9.7）x 5.8～6.5μm，具油滴。

生境： 生于阔叶树或活立木树干上。

产地： 海南尖峰岭自然保护区、海南省农科院内活立木上。

分布： 海南。

讨论： 木腐菌。

撰稿人：吴兴亮

365 黎母山灵芝

灵芝科 Ganodermataceae

Ganoderma limushanense J. D. Zhao & X. Q. Zhang, Acta Mycol. Sinica 5(4): 119~221, 1986.

担子果一年或多年生，有柄或无柄，木栓质到木质；菌盖扇形、半圆形或近圆形，往往呈不规则形，5～8 x 7～11cm，厚1～3cm，幼时上表面淡黄褐色到淡褐色，边缘黄白色，老后表面褐色、暗褐色或黑褐色，无似漆样光泽，具显著同心环沟，边缘钝，完整；菌肉褐色至暗褐色，具黑色壳质层，厚0.5～1.2cm；菌管褐色，具白色菌丝体填充，长0.5～1cm；孔面初期淡白色，淡黄白色，后为黄褐色至暗褐色；管口近圆形，每毫米4～5个；菌柄平侧生、背侧生或侧生，长1.5～4cm，粗1～2cm，与菌盖同色。担孢子卵圆形、椭圆形或顶端稍平截，双层壁，外壁透明，平滑，内壁淡褐色，有小刺或不清楚，7.5～10 x 5.6～7.2μm。

生境： 生于阔叶林中的倒木上。

产地： 海南五指山、尖峰岭、霸王岭自然保护区，广西大瑶山、十万大山自然保护区。

分布： 广西、海南。

讨论： 木腐菌。

撰稿人：吴兴亮

364 尖峰岭灵芝 *Ganoderma jianfenglingense* X.L.Wu　　摄影：吴兴亮

365 黎母山灵芝 *Ganoderma limushanense* J.D.Zhao & X.Q. Zhang　　摄影：吴兴亮

366 层迭灵芝

灵芝科 Ganodermataceae

Ganoderma lobatum (Schwein.) G. F. Atk., Annls Mycol.6: 190, 1908; —*Elfvingia lobata* (Schwein.) Murrill, N. Amer. Fl. (New York) 9(2): 114, 1908; —*Fomes lobatus* (Schwein.) Cooke, Grevillea 14(no.69): 18, 1885; —*Polyporus lobatus* Schwein., Trans. Am. Phil. Soc., New Series 4(2): 157, 1832; —*Scindalma lobatum* (Schwein.) Kuntze, Revis. Gen. pl. (Leipzig) 3(2): 519, 1898.

担子果一年生到多年生，无柄，木栓质到木质；菌盖肾形或圆形，12～20 x 8～15cm，小菌盖6 x 10cm，厚1～4cm，表面灰褐色、黄褐色或褐色，具同心环带，无似漆样光泽；边缘圆钝，完整；菌肉褐色，厚1～1.5cm，有黑色壳质层；菌管单层，长1～2cm，褐色至深褐色，孔面淡黄色、淡黄白色、污白色或污灰白色；管口近圆形，每毫米4～5个。担孢子宽椭圆形、卵圆形或顶端平截，双层壁，外壁无色透明，平滑，内壁淡褐色，有小刺，6.5～8.8 x 4.5～60μm。

生境：生于阔叶林中的伐桩或立木干朽木上。

产地：海南五指山、尖峰岭、霸王岭自然保护区，广西大瑶山、十万大山自然保护区。

分布：浙江、广西、海南、贵州。

讨论：木腐菌。被害木质部形成杂斑腐朽。

撰稿人：吴兴亮

367 灵芝

灵芝科 Ganodermataceae

Ganoderma lucidum (M. A. Curtis) P. Karst. , Rev. Mycol.3(9): 17, 1881; —*Boletus lucidus* M. A. Curtis, Fl. Londin.1: t.224, 1777; —*Boletus laccatus* Timm, Fl. Megapol. Prodr.: 269, 1788; —*Grifola lucida* (M. A. Curtis) Gray, Nat. Arr. Brit. Pl. (London) 1: 644, 1821; —*Polyporus laccatus* (Timm) Pers., Mycol. Eur. (Erlanga) 2: 54, 1825; —*Ganoderma laccatum* (Timm) Pat., Ann. Jard. Bot. Buitenzorg 8: 11, 1897; —*Ganoderma laccatum* (Timm) Pat., Ann. Jard. Bot. Buitenzorg 8: 11, 1897.

担子果一年生，有柄，木栓质；菌盖近肾形、半圆形或近圆形，5～15 x 8～18.5cm，厚0.5～1.8cm，表面红褐色或暗红褐色，幼时边缘黄褐色，有似漆样光泽，有同心环沟或环沟不明显著，边缘锐或稍钝; 菌肉厚0.5～1cm，分层不明显，上层淡白色或木材色，接近菌管处呈淡褐色; 菌管长0.5～1cm; 孔面淡白色、淡黄色至淡褐色; 管口近圆形，每毫米4～6个；菌柄侧生、偏生或中生，长5～20cm，粗0.8～2.5cm，近圆柱形，有时粗细不等或近似念珠状，与菌盖同色或稍深，有光泽。担孢子卵圆形或顶端平截，外壁无色透明，平滑，内壁淡褐色，有小刺，7.5～10.5 x 5. ～6.8μm。

生境：生于阔叶林中地下腐木或腐木桩周围地上。

产地：广西龙滩、大瑶山、花坪、十万大山自然保护区；海南霸王岭、尖峰岭、五指山自然保护区。

分布：浙江、福建、江西、河南、湖南、广东、广西、海南、四川、贵州、云南、陕西、台湾。

讨论：药用菌。除传统的治疗神经衰弱外，对慢性肝炎、肾盂肾炎、血清胆固醇高、高血压、冠心病、白血球减少、鼻炎、慢性支气管炎、胃痛、十二指肠溃疡等有不同程序疗效。

撰稿人：吴兴亮

366 层迭灵芝 *Ganoderma lobatum* (Schwein.) G.F. Atk. 摄影：吴兴亮

367 灵芝 *Ganoderma lucidum* (M. A. Curtis)P. Karst 摄影：吴兴亮

368 黄边灵芝

灵芝科 Ganodermataceae

Ganoderma luteomarginatum J. D. Zhao, L. W. Hsu & X. Q. Zhang, Acta Microbiol. Sinica 19(3): 274, 1979.

担子果一年生，有柄，木栓质，菌盖近扇形、半圆形或近圆形，有时呈匙形，薄，3～4 x 3～5cm，厚0.3～0.5cm，表面暗红褐色或暗紫褐色，有似漆样光泽，有纵皱，有同心环纹或环纹不明显，边缘薄，红褐色、黄褐色或黄白色，下面有狭窄的不孕带；菌肉呈均匀的褐色或深褐色，厚0.2～0.4cm; 菌管长约0.2～0.4cm，淡褐色至褐色; 孔面污白色至污灰褐色; 管口近圆形，每毫米4～6个；菌柄背侧生，长7～21cm，粗0.4～0.9cm，圆柱形，粗细不等或近似念珠状，近黑色或与菌盖同色，有似漆样光泽。担孢子卵圆形，顶端多平截，双层壁，外壁无色透明，平滑，内壁淡褐色，有小刺，9.3～11 x 6～7.5μm。

生境： 生于阔叶林树基部朽木上。

产地： 海南五指山、尖峰岭、霸王岭自然保护区。

分布： 海南、贵州。

讨论： 木腐菌。

撰稿人：吴兴亮

369 无柄紫灵芝

灵芝科 Ganodermataceae

Ganoderma mastoporum (Lév.) Pat., Bull. Soc. Mycol. Fr.5(2, 3): 71, 1889; —*Polyporus mastoporus* Lév., Ann. Sci. Nat., 2: 182, 1848; —*Ganoderma subtornatum* Murrill, Bull. Torrey Bot. Club 34: 477, 1907.

担子果一年生，木栓质到木质；菌盖近扇形、近圆形或贝壳状，4～5 x 6～8cm， 厚0.5～1.3cm，表面紫黑褐色、黑褐色到黑色，边缘色稍浅，有似漆样光泽或较弱，有稠密的同心环纹，纵皱明显或不明显，边缘圆钝，完整; 菌肉呈均匀的深褐色，厚0.2～0.6cm，间有黑色壳质层; 菌管长约0.3～0.7cm，深褐色; 孔面初期淡白色、淡褐色，后为褐色至深褐色; 管口近圆形，每毫米5～6个；无柄或有一个狭窄的柄基。担孢子卵圆形或长卵圆形，双层壁，外壁无色透明，平滑，内壁淡褐色，有小刺或小刺不清楚，8～10 x 4～6μm。

生境： 生于阔叶林中的伐桩或立木干基部朽木上。

产地： 海南五指山、尖峰岭、霸王岭自然保护区；广西大瑶山、十万大山自然保护区。

分布： 广东、广西、海南、贵州、云南。

讨论： 木腐菌。

撰稿人：吴兴亮

368 黄边灵芝 *Ganoderma luteomargiNatum* J.D.Zhao, L.W. Hsu & X.Q. Zhang 摄影：吴兴亮

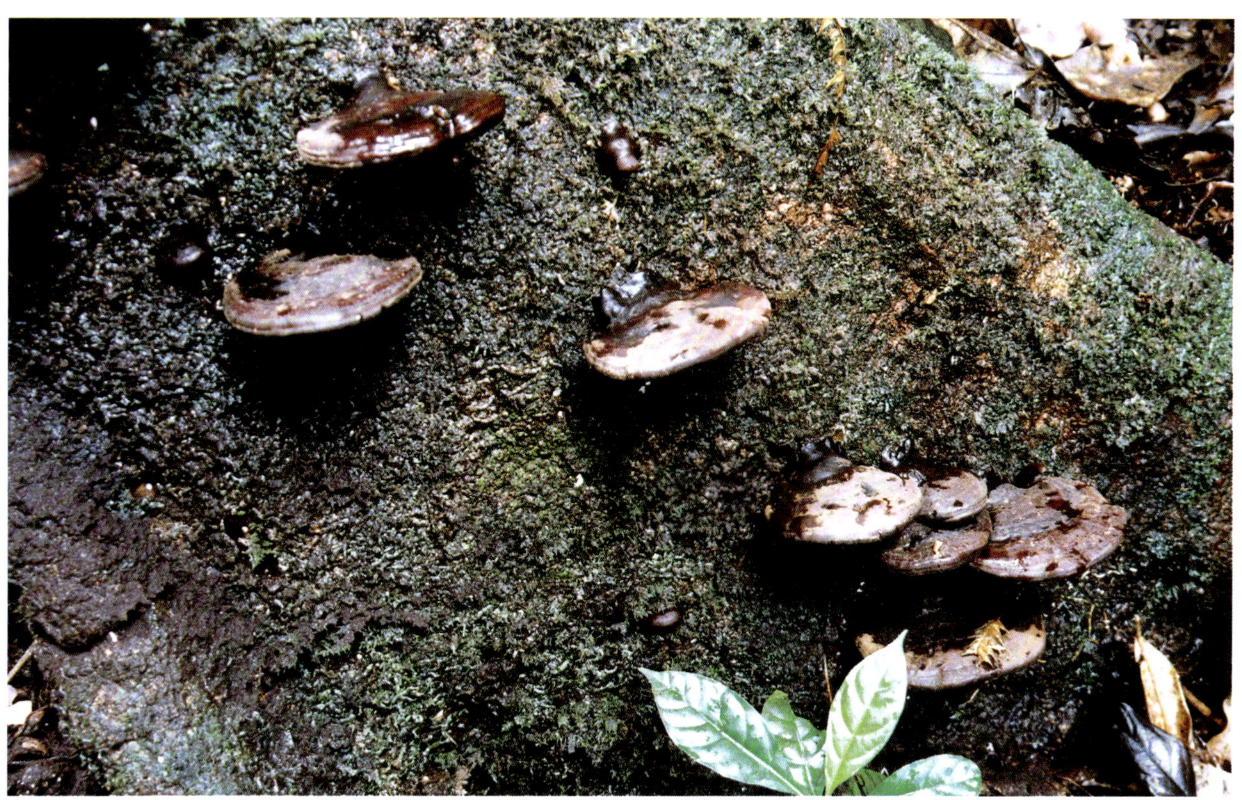

369 无柄紫灵芝 *Ganoderma mastoporum* (Lév.) Pat. 摄影：吴兴亮

370 佩氏灵芝 灵芝科 Ganodermataceae

Ganoderma petchii (Lloyd) Steyaert, Persoonia 7(1): 86, 1972; —*Fomes petchii* Lloyd, Mycological Writings 4 (Synopsis of the Genus Fomes) (Cincinnati): 268, 1915.

担子果一年生或多年生，木栓质；菌盖近扇形、肾形、近半圆形或贝壳状，往往在基部形成重叠，15～46 x 8～35cm，厚1～3.5cm，红褐色到紫褐色，边缘同色或稍浅，有似漆样光泽或较弱，有同心环纹和纵皱，边缘圆钝，完整；菌肉可见两层，上层污褐色，下层褐色，厚0.5～2.5cm，无黑色壳质层；菌管长约0.5～1cm，褐色；孔面初期淡白色、淡褐色，后为黄褐色至褐色; 管口近圆形，每毫米4～5个；近无柄或有柄基。担孢子椭圆形或卵圆形，双层壁，外壁无色透明，平滑，内壁淡褐色，有小刺或小刺不清楚，8.5～11 x 5～8μm。

生境： 生于阔叶林中的腐木上。

产地： 海南五指山自然保护区。

分布： 海南。

讨论： 木腐菌。

撰稿人：吴兴亮

371 弗氏灵芝 灵芝科 Ganodermataceae

Ganoderma pfeifferi Bres., in Patouillard, Bull. Soc. Mycol. Fr.5(2, 3): 70, 1889; —*Fomes pfeifferi* (Bres.) Sacc., in Patouillard, Syll. Fung. (Abellini) 9: 179, 1891; —*Scindalma pfeifferi* (Bres.) Kuntze, Revis. Gen. pl. (Leipzig) 3(2): 519, 1898.

担子果一年生或多年生，木栓质；菌盖近扇形、近半形或贝壳状，往往在基部形成重叠，25 x 20cm，厚1～2.5cm，基部厚可达6cm，表面红褐色到紫褐色，边缘色稍浅，有似漆样光泽或较弱，有明显的同心环纹，纵皱明显或不明显，边缘圆钝，完整; 菌肉呈褐色至深褐色，火绒状，厚0.5～1.5cm，有黑色壳质层; 菌管长约1～2cm，褐色；孔面初期淡白色、淡褐色，后为褐色; 管口近圆形，每毫米4～5个；无柄或有一个狭窄的柄基，4～5cm。担孢子卵圆形，双层壁，外壁无色透明，平滑，内壁淡黄褐色，有小刺或小刺不清楚，9～11 x 6.8～8μm。

生境： 生于阔叶林中的腐木上。

产地： 海南五指山、尖峰岭、霸王岭自然保护区，海口市。

分布： 海南。

讨论： 木腐菌。

撰稿人：吴兴亮

370 佩氏灵芝 *Ganoderma petchii* (Lloyd) Steyaert　　摄影：吴兴亮

371 弗氏灵芝 *Ganoderma pfeifferi* Bres.　　摄影：吴兴亮

372 橡胶灵芝

灵芝科 Ganodermataceae

Ganoderma philippii (Bres. & Henn. ex Sacc.) Bres., Iconogr. Mycol.21: tab.1014, 1932; —*Fomes philippii* Bres. & Henn. ex Sacc., Syll. Fung. (Abellini) 9: 180, 1891; —*Fomes pseudoferreus* Wakef., Bull. Misc. Inf., Kew: 208, 1918; —*Ganoderma pseudoferreum* (Wakef.) Overeem & B. A. Steinm., Bull. Jard. Bot. Buitenz, 3 Sér.7: 437, 1925; —*Scindalma philippii* (Bres. & Henn. ex Sacc.) Kuntze, Revis. Gen. pl. (Leipzig) 3(2): 519, 1898.

担子果一年生或多年生，木栓质；菌盖近扇形、近半形、贝壳状或不规则形，往往在基部重叠形成覆瓦状，6 -13 × 8～20cm， 厚1.5～2.5cm，淡褐色、灰褐色、褐色到暗褐色，边缘同色或稍浅，无似漆样光泽或较弱，有显著的同心环纹和纵皱，常有疣状物，边缘圆钝，下面有3～4mm宽的不孕带; 菌肉呈褐色至深褐色，厚0.8～1.5cm，有环纹; 菌管长0.2～0.3cm; 孔面初期近白色，后为淡黄褐色到淡褐色; 管口近圆形，每毫米4～6个; 无柄或有一个狭窄的柄基，4～5cm。担孢子卵圆形或宽卵圆形，双层壁，外壁无色透明，平滑，内壁淡黄褐色，无小刺或小刺不清楚，6～8.5 × 4.5～6μm。

生境： 生于橡胶树腐根上。

产地： 海南五指山。

分布： 海南、云南。

讨论： 木腐菌。

撰稿人：吴兴亮

373 大圆灵芝

灵芝科 Ganodermataceae

Ganoderma rotundatum J. D. Zhao, L. W. Hsu & X. Q. Zhang, Acta Microbiol. Sin.19: 267, 1979.

担子果一年生到多年生，无柄，木栓质，覆互状，基部连接，围绕基物形成圆形，疏松地附着在基物上，直径达66cm，基部最厚达14cm；菌盖近扇形、半圆形或近肾形，8～25 × 12～66cm， 厚2～14cm，小菌盖4 × 8cm，表面污红褐色或暗紫褐色，有似漆样光泽或较弱，有显著的同心环沟和环纹，平坦或不平坦；边缘钝，完整或呈波浪状; 菌肉厚0.5～2.5cm，分层不明显，上层淡黄白色到木材色，下层淡褐色到褐色; 菌管长0.5～2cm，不分层; 孔面初期淡黄白色到淡褐色，后变褐色; 管口近圆形，每毫米4～5个。担孢子卵圆形，有时顶端平截，双层壁，外壁无色透明，平滑，内壁淡褐色，有小刺或小刺不清楚，7～10.5 × 5.2～6.8μm。

生境： 生于阔叶林中的伐桩或立木干基部朽木上。

产地： 海南五指山、尖峰岭、霸王岭自然保护区；广西大瑶山、十万大山自然保护区。

分布： 广西、海南。

讨论： 木腐菌。

撰稿人：吴兴亮

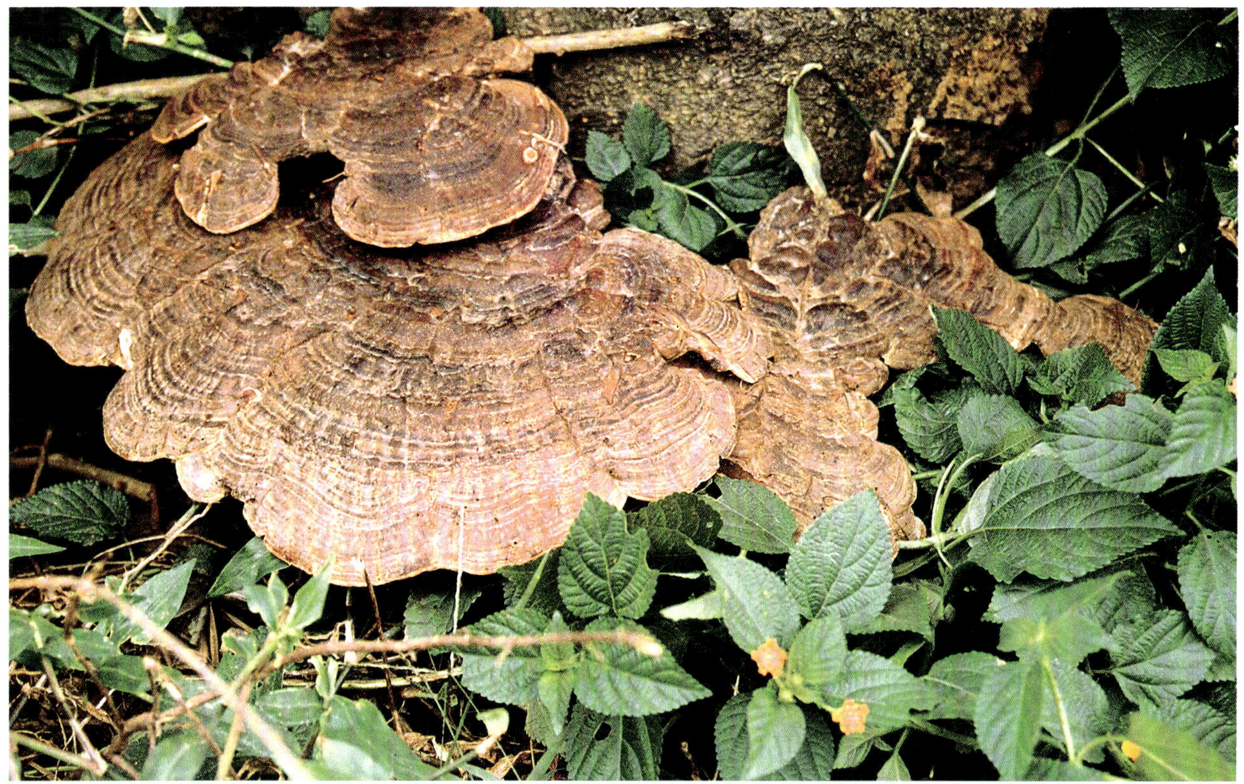

372 橡胶灵芝 *Ganoderma philippii* (Bres. & Henn. ex Sacc.) Bres　　摄影：吴兴亮

373 大圆灵芝 *Ganoderma rotundatum* J.D. Zhao, L. W. Hsu & X. Q. Zhang　　摄影：吴兴亮

374 上思灵芝

灵芝科 Ganodermataceae

Ganoderma shangsiense J. D. Zhao, Acta Mycol. Sinica 7(1): 17, 1988.

担子果一年，木栓质到木质；菌盖半圆形或近扇形，5～11.5 × 6.5～8cm，厚1.5～3cm，表面褐色、锈褐色、暗褐色到黑褐色，有同心环棱或环沟，有时被有锈褐色孢子；边缘淡黄白色，圆钝，完整或辩裂下面往往有不孕常2～3mm；菌肉厚0.5～0.8cm，分层，上层淡黄白色，下层褐色，有黑色壳质层；菌管长0.8～1.2cm，有白色菌丝填充；孔面初期污灰白色，淡黄白色，带有柠檬黄色，老后淡褐色到褐色；管口近圆形，壁厚，每毫米4～5个。担孢子宽椭圆形，双层壁，外壁透明，平滑，内壁淡褐色，有明显的小刺，7～9 × 5.5～7μm。

生境： 生于热带雨林中腐木桩或活立木树杆基部。

产地： 海南尖峰岭自然保护区。

分布： 广西、海南、云南。

讨论： 新种报道无柄，作者在海南尖峰岭自然保护区采到有柄的标本。

撰稿人：吴兴亮

375 紫芝

灵芝科 Ganodermataceae

Ganoderma sinense J. D. Zhao, L. W. Hsu & X. Q. Zhang, Acta Microbiol. Sin.19: 272, 1979; —*Ganoderma lucidum* var. *japonicum* sensu Teng, Sinensia 5: 199, 1934; —*Ganoderma japonicum* sensu Teng, Chinese Fungi, P.447, 1963.

担子果一年生，有柄，木栓质，菌盖近匙形、半圆形或近圆形，4～15 × 5～25cm，厚0.6～3cm，表面紫红褐色、紫黑褐色到黑色，有似漆样光泽，有明显或不明显的同心环沟和纵皱；边缘薄或钝；菌肉呈均匀褐色到深褐色，厚0.2～0.6cm，有环纹；菌管长0.5～1cm，褐色至深褐色；初期孔面灰白色，后为淡褐色、褐色到深褐色；管口近圆形，每毫米5～6个；菌柄侧生或偏生，长5～15cm，粗0.7～3cm，有光泽。担孢子卵圆形，顶端脐突或稍平截，双层壁，外壁无色透明、平滑、内壁淡褐色，有显著小刺，9～12.5 × 7.8～8.8μm。

生境： 生于阔叶树倒木土或腐根上。

产地： 海南霸王岭、尖峰岭、吊罗山、五指山国家级自然保护区。

分布： 河北、山东、浙江、江西、福建、广东、广西、海南、四川、贵州。

讨论： 药用菌。治神经衰弱、头昏失明、慢性肝炎、肾盂肾炎、支气管哮喘。

撰稿人：吴兴亮

374 上思灵芝 *Ganoderma shangsiense* J.D. Zhao　　摄影：吴兴亮

375 紫芝 *Ganoderma sinense* J.D. Zhao L. W. Hsu & X. Q. Zhang　　摄影：曾念开、吴兴亮

376 茶病灵芝

灵芝科 Ganodermataceae

Ganoderma theaecolum J. D. Zhao, in Zhao, Xu & Zhang, Acta Mycol. Sin. 3(1): 16, 1984.

担子果一年生，无柄或具短柄，木栓质到木质；菌盖半圆形或近扇形，8～15 × 6～8.5cm，厚1～1.5cm，表面红褐色到紫褐色，靠近基部黑褐色，有很强的似漆样光泽，同心环沟或环沟有或不显著，平滑或钝，下边不孕，边缘色渐渐变浅呈黄红褐色; 菌肉厚0.4～0.8cm，上层木材色或淡黄褐色，下层淡褐色到褐色; 菌管长0.4～0.7cm，孔面污白色、污黄白色至淡黄色; 管口近圆形或六角形，每毫米4～5个；若有短柄，长4～5cm，与菌盖同色。担孢子卵圆形，有时顶端平截，双层壁，外壁无色透明，平滑，内壁淡褐色，有小刺或小刺不清楚，6～9 × 5.5～6.5μm。

生境： 生于阔叶林中立木干基部朽木上。

产地： 海南五指山、尖峰岭、霸王岭自然保护区；广西大瑶山、十万大山自然保护区。

分布： 广西、海南。

讨论： 木腐菌。

撰稿人：吴兴亮

377 热带灵芝

灵芝科 Ganodermataceae

Ganoderma tropicum (Jungh.) Bres., Ann. Mycol.7: 586, 1910; —*Polyporus tropicus* Jungh., Verh. Bataviaasch 17(11): 63, 1838.

担子果一年生，无柄或有柄，通常单生, 有时覆瓦状叠生，新鲜时木栓质，干燥后变为木质，且重量明显变轻；菌盖半圆形、圆形、扇形、肾形、近漏斗形或不规则形，长4～16cm，宽3～12cm，基部厚0.5～2.5cm；菌盖上表面表面黄褐色、红褐色、紫红色至紫褐色，有似漆样光泽，强或弱；边缘薄，颜色变浅至黄白色或淡黄褐色；管口面污白色至灰褐色，无折光效应；不育的边缘明显，宽达4mm，黄褐色；管口近圆形，每毫米3～4个，管口边厚且全缘；菌肉黄褐色，木栓质，厚达1cm；菌盖上表面形成一厚皮壳；菌管多层，但分层不明显，浅褐色，木栓质，长达1.5cm；菌柄侧生，圆柱形，与菌盖同色，长达310cm，直径为达15mm。担孢子椭圆形, 顶端稍平截，褐色，双层壁，外壁平滑，无色，内壁有小刺，8.8～10.5 × 6～7.8μm。

生境： 生在阔叶树上，造成台湾相思树属多种阔叶树干基白色腐朽。

产地： 海南海口海南师范大学，三亚，琼中。

分布： 海南、广西、贵州。

讨论： 热带灵芝广泛分布于东南亚地区，是灵芝科常见种之一。但不同地区采集的标本其担孢子有较大的变化，因此热带灵芝很可能是个复合种。

撰稿人：戴玉成

376 茶病灵芝 *Ganoderma theaecolum* J.D. Zhao　　摄影：吴兴亮

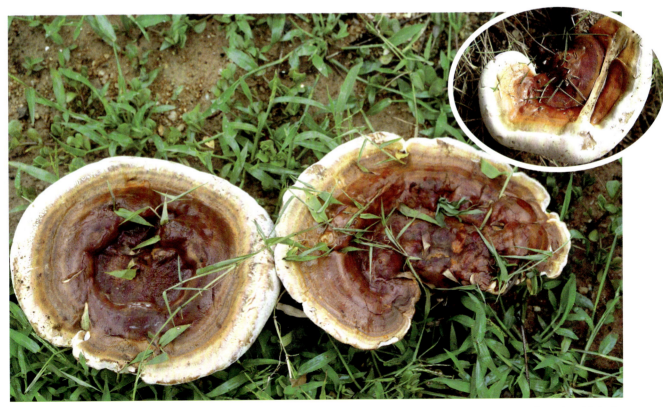

377 热带灵芝 *Ganoderma tropicum* (Jungh.) Bres.　　摄影：戴玉成、吴兴亮

378 粗皮灵芝

灵芝科 Ganodermataceae

Ganoderma tsunodae (Yasuda & Lloyd) Trott., Trotter in Sacc., Syll. Fung.23: 139, 1925; —*Polyporus tsunodae* Yasuda ex Lloyd, Mycol. Writ.5: 792, 1918; —*Elfvingia tsunodae* (Yasuda ex Lloyd) Imazeki, Bull. Tokyo Sci. Mus.6: 102, 1943.

担子果一年生，通常无柄，但当担子果在根部生长时，有时能形成侧生短柄，单生或覆瓦状叠生。新鲜时木栓质，无特殊气味，干燥后变为硬木栓质；菌盖半圆形，有时为匙形，长5～25cm，宽4～15cm，基部厚1～4cm；菌盖表面锈褐色，同心环纹不明显，活跃生长期间有粗毛着生，后期粗毛脱落，表面变为粗糙，无似漆样光泽，但形成一表皮层壳；边缘白色至奶油色，钝；孔口表面奶油色，触摸后立即变为淡褐色；管口圆形，每毫米3～4个；管口边缘较厚，全缘；菌肉新鲜时奶油色，木栓质，干燥后变为淡木材色和硬木栓质，厚可达2cm；上表面有黄褐色的皮壳；菌管木材色，木栓质或纤维质，长可达20mm。担孢子广椭圆形或亚球形，淡黄色，双层壁，外壁平滑，内壁密布小刺，20～24 × 14～17μm。

生境： 生在阔叶树上，造成山鸡树等阔叶树心材和干基白色腐朽。

产地： 广西九万大山自然保护区。

分布： 广西、贵州、云南。

讨论： 粗皮灵芝是山鸡树的重要病原菌。该种在日本生长在温带地区，而在中国则发生在亚热带地区。

撰稿人：戴玉成

379 韦伯灵芝

灵芝科 Ganodermataceae

Ganoderma weberianum (Bres. & Henn.) Steyaert, Persoonia 7: 79, 1972; —*Fomes weberianus* Bres. & Henn., Sacc. Syll. Fung.9: 194, 1891; —*Ganoderma lauterbachii* Henn., Bot. Jahrb.25: 499, 1898; —*Ganoderma rivulosum* Pat. & Har., Bull. Trim. Soc. Mycol. Gr.22: 119, 1906.

担子果一年生至多年生，无柄或有短柄，单生或覆瓦状叠生，与基物紧密着生，新鲜时木栓质，干后变为木质，且重量明显变轻；菌盖平盖形或半圆形，长达8cm，宽达6cm，厚达3cm；菌盖上表面生长初期白色或奶油色，成熟后变为栗褐色，具有不明显的同心环带，但无环钩，光滑，成熟后皮壳有漆样光泽；边缘钝，白色至奶油色。管口表面新鲜时白色，触摸后变为浅褐色，干后为浅灰色；不育的边缘明显，宽达5mm，奶油色；管口近圆形，每毫米4～5个；管口边厚且全缘；菌肉新鲜时浅木材色，木栓质，干燥后变为浅褐色，硬木质，有清晰的环区，厚达2.7cm；菌盖上表面皮壳层红褐色；菌管层灰褐色，比菌肉颜色浅，但比孔口表面颜色暗，木栓质，长达3mm；菌柄偏生，极短，与菌盖同色，长达2cm，直径为达10mm。担孢子卵圆形，顶端平截，幼期无色，成熟后黄褐色，双层壁，外壁平滑，内壁有小刺，6.7～8.2 × 3.9～5.2μm。

生境： 生在阔叶树上，造成榕属等阔叶树干基白色腐朽。

产地： 云南西双版纳。

分布： 云南。

讨论： 该种最重要的特点是其新鲜的担子果菌盖上表面生长初期为白色或奶油色，后期变为栗褐色，通常在树木基部形成大量的担子果。

撰稿人：戴玉成

378 粗皮灵芝 *Ganoderma tsunodae* (Yasuda & Lloyd) Trott. 摄影：戴玉成

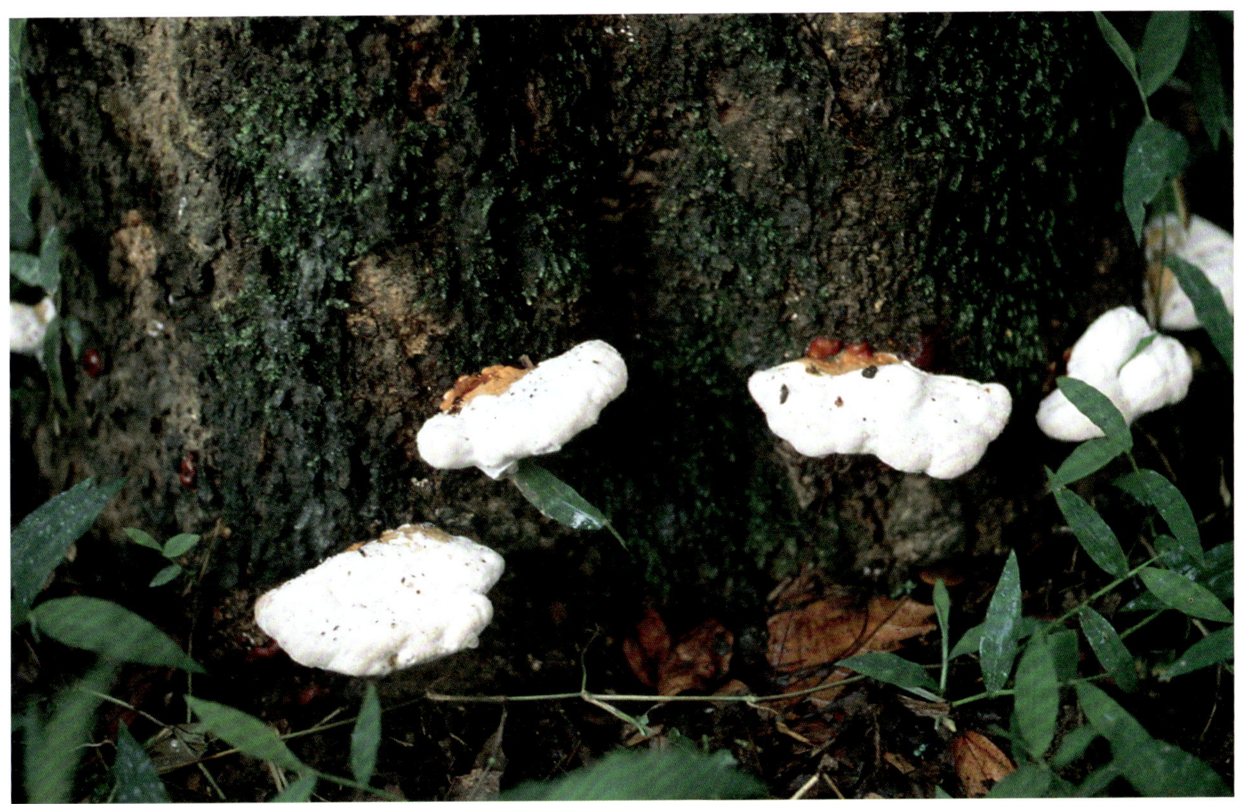

379 韦伯灵芝 *Ganoderma weberianum* (Bres. & Henn.) Steyaert 摄影：戴玉成

380 咖啡网孢芝

灵芝科 Ganodermataceae

Humphreya coffeata (Berk.) Steyaert , Persoonia 7(1): 102, 1972; —*Amauroderma coffeatum* (Berk.) Murrill, Bull. Torrey Bot. Club 32(7): 367, 1905; —*Amauroderma flaviporum* Murrill, N. Amer. Fl. (New York) 9(2): 116, 1908; —*Ganoderma coffeatum* (Berk.) J. S. Furtado, Persoonia 4: 383, 1967; —*Polyporus augustus* Berk., Hooker's J. Bot. Kew Gard. Misc.8: 143, 1856.

担子果一年生，有柄，木栓质，菌盖半圆形或近扇形，3～6×3～6.5cm， 厚0.9～1.5cm，表面红褐色、紫红色或紫黑色，似漆样光泽强或弱，具同心环棱；边缘有时呈波浪状；菌肉分两层，上层木材色，下层浅褐色，厚0.2～0.5cm；菌管褐色，长0.4～0.9cm；孔面污白色、污褐色至黄褐色；管口壁薄初期近圆形，后为不规则形，每毫米3～4个；菌柄背侧生或侧生，近圆柱形，长9～23cm，粗0.5～1.4cm，紫黑色或黑色，有似漆样光泽，柄下部往往具地下假根，长8～12cm，与柄上部同粗，无光泽，污黄褐色。担孢子卵圆形或宽卵圆形，有时近椭圆形，具不规则的网状脊的纹饰，11～13×7.5～9μm。

生境： 生于阔叶树根部腐朽处或地下腐木上。

产地： 海南尖峰岭自然保护区。

分布： 广西、海南、贵州、云南。

讨论： 本种担孢子具网状脊的纹饰，区别于灵芝科其他种。

撰稿人：吴兴亮

381 密粘褶菌

粘褶菌科 Gloeophyllaceae

Gloeophyllum trabeum (Pers.) Murrill, N. Amer. Fl. (New York) 9 (2) : 129 , 1908; —*Agaricus trabeus* Pers., Syn. Meth. Fung. (Göttingen) 1: 29, 1801; —*Daedalea trabea* (Pers.) Fr., Syst. Mycol. (Lundae) 1: 335, 1821; —*Polyporus trabeus* (Pers.) Rostk., in Sturm, Deutschl. Fl. 3Abt (Pilze Deutschl.) 4: tab. 28, 1830; —*Lenzites trabeus* (Pers.) Bres., Atti Imp. Regia Accad. Rovereto Ser.3 3: 91, 1897; —*Phaeocoriolellus trabeus* (Pers.) Kotl. & Pouzar, Česká Mykol.11 (3) : 162, 1957.

担子果一年生至多年生，无柄，通常由同一基部的多个菌盖覆瓦状叠生，并侧向融合，新鲜时软木栓质，无嗅无味，干后木栓质；菌盖扇形、半圆形，或偶尔侧向融合成近圆形，长可达4cm，宽可达8cm，基部厚可达6mm；菌盖表面灰褐色、棕褐色或烟灰色，被细密绒毛或有硬刚毛，后期变为粗糙，略有辐射状纹，具不明显的同心环纹或环沟；边缘浅黄色，锐，干后内卷；子实层体不规则，半褶状、迷宫状到部分孔状，赭色或灰褐色，无折光反应；不育边缘明显，浅黄色，宽可达1mm；菌褶或菌孔每毫米2～4个；菌肉棕褐色，软木栓质，无环区，厚可达0.3mm；菌褶或菌管不分层，灰褐色，革质，长可达5mm。担孢子圆柱形，无色，薄壁，光滑， 7.6~9.1 x 2.8~4μm。

生境： 生在多种阔叶树上。

产地： 海南保亭植物园。

分布： 北京、天津、山西、内蒙古、辽宁、吉林、黑龙江、湖南、海南、四川、陕西、甘肃、新疆。

讨论： 密粘褶菌能腐生在多种阔叶树储木、桥梁木等建筑木及栅栏木上，造成木材褐色腐朽。

撰稿人：戴玉成

380 咖啡网孢芝 *Humphreya coffeata* (Berk.) Steyaert　　摄影：吴兴亮

381 密粘褶菌 *Gloeophyllum trabeum* (Pers.) Murrill　　摄影：戴玉成

382 灰树花

亚灰树花菌科 Meripilaceae

Grifola frondosa (Dicks.) Gray, Nat. Arr. Brit. Pl. (London) 1: 643, 1821; —*Boletus frondosus* Dicks., Pl. Crypt. Brit. Fasc.1: 18, 1785; —*Boletus elegans* Bolton, Hist. Fung. Halifax (Huddersfield) 2: 76, 1788; —*Polyporus frondosus* (Dicks.) Fr., Syst. Mycol. (Lundae) 1: 355, 1821; —*Polyporus intybaceus* Fr., Epicr. Syst. Mycol. (Uppsala): 446, 1838; —*Grifola frondosa* f. *intybacea* (Fr.) Pilát, Atlas des Champignons de l'Europe 3(1): 35, 1936.

担子果一年生，肉质或半肉质，有菌柄，由菌柄多次分枝分化出数个扇形或匙形菌盖，重叠成丛，直径可达35～45cm，菌盖宽2.5～8cm，灰色、灰褐色、淡褐色至褐色，表面有纤毛或绒毛，无同心环或在边缘处具不明显环纹，有时具不明显辐射状条纹；菌肉近白色，新鲜时近肉质，干后变硬，孔面奶油色至淡灰白色，孔口多角形。担孢子近卵形至椭圆形，5～6 x 3.5～5μm。

生境： 生于多种阔叶树或栎树周围地上

产地： 广西猫儿山自然保护区。

分布： 海南、广西、贵州、云南。

讨论： 食药用菌。

撰稿人：吴兴亮

383 浅褐硬孔菌

亚灰树花菌科 Meripilaceae

Rigidoporus hypobrunneus (Petch) Corner, Beih. Nova Hedwigia 86: 167, 1987; —*Poria hypobrunnea* Petch, Ann. R. Bot. Gdns Peradeniya 6: 137, 1916.

担子果一年生，偶尔可以存活两年，完全平伏，贴生，极难与基质分离，新鲜时木栓质、硬木栓质至几乎木质，无嗅无味，干后硬木质，长可达30cm，宽可达8cm，厚可达2mm；孔口表面新鲜时灰褐色、褐色、暗褐色，手触摸后变为暗褐色，干后污褐色、暗褐色，有明显的折光反应；不育边缘明显或不明显，浅灰色，很窄，宽不到0.5mm；孔口圆形至多角形，每毫米8～10个；管口边缘薄，全缘；菌肉黄褐色至褐色，新鲜时革质，干后硬木栓质，厚可达0.5mm；菌管干后与孔口表面同色，硬木栓质，长可达1.5mm。担孢子近球形，无色，薄壁，光滑，4～5 x 3～4μm。

生境： 生于多种阔叶树储木、木制房屋、桥梁木、坑木、桩木、堤坝木、栅栏木和薪炭木上。

产地： 云南西双版纳；海南霸王岭自然保护区。

分布： 海南、云南。

讨论： 浅褐硬孔菌造成木材白色腐朽。

撰稿人：戴玉成

382 灰树花 *Grifola frondosa* (Dicks.) Gray　　摄影：黄　浩

383 浅褐硬孔菌 *Rigidoporus hypobrunneus* (Petch) Corner　　摄影：戴玉成

384 平丝硬孔菌 亚灰树花菌科 Meripilaceae

Rigidoporus lineatus (Pers.) Ryvarden, Norw. J. Bot.19: 236, 1972; —*Polyporus lineatus* Pers. in Gaud., Voyage Uranie p.174, 1827; —*Rigidoporus zonalis* (Berk.) Imazeki, Bull. Govt. For. Exp. St. Tokyo 57: 119, 1952; —*Microporus lineatus* (Pers.: Fr.) Kuntze, Rev. Gen. Pl.3: 496, 1898; —*Fomes zonalis* (Berk.) Teng, Fungi of China, p.457, 1963; —*Trichaptum zonale* (Berk.) G. Cunn., NewZealand Dept. Sci. Indust. Res. Bull.164: 100, 1965.

担子果一年生，无柄盖形，通常覆瓦状叠生，新鲜时革质至软木栓质，含水量大，干燥后变为硬木栓质，重量明显变轻；菌盖半圆形至扇形，长为2～7cm，宽为2～5cm，厚为0.5～1.5cm；菌盖表面土黄色或棕黄色，有微绒毛，干后变为木材色，光滑，有同心环纹，并有放射纵皱纹，不规则疣突常见；边缘逐渐变薄；锐或钝，波状；管口表面新鲜时浅桔红色，干后变为棕灰色或灰褐色；不育边缘明显，宽达5mm；管口圆形或多角形，每毫米8～10个；管口边缘薄，全缘或微齿裂状；菌肉新鲜时乳黄色，革质，干后木材色，木栓质至木质，有环区，达10mm厚；菌管浅灰色至灰褐色，干后木质至硬纤维质，长达5mm。担孢子近球形，无色，薄壁，通常中间有一油状物，在Melzer试剂中呈负反应，4.7～5.5 × 4.1～5μm。

生境：生在阔叶树上，造成阔叶树干基白色腐朽。

产地：云南西双版纳；海南尖峰岭自然保护区。

分布：贵州，海南，云南。

讨论：平丝硬孔菌发生在中国亚热带地区，造成人工林和公园树干基心材白色腐朽，该菌一般不直接造成受害树木死亡，但受害木极易风折而死亡。

撰稿人：戴玉成

385 小孔硬孔菌 亚灰树花菌科 Meripilaceae

Rigidoporus microporus (Sw.) Overeem, Icon. Fung. Malay.5: 1, 1924; —*Boletus microporus* Sw., Fl. Ind. Occ.3: 1925, 1806; —*Rigidoporus lignosus* (Klotzsch) Imazeki, Bull. Govt. Fr. Exp. Stn. Meguro 57: 118, 1952; —*Fomes microporus* (Sw.) Cooke, Syll. Fung.6: 198, 1885; —*Polyporus microporus* (Sw.) Fr., Syst. Mycol.1: 376, 1821.

担子果多年生，无柄盖形或平伏反卷，通常覆瓦状叠生，新鲜时革质至软木栓质，无嗅无味，干后硬木栓质，重量中度减轻；菌盖半圆形至扇形，长可达6cm，宽可达8cm，基部厚可达17mm；菌盖表面新鲜时乳白色，后期黄褐色至红褐色，光滑，有同心环纹；边缘锐或钝，干后内卷；孔口表面新鲜时乳白色、奶油色，干后灰褐色，有折光反应；不育边缘明显，奶油色，宽可达3mm；孔口圆形，每毫米8～11个；管口边缘薄，全缘；菌肉新鲜时乳黄色，革质，干后木材色，硬木质至骨质，有环区，厚可达5mm；菌管新鲜时奶油色，干后浅灰褐色，比菌肉和孔口表面颜色略深, 木质至硬纤维质，多层，分层明显，菌管层长可达12mm。担孢子近球形，无色，薄壁至略厚壁，通常中间有一液泡，4.5～5.5 × 4.2～5.1μm。

生境：生在多种阔叶树储木、木制房屋、桥梁木、坑木、桩木、堤坝木、栅栏木和薪炭木上。

产地：海南吊罗山自然保护区。

分布：江苏、福建、河南、湖南、广西、海南。

讨论：小孔硬孔菌造成木材白色腐朽。

撰稿人：戴玉成

384 平丝硬孔菌 *Rigidoporus lineatus* (Pers.) Ryvarden 摄影：戴玉成

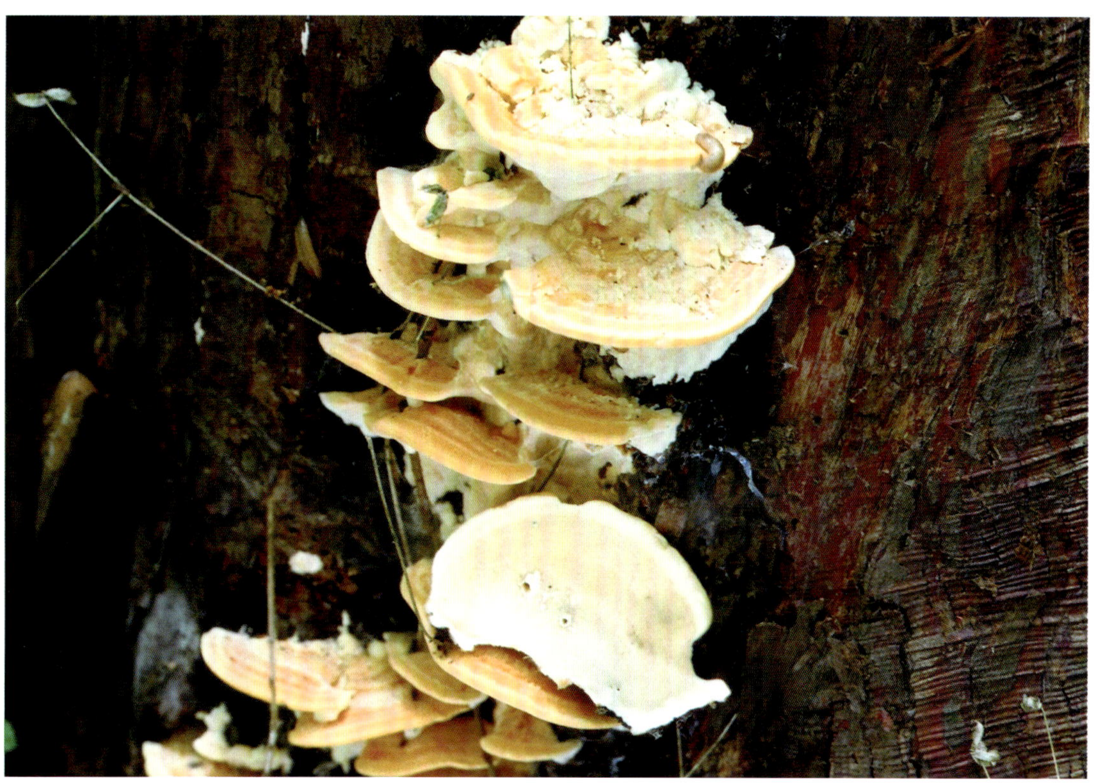

385 小孔硬孔菌 *Rigidoporus microporus* (Sw.) Overeem 摄影：戴玉成

386 坚硬硬孔菌　　亚灰树花菌科 Meripilaceae

Rigidoporus vinctus (Berk.) Ryvarden, Norw. J. Bot.19: 143, 1972; —*Polyporus vinctus* Berk., Ann. Mag. Nat. Hist., Ser.2 9: 196, 1852; —*Chaetoporus vinctus* (Berk.) J. E. Wright, Mycologia 56: 786, 1964; —*Junghuhnia vincta* (Berk.) Hood & E. A. Dick, N. Z. J. Bot.26: 114, 1988; —*Physisporinus vinctus* (Berk.) Murrill, Mycologia 34: 595, 1942; —*Poria vincta* (Berk.) Cooke, Grevillea 14(72): 110, 1886.

担子果一年生或多年生，平伏，贴生，不易与基物剥离，新鲜时革质，无嗅无味，干后硬木质，长可达15cm，宽可达5cm，厚可达2mm；孔口表面初期粉红色至锈褐色，后颜色逐渐变为深红色，干后赭色至紫褐色，明显开裂，有折光反应；不育边缘明显，白色至奶油色，宽可达2mm；孔口多角形，每毫米约9～10个；管口边缘薄，全缘；菌肉赭色，新鲜时革质，干后硬木质，无环区，厚可达1mm；菌管与孔口表面同色，比菌肉颜色略深，新鲜时革质，干后硬质，长可达1mm。

担孢子近球形，无色，薄壁，光滑，3.9～4.5 × 3.1～3.9μm。

生境：生在多种阔叶树储木、桥梁木、坑木、桩木、堤坝木和薪炭木上。

产地：海南霸王岭、尖峰岭、吊罗山自然保护区。

分布：福建、广西、海南。

讨论：坚硬硬孔菌在中国热带地区造成木材白色腐朽。

撰稿人：戴玉成

387 二年残孔菌　　皱孔菌科 Meruliaceae

Abortiporus biennis (Bull.) Singer, Mycologia 36: 68, 1944; —*Boletus biennis* Bull., Herbier de la France 10: 333, 1789; —*Daedalea biennis* (Bull.) Fr., Syst. Mycol. (Lundae) 1: 332, 1821; —*Heteroporus biennis* (Bull.) Lázaro Ibiza, Rev. Acad. Ci. Madrid 15: 119, 1916; —*Polyporus biennis* (Bull.) Fr., Epicr. Syst. Mycol. (Upsaliae), p.433, 1838.

担子果一年生，无柄至有短柄，柄侧生或中生，单生或覆瓦状叠生，新鲜时软木栓质，无嗅无味，干后木栓质，重量明显减轻；菌盖扇形至半圆形或圆形，单个菌盖长可达8cm，宽可达9cm，基部厚约10mm；菌盖表面新鲜时奶油色至红褐色，无环纹，被有细绒毛，靠近边缘处具浅的沟槽，干后灰黑褐色；边缘锐，新鲜时与菌盖表面同色或颜色稍浅，干后同色，内卷；孔口表面新鲜时浅黄色至酒红褐色，手触后变黑，干后木材色至浅黑褐色；不育边缘不明显；孔口多角形至迷宫状，有时几乎为褶状，每毫米1～3个；管口边缘薄，撕裂状；菌肉异质，靠近菌盖部分浅咖啡色，海绵状，靠近菌管部分木栓质，浅木材色，无环区，厚约5mm；菌管浅木材色，单层，木栓质，长约5mm。担孢子宽椭圆形，无色，稍厚壁，光滑，大小为4.5～5.6 × 3.2～4.1μm。

生境：生在阔叶树建筑木上，有时也发生在储木上，特别是薪炭木上。

产地：海南吊罗山自然保护区。

分布：北京、黑龙江、江苏、浙江、湖南。

讨论：造成木材白色腐朽。

撰稿人：戴玉成

386 坚硬硬孔菌 *Rigidoporus vinctus* (Berk.) Ryvarden　　摄影：戴玉成

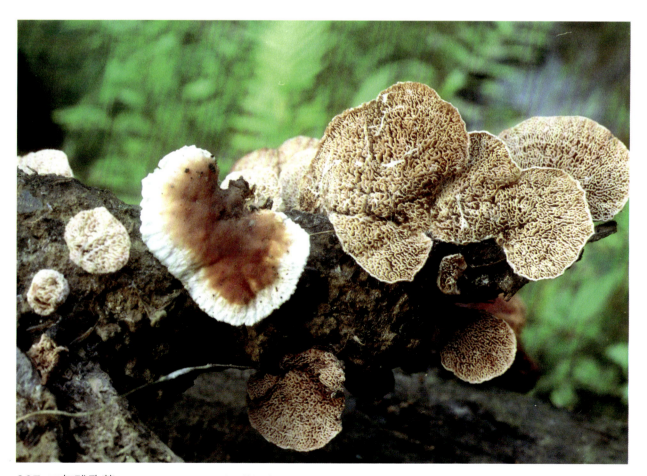

387 二年残孔菌 *Abortiporus biennis* (Bull.) Singer　　摄影：戴玉成

388 黑烟管菌

皱孔菌科 Meruliaceae

Bjerkandera adusta (Willd.) P. Karst., Meddn Soc. Faun. Fl. Fenn.5: 38, 1880; —*Boletus adustus* Willd., Flore Beol., p.392, 1788; —*Gloeoporus adustus* (Willd.: Fr.) Pilát, Atlas Champ. Europe Polypor. B, 3: 152, 1937; —*Leptoporus adustus* (Willd.: Fr.) Quél., Ench. Fung., p.177, 1886; —*Tyromyces adustus* (Willd.: Fr.) Pouzar, Folia Geo Bot. Phyemoslov.1: 370, 1966.

担子果一年生，无柄盖形，通常覆瓦状叠生，菌盖通常左右联生，有时平伏，新鲜时革质至软木栓质，无嗅无味，干后木栓质，重量明显减轻；菌盖半圆形，长可达6cm，宽可达4cm，基部厚可达3mm；菌盖表面初期乳白色，后期浅棕黄色或黄褐色，无环带，有时有疣突，有细绒毛；边缘乳白色，锐，干后内卷；孔口表面新鲜时烟灰色，手触后变为褐色，干后黑灰色；不育的边缘明显，乳白色，宽可达4mm；孔口多角形，每毫米6～8个；管口边缘薄，全缘；菌肉乳白色至浅棕黄色，新鲜时革质，干后硬革质或木栓质，无环区，厚可达2mm；菌管灰褐色，比菌肉颜色深，与孔口表面颜色近似，木栓质，长可达1mm。担孢子窄椭圆形，无色，薄壁，光滑，3.5～5 × 2～3μm。

生境： 生于多种阔叶树储木、建筑木、栅栏木和薪炭木上。

产地： 海南尖峰岭自然保护区。

分布： 浙江、福建、河南、湖北、湖南、广西、海南、四川、云南、西藏、陕西、甘肃、新疆。

讨论： 黑管孔菌造成木材白色腐朽。

撰稿人：戴玉成

389 烟色烟管菌

皱孔菌科 Meruliaceae

Bjerkandera fumosa (Pers.) P. Karst., Meddn Soc. Fauna Flora fenn.5: 38, 1879; —*Daedalea saligna* Fr., Syst. Mycol. (Lundae) 1: 337, 1821; —*Polyporus salignus* (Fr.) Fr., Epicr. Syst. Mycol. (Uppsala): 452, 1838; —*Polyporus pallescens* Fr., Hymenomyc. Eur. (Uppsala): 546, 1874; —*Polyporus fragrans* Peck, Ann. Rep. N. Y. St. Mus. Nat. Hist.30: 45, 1878; —*Leptoporus fumosus* (Pers.) Quél., in Duss, Enchir. Fung. (Paris): 177, 1886; —*Gloeoporus fumosus* (Pers.) Pilát, Atlas Champ. l'Europe (Praha) 3(1): 149, 1937; —*Tyromyces fumosus* (Pers.) Pouzar, Folia Geo Bot. Phytotax. Bohem.1: 370, 1966.

担子果通常覆瓦状叠生，菌盖2～5 × 3～6cm，新鲜时革质至软木栓质，干后木栓质；菌盖表面初期乳白色至淡黄褐色，后期灰褐色，无环带或环带不明显，有微细绒毛，边缘厚或薄，锐，干后内卷；管口表面新鲜时乳白色，后变为烟灰色；管口多角形，每毫米3～5个；管口边缘薄；菌肉白色至污白色，新鲜时革质，干后硬革质或木栓质；菌管淡烟灰色至灰褐色，与管口表面颜色近似。担孢子长方椭圆形，无色，薄壁，光滑，5~7 × 2.5～4μm。

生境： 生在多种阔叶树储木、建筑木、栅栏木和薪炭木上。

产地： 海南尖峰岭自然保护区。

分布： 山西、吉林、江苏、福建、河南、湖北、湖南、广西、海南、四川、云南、贵州、西藏。

讨论： 烟色烟管孔菌*Bjerkandera fumosa* (Pers.) P. Karst. 造成木材白色腐朽。

撰稿人：吴兴亮

388 黑烟管菌 *Bjerkandera adusta* (Willd.) P. Karst. 摄影：戴玉成

389 烟色烟管菌 *Bjerkandera fumosa* (Pers.) P. Karst. 摄影：吴兴亮

390 漏斗形波边革菌

皱孔菌科 Meruliaceae

Cymatoderma infundibuliforme (Klotzsch) Boidin, Revue Mycol., Paris 24: 222, 1959; —*Actinostroma infundibuliforme* Klotzsch, Nova Acta Acad. Caes. Leop. -Carol.19: 237, 1843; —*Cladoderris infundibuliformis* (Klotzsch) Fr., Summa veg. Scand., Section Post. (Stockholm): 141, 1849; —*Cymatoderma elegans subsp. infundibuliforme* (Klotzsch) Boidin, Bulletin du Jardin Botanique de l'État, Bruxelles 30: 299, 1960.

担子果菌盖通常近漏斗形，薄，革质，表面浅土黄色至肉桂色，干后浅茶褐色至茶褐色，具明显的辐射棱纹，被绒毛，老后脱落；边缘瓣裂，毛边状，内卷；柄偏生至侧生，有绒毛，浅茶褐色至茶褐色；子实层上有较宽的皱褶，常有小疣，浅土黄色至浅肉桂色，干后浅茶褐色至茶褐色。担孢子窄椭圆形，无色，薄壁，光滑，3.5～6.5 × 4～5μm。

生境：腐生于多种阔叶树的腐桩木上。

产地：海南五指山，吊罗山自然保护区。

分布：福建、广西、海南。

讨论：此菌造成白色腐朽。

撰稿人：吴兴亮

391 二色胶孔菌

皱孔菌科 Meruliaceae

Gloeoporus dichrous (Fr.) Bres., Hedwigia 53: 74, 1913; —*Polyporus dichrous* Fr., Observ. Mycol. (Havniae) 1: 125, 1815; —*Boletus dichrous* (Fr.) Spreng., Syst. Veg., Edn 16 4, 1827; —*Leptoporus dichrous* (Fr.) Quél., Enchir. Fung. (Paris), p.177, 1888; —*Polystictus dichrous* (Fr.) Gillot & Lucand, Bull. Soc. Hist. Nat. Autun 3: 174, 1890.

担子果一年生，无柄盖形，通常覆瓦状叠生，有时平伏或平伏反卷，新鲜时软革质，无嗅无味，干后革质或脆胶质；菌盖半圆形、近贝壳形，单个菌盖长可达2cm，宽可达4cm，基部厚可达3mm；菌盖表面初期白色或乳白色，被短柔毛，后变为淡黄色或灰白色，无柔毛，粗糙，无同心环带，也无放射状纵条纹；边缘锐，干后稍内卷；孔口表面粉红褐色、紫红色或紫黑色，无折光反应；不育边缘明显，乳白色或淡黄色，宽可达3mm；孔口圆形、近圆形或多角形，每毫米约4~6个；管口边缘薄，全缘；菌肉白色或浅黄色，木栓质，无环区，厚可达4mm；菌管与孔面同色或略浅，木栓质或胶质，长约1mm。担孢子腊肠形至圆柱形，无色，薄壁，光滑，3.5～4.5 × 0.9～1μm。

生境：生在多种阔叶树储木、桥梁木等建筑木及栅栏木上。

产地：海南五指山。

分布：江苏、浙江、福建、河南、湖北、广西、海南、云南、西藏、陕西。

讨论：二色胶孔菌造成木材白色腐朽。

撰稿人：戴玉成

390 漏斗形波边革菌 *Cymatoderma infundibuliforme* (Klotzsch) Boidin　　摄影：吴兴亮

391 二色胶孔菌 *Gloeoporus dichrous* (Fr.) Bres.　　摄影：戴玉成

392 白囊耙齿菌　　皱孔菌科 Meruliaceae

Irpex lacteus (Fr.) Fr., Elench. Fung.1: 142, 1828; —*Sistotrema lacteum* Fr., Obs. Mycol.2: 226, 1818; —*Hydnum lacteum* (Fr.) Fr., Syst. Mycol.2: 412, 1823.

担子果一年生，形态多变，平伏、平伏反卷或无柄盖形，单生或覆瓦状叠生，新鲜时软革质，较韧，无嗅无味，干后硬革质；菌盖半圆形，长可达1cm，宽可达2cm，厚可达0.5cm；平伏的担子果长可达10cm，宽可达5cm；菌盖表面乳白色至浅黄色，覆细密绒毛，同心环带不明显；边缘与菌盖同色，干后内卷；子实层体表面奶油色至淡黄色，幼时孔状，老后撕裂成耙齿状；不育边缘明显或不明显，奶油色；菌齿紧密相连，每毫米2～3个；管口壁薄，撕裂状；菌肉白色至奶油色，软木栓质，厚可达1mm；菌齿或菌管与菌肉同色，长可达3mm。担孢子圆柱形，稍弯曲，无色，薄壁，光滑，4～5.5 × 2～2.8μm。

生境：生在多种阔叶树储木、桥梁木、堤坝木、栅栏木和薪炭木上，有时也能腐生在针叶树储木上。

产地：广东广州白云山；广西大瑶山。

分布：浙江、福建、湖北、湖南、广西、广东、海南、四川、贵州、云南、西藏、陕西、甘肃、新疆。

讨论：白囊耙齿菌造成木材白色腐朽。

撰稿人：戴玉成

393 毛缘齿耳　　皱孔菌科 Meruliaceae

Steccherinum fimbriatum (Pers.) J. Erikss., Symb. Bot. Upsal.16: 134, 1958; —*Odontia fimbriata* Pers., Observationes Mycologicae 1: 88, 1796.

担子果一年生，通常平伏，新鲜时颜色为伴有淡紫的黄褐色，干后呈灰黄褐色，长达20cm，宽达4cm，常有粗壮的菌索呈辐射状交织，并贯穿于整个担子果；子实层短齿状，呈灰黄褐色，菌齿排列稀疏，不均匀，锥形、圆筒形或稍扁平，被奶油色粉状物，通常单个着生，菌齿长不超过0.5mm，每毫米5～7个；菌齿间子实层光滑至粗糙，颜色与齿相同；担子果边缘呈绒毛状，并具有长达1cm，粗1mm的帚状菌索，颜色同菌齿间子实层或略浅；菌肉层白色至奶油色，革质，厚0.5mm。担孢子椭圆形，无色，薄壁，光滑，3.1～3.7 × 2.1～2.4μm。

生境：生在多种阔叶树上。

产地：海南吊罗山自然保护区。

分布：黑龙江、吉林、安徽、四川、海南。

讨论：该种通常为平伏，未见反卷，其主要特征为担子果上具有辐射状交织排列的粗壮的菌索，菌索可粗达1 mm，菌索延伸至担子果边缘，并具扫帚状分枝。担子果新鲜时通常略带淡紫色，齿长不超过0.5cm，这是野外识别的重要特征。

撰稿人：戴玉成

392 白囊耙齿菌 *Irpex lacteus* (Fr.) Fr.　　摄影：戴玉成

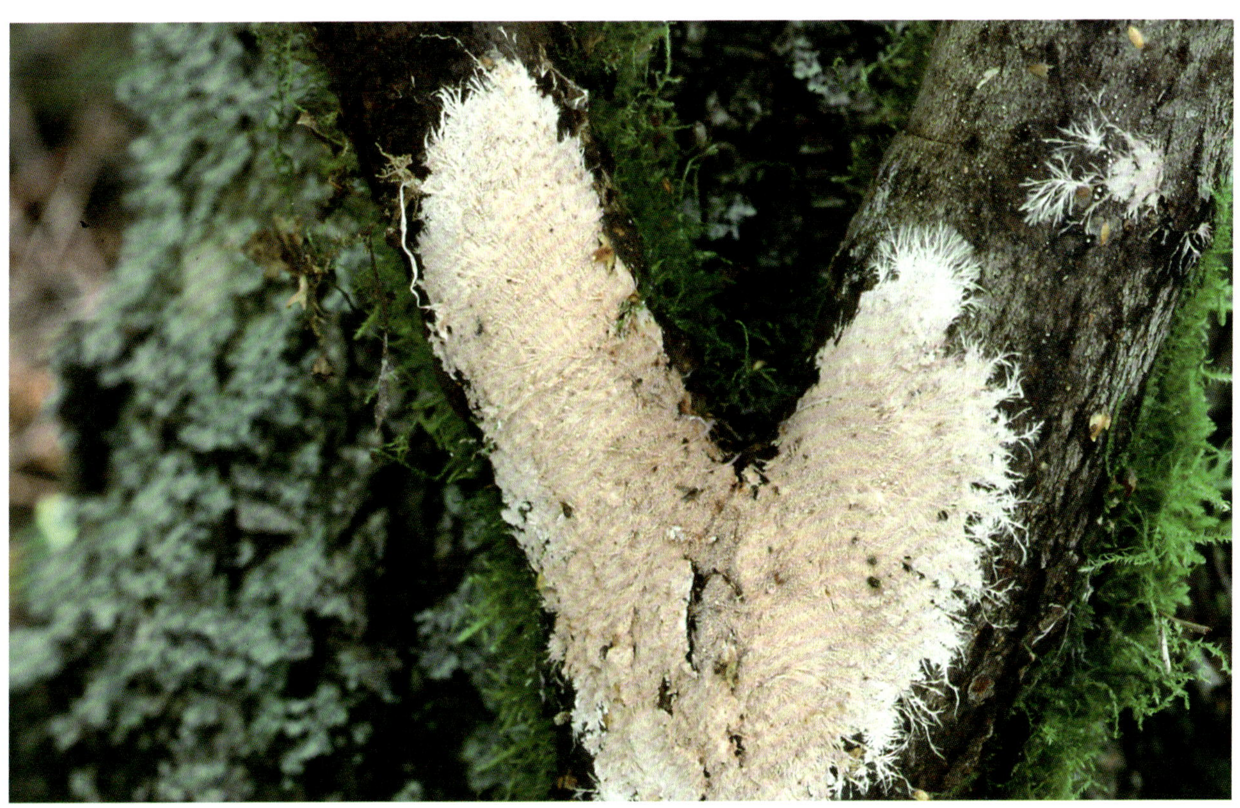

393 毛缘齿耳 *Steccherinum fimbriatum* (Pers.) J. Erikss.　　摄影：戴玉成

394 大孔橘黄小薄孔菌 显毛菌科 Phanerochaetaceae

Antrodiella aurantilaeta (Corner) T. Hatt. & Ryvarden, Trans. Mycol. Soc. Japan 34: 364, 1993; —*Tyromyces aurantilaetus* Corner, Beih. Nova Hedwigia 96: 161, 1989.

担子果一年生，通常平伏至反卷，有时平伏，偶尔覆瓦状叠生，初期椭圆形，后期多个左右相连，新鲜时肉质至革质，干燥后变为木栓质；单个菌盖长可达1cm，宽可达3cm，厚可达5mm；平伏的担子果长可达7cm，宽可达4cm，厚可达5mm；菌盖表面新鲜时桔红色，后期橙黄色，干后几乎奶油色，有环纹，具绒毛；边缘锐，干后内卷；孔口表面深桔红色，干后桔红色；不育的边缘明显，奶油色；孔口初期多角形，后期不规则形、迷宫状、裂齿形，有时为同心环褶形，每毫米1～3个；管口边缘薄，撕裂状；菌肉浅米黄色，异质，上层为绒毛层，柔软，下层较密，木栓质，两层之间有一褐色线；菌管单层，与菌肉层同色，长可达5mm。担孢子短圆柱形至椭圆形，无色，薄壁，光滑，3～3.5 × 1.5～2μm。

生境：生在多种阔叶树储木、栅栏木和薪炭木上。

产地：广西花坪自然保护区。

分布：浙江、安徽、湖北、湖南、广西。

讨论：大孔橘黄小薄孔菌造成木材白色腐朽。

撰稿人：戴玉成

395 柔韧小薄孔菌 显毛菌科 Phanerochaetaceae

Antrodiella duracina (Pat.) I. Lindblad & Ryvarden, Mycotaxon 71: 336, 1999; —*Leptoporus duracinus* Pat., Bull. Trimest. Soc. Mycol. Fr.18: 174, 1902; —*Polyporus duracinus* (Pat.) Sacc. & D. Sacc., Syll. Fung. (Abellini) 17: 115, 1905; —*Tyromyces elmeri* Murrill, Bull. Torrey Bot. Club 34: 475, 1907.

担子果一年生，盖形具侧生柄，通常单生，新鲜时革质，无特殊气味，干燥后木栓质；菌盖匙形、扇形或呈半圆形，直径达4cm；菌盖表面中部呈稻草色，具明显或不明显的同心环纹，光滑，边缘部分颜色较深，呈淡黄色至黄褐色，边缘锐；孔口表面新鲜时奶油色，干后稻草色至淡黄灰色，具折光反应，具明显不育边缘；孔口多角形，每毫米7～8个；管口边缘薄，全缘；菌肉奶油色，木栓质，厚约1mm；菌管淡黄色，木栓质，长约1mm；菌柄圆柱形或稍扁平，与菌盖同色，表面光滑，担子果幼时菌柄较细长，长达2cm，直径1mm，成熟后变短粗，长约1cm，直径2～3mm，孔口稍下延至菌柄。担孢子圆柱形至腊肠形，无色，薄壁，光滑，4.1～5.2 × (1.5～)1.7～2.0(–2.1) μm。

生境：生于热带亚热带地区多种树木上。

产地：广东广州市白云山；海南尖峰岭自然保护区。

分布：福建、广东、海南。

讨论：黑卷小薄孔菌*A. liebmannii*与柄生小薄孔菌*A. stipitata*是本属中另外2个具柄的种类，但2种担子果菌肉中骨架菌丝占多数，而柔韧小薄孔菌的菌肉中只有极少骨架菌丝。

撰稿人：戴玉成

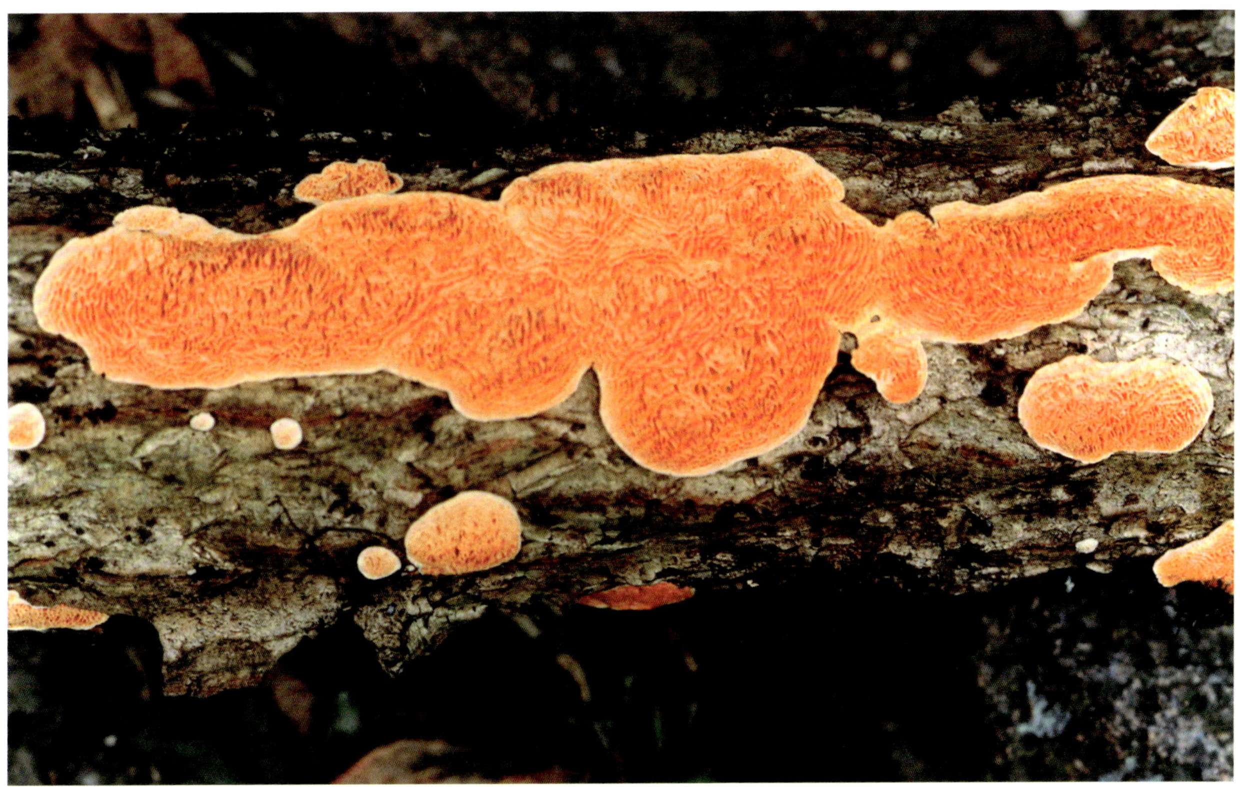

394 大孔橘黄小薄孔菌 *Antrodiella aurantilaeta* (Corner) T. Hatt. & Ryvarden　　摄影：戴玉成

395 柔韧小薄孔菌 *Antrodiella duracina* (Pat.) I. Lindblad & Ryvarden　　摄影：吴兴亮

396 黑卷小薄孔菌

显毛菌科 Phanerochaetaceae

Antrodiella liebmannii (Fr.) Ryvarden, A Preliminary Polypore Flora of East Africa: 257, 1980; —*Polyporus liebmannii* Fr., Nova Acta Regiae Soc. Sci. Upsal., 1: 59, 1851.

担子果一年生至多年生，盖形或有侧生柄，单生或少数几个担子果生于同一基部，新鲜时革质，干燥后变硬，呈骨质；菌盖匙形、扇形或呈半圆形，突起长达4cm以上，宽6cm，厚5mm，干后卷曲翘起；菌盖表面褐色至深蓝色，具同心环带，光滑，边缘锐；孔口表面干后棕褐色至污灰褐色；孔口非常小，肉眼难以分辨，圆形至多角形，每毫米18～22个；管口边缘薄，全缘；菌肉淡棕黄色至深褐色，骨质坚硬，厚约2mm；菌管深褐色，分层，每层厚约1mm，长达3mm；菌柄短，扁平，褐色，表面光滑，长达1cm，直径达4mm。担孢子短圆柱形至长椭圆形，无色，薄壁，光滑，3.2～3.7 × 1.7～2μm。

生境：生于热带地区阔叶树上。

产地：海南吊罗山自然保护区；云南西双版纳。

分布：海南、广西、云南。

讨论：黑卷小薄孔菌是热带地区的一种常见种类，造成木材白色腐朽。

撰稿人：戴玉成

397 环带小薄孔菌

显毛菌科 Phanerochaetaceae

Antrodiella zonata (Berk.) Ryvarden, Bol. Soc. Argent. Bot.28: 228, 1992; —*Irpex zonatus* Berk., Hooker's J. Bot.6: 168, 1854; —*Irpex brevis* Berk., Flora New Zeal.2: 181, 1855; —*Irpex consors* Berk., J. Linn Soc.16: 51, 1877; —*Irpex decurrens* Berk., Grevillea 19: 109, 1891; —*Irpex kusanoi* Henn. & Shirai, Bot. Jahrb.28: 267, 1900; —*Irpicuciporus japonicus* Murrill, Mycologia 1: 166, 1909.

担子果一年生，平伏至无柄盖形，通常大量的菌盖覆瓦状叠生，有时可达数百个叠生，新鲜时无特殊气味，革质，干燥后变为硬革质或脆革质；单个菌盖长可达5cm，宽3cm，厚0.5cm，平伏的担子果长可达30cm，宽达20cm；菌盖上表面新鲜时为桔黄色至黄褐色，手触后变为暗褐色，有明显的同心环带；边缘锐，鲜黄色，干后内卷；孔口表面桔黄褐色至黄褐色，无折光反应，未成熟担子果及成熟担子果边缘部分的子实层体为孔状；管口近圆形，每毫米2～3个；管口边缘薄，撕裂状；成熟子实层体为裂齿状，菌齿紧密排列，每毫米2～4个；不育边缘非常窄至几乎没有；菌肉奶油色至浅黄色，有时鲜黄色，木栓质，厚达4 mm；菌管或菌齿单层，黄褐色，新鲜时革质，干后脆革质至硬纤维质，长达8mm。担孢子广椭圆形，无色，薄壁，平滑，4.4～6 × 3～4 mm。

生境：生在阔叶树上。

产地：海南尖峰岭、吊罗山、霸王岭自然保护区；广西花坪自然保护区。

分布：江苏、浙江、湖南、广西、海南、四川、贵州、云南。

讨论：小薄孔菌属的种类一般为腐生，只有环带小薄孔菌能够生于活立木上，但它也不专性寄生，在倒木及腐朽木上也能生长，因此，环带小薄孔菌是一种兼性腐生菌，造成多种阔叶树活立木心材白色腐朽。

撰稿人：戴玉成

396 黑卷小薄孔菌 *Antrodiella liebmannii* (Fr.) Ryvarden　　摄影：戴玉成

397 环带小薄孔菌 *Antrodiella zonata* (Berk.) Ryvarden　　摄影：戴玉成

398 光盖革孔菌

多孔菌科 Polyporaceae

Coriolopsis glabro-rigens (Lloyd) Núñez & Ryvarden, Syn. Fung.14: 256, 2001; —*Polystictus glabro-rigens* Lloyd, Mycol. Writ.7: 1145, 1922.

担子果一年生，无柄盖状，菌盖左右相连，通常覆瓦状叠生，新鲜时革质，无嗅无味，干后木栓质，重量明显减轻；菌盖半圆形、扇形或近贝壳状，单个菌盖长可达2cm，宽可达5cm，基部厚可达5mm；菌盖表面为肉桂黄褐色、蜜黄色、浅黄褐色、土黄褐色，基部被有密绒毛，靠近边缘处光滑，具明显不同颜色的同心环带或环沟，有时具疣状物或放射状条纹；边缘锐或钝，颜色较中部浅；孔口表面新鲜时浅棕黄褐色至红褐色，手触摸后变为土黄褐色，有折光反应；不育边缘不明显，乳黄色，宽不到1mm；孔口多角形，每毫米5～6个；管口边缘薄，全缘；菌肉浅土黄色，木栓质，无环区，厚可达2mm；菌管与菌肉同色，木栓质，长可达3mm。担孢子窄圆柱形，无色，薄壁，光滑，5.2～6 × 2～2.5μm。

生境：生长在多种阔叶树储木上。

产地：海南吊罗山、尖峰岭自然保护区。

分布：海南。

讨论：光盖革孔菌目前只在中国海南省发现，造成木材白色腐朽。

撰稿人：戴玉成

399 红斑革孔菌

多孔菌科 Polyporaceae

Coriolopsis sanguinaria (Klotzsch) Teng, Chung-kuo Ti Chen-chun, p.760, 1963; —*Polyporus sanguinarius* Klotzsch, Linnaea 8: 484, 1833; —*Fomes sanguinarius* (Klotzsch) Cooke, Grevillea 14(69): 21, 1885; —*Trametes sanguinaria* (Klotzsch) Corner, Beih. Nova Hedwigia 97: 149, 1989.

担子果一年生或多年生，无柄盖状，单生或覆瓦状叠生，新鲜时革质，无嗅无味，干后木栓质，重量略减轻；单个菌盖半圆形、扇形，长可达4.5cm，宽可达8cm，基部厚可达4mm；菌盖上表面新鲜时浅黄褐色、黄褐色至红褐色，干后浅黄褐色，靠近基部红褐色至黑褐色，光滑或有疣状物，具明显的同心环带；边缘锐，奶油色；孔口表面黄褐色，无折光反应；不育边缘明显，奶油色；孔口圆形，每毫米7～9个；管口边缘厚，全缘；菌肉浅棕褐色，木栓质，厚约2mm；菌管浅黄褐色，干后木栓质，长约2mm。担孢子椭圆形，无色，薄壁，光滑，4.1～6 × 2～3.5μm。

生境：生在多种阔叶树储木上。

产地：海南吊罗山、尖峰岭自然保护区。

分布：福建、广东、海南。

讨论：红斑革孔菌是亚热带和热带常见的种类，造成木材白色腐朽。

撰稿人：戴玉成

398 光盖革孔菌 *Coriolopsis glabro-rigens* (Lloyd) Núñez & Ryvarden　　摄影：戴玉成

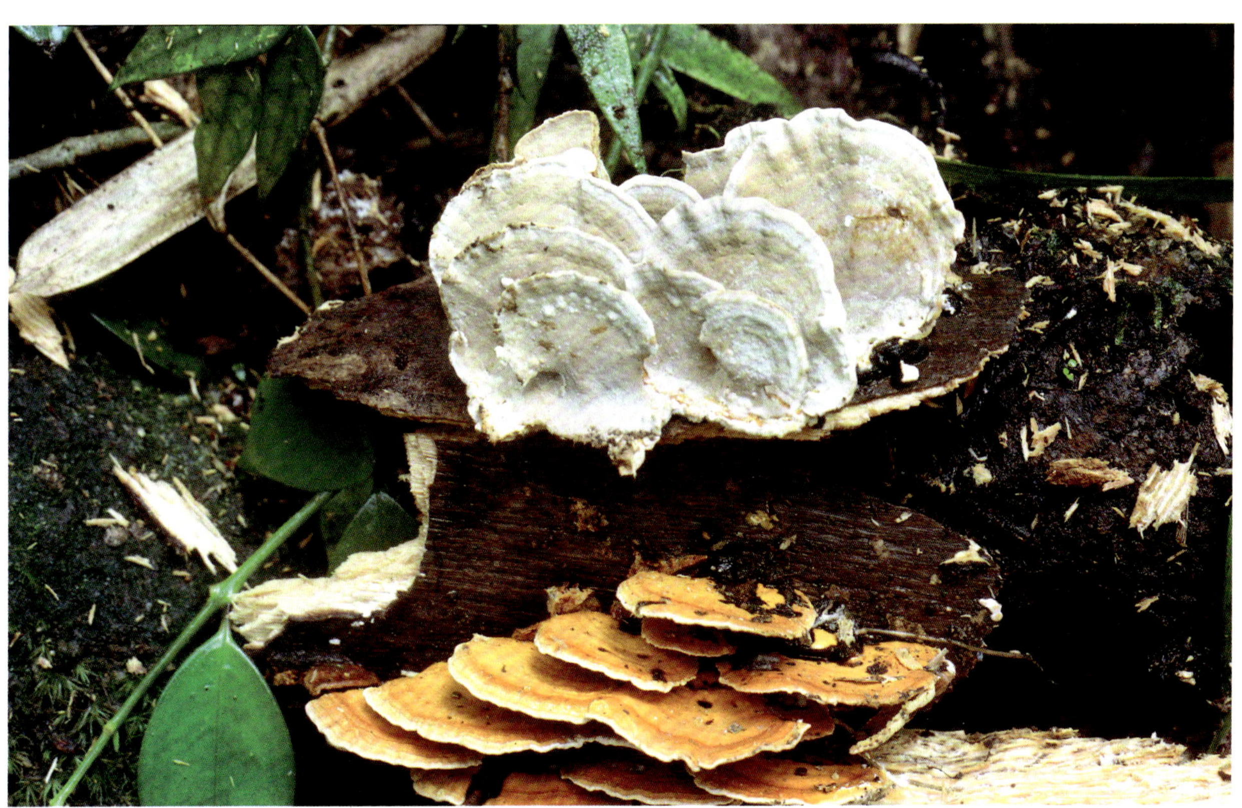

399 红斑革孔菌 *Coriolopsis sanguinaria* (Klotzsch) Teng　　摄影：戴玉成

400 膨大革孔菌　　多孔菌科 Polyporaceae

Coriolopsis strumosa (Fr.) Ryvarden, Kew Bull.31: 95, 1976; —*Polyporus strumosus* Fr., Epicr. Syst. Mycol. (Upsaliae), p.462, 1838; —*Inoderma strumosum* (Fr.) P. Karst., Meddn Soc. Fauna Flora Fenn.5: 39, 1880; —*Polystictus strumosus* (Fr.) Fr., Nova Acta R. Soc. Scient. Upsal.1: 80, 1851.

担子果一年生，无柄盖形，有时基部膨胀形成类似短柄的结构，菌盖单生或数个覆瓦状叠生，新鲜时革质，无嗅无味，干后木栓质，重量明显减轻；菌盖半圆形，单个菌盖长可达6cm，宽可达10cm，中部厚可达1cm；菌盖表面新鲜时棕褐色至赭色，后变为灰褐色，粗糙，近基部有瘤状突起，有明显的同心环沟；边缘钝，黄褐色；孔口表面初期奶油色至乳灰色，后变为深灰褐色、橄榄褐色，手触摸后或在KOH试剂中颜色变灰褐色，干后颜色不变；不育边缘明显，比孔面颜色稍浅，宽可达2mm；孔口圆形，每毫米约6～7个；管口边缘薄，全缘；菌肉黄褐色至橄榄褐色，木栓质，无环区，厚可达9mm；菌管暗褐色，比孔面颜色稍深，木栓质，菌管长可达1mm。担孢子圆柱形，无色，薄壁，光滑，8～10 × 3.5～4μm。

生境：生在多种阔叶树储木、坑木、桩木、仓库木及薪炭木上。

产地：海南保亭县植物园。

分布：河南、湖北、海南、陕西。

讨论：膨大革孔菌造成木材白色腐朽。

撰稿人：戴玉成

401 隐孔菌　　多孔菌科 Polyporaceae

Cryptoporus volvatus (Peck) Shear, Bull. Torrey Bot. Club 29: 450, 1902; —*Cryptoporus volvatus* var. *pleurostoma* (Pat.) Sacc., Bull. Soc. Mycol. Fr.23(1): 74, 1907; —*Cryptoporus volvatus* var. *torreyi* (W. R. Gerard) Shear, Bull. Torrey Bot. Club 29: 450, 1902; —*Fomes volvatus* (Peck) Cooke, Grevillea 13(no.68): 119, 1885; —*Fomes volvatus* var. *pleurostoma* (Pat.) Sacc. & Traverso, Syll. Fung. (Abellini) 19: 718, 1910; —*Fomes volvatus* var. *torreyi* (W. R. Gerard) Sacc., 1888; —*Polyporus volvatus* Peck, Rep. N. Y. St. Mus. Nat. Hist.27: 98, 1875; —*Scindalma volvatum* (Peck) Kuntze, Revis. Gen. pl. (Leipzig) 3(2): 519, 1898; —*Ungulina volvata* (Peck) Pat., Essai Tax. Hyménomyc. (Lons-le-saunier) : 102, 1900; —*Ungulina volvata* var. *pleurostoma* Pat., Bull. Soc. Mycol. Fr.23: 74, 1907.

担子果无柄，侧生，囊状或小面包状，扁半球形或近球形，1～3 × 0.8～2cm，厚1.2～2.5cm，浅黄褐色至栗褐色，光滑，有松脂状光泽；菌盖边缘向下生出革质膜状包被，最初无口，将菌管隐藏在内，后在靠后侧开口，呈圆形孔口状，口径0.3～0.8cm；菌肉近白色，革质至木栓质；菌管长2～4mm，初期白色或淡黄色，老时变浅黄褐色或污黄褐色，管口小，圆形。担孢子长椭圆形，无色，光滑，透明，8.5～12 × 4～5.7μm。

生境：生于针叶树的枯立木上

产地：广西大瑶山国家级自然保护区、十万大山国家级自然保护区。

分布：河北、黑龙江、福建、湖北、广东、广西、海南、四川、贵州、云南。

讨论：可药用，主治气管炎和哮喘等。

撰稿人：吴兴亮

400 膨大革孔菌 *Coriolopsis strumosa* (Fr.) Ryvarden　　摄影：戴玉成

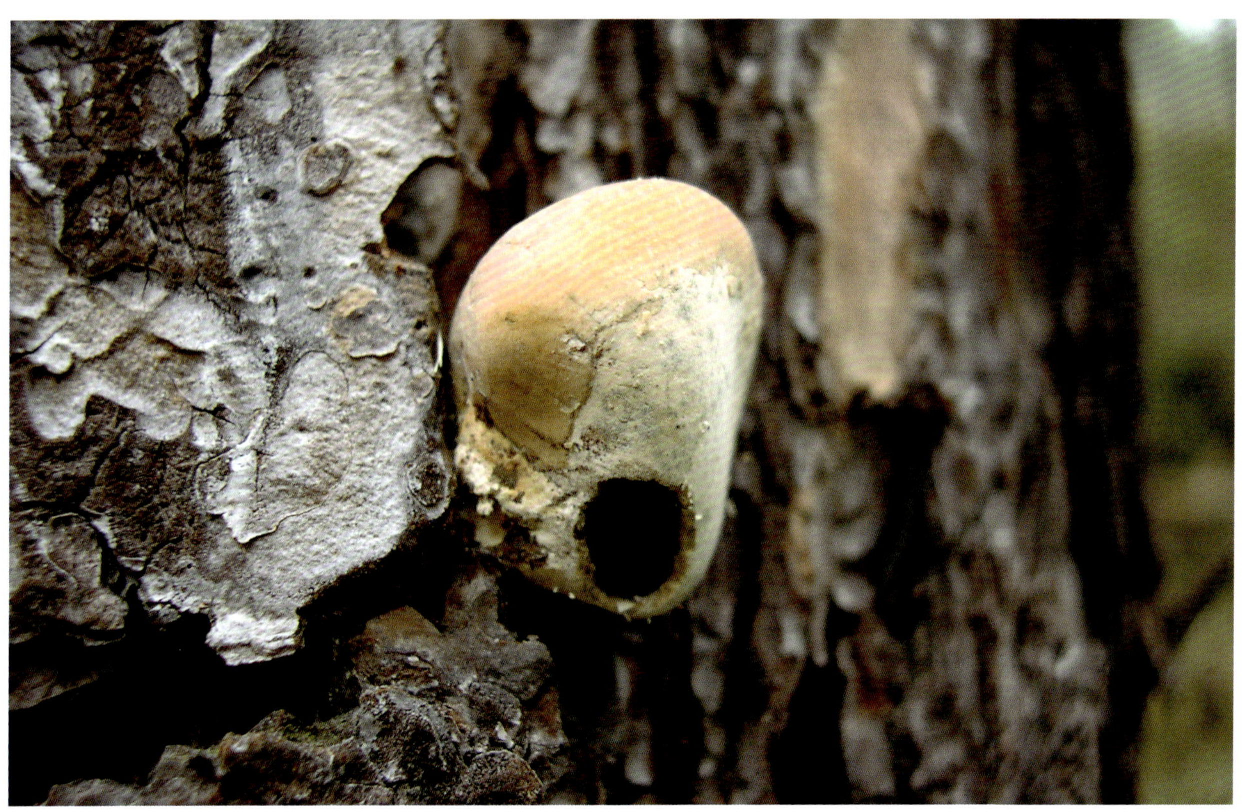

401 隐孔菌 *Cryptoporus volvatus* (Peck) Shear　　摄影：孙庆文

402 软异薄孔菌 多孔菌科 Polyporaceae

Datronia mollis (Sommerf.) Donk, Persoonia 4: 338, 1966; —*Daedalea mollis* Sommerf., Fl. Lapponica Suppl., p.271, 1826; —*Antrodia mollis* (Sommerf.) P. Karst., Meddel. Soc. Fauna Fl. Fenn.5: 40, 1879; —*Cerrena mollis* (Sommerf.) Zmitr., Mycena 1: 91, 2001.

担子果一年生，平伏反卷，易与基物剥离，通常单生，新鲜时软木栓质，无嗅无味，干后木栓质；菌盖半圆形、近贝壳形，单个菌盖长可达5cm，宽可达8cm，厚可达6mm；平伏的担子果长可达40cm，宽可达5cm，厚可达4mm；菌盖表面初期被绒毛，后期变光滑，深褐色至近黑色，具同心环带；边缘锐，干后稍内卷；孔口表面浅灰褐色、浅褐色、暗灰褐色、污褐色，无折光反应；不育边缘明显，宽可达1.5mm；孔口变化较大，有时为近圆形，有时为多角形，有时为不规则形，有时为裂齿形，每毫米1～2个；管口边缘薄，全缘或撕裂；菌肉淡褐色或浅黄褐色，木栓质或硬纤维质，异质，上层为绒毛层，下层为菌肉层，厚可达1mm，绒毛层与菌肉层之间有一条黑线；菌管单层，与孔面同色，比菌肉颜色浅，浅灰褐色，木栓质，长可达3mm。担孢子圆柱形，无色，薄壁，光滑，6.5～9 × 2.5～3.5μm。

生境： 生在阔叶树储木、坑木、桩木上。

产地： 海南海口。

分布： 江苏、浙江、福建、河南、湖北、湖南、广西、海南、四川、西藏、陕西。

讨论： 软异薄孔菌是储木和薪炭木上的常见种，造成木材白色腐朽。

撰稿人：戴玉成

403 红贝俄氏孔菌 多孔菌科 Polyporaceae

Earliella scabrosa (Pers.) Gilb. & Ryvarden, Mycotaxon 22: 364, 1985; —*Polyporus scabrosus* Pers., Voy. Uranie. Bot.5: 172, 1827; —*Trametes scabrosa* (Pers.) G. Cunn., Bull. N. Z. Dept. Sci. Industr. Res., Pl. Dis. Div.164: 162, 1965.

担子果一年生，平伏反卷至盖状，菌盖通常连生或覆瓦状叠生，新鲜时韧革质，干后木栓质，重量明显减轻；菌盖多数半圆形，单个菌盖长可达2cm，宽可达6.5cm，中部厚可达6mm；菌盖表面幼时乳白色或为灰白色，棕褐色，后期从基部开始变为漆红色皮壳层，光滑，有同心环纹；边缘锐，奶油色；孔口表面初期乳白色，后期草黄色至棕黄色；不育边缘奶油色至浅黄色，宽可达2mm；孔口多角形、弯曲至不规则形，有时为迷宫形，每毫米约2～3个；管口边缘厚或薄，全缘或略撕裂；菌肉奶油色，新鲜时革质，干后木栓质，无环区，厚可达4mm；菌管浅黄色，比菌肉颜色深，新鲜时革质，干后硬，菌管长可达2mm。担孢子圆柱形或窄椭圆形，靠近孢子梗逐渐变细，无色，薄壁，光滑，7～9.5 × 3.5～4μm。

生境： 腐生在多种阔叶树储木、桥梁木、堤坝木、栅栏木和薪炭木等建筑木上。

产地： 海南尖峰岭、吊罗山、七仙岭、五指山、霸王岭自然保护区。

分布： 湖南、广东、广西、海南。

讨论： 红贝俄氏孔菌是南亚热带和热带地区的常见种，造成木材白色腐朽。

撰稿人：戴玉成

402 软异薄孔菌 *Datronia mollis* (Sommerf.) Donk　　摄影：戴玉成

403 红贝俄氏孔菌 *Earliella scabrosa* (Pers.) Gilb. & Ryvarden　　摄影：戴玉成

404 淡黄粗毛盖孔菌

多孔菌科 Polyporaceae

Funalia cervina (Schwein.) Y. C. Dai, Fungal Science 11: 91, 1996; —*Boletus cervinus* Schwein., Schr. Naturf. Ges. Leipzig 1: 96, 1822; —*Antrodia cervina* (Schwein.) Kotl. & Pouzar, Česká Mykol.37: 50, 1983; —*Polystictus cervinus* (Schwein.) Cooke, Grevillea 14(71): 81, 1886; —*Polystictus cervinus* (Schwein.) Sacc., Syll. Fung. (Abellini) 6: 238, 1888; —*Trametes cervina* (Schwein.) Bres., Annls Mycol.1(1/2): 81, 1903.

担子果一年生，无柄盖形，单生、左右连生或呈覆瓦状叠生，有时平伏反卷，新鲜时革质或软木栓质，无嗅无味，干后木栓质，重量明显减轻；菌盖半圆形、近贝壳形，单个菌盖长可达5cm，宽可达7cm，中部厚可达10mm；菌盖表面蛋壳色或淡黄褐色，被粗硬毛，具同心环带，通常有放射状纵条纹，有时具小疣；边缘锐，新鲜时奶油色，干后稍内卷；孔口表面初期近白色，手触摸后变为黄褐色，后期变为淡黄褐色、黄褐色或暗褐色；不育边缘明显，奶油色，宽达2mm；孔口不规则，幼时为孔状，圆形或近圆形至多角形，成熟的子实层体为裂齿状，每毫米约0.5～3个；管口边缘薄，裂齿状；菌肉浅黄色，木栓质，无环区，厚可达5mm；菌管与菌肉同色，比管口颜色浅，木栓质，长可达9mm。担孢子腊肠形至圆柱形，无色，薄壁，光滑， 5.6～6.9 × 2～3μm。

生境： 生多种阔叶树储木、坑木、桩木和栅栏木上。

产地： 广西花坪自然保护区。

分布： 山西、辽宁、吉林、黑龙江、江苏、浙江、福建、河南、湖南、广西、贵州、西藏、陕西。

讨论： 淡黄粗毛盖孔菌造成木材白色腐朽。

撰稿人：戴玉成

405 法国粗毛盖孔菌

多孔菌科 Polyporaceae

Funalia gallica (Fr.) Bondartsev & Singer, Annls Mycol.39(1): 62, 1941; —*Polyporus gallicus* Fr., Syst. Mycol. (Lundae) 1: 345, 1821; —*Trametes gallica* Fr., Epicr. Syst. Mycol. (Upsaliae): 489, 1838; —*Coriolopsis gallica* (Fr.) Ryvarden, Norw. J. Bot.19: 230, 1973.

担子果一年生，无柄盖形，有时平伏反转，通常单生，偶尔覆瓦状叠生，新鲜时革质或软木栓质，无色无味，干后木栓质，重量明显变轻；菌盖半圆形、近贝壳形，单个菌盖长可达10cm，宽7cm，中部厚可达2cm；菌盖表面初期白色，后期锈黄色，无环区，被长硬毛，基部毛密，向边缘逐渐变少，硬毛初期白色，后期黄褐色，可达1cm长，边缘钝或锐；孔口表面初期奶油色，后变为黄褐色，触摸后变为褐色，干后棕黄色或橘黄色；孔口近多角形，有时从向拉长，每毫米约1～2个，管口边缘薄，稍撕裂状；菌肉干后浅奶油色至浅黄色，木栓质，无环区，厚可达12mm；菌管棕黄色，木栓质，长达7mm。担孢子圆柱形，无色，薄壁，平滑， 11.7～14.1 × 4～5μm, 。

生境： 生于阔叶树上。

产地： 海南保亭植物园。

分布： 海南。

讨论： 法国粗毛盖孔菌造成储木白色腐朽。

撰稿人：戴玉成

404 淡黄粗毛盖孔菌 *Funalia cervina* (Schwein.) Y.C. Dai　　摄影：戴玉成

405 法国粗毛盖孔菌 *Funalia gallica* (Fr.) Bondartsev & Singer　　摄影：戴玉成

406 线浅孔菌

多孔菌科 Polyporaceae

Grammothele lineata Berk. & M. A. Curtis, J. Linn. Soc., Bot.10(no.46): 327, 1868; —*Grammothele cineracea* Bres., Hedwigia 56(4, 5): 299, 1915; —*Grammothele grisea* Berk. & M. A. Curtis, J. Linn. Soc., Bot.10(no.46): 327, 1868; —*Grammothele mappa* Berk. & M. A. Curtis, J. Linn. Soc., Bot.10(no.46): 327, 1868; —*Grammothele polygramma* Berk. & M. A. Curtis, J. Linn. Soc., Bot.10(no.46): 327, 1868; —*Polyporus hydnoporus* Berk., Vidensk. Meddel. Dansk Naturhist. Foren. Kjøbenhavn 80: 31, 1880.

担子果：担子果一年生，平伏，难与基物剥离，新鲜时无嗅无味，新鲜时革质，干燥后变为软木栓质，长可达16cm，宽可达5cm，中部厚可达1 mm；孔口表面蓝灰色至暗灰色，边缘白色至浅粉色；孔口多角形至不规则形，每毫米2~3个；管口边缘薄，具大量菌丝柱，菌丝柱通常伸出菌管壁；菌肉白色至浅粉色，木栓质，后期胶质，非常薄，厚约0.2mm；菌管浅，硬木栓质，与孔口表面同色，长可达0.8mm。担孢子窄椭圆形，无色，薄壁，光滑，4.6～6.5 × 2.6～3.2μm。

生境：生于阔叶树上。

产地：海南保亭植物园。

分布：广西、海南。

讨论：线浅孔菌形成灰蓝色的担子果，该种与棕榈浅孔菌*Grammothele fulgio* (Berk. & Broome) Ryvarden相似，但后者生长在棕榈或竹子上，且孔口较小。

撰稿人：戴玉成

407 毛蜂窝孔菌

多孔菌科 Polyporaceae

Hexagonia apiaria (Pers.) Fr., Epicr. Syst. Mycol. (Upsaliae), p.497, 1838; —*Polyporus apiarius* Pers., Voy. Uranie. Bot.5: 169, 1827; —*Scenidium apiarium* (Pers.) Kuntze, Revis. Gen. Pl. (Leipzig) 3(2): 516, 1898.

担子果一年生或多年生，无柄盖形，单生；新鲜时革质，无嗅无味，干后木栓质，重量略减轻；单个菌盖半圆形、扇形，长可达8cm，宽可达14cm，基部厚可达2cm；菌盖上表面新鲜时灰褐色、黄褐色，靠近基部黑褐色，干后灰黑褐色，被有大量的粗硬绒毛，同心环纹明显；边缘浅黄色，锐；孔口表面新鲜时浅灰褐色至浅黄褐色，干后黄褐色；孔口六角形，直径2～4mm；菌管边缘薄，全缘；菌肉黑褐色，木栓质，厚约10mm；菌管灰褐色，木栓质，长约10mm。担孢子圆柱形，无色，薄壁，光滑，11～15 × 5～6μm。

生境：通常生在龙眼树活树的死枝上。

产地：海南保亭植物园。

分布：福建、广东、广西、海南。

讨论：毛蜂窝孔菌造成木材白色腐朽。

撰稿人：戴玉成

406 线浅孔菌 *Grammothele lineata* Berk. & M.A. Curtis　　摄影：戴玉成

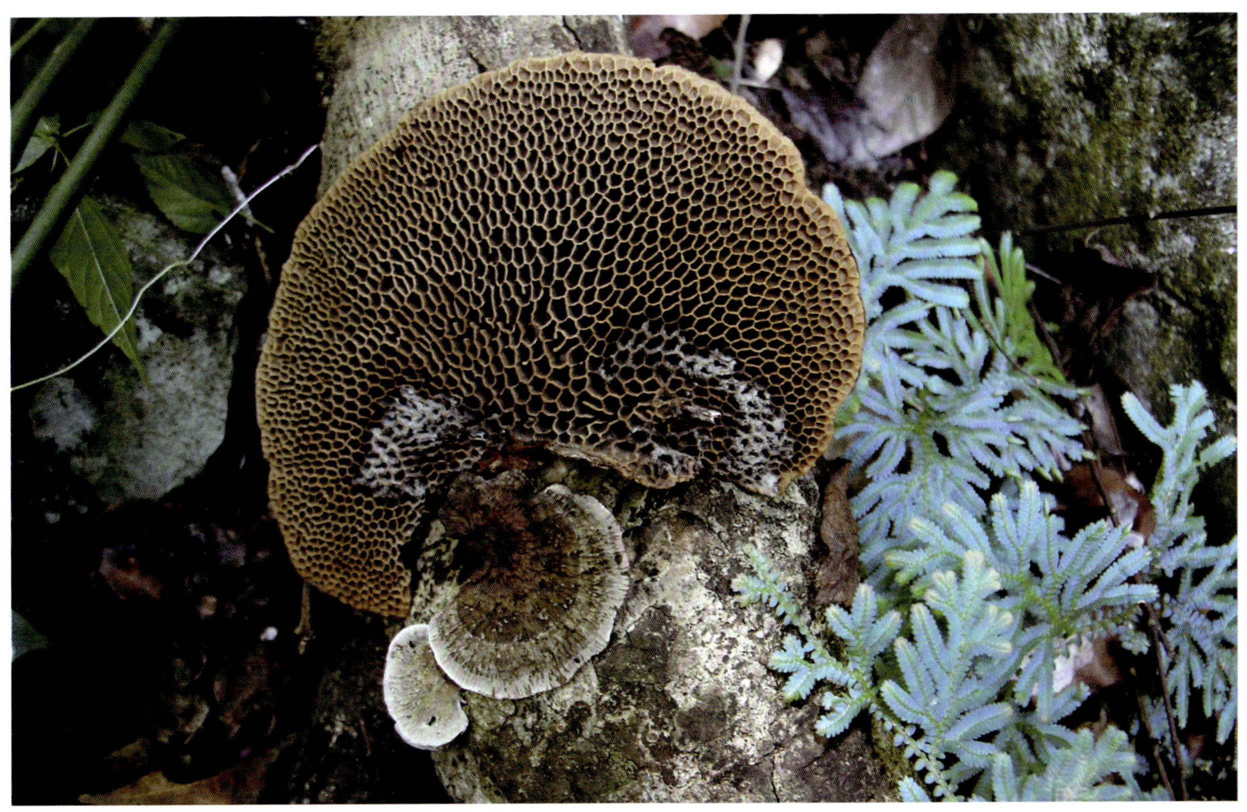

407 毛蜂窝孔菌 *Hexagonia apiaria* (Pers.) Fr.　　摄影：戴玉成

408 蜂窝孔菌

多孔菌科 Polyporaceae

Hexagonia tenuis (Hook) Fr., Epicrisis Systematis Mycologiai, p.498, 1838; —*Boletus tenuis* Hook. in Kunth, Syn. Pl.1: 10, 1822; —*Daedaleopsis tenuis* (Hook.) Imazeki, Bull. Tokyo Sci. Mus.6: 78, 1943.

担子果一年生，无柄盖形，单生或聚生，有时覆瓦状叠生，新鲜时韧革质，干后硬革质，重量明显减轻；菌盖半圆形、圆形、贝壳形，单个菌盖长可达5cm，宽可达8cm，中部厚可达2mm；菌盖表面新鲜时灰褐色，后变为赭色、褐色，光滑，有明显褐色同心环纹；边缘锐，波状，比盖面颜色稍浅；孔口表面初期浅灰色，后变为烟灰色至灰褐色，干后颜色不变；不育边缘不明显，黄褐色，宽不到1mm；孔口蜂窝状，每毫米约2～3个；管口边缘薄，全缘；菌肉黄褐色，韧革质，无环区，厚可达2mm；菌管烟灰色至灰褐色，与孔口表面同色，韧革质，长不到0.5mm。担孢子圆柱形，无色，薄壁，光滑，11～13.5 × 4～4.5μm。

生境：生在多种阔叶树储木、桥梁木、栅栏木和薪炭木上。

产地：海南黎母山。

分布：江苏、广西、海南、贵州、陕西。

讨论：蜂窝孔菌造成木材白色腐朽。

撰稿人：戴玉成

409 巨大韧伞

多孔菌科 Polyporaceae

Lentinus giganteus Berk., J. Bot.6: 493, 1847; —*Panus Giganteus* (Berk.) Corner, Beih. Nova Hedwigia 69: 69 , 1981; —*Pocillaria gigantea* (Berk.) Kuntze, Revis. gen. pl. (Leipzig) 2: 866, 1891; —*Velolentinus giganteus* (Berk.) Overeem, Bull. Jard. Bot. Buitenz 9: 12, 1927.

菌盖宽5～15cm，漏斗形，近肉质至革质，浅土黄褐色，中央色稍深，有丝质绒毛，中凹部有同色的小鳞片，边缘延伸至下垂，无条纹；菌肉白色；菌褶白色，不等长，延生；菌柄中生至偏生，圆柱形，黄褐色，密被绒毛；地上部分长5～9cm，粗0.6～1.8cm，地下部分长7cm，向下渐细，假根状，实心。孢子印白色；担孢子椭圆形，光滑，无色，6.5～9 × 5～7μm。

生境：生于阔叶林地下的腐木上。

产地：海南霸王岭、黎母山、尖峰岭国家级自然保护区；广西十万大山国家级自然保护区。

分布：广东、广西、海南。

讨论：食用菌。

撰稿人：吴兴亮

408 蜂窝孔菌 *Hexagonia tenuis* (Hook) Fr.　　摄影：戴玉成、吴兴亮

409 巨大韧伞 *Lentinus giganteus* Berk.　　摄影：李泰辉

410 翘鳞韧伞

多孔菌科 Polyporaceae

Lentinus squarrosulus Mont., Ann. Sci. Nat. Bot. Ser.2, 18: 21, 1842; —*Lentinus subnudus* B., Lond. J. Bot.6: 492, 1847; —*Lentinus ramosii* Lloyd, Myc. Writ.7: 1197, 1923; —*Pleurotus squarrosulus* (Mont.) Sing., Sydowia 15: 45, 1961.

菌盖宽4～12cm，中凹至漏斗形，韧肉质至革质，灰白而带微褐色，干，幼时被灰褐色丛毛状鳞片，后由边缘向中央渐变稀少，以致最后成为光滑，边缘延伸；菌肉白色，伤不变色，无味道，气味微香；菌褶盖缘处28～30片/厘米，白色至黄白色，末端分叉，短延生；褶缘近平滑至微锯齿状；菌柄偏生至几乎侧生，长2～5cm，粗4～12mm，弯曲，圆柱形，粗细均匀，白色或有时呈红褐色，上有白色或红褐色毛状鳞片，纤维质至革质。孢子6.0～7.5 × 1.5～2.5（～3.0）μm，椭圆形至近圆柱形，无色，光滑，非淀粉质。

生境：群生至丛生或叠生于混交林或阔叶林中腐树桩或腐木上。

产地：广东阳春鹅凰嶂。

分布：福建、广东、广西、海南、贵州、云南、西藏、台湾。

讨论：该菌幼嫩时可食。

撰稿人：李泰辉

411 绒毛韧伞

多孔菌科 Polyporaceae

Lentinus velutinus Fr., Linnaea 5: 510, 1830; —*Lentinus blepharodes* Berk. & M. A. Curtis, J. Linn. Soc., Bot.10: 301, 1868; —*Lentinus castaneus* Ellis & T. Macbr., Bull. Lab. Nat. Hist. Iowa State Univ.3(4): 194, 1896; —*Lentinus coelopus* Lév., Annls Sci. Nat., Bot., Sér.3 5: 116, 1846; —*Lentinus fallax* Speg., Anal. Soc. Cient. Argent.16: 274, 1883; —*Lentinus fastuosus* Kalchbr. & MacOwan, Grevillea 9: 135, 1881; —*Lentinus fissus* Henn., Bot. Jb.23: 547, 1897; —*Lentinus natalensis* Van der Byl, Ann. Univ. Stellenbosch, Reeks A 2: 4, 1924; —*Lentinus nepalensis* Berk., Hooker's J. Bot. Kew Gard. Misc.6: 131, 1854; —*Lentinus pseudociliatus* Raithelh., Hong. Argentin.1: 146, 1974; —*Lentinus velutinus* var. *blepharodes* (Berk. & M. A. Curtis) Pilát, Annls Mycol.34: 130, 1936; —*Panus fulvus* (Berk.) Pegler & R. W. Rayner, Kew Bull.23: 385, 1969; —*Panus velutinus* (Fr.) Sacc., Syll. Fung. (Abellini) 5: 618, 1887.

菌盖宽2～10cm，呈漏斗状或浅杯状，黄褐色，密被绒毛状鳞片，边缘无条棱而内卷；菌肉白色，薄，纤维质，无明显气味；菌褶污白色，渐呈黄色，延生，不等长，稍密；菌柄圆柱形，长3～15cm，粗0.5～1cm，一般中生，较盖色浅或相同；被细绒毛，内部实心纤维质。担孢子5～8 × 3～3.8μm，光滑，无色，长椭圆形。

生境：夏秋在阔叶树腐木上群生。

产地：海南保亭县。

分布：海南、广东、广西、云南。

讨论：该菌幼嫩时可食。

撰稿人：李泰辉

410 翘鳞韧伞 Lentinus squarrosulus Mont. 摄影：王冬梅

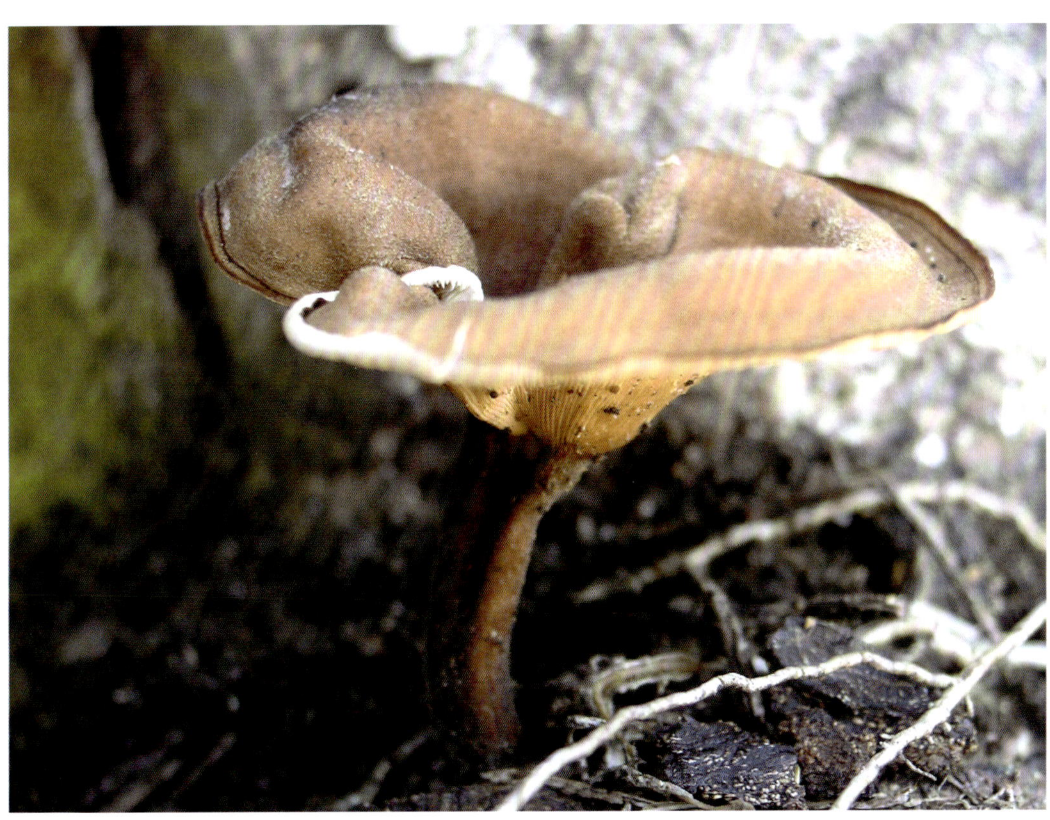

411 绒毛韧伞 *Lentinus velutinus* Fr. 摄影：李泰辉

412 硬毛韧伞

Lentinus strigosus Fr., Epicr. Syst. Mycol. (Upsaliae): 388, 1838; —*Lentinus capronatus* Fr., Epicr. Syst. Mycol. (Upsaliae): 389, 1838; —*Lentinus chaetophorus* Lév., Annls Sci. Nat., Bot., sér. 3 2: 177, 1844; —*Lentinus sparsibarbis* Berk. & M.A. Curtis, J. Linn. Soc., Bot. 10(no. 45): 301, 1868; —*Panus rudis* Fr., Epicr. Syst. Mycol. (Upsaliae): 398, 1838.

菌盖宽2～8cm，漏斗形，近革质，浅土黄色、黄褐色后为深黄褐色或茶红色，边缘色浅，盖表生绒毛状小鳞片，并有长刺状粗毛，边缘内卷；菌肉白色；菌褶黄白色，密，干后浅土黄色，不等长，延生；菌柄偏生或中生，较短，长0.4～2.5cm，粗0.3～0.8cm，内实，与菌盖同色，有粗毛，基部膨大。担孢子椭圆形，光滑，无色，5～6.5 × 2.5～3.5μm。

生境： 生于阔叶树倒腐木上。

产地： 海南尖峰岭自然保所区；广西猫儿山自然保所区；广东车八岭自然保护区。

分布： 福建、广东、广西、海南、云南、西藏、台湾。

讨论： 食用兼药用菌，治疮毒，有抑制肿瘤活性作用。

撰稿人：宋　斌

413 锐革裥菌　　多孔菌科　Polyporaceae

Lenzites acuta Berk., J. Bot., London 1(3): 146, 1842.

担子果一年生，无柄盖形，菌盖半圆形至扇形，单个菌盖长可达11cm，宽达13cm，中部厚可达1.7cm；菌盖表面浅黄色至黄褐色，被瘤状突起，具同心环纹，粗糙至光滑；子实层体表面黄褐色，不育边缘不明显至几乎没有；子实层体中心部分为孔状或部分呈现迷宫状，孔口多角形，每毫米0.5～1个，子实层体边缘为褶状；菌肉黄褐色，厚可达0.3cm；菌管与菌肉同色，管口边缘锐，锯齿状，长可达1.4cm。担孢子圆柱形至香肠形，无色，薄壁，光滑，6.3～8.2 × 2.2～3μm。

生境： 生于在腐木上。

产地： 海南尖峰岭国家级自然保护区。

分布： 广西、海南。

讨论： 木材腐朽菌。

撰稿人：戴玉成

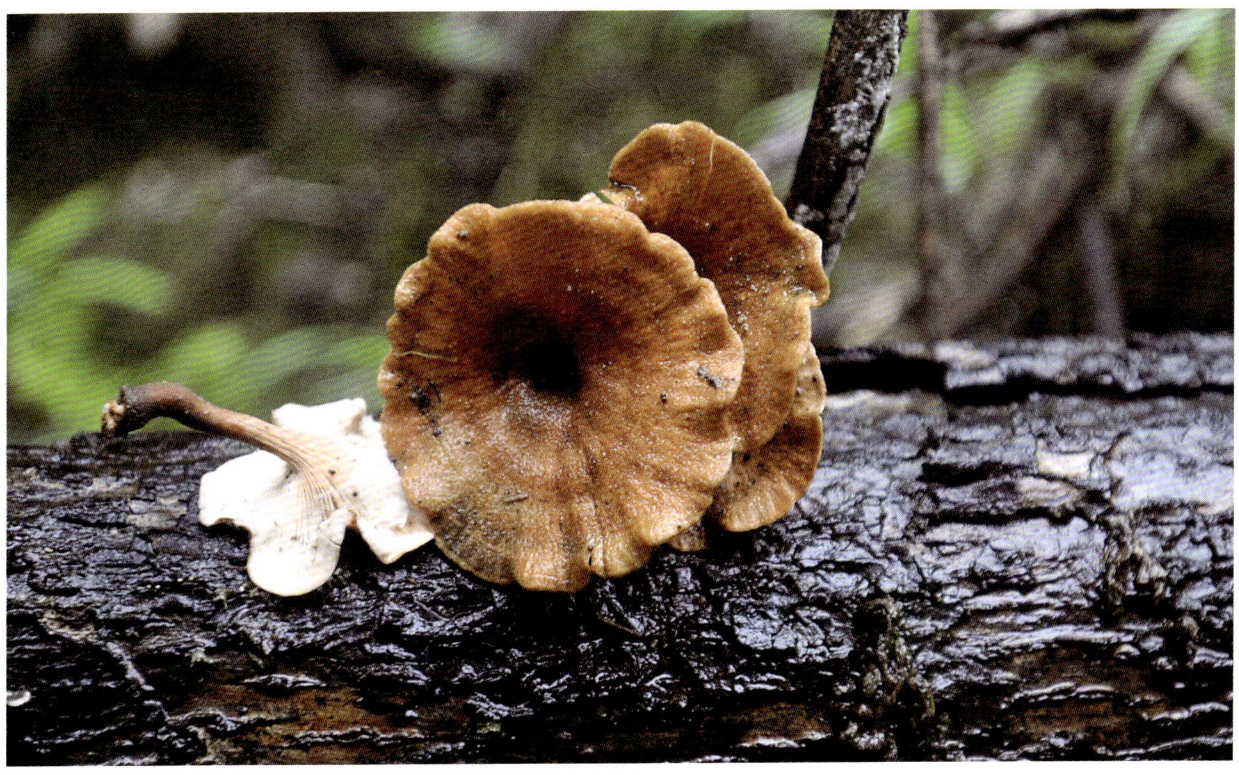

412 硬毛韧伞 *Lentinus strigosus* Fr.　　摄影：宋　斌

413 锐革裥菌 *Lenzites acuta* Berk.　　摄影：戴玉成

414 桦革裥菌

多孔菌科 Polyporaceae

Lenzites betulina (L.) Fr., Epicr. Syst. Mycol. (Upsaliae): 405, 1838; —*Gloeophyllum hirsutum* (Schaeff.) Murrill, J. Mycol.9(2): 94, 1903; —*Lenzites berkeleyi* Lév., Annls Sci. Nat., Bot., sér.3 5: 122, 1846; —*Lenzites betulina* subsp. *variegata* (Fr.) Bourdot & Galzin, Bull. Trimest. Soc. Mycol. Fr.41: 156, 1925; —*Lenzites subbetulina* Murrill, Bulletin of the New York Botanical Garden 8: 153, 1912; —*Lenzites umbrina* Fr., Epicr. Syst. Mycol. (Upsaliae): 405, 1838; —*Merulius betulinus* (L.) Wulfen, in Jacquin, Collnea bot.1: 338, 1786.

担子果无柄，菌盖1.5～3.5 × 1.5～2 × 0.5～1cm，扇形，黄褐色至灰褐色，密被绒毛，具狭而密环纹和辐射状皱纹，革质；假菌褶辐射状，每毫米1～2片，土黄色；菌肉白色，厚1～3mm；担子棒形，14～15 × 4.5～6μm，4个孢子；担孢子卵形至长椭圆形，5～6 × 2～3μm，光滑，无色。

生境：叠生于阔叶树的腐木上。

产地：海南尖峰岭自然保护区。

分布：河北、山西、内蒙古、辽宁、吉林、黑龙江、江苏、浙江、安徽、福建、江西、河南、湖南、广东、广西、海南、四川、贵州、云南、西藏、陕西、甘肃、青海、台湾。

讨论：药用菌。性温，味淡，能追风散寒，舒筋活络。治腰腿痛、手足麻木，筋络不舒、四肢抽搐等症。

撰稿人：吴兴亮

415 大革裥菌

多孔菌科 Polyporaceae

Lenzites vespacea (Pers.) Pat., Essai Taxonomique, p.91, 1900; —*Polyporus vespaceus* Pers., Voy. Uranie. Bot.5: 170, 1827; —*Elmeria vespacea* (Pers.) Bres., Hedwigia 51: 319, 1912; —*Pseudofavolus vespaceus* (Pers.) G. Cunn., Bull. N. Z. Dept. Sci. Industr. Res., Pl. Dis. Div.164: 183, 1965.

担子果一年生，无柄盖形，单生或数个叠生，新鲜时韧革质，无嗅无味，干后硬革质，重量中度减轻；菌盖扇形、半圆形至圆形，直径可达8cm，基部厚可达1cm，从基部向边缘渐薄；菌盖表面新鲜时白色、奶油色、浅稻草色至赭石色，被灰色或褐色绒毛，具颜色深浅不一、宽度不同的同心环纹和环沟，干后菌盖表面呈灰褐色；边缘锐，呈波浪状，干后稍撕裂；子实层体褶状，放射状排列，新鲜时白色、奶油色，干后灰褐色至浅黄褐色，平直或弯曲呈波浪状，每毫米7～10个；菌褶厚约0.2mm，边缘常撕裂呈齿状；菌肉新鲜时白色，干后奶油色，木栓质，无环纹，厚可达1.5mm；菌褶奶油色至浅黄褐色，革质，长可达10mm。担孢子宽椭圆形，无色，薄壁，光滑， 5.1～6.1 × 2.4～3.1μm。

生境：生在多种阔叶树储木、坑木、桩木、堤坝木、栅栏木和薪炭木上。

产地：海南尖峰岭自然保护区。

分布：浙江、福建、广东、海南、四川、云南。

讨论：大革裥菌造成木材白色腐朽。

撰稿人：戴玉成

414 桦革裥菌 *Lenzites betulina* (L.) Fr. 摄影：吴兴亮

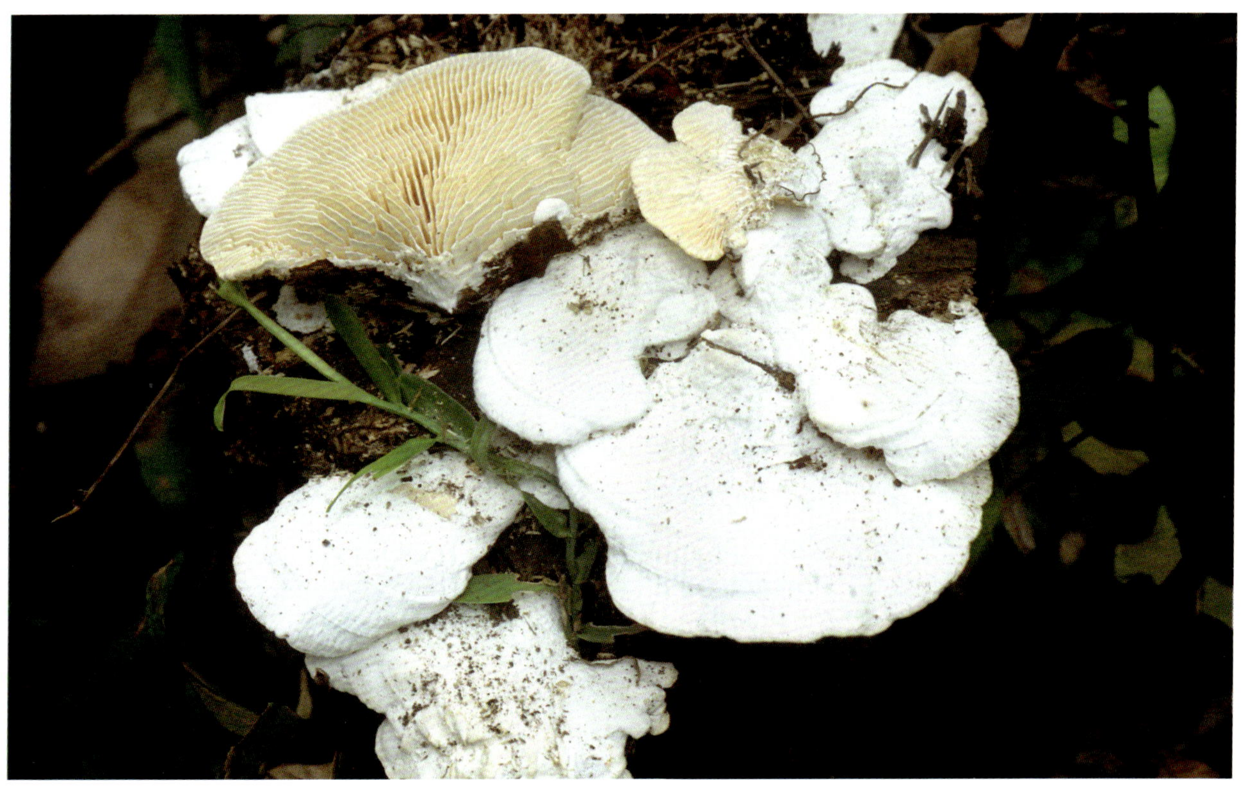

415 大革裥菌 *Lenzites vespacea* (Pers.) Pat. 摄影：戴玉成

416 奇异脊革菌 多孔菌科 Polyporaceae

Lopharia mirabilis (Berk. & Broome) Pat., Bull. Soc. Mycol. France 11: 14, 1895; —*Radulum mirabile* Berk. & Broome, J. Linn. Soc. Bot.14: 61, 1837; —*Licentia yaochanica* Pilát, Ann. Mycol.38: 66, 1940.

担子果一年生，平伏，紧贴于基物上，不易分离，新鲜时软木栓质或革质，无嗅无味，干后成木栓质且重量明显减轻，长可达45cm，宽可达25cm，厚可达3mm；子实层表面幼时奶油色，后期变为淡黄色、稻草色、淡褐色，干后变成灰奶油色、灰褐色、灰黄色；边缘新鲜时白色或奶油色，成熟后变成奶油色到灰奶油色，宽可达1mm；子实层表面不规则，年幼时似孔状，孔口每毫米0.3～1个，后期变成不规则的孔状到耙齿状、有时迷宫状；管口边缘薄，全缘；菌肉有两层，上层淡灰色，毡状，软；下层木材色至灰黄色，木栓质，两层间被一个黑褐色环纹隔开；整个的菌肉层不到0.3mm厚；菌管木栓质，菌管较短，长可达2.5mm。担孢子椭圆形，无色，薄壁，光滑，有一个大液泡，9～12 × 5.5～7.2μm。

生境： 生在多种阔叶树储木、栅栏木、坑木、桩木、桥梁木和薪炭木上。

产地： 海南尖峰岭、吊罗山自然保护区。

分布： 天津、山西、辽宁、吉林、安徽、河南、湖北、湖南、广西、海南、贵州、云南、陕西。

讨论： 奇异脊革菌是热带地区一个常见种，造成木材白色腐朽。

撰稿人：戴玉成

417 小孔大孢卧孔菌 多孔菌科 Polyporaceae

Megasporoporia microporela X. S. Zhou & Y. C. Dai, Mycological Progress 7: 254, 2008.

担子果一年到多年生，平伏，新鲜时奶油色到浅黄色，没有特殊气味和味道，干后木质，质量变轻。担子果达8cm长，6cm宽，4mm厚，边缘窄，污浅黄色；孔口表面新鲜时孔面奶油色到浅黄色，干后变成浅灰色，孔口圆形，每毫米6～8个，边缘薄，全缘；菌肉奶油色，软木质，达1.4mm厚，菌管与孔面颜色一致，软木质，达1.2mm长。担孢子圆柱形到长椭圆形，无色，薄壁，光滑，7.7～9.7 × 3.6～4.9μm。

生境： 生于在腐烂硬木上。

产地： 广西弄岗自然保护区。

分布： 广西。

讨论： 小孔大孢卧孔菌与此属内讨论种类的区别主要是较小的孢子和较小的孔口，多年生长习性，子实层中具菱形结晶，缺少菌丝钉和分支状菌丝体。该种是最近在中国广西发现的新种，目前只在广西有分布。

撰稿人：戴玉成

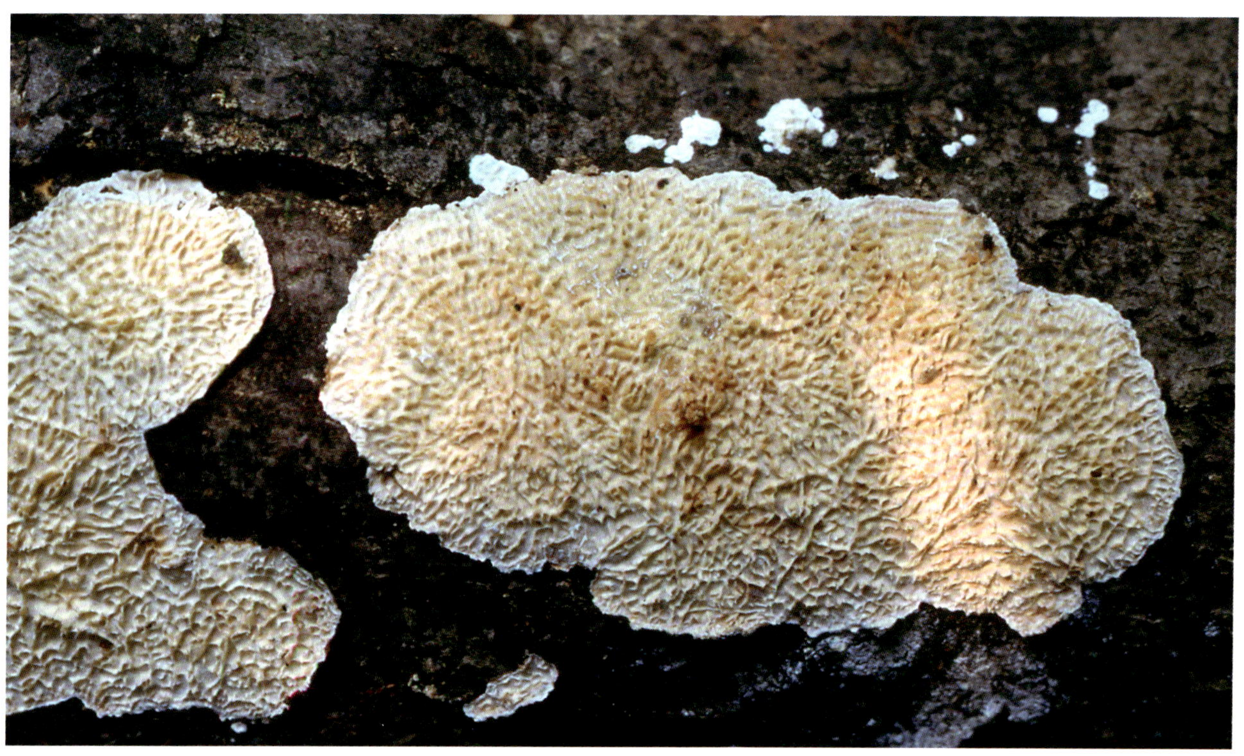

416 奇异脊革菌 *Lopharia mirabilis* (Berk. & Broome) Pat. 摄影：戴玉成

417 小孔大孢卧孔菌 *Megasporoporia microporela* X.S.Zhou & Y.C. Dai 摄影：戴玉成

418 相邻小孔菌 多孔菌科 Polyporaceae

Microporus affinis (Blume & T. Nees) Kuntze, Revis. Gen. Pl. (Leipzig) 3(2): 494, 1898; —*Polyporus affinis* Blume & T. Nees, Nova Acta Phys. -Med. Acad. Caes. Leop. -Carol. Nat. Cur.13(1): 18, 1826; —*Polystictus affinis* (Blume & T. Nees) Fr., Nov. Symb. Myc., p.75, 1851; —*Trametes affinis* (Blume & T. Nees) Corner, Beih. Nova Hedwigia 97: 64, 1989.

担子果一年生，具侧生柄或几乎无柄，单生或群生，新鲜时韧革质，无嗅无味，干后硬革质至木栓质，重量中度减轻；菌盖较扁，扇形、匙形至半圆形，长可达5cm，宽可达8cm，基部厚可达5mm，从基部向边缘渐变薄；菌盖表面新鲜时淡黄色、棕褐色、红褐色、黑褐色至黑色，表面具短绒毛或光滑，具明显环纹和环沟；老担子果表面通常覆盖一较薄的黑色皮壳；干后菌盖表面颜色变化不大；菌盖边缘锐，完整或呈波浪状，干后常内卷；孔口表面新鲜时白色至奶油色，干后淡黄色至赭石色；不育的边缘窄至几乎无；孔口圆形，每毫米7～9个；管口边缘薄，全缘；菌肉新鲜时白色至奶油色，干后淡黄色，木栓质至硬革质，无环纹，厚可达4mm；菌管与孔口表面同色，新鲜时革质，干后木栓质，长可达2mm；菌柄侧生，暗褐色至褐色，光滑，长可达2cm，直径可达6 mm。担孢子短圆柱形至腊肠形，无色，薄壁，光滑，3.5～4.5 × 1.8～2μm。

生境：生在多种阔叶树储木、桥梁木、坑木、桩木、仓库木、堤坝木、栅栏木和薪炭木上。

产地：云南西双版纳；海南尖峰岭、吊罗山、霸王岭、黎母山、五指山自然保护区。

分布：浙江、福建、湖南、广西、海南、四川、云南。

讨论：相邻小孔菌是热带地区最常见的木材腐朽菌之一，造成木材白色腐朽。

撰稿人：戴玉成

419 褐扇小孔菌 多孔菌科 Polyporaceae

Microporus vernicipes (Berk.) Kuntze, Revis. Gen. pl. (Leipzig) 3(2): 497, 1898; —*Coriolus langbianensis* Har. & Pat., Bulletin du Muséum National d'Histoire Naturelle, Paris 20: 152, 1914; —*Coriolus subvernicipes* Murrill, Bull. Torrey Bot. Club 35: 397, 1908; —*Coriolus vernicipes* (Berk.) Murrill, Bull. Torrey Bot. Club 34: 468, 1907; —*Leucoporus vernicipes* (Berk.) Pat., Philipp. J. Sci., C, Bot.10: 90, 1915; —*Microporus makuensis* (Cooke) Kuntze, Revis. Gen. pl. (Leipzig) 3(2): 496, 1898; —*Polyporus vernicipes* Berk., J. Linn. Soc., Bot.16: 501878; —*Polystictus subvernicipes* (Murrill) Sacc. & Trotter, Syll. Fung. (Abellini) 21: 320, 1912.

担子果近圆扇形，革质；盖径4～6 × 3～5cm，菌盖厚0.3～0.5cm，表面黄褐色、栗褐色至红褐色，平滑，有半圆形轮生的环纹，表面有漆状光泽，盖缘色泽较淡，呈黄白色；柄短，长3～5mm；扁平，平滑；子实层管孔面初期白色，后淡黄褐色；孔口微细，近圆形。担孢子椭圆形，平滑，淡褐色，7～5 × 5.5μm。

生境：生于桦木树倒木树干上。

产地：海南霸王岭、尖峰岭自然保护区；广西九万大山自然保护区。

分布：福建、台湾、广东、广西、海南、四川、云南、贵州。

讨论：木腐菌，导致木材白腐。

撰稿人：吴兴亮

418 相邻小孔菌 *Microporus affinis* (Blume & T. Nees) Kuntze　　摄影：戴玉成

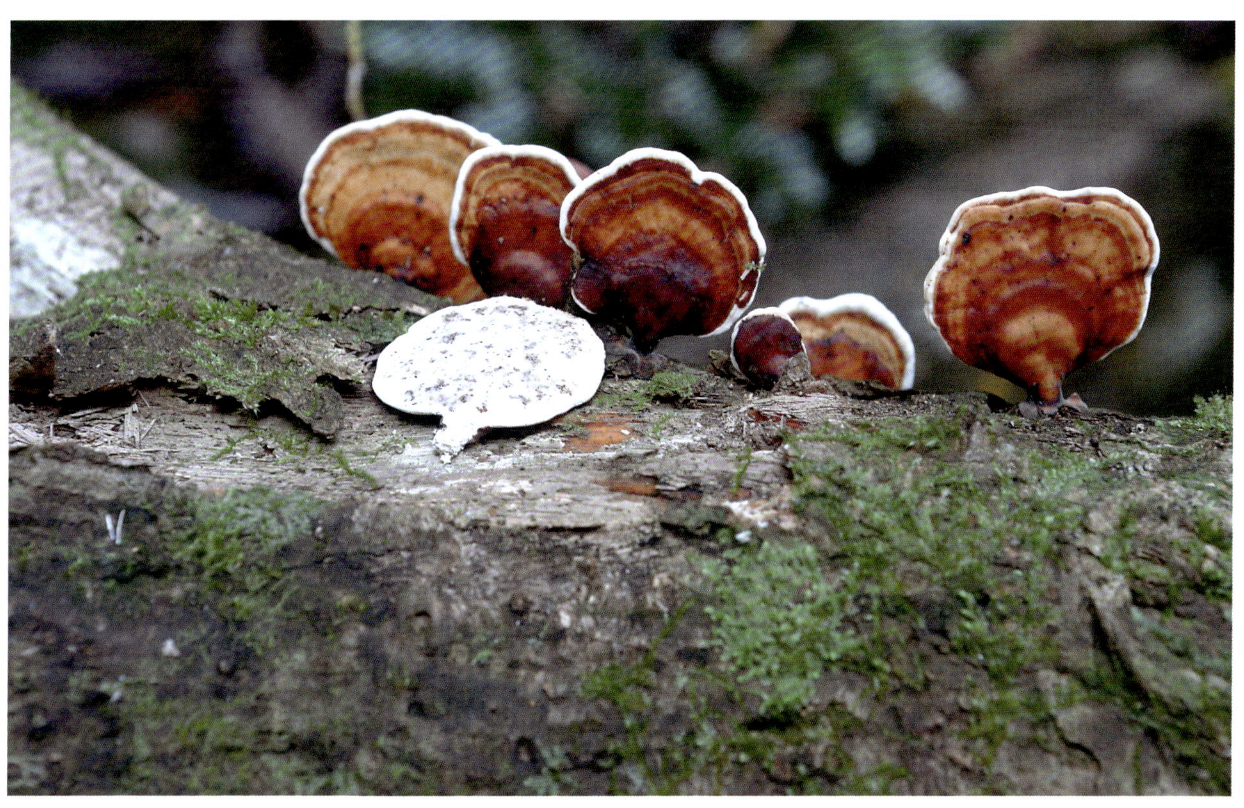

419 褐扇小孔菌 *Microporus vernicipes* (Berk.) Kuntze　　摄影：吴兴亮

420 黄柄小孔菌 多孔菌科 Polyporaceae

Microporus xanthopus (Fr.) Kuntze, Revis. Gen. pl. (Leipzig) 3(2): 494, 1898; —*Coriolus xanthopus* (Fr.) G. Cunn., Proc. Linn. Soc. N. S. W.75(3~4): 247, 1950; —*Microporus pterygodes* (Fr.) Kuntze, Revis. Gen. pl. (Leipzig) 3(2): 497, 1898; —*Polyporus saccatus* Pers., Voy. Uranie. Bot.5: 169, 1827; —*Polyporus xanthopus* Fr., Observ. Mycol. (Havniae) 2: 255, 1818; —*Polystictus pterygodes* (Fr.) Fr., Nova Acta R. Soc. Scient. Upsal., Ser.3 1: 76, 1851; —*Polystictus xanthopus* (Fr.) Fr., Nov. Symb. Myc.: 58, 851; —*Trametes xanthopus* (Fr.) Corner, Beih. Nova Hedwigia 97: 177, 1989.

担子果具中生至偏生菌柄，4~6 x 3~6cm，菌盖厚0.2~0.3cm，半圆形、近圆形，常卷成漏斗形，黄棕色、黄褐色至近暗褐色，有光泽，光滑，有辐射状线条和皱纹，具狭窄的同心环纹，边缘波状或完整，色常较浅；菌柄圆柱形，长1.6~2.2cm，近柄顶处粗4~5mm，与菌盖同色，光滑，基部常成一圆形小盘状而附着于基物上；菌管表面黄褐色，干后带褐色；菌孔圆形，每毫米5—6个；菌管与表面同色，极短；菌肉淡黄褐色。担孢子圆柱形至椭圆形，5.5~7 x 2~2.5μm，光滑，无色。

生境： 生于阔叶树倒木上。

产地： 海南霸王岭、尖峰岭国家级自然保护区；广西九万大山、岑王老山自然保护区。

分布： 福建、江西、湖南、广东、广西、海南、贵州、云南、台湾。

讨论： 引起木材白腐。

撰稿人：吴兴亮

421 紫褐黑孔菌 多孔菌科 Polyporaceae

Nigroporus vinosus (Berk.) Murrill, Bull. Torrey Bot. Club 32: 361, 1905; —*Polyporus vinosus* Berk., Ann. Mag. Nat. Hist., Ser.2 9: 195, 1852; —*Coriolus vinosus* (Berk.) Pat., Essai Hymen. (Lons-le-Saunier), p.94, 1900; —*Fomitopsis vinosa* (Berk.) Imazeki, Bull. Gov. Forest Exp. St. Tokyo 57: 111, 1952; —*Microporus vinosus* (Berk.) Kuntze, Revis. Gen. Pl. (Leipzig) 3: 497, 1898; —*Polystictus vinosus* (Berk.) Sacc., Syll. Fung. (Abellini) 4: 273, 1886.

担子果一年生，无柄盖状，单生或数个覆瓦状叠生，新鲜时革质，无嗅无味，干后木栓质，重量明显减轻；菌盖半圆形，单个菌盖长可达7cm，宽可达9cm，厚可达5mm；菌盖表面新鲜时紫红褐色、酒红褐色至紫褐色，具不同颜色的同心环带或环沟，无绒毛，有时具不同颜色的瘤状突起，干后黑褐色；边缘锐至钝，奶油色至浅褐色；孔口表面黄褐色至灰紫褐色，手触摸后变为暗褐色；不育边缘明显，奶油色，宽约3mm；孔口圆形至多角形，每毫米8~10个；孔口薄，全缘；菌肉浅紫褐色，木栓质，厚可达3.5mm；菌管紫褐色，单层，木栓质，长可达1.5mm。担孢子香肠形至圆柱形，无色，薄壁，光滑，3.5~4.4 x 1.6~2.1μm。

生境： 生在多种针叶树储木、坑木和桩木上。

产地： 海南吊罗山自然保护区。

分布： 江苏、浙江、河南、湖南、海南、重庆。

讨论： 紫褐黑孔菌造成木材白色腐朽。

撰稿人：戴玉成

420 黄柄小孔菌 *Microporus xanthopus* (Fr.) Kuntze　　摄影：吴兴亮

421 紫褐黑孔菌 *Nigroporus vinosus* (Berk.) Murrill　　摄影：戴玉成

422 柔丝干酪孔菌 多孔菌科 Polyporaceae

Oligoporus sericeomollis (Romell) Bondartseva, Mikol. Fitopatol.17: 279, 1983; —*Polyporus sericeomollis* Romell, Ark. Bot.11(3): 22, 1911; —*Amylocystis sericeomollis* (Romell) Teixeira, Revta Brasil. Bot.15: 125, 1992; —*Leptoporus sericeomollis* (Romell) Pilát, Bull. Soc. Mycol. Fr.51: 255, 1936; —*Poria sericeomollis* (Romell) D. V. Baxter, Pap. Mich. Acad. Sci.14: 267, 1926; —*Tyromyces sericeomollis* (Romell) Bondartsev & Singer, Annls Mycol.39: 52, 1941.

担子果一年生，平伏，贴生，易与基物分离，新鲜时蜡质、软肉质至软棉絮质，无嗅无味，干后脆革质，易碎，重量几乎无变化，长可达15cm，宽可达6cm，厚可达3mm；孔口表面新鲜时为白色至奶油色，干后为淡黄色、浅黄褐色至污褐色，无折光反应；不育边缘明显至不明显，白色，棉絮状，宽可达1mm；孔口形状不规则，通常圆形至多角形，每毫米2～4个；管口边缘薄，呈撕裂状；菌肉新鲜时白色，干后浅黄褐色，软革质，非常薄至几乎没有，厚不到0.1mm；菌管新鲜时白色，干后淡黄色至淡黄褐色，脆质，约2.5mm。担孢子椭圆形，无色，薄壁，光滑，4～4.9 × 1.9～2.2μm。

生境：生在针叶树储木、陈旧木制建筑木、桥梁木、仓库木、车辆木上。

产地：海南吊罗山自然保护区。

分布：内蒙古、吉林、黑龙江、浙江、海南、四川、云南、西藏、甘肃、新疆。

讨论：柔丝干酪孔菌造成木材褐色腐朽。

撰稿人：戴玉成

423 白赭多年卧孔菌 多孔菌科 Polyporaceae

Perenniporia ochroleuca (Berk.) Ryvarden, Norw. J. Bot.19: 143, 1972; —*Polyporus ochroleucus* Berk., Hooker's J. Bot. Kew Gard. Misc.4: 53, 1845; —*Truncospora ochroleuca* (Berk.) Pilát, Sb. Nar. Mus. Praze, Rada B, Prir. Vedy 9: 108, 1953; —*Fomitopsis ochroleuca* (Berk.) Imazeki, Bull. Tokyo Sci. Mus.6: 92, 1943; —*Poria ochroleuca* (Berk.) Kotl. & Pouzar, Ceská Mykol.13: 33, 1959.

担子果一年生至多年生，无柄盖状，通常左右连生或覆瓦状叠生，新鲜时革质，无嗅无味，干后木栓质，重量中度减轻；菌盖近圆形或马蹄状，长可达1.5cm，宽可达2cm，厚可达10mm；菌盖上表面新鲜时奶油色、乳褐色、赭色至黄褐色，有明显同心环带；边缘颜色浅，钝；孔口表面新鲜时乳白色，后期变为土黄色，无折光反应；不育边缘较窄，宽约0.5mm；孔口近圆形，每毫米5～6个；管口边缘厚，全缘；菌肉土黄褐色，新鲜时革质，干后木栓质，厚约4 mm；菌管与孔口表面同色，干后木栓质，长可达6mm。担孢子椭圆形，顶部平截，无色，厚壁，光滑，9～12 × 5.5～7.9μm 。

生境：生在多种针叶树和阔叶树储木、栅栏木和薪炭木上。

产地：云南西双版纳；海南吊罗山自然保护区。

分布：吉林、江苏、浙江、福建、河南、海南、广西、云南。

讨论：白赭多年卧孔菌造成木材白色腐朽。

撰稿人：戴玉成

422 柔丝干酪孔菌 *Oligoporus sericeomollis* (Romell) Bondartseva　　摄影：戴玉成

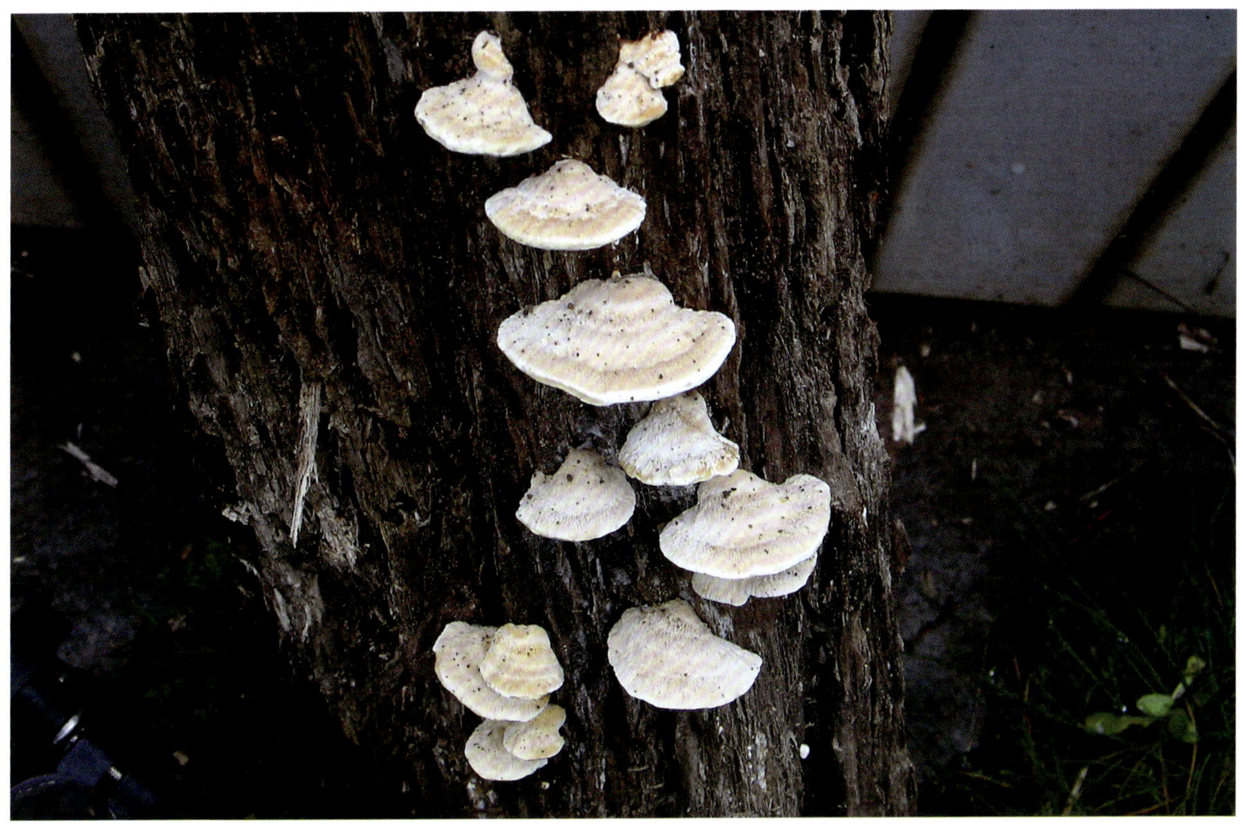

423 白赭多年卧孔菌 *Perenniporia ochroleuca* (Berk.) Ryvarden　　摄影：戴玉成

424 微酸多年卧孔菌 多孔菌科 Polyporaceae

Perenniporia subacida (Peck) Donk, Persoonia 5: 76, 1967; —*Polyporus subacidus* Peck, N. Y. State Mus. Ann. Rept.38: 92, 1885; —*Chaetoporus subacidus* (Peck) Bondartsev & Singer, Ann. Mycol.39: 51, 1941; —*Poria subacida* (Peck) Sacc., Syll. Fung.6: 325, 1888.

担子果一年生至多年生，完全平伏，与基质难分离，新鲜时软革质，口嚼略有酸味感，干后木栓质，重量明显减轻，长可达数米，宽可达70cm，厚可达2cm；孔口表面白色、奶油色、浅黄色至棕黄色，无折光反应；不育边缘毛缘状，白色至浅黄色，后期黄褐色，宽可达2mm；孔口近圆形至多角形，每毫米4～6个；管口边薄且全缘；菌肉新鲜时革质，干后软木栓质，浅黄色，厚可达1mm；菌管与菌肉同色，比孔口表面颜色浅，多层，通常2～5层，分层不明显，长可达19mm。担孢子未成熟时卵圆形，成熟时广椭圆形，无色，略厚壁，光滑，通常在中部含一油滴，4.3～5.4 × 3.2～4.1μm。

生境：生在多种针叶树和阔叶树储木、桥梁木、坑木、桩木、仓库木、堤坝木、栅栏木和薪炭木上。

产地：海南霸王岭自然保护区。

分布：江苏、浙江、福建、河南、湖北、广西、海南、四川、云南、陕西。

讨论：微酸多年卧孔菌造成木材白色腐朽。

撰稿人：戴玉成

425 灰孔多年卧孔菌 多孔菌科 Polyporaceae

Perenniporia tephropora (Mont.) Ryvarden, Norw. J. Bot.19: 233, 1972; —*Polyporus tephroporus* Mont., Annls Sci. Nat., Bot., Sér.3 4: 358, 1845; —*Poria tephropora* (Mont.) Sacc., Syll. Fung. (Abellini) 6: 305, 1888.

担子果多年生，平伏或平伏反卷，新鲜时木栓质，无嗅无味，干后硬木栓质，平伏的担子果长可达20cm, 宽可达10cm，厚可达5mm；菌盖通常窄半圆形，单个菌盖长可达2cm，宽可达4cm，厚可达5mm；菌盖表面灰色至灰黑色，光滑，有时形成黑色皮壳层；边缘钝；孔口表面初期灰土色、黏土色，后变为灰色至茶褐色，干后颜色不变；不育边缘明显至不明显，浅灰色，宽可达1mm；孔口圆形或多角形，每毫米约5～7个；管口边缘薄或厚，完整或略有撕裂状；菌肉褐色，新鲜时软木栓质，干后硬木栓质，无环区，厚可达0.5mm；菌管深褐色，比管口和菌肉颜色略深，新鲜时木栓质，干后硬木栓质，分层明显，单层菌管长可达1.5mm。担孢子椭圆形，一端平截，无色，厚壁，光滑，4.4～5 × 3.4～4 μm。

生境：生在多种阔叶树储木、木制房屋、桥梁木、坑木、桩木、堤坝木、栅栏木和薪炭木上。

产地：广东鼎湖山自然保护区；海南吊罗山自然保护区。

分布：福建、广东、海南。

讨论：灰孔多年卧孔菌是亚热带地区的一个常见种，造成木材白色腐朽。

撰稿人：戴玉成

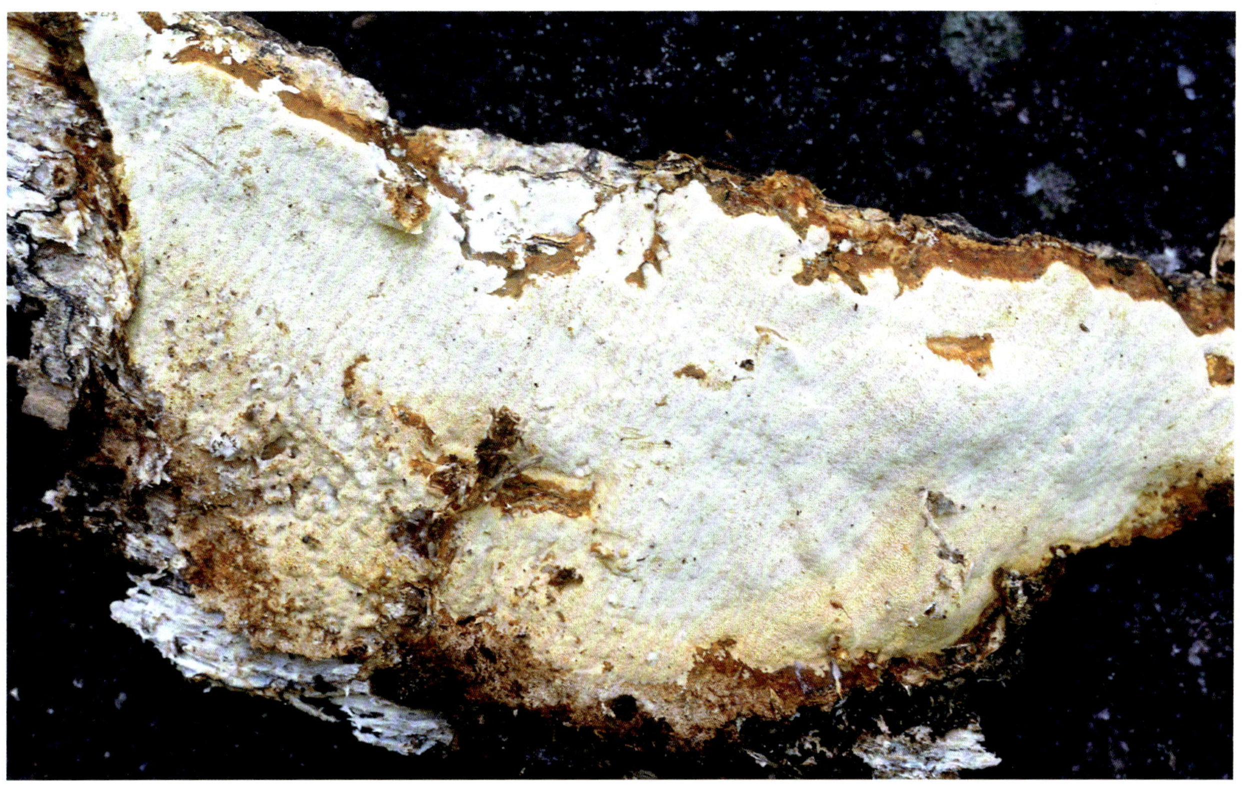

424 微酸多年卧孔菌 *Perenniporia subacida* (Peck) Donk 摄影：戴玉成

425 灰孔多年卧孔菌 *Perenniporia tephropora* (Mont.) Ryvarden 摄影：戴玉成

426 木垫变色卧孔菌 多孔菌科 Polyporaceae

Physisporinus xylostromatoides (Bres.) Y. C. Dai, Ann. Bot. Fenn.35: 147, 1998; —*Polyporus xylostromatoides* Berk., J. Linn. Soc. Bot.2: 637, 1873; —*Merulius xylostromatoides* (Berk.) Rick, Brotéria 7(34): 10, 1938; —*Poria xylostromatoides* (Berk.) Cooke, Grevillea 14(72): 114, 1886; —*Rigidoporus xylostromatoides* (Berk.) Ryvarden, Kew Bull.31: 100, 1976.

担子果一年生，平伏，贴生，中部稍厚，向边缘渐薄，不易与基物分离，新鲜时软，无嗅无味，干后软木栓质，长可达20cm，宽可达5cm，厚可达1mm；孔口表面初期白色、奶油色、灰白色，后呈浅黄色，干后为浅黄色至棕黄色；不育边缘不明显或几乎无；孔口多角形或不规则形，每毫米约4~5个；管口边缘薄，全缘或略撕裂状；菌肉奶油色，新鲜时棉质，干后软木栓质，无环区，极薄至几乎无，不到0.1mm；菌管干后浅黄色，比管口颜色略浅，比菌肉颜色略深，新鲜时软革质，干后木栓质，长可达1mm。担孢子近球形，无色，薄壁，光滑，通常有一大液泡，4～5 × 3～4.5μm。

生境：生在多种阔叶树储木、木制房屋、桥梁木、坑木、桩木、堤坝木、栅栏木和薪炭木上。

产地：海南铜鼓岭。

分布：北京、辽宁、福建、河南、湖南、海南。

讨论：木垫变色卧孔菌造成木材白色腐朽。

撰稿人：戴玉成

427 梭伦剥管菌 多孔菌科 Polyporaceae

Piptoporus soloniensis (Dubois) Pilát, Alt. Champ. Eur. Polyp.3: 126, 1937; —*Agarucus soloniensis* Dubois, Méth. Eprouv. p.177, 1803; —*Polyporus soloniensis* (Dubois) Fr., Syst. Mycol.1: 365, 1821; —*Ungulina soloniensis* (Dubois: Fr.) Bourdot & Galzin, Hymén. France, p.607, 1928.

担子果一年生，通常有侧生菌柄，有时无柄盖形，或形成柄状的基部，通常数个菌盖左右连生或覆瓦状叠生，有时单生，新鲜时肉质或软革质，无嗅无味，干后革质或软木栓质，重量明显变轻；菌盖半圆形或圆形，单个菌盖长直径可达28cm，中部厚可达30 mm；菌盖表面新鲜时为乳白色，被细绒毛，干后变为赭石色，光滑或略粗糙，无同心环带和环沟；边缘锐，新鲜时波状，干后内卷；菌肉新鲜时肉质，奶油色，干后浅黄色或浅粉黄色，海绵质或软木栓质，厚可达20mm。孔口表面初期乳白色，干后变为赭石色，无折光反应；孔口近圆形，每毫米4～5个；管口边缘薄或略厚，全缘；菌管与孔口表面同色，比菌肉颜色深，新鲜时肉质，干后硬纤维质，长达10mm；菌柄短，新鲜时奶油色，干后浅赭石色，被细绒毛或光滑，长可达2cm，直径可达20mm。担孢子椭圆形，无色，薄壁，平滑，无液泡，4.8～6 × 2.8～3.8 μm。

生境：生在阔叶树上，

产地：湖南大围山。

分布：辽宁、吉林、山东、湖南。

讨论：梭伦剥管菌通常危害板栗属树木，造成心材褐色腐朽，在树干或根基形成大型担子果，被侵染树木或其枝杈极容易风折，在天然林和人工林均有发生。

撰稿人：戴玉成

426 木垫变色卧孔菌 *Physisporinus xylostromatoides* (Bres.) Y.C. Dai 摄影：戴玉成

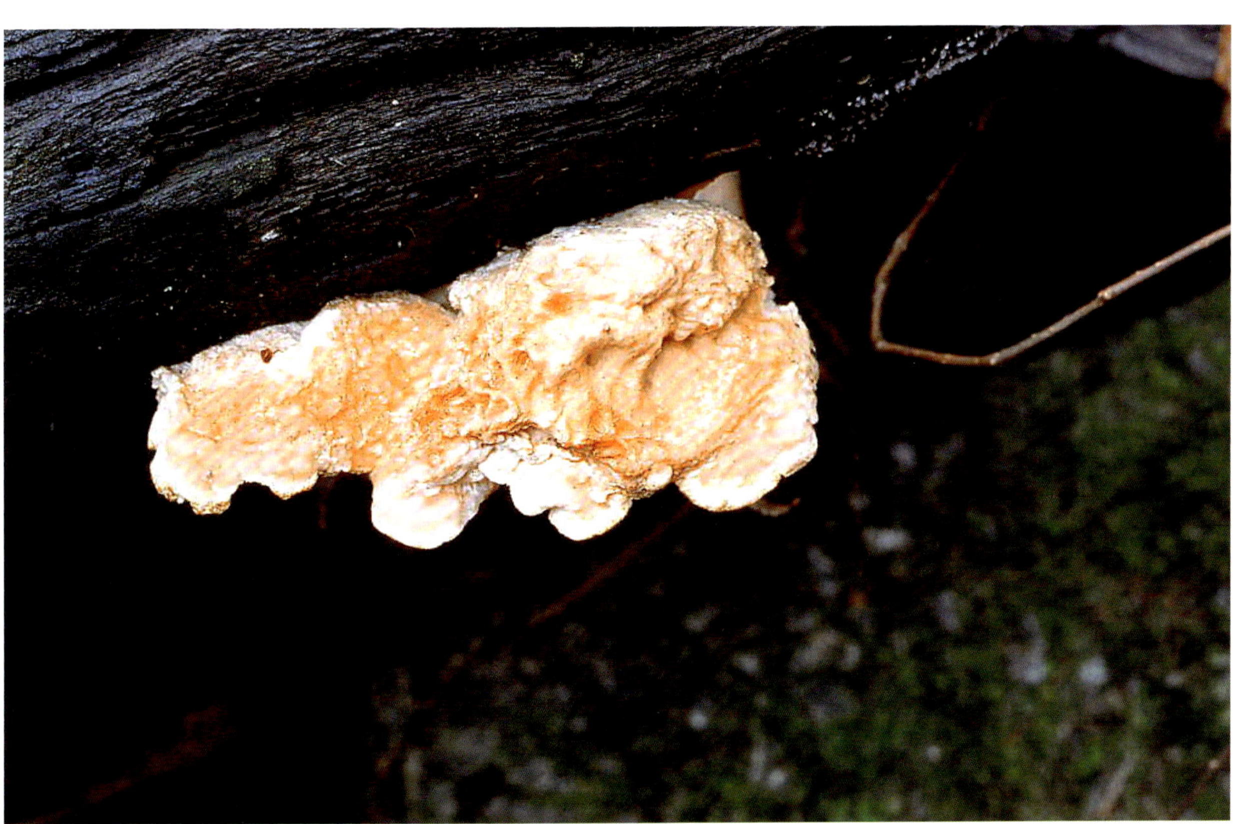

427 梭伦剥管菌 *Piptoporus soloniensis* (Dubois) Pilát 摄影：戴玉成

428 条盖多孔菌

多孔菌科 Polyporaceae

Polyporus grammocephalus Berk., Hooker's J. Bot. Kew Gard. Misc.1: 1184, 1842; —*Favolus grammocephalus* (Berk.) Imazeki, Bull. Tokyo Sci. Mus.6: 95, 1943; —*Polyporellus grammocephalus* (Berk.) P. Karst., Meddn Soc. Fauna Flora Fenn.5: 38, 1889; —*Polystictus grammocephalus* (Berk.) S. Ito & S. Imai, Trans. Sapporo Nat. Hist. Soc.16: 121, 1940; —*Tyromyces grammocephalus* (Berk.) G. Cunn., Bull. N. Z. Dept. Sci. Industr. Res., Pl. Dis. Div.164: 135, 1965.

担子果一年生，具侧生菌柄，通常数个群生，新鲜时肉革质至革质，无嗅无味，干后木栓质；菌盖扇形、半圆形或圆形，直径可达7cm，中部厚可达9mm；菌盖表面奶油色、淡黄色、棕黄色、黄褐色、灰褐色或浅褐色，后期灰白色，光滑，有放射状条纹；边缘波浪状，干后有时内卷；孔口表面浅黄色、蜜黄色、稻草色、浅褐色，有折光反应；孔口圆形，每毫米4～6个，下延至菌柄；管口边缘薄，微撕裂状；菌肉奶油色到木材色，软木栓质，厚达4mm；菌管淡褐色，木栓质，长可达6mm；菌柄颜色与孔面一致，木栓质，长可达1cm，直径可达5mm。担孢子长椭圆形到圆柱形，无色，光滑，薄壁，7～8.9 × 3～3.4μm。

生境： 生在多种阔叶树储木、木制房屋、桥梁木、坑木、桩木、堤坝木、栅栏木和薪炭木上。

产地： 海南尖峰岭、吊罗山自然保护区；云南西双版纳。

分布： 浙江、广西、海南，云南。

讨论： 条盖多孔菌是热带地区常见的木材腐朽菌，造成木材白色腐朽。

撰稿人：戴玉成

429 黄多孔菌

多孔菌科 Polyporaceae

Polyporus leptocephalus (Jacq.) Fr., Syst. Mycol. (Lundae) 1: 349, 1821; —*Boletus varius* Pers., Syn. Meth. Fung. (Göttingen) 1: 85, 1801; —*Polyporus elegans* var. *nummularius* (Bull.) Fr., Syst. Mycol. (Lundae) 1: 381, 1821; —*Polyporus varius* (Pers.) Fr., Syst. Mycol. (Lundae) 1: 352, 1821; —*Polyporus varius* var. *nummularius* (Bull.) Fr., Syst. Mycol. (Lundae) 1: 353, 1821; —*Grifola varia* (Pers.) Gray, Nat. Arr. Brit. Pl. (London) 1: 644, 1821; —*Polyporus nummularius* (Bull.) Pers., Mycol. eur. (Erlanga) 2: 44, 1825; —*Polyporus elegans* (Bull.) Trog., Verzeich. Geg v. Thun vor Schwämme (Flora, XV): 593, 1832.

担子果一年生，有柄，肉革质；菌盖近圆形，平展后常下凹或近漏斗状，3～10 × 5～12cm，厚3.5～0.8mm，初期表面近黄白色、浅肉桂色，后变淡黄褐色、黄褐色至黄栗褐，光滑；边缘薄而内卷，波浪状至瓣裂；菌肉白色至近白色；管口略圆形至多角形，近白色；孔面干时淡黄褐色，每毫米3～5个；菌柄近偏生至侧生，内实，近圆柱形，长3～5cm，粗3～7mm，通常柄的下部或基部呈黑色，有微细绒毛，渐变光滑。担孢子圆柱形至长椭圆形，6～8 × 2.5～3.5μm。

生境： 生于林中腐木上。

产地： 广西猫儿山国家级自然保护区。

分布： 河北、黑龙江、江西、湖南、广西、海南、贵州、西藏。

讨论： 引起木材白色腐朽。

撰稿人：吴兴亮

428 条盖多孔菌 *Polyporus grammocephalus* Berk.　　摄影：戴玉成、吴兴亮

429 黄多孔菌 *Polyporus leptocephalus* (Jacq.) Fr.　　摄影：吴兴亮

430 摩鹿加多孔菌　　多孔菌科 Polyporaceae

Polyporus moluccensis (Mont.) Ryvarden, Mycotaxon 38: 84, 1990; —*Favolus moluccensis* Mont., Annls Sci. Nat., Bot., Sér.2 20: 365, 1843.

担子果一年生，有柄盖状，单生或簇生，有时可达数百个担子果覆瓦状叠生，新鲜时白色，后期奶油色，肉质，无嗅无味，干后奶油黄至淡黄色，软木栓质，菌盖近扇形，长达1.5cm，宽达2.5cm，基部厚达2mm；菌盖表面白色、乳白色至乳黄色，表面光滑，具辐射状条纹；边缘钝，通常撕裂状，干后内卷；孔口表面乳白色至乳黄色，无折光效应；孔口多角形，辐射状排列，每毫米2～3个；管口边缘薄，撕裂状；菌管比孔面颜色稍深，长达1.4mm；菌肉新鲜时乳白色，干后锗黄色，软木栓质，厚达0.6mm；菌柄侧生，长达3.2mm，直径可达3mm。担孢子长椭圆形至圆柱形，向末端渐细，无色，薄壁，光滑，5.9～8 × 2.3～3.2μm。

生境：生于阔叶树腐木或杉木倒木上。

产地：海南昌江，霸王岭吊罗山自然保护区；云南西双版纳。

分布：海南、云南。

讨论：摩鹿加多孔菌通常能形成达数百个担子果，并很快腐烂，该菌造成林木白色腐朽。

撰稿人：戴玉成

431 桑多孔菌　　多孔菌科 Polyporaceae

Polyporus mori (Pollini) Fr., Syst. Mycol. (Lundae) 1: 344, 1821; —*Polyporellus alveolaris* (DC.) Pilát, Beih. Bot. Zbl., Abt.2 56: 36, 1936; —*Polyporus alveolaris* (DC.) Bondartsev & Singer, Annls Mycol.39: 58, 1941; —*Polyporus mori* (Pollini) Fr., Syst. Mycol. (Lundae) 1: 344, 1821.

担子果一年生，具侧生柄，单生或数个聚生，新鲜时肉质至软革质，无嗅无味，干后革质，脆；菌盖半圆形至圆形，单个菌盖宽可达5cm，中部厚可达5mm；菌盖表面新鲜时白色、奶油色、橘红色，后变为浅橘色、锈褐色、黄褐色或浅黄色，通常从基部向边缘颜色逐渐变浅，无同心环纹，具放射状纹，幼时有绒毛，老后光滑；边缘锐，与盖面同色，干后内卷；孔口表面初期乳白色至奶油色，后呈浅黄色，干后为浅黄褐色至稻草色；不育边缘不明显或几乎没有；孔口初期多角形，后拉长，放射状排列，延生到菌柄，每毫米约1～2个；管口边缘薄，全缘；菌肉奶油色，干后木栓质，厚可达1mm；菌管奶油色，干后浅黄色，比孔口表面略浅，与菌肉同色，干后革质，菌管长可达4mm；菌柄浅黄色至褐色，光滑，木栓质，长可达1cm，直径可达4mm。担孢子圆柱形，无色，薄壁，光滑，9～10.5 × 3.2～4μm。

生境：生在多种阔叶树储木、木制房屋、桥梁木、坑木、桩木、堤坝木、栅栏木和薪炭木上。

产地：云南小西双版纳；海南吊罗山自然保护区。

分布：浙江、福建、湖北、湖南、广西、海南、四川、贵州、云南、西藏、陕西、甘肃、新疆。

讨论：造成木材白色腐朽。

撰稿人：戴玉成

430 摩鹿加多孔菌 *Polyporus moluccensis* (Mont.) Ryvarden　　摄影：戴玉成

431 桑多孔菌 *Polyporus mori* (Pollini) Fr.　　摄影：戴玉成

432 菲律宾多孔菌

多孔菌科 Polyporaceae

Polyporus philippinensis Berk., J. Bot., London 1(3): 148, 1842.

担子果一年生，具侧生柄或基部收缩成柄状，通常单生，偶尔数个群生，新鲜时革质，有蘑菇气味，干后木栓质，重量中度减轻；菌盖扇形、半圆形、近圆形，长可达4cm，宽可达6cm，基部厚可达8mm，从基部向边缘渐薄；菌盖表面新鲜时黄褐色、棕褐色、土黄褐色，具明显的辐射状条纹，基部成沟状或脊状条纹；干后浅黄褐色至黄褐色；边缘锐，波状，干后常内卷；孔口表面淡黄色至淡黄褐色，无折光反应；不育边缘不明显至几乎无，比孔口表面颜色略深；孔口多角形，放射状伸长，长可达3mm，宽可达1mm，菌管通常延伸到菌柄上；管口边缘薄，全缘；菌肉新鲜时奶油色，干后淡黄色至淡黄褐色，软木栓质，无环纹，厚可达5mm；菌管与孔口表面同色或略浅，新鲜时革质，干后木栓质，长可达3mm；菌柄与菌盖表面同色，光滑，长可达1cm，直径可达8mm。担孢子圆柱形，无色，薄壁，光滑，9.5～10.7 × 3.5～4.1μm。

生境： 生在多种阔叶树储木、木制房屋、桥梁木、坑木、桩木、堤坝木、栅栏木和薪炭木上。

产地： 海南尖峰岭自然保护区。

分布： 海南、云南。

讨论： 菲律宾多孔菌造成木材白色腐朽。

撰稿人：戴玉成

433 宽鳞多孔菌

多孔菌科 Polyporaceae

Polyporus squamosus (Huds.) Fr., Syst. Mycol. (Lundae) 1: 343, 1821; —*Boletus juglandis* Schaeff., Fung. Bavar. Palat.2: 101, 1763; —*Boletus testaceus* With., Bot. Arr. veg. (London) 2: 770, 1776; —*Boletus cellulosus* Lightf., Fl. Scot.2: 1032, 1777; —*Boletus squamosus* Huds., Fl. Angl. Edn 2 2: 626, 1778; —*Boletus rangiferinus* Bolton, Hist. Fung. Halifax (Huddersfield) 3: 138, 1789; —*Grifola platypora* Gray, Nat. Arr. Brit. Pl. (London) 1: 643, 1821; —*Polyporus rostkovii* Fr., Epicr. Syst. Mycol. (Uppsala): 439, 1838.

菌盖宽4～13 × 5～18cm，厚1～3cm，扇形或匙形，初期黄白色，后为黄褐色至褐色，有暗褐色的鳞片；菌肉白色，质软至肉质；菌管白色，与柄延生；管口长形，辐射状排列，长2.8～4mm，宽2～3mm；菌柄侧生，长2～6cm，粗2～4cm，与菌盖同色，有鳞片，基部深褐色至黑色。担孢子长椭圆形，无色，光滑，11～13 × 4～5.5μm。

生境： 生于阔叶林中腐木上。

产地： 广东鼎湖山国家级自然保护区；海南吊罗山自然保护区；广西猫儿山自然保护区。

分布： 山西、内蒙古、吉林、江苏、湖南、广东、广西、海南、四川、贵州、西藏、陕西、甘肃、青海。

讨论： 食用菌。该菌幼嫩时脆香味浓，味美可口。

撰稿人：吴兴亮

432 菲律宾多孔菌 *Polyporus philippinensis* Berk. 摄影：戴玉成

433 宽鳞多孔菌 *Polyporus squamosus* (Huds.) Fr. 摄影：邹方伦 王绍能

434 朱红密孔菌 多孔菌科 Polyporaceae

Pycnoporus cinnabarinus (Jacq.) P. Karst., Revue Mycol. Toulouse 3(no.9): 18, 1881; —*Boletus cinnabarinus* Jacq., Fl. Austriac.4: 2, 1776; —*Polyporus cinnabarinus* (Jacq.) Fr., Syst. Mycol. (Lundae) 1: 371, 1821; —*Trametes cinnabarina* (Jacq.) Fr., Hymenomyc. Eur. (Upsaliae): 583, 1874.

担子果侧生，半圆形，扇形，往往呈覆瓦状，基部略隆起，如垫状或檐状；2～8 x 2～3.5cm，厚0.4～0.8cm，菌盖正面朱红色，初期较粗糙或散生毛绒，后期变平滑，常褪色呈浅肉红色，无同心环纹或轮沟；菌肉浅朱红色；菌管与菌肉同色，菌盖反面与正面同色同质，管孔圆形或多角形。孢子椭圆形或圆筒形，一端稍弯曲，无色，光滑，4.5～6.5 x 2.5～3μm。

生境： 生于阔叶树腐木上。

产地： 海南霸王岭、黎母山、吊罗山自然保护区。

分布： 福建、江西、湖北、湖南、广东、广西、海南、四川、云南、西藏、陕西、甘肃、青海、台湾。

讨论： 药用菌。对小白鼠肉瘤S-180有显著的抑制作用。

撰稿人：吴兴亮

435 血红密孔菌 多孔菌科 Polyporaceae

Pycnoporus sanguineus (L.) Murrill, Bull. Torrey Bot. Club 31(8): 421, 1904; —*Boletus sanguineus* L., Sp. Pl., Edn 2.2: 1646, 1763; —*Polyporus sanguineus* (L.) Fr., Syst. Mycol. (Lundae) 1: 371, 1821; —*Trametes sanguinea* (L.) Lloyd, Mycol. Writ.7: 1291, 1924.

担子果一年生，无柄盖形，有时基部具收缩的柄状结构，散生或簇生，新鲜时革质，无嗅无味，干后木栓质，重量中度减轻；菌盖通常扇形、半圆形或肾形，长可达3cm，宽可达5cm，基部厚可达1.5cm；菌盖表面新鲜时浅红褐色、锈褐色、黄褐色，后期退色，光滑无毛，同心环带不明显，干后颜色几乎不变；边缘颜色较浅，锐，有时波状；孔口表面新鲜时砖红色，干后颜色几乎不变，无折光反应；不育边缘明显，杏黄色，约1mm宽；孔口近圆形，每毫米5～6个；管口边缘薄，全缘；菌肉浅红褐色，干后木栓质，厚可达13mm；菌管红褐色，比孔口表面颜色浅，长可达2mm。担孢子长椭圆形至圆柱形，无色，薄壁，光滑，3.6～4.4 x 1.7～2μm。

生境： 生在多种阔叶树储木、木制房屋、桥梁木、坑木、桩木、堤坝木、栅栏木和薪炭木上。

产地： 海南霸王岭、黎母山、吊罗山、七仙岭自然保护区；云南西双版纳。

分布： 江苏、浙江、福建、河南、湖北、湖南、广西、海南、四川、云南、陕西。

讨论： 造成木材白色腐朽。

撰稿人：戴玉成

434 朱红密孔菌 *Pycnoporus cinnabarinus* (Jacq.) P. Karst. 摄影：吴兴亮

435 血红密孔菌 *Pycnoporus sanguineus* (L.) Murrill 摄影：戴玉成

436 白干皮孔菌　　多孔菌科 Polyporaceae

Skeletocutis nivea (Jungh.) Jean Keller, Persoonia 10: 353, 1979; —*Polyporus niveus* Jungh., Verh. Batav. Genootsch. Kunst. Wet.17: 48, 1839; —*Incrustoporia nivea* (Jungh.) Ryvarden, Norw. J. Bot.19: 232, 1972; —*Microporus niveus* (Jungh.) Kuntze, Revis. Gen. Pl. (Leipzig) 3(2): 496, 1898.

担子果一年生，平伏、平伏反卷或盖状，单生或覆瓦状叠生，新鲜时软木栓质，干后木栓质，重量明显减轻，平伏时长可达6cm，宽可达3cm，厚可达3mm；菌盖半圆形至窄半圆形，单个菌盖长可达1.5cm，宽可达5cm，中部厚可达4mm；菌盖表面新鲜时乳白色，后期奶油色至浅黄色，光滑，无同心环纹；边缘钝；孔口表面初期乳白色，后为奶油色，有时灰色或黑色，干后浅黄色至黄褐色，具折光反应；不育边缘明显，奶油色，宽可达2mm；孔口多角形，每毫米约7～8个；管口边缘薄，全缘；菌肉乳白色，新鲜时软木栓质，干后木栓质，无环区，厚可达3 mm；菌管与孔口表面同色，比菌肉颜色深，木栓质，长可达1mm。担孢子细圆柱形至香肠形，无色，薄壁，光滑，3～3.8 × 0.5～0.8μm。

生境：生在多种阔叶树储木、桥梁木、坑木、桩木、堤坝木、栅栏木和薪炭木上。

产地：云南西双版纳；海南霸王岭、尖峰岭自然保护区。

分布：福建、河南、湖北、湖南、广西、海南、四川、贵州、云南、西藏、陕西、甘肃、新疆。

讨论：白干皮孔菌通常造成木材白色腐朽。

撰稿人：戴玉成

437 红木色孔菌　　多孔菌科 Polyporaceae

Tinctoporellus epimiltinus (Berk. & Broome) Ryvarden, Trans. Br. Mycol. Soc.73: 18, 1979; —*Polyporus epimiltinus* Berk. & Broome, J. Linn. Soc., Bot.14: 54, 1873; —*Diplomitoporus epimiltinus* (Berk. & Broome) Teixeira, Revista Brasileira de Botânica 15: 125, 1992; —*Fomes epimiltinus* (Berk. & Broome) Sacc., Syll. Fung. (Abellini) 6: 207, 1888.

担子果一年生至多年生，平伏，贴生，极难与基质分离，新鲜时硬革质，无嗅无味，干后硬木质至脆骨质，易碎，长可达200cm，宽可达50cm，厚可达2mm，通常垫状，从中部向边缘明显变薄；孔口表面初期灰色、灰红色，手触摸后变为红褐色，具弱的折光反应，干后颜色几乎不变；不育边缘不明显至几乎无；孔口多角形至圆形，每毫米7～9个；管口边缘薄，全缘至稍撕裂状；菌肉层几乎不存在，红褐色，硬木质；菌管灰红褐色，明显比孔口表面颜色深，单层至多层，菌管层长可达2mm；着生担子果的基质通常变为红褐色。担孢子宽椭圆形至近球形，无色，薄壁，光滑，3～4 × 2.1～3μm。

生境：生在多种阔叶树储木、桥梁木、坑木、桩木、仓库木、堤坝木、栅栏木和薪炭木上。

产地：海南尖峰岭、霸王岭、吊罗山自然保护区；广西花坪。

分布：浙江、福建、湖南、广西、海南、四川、贵州。

讨论：红木色孔菌是热带、亚热带地区的常见木材腐朽菌，造成木材白色腐朽，但腐朽的木材通常为红褐色。

撰稿人：戴玉成

436 白干皮孔菌 *Skeletocutis nivea* (Jungh.) Jean Keller　　摄影：戴玉成

437 红木色孔菌 *Tinctoporellus epimiltinus* (Berk. & Broome) Ryvarden　　摄影：戴玉成

438 雅致栓菌 多孔菌科 Polyporaceae

Trametes elegans (Spreng.) Fr., Epicr. Syst. Mycol. (Upsaliae), p.492, 1838; —*Daedalea elegans* Spreng., K. Svenska Vetensk-Akad. Handl.41: 51, 1820; —*Lenzites elegans* (Spreng.) Pat., Essai Tax. Hyménomyc., p.89, 1900.

担子果一年生，无柄盖形，通常单生，偶尔数个聚生，新鲜时革质，无嗅无味，干后硬革质，重量明显减轻；菌盖半圆形、扇形，单个菌盖长可达6cm，宽可达10cm，中部厚可达1.5cm；菌盖表面新鲜时白色至乳白色，后变为浅灰白色，近基部有瘤状突起，具不明显的同心环带；边缘锐，完整，与盖面同色；孔口表面初期奶油色，后浅赭色，干后浅黄色；不育边缘明显或不明显，奶油色，宽可达2mm；孔口多角形至迷宫状，放射状排列，每毫米约2～3个；管口边缘薄或厚，全缘；菌肉乳白色，木栓质，无环区，厚可达9mm；菌管奶油色，比孔面颜色稍浅，木栓质，长可达6mm。担孢子窄椭圆形，无色，光滑，4.9～6 x 2～2.8μm。

生境：生在阔叶树储木、坑木、桩木、栅栏木和薪炭木上。

产地：海南吊罗山、霸王岭、黎母山自然保护区，保亭植物园。

分布：福建、广西、海南。

讨论：雅致栓菌造成木材白色腐朽。

撰稿人：戴玉成

439 偏肿栓菌 多孔菌科 Polyporaceae

Trametes gibbosa (Pers.) Fr., Epicr. Syst. Mycol. (Uppsala): 492, 1838; —*Merulius gibbosus* Pers., Observ. Mycol. (Copenhagen) 1: 21, 1796; —*Daedalea gibbosa* (Pers.) Pers., Syn. Meth. Fung. (Göttingen) 1: 501, 1801; —*Polyporus gibbosus* (Pers.) P. Kumm., Führ. Pilzk. (Zwickau): 59, 1871; —*Trametes gibbosa* f. *tenuis* Pilát, Atlas des Champignons de l'Europe. Polyporaceae I (Praha) 3(1): 290, 1939; —*Pseudotrametes gibbosa* (Pers.) Bondartsev & Singer, Mycologia 36: 68, 1944.

担子果一年生，木栓质，无柄；菌盖半圆形、扇形或肾形，单生或数个覆瓦状叠生，扁平，8～15 x 6～12cm，厚1～2cm, 表面近白色，干后渐变浅肉色、灰白色至浅灰褐色，具细微绒毛，后变光滑，有明显的环带，边缘锐；菌肉初期近白色，后浅肉色至灰白色，厚0.5～1cm；菌管与菌肉同色或浅乳黄色，长3～10mm；孔面近白色，老后米黄色至乳黄色；管口多角形，中部为褶状，每毫米1～2个。担孢子圆柱形，无色，4～4.8 x 1.9～2.5μm。

生境：生于活阔叶树腐朽处。

产地：广西桂林公园。

分布：山西、辽宁、吉林、江苏、浙江、河南、湖北、广西、海南、四川、西藏、贵州。

讨论：木材腐朽菌，造成木材白色腐朽。

撰稿人：吴兴亮

438 雅致栓菌 *Trametes elegans* (Spreng.) Fr. 摄影：戴玉成

439 偏肿栓菌 *Trametes gibbosa* (Pers.) Fr. 摄影：吴兴亮

440 毛栓菌　　多孔菌科 Polyporaceae

Trametes hirsuta (Wulfen) Pilát, Atlas Champ. Eur., Polypor., B 3: 265, 1939; —*Boletus hirsutus* Wulfen, Collnea Bot.2: 149, 1789.

担子果一年生，有时可存活两年，无柄盖形，单生或覆瓦状叠生，新鲜时韧革质，无嗅无味，干后革质，重量明显减轻；菌盖扁平，半圆形或扇形，有时近圆形，单个菌盖长可达4cm，宽可达10cm，中部厚可达8 mm；菌盖表面新鲜时乳白色，干后奶油色、浅棕黄色、灰色、灰褐色，被硬毛和厚绒毛，有明显同心环带和环沟，表面常被绿色藻类；边缘锐，黄褐色；孔口表面初期乳白色，后期浅乳黄色至灰褐色，具折光反应；不育边缘明显或不明显，奶油色，宽约1 mm；孔口多角形，每毫米约3～4个；管口边缘初期较厚，后期薄，全缘；菌肉乳白色，新鲜时革质，干后木栓质，无环区，厚可达5mm；菌管奶油色或乳黄色，靠近孔口表面处深褐色，新鲜时革质，干后木栓质，长可达8mm。担孢子圆柱形，无色，薄壁，光滑，4.2～5.7 × 1.8～2.2μm。

生境：能腐生在多种阔叶树储木、桥梁木、坑木、桩木、堤坝木、栅栏木和薪炭木上。

产地：海南五指山森林公园。

分布：浙江、福建、河南、湖北、湖南、广西、海南、四川、贵州、西藏、陕西、甘肃、新疆。

讨论：毛栓菌是最常见的木材腐朽菌之一，造成木材白色腐朽。

撰稿人：戴玉成

441 谦逊栓菌　　多孔菌科 Polyporaceae

Trametes modesta (Kunze) Ryvarden, Norw. J. Bot.19: 236, 1972; —*Polyporus modestus* Kunze ex Fr., Linnaea 5: 519, 1830; —*Daedalea modesta* (Kunze ex Fr.) Aoshima, Trans. Mycol. Soc. Japan 8: 2, 1967; —*Microporus modestus* (Kunze ex Fr.) Kuntze, Revis. Gen. Pl. (Leipzig) 3(2): 496, 1898; —*Polystictus modestus* (Kunze ex Fr.) Fr., Nova Acta R. Soc. Scient. Upsal.1: 74, 1851.

担子果一年生，无柄盖形，通常覆瓦状叠生，有时数百个菌盖聚生，新鲜时韧革质，无嗅无味，干后木栓质，重量明显减轻；菌盖半圆形，贝壳状，单个菌盖长可达3cm，宽可达5cm，厚可达3mm；菌盖表面棕黄色、粉黄色、深木材色，近光滑，基部具明显奶油色增生物，具明显同心环带，无放射状条纹；边缘波纹状，奶油色，锐；孔口表面新鲜时奶油色至乳白色，干后灰土黄色，无折光反应；不育边缘明显，奶油色，宽可达1.5mm；孔口近圆形，每毫米5～6个；管口边缘厚，全缘；菌肉浅木材色，木栓质，无环区，厚可达1.5mm；菌管与孔口表面同色，干后木栓质，长可达0.5mm。担孢子椭圆形，无色，薄壁，光滑，3～4 × 2～2.2μm。

生境：生在多种阔叶树储木、栅栏木和薪炭木上。

产地：海南霸王岭、尖峰岭自然保护区；广东鼎湖山。

分布：湖南、广东、海南。

讨论：谦逊栓菌造成木材白色腐朽。

撰稿人：戴玉成

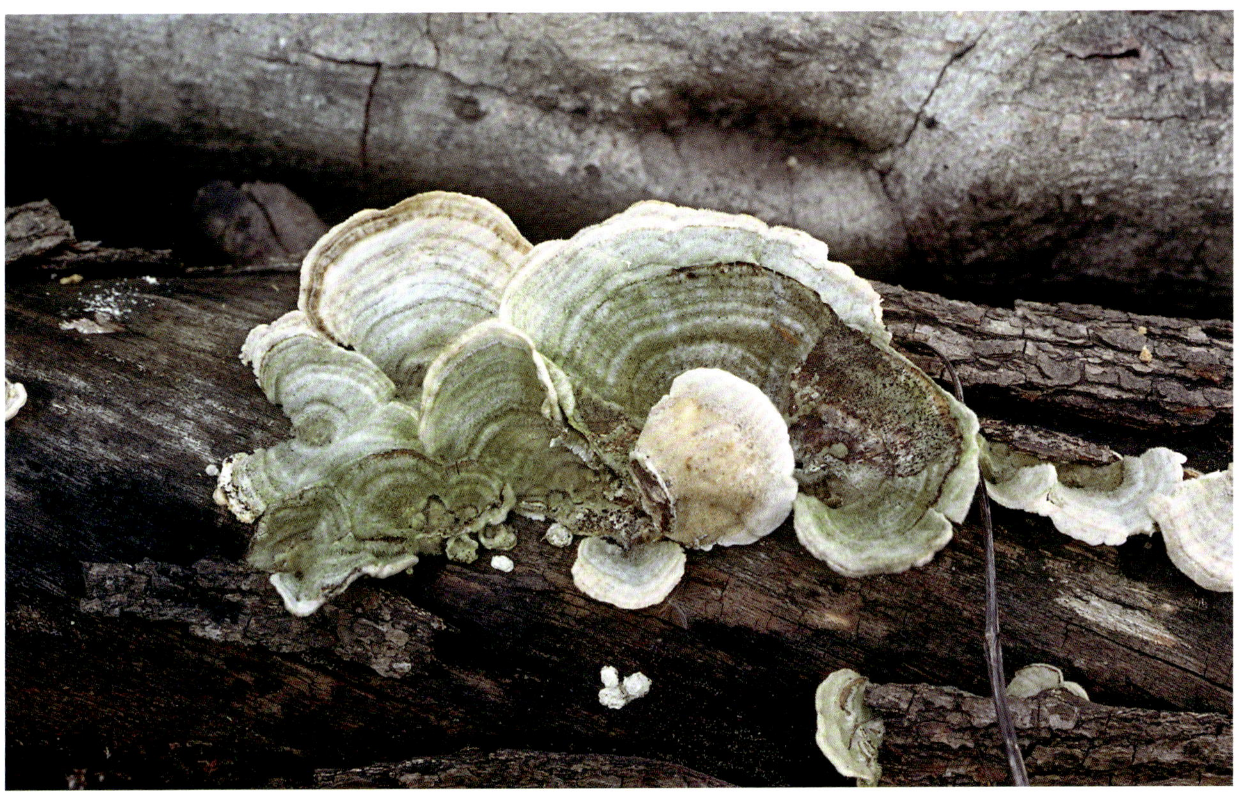

440 毛栓菌 *Trametes hirsuta* (Wulfen) Pilát　　摄影：戴玉成

441 谦逊栓菌 *Trametes modesta* (Kunze) Ryvarden　　摄影：戴玉成

442 东方栓菌 多孔菌科 Polyporaceae

Trametes orientalis (Yasuda) Imazeki, Bull. Tokyo Sci. Mus.6: 73, 1943; —*Polystictus orientalis* Yasuda, Bot. Mag., Tokyo 32: 135, 1918.

担子果一年生，无柄盖形，通常数个覆瓦状叠生，新鲜时木栓质，无嗅无味，干后硬木栓质，重量明显减轻；菌盖近圆形、半圆形、扇形，单个菌盖长可达7cm，宽可达10cm，中部厚可达1.5cm；菌盖表面初期奶油色，后期浅黄色、浅黄褐色、灰黄色，干后浅黄褐色，靠近基部被瘤状突起，有不明显、不同色的同心环带和环沟；边缘锐或钝，奶油色、赭色至黄褐色；孔口表面初期奶油色，后期浅黄色，手触摸后变为浅褐色，干后黄褐色；不育边缘不明显或几乎无；孔口圆形，每毫米约3个；管口边缘厚，全缘；菌肉奶油色，木栓质，无明显环区，厚可达1.3cm；菌管与孔口表面颜色相同，木栓质，长可达5mm。担孢子长椭圆形，无色，薄壁，光滑，5.2～6.6 × 2.3～3.1μm。

生境：生在多种阔叶树储木、桥梁木、坑木、桩木、堤坝木、栅栏木和薪炭木上。

产地：海南黎母山自然保护区，保亭植物园。

分布：福建、湖南、海南、西藏、陕西。

讨论：东方栓菌造成木材白色腐朽。

撰稿人：戴玉成

443 绒毛栓菌 多孔菌科 Polyporaceae

Trametes pubescens (Schumach.) Pilát, in Kavina & Pilát, Atlas des Champignons de l'Europe, Ser. B 3: 268, 1939; —*Boletus pubescens* Schumach., Enum. Pl. (Kjbenhavn) 2: 384, 1803; —*Coriolus pubescens* (Schumach.) Quél., Fl. Mycol.3, p.391, 1888; —*Polyporus pubescens* (Schumach.) Fr., Observ. Mycol. (Havniae) 1: 124, 1815.

担子果一年生，无柄盖形，通常覆瓦状叠生，新鲜时革质，有芳香味，干后硬木栓质，芳香味渐消失，重量明显减轻；菌盖半圆形或扇形，单个菌盖长可达3cm，宽可达5cm，中部厚可达7mm；菌盖表面新鲜时奶油色，后期灰白色至灰褐色，被绒毛，有明显或不明显的同心环带；边缘钝，浅黄色，干后略内卷；孔口表面初期奶油色，后期乳黄色，干后浅黄色至稻草黄色；不育边缘不明显，宽小于1mm；孔口多角形，每毫米约2～3个；管口边缘薄，略有撕裂状；菌肉乳白色，软木栓质或木栓质，厚可达5mm；菌管乳白色，与菌肉同色，木栓质，长可达3mm。担孢子圆柱形，无色，薄壁，光滑，5.8～7 × 2～2.5μm。

生境：生在多种阔叶树储木、栅栏木、薪炭木和桥梁木上。

产地：海南霸王岭自然保护区。

分布：浙江、福建、河南、湖北、广西、海南、四川、云南、西藏、陕西、甘肃、新疆。

讨论：绒毛栓菌造成木材白色腐朽。

撰稿人：戴玉成

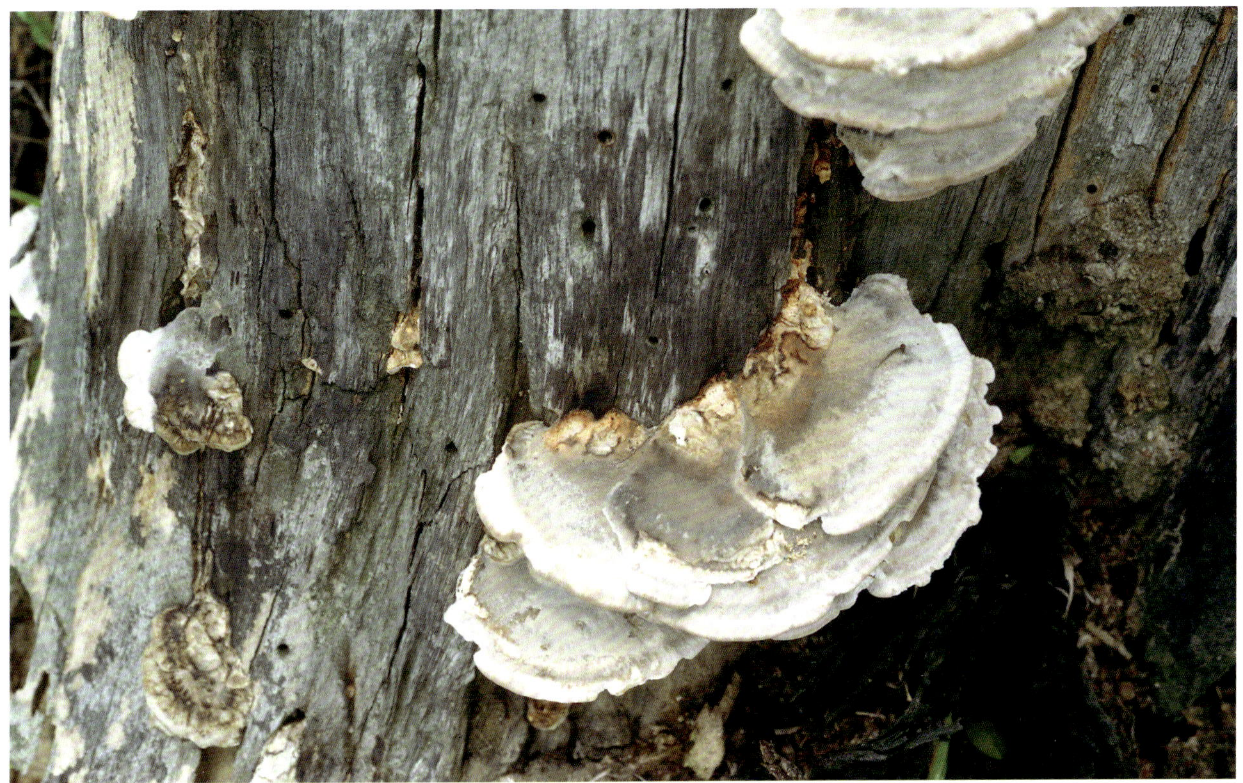

442 东方栓菌 *Trametes orientalis* (Yasuda) Imazeki

摄影：戴玉成

443 绒毛栓菌 *Trametes pubescens* (Schumach.) Pilát

摄影：戴玉成

444 云芝栓菌

多孔菌科 Polyporaceae

Trametes versicolor (L.) Lloyd, Mycological Notes 65: 1045, 1920; —*Boletus versicolor* L., Sp. Plantarum, p.1176, 1753; —*Coriolus versicolor* (L.) Quél., Enchir. Fung. (Paris): 175, 1886; —*Polyporus versicolor* (L.) Fr., Observ. Mycol. (Havniae) 2: 260, 1818.

担子果一年生，通常覆瓦状叠生，有时数百个菌盖聚生，新鲜时革质，无嗅无味，干后木栓质；菌盖近圆形、半圆形、扇形或不规则形，单个菌盖长可达8cm，宽可达10cm，中部厚可达0.5cm；菌盖表面颜色变化多样，淡黄色、棕黄色、褐色、红褐色或蓝灰色到紫灰色，具明显的同心环带，菌盖表面被细密绒毛；边缘锐，淡黄色至浅黄褐色；孔口表面奶油色至烟灰色，无折光反应；不育边缘明显，宽可达2mm；孔口多角形至近圆形，每毫米约4～5个；管口幼时全缘，老后呈撕裂状；菌肉乳白色，新鲜时革质，干后木栓质，厚可达8mm；菌管烟灰色至灰褐色，新鲜时革质，干后木栓质或纤维质，长可达3mm。担孢子圆柱形，无色，薄壁，光滑， 4.1～5.3 × 1.8～2.2μm。

生境：生在多种阔叶树上。

产地：海南吊罗山自然保护区。

分布：浙江、江西、福建、湖北、湖南、广西、海南、四川、贵州、云南、西藏、陕西、甘肃、新疆。

讨论：云芝栓菌是最常见的木材腐朽菌之一，能腐生在多种阔叶树储木、桥梁木、坑木、桩木、仓库木、车辆木、堤坝木、栅栏木和薪炭木上，有时也腐生在针叶树木材上，造成木材白色腐朽。

撰稿人：戴玉成

445 伯氏附毛孔菌

多孔菌科 Polyporaceae

Trichaptum brastagii (Corner) T. Hatt., Mycoscience 46: 306, 2005; —*Trametes brastagii* Corner, Beih. Nova Hedwigia 97: 83, 1989.

担子果一年生，平伏反卷至盖形，有时菌盖基部具一极短的侧柄，通常覆瓦状叠生，新鲜时革质，无嗅无味，干后硬革质，重量明显减轻；菌盖匙形或扇形，单个菌盖长可达2cm，宽可达3cm，基部厚可达1mm；菌盖表面新鲜时赭色、棕黄色、紫褐色，后期稻草色至灰棕黄色，被细绒毛，有明显的同心环带；边缘锐，干后内卷；孔口表面新鲜时奶油色至浅棕色，干后棕黄色；不育边缘明显，宽可达1mm；孔口多角形，每毫米约4～5个；管口边缘薄，强烈撕裂状；菌肉奶油色，革质，厚可达0.5mm，明显异质，下层致密，革质，上层疏松，两层间具一不明显的褐色线；菌管与孔面同色，干后脆纤维质，长约0.5mm；菌柄与菌盖表面同色，光滑，柄长约1mm，直径约0.5mm。担孢子短圆柱形，无色，薄壁，光滑，3.5～4.8 × 2～2.5μm。

生境：生在多种阔叶树储木上。

产地：海南吊罗山自然保护区。

分布：海南。

讨论：伯氏附毛孔菌造成木材白色腐朽。

撰稿人：戴玉成

444 云芝栓菌 *Trametes versicolor* (L.) Lloyd　　摄影：吴兴亮

445 伯氏附毛孔菌 *Trichaptum brastagii* (Corner) T. Hatt.　　摄影：戴玉成

446 毛囊附毛孔菌

多孔菌科 Polyporaceae

Trichaptum byssogenum (Jungh.) Ryvarden, Norw. J. Bot.19: 237, 1972; —*Polyporus byssogenus* Jungh., Praemissa in floram cryptogamicam Javae insulae (Batavia), p.43, 1838; —*Poria byssogena* (Jungh.) Cooke, Syll. Fung. (Abellini) 6: 329, 1888.

担子果一年生，平伏、平伏反卷至盖形，单生或覆瓦状叠生，新鲜时软革质，无嗅无味，干后革质，重量明显减轻；菌盖窄半圆形或扇形，单个菌盖长可达4cm，宽可达7cm，中部厚可达7mm；菌盖表面新鲜时紫褐色，后变为灰褐色至土灰色，被糙硬毛，有不明显的同心环纹；边缘锐，黄褐色至紫褐色；孔口表面初期紫色，后期浅紫褐色，干后紫褐色；不育边缘不明显或无，宽不到1mm；孔口多角形，或撕裂延长呈类褶状，每毫米约1～2个；管口边缘薄，撕裂状；菌肉浅黄褐色，新鲜时软革质，干后木栓质，无环区，厚可达2mm；菌管浅黄褐色，比管口略浅，与菌肉同色，新鲜时软革质，干后革质，菌管长可达5mm。担孢子圆柱形，略弯曲，无色，薄壁，平滑，4.8～6 × 2.6～3μm。

生境：生于多种阔叶树储木、桥梁木、坑木、桩木、仓库木、堤坝木、栅栏木和薪炭木上。

产地：海南五指山自然保护区。

分布：江苏、福建、河南、湖南、广西、海南。

讨论：毛囊附毛孔菌造成木材白色腐朽。

撰稿人：戴玉成

447 硬附毛孔菌

多孔菌科 Polyporaceae

Trichaptum durum (Jungh.) Corner, Beih. Nova Hedwigia 86: 219, 1987; —*Polyporus durus* Jungh., Praemissa in floram cryptogamicam Javae insulae (Batavia), p.62, 1838; —*Nigroporus durus* (Jungh.) Murrill, Bull. Torrey Bot. Club 34: 471, 1907; —*Rigidoporus durus* (Jungh.) Imazeki, Bull. Gov. Forest Exp. St. Tokyo 57: 117, 1952.

担子果一年生至多年生，平伏至反卷，极少无柄盖形，菌盖通常覆瓦状叠生，新鲜时硬木质，无嗅无味，干燥后骨质，单个菌盖长可达2cm，宽可达4cm，厚可达5mm，平伏时长可达50cm，宽可达10cm，厚可达5mm；菌盖上表面新鲜时灰褐色，干后紫褐色，光滑，无同心环带；边缘钝或锐；孔口表面紫褐色，具强折光反应，不育边缘几乎无；孔口圆形至多角形，每毫米8～10个；管口边缘薄，全缘；菌肉黑褐色，干后骨质，厚可达2.5mm；菌管与孔口表面同色，木质，长约1.5mm。担孢子椭圆形，无色，薄壁，光滑，3.2～4.1 × 2～2.2μm。

生境：生在多种阔叶树储木、坑木、桩木、堤坝木和栅栏木上。

产地：海南尖峰岭自然保护区。

分布：海南。

讨论：硬附毛孔菌造成木材白色腐朽。

撰稿人：戴玉成

446 毛囊附毛孔菌 *Trichaptum byssogenum* (Jungh.) Ryvarden 摄影：戴玉成

447 硬附毛孔菌 *Trichaptum durum* (Jungh.) Corner 摄影：戴玉成

448 小杯冠瑚菌　　耳匙菌科 Auriscalpiaceae

Artomyces colensoi (Berk.) Jülich, Biblthca Mycol. 85: 399, 1982; —*Clavaria colensoi* Berk., in Hooker, Fl. Nov.-zel.: 186, 1855; —*Clavicorona colensoi* (Berk.) Corner, Ann. Bot. Mem. 1: 287, 1950.

担子果扫帚状，高4～6cm，宽3～6cm；初期淡黄白色，老后淡黄褐色，从下向上形成分枝，通常4～5次，分枝基部细，向上渐渐增粗膨大，顶端呈杯状。担孢子椭圆形，3.5～4.2 x 3～3.5μm，光滑或稍粗糙，无色。

生境： 生于阔叶树腐木上。

产地： 广西十万大山自然保护区。

分布： 黑龙江、辽宁、吉林、河南、广东、广西、贵州、陕西、云南。

讨论： 食用菌。

撰稿人：吴兴亮

449 杯冠瑚菌　　耳匙菌科 Auriscalpiaceae

Artomyces pyxidatus (Pers.) Jülich, Biblthca Mycol.85: 399, 1982; —*Clavaria coronata* Schwein., Trans. Am. Phil. Soc., New Series 4(2): 182, 1832; —*Clavaria petersii* Berk. & M. A. Curtis, Grevillea 2(no.13): 7, 1873; —*Clavaria pyxidata* Pers., Neues Mag. Bot.1: 117, 1794; —*Clavicorona coronata* (Schwein.) Doty, Lloydia 10: 42, 1947; —*Clavicorona pyxidata* (Pers.) Doty, Lloydia 10: 43, 1947; —*Merisma pyxidatum* (Pers.) Spreng., Syst. Veg., Edn 16 4(1): 496, 1827.

担子果扫帚状，肉质，丛状直立分枝，菌株高4～10cm，宽3cm～6cm；初期外表整体乳白色渐变淡黄白色，老后或伤后变淡肉黄色、肉色至褐色，从下向上形成多软状分枝，通常3～5次，分枝基部细，向上渐渐增粗膨大，顶端呈杯状。担孢子椭圆形，3.5～4.5 x 2.5～3μm。

生境： 生于阔叶树腐木上。

产地： 广西十万大山自然保护区。

分布： 黑龙江、辽宁、吉林、河南、广西、贵州、云南、陕西。

讨论： 食用菌。

撰稿人：吴兴亮

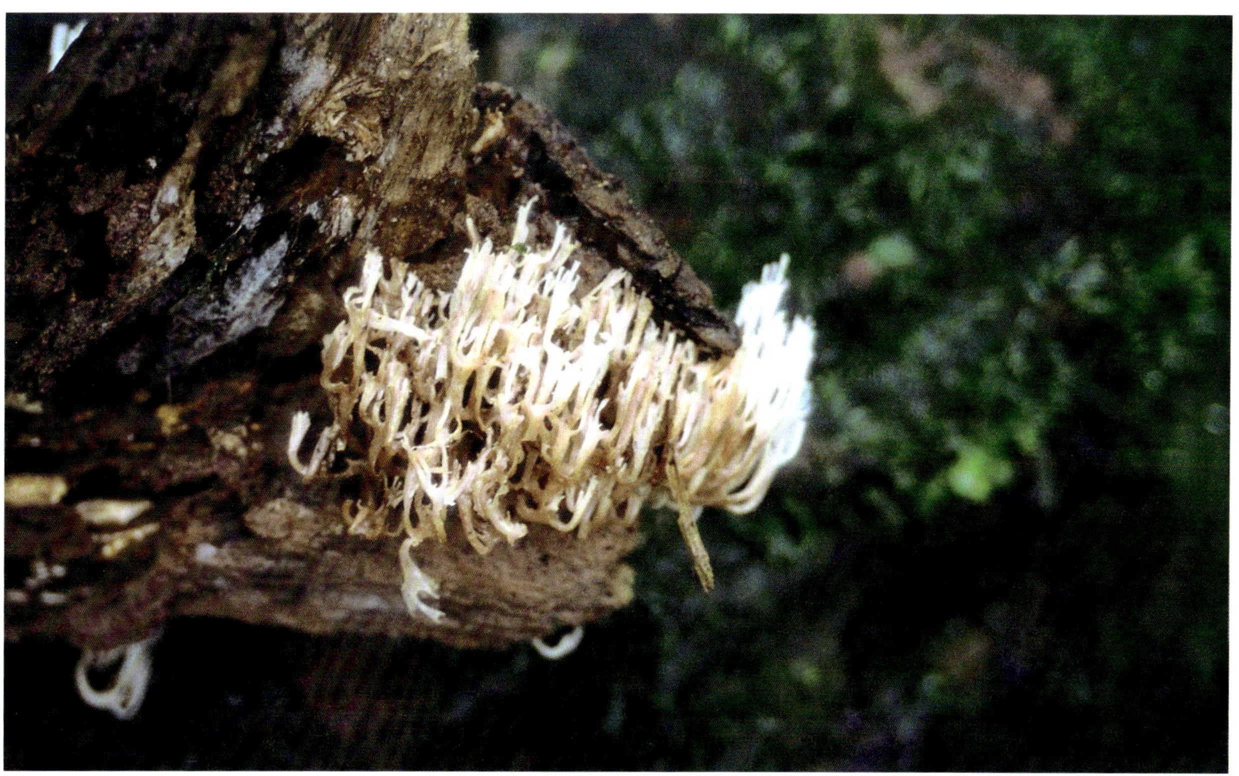

448 小杯冠瑚菌 *Artomyces colensoi* (Berk.) Jülich　　摄影：吴兴亮

449 杯冠瑚菌 *Artomyces pyxidatus* (Pers.) Jülich　　摄影：吴兴亮

450 耳匙菌 耳匙菌科 Auriscalpiaceae

Auriscalpium vulgare Gray, Nat. Arr. Brit. Pl. (London) 1: 650, 1821; —*Auriscalpium auriscalpium* (L.) Kuntze, Revis. Gen. pl. (Leipzig) 3(2): 446, 1898; —*Auriscalpium fechtneri* (Velen.) Nikol., Nov. Sist. Niz. Rast., 1964: 171, 1964; —*Hydnum atrotomentosum* Schwalb, Buch der Pilze: 171, 1891; —*Hydnum auriscalpium* L., Sp. pl.2: 1178, 1753; —*Hydnum auriscalpium* var. *auriscalpium* L., Sp. pl.2: 1178, 1753; —*Hydnum fechtneri* Velen., Českć Houby 4~5: 746, 1922; —*Leptodon auriscalpium* (L.) Quél., Enchir. Fung. (Paris): 192, 1886; —*Pleurodon auriscalpium* (L.) P. Karst., Revue Mycol., Toulouse 3(9): 20, 1881; —*Pleurodon fechtneri* (Velen.) Cejp, Fauna Flora Cechoslov., II, Hydnaceae: 86, 1928.

担子果柔韧，全部有粗绒毛，菌盖宽1～2.5cm，半圆形或肾形，褐色至深烟色；柄直立，近圆柱状，侧生，与菌盖同色或更深，内实，基部膨大而松软，向上渐细，长3～5cm，粗0.2～0.3cm；子实层体为细刺，密集，奶油黄色至浅褐色，老后深褐色至近黑色，长0.1～0.2cm。担孢子无色，近球形，有微细小疣，4～5μm，常含油滴。

生境：生于马尾松的腐朽球果上。

产地：广西大瑶山国家级自然保护区。

分布：安徽、浙江、江西、福建、湖南、广西、四川、云南、西藏、海南。

讨论：食药不明。

撰稿人：吴兴亮

451 伯氏刺孢多孔菌 刺孢多孔菌科 Bondarzewiaaceae

Bondarzewia berkeleyei (Fr.) Bondartsev & Singer, Ann. Mycol.39: 47, 1941; —*Polyporus berkeleyi* Fr., Nov. Symb. Mycol. p.56, 1851; —*Grifola berkeleyi* (Fr.) Murrill, Bull. Torrey Bot. Club 31: 337, 1904.

担子果一年生，有柄，通常多个莲花状叠生，直径64 × 54cm，高45cm，新鲜时肉质至软革质，干后软木栓质，且重量明显变轻。单个菌盖半圆形至钥勺形，长8～20cm，宽8～15cm，基部厚3～6mm；菌盖表面灰褐色至污褐色，无环带，新鲜时有些茸毛，干后粗糙；边缘颜色略浅，钝至锐，干后内卷。孔口表面木材色，无折光反应；不育的边缘窄，达3mm；孔口圆形至多角形，每毫米2～4个；孔口边缘薄，撕裂状；菌肉奶油色至木材色，木栓质，厚3～5mm；菌管木材色，比菌肉稍深，软木栓质，长1～3mm。担孢子球形或近球型，无色，厚壁，具明显的短刺，6.1～7.1 × 5.7～6.2μm。

生境：生在阔叶林中地下树根上。

产地：广西花坪、九万大山国家级自然保护区。

分布：广西、贵州。

讨论：伯氏刺孢多孔菌担孢子表面的纹饰比高山刺孢多孔菌*B. monatana*明显的长，而且只生长在阔叶树上，特别是壳斗科树木上，成熟的担子果高可达45cm，直径达64cm，重达12千克，因此是最大的多孔菌之一。伯氏刺孢多孔菌以前在中国曾被报道为腐生菌，但根据作者的研究发现该菌实际上是一种病原菌，该菌虽然有时地生，但实际上是与树根连在一起的。

撰稿人：戴玉成

450 耳匙菌 *Auriscalpium vulgare* Gray　　摄影：李常春

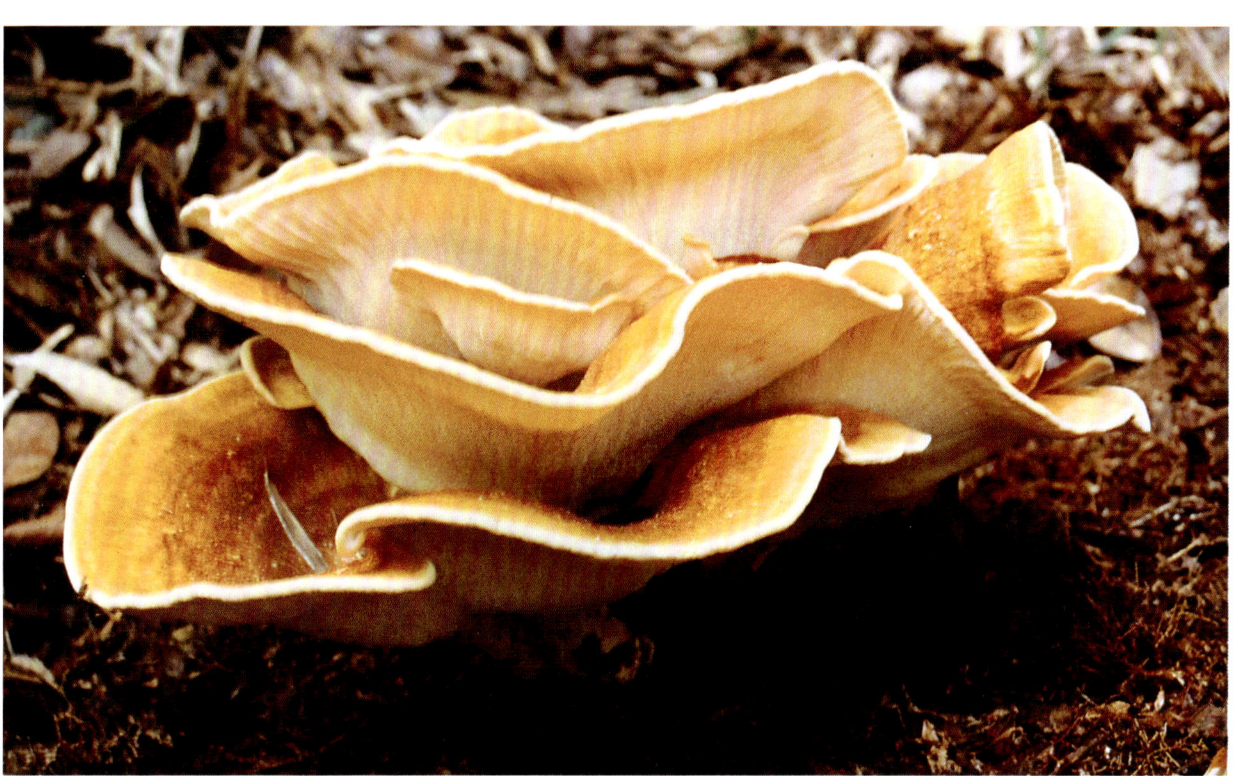

451 伯氏刺孢多孔菌 *Bondarzewia berkeleyei* (Fr.) Bondartsev & Singer　　摄影：吴兴亮

452　岛生异担子菌　　刺孢多孔菌科　Bondarzewiaaceae

Heterobasidion insulare (Murrill) Ryvarden, Norw. J. Bot.19: 237, 1972; —*Trametes insularis* Murrill, Bull. Torrey Bot. Club 35: 405, 1908; —*Fomitiopsis insularis* (Murrill) Imazeki, Acta Phytotax. GeoBot., Kyoto 13: 253, 1943.

担子果一年生，无柄盖形，有时平伏，通常数个覆瓦状叠生，新鲜时革质，无嗅无味，干后硬革质或木栓质；菌盖半圆形、扇形，单个菌盖长可达4cm，宽可达8cm，厚可达1.5cm；菌盖表面新鲜时奶油色至橘红色，干后土黄色至黄褐色，有时靠近基部呈黑褐色，光滑，有同心环纹；边缘颜色明显浅，锐；孔口表面新鲜时白色至奶油色，干后浅黄褐色，有折光反应；不育边缘明显，奶油色，宽可达1mm；孔口近圆形至不规则，每毫米3～5个；管口边缘薄，撕裂状；菌肉干后浅乳黄色，干后木栓质，无环区，厚可达1cm；菌管与菌肉同色，干后木栓质，长可达5mm。担孢子近球形，无色，厚壁，表面具细微疣刺，4.6～6 x 3.5～5μm。

生境：生在多种针叶树储木、桥梁木、坑木、桩木、仓库木、堤坝木、栅栏木和薪炭木上。

产地：海南吊罗山自然保护区。

分布：江苏、浙江、福建、河南、湖北、湖南、广西、海南、四川、贵州、云南、西藏。

讨论：岛生异担子菌造成木材白色腐朽。

撰稿人：戴玉成

453　木麻黄芮氏孔菌　　刺孢多孔菌科　Bondarzewiaaceae

Wrightoporia casuarinicola Y. C. Dai & B. K. Cui, Mycotaxon, 96: 200, 2006.

担子果：担子果多年生，平伏，难与基物剥离，新鲜时革质，无嗅无味，干燥后木栓质或木质，长可达30cm，宽可达7cm，厚可达4mm，不育的边缘明显，桃红色至褐黄色，5mm宽；孔口表面新鲜时紫色，干后酒红色至锈褐色；孔口圆形至多角形，每毫米3～4个；管口边缘薄至厚，全缘至撕裂状；菌肉酒红色至锈褐色，木栓质，薄， 厚约1 mm；菌管酒红色至酒红褐色，木栓质，长可达6mm。担孢子广椭圆形，无色，稍厚壁，具小刺，3.5～3.9 x 2.7～3.2 μm。

生境：生于木麻黄活立木上。

产地：广西北海。

分布：广西。

讨论：木麻黄芮氏孔菌是最近在中国广西发现的多孔菌新种，目前只发现在广西北海的木麻黄活立木上，造成立木白色腐朽。

撰稿人：戴玉成

452 岛生异担子菌 *Heterobasidion insulare* (Murrill) Ryvarden　　摄影：戴玉成

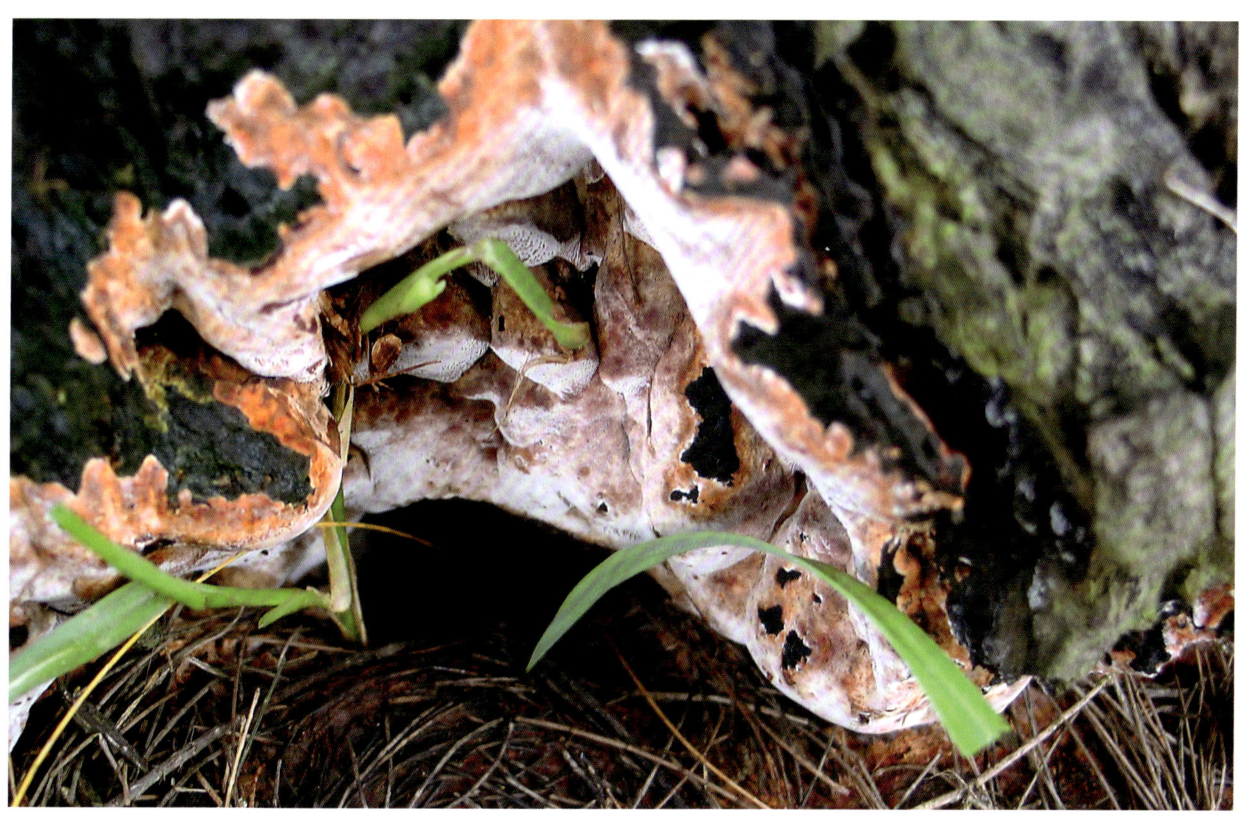

453 木麻黄芮氏孔菌 *Wrightoporia casuarinicola* Y.C. Dai & B.K. Cui　　摄影：戴玉成

454 猴头菌

猴头菌科 Hericiaceae

Hericium erinaceus (Bull.) Pers., Comment. Fungis Clavaeform: 27, 1797; —*Hydnum erinaceus* Bull., Herb. France (Paris) 1: pl.34, 1780; —*Hydnum caput-medusae* Bull., Herb. France (Paris) 9: pl.412, 1789; —*Steccherinum quercinum* Gray, Nat. Arr. Brit. Pl. (London) 1: 651, 1821; —*Hericium unguiculatum* Pers., Mycol. Eur. (Erlanga) 2: 153 , 1825.

担子果中等；外形似猴头状，侧生或垂生，鲜时白色，肉质，稍柔软，直径6～10cm；干时收缩，变为淡黄褐色，性脆；子实层托发达，长针状，针长2～3cm，初期刚直，后期柔韧下垂，基部愈合，末端尖锐，子实层生于刺针之表面，子实层中有黏囊体；担孢子近球形，无色透明，平滑，5～7 x 5～6.5μm，内含一油滴。

生境： 生在多种阔叶树上。

产地： 广西猫儿山自然保护区。

分布： 河北、山西、辽宁、吉林、浙江、安徽、河南、广西、四川、贵州、云南、西藏。

讨论： 食用菌和药用菌。该菌对胃溃疡、十二指肠溃疡和慢性胃炎等治疗有较好的效果；对肉瘤S-180和艾氏腹水癌有明显的抑制作用；对治疗食道癌、胃癌的有效率为69.3%。

撰稿人：吴兴亮

455 橙黄乳菇

红菇科 Russulaceae

Lactarius aurantiacus (Pers.) Gray, Nat. Arr. Brit. Pl. (London) 1: 624, 1821; —*Agaricus mitissimus* Fr., Syst. Mycol. (Lundae) 1: 69, 1821; —*Lactarius aurantiacus* var. *mitissimus* (Fr.) J. E. Lange, Dansk Bot. Ark.5(no.5): 37, 1928; —*Lactarius aurantiofulvus* J. Blum ex Bon, Docums Mycol.16(no.61): 16, 1985; —*Lactarius aurantiofulvus* J. Blum, Revue Mycol., Paris 29: 112, 1964; —*Lactarius mitissimus* (Fr.) Fr., Epicr. Syst. Mycol. (Upsaliae): 345, 1838; —*Lactarius subdulcis* var. *mitissimus* (Fr.) Bataille, Fl. Monogr. Astérosporales: 43, 1908.

菌盖宽2～6cm，初扁半球形，后平展下凹，中部常有一小突起，橘黄色或褐橙色，无毛，无环带，不黏，边缘薄，内卷；菌肉初结实，后松软，色浅，气味弱，味道柔和；乳汁白色，菌褶色浅于菌盖，密，直生至延生，不等长，有时于菌柄处分叉；菌柄长2.5～5cm，粗0.5～0.8cm，近柱形，与菌盖同色或稍浅，无毛，实心后中空。孢子印乳黄色。担孢子7.3～9.5μm x 6.7～8.6μm，近球形，有小刺和棱纹，无色，淀粉质反应；褶侧囊体31～50 x 5.5～7.3μm，无色近梭形，顶端细。

生境： 夏秋季针叶林或阔叶林中地上群生。

产地： 广东广州天麓湖。

分布： 吉林、广东、四川、贵州。

讨论： 可食用。是树木的外生菌根菌。

撰稿人：何晓兰

454 猴头菌 *Hericium erinaceus* (Bull.) Pers. 摄影：王绍能

455 橙黄乳菇 *Lactarius aurantiacus* (Pers.) Gray 摄影：李泰辉

456 松乳菇

红菇科 Russulaceae

Lactarius deliciosus (L.) Gray, Nat. Arr. Brit. Pl. (London) 1: 624, 1821; —*Agaricus deliciosus* L., Sp. pl.2: 1172, 1753; —*Galorrheus deliciosus* (L.) P. Kumm., Führ. Pilzk. (Zwickau): 126, 1871; —*Lactifluus deliciosus* (L.) Kuntze, Revis. Gen. pl. (Leipzig) 2: 856, 1891.

菌盖初期半球形或近球形，后平展呈波状，中部凹陷，直径3～11cm，表面呈虾仁色或紫红褐色，有明显而色较鲜艳的环带，光滑，无毛，黏，边缘初期内卷，后伸展上翘；菌肉初期近白色，后渐变肉色至橙黄色，脆，伤后变为绿色；乳汁橘红色，后变为绿色；菌褶直生或稍延生，较密，近柄处分叉，长短不一，盖缘有短褶，褶间有横脉相连，与菌盖同色或稍淡一些，受伤处变成蓝绿色；菌柄长2～5.5cm，粗1～2.2cm，近圆柱形，与盖同色，伤后变成绿色，内部松软，后中空。担孢子近球形或广椭圆形，无色，有明显的小刺和不明显的网纹，8～10 × 7～8μm；孢子印近白色或浅黄白色。
生境： 生于针叶林或针阔混交林中地上。
产地： 广西大瑶山国家级自然保护区。
分布： 湖南、广东、广西、四川、贵州、云南、台湾。
讨论： 是著名的食用菌。

撰稿人：吴兴亮

457 红汁乳菇

红菇科 Russulaceae

Lactarius hatsudake Nobuj. Tanaka, Bot. Mag., Tokyo , 4: 393, 1890.

菌盖扁半球形，后伸展，扁平，下凹或中央脐状，最后呈浅漏斗形，直径4～10cm，表面光滑，稍黏，肉红色或杏黄肉色，受伤时渐变为蓝绿色，有色较深的同心环带，菌盖边缘初期内卷，后平展上翘；菌肉粉肉红色，脆，伤后渐变为蓝绿色；乳汁血红色，渐变为蓝绿色；菌褶近延生，稍密，分叉，与菌盖同色，伤后变为蓝绿色；菌柄长3～6cm，粗1～2.5cm，与菌盖同色，圆柱形，往往向下渐细，中空。担孢子广椭圆形，近无色，有疣和不完整网纹，7.8～9.5 × 6～7μm；孢子印浅黄白色。
生境： 生于针叶林中地上。与松树形成菌根关系。
产地： 广西大瑶山自然保护区、十万大山自然保护区。
分布： 江苏、浙江、安徽、广东、广西、海南、贵州、云南。
讨论： 食用菌。味香可口，据报道担子果可药用。

撰稿人：何晓兰

456 松乳菇 *Lactarius deliciosus* (L.) Gray　　摄影：吴兴亮

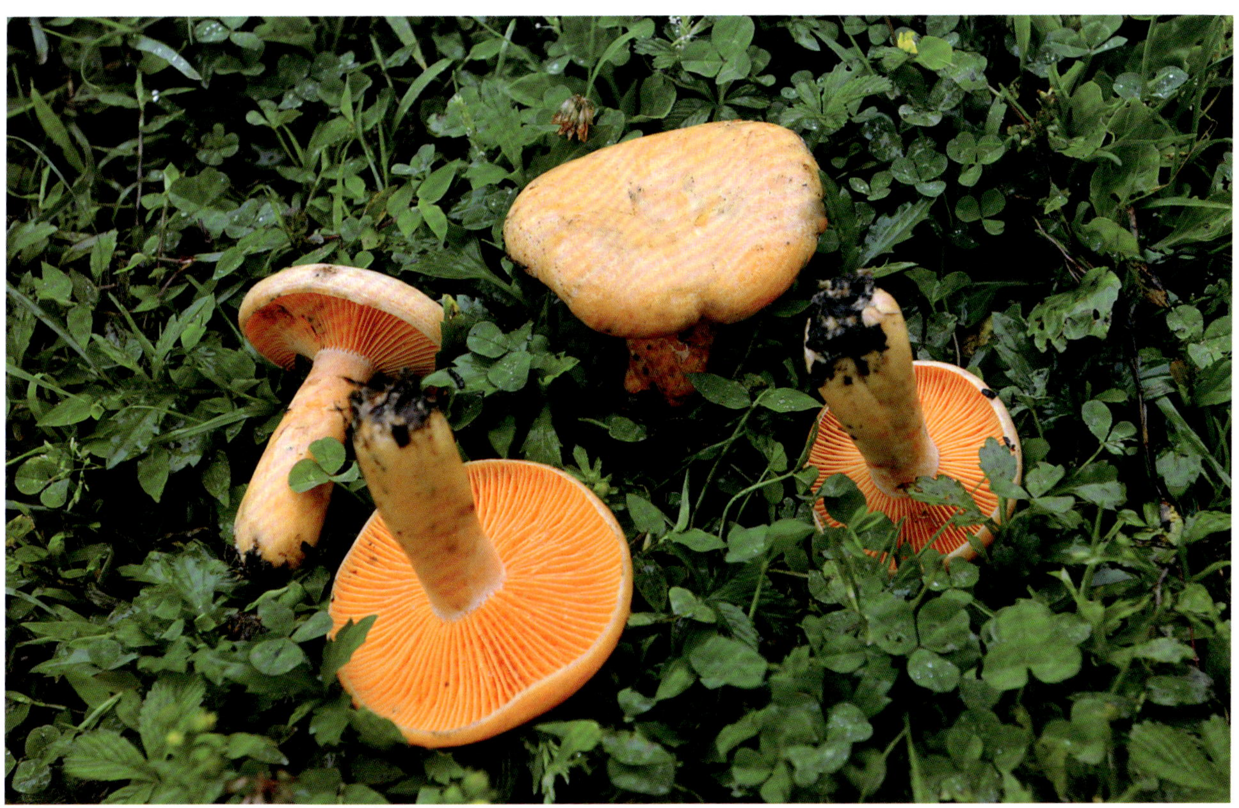

457 红汁乳菇 *Lactarius hatsudake* Nobuj. Tanaka　　摄影：吴兴亮

458 深蓝乳菇

红菇科 Russulaceae

Lactarius indigo (Schwein.) Fr., Epicr. Syst. Mycol. (Upsaliae): 341, 1838; —*Agaricus indigo* Schwein., Schr. Naturf. Ges. Leipzig 1: 87, 1822.

菌盖宽8～13cm，初期近球形，后伸展至半球形，中部下凹呈漏斗状，蓝色或灰蓝色，具显著的深蓝色的同心环纹，黏，边缘肠期内卷，后平展至上翘，有时呈波状，光滑或有微绒毛；菌肉蓝色或浅蓝色，受伤后变深蓝色或黑蓝色；菌褶延生，不等长，稀或稍密，蓝色或灰蓝色，伤变深蓝色；菌柄长3～5cm，粗1～2.5cm，圆柱形，与菌盖同色，内实，后为中空。担孢子椭圆形，有小疣，相联成棱或网状，7.5～9.3 × 5～6.8μm。

生境： 生于阔叶林中地上。

产地： 海南尖峰岭国家级自然保护区。

分布： 海南、四川、贵州。

讨论： 食用菌。

撰稿人：吴兴亮

459 黑褐乳菇

红菇科 Russulaceae

Lactarius lignyotus Fr., Monogr. Lact. Suec.: 25, 1857.

菌盖宽4～10cm，初期扁半球形，后渐平展，褐色至黑褐色，中部稍下凹，表面干，似有短绒毛，具黑褐色网纹；菌肉白色，较厚，受伤处略变红色；菌褶白色，宽，稀，延生，不等长；菌柄3～10cm，粗0.4～1.5cm，近柱形，同盖色，顶端菌褶延伸形成黑褐色条纹，基部有时具绒毛，内实。孢子9～13 × 9～11μm，球形至近球形，具小刺和网棱状网纹。

生境： 夏秋季林中地上散生。

产地： 广东车八岭国家级自然保护区。

分布： 吉林、黑龙江、江苏、安徽、福建、湖南、广东、贵州、云南、西藏。

讨论： 有人认为有毒，不宜食用。却有记载为食用菌，慎食。

撰稿人：宋　斌

458 深蓝乳菇 *Lactarius indigo* (Schwein.) Fr.　　摄影：吴兴亮

459 黑褐乳菇 *Lactarius lignyotus* Fr.　　摄影：吴兴亮

460 白乳菇

红菇科 Russulaceae

Lactarius piperatus (L.) Pers., Tent. Disp. Meth. Fung.: 64 , 1797; —*Agaricus lactifluus* var. *piperatus* (L.) Pers., Syn. Meth. Fung. (Göttingen) 2: 429, 1801; —*Agaricus piperatus* L., Sp. pl.2: 1173, 1753; —*Lactifluus pipcratus* (L.) Kuntze, Revis. Gen. pl. (Leipzig) 2: 857, 1891.

菌盖扁半球形，中央脐状，后下凹呈漏斗状，白色或稍带浅污黄白色，光滑，直径5～13cm，脆，无环带，不黏或稍黏，边缘初期内卷，后平展或稍上翘，有时呈波状；菌肉白色，受伤后不变色或微变浅土黄色，有辣味；乳汁白色，不变色；菌褶白色，极密，不等长，分叉，狭窄，近延生，后变为浅土黄色；菌柄长3～6cm，粗1.5～3cm，白色，圆柱形或向下渐细，内实，无毛。担孢子近球形或广椭圆形，有小疣或稍粗糙，无色，6.5～8.7 × 5.5～7μm；孢子印白色；囊状体梭形，50～82 × 7.5～10.5μm。

生境： 生于针叶林或针阔混交林中地上。

产地： 广西大瑶山、十万大山自然保护区；海南尖峰岭国家级自然保护区。

分布： 江苏、浙江、安徽、广东、广西、海南、贵州、云南。

讨论： 食用菌。该菌有很浓的辣味，要长时间浸泡或煮沸后除去辣味后方可以食用。

撰稿人：吴兴亮

461 血红乳菇

红菇科 Russulaceae

Lactarius sanguifluus (Paulet) Fr., Epicr. Syst. Mycol. (Upsaliae): 341, 1838; —*Hypophyllum sanguifluum* Paulet, Traité sur les Champignons Comestibles (Paris) 2: 186, tab.81, 1793; —*Lactifluus sanguifluus* (Paulet) Kuntze, Revis. Gen. pl. (Leipzig) 2: 857, 1891.

菌盖宽3～10(12)cm，扁半球形，平展至中部下凹，最后近漏斗形，边缘初内卷，橘红至浅红褐色，有绿色斑，具浅色环带或环带不明显，无毛，稍黏；菌肉浅米黄色至酒红色，菌柄近表皮处红色更显著。味道柔和，稍苦或辛辣，气味稍香；乳汁血红色至紫红色；菌褶蛋壳色，后浅红色带紫，伤变绿色，密，窄而薄，有时分叉，直生后延生；菌柄长3～6cm，粗0.8～2.5cm，等粗或基部渐细，色比菌盖浅，染有绿色斑，有时具暗酒红色凹窝，内实后中空。孢子印淡黄色，担孢子8～9.8 × 6.7～7.6μm，近球形，有疣和不完整网纹，无色，淀粉质反应；褶侧囊体54～65 × 5.5～9μm，近梭形，稀少。

生境： 夏秋季针叶林地上单生或散生。

产地： 云南保山施甸。

分布： 山西、江苏、四川、云南、西藏、甘肃、青海。

讨论： 食用。有人认为比松乳菇味好。此菌属树木的外生菌根菌。

撰稿人：何晓兰

460 白乳菇 *Lactarius piperatus* (L.) Pers. 摄影：吴兴亮

461 血红乳菇 *Lactarius sanguifluus* (Paulet) Fr. 摄影：何晓兰

462 黄乳菇

红菇科 Russulaceae

Lactarius scrobiculatus (Scop.) Fr., Epicr. Syst. Mycol. (Uppsala): 334, 1838; —*Agaricus scrobiculatus* Scop., Fl. Carniol. Edn 2 (Vienna) 2: 450, 1772.

菌盖橙黄色，有细绒毛，直径5～10cm，湿润时稍粘，初期中央脐状，后下凹成漏斗状，边缘往往内卷，后平展并上翘；菌肉白色，受伤稍带浅黄褐色，较厚；乳汁由白色变硫磺色，味苦辣；菌褶新鲜时污白色稍带浅黄色，直生或稍延生，密，不等长，靠近菌柄处往往分叉；菌柄粗壮，橙黄色，长4～6.5cm，粗1.2～2cm，白色，稍黏，圆柱形，具与菌柄同色或稍深的不规则凹窝，实心至空心。担孢子近球形或宽椭圆形，具细疣和不完整网纹，8.6～10.5 × 7.5～8.5μm。

生境： 生于阔叶林中地上。

产地： 广西大瑶山、十万大山自然保护区。

分布： 吉林、黑龙江、广西、贵州、西藏。

讨论： 毒菌。

撰稿人：吴兴亮

463 绒白乳菇

红菇科 Russulaceae

Lactarius vellereus (Fr.) Fr., Epicr. Syst. Mycol. (Uppsala): 340, 1838; —*Agaricus vellereus* Fr., Syst. Mycol. (Lundae) 1: 76, 1821; —*Lactarius vellereus* var. *velutinus* (Bertill.) Bataille, Fl. Mon. Des Ast., Lact., et Russules: 35, 1908; —*Lactarius albivellus* Romagn., Bull. Trimest. Soc. Mycol. Fr.96(1): 92, 1980.

菌盖白色，有细绒毛，直径5～15cm，不黏，中央脐状，后下凹成漏斗状，边缘往往内卷，后平展并上翘；菌肉白色或稍带浅黄褐色，较厚；乳汁白色，不变色，味苦；菌褶新鲜时白色，老后浅土黄色，厚，极稀，不等长，有时分叉，稍延生；菌柄长3～5cm，粗2～3cm，白色，有绒毛，短圆柱形，实心，稍偏生。担孢子近球形或卵圆状球形，具微小疣和联线，7～9 × 6.5～7μm。

生境： 生于针叶林或阔叶林中地上。

产地： 广西大瑶山、十万大山自然保护区。

分布： 江苏、浙江、安徽、广东、广西、海南、贵州、云南。

讨论： 毒菌。据文献记载含有轻微的毒素，食用后影响消化。常有人采食，一般经煮沸后去辣味后才食用，味不好。

撰稿人：吴兴亮

462 黄乳菇 *Lactarius scrobiculatus* (Scop.) Fr.　　摄影：吴兴亮

463 绒白乳菇 *Lactarius vellereus* (Fr.) Fr.　　摄影：吴兴亮

464 多汁乳菇

红菇科 Russulaceae

Lactarius volemus (Fr.) Fr., Epicr. Syst. Mycol. (Uppsala): 344, 1838; —*Agaricus lactifluus* L., Sp. pl.2: 1641, 1753; —*Agaricus oedematopus* Scop., Fl. Carniol. Edn 2 (Vienna) 2: 453, 1772; —*Lactarius volemus* var. *oedematopus* (Scop.) Fr., Epicr. Syst. Mycol. (Uppsala): 345, 1838; —*Lactarius ichoratus* (Batsch) Fr., Epicr. Syst. Mycol. (Uppsala): 345, 1838; —*Lactarius volemus* var. *subrugatus* Neuhoff, Pilze Mitteleuropas Die Milchlinge (Lactarii) (Stuttgart): 188, 1956.

菌盖初期扁半球形，后渐平展至中凹呈漏斗状，表面黄褐色至土红色，多覆盖有白粉状附属物，不黏，无环带，平滑或稍带细绒毛，边缘初期内卷，后伸展，直径4～11cm；菌肉乳白色，伤后变淡褐色，硬脆，肥厚致密；乳汁白色，不变色；菌褶近延生，近柄处分叉，密，不等长，白色或变淡黄色，伤后变为褐色；菌柄长3～8cm，粗1～2.5cm，近圆柱形或向下稍变细，与菌盖同色或稍淡，内实，光滑或呈细绒毡状。担孢子近球形或球形，无色至淡黄色，8～10 x 8～9μm，表面有网纹和微细疣。

生境：生于林中地上。

产地：广西大瑶山、十万大山自然保护区；海南吊罗山自然保护区。

分布：江苏、浙江、安徽、广东、广西、海南、贵州、云南。

讨论：食用菌。有抗癌活性，提取物对肉瘤S-180和艾氏腹水癌均有抑制作用。

撰稿人：吴兴亮

465 烟色红菇

红菇科 Russulaceae

Russula adusta (Pers.) Fr., Epicr. Syst. Mycol. (Upsaliae): 350, 1838; —*Agaricus adustus* Pers., Syn. Meth. Fung. (Göttingen) 2: 459, 1801; —*Omphalia adusta* (Pers.) Gray, Nat. Arr. Brit. Pl. (London) 1: 614, 1821; —*Omphalia adusta* var. *adusta* (Pers.) Gray, Nat. Arr. Brit. Pl. (London) 1: 614, 1821; —*Russula nigricans* var. *adusta* (Pers.) Barbier, So. Sci. Nat. Sâon.33(2): 91, 1907.

菌盖宽6~15cm，扁半球形，伸展后中部下凹，无毛，黏，边缘初期内卷，后平展至稍上翘，平滑无条纹，初污白色，后灰褐色、烟褐色、黑褐色至黑色；菌肉近污白色至灰白色，伤后变红色，又很快变成黑色；菌褶白色，伤后变灰红色，后变黑褐色，厚而稀，不等长，直生或近凹生，有时褶间有横脉；菌柄长4～7cm，粗2～3cm，圆柱形，初白色，后为浅灰褐色至灰褐色，实心。担孢子无色，近球形，有小疣，联成较细的不完整网纹，7～9 x 6～8μm；孢子印白色。

生境：生于针叶林或针阔混交林中地上。

产地：海南尖峰岭国家级自然保护区；广西十万大山、大瑶山国家级自然保护区。

分布：吉林、江苏、安徽、福建、江西、广东、广西、海南、四川、贵州、云南。

讨论：食用菌。但有些地区反映食用后有中毒发生，故不可轻易采食。

撰稿人：吴兴亮

464 多汁乳菇 *Lactarius volemus* (Fr.) Fr.　　摄影：吴兴亮

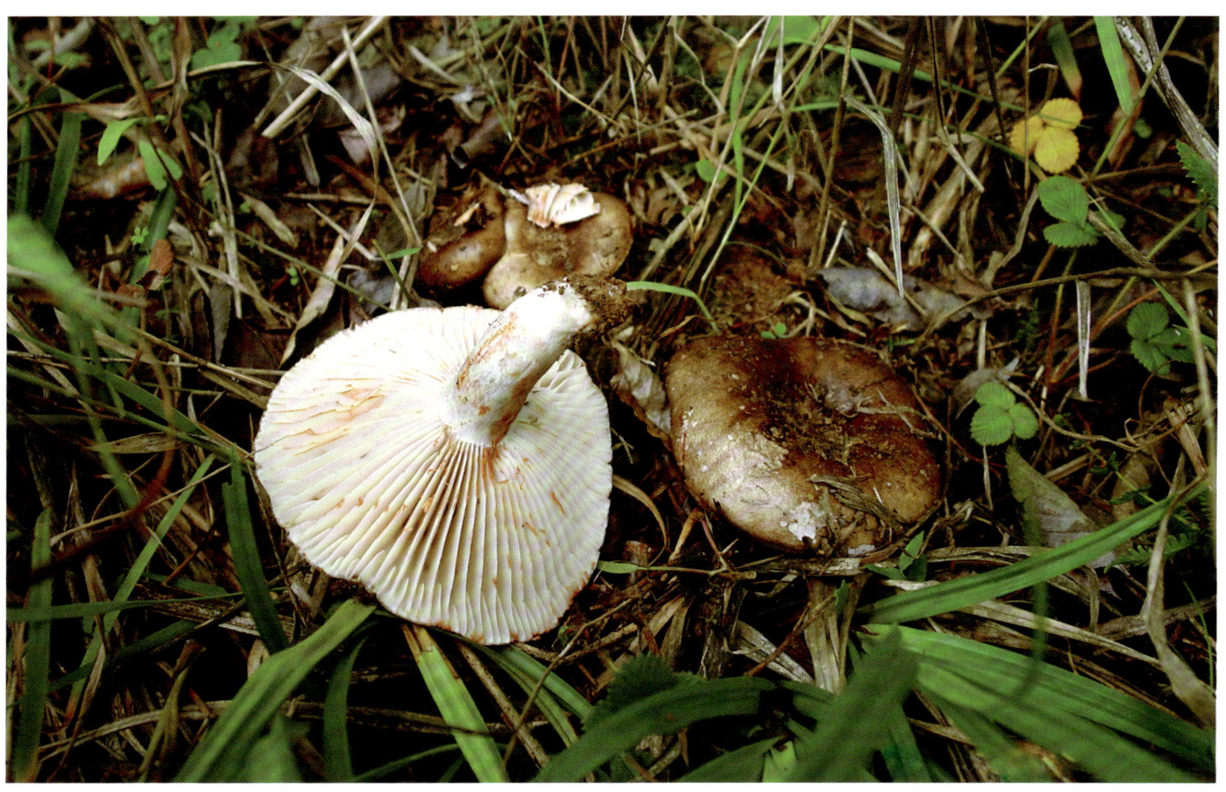

465 烟色红菇 *Russula adusta* (Pers.) Fr.　　摄影：吴兴亮

466 白红菇

红菇科 Russulaceae

Russula albida Peck, Bull. N. Y. Mus.2: 10, 1905.

菌盖宽3.5～6cm，初期近球形，后平展而中部下凹，盖缘渐逐尖薄，中央往往具乳白色或淡黄褐色污斑，盖表白色，边缘平滑，不具明显条纹；菌肉白色，无异味；菌褶白色，弯生或直生，长短一致，稍密，褶间具横隔脉；菌柄白色，圆柱形，粗而短，基部渐细，长3.5～5.5cm，粗0.8～1.6cm；内部白色，菌组织松软。孢子印白色；担孢子近球形，7～8 × 8～9μm；孢壁近光滑，无明显的脊突。

生境：生于针阔混交林中地上。

产地：广西十万大山国家级自然保护区。

分布：吉林、江苏、安徽、福建、广东、广西、四川、贵州、云南。

讨论：食用菌。本种与拟白红菇*Russula albidula* Peck. 相似，但后者孢子近球形，有明显网状脊突，6～7.5 × 7.5～10μm。

撰稿人：吴兴亮

467 革质红菇

红菇科 Russulaceae

Russula alutacea (Fr.) Fr., Epicr. Syst. Mycol. (Upsaliae): 362, 1838; —*Agaricus alutaceus* Fr., Syst. Mycol. (Lundae) 1: 55, 1821; —*Agaricus alutaceus* var. *alutaceus* Fr., Syst. Mycol. (Lundae) 1: 55, 1821; —*Russula alutacea* f. *alutacea* (Fr.) Fr., Epicr. Syst. Mycol. (Upsaliae): 362, 1838; —*Russula alutacea* var. *alutacea* (Fr.) Fr., Epicr. Syst. Mycol. (Upsaliae): 362, 1838.

菌盖宽7～12cm，初半球形，后平展至中凹形，肉质，暗苋菜红色至暗红褐色，中央色较深，湿时黏，后变干，被粉末状绒毛，盖缘整齐至偶开裂，无条纹至具微弱条纹，稍内卷、钝至近延伸；菌肉近柄处厚7～15mm，白色，伤不变色，无味道及气味；菌褶盖缘处每毫米7～8片/cm，宽10mm，乳黄色，基本等长，有分叉及横脉，直生；褶缘平滑；菌柄中生，长4.5～10.0cm，粗13～35mm，粗圆柱形，白色至微黄色，光滑无附属物，海棉质至松肉质，空心。担孢子7.5～10(~11.0) × 6.5～9.0μm，球形至近球形，黄色，有小刺或疣及部分连线。

生境：散生至群生于阔叶林中地上。

产地：云南保山施甸。

分布：河北、辽宁、吉林、黑龙江、江苏、安徽、福建、河南、广东、贵州、云南、西藏、陕西、甘肃。

讨论：食用或药用菌。入药能治腰腿疼痛、手脚麻木、筋络不舒、四肢抽搐等症。

撰稿人：宋　斌

466 白红菇 *Russula albida* Peck　　摄影：吴兴亮

467 革质红菇 *Russula alutacea* (Fr.) Fr.　　摄影：李泰辉

468 壳状红菇 红菇科 Russulaceae

Russula crustosa Peck, N. Y. State Mus.39: 41, 1887.

菌盖宽3～8.5cm，初期扁半球形，后渐平展，中凹，表面浅土黄色或浅黄褐色至灰绿褐色，中部色深，老后色变浅，湿润时较黏，中部外表面往往有斑状龟裂，老后边有棱纹；菌肉白色，伤不变色；菌褶白色，少数分叉，直生或凹生；菌柄近圆柱形，白色或稍带浅土黄色，长2～5cm，粗1～2cm，内部松软。担孢子近球形，无色，有小疣，6～8 ×5.5～7μm。孢子印白色；囊状体近梭形，47～65 ×7.3～9μm。

生境：生于针叶林或阔叶林中地上。

产地：海南尖峰岭国家级自然保护区；广西十万大山自然保护区。

分布：河北、江苏、安徽、福建、广东、广西、海南、四川、贵州、云南、陕西。

讨论：食用菌。

撰稿人：吴兴亮

469 蓝黄红菇 红菇科 Russulaceae

Russula cyanoxantha (Schaeff.) Fr., Monogr. Hymenomyc. Suec.2(2): 194, 1863; —*Russula cutefracta* Cooke, Grevillea 10(no.54): 46, 1881; —*Russula cyanoxantha* f. *pallida* Singer, Z. Pilzk.2(1): 4, 1923; —*Russula cyanoxantha* f. *peltereaui* Singer, Z. Pilzk.5(1): 15, 1925; —*Russula cyanoxantha* var. *cutefracta* (Cooke) Sarnari, Boll. Assoc. Micol. Ecol. Romana 9(no.27): 38, 1992; —*Russula cyanoxantha* f. *cutefracta* (Cooke) Sarnari, Boll. Assoc. Micol. Ecol. Romana 10(no.28): 35, 1993.

菌盖初期扁半球形，后渐平展下凹，浅紫蓝灰色、浅紫褐稍带绿色、浅青褐色至灰绿褐色，往往紫、绿、褐等各色混杂，中部色稍深，直径4～9cm；菌肉白色，表皮下淡红色或淡紫色，伤不变色；菌褶白色，较密，不等长，多分叉，褶间有横脉，近直生；菌柄长3～8cm，粗1～2.5cm，白色，近圆柱形，质脆，内部组织呈海绵质。担孢子近球形，无色，有小刺，7.2～8.8 × 5.5～7μm；孢子印白色；囊状体梭形或棒形，55～93 × 5～9μm。

生境：生于阔叶林中地上。

产地：海南五指山、尖峰岭、吊罗山、霸王岭、黎母山自然保护区。

分布：辽宁、吉林、江苏、安徽、福建、河南、广东、广西、海南、四川、云南、西藏。

讨论：食用菌。对小白鼠肿瘤有抑制作用。

撰稿人：吴兴亮

468 壳状红菇 *Russula crustosa* Peck　　摄影：吴兴亮

469 蓝黄红菇 *Russula cyanoxantha* (Schaeff.) Fr.　　摄影：吴兴亮

470 美味红菇

红菇科 Russulaceae

Russula delica Fr., Epicr. Syst. Mycol. (Uppsala): 350, 1838; —*Lactarius piperatus* β *exsuccus* Pers., Observ. Mycol. (Copenhagen) 2: 41, 1800; —*Lactarius exsuccus* (Pers.) W. G. Sm., J. Bot., London 11: 336, 1873.

菌盖初期扁半球形，中央脐状，伸展后下凹呈漏斗状，白色，后变污白色稍带蛋壳色，光滑或具细绒毛，直径5～13cm，稍黏，边缘初期内卷，后平展或稍上翘，无条纹；菌肉白色或近白色；菌褶白色或近白色，后稍带蛋壳色，中等密，不等长，分叉，狭窄，近延生；菌柄长2～4cm，粗1.5～2.5cm，白色，伤不变色，圆柱形或向下渐细，内实，光滑。担孢子近球形，小刺明显，稍有网纹，无色，7.5～10.5 x 6.8～8.8μm。孢子印白色。囊状体梭形，50～82 x 7.5～10.5μm。

生境：生于针叶林或针阔混交林中地上。

产地：广西大瑶山、十万大山自然保护区。

分布：江苏、浙江、安徽、广东、广西、海南、贵州、云南。

讨论：食用菌，其味较好。据报道，该菌有抗癌活性，对肉瘤S-180和艾氏癌均有抑制作用。

撰稿人：吴兴亮

471 密褶红菇

红菇科 Russulaceae

Russula densifolia Secr. ex Gillet, Hyménomycètes (Alençon): 231, 1876; —*Agaricus densifolivs* Secr., Myc. Suis.1: 476, 1833.

菌盖宽3～9cm，初期扁半球形，后伸展至下凹，边缘初内卷，污白色，变灰褐色、褐色、黑褐色；菌肉白色，变色与菌褶相同；菌褶密而窄，分叉，不等长，直生或近延生，近白色，伤后变粉红色，后为黑褐色；菌柄长2～4.5cm，粗0.8～1.5cm，近圆柱形，内实后中空，近白色，变色灰褐色至褐色。担孢子无色，近球形，有小疣，部分联成网纹，6.5～9 x 5～7μm；孢子印白色；囊状体棱形或棒状，45～50 x 7～8μm。

生境：生于针叶林或阔叶林中地上。

产地：广西大瑶山、十万大山自然保护区。

分布：浙江、安徽、广东、广西、海南、贵州、云南。

讨论：毒菌。

撰稿人：吴兴亮

470 美味红菇 *Russula delica* Fr.　　摄影：吴兴亮

471 密褶红菇 *Russula densifolia* Secr. ex Gillet　　摄影：吴兴亮

472 臭红菇

红菇科 Russulaceae

Russula foetens (Pers.) Pers., Observ. Mycol. (Lipsiae) 1: 102, 1796; —*Agaricus foetens* Pers., Observ. Mycol. (Lipsiae) 1: 102, 1796.

菌盖宽5～9cm，初期近球形，后扁半球形至平展，中部稍下凹，土黄色至浅黄褐色，往往中部土褐色，表面黏，盖缘初时内卷，后平展，有由小疣组成的明显棱纹，有时龟裂成不规则的块斑；菌肉污白色，表皮下带土黄白色，脆，味辣；菌褶近弯生，稍密，不等长，分叉，褶间有横脉，白色，后污白色或污叶色，往往出现褐色点或斑；菌柄长4～9cm，粗1.2～2.5cm，近圆柱形，污白色或淡黄褐色，老后有褐色斑痕，内实，后中空。担孢子近球形，有小刺，7.5～11 x 7.5～10μm；孢子印白色；囊状体披针形，无色，突出子实层部分33～50 x 8～13μm。

生境： 生于阔叶林中地上。

产地： 广西十万大山自然保护区；海南尖峰岭自然保护区。

分布： 山西、江苏、安徽、浙江、福建、河南、湖南、广西、海南、四川、贵州、云南、西藏。

讨论： 据报道有微毒，慎食。

撰稿人：吴兴亮

473 可爱红菇

红菇科 Russulaceae

Russula grata Britzelm., Hymenomyc. Südbayern 9: 239, 1893; —*Russula laurocerasi* Melzer, České Houby 2: 243, 1921; —*Russula subfoetens* var. *grata* (Britzelm.) Romagn., Russules d'Europe Afr. Nord: 340, 1967.

菌盖宽5～10cm，初期近球形，后扁半球形至平展，中部稍下凹，黏滑，土黄色、中黄色或黄褐色，盖缘初时内卷，后平展，有由小疣组成的明显棱纹，表皮往往龟裂成不规则的块斑；菌肉白色或略带淡黄色，表皮下带土黄色；菌褶弯生，密，不等长，分叉，褶间有横脉，白色，后污白色或污叶色，往往出现褐色点或斑；菌柄长4～12cm，粗1.2～2cm，近圆柱形或基部稍粗，污白色或淡褐色，有褐色斑点，内实，后中空。担孢子近球形，有小刺，8～11 x 8～10μm；孢子印白色；囊状体梭形，无色，38～51 x 9～14μm。

生境： 生于阔叶林中地上。

产地： 广西十万大山自然保护区；海南尖峰岭自然保护区。

分布： 福建、广东、广西、海南、贵州、云南、西藏。

讨论： 食用菌，味较差。据报道有微毒，慎食。

撰稿人：吴兴亮

472 臭红菇 *Russula foetens* (Pers.) Pers. 摄影：吴兴亮

473 可爱红菇 *Russula grata* Britzelm. 摄影：吴兴亮

474 触黄红菇

红菇科 Russulaceae

Russula luteotacta Rea, Brit. Basidiomyc. (Cambridge): 469, 1922; —*Russula sardonia* sensu Bresadola Icon. Mycol.9: pl.407, 1929.

担子果中等大，菌盖半球形，老后平展中部稍凹，直径3～9cm，菌盖表面朱红色、红色，有时退至粉朱红色，边缘为土黄色至浅黄白色，光滑，湿时黏，嫩时有光泽，盖缘棱纹不明显或无；菌肉白色；菌褶浅乳黄色，稍密，近延生，褶间有横脉，长短不一；菌柄长4～7cm，粗0.6～1.5cm，白色或部分乳黄色，近等粗或基部变细，内部松软，海绵质，高粗1～2cm。担孢子近球形，7～9 x 8～9μm，有疣或边线。

生境：生于林地上。

产地：广西十万大山、岑王老山、猫儿山自然保护区。

分布：福建、广西、四川、贵州、云南。

讨论：记载有毒，不可食。外生菌根菌。

撰稿人：吴兴亮

475 赭红菇

红菇科 Russulaceae

Russula mustelina Fr., Epicr. Syst. Mycol. (Uppsala): 351, 1838.

菌盖宽5～12cm，初期扁半球形，后渐平展至稍凹陷，稍黏，黄褐色或暗肉桂色，边缘色略浅，中央色较深，表面被毛，表皮有时龟裂，边缘完整或有条纹；菌肉白色；菌褶初期白色，后为淡乳黄色，不等长，有分叉，褶间有横脉，直生；菌柄长4～8cm，粗1.8～2cm，近圆柱形，白色至淡乳黄色，部分变与菌盖色相近，内部松软至中空。孢子印白色或浅黄白色；担孢子近球形，7～8.5μm，有小刺，无色。

生境：生于阔叶林中地上。

产地：广西大瑶山国家级自然保护区。

分布：江苏、福建、广东、广西、贵州。

讨论：食用菌。

撰稿人：吴兴亮

474 触黄红菇 *Russula luteotacta* Rea　　摄影：吴兴亮

475 赭红菇 *Russula mustelina* Fr.　　摄影：吴兴亮

476 黑红菇

红菇科 Russulaceae

Russula nigricans (Bull.) Fr., Epicr. Syst. Mycol. (Uppsala): 350, 1838; —*Agaricus elephantinus* Bolton, Hist. Fung. Halifax (Huddersfield) 1: 28, 1788; —*Omphalia adusta* β *elephantinus* (Bolton) Gray, Nat. Arr. Brit. Pl. (London) 1: 614, 1821; —*Russula elephantina* (Bolton) Fr., Epicr. Syst. Mycol. (Uppsala): 350, 1838; —*Russula nigrescens* Krombh., Naturgetr. Abbild. Schwämme (Prague) 9: 27, 1845.

菌盖宽6～15cm，扁半球形，伸展后中部下凹，无毛，黏，边缘初期内卷，后平展至稍上翘，平滑无条纹，初污白色，后灰褐色、暗褐色、黑褐色至黑色；菌肉近污白色至灰白色，伤后变红色，又很快变成黑色；菌褶白色，伤后变灰红色，后变黑褐色，厚而稀，不等长，直生或近凹生，有时褶间有横脉；菌柄长4～7cm，粗2～3cm，圆柱形，初白色，后为浅灰褐色、灰褐色至黑褐色，实心。担孢子无色，近球形，有小疣，联成较细的不完整网纹，7～9 x 6～8μm；孢子印白色。

生境：生于针叶林或针阔混交林中地上。

产地：海南尖峰岭国家级自然保护区；广西十万大山、大瑶山国家级自然保护区。

分布：吉林、江苏、安徽、福建、江西、广东、广西、四川、贵州、云南。

讨论：食用菌，但有些地区反映食用后有中毒发生，故不可轻易采食。

撰稿人：吴兴亮

477 美红菇

红菇科 Russulaceae

Russula puellaris Fr., Epicr. Syst. Mycol. (Upsaliae): 362, 1838. —*Russula puellaris* var. *leprosa* Bres., Fung. Trident.1: 58, 1881.

菌盖宽3.0～6.6cm，平展至中凹形，紫红色，部分老时褪至灰黄带紫红色，中部色较深，微黏，被白色短绒毛，表皮易撕裂，边缘有辐射状条纹；菌肉近柄处厚6～15mm，边缘处消失，白色至淡橙黄色，无味道；菌褶盖缘处8～14片/cm，白色至蛋白色，短延生，褶缘平滑；菌柄中生，长1.0～2.5cm，近柄顶处粗5～13mm，粗圆柱形，白色至橙色，被白色丝状绒毛，初实心，后变空心，中部海绵质。担子40～45 x 8～11μm，棒形，无色，2～4个孢子，多为4个孢子，小梗长3～7μm；担孢子8.0～9.8 x 7.0～8.5μm，近球形，具小刺，内含1个油球，无色至微黄褐色，淀粉质；侧生囊状体60～75 x 9～11μm，棒形；褶缘囊状体48～54 x 6～9μm。

生境：单生至散生于阔叶林及混交林中地上。

产地：广东英德石门台自然保护区。

分布：江苏、广东、贵州、云南、西藏。

讨论：食用菌。

撰稿人：宋　斌

476 黑红菇 *Russula nigricans* (Bull.) Fr.　　摄影：吴兴亮

477 美红菇 *Russula puellaris* Fr.　　摄影：李泰辉

478 点柄黄红菇

红菇科 Russulaceae

Russula senecis S. Imai, J. Coll. Agric., Hokkaido Imp. Univ.43: 344, 1938.

担子果中等大，极象臭黄菇，具腥臭气味及辣味；菌盖宽3～9.5cm，污黄至黄褐色，黏，边缘表皮常裂纹并有小疣组成的明显粗条棱似鱼鳃；扁半球形，平展后中部稍下凹；菌肉污白色；菌褶污白色至淡黄褐色，直生至稍延生，等长或不等长，褶缘色深且粗糙；菌柄长8～10cm，粗0.6～1.5cm，圆柱形，有时细长且基部渐细，污黄色，具暗褐色小腺点，内部松软至中空，质脆。孢子印白色。担孢子9～11 x 8.7～10μm，近球形，具明显刺棱，淡黄色；褶侧囊体近棱形，带黄色，45～55 x 8.7～10μm。

生境：夏秋季混交林地上单生或群生。

产地：广东省车八岭国家级自然保护区。

分布：河南、河北、江西、湖北、广西、广东、四川、贵州、云南、西藏、香港、台湾。

讨论：食后常引起中毒。主要表现为恶心、呕吐、腹痛、腹泻等胃肠炎症状。据试验对小白鼠肉瘤S-180的抑制率为80%，对艾氏癌的抑制率为70%。属树木的外生菌根菌。

撰稿人：李泰辉

479 黄茶红菇

红菇科 Russulaceae

Russula sororia Fr., Epicr. Syst. Mycol. (Uppsala): 359, 1838; —*Russula consobrina* var. *sororia* (Fr.) Gillet, Hyménomycètes (Alençon): 238, 1876; —*Russula consobrina* var. *intermedia* Cooke, Handb. Brit. Fung. Edn 2 (London): 329, 1889.

菌盖宽 3～8cm，初期扁半球形，后渐平展至稍凹陷，土黄色、土茶褐色或茶褐色，湿时黏，边缘色略浅，中央黄褐色，表面无毛，边缘有小疣组成的棱纹；菌肉白色，变淡灰色，具辣味；菌褶初期白色，后为淡灰色，不等长，稍密，褶间有横脉，近直生至近离生；菌柄长3～6cm，粗1～1.5cm，近圆柱形或向下渐细，白色，变淡灰色，稍被绒毛，内部松软至中空。孢子印近灰白色或浅黄白色；担孢子近球形，6～7.5 x 5.5～7μm，有小刺或疣，近无色或稍带淡黄白色。

生境：生于阔叶林中地上。

产地：广西大瑶山国家级自然保护区。

分布：吉林、浙江、广西、四川、贵州、云南。

讨论：食用菌。

撰稿人：吴兴亮

478 点柄黄红菇 *Russula senecis* S. Imai　　　　摄影：李泰辉

479 黄茶红菇 *Russula sororia* Fr.　　　　摄影：吴兴亮

480 变绿红菇

红菇科 Russulaceae

Russula virescens (Schaeff.) Fr., Anteckn. Sver. Ätl. Svamp.: 50, 1836; —*Agaricus virescens* Schaeff., Fung. Bavar. Palat.4: 40, 1774.

担子果中等大；菌盖幼时呈球形，后渐伸展，呈扁半球形，中央稍凹，直径3～10cm，不黏，浅绿色至绿色，表皮往往龟裂成不规则的块状小斑，边缘有明显的棱纹；菌肉白色，质脆；菌褶白色，近直生或离生，等长或长短不一，较密，褶间具横脉；菌柄圆柱形，长2.5～7cm，粗1～2cm，白色，光滑，内部组织呈海绵质。担孢子无色，近球形，6～8 x 5～6μm，有小疣花和纹状突起。

生境：生于针叶林或阔叶林中地上。

产地：广西大瑶山、十万大山自然保护区。

分布：江苏、浙江、安徽、广东、广西、海南、贵州、云南。

讨论：食药用菌。食味鲜美，营养丰富。据报道，该菌提取物对肉瘤S-180和艾氏腹水癌的抑制率均为70%。

撰稿人：吴兴亮

481 毛韧革菌

韧革菌科 Stereaceae

Stereum hirsutum (Willid.) Pers., Observ. Mycol. (Lipsiae) 2: 90, 1800; —*Thelephora hirsuta* Willd., Fl. Berol. Prodr., p.397, 1787; —*Stereum hirsutum* var. *cristulatum* Quél., Mém. Soc. Émul. Montbéliard, Sér.2, 3, tab.1, 1872.

担子果一年生或二年生，平伏、反卷至盖状，通常覆瓦状叠生或左右连生，有时数十个菌盖聚生，新鲜时韧革质，无嗅无味，干后革质，重量中度减轻；菌盖半圆形至贝壳状，从基部向边缘渐薄，长可达3cm，宽可达10cm, 基部厚可达2mm；盖表面浅黄色、土黄色、锈黄色、灰黄色，具同心环纹，密被灰白色至深灰色硬毛或粗茸毛；边缘锐，波状，黄褐色，干后内卷；子实层体奶油色、浅黄色、米黄色、橘黄色或棕色，光滑或具瘤状突起；菌肉奶油色，异质，革质，绒毛层与菌肉层之间有一深褐色环带，菌肉厚可达1mm。担孢子圆柱形，无色，薄壁，光滑，6.5～9 x 3～4μm。

生境：能腐生在多种阔叶树储木、栅栏木和薪炭木上。

产地：海南黎母山森林公园。

分布：安徽、福建、湖南、广西、海南、重庆、四川、贵州、云南、陕西、甘肃、宁夏、新疆。

讨论：毛韧革菌是一常见木材腐朽菌，在贮木场的原木上最常见，造成木材白色腐朽。

撰稿人：戴玉成

480 变绿红菇 *Russula virescens* (Schaeff.) Fr. 摄影：吴兴亮

481 毛韧革菌 *Stereum hirsutum* (Willid.) Pers. 摄影：戴玉成

482 扁韧革菌 韧革菌科 Stereaceae

Stereum ostrea (Blume & T. Nees) Fr., Epic. Syst. Mycol. (Uppsala), p.547, 1838; —*Thelephora ostrea* Blume & T. Nees, Nova Acta Phys. -Med. Acad. Caes. Leop. -Carol. Nat. Cur.13: 13, 1826; —*Haematostereum australe* (Lloyd) Z. T. Guo, Bull. Bot. Res., Harbin, Harbin 7(2): 55, 1987; —*Stereum australe* Lloyd, Mycol. Writ.4: 10, 1913; —*Stereum hirsutum* f. *fasciatum* (Schwein.) Pilát, Glasnik (Bull.) Soc. Scient. Skoplje 18: 18, 1938; —*Stereum perlatum* Berk., J. Bot. London 1: 153, 1842.

担子果一年生，无柄盖状，有时基部具很短的柄状结构，单生或左右连生，通常覆瓦状叠生，新鲜时革质，无嗅无味，干后较脆革质；菌盖半圆形、贝壳形、扇形，长可达6cm，宽可达14cm，基部厚可达1 mm；菌盖上表面鲜黄色，黄褐色、土黄色、灰黄色至浅栗色，具明显的同心环带，密被与菌盖颜色相同的微细短茸毛；边缘薄而锐，新鲜时金黄色，全缘或开裂，干后内卷；子实层体肉色、土黄色、蛋壳色，光滑，同心环纹或放射状纹明显或不明显；菌肉浅黄褐色，革质，厚可达0.6mm。担孢子宽椭圆形，无色，薄壁，光滑5～6 x 2.2～3μm。

生境：生在多种阔叶树储木、坑木、桩木、栅栏木和薪炭木上。

产地：海南七仙岭，吊罗山自然保护区。

分布：江苏、浙江、安徽、福建、河南、广东、广西、海南、四川、贵州、云南。

讨论：扁韧革菌是热带和亚热带地区的常见种，造成木材白色腐朽。

撰稿人：戴玉成

483 干巴菌 革菌科 Thelephoraceae

Thelephora ganbajun M. Zang, Acta Bot. Yunn.9(1): 85, 1987.

担子果较大，高5～14cm，直径4～14cm，丛生，多次珊瑚状分支，由基部较厚的干片向上依次裂成扇形至帚状小分支，表面呈灰白色或灰黑色；基部干片高2～2.5cm，有环纹，无绒毛，下部具根状菌丝；中部枝片高2～5cm；顶端枝片高3～9cm；菌肉灰白色，柔软。孢子7～12 x 6～8μm，透明微具淡褐色，多角形且有刺突，内含一个油滴，非淀粉质；囊状体52～80 x 7～14μm，长棒状或长腹鼓状。

生境：在云南地区生于思茅松，云南松林地上，并形成外生菌根。

产地：云南保山施甸。

分布：目前仅分布云南滇中和滇南的海拔600～2500m间的松林带。

讨论：味美可食，具有异香，生尝微甘。似有海藻气味，是云南产区著名的野生食菌之一。其质味比橙黄革菌和莲座革菌均好。

撰稿人：李泰辉

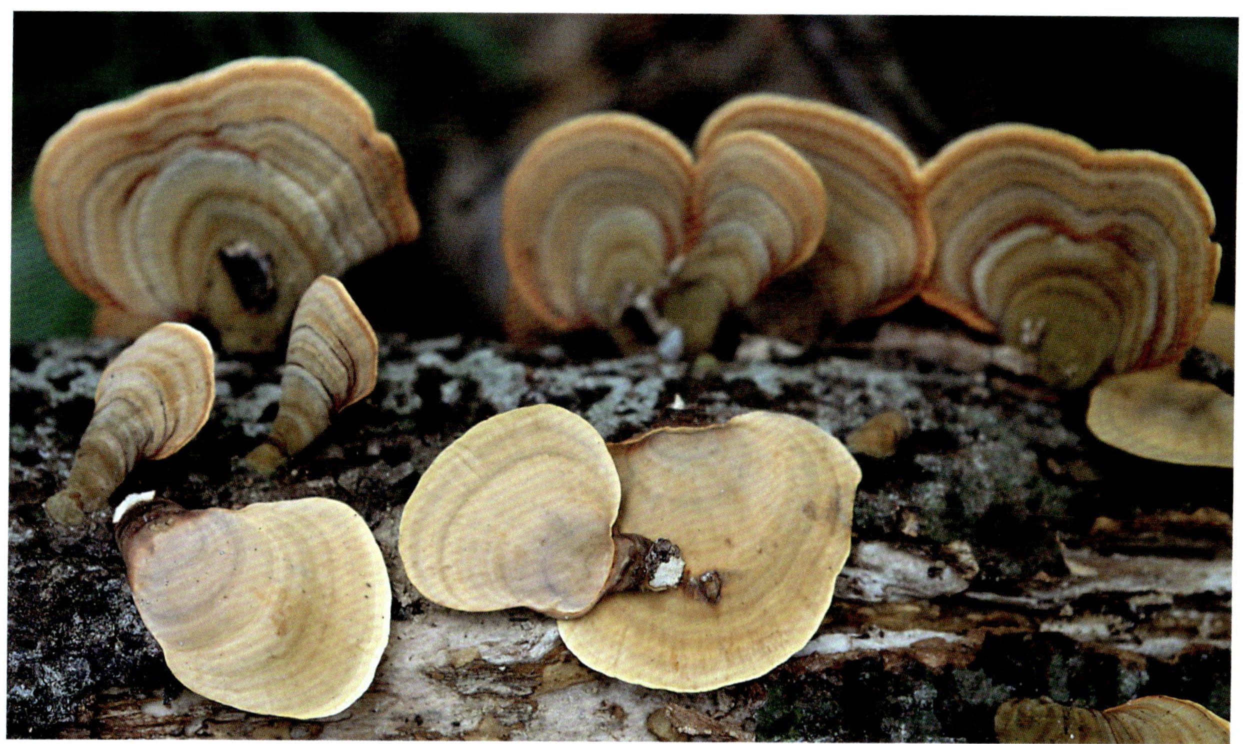

482 扁韧革菌 *Stereum ostrea* (Blume & T. Nees) Fr.　　摄影：戴玉成

483 干巴菌 *Thelephora ganbajun* M. Zang　　摄影：李泰辉

484 掌状革菌 革菌科 Thelephoraceae

Thelephora palmata (Scop.) Fr., Syst. Mycol. (Lundae) 1: 432, 1821; —*Clavaria palmata* Scop., Fl. Carniol. Edn 2 (Vienna) 2: 483, 1772; —*Merisma foetidum* Pers., Comment. Fungis Clavaeform: 92, 1797; —*Phylacteria palmata* (Scop.) Pat., Essai Tax. Hyménomyc. (Lonsle~Saunier): 119, 1900.

担子果一般小，多分枝，直立，上部由扁平的裂片组成，高2～8cm，灰紫褐色或紫褐色至暗褐色，顶部色浅呈蓝灰白色，并具深浅不同的环带，干时全体呈锈褐色；菌柄较短，幼时基部近白色，后呈暗灰至紫褐色；菌肉近纤维质或革质。孢子8～10×6～9μm，角形具刺凸起，浅黄褐色；担子70～80×9～12μm，柱状，具4小梗；菌丝有锁状联合。

生境：松林或阔叶林中地上丛生和群生。

产地：云南保山施甸。

分布：安徽、江苏、黑龙江、江西、湖南、广东、海南、云南、甘肃、香港。

讨论：有记载味稍臭，日本记载类似海藻气味。与云南产的干巴菌外形特征很相似，具有强的海藻气味，然而当地却作为气味香美的食用菌。

撰稿人：李泰辉

---

485 大链担耳 链担耳科 Sirobasidiaceae

Sirobasidium magnum Boedijn, Ann. Jard. Bot. Buitenzorg 13: 266~268, 1934; Mao, China Macrofungi, p.518, 2000.

担子果胶质，光滑，半透明，多皱褶，有平滑柔软的胶质褶壁，成熟后呈脑状或花瓣状，黄褐色、淡红褐色、棕褐色至近红褐色，直径3～8cm，高度2.5cm；干后收缩，角质，硬而脆，色变暗棕褐色；内部胶质，有弹性。子实层遍生外露表层，下担子近球形至梭形或纺锤形，4～8个成链着生，每个下担子具纵分隔或斜分隔，稀横隔，分成2～4个细胞，黄褐色，11～28×6.5～12μm，上担子近纺锤形；担孢子球形至近球形，有小尖，无色，透明，6～9.5×6～9μm。

生境：生于阔叶树的倒木上。

产地：海南文昌东郊椰林；广西大瑶山、十万大山自然保护区。

分布：福建、湖北、广西、海南、云南。

讨论：食、药兼用菌。外观似银耳科中茶银耳*Tremella foliacea* Pers.。

撰稿人：吴兴亮

484 掌状革菌 *Thelephora palmata* (Scop.) Fr. 摄影：李泰辉

485 大链担耳 *Sirobasidium magnum* Boedijn 摄影：王绍能

486 金耳

银耳科 Tremellaceae

Tremella aurantialba Bandoni & M. Zang, Mycologia 82(2): 270, 1990.

担子果中等至较大，8～15cm，宽7～11cm，呈脑状或瓣裂状，基部着生于树木上，新鲜时金黄色或橙黄色，干后坚硬，浸泡后可复原状。菌丝有锁状连合；担子圆形至卵圆，纵裂为四瓣，上担子长达125μm，下担子阔约10μm；孢子3～5 × 2～3μm，椭圆形至广卵圆形，无色。

生境： 夏秋季生于高山栎等阔叶树腐木上，有时也见生长于冷杉倒腐木上，与韧革菌*Stereum hirsutum*等有寄生或共生关系。

产地： 云南保山施甸。

分布： 四川、云南、西藏、甘肃。

讨论： 在西藏东南部及其他产区群众有采食习惯。含有甘露糖、葡萄糖及多糖。可防癌抗癌。有治肺热、气喘、高血压等作用。现已人工培养。

撰稿人：宋　斌

487 朱砂银耳

银耳科 Tremellaceae

Tremella cinnabarina (Mont.) Pat, Essai Taxonom, 20~21,1900; —*Naematelia cinnabarina* Mont., Ann(Sci)Nat, 3~10, 120, 1937; —*Tremella dahliana* Henn, in Engl. (Jahrb)25: 496, 1898; —*Tremella samoensis* Lloyd, Myc, Writ(5)875,1919.

担子果胶质，新鲜时柔软而有弹性；淡黄色、柠檬黄色、黄色至橙黄色，遇多雨淋后往往褪至淡黄白色，干后坚硬，同色或较深，鲜时宽达2.5～7cm，高1～4cm，呈皱褶或不规则的缩成大肠状，基部着生于木材上，从树皮裂缝中长出，成熟时有的裂瓣稍膨大中空。下担子顶生，倒卵形至近宽椭圆形，11～16 × 5～12μm，上担子14～19 × 2.5～4μm，顶部常膨大；担孢子近球形至宽椭圆形，6～8 × 5～7μm。

生境： 生于阔叶树的枯枝或倒木上。

产地： 海南文昌东郊椰林；广西十万大山自然保护区。

分布： 福建、湖南、广东、广西、海南、四川、贵州、云南。

讨论： 食、药用菌。

撰稿人：吴兴亮

486 金耳 *Tremella aurantialba* Bandoni & M. Zang　　摄影：李泰辉

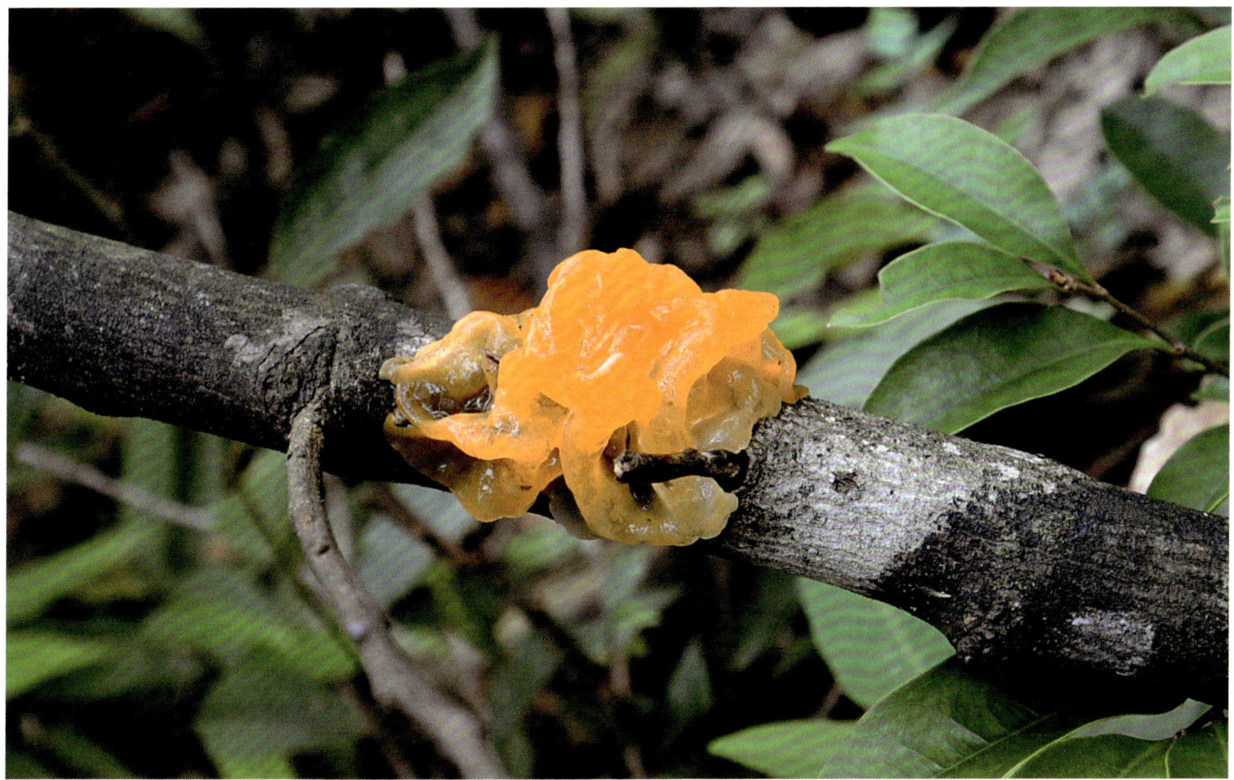

487 朱砂银耳 *Tremella cinnabarina* (Mont.) Pat　　摄影：吴兴亮

488 褐血银耳

银耳科 Tremellaceae

Tremella foliacea Pers., Observ. Mycol. (Copenhagen) 2: 98, 1799; —*Gyraria ferruginea* Gray, Nat. Arr. Brit. Pl. (London) 1: 593, 1821; —*Gyraria foliacea* (Pers.) Gray, Nat. Arr. Brit. Pl. (London) 1: 594, 1821; —*Tremella nigrescens* Fr., Summa Veg. Scand. Section Post. (Sweden): 341, 1849; —*Ulocolla foliacea* (Pers.) Bref., Untersuch. Ges. Mykol.7: 98, 1888; —*Exidia foliacea* (Pers.) P. Karst., Bidr. Känn. Finl. Nat. Folk 48: 449, 1889; —*Phaeotremella pseudofoliacea* Rea, Trans. Br. Mycol. Soc.4(5): 377, 1911; —*Tremella foliacea* var. *succinea* (Pers.) Neuhoff, Z. Pilzk.10(3): 73, 1931.

担子果红褐色或锈褐色，胶质，半透明，宽3～8cm，高3～5cm，由宽而薄的叶状瓣片组成，干后深褐色，角质。子实层覆于瓣片的两面，担子近卵形或椭圆形，深埋于子实层内，12～18 × 10～12.5μm；担孢子近球形，7.5～10 × 6.8～8μm。

生境： 生于阔叶林倒木或枯枝上。

产地： 海南文昌县东郊椰林；广西大瑶山、十万大山自然保护区。

分布： 福建、广东、广西、海南、贵州、云南。

讨论： 食、药兼用菌。该菌含有赖氨酸等16种氨基酸，其中有7种人体必需氨基酸。据报道，该菌有提高免疫力；提取物对小鼠S-180肉瘤有抑制作用。

撰稿人：吴兴亮

489 银耳

银耳科 Tremellaceae

Tremella fuciformis Berk., Hooker's J. Bot.8: 277, 1856.

担子果胶质，光滑，半透明，耳状或花瓣状，纯白色或乳白色，直径5～10cm，有平滑柔软的胶质褶壁，由3～10片扁薄而卷曲的瓣片所组成，干后收缩，角质，硬而脆，色变乳黄白色淡黄色，基部常黄褐色；每个瓣片的上下表面均为子实层所覆盖，宽3～7cm，厚2～3mm，带状至花瓣状，边缘波状或瓣裂，两面平滑。担子近球形或卵形，10～12 × 9～10μm；担孢子卵形或近球形，无色，透明，6～8.5 × 4 ～6μm。

生境： 生于阔叶树的倒木上。

产地： 海南文昌东郊椰林；广西大瑶山、十万大山自然保护区。

分布： 浙江、湖北、湖南、福建、广东、广西、海南、四川、贵州、云南、陕西。

讨论： 食、药兼用菌。清香滑润，是一种营养丰富的珍贵滋补品。据报道，该菌所含银耳多糖能促进健康人的T淋巴细胞和B淋巴细胞转化，并且能促进3H-TdR掺入体外培养的心肌炎、大动脉炎、肾病和白血病患者的淋巴细胞，提高非特异免疫功能；银耳多糖能减轻理化因素骨髓造血组织的损伤，具对抗放射与促进骨髓造血机能；提取物对小鼠S-180肉瘤有抑制作用。

撰稿人：吴兴亮

488 褐血银耳 *Tremella foliacea* Pers.　　摄影：吴兴亮

489 银耳 *Tremella fuciformis* Berk.　　摄影：吴兴亮

490 黄金银耳

银耳科 Tremellaceae

Tremella mesenterica Schaeff., Fung. Bavar. Palat. 4: Tab. 168, 1774; —*Tremella mesenterica* B *lutescens* (Pers.) Pers., Mycol. Eur. (Erlanga) 1: 100 , 1822; —*Hormomyces aurantiacus* Bonord., Handb. Allgem. Mykol. (Stuttgart) : 150, 1851; —*Tremella lutescens* Pers., Icon. Desc. Fung. Min. Cognit. (Leipzig) 2:33, 1798.

担子果胶质，新鲜时柔软而有弹性，淡黄色、黄色至橘红色，干后坚硬，同色或较深，鲜时宽达2.5～8cm，高1～2cm，呈脑状皱褶或不规则的缩成大肠状，基部着生于木材上，从树皮裂缝中长出，成熟时有的裂瓣稍膨大中空。担子卵形至近球形，13～23 x 12～18μm，深埋于担子果内；担孢子近球形至宽椭圆形，10～15 x 7～12μm。

生境：生于阔叶树的枯枝或倒木上。

产地：海南文昌东郊椰林；广西大瑶山、十万大山自然保护区。

分布：山西、福建、湖北、湖南、广东、广西、海南、四川、云南、陕西、宁夏。

讨论：食、药兼用菌。据报道，该菌治疗神经衰弱、肺热、痰多、气喘、高血压等症。

撰稿人：吴兴亮

491 珊瑚银耳

银耳科 Tremellaceae

Tremella ramarioides M. Zang, Acta Bot. Yunn.14(4): 393, 1992.

担子果胶质，光滑，珊瑚状向周围叉状分技，枝丛体高3～5cm，直径3～6cm，单技分叉，顶枝顶短而圆钝，集成珊瑚状，乳白色或淡黄白色，干后收缩，角质，硬而脆，色变乳黄白色淡黄色，基蒂常黄褐色；每个瓣片的上下表面均为子实层所覆盖，宽3～7cm，厚2～3mm，带状至花瓣状，边缘波状或瓣裂，两面平滑。担子近卵形，6～7 x 5～6μm。分生孢子椭圆形或近圆形，无色，透明，3～3.5 x 2～2.5μm。

生境：群生至丛生或叠生于阔叶树腐木上。

产地：广西九万大山、岑王老山自然保护区。

分布：广西、云南。

讨论：该菌可食。中国特有种。

撰稿人：吴兴亮

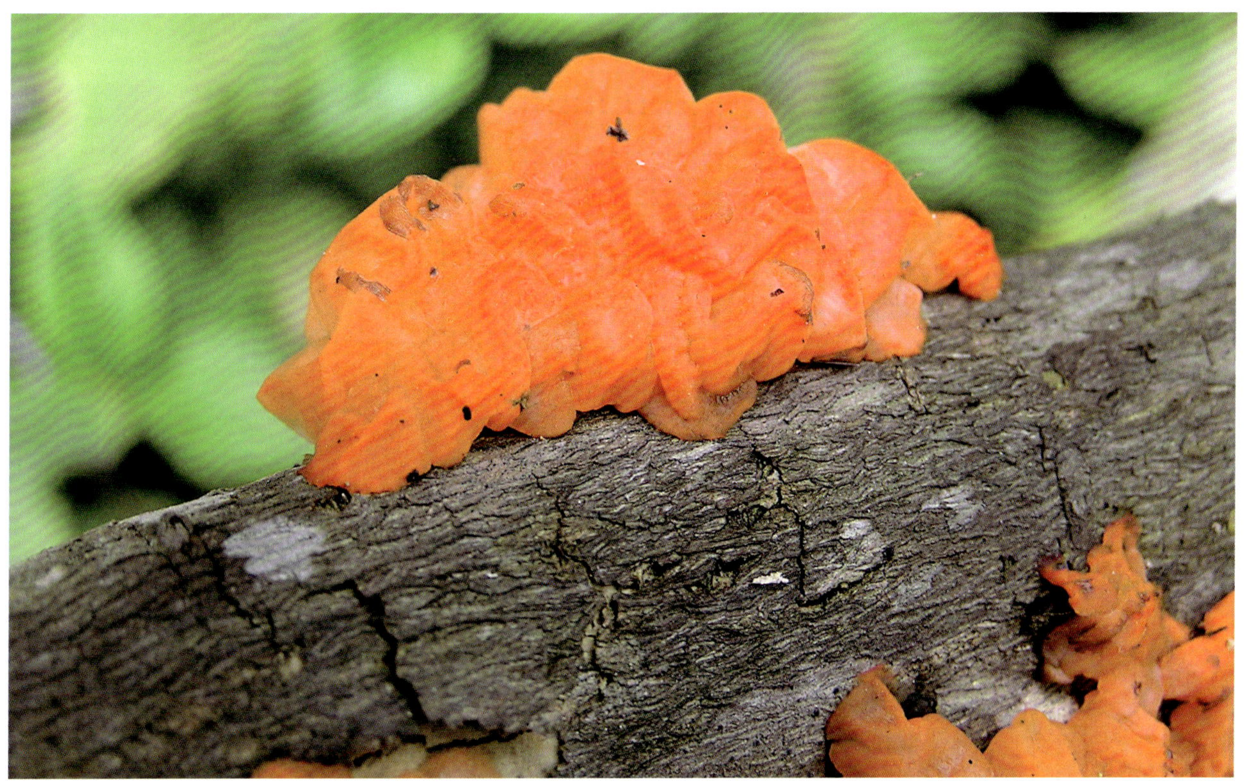

490 黄金银耳 *Tremella mesenterica* Schaeff. 摄影：李常春

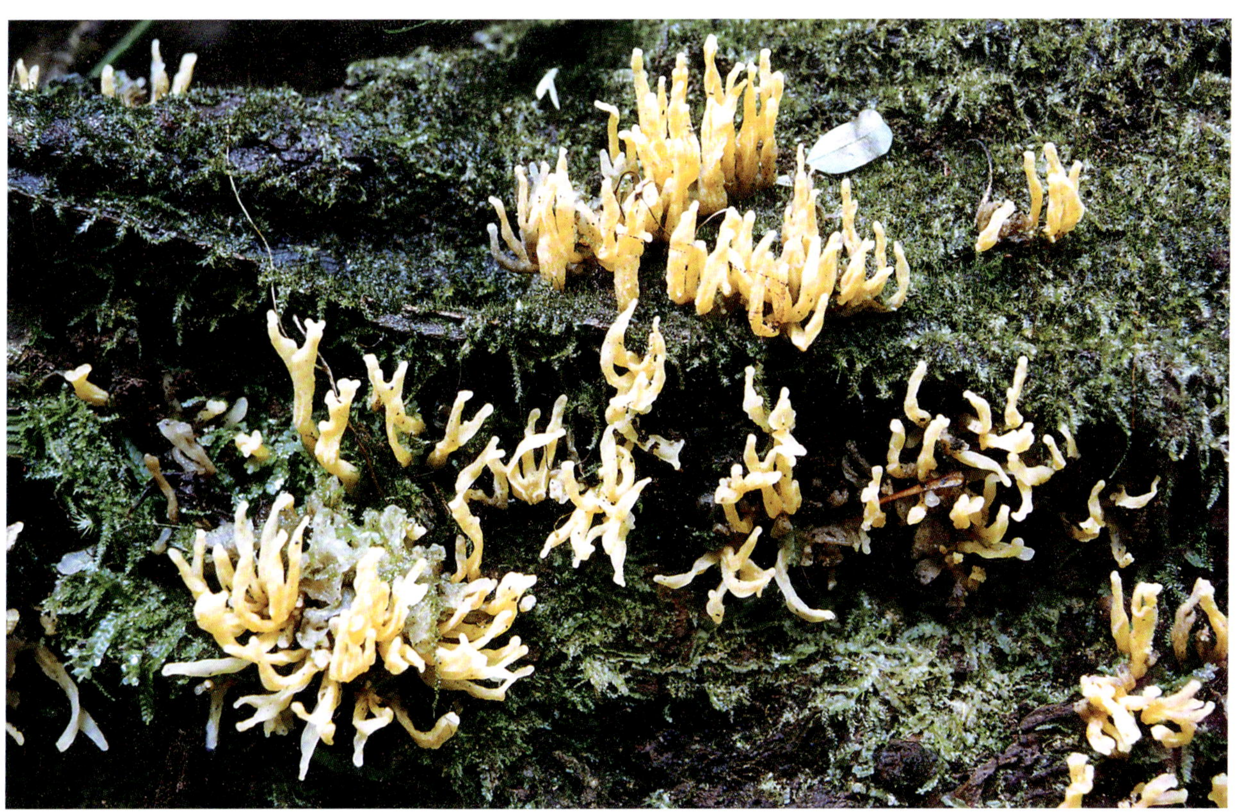

491 珊瑚银耳 *Tremella ramarioides* M. Zang 摄影：吴兴亮

492 角状胶角耳 花耳科 Dacrymycetaceae

Calocera cornea (Batsch) Fr., Stirp. Agri. Femison.5: 67, 1827; —*Calocera palmata* (Schumach.) Fr., Epicr. Syst. Mycol. (Upsaliae): 581, 1838; —*Clavaria aculeiformis* Bull., Hist. Champ. France (Paris) 10, 1785; —*Clavaria cornea* Batsch, Elench. Fung. (Halle): 139, 1783.

担子果群生至丛生，有时2~3个基部合生在一起，韧胶质，近圆柱状至锥形，单一或至不规则分叉，直立或稍弯曲，高0.5～1.5cm，粗0.3cm；新鲜时黄橙色，干后红褐色；子实层周生，平滑。担子顶端分叉，淡黄色，25～30 × 5μm；担孢子弯圆柱形，有1隔，8～11 × 3～4.5μm，以芽管或分生孢子萌发。

生境： 生于枯立木或倒腐木上。

产地： 广西十万大山、猫儿山、大瑶山、花坪自然保护区。

分布： 河北、黑龙江、吉林、浙江、甘肃、福建、河南、湖南、广东、广西、海南、四川、云南、西藏。

讨论： 食用菌。

撰稿人：吴兴亮

493 中国胶角耳 花耳科 Dacrymycetaceae

Calocera sinensis Mcnabb, N. Z. Jl Bot.3(1): 36, 1965.

担子果小，群生，新鲜时黄色、橙黄色，干后红褐色，胶质，棒状，不分叉，直立或稍弯曲，高5～9mm，粗0.5～1.5mm，基部深入着生的木材木质部。子实层周生；菌丝具隔，薄壁，光滑或粗糙，无锁状联合；原担子圆柱状至棒近，基部具锁状联合，25～52 × 3.5～5μm；叉状锁状双核化侧丝存在，菌丝状，顶端偶分叉；担孢子弯圆柱形，薄壁，具小尖，10～13 × 4.5～5.5μm。

生境： 生于枯立木或倒腐木上。

产地： 广西猫儿山自然保护区。

分布： 浙江、湖北、福建、河南、广西、四川。

讨论： 食用菌。

撰稿人：吴兴亮

492 角状胶角耳 *Calocera cornea* (Batsch) Fr.　　摄影：吴兴亮

493 中国胶角耳 *Calocera sinensis* Mcnabb　　摄影：吴兴亮

494 匙盖假花耳

花耳科 Dacrymycetaceae

Dacryopinax spathularia (Schwein.) G. W. Martin, Lloydia 11: 116, 1948; —*Cantharellus spathularius* (Schwein.) Schwein., Trans. Am. Phil. Soc., New Series 4(2): 153, 1832; —*Guepinia spathularia* (Schwein.) Fr., Elench. Fung. (Greifswald) 2: 32, 1828; —*Guepiniopsis spathularia* (Schwein.) Pat., Essai Tax. Hyménomyc.: 30, 1900.

担子果群生至丛生，菌盖匙状；胶质，新鲜时软，干后强烈收缩；橙黄色；不育面及柄表带白色，全株高5～10mm；子实层表面常具纵皱；原担子圆柱形至近棒状，基部具隔，成熟后叉状分枝。担孢子圆柱状，稍弯曲，壁薄，一端具小尖，7.8～9.5 × 4.5～5μm。具一隔，隔壁薄；分生孢子近圆形，较担孢子为小，7～8.5μm。

生境： 生于阔叶树的朽木缝隙中。

产地： 海南尖峰岭、五指山、霸王岭国家级自然保护区；广西大瑶山国家级自然保护区。

分布： 河北、吉林、江苏、浙江、安徽、江西、福建、河南、湖南、广西、海南、四川、贵州、云南、西藏。

讨论： 食用菌。

撰稿人：吴兴亮

495 黄韧钉耳

花耳科 Dacrymycetaceae

Ditiola radicata (Alb. & Schwein.) Fr., Syst. Mycol. (Lundae) 2(1): 170, 1822; —*Dacrymyces radicatus* (Alb. & Schwein.) Donk, Medded. Nedl. Mycol. Ver.18-20: 120, 1931.

担子果全体黄色至橘黄色，伸展时近平坦至下凹，宽3～6mm，胶质，新鲜时软，干后强烈收缩，干时颜色变深并且边缘高起；柄粗短，圆柱状，长达2～3mm，粗2～5mm，不育面及柄表被有白柔毛；担子圆柱形至近棒状，基部具隔；担孢子圆柱状至弯圆柱状，10～14.5 × 4～5μm。

生境： 生于阔叶树的朽木上。

产地： 海南尖峰岭、五指山国家级自然保护区。

分布： 吉林、湖南、海南。

讨论： 用途不明。

撰稿人：吴兴亮

494 匙盖假花耳 *Dacryopinax spathularia* (Schwein.) G.W. Martin 摄影：王绍能

495 黄韧钉耳 *Ditiola radicata* (Alb. & Schwein.) Fr. 摄影：吴兴亮

中国热带真菌资源极为丰富。对中国热带地区不同森林生态类型中真菌区系和种群结构的研究，对揭示森林生态系统的物质循环规律具有重要的理论意义。

（吴兴亮　摄）

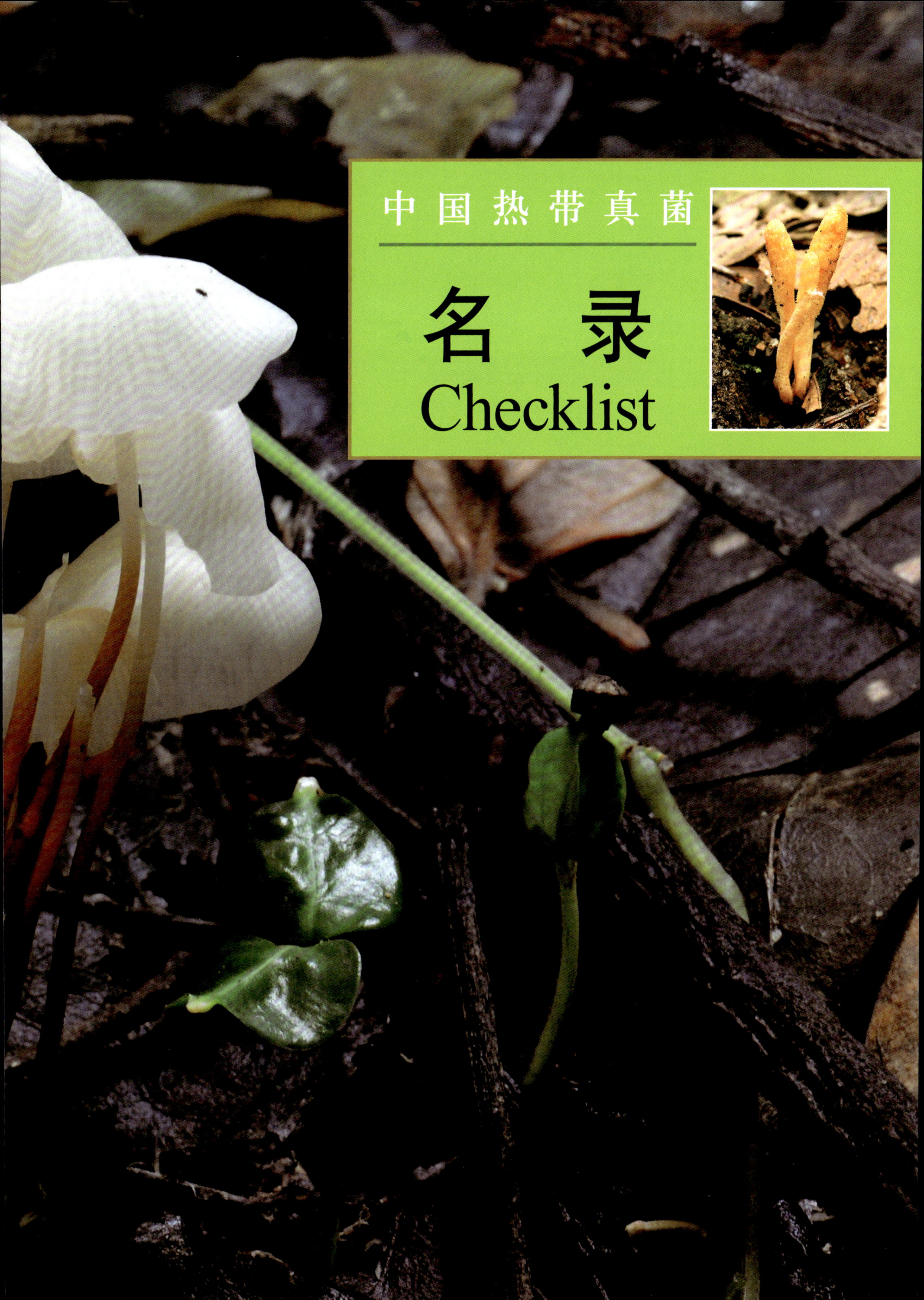
中国热带真菌
名录
Checklist

中国热带真菌名录

下列名称不包含中国热带真菌区系的所有种类，也不包括正文描述的真菌495种，但均依据作者的研究成果或来自文献资料，并依据最新《菌物字典》(第十版)(Kirk *et al*., 2008)的分类观点对名称进行了重新排列：分类等级相同的分类单元依字母顺序排列，门、纲、目、科下分类地位未定的类群均紧随其确定的最低分类级别之后依字母顺序排列。由于《菌物字典》(第十版)(Kirk *et al*., 2008)的分类系统较之前的分类系统存在着较大的变化，而且这些分类系统仍然乃至将来都处在不断完善中，书中包含的一些应重新组合但还未组合的种依然按Kirk *et al*. (2001)的分类系统处理。

Kingdom Fungi真菌界

Ascomycota子囊菌门

Pezizomycotina盘菌亚门

1. *Monodidymaria dulcamarae* (Peck) Braun.甜苦菌绒孢，生于龙葵上。
2. *Monodidymaria perfoliatei* (Ellis et Everh.) Muntanola.穿叶菌绒孢。生于飞机草等上。
3. *Monodidymaria puerariae* Shaw et Deighton.葛藤菌绒孢。生于台湾葛藤上。

Geoglossaceae地舌菌科

4. *Geoglossum atropurpureum* (Batsch) Pers.紫黑地舌菌[=*Microglossum atropurpureum* (Batsch) P. Karst.]。生于地上。
5. *Geoglossum cookeanum* Nannf.库克地舌菌。生于林中地上。
6. *Geoglossum fallax* E. J. Durand假地舌菌。生于林中地上。
7. *Geoglossum pumilum* G. Winter小地舌菌。生于林中土上。
8. *Geoglossum simile* Peck 相似地舌菌。生于土上。
9. *Geoglossum umbratile* Sacc.荫蔽地舌菌原变种。生于林中地上。
10. *Geoglossum umbratile* Sacc. var. *heterosporum* (Mains) Maas Geest.荫蔽地舌菌异孢变种。地上生。
11. *Leucoglossum durandii* (Teng) S. Imai 杜兰白舌菌[=*Trichoglossum durandii* Teng 杜兰毛舌菌]。生于阔叶林地上或有苔藓的地上。
12. *Microglossum fumosum* (Peck) E. J. Durand烟色小舌菌。林中地上。
13. *Microglossum longisporum* E. J. Durand长孢小舌菌。地上。
14. *Microglossum olivaceum* (Pers.) Gillet棕绿小舌菌。林中地上。
15. *Trichoglossum cheliense* F. L.Tai.景洪毛舌菌。地上。
16. *Trichoglossum farlowii* (Cooke) E. J. Durand 法洛毛舌菌。土上。
17. *Trichoglossum hirsutum* (Pers.) Boud.毛舌菌原变种。林中地上或有苔藓的地上。
18. *Trichoglossum hirsutum* var. *latisporum* W. Y. Zhuang毛舌菌阔孢变种。地上。
19. *Trichoglossum hirsutum* var. *longisporum* (F. L. Tai.) Mains毛舌菌长孢变种。地上。
20. *Trichoglossum kunmingense* F. L.Tai 昆明毛舌菌。生于林中地上。
21. *Trichoglossum octopartitum* Mains八段毛舌菌。生于林中地上。

22. *Trichoglossum persoonii* F. L. Tai柏松毛舌菌。生于林中地上。
23. *Trichoglossum rasum* Pat.罕见毛舌菌。生于林中地上。
24. *Trichoglossum sinicum* F. L. Tai中国毛舌菌。生于林中地上。
25. *Trichoglossum tetrasporum* Sinden & Fitzp.四孢毛舌菌。生于林中地上。
26. *Trichoglossum variabile* (E. J. Durand) Nannf.变异毛舌菌。生于林中地上或沙土上。
27. *Trichoglossum velutipes* (Peck) E. J. Durand.绒柄毛舌菌。生于针、阔叶林中地上或沙土上。
28. *Trichoglossum walteri* (Berk.) E. J. Durand.沃尔特毛舌菌。生于土上。
29. *Trichoglossum yunnanense* F. L.Tai.云南毛舌菌。林中地上。

Dothideomycetes座囊菌纲

30. *Catinella olivacea* (Batsch) Bond.绿小碗菌（绿孢盘）。段木上生。

Dothideomycetidae座囊菌亚纲

Capnodiales煤炱目

Mycosphaerellaceae球腔菌科

31. *Sphaerulina oryzina* Hara 稻球孢菌[=*Cercospora oryzae* T. Miyake稻尾孢霉]。水稻上生。

Pleosporomycetida格孢菌亚纲

Pleosporales格孢菌目

32. *Shiraia bambusicola* Henn.竹黄（竹花、竹茧、赤团子）。生于竹子上。

Eurotiomycetes散囊菌纲

Eurotiomycetidae散囊菌亚纲

Monascaceae红曲科

33. *Monascus purpureus* Went. 红曲（红曲霉、红糟、红大米）。自然界多生于乳制品中。

Eurotiales散囊菌目

Elaphomycetaceae团囊菌科

34. *Elaphomyces granulatus* Fr.粒状大团囊菌（大团囊菌）。树下地上生。

Leotiomycetes锤舌菌纲

Helotiales柔膜菌目

35. *Ascocoryne sarcoides* (Jacq.) J.W. Groves & D.E. Wilson肉质囊盘菌[=*Coryne sarcoides* (Jacq.) Tul. & C. Tul紫胶盘菌（紫胶盘）]。生于树木上。
36. *Mitrula bicolor* Pat.二色地杖菌。于林中地上生。
37. *Myriodiscus sparassoides* Boedijn 箭竹生拟胶盘菌(=*Ascotremellopsis bambusicola* Teng & S.H. Ou ex S.H. Ou胶梅)。生于竹竿节上。

Helotiaceae柔膜菌科

38. *Helotium conformatum* P. Karst．锥形柔膜菌。生于林中的落叶上。
39. *Helotium friesii* (Weinm.)Sacc．乳黄柔膜菌（蜡钉菌）。生于阔叶林中枯枝上。
40. *Helotium pallescens* (Pers.) Fr.苍白柔膜菌。生于阔叶林潮湿的枯枝上。
41. *Helotium subserotinum* Henn. & E. Nyman黄色蜡钉菌（近晚生柔膜菌）。生于树木上。
42. *Hymenoscyphus calyculus* (Sowerby) W. Phillips外花萼层杯菌。生于树木上。
43. *Hymenoscyphus serotinus* (Pers.) W. Phillips晚生层杯菌[=*Helotium serotinum* (Pers.) Fr. 晚生柔膜菌=*Lanzia serotina* (Pers.) Korf & W.Y. Zhuang晚生兰斯盘菌]。于叶脉、落叶或草本植物的茎上生。
44. *Roseodiscus rhodoleucus* (Fr.) Baral红白红杯菌（=*Hymenoscyphus rhodoleucus* （Fr．）Phill.= *Hymenoscyphus rhodoleucus* (Fr.) Z.S. Bi红白层杯菌）。生于砂岩的地衣层上。
45. *Tatraea macrospora* (Peck) Baral大孢塔特拉菌[=*Ciboria peckiana* (Cooke) Korf. 佩克杯盘菌]。于潮湿的硬木或腐木上生。

Hyaloscyphaceae晶杯菌科

46. *Albotricha acutipila* (P. Karst.) Raitv.白毛盘菌。长于芦苇*Phragmites*等单子叶植物的茎上生。
47. *Albotricha albotestacea* (Desm.) Raitv.白壳白毛盘菌。于单子叶植物的茎和叶鞘上生。
48. *Albotricha guangxiensis* W. Y. Zhuang广西白毛盘菌。生于茅草叶鞘、茎秆及竹茎上。
49. *Arachnopeziza aurata* Fuckel金蛛盘菌。生于腐木上。

50. *Arachnopeziza cornuta* (Ellis) Korf.角蛛盘菌。生于腐木上。
51. *Arachnopeziza colachna* W.Y. Zhuang & Z. H. Yu粒毛蛛盘菌。于禾本科的叶鞘和茎秆、莎草科植物的茎上生。
52. *Calycellina carolinensis* Nag Raj & W. B. Kendr.卡地黄杯菌。生于腐叶上。
53. *Cistella cf. hungarica* (Rehm) Raitv.匈牙利小毛盘菌（参照种）。于枯枝上生。
54. *Dasyscyphella nivea* (R. Hedw.) Raitv.雪白小毛钉菌。于潮湿的木头上生。
55. *Hyaloscypha albohyalina* (P. Karst.) Boud.白晶杯菌。于腐木上生。
56. *Hyaloscypha aureliella* (Nyl.) Huhtinen脂晶杯菌。于腐木上生。
57. *Lachnellula fuscosanguinea* (Rehm) Dennis.棕红长生盘菌。于针叶树树枝上生。
58. *Lachnellula rattanicola* J. Fröhl. & K.D. Hyde藤长生盘菌。于棕榈科植物上生。
59. *Lachnellula subtilissima* (Cooke) Dennis 梭孢长生盘菌。于针叶树树枝上生。
60. *Lachnum abnorme* (Mont.) J. H. Haines & Dumont.异常粒毛盘菌。于腐木、腐烂树皮、枯枝上生。
61. *Lachnum abnorme* (Mont.) J. H. Haines & Dumont. var. *sinotropicum* Z. H. Yu & W.Y.Zhuang.异常粒毛盘菌中国热带变种。于腐烂树皮上生。
62. *Lachnum albidulum* (Penz. & Sacc.) M.P. Sharma白毛粒毛盘菌。于阔叶树叶片上生。
63. *Lachnum apalum* (Berk. & Broome) Nannf. 柔弱粒毛盘菌[=*Dasyscyphus apalus*（Berk. et Br.）Denn. 柔弱毛钉菌]。群生于混交林的腐木上。
64. *Lachnum attenuatum* J. H. Haines & Dumont狭粒毛盘菌。于腐烂枝条上生。
65. *Lachnum bannaënse* Z.H. Yu & W.Y. Zhuang版纳粒毛盘菌。于腐烂树皮和尖叶楼梯草枝条上生。
66. *Lachnum brasiliense* (Mont.) J. H. Haines & Dumont巴西粒毛盘菌。于腐烂树皮及枝条上生。
67. *Lachnum brevipilosum* Baral短毛粒毛盘菌。于腐木、腐烂树皮、木屑及Rubus茎上生。
68. *Lachnum calosporum* (Pat. & Gaillard) J.H. Haines & Dumont美粒毛盘菌。于腐木及树皮上生。
69. *Lachnum carneolum* (Sacc.) Rehm肉色粒毛盘菌。于单子叶植物和双子叶植物的叶片上生。
70. *Lachnum cylindricum* W. Y. Zhuang & K. D. Hyde柱孢粒毛盘菌。于腐烂的竹茎上生。
71. *Lachnum flavidulum* (Rehm) J. H. Haines黄粒毛盘菌。于蕨上生。
72. *Lachnum foliicola Keissl*.叶生粒毛盘菌。于杜鹃属植物*Rhododendron* sp.的叶背面生。
73. *Lachnum fushanense* M. L. Wu & J. H. Haines福山粒毛盘菌。于双子叶植物叶上生。
74. *Lachnum granulatum* W.Y. Zhuang, Yanna & K.D. Hyde粒丝粒毛盘菌。于省藤属植物花序的分枝上生。
75. *Lachnum hainanense* W. Y. Zhuang & Zheng Wang.海南粒毛盘菌。于双子叶植物叶上生。
76. *Lachnum hyalopus* (Cooke & Massee) Spooner禾本科粒毛盘菌。于腐生于五节芒或草本植物等的茎上生。
77. *Lachnum javanicum* (Henn. & E. Nyman) J.H. Haines, Korf & W.Y. Zhuang爪哇粒毛盘菌。于树皮及树枝上生。
78. *Lachnum kumaonicum* (M. P. Sharma) M. P. Sharma库蒙粒毛盘菌。于腐烂的竹子上生。
79. *Lachnum lanariceps* (Cooke & W. Phillips) Spooner树蕨粒毛盘菌。一般在树蕨上生。
80. *Lachnum lushanense* W. Y. Zhuang & Zheng Wang.庐山粒毛盘菌。于单子叶植物茎秆、草本双子叶植物茎、棕榈上生。
81. *Lachnum mapirianum* (Pat. & Gailard) M. P. Sharma马地上粒毛盘菌。于叶片上生。
82. *Lachnum mapirianum* var. *sinense* Z. H. Yu & W.Y. Zhuang马地上粒毛盘菌中国变种。于叶片上生。
83. *Lachnum nudipes* (Fuckel) Nannf. 裸粒毛盘菌。于草本双子叶植物及*Miscanthus*等单子叶植物的茎上生。
84. *Lachnum oncospermatum* (Berk. & Broome) M. L. Wu & J. H. Haines瘤状粒毛盘菌。于桫椤科植物Cytheaceae叶轴上生。
85. *Lachnum palmae* (Kanouse) Spooner棕榈粒毛盘菌。于蒲葵及棕榈科植物的叶上生。
86. *Lachnum pritzelianum* (Henn.) Spooner蒲葵粒毛盘菌。于棕榈上生。
87. *Lachnum pritzelianum* var. *longipilosum* Z.H. Yu & W. Y. Zhuang蒲葵粒毛盘菌长毛变种。于蒲葵叶上生。
88. *Lachnum privum* Z. H. Yu & W. Y .Zhuang五指山粒毛盘菌。于棕榈上生。
89. *Lachnum pseudocorreae* W. Y. Zhuang & Z. H. Yu短囊粒毛盘菌。于蒲葵叶片上生。
90. *Lachnum pseudosclerotii* Z. H. Yu & W. Y. Zhuang假斯氏粒毛盘菌。于竹子上生。
91. *Lachnum pteridophyllum* (Rodway) Spooner蕨粒毛盘菌。于蕨上生。
92. *Lachnum pygmaeum* (Fr.) Bres.根粒毛盘菌。于树根及树皮上生。
93. *Lachnum sclerotii* (A. L. Sm.) J. H. Haines & Dumont斯氏粒毛盘菌。于腐烂树皮、枝条、腐木上生。
94. *Lachnum sichuanense* (M. Ye & W. Y. Zhuang) W. Y. Zhuang & M. Ye四川粒毛盘菌。于蔷薇科植物枝上。
95. *Lachnum singerianum* (Dennis) W.Y. Zhuang & Zheng Wang辛格粒毛盘菌。于蕨上生。

96. *Lachnum stipulicola* J. H. Haines 叶鞘生粒毛盘菌。于腐烂的竹子上生。
97. *Lachnum subpygmaeum* W.Y. Zhuang亚根粒毛盘菌。于腐木、枯枝上生。
98. *Lachnum taiwanense* J.H. Haines, M.L. Wu & Yei Z. Wang台湾粒毛盘菌。于植物虎杖*Polygonum cuspidatum*茎上生。
99. *Lachnum virgineum* (Batsch) P. Karst洁白粒毛盘菌。于腐木、树皮、茎上生，偶尔单子双植物、松果、蕨上。
100. *Lachnum willisii* (G. W. Beaton) Spooner威氏粒毛盘菌。于樟属植物*Cinnamomum* sp.等叶上生。
101. *Lasiobelonium guangxiense* W. Y. Zhuang广西针毛盘菌。生于枝条上。
102. *Parachnopeziza bambusae* Arendh. & R. Sharma.竹近蛛盘菌。生于小竹子茎或大型单子叶植物叶鞘上。
103. *Parachnopeziza guangxiensis* W. Y. Zhuang & Korf.广西近蛛盘菌。生于一种大型单子叶植物的穗上。
104. *Parachnopeziza sinensis* W. Y. Zhuang & Korf.中国近蛛盘菌。生于竹和其他单子叶植物的叶鞘上。
105. *Parachnopeziza variabilis* W.Y. Zhuang & K. D. Hyde变异近蛛盘菌。长于一种大型单子叶植物的穗上生。
106. *Perrotia atrocitrina* (Berk. & Broome) Dennis黑黄钝囊盘菌。于腐木上生。
107. *Perrotia hongkongensis* W. Y. Zhuang & K. D. Hyde香港钝囊盘菌。于双子叶植物叶片上生。
108. *Perrotia nanjenshana* Y. Z. Wang & J.H .Haines南靖山钝囊盘菌。于阔叶树枯枝上生。
109. *Perrotia pilifera* W. Y. Zhuang & Z. H. Yu.毛丝钝囊盘菌。于枯枝上生。
110. *Perrotia yunnanensis* W. Y. Zhuang & Z. H. Yu.云南钝囊盘菌。于枯枝上生。
111. *Phialina damingshanica* W. Y. Zhuang大明山隔毛小杯菌。生于潮湿的硬木上。
112. *Polydesmia pteridicola* W. Y. Zhuang蕨叶生多丝盘菌。于蕨叶的病斑上生。
113. *Proliferodiscus inspersus* (Berk. & M. A. Curtis) J. H. Haines & Dumont 层出盘菌。于腐木、腐枝、树皮上生。
114. *Psilachnum hainanense* W. Y. Zhuang海南短毛盘菌。于腐烂枝条及草本植物茎上生。

Rutstroemiaceae蜡盘菌科

115. *Dicephalospora rufocornea* (Berk. & Broome) Spooner橙红二头孢盘菌。在树皮等及草本植物的茎上。
116. *Lambertella aurantiaca* V. P. Tewari & D. C. Pant.橙色兰伯盘菌。在不同植物子座化的叶脉、叶柄等上。
117. *Lambertella corni-maris* Höhn.兰伯盘菌。在植物外果壳及潮湿的腐木上。
118. *Lambertella jasmini* Seaver, Whetzel & Dumont茉莉兰伯盘菌。生于子座化的牛油果花瓣上。
119. *Lambertella korfii* W.Y. Zhuang柯夫兰伯盘菌。生于子座化的植物叶柄和中脉上。
120. *Lambertella tewarii* Dumont台氏兰伯盘菌。生于子座化的植物叶片上。
121. *Lambertella verrucosispora* W. Y. Zhuang疣孢兰伯盘菌。生于子座化的植物叶柄等上。
122. *Lambertella xishuangbanna* W. Y. Zhuang版纳兰伯盘菌。于子囊盘沿子座化的叶脉成列生长。
123. *Lambertella zeylanica* Dumont锡兰兰伯盘菌。生于子座化的植物叶片及铁仔落叶上。
124. *Moellerodiscus lentus* (Berk. & Broome) Dumont莫勒盘菌。被子植物花瓣及松属植物果实上。
125. *Rutstroemia conformata* (P. Karst.) Nannf. 同型蜡盘菌。生于落叶上。

Sclerotiniaceae核盘菌科

126. *Botryotinia allii* (Sawada) W. Yamam.葱葡萄孢盘菌[=*Ciborinia allii* (Sawada) L. M. Kohn葱叶杯菌]。长于葱*Allium fistulosum*上。
127. *Ciboria americana* E. J. Durand.美洲杯盘菌。长于栲树*Castanopsis* sp.的果壳及刺上。
128. *Ciboria shiraiana* (Henn.) Whetzel桑实杯盘菌。生于桑树落果上。
129. *Monilinia fructigena* Honey果产链核盘菌。生于苹果属等植物上。
130. *Monilinia mali* (Takah.) Whetzel苹果链核盘菌。生于苹果属植物*Malus*的花上。
131. *Sclerotinia sclerotiorum* (Lib.)de Bary核盘菌。在油菜等植物的菌核上生。

Leotiomycetidae锤舌菌亚纲

Leotiales锤舌菌目

Bulgariaceae胶鼓菌科

132. *Bulgaria inquinans* (Pers.) Fr. 污胶鼓菌(胶陀螺、猪嘴蘑、木海螺）。生于林中腐木上或地上。

Leotiaceae锤舌菌科

133. *Leotia lubrica* (Scop.) Pers．润滑锤舌菌。生于林中地上。

Rhytismatales

Cudoniaceae**地锤菌科**

134. *Spathularia flavida* Pers.地匙菌[=*Spathularia clavata* (Schaeff.) Sacc.棒形地匙菌]。生于林中落叶层和腐殖质层上，或于苔藓的地上。
135. *Spathulariopsis velutipes* (Cooke & Farl. ex Cooke) Maas Geest.绒柄拟地匙菌[=*Spathulariopsis velutipes* (Cooke & Farlow) Mass Geest.绒柄地匙菌]。生于具落叶或腐殖质层的林地上。

Pezizomycetes**盘菌纲**

Pezizomycetidae**盘菌亚纲**

Pezizales**盘菌目**

Ascobolaceae**粪盘菌科**

136. *Ascobolus carbonarius* P. Karst.碳色粪盘菌（土粪盘菌）。生于林中牛粪上。
137. *Ascobolus stercorarius* (Bull.) J. Schröt.牛粪盘菌。生于林中牛粪上。

Chorioactidaceae**绒星盘菌科**

138. *Wolfina oblongispora* (J.Z. Cao) W.Y. Zhuang & Zheng Wang长孢沃尔夫盘菌。于腐木上生。

Discinaceae**平盘菌科**

139. *Gyromitra esculenta* (Pers.) Fr. 鹿花菌（河豚菌、鹿花蕈）。于树生或林中地上生。

Helvellaceae**马鞍菌科**

140. *Helvella acetabulum* (L.) Quél.碟形马鞍菌。于林中地上生。
141. *Helvella elastica* Bull.马鞍菌（弹性马鞍菌）。生于林中地上。
142. *Helvella ephippium* Lév. 灰褐马鞍菌（灰马鞍菌）。于林中地上生。
143. *Helvella lactea* Boud. 乳白马鞍菌（纯白马鞍菌）。于林中地上生。
144. *Helvella lacunosa* Afzel棱柄马鞍菌（多洼马鞍菌）。于林中地上生。
145. *Helvella macropus* (Pers.) P. Karst. 粗柄马鞍菌于林中地上生[=*Macropodia macropus* (Pers.) Fuckel灰高马鞍菌]。生于林地上。

Morchellaceae**羊肚菌科**

146. *Morchella angusticeps* Peck黑脉羊肚菌（小尖羊肚菌）。于地上生。
147. *Morchella elata* Fr. 高羊肚菌（较高羊肚菌）。于地上生。
148. *Morchella esculenta* (L.) Pers.羊肚菌（羊肚菌、美味羊肚菌）。于地上生。
149. *Morchella vulgaris* (Pers.) Boud.普通羊肚菌[=*Morchella conica* Pers.尖顶羊肚菌(锥形羊肚菌)]。生于林中地上。

Pezizaceae**盘菌科**

150. *Peziza arenaria* Osbeck无心菜盘菌(=*Peziza ampelina* Quél.藤盘菌)。生于土上。
151. *Peziza vesiculosa* Bull.泡质盘菌。夏秋季生于空旷处的肥土及粪堆上，往往成群生长在一起。

Pyronemataceae**火丝菌科**

152. *Flavoscypha cantharella* (Fr.) Harmaja鸡油金杯菌[=*Otidea concinna* (Pers.) Sacc优雅侧盘菌]。秋季生于阔叶林中地上或苔藓间。
153. *Humarina leucoloma* (Hedw.)Seaver白边小土盘菌。生于腐殖质土上。
154. *Otidea leporina* (Batsch) Fuckel 兔耳侧盘菌。夏秋季在针叶林或阔叶林地上群生或近丛生。
155. *Otidea umbrina* (Pers.) Bres.褐侧盘菌。于林中地上生。
156. *Scutellinia lusatiae* (Cooke) Kuntze，红盾盘菌。生于腐木上。

Sarcoscyphaceae**肉杯菌科**

157. *Aurophora dochmia* (Berk. & M.A. Curtis) Rifai耳盘菌。木生。
158. *Cookeina colensoi* (Berk.) Seaver皱缘毛杯菌。在阔叶林中地上木生。
159. *Cookeina indica* Pfister & R. Kaushal印度毛杯菌。在腐木、枯枝上生。
160. *Cookeina insititia* (Berk. & M.A. Curtis) Kuntze大孢毛杯菌(大孢刺杯菌)。在枯枝、腐木上生。
161. *Cookeina sinensis* Zheng Wang中国毛杯菌。在腐木、枯枝上生。
162. *Cookeina speciosa* (Fr.) Dennis艳毛杯菌。枯枝、腐木上生。
163. *Kompsoscypha waterstonii* (Seaver) Pfister沃氏艳丽盘菌。在枯枝、硬木、单子叶植物根或茎基部生。
164. *Microstoma floccosum* (Schwein.) Raitv. 卷毛小口盘菌[=*Sarcascypha floccosa* (Schwein.) Cooke长白毛杯菌(白毛肉杯

菌)]。在枯枝、腐枝、腐木上生。
165. *Nanoscypha pulchra* Denison美丽小杯菌。在枯枝上生。
166. *Phillipsia carnicolor* Le Gal肉色歪盘菌。在枯枝上生。
167. *Phillipsia chinensis* W. Y. Zhuang 中华歪盘菌。生于木上。
168. *Phillipsia costaricensis* Denison.哥地歪盘菌。枯枝上生。
169. *Phillipsia crenulopsis* W. Y. Zhuang.拟波缘歪盘菌。在腐木、腐枝上生。
170. *Phillipsia domingensis* Berk.多地歪盘菌。生于腐木上。
171. *Phillipsia hartmannii* (W. Phillips) Rifai哈特曼歪盘菌。于腐木上生。
172. *Phillipsia subpurpurea* Berk. & Broome近紫歪盘菌。生于林地上。
173. *Pithya cupressina* Fuckel柏小艳盘菌。于针叶树落叶、枯枝上生。
174. *Sarcoscypha cerebriformis* W. Y. Zhuang & Zheng Wang 脑纹孢肉杯菌。于硬木上生。
175. *Sarcoscypha humberiana* F. A. Harr.汉氏肉杯菌。于腐枝上生。
176. *Sarcoscypha mesocyatha* F. A. Harr.平盘肉杯菌。于腐木、腐枝上生。
177. *Sarcoscypha occidentalis* (Schwein.) Cooke西方肉杯菌。于腐木、腐枝上生。
178. *Sarcoscypha shennongjiana* W. Y. Zhuang神农架肉杯菌。生于阔叶树树枝上。

Rhizinaceae根瘤菌科

179. *Rhizina undulata* Fr. 波状根盘菌。于林下生。

Sarcosomataceae肉盘菌科

180. *Galiella celebica* (Henn.) Nannf. 盔胶盘菌(小孢盖尔盘菌)。在腐木生。
181. *Plectania campylospora* (Berk.) Nannf. 弯孢暗盘菌。生于腐木上。
182. *Plectania melastoma* (Sowerby) Fuckel暗盘菌。在腐木上生。
183. *Plectania yunnanensis* W.Y. Zhuang 云南暗盘菌。在腐枝上生。
184. *Pseudoplectania nigrella* (Pers.) Fuckel假黑盘菌。生于腐木上。
185. *Sarcosoma thwaitesii* (Berk. & Broome) Petch黄肉盘菌。生于林中腐木上。

Tuberaceae块菌科

186. *Tuber aestivum* Vittad.夏块菌。生于林区地上。

Sordariomycetes粪壳菌纲

Meliolomycetidae小煤炱亚纲

Meliolales小煤炱目

Meliolaceae小煤炱科

187. *Amazonia celatri* Y. X. Hu et B. Song in B. Song南蛇藤双孢炱。生于南蛇藤植物叶上。
188. *Amazonia peregrina* (Syd. & P. Syd.) Syd. & P. Syd.外来双孢炱。生于金珠柳等植物叶上。
189. *Amazonia rogergoosii* B. Song, T.H. Li & Hosag.罗基双孢炱。生于植物的叶上。
190. *Appendiculella arisanensis* (W. Yamam.) Hansf. 阿里山附丝壳。生于柯属等植物叶上。
191. *Appendiculella calostroma* (Desm.) Höhn. 美座附丝壳。生于香花枇杷等植物叶上。
192. *Appendiculella caseariicola* H. Hu嘉赐树生附丝壳。生于毛叶嘉赐树植物叶上。
193. *Appendiculella castanopsifoliae* (W. Yamam.) Hansf.杏叶柯附丝壳。生于石栎属等植物叶上。
194. *Appendiculella cunninghamiae* Y. X. Hu & B. Song杉木附丝壳。生于杉属植物叶上。
195. *Appendiculella engelhar*dtiae (W. Yamam.) Hansf. 黄杞附丝壳。生于黄杞属等植物叶上。
196. *Appendiculella engelhardtiicola* H. Hu黄杞树生附丝壳。生于黄杞植物叶上。
197. *Appendiculella kiraiensis* (W. Yamam.) Hansf. 梭孢附丝壳。生于肉桂等樟科植物叶上。
198. *Appendiculella konishii* (W. Yamam.) Hansf. 栲叶柯附丝壳。生于油叶石栎等植物叶上。
199. *Appendiculella lithocarpicola* (W. Yamam.) Hansf. 柯生附丝壳。生于柯属等植物叶上。
200. *Appendiculella micheliicola* J. C. Yang含笑生附丝壳。生于含笑属植物叶上。
201. *Appendiculella musyaensis* (W. Yamam.) Hansf.聚附丝壳。生于长柄海岛越桔植物叶上。
202. *Appendiculella photinic*ola (W. Yamam.) Hansf.石楠生附丝壳。生于石楠属等植物叶上。
203. *Appendiculella sinsuiensis* (W. Yamam.) Hansf.大孢附丝壳。生于柯属等植物叶上。

204. *Appendiculella stranvaesiicola* (W. Yamam.) Hansf.红果树生附丝壳。生于石楠属等植物叶上。
205. *Appendiculella styracicola* (W. Yamam.) Hansf.安息香生附丝壳原变种。生于广东木瓜红等植物叶上。
206. *Armatella formosana* W. Yamam.台湾明孢炱。生于樟属等植物叶上。
207. *Armatella litseae* (Henn.) Theiss. & Syd. var. *bonineensis* Katum. & Y. Harada木姜子明孢炱对称变种。生于樟科植物叶上。
208. *Armatella litseae* (Henn.) Theiss. & Syd.木姜子明孢炱原变种。生于新木姜子属等樟科植物叶上。
209. *Armatella longispora* W.Yamam.长孢明孢炱。生于阴香等樟科植物叶上。
210. *Asteridiella aberrans* (F. Stevens) Hansf.奇异小光壳炱。生于双齿山茉莉植物叶上。
211. *Asteridiella acronychiae* Y. X. Hu 降真香小光壳炱。生于山油柑植物叶上。
212. *Asteridiella adinandricola* H. Hu杨桐树生小光壳炱。生于尖叶黄瑞木等植物叶上。
213. *Asteridiella arachnoidea* (Speg.) Hansf. 蛛丝小光壳炱。生于菜豆树属等植物叶上。
214. *Asteridiella aucubae* (Henn.) Hansf.桃叶珊瑚小光壳炱。生于香港四照花植物叶上。
215. *Asteridiella blumeicola* H. Hu艾纳香生小光壳炱。生于大头艾纳香等植物叶上。
216. *Asteridiella castanopsidis* (Hansf.) Hansf. 栲小光壳炱。生于南岭栲等植物叶上。
217. *Asteridiella cecropiicola* (Hansf.) Hansf. 惜古比生小光壳炱。生于假鹊肾树等植物叶上。
218. *Asteridiella confragosa* (Syd. & P. Syd.) Hansf. 不平小光壳炱。生于芋叶栝楼植物叶上。
219. *Asteridiella cratoxylicola* Y. X. Hu黄牛木生小光壳炱。生于黄牛木 植物叶上。
220. *Asteridiella cyclobalanopsidicola* (W. Yamam.) Hansf.槠生小光壳炱。生于柯属等植物叶上。
221. *Asteridiella deightonii* (Hansf.) Hansf. 戴托里小光壳炱。生于海南蕑柊的叶上。
222. *Asteridiella ebuli* (W. Yamam.) Hansf.接骨木小光壳炱。生于接骨草植物叶上。
223. *Asteridiella engelhardtiicola* H. Hu黄杞树生小光壳炱。生于少叶黄杞植物叶上。
224. *Asteridiella entebbeensis* (Hansf. & F. Stevens) Hansf. 恩德培小光壳炱。生于黑面神等植物叶上。
225. *Asteridiella euryae* B. Song & Y. X. Hu柃小光壳炱。生于柃属植物叶上。
226. *Asteridiella fidelis* (Toro) Hansf. 忠实小光壳炱。生于山矾属等植物叶上。
227. *Asteridiella formosensis* (W. Yamam.) Hansf.杜虹花小光壳。生于杜虹花植物叶上。
228. *Asteridiella fraseriana* (Syd.) Hansf. 弗雷沙小光壳炱。生于黄果厚壳桂等樟科植物叶上。
229. *Asteridiella gaylussaciae* Hansf. var. *craibiodendri* G.Z. Jiang拟石珠小光壳炱假木荷变种。生于金叶子植物叶上。
230. *Asteridiella glabra* (Berk. & M.A. Curtis) Hansf. var. *isertiae* (F. Stevens) Hansf.光秃小光壳炱依提变种。生于水团花植物叶上。
231. *Asteridiella gymnosporiae* (Syd.) Hansf. 裸实小光壳炱。生于美登木属等植物叶上。
232. *Asteridiella hydrangeae* (W. Yamam.) Hansf.绣球花小光壳炱。生于中国绣球植物叶上。
233. *Asteridiella kadsuricola* H. Hu & J. C. Yang南五味子生小光壳炱。生于黑老虎植物叶上。
234. *Asteridiella knemae* (Hansf.) Hansf. 红光树小光壳炱。生于红光树等肉豆蔻科植物叶上。
235. *Asteridiella linocierae* (Syd.) Hansf. 李榄小光壳炱。生于枝华李榄植物叶上。
236. *Asteridiella lonicerae* (W. Yamam.) Hansf.忍冬小光壳炱。生于山银花植物叶上。
237. *Asteridiella malloticola* (W. Yamam.) Hansf.野桐生小光壳炱。生于大戟科等植物叶上。
238. *Asteridiella manca* (Ellis & G. Martin) Hansf.不全小光壳炱。生于杨梅属等植物叶上。
239. *Asteridiella melastomatacearum* (Speg.) Hansf. 野牡丹小光壳炱。生于野牡丹植物叶上。
240. *Asteridiella meliosmae* A.K. Kar & Maity泡花树小光壳炱。生于泡花树属等植物叶上。
241. *Asteridiella myricicola* (Hansf.) Hansf. 杨梅生小光壳炱。生于杨梅属等植物叶上。
242. *Asteridiella obesa* (Speg.) Hansf. var. *clausenae* Hansf.强壮小光壳炱黄皮变种。生于假黄皮植物叶上。
243. *Asteridiella pithecellobii* (W. Yamam.) Hansf.猴耳环小光壳炱。生于亮叶猴耳环植物叶上。
244. *Asteridiella pygei* Hansf. 臀形小光壳炱。生于李属等植物叶上。
245. *Asteridiella quercina* (Hansf.) Hansf. 栎小光壳炱。生于壳斗科等植物叶上。
246. *Asteridiella rhododendri* (W. Yamam.) Hansf.杜鹃小光壳炱。生于杜鹃花科等植物叶上。
247. *Asteridiella sapotacearum* (Hansf.) Hansf. 山榄小光壳炱原变种。生于锈毛梭子果植物叶上。
248. *Asteridiella scabra* (Doidge) Hansf. 粗糙小光壳炱。生于蕈树属等植物叶上。
249. *Asteridiella syzygii* (Hansf.) Hansf. 蒲桃小光壳炱。生于蒲桃属等植物叶上。
250. *Asteridiella tapisciicola* H. Hu银鹊树生小光壳炱。生于瘿椒树属等植物叶上。

251. *Asteridiella tersa* (Cif.) Hansf. 整洁小光壳炱。生于无患子科等植物叶上。
252. *Asteridiella thunbergiae* F. Stevens & Roldan ex Hansf.山牵牛小光壳炱。生于大花山牵牛植物叶上。
253. *Asteridiella thwaitesii* (Berk. ex Hansf.) Hansf.思韦茨小光壳炱。生于五桠果属植物叶上。
254. *Asteridiella tremae* (Speg.) Hansf. ex Bat. & H. Maia山黄麻小光壳炱。生于山黄麻植物叶上。
255. *Asteridiella vacciniicola* Hansf. 越桔生小光壳炱。生于越桔属等植物叶上。
256. *Asteridiella verrucosa* (Pat.) Hansf. 多瘤小光壳炱。生于虎皮楠属等植物叶上。
257. *Asteridiella viburni* (Syd.) Hansf. 荚迷小光壳炱。生于荚迷属等植物叶上。
258. *Asteridiella werdermannii* (Hansf.) Hansf. 韦德曼小光壳炱。生于木莲属植物叶上。
259. *Irenopsis aciculosa* (G. Winter) F. Stevens尖针壳炱。生于锦葵科等植物叶上。
260. *Irenopsis benguetensis* F. Stevens & Roldan ex Hansf.无花果针壳炱。生于榕属等植物叶上。
261. *Irenopsis buettneriicola* Deighton 翅果藤生针壳炱。生于刺果藤等植物叶上。
262. *Irenopsis coronata* (Speg.) F. Stevens冠针壳炱原变种。生于猴欢喜植物叶上。
263. *Irenopsis hiptages* W. Yamam.飞鸢果针壳炱。生于风车藤植物叶上。
264. *Irenopsis leeae* Hansf. *var. javensis* Hansf. 火筒树针壳炱爪哇变种。生于翅序火筒树植物叶上。
265. *Irenopsis loranthi* Y. X. Hu桑寄生针壳炱。生于离瓣植物叶上。
266. *Irenopsis macarangae* Hansf. 血桐针壳炱。生于血桐属等植物叶上。
267. *Irenopsis molleriana* (G. Winter) F. Stevens莫勒针壳炱。生于地桃花等植物叶上。
268. *Irenopsis paulensis* Hansf. 保罗针壳炱。生于鸡骨香等植物叶上。
269. *Irenopsis senecionis* Hansf. 千里光针壳炱。生于毒根斑鸠菊植物叶上。
270. *Irenopsis sidicola* (F. Stevens & Tehon) Hansf.黄花稔生针壳炱。生于地桃花植物叶上。
271. *Irenopsis sinsuiensis* W. Yamam.乌饭树针壳炱。生于长尾叶越桔植物叶上。
272. *Irenopsis tjibodensis* Hansf. 珠博针壳炱。生于翻白叶树植物叶上。
273. *Irenopsis triumfettae* (F. Stevens) Hansf. & Deighton var. *vanderystii* (Beeli) Hansf. & Deighton刺蒴麻针壳炱范氏变种。生于刺蒴麻属等植物叶上。
274. *Irenopsis triumfettae* (F. Stevens) Hansf. & Deighton刺蒴麻针壳炱原变种。生于山芝麻植物叶上。
275. *Meliola abrupta* Syd. & P. Syd.突然小煤炱。生于杭子梢等植物叶上。
276. *Meliola acaciarum* Speg.金合欢小煤炱。生于藤金合欢植物叶上。
277. *Meliola acanthopanacis* W. Yamam.五加小煤炱。生于白勒植物叶上。
278. *Meliola aceris* W. Yamam.槭小煤炱。生于槭属等植物叶上。
279. *Meliola actinodaphnes* Hansf. 黄肉楠小煤炱。生于润楠属等樟科植物叶上。
280. *Meliola acutiseta* Syd. & P. Syd.尖毛小煤炱。生于新木姜子等樟科植物叶上。
281. *Meliola aethiops* Sacc. var. *minor* Hansf. & Deighton铁刀木小煤炱细小变种。生于铁刀木植物叶上。
282. *Meliola agelaeae* F. Stevens & Roldan栗豆藤小煤炱原变种。生于红叶藤植物叶上。
283. *Meliola alangii* Syd. & P. Syd.八角枫小煤炱。生于八角枫属等植物叶上。
284. *Meliola alchorneicola* Hansf. 山麻杆生小煤炱。生于三稔植物叶上。
285. *Meliola alniphylli* W. Yamam.赤杨叶小煤炱。生于台湾赤杨叶植物叶上。
286. *Meliola alocasiae* Syd. 海芋小煤炱。生于金钱蒲植物叶上。
287. *Meliola alstoniae* Koord. 盆架树小煤炱。生于羊角棉等植物叶上。
288. *Meliola amboinensis* Syd. 安汶小煤炱。生于夹竹桃科等植物叶上。
289. *Meliola antioquensis* Orejuela安蒂小煤炱。生于樟科植物叶上。
290. *Meliola araliicola* W. Yamam.忽木小煤炱。生于五加属等植物叶上。
291. *Meliola ardisiae* Syd. 紫金牛小煤炱。生于白花酸藤果等植物叶上。
292. *Meliola artabotrydis* Hansf. 鹰爪小煤炱。生于鹰爪属植物叶上。
293. *Meliola arundinis* Pat.芦竹小煤炱原变种。生于狗芽根属等植物叶上。
294. *Meliola asclepiadacearum* Hansf. 萝藦状小煤炱。生于鹅绒藤等植物叶上。
295. *Meliola bakeri* Syd. & P. Syd.贝克小煤炱。生于膝曲乌蔹莓等植物叶上。
296. *Meliola bambusae* Pat. 勒竹小煤炱。生于刺竹属等植物叶上。
297. *Meliola bangalorensis* Hansf. & Thirum.帮加罗尔小煤炱。生于台湾榕等植物叶上。

298. *Meliola banosensis* Syd. 班诺斯小煤炱。生于葛属等植物叶上。
299. *Meliola bantamensis* Hansf. 班地小煤炱。生于蚂蝗属等植物叶上。
300. *Meliola bauhiniicola* W. Yamam.羊蹄甲生小煤炱。生于羊蹄甲属等植物叶上。
301. *Meliola beilschmiediae* W. Yamam.琼楠小煤炱原变种。生于润楠属等樟科植物叶上。
302. *Meliola bicornis* G. Winter二角小煤炱。生于山蚂蝗属等植物叶上。
303. *Meliola boedijniana* Hansf. 奥图草小煤炱。生于芒属等植物叶上。
304. *Meliola boninensis* Speg.小笠原小煤炱。生于耳草属等植物叶上。
305. *Meliola borneensis* Syd. var. *ugandae* Hansf. 婆罗洲小煤炱乌干达变种。生于瓜馥木等植物叶上。
306. *Meliola borneensis* Syd. 婆罗洲小煤炱原变种。生于瓜馥木等植物叶上。
307. *Meliola brachyodonta* Syd. 短齿小煤炱。生于滨盐肤木植物叶上。
308. *Meliola brachypoda* Syd. 短枝小煤炱。生于中平树等植物叶上。
309. *Meliola burgosensis* Hansf. 班戈士小煤炱。生于羊蹄甲属等植物叶上。
310. *Meliola butleri* Syd. & P. Syd.巴特勒小煤炱。生于酸橙等植物叶上。
311. *Meliola butyrospermi* Hansf. & Deighton牛油果小煤炱。生于龙果植物叶上。
312. *Meliola caesalpiniicola* Deighton苏木生小煤炱。生于云实属等植物叶上。
313. *Meliola callicarpae* Syd. & P. Syd.紫珠小煤炱。生于杜虹花等植物叶上。
314. *Meliola callicarpicola* W. Yamam.紫珠生小煤炱。生于紫珠属等植物叶上。
315. *Meliola camelliicola* W. Yamam.山茶生小煤炱。生于糙果茶等茶科植物叶上。
316. *Meliola capensis* (Kalchbr. & Cooke) Theiss. var. *euphoriae* Hansf. 好望角小煤炱龙眼变种。生于海南韶子植物叶上。
317. *Meliola capensis* (Kalchbr. & Cooke) Theiss. 好望角小煤炱原变种。生于无患子科等植物叶上。
318. *Meliola capparidis* (Hansf. & Deighton) Cif.槌果藤小煤炱。生于六萼藤植物叶上。
319. *Meliola castanopsina* W. Yamam.柄果栲小煤炱。生于锥属等植物叶上。
320. *Meliola castanopsidis* Hansf. 栲弯枝小煤炱。生于柯属等植物叶上。
321. *Meliola celtidis* H.S. Yates var. *prantlii* S. Hughes朴树小煤炱普氏变种。生于油朴植物叶上。
322. *Meliola celtidum* Speg. 山黄麻小煤炱。生于山黄麻植物叶上。
323. *Meliola ceriopsidis* Hansf. 红树小煤炱。生于溪桫植物叶上。
324. *Meliola champereiae* Syd. & P. Syd.詹柏木小煤炱。生于台湾山柑植物叶上。
325. *Meliola ciferrii* Hansf. 西弗小煤炱。生于冬青属等植物叶上。
326. *Meliola clavulata* G. Winter棒形小煤炱原变种。生于毛山猪菜植物叶上。
327. *Meliola cleistopholidis* Hansf. 闭囊壳小煤炱。生于瓜馥木等植物叶上。
328. *Meliola clerodendricola* Henn. 赫桐生小煤炱原变种。生于臭牡丹等植物叶上。
329. *Meliola clitoriae* Hosag. & Goos蝶豆小煤炱。生于蝴蝶花豆植物叶上。
330. *Meliola commixta* Syd. 混合小煤炱。生于龙眼等植物叶上。
331. *Meliola cookeana* Speg. var. *viticis* (Hansf.) Hansf.可克小煤炱牡荆变种。生于大青等植物叶上。
332. *Meliola cyclobalanopsina* W. Yamam. var. *globopodia* G.Z. Jiang槠小煤炱圆枝胞变种。生于毛叶青冈植物叶。
333. *Meliola cyclobalanopsina* W. Yamam.槠小煤炱原变种。生于锥属等植物叶上。
334. *Meliola cylindrophora* Rehm 鼠刺小煤炱。生于鼠刺属等植物叶上。
335. *Meliola dalbergiae* Hansf. 黄檀小煤炱。生于黄檀属等植物叶上。
336. *Meliola dendrotrophicola* H. Hu & J. C. Yang寄生藤生小煤炱。生于寄生藤植物叶上。
337. *Meliola denticulata* G. Winter微齿小煤炱。生于蝶形花科等植物叶上。
338. *Meliola desmodii-laxiflori* Deighton 疏花山绿豆小煤炱。生于山蚂蝗属等植物叶上。
339. *Meliola dichotoma* Berk. & M.A. Curtis二叉小煤炱。生于常春藤属等植物叶上。
340. *Meliola diospyri* Syd. & P. Syd.柿小煤炱。生于柿属等植物叶上。
341. *Meliola diospyricola* (Hansf. & Deighton) Cif.柿生小煤炱。生于毛柿植物叶上。
342. *Meliola dissotidis* Hansf. & Deighton双毛小煤炱原变种。生于柏拉木属等植物叶上。
343. *Meliola doidgeae* Syd. 多伊奇小煤炱。生于海南假韶子植物叶上。
344. *Meliola dracaenicola* Har. & Pat.龙血树生小煤炱。生于龙血树属等植物叶上。
345. *Meliola drepanochaeta* Syd. var. *insignis* Hosag.镰刀小煤炱奇异变种。生于黄樟等樟科植物叶上。

346. *Meliola duabangae* Y. X. Hu八宝树小煤炱。生于八宝树植物叶上。
347. *Meliola elaeidis* F. Stevens油棕小煤炱。生于刺轴榈植物叶上。
348. *Meliola ellisii* Roum.[=*Meliola niessliana* G. Winter]白珠树小煤炱。生于白珠树植物叶上。
349. *Meliola erioglossi* F. Stevens ex Hansf.赤才小煤炱。生于赤才植物叶上。
350. *Meliola erycibes* Hansf. 麻辣仔藤小煤炱。生于光叶丁公藤等植物叶上。
351. *Meliola erythrophlei* Hansf. & Deighton格木小煤炱。生于格木植物叶上。
352. *Meliola euchrestae* W. Yamam.山豆根小煤炱。生于台湾山豆根植物叶上。
353. *Meliola eugeniae-jamboloidis* Hansf. var. *australiensis* Hansf. 蒲桃小煤炱澳洲变种。生于桃金娘植物叶上。
354. *Meliola eugeniae-jamboloidis* Hansf. 蒲桃小煤炱原变种。生于蒲桃属等植物叶上。
355. *Meliola eugeniicola* F. Stevens番樱桃生小煤炱。生于水翁植物叶上。
356. *Meliola fagraeae* Syd. & P. Syd.灰莉小煤。生于华马钱植物叶上。
357. *Meliola formosensis* W. Yamam.台湾小煤炱。生于悬钩子属等植物叶上。
358. *Meliola franciscana* Hansf. 红豆树小煤炱。生于红豆属等植物叶上。
359. *Meliola furcata* Lév. var. *major* (Hansf.) Hansf.叉小煤炱大变种。生于白粉藤植物叶上。
360. *Meliola fusispora* W. Yamam.梭孢小煤炱。生于银叶锥等植物叶上。
361. *Meliola garciniae* H.S. Yates藤黄小煤炱。生于多花山竹子植物叶上。
362. *Meliola garciniicola* G.Z. Jiang山竹子生小煤炱。生于单花山竹子植物叶上。
363. *Meliola gemellipoda* Doidge双附枝小煤炱。生于青馨属等植物叶上。
364. *Meliola geniculata* Syd. & E.J. Butler膝曲小煤炱。生于漆树科等植物叶上。
365. *Meliola glochidii* F. Stevens & Roldan ex Hansf.算盘子小煤炱。生于脉叶虎皮楠植物叶上。
366. *Meliola glochidiicola* W. Yamam.算盘子生小煤炱。生于下白算盘子植物叶上。
367. *Meliola gneticola* Y. X. Hu买麻藤生小煤炱。生于买麻藤属植物叶上。
368. *Meliola hainanensis* Y. X. Hu海南小煤炱。生于硬核植物叶上。
369. *Meliola heliciae* W. Yamam.山龙眼小煤炱。生于山龙眼植物叶上。
370. *Meliola heterocephala* Syd. & P. Syd.异头小煤炱。生于大叶拿身草植物叶上。
371. *Meliola heteroseta* Höhn.异毛小煤炱。生于树参属等植物叶上。
372. *Meliola heudeloti* Gaillard厄德洛小煤炱。生于谷木属等植物叶上。
373. *Meliola hoyae* Sacc. 球兰小煤炱。生于球兰植物叶上。
374. *Meliola hydnocarpi* Hansf. 伊桐小煤炱。生于栀子皮的叶上。
375. *Meliola hydrangeae* (W. Yamam.) Cif. 绣球花小煤炱。生于中国绣球的叶上。
376. *Meliola ilicicola* W. Yamam.冬青生小煤炱。生于冬青属等植物叶上。
377. *Meliola illigerae* F. Stevens & Roldan ex Hansf.青藤小煤炱。生于宽药青藤植物叶上。
378. *Meliola illigericola* Y. X. Hu & B. Song青藤生小煤炱。生于宽药青藤植物叶上。
379. *Meliola indigofera* Syd.木蓝小煤炱。生于木荚红豆植物叶上。
380. *Meliola inocarpi* F. Stevens英诺卡小煤炱。生于鸡血藤属等植物叶上。
381. *Meliola ixorae* H.S. Yates龙船花小煤炱。生于龙船花植物叶上。
382. *Meliola jamaicensis* Hansf. 牙买加小煤炱。生于木奶果等植物叶上。
383. *Meliola jasminicola* Henn. 茉莉生小煤炱。生于扭肚藤等植物叶上。
384. *Meliola juttingii* Hansf. 突出小煤炱。生于露兜树属等植物叶上。
385. *Meliola kadsurae* W. Yamam.南五味子小煤炱。生于南五味子植物叶上。
386. *Meliola kansireiensis* W. Yamam.短柄小煤炱。生于白算盘子植物叶上。
387. *Meliola kawakamii* W. Yamam.川上小煤炱。生于壳斗科等植物叶上。
388. *Meliola kiraiensis* W. Yamam.朝鲜小煤炱。生于栲叶石栎植物叶上。
389. *Meliola knemicola* Hansf. var. *minor* B. Song & Ouyang红光树生小煤炱细小变种。生于红光树等肉豆蔻科植物叶上。
390. *Meliola knowltoniae* Doidge铁线莲小煤炱。生于威灵仙等毛茛科植物叶上。
391. *Meliola koae* F. Stevens相思树小煤炱。生于肯氏相思植物叶上。
392. *Meliola kodaihoensis* W. Yamam.高雄小煤炱。生于高雄石栎植物叶上。
393. *Meliola kuprensis* Deighton枯柏小煤炱。生于瓜馥木等植物叶上。

394. *Meliola laevipoda* Speg.光脚小煤炱。生于帘子藤植物叶上。
395. *Meliola lanigera* Speg.绵毛小煤炱。生于清香木植物叶上。
396. *Meliola leptospermi* Hansf. 狭籽小煤炱。生于水翁植物叶上。
397. *Meliola lianchangensis* G.Z. Jiang联昌小煤炱。生于小花刺薯蓣植物叶上。
398. *Meliola linderae* W. Yamam.钓樟小煤炱。生于香叶树属等樟科植物叶上。
399. *Meliola lithocarpina* W. Yamam. var. *mengyangensis* G.Z.Jiang柯小煤炱勐养变种。生于植物叶上。
400. *Meliola lithocarpina* W. Yamam.柯小煤炱原变种。生于岭南柯植物叶上。
401. *Meliola litseae* Syd. & P. Syd.var. *rotundipoda* Hansf. 木姜子小煤炱圆枝变种。生于黄丹木姜子等樟科植物叶上。
402. *Meliola litseae* Syd. & P. Syd.木姜子小煤炱原变种。生于木姜子等樟科植物叶上。
403. *Meliola littoralis* Syd. 海滩小煤炱。生于大叶钩藤植物叶上。
404. *Meliola livistonae* H.S. Yates蒲葵小煤炱。生于刺轴榈植物叶上。
405. *Meliola lophopetali* Hansf. 簇瓣小煤炱。生于海南卫矛植物叶上。
406. *Meliola loropetalicola* Y. X. Hu & Ouyang 继木生小煤炱。生于檵木植物叶上。
407. *Meliola machili* W. Yamam.桢楠小煤炱。生于润楠属等樟科植物叶上。
408. *Meliola macropoda* Syd. 粗柄小煤炱。生于勒党花椒等植物叶上。
409. *Meliola maesicola* Hansf. & F. Stevens杜茎山生小煤炱。生于朱砂根等植物叶上。
410. *Meliola malacotricha* Speg. 软毛小煤炱原变种。生于飞蛾藤属等植物叶上。
411. *Meliola mammeicola* Hansf. 黄果木生小煤炱。生于多花山竹子植物叶上。
412. *Meliola mangiferae* Earle芒果小煤炱。生于芒果植物叶上。
413. *Meliola mappianthicola* J. C. Yang. 马比花生小煤炱。生于定心藤植物叶上。
414. *Meliola mayapeicola* F. Stevens山指甲生小煤炱。生于小蜡植物叶上。
415. *Meliola medinillae* Hansf. 酸脚杆小煤炱。生于脚杆等植物叶上。
416. *Meliola melodini* Hansf. 山橙小煤炱。生于山橙属等植物叶上。
417. *Meliola memecyli* Syd. & P. Syd.谷木小煤炱。生于谷木属等植物叶上。
418. *Meliola mephitidiae* W. Yamam.鸡屎树小煤炱。生于粗叶木植物叶上。
419. *Meliola micheliae* Hansf. 含笑小煤炱韦德曼小光壳炱。生于木兰属植物叶上。
420. *Meliola microtricha* Syd. & P. Syd.榕小煤炱。生于台湾榕植物叶上。
421. *Meliola mitragynicola* Deighton var. *wendlandiicola* G. Z. Jiang帽柱木生小煤炱水锦树生变种。生于红皮水锦树植物叶上。
422. *Meliola moerenhoutiana* Mont. 冒罗小煤炱。生于海南链珠藤等植物叶上。
423. *Meliola mucunae* Hansf. var. *hirsutae* Hosag.油麻藤小煤炱多毛变种。生于黄毛黎豆植物叶上。
424. *Meliola myrsinacearum* F. Stevens铁仔状小煤炱。生于铁仔植物叶上。
425. *Meliola myrtacearum* F. Stevens & Roldan ex Hansf.桃金娘小煤炱。生于红鳞蒲桃植物叶上。
426. *Meliola neolitseae* W. Yamam.新木姜子小煤炱。生于阴香等樟科植物叶上。
427. *Meliola oleicola* Doidge木犀榄生小煤炱。生于清香藤植物叶上。
428. *Meliola opaca* Syd. & P. Syd.暗淡小煤炱。生于人面子属等植物叶上。
429. *Meliola opposita* Syd. & P. Syd.对生小煤炱。生于山楝植物叶上。
430. *Meliola osmanthi* Syd. & P. Syd.木犀小煤炱。生于木犀属等植物叶上。
431. *Meliola osyridis* Doidge沙针小煤炱。生于寄生藤植物叶上。
432. *Meliola othophorae* H.S. Yates爪耳木小煤炱。生于无患子植物叶上。
433. *Meliola palawanensis* Syd. & P. Syd.巴拉望小煤炱。生于百眼藤等植物叶上。
434. *Meliola palmicola* G. Winter var. *africana* Hansf. 棕榈生小煤炱非洲变种。生于刺葵等植物叶上。
435. *Meliola panici* Earle var. *panicicola* (Syd.) Hansf. 稷小煤炱黍生变种。生于画眉草属等植物叶上。
436. *Meliola panici* Earle稷小煤炱原变种。生于禾本科等植物叶上。
437. *Meliola paraensis* Henn. 巴拉小煤炱。生于八脉臭黄荆等植物叶上。
438. *Meliola parenchymatica* Gaillard实质小煤炱。生于无患子科植物叶上。
439. *Meliola parvula* Syd. & P. Syd.稍小小煤炱。生于大叶山楝植物叶上。
440. *Meliola patens* Syd. & P. Syd.伸展小煤炱。生于酒饼勒植物叶上。
441. *Meliola pectinata* Höhn.篦形小煤炱。生于鹅掌柴植物叶上。

442. *Meliola pericampyli* W. Yamam.细圆藤小煤炱。生于细圆藤等防已科植物叶上。
443. *Meliola petchii* Hansf. 佩奇小煤炱。生于华马钱植物叶上。
444. *Meliola petiolaris* Doidge叶柄生小煤炱。生于清香藤植物叶上。
445. *Meliola phyllostachydis* W. Yamam.刚竹小煤炱。生于竹亚科等植物叶上。
446. *Meliola pileostegiae* W. Yamam.冠盖藤小煤炱。生于冠盖藤属等植物叶上。
447. *Meliola pisoniae* F. Stevens & Roldan避霜花小煤炱。生于腺果藤植物叶上。
448. *Meliola polytricha* Kalchbr. & Cooke多毛小煤炱。生于海金子植物叶上。
449. *Meliola popowiae* Doidge var. *monodorae* (Hansf.) Hansf.嘉陵花小煤炱摩多变种。生于瓜馥木等植物叶上。
450. *Meliola praetervisa* Gaillard疏忽小煤炱。生于两广润楠等樟科植物叶上。
451. *Meliola psychotriae* Earle九节木小煤炱。生于九节属等植物叶上。
452. *Meliola quercina* Pat. 栎小煤炱。生于壳斗科等植物叶上。
453. *Meliola ramosii* Syd. & P. Syd.拉莫斯小煤炱。生于水柳仔植物叶上。
454. *Meliola ramulicola* W. Yamam.枝生小煤炱。生于植物叶上。
455. *Meliola rhodoleiicola* H. Hu红苞木生小煤炱。生于红花荷植物叶上。
456. *Meliola robinsonii* Syd. 鲁宾逊小煤炱。生于金合欢属等植物叶上。
457. *Meliola rubiella* Hansf. 小悬钩子小煤炱。生于悬钩子属等植物叶上。
458. *Meliola saccardoi* (Syd.) Syd.萨加多小煤炱。生于樟科植物叶上。
459. *Meliola sakahensis* W. Yamam.珍珠莲小煤炱。生于阿里山珍珠莲植物叶上。
460. *Meliola sapiicola* Y. X. Hu & B. Song乌桕生小煤炱。生于乌桕生植物叶上。
461. *Meliola sauropicola* H.S. Yates守宫木生小煤炱。生于黑面神植物叶上。
462. *Meliola schefflerae* Hansf. 鸭母树小煤炱。生于大参属等植物叶上。
463. *Meliola schimicola* W. Yamam.木荷生小煤炱。生于木荷属等植物叶上。
464. *Meliola sempeiensis* W. Yamam.赛楠小煤炱。生于赛楠属等樟科植物叶上。
465. *Meliola setariae* Hansf. & Deighton狗尾草小煤炱。生于芒属等植物叶上。
466. *Meliola shiiae* W. Yamam.栲小煤炱。生于壳斗科等植物叶上。
467. *Meliola simillima* Ellis & Everh.西米里马小煤炱。生于倒吊笔植物叶上。
468. *Meliola singaporensis* Hansf.新加坡小煤炱。生于乌墨植物叶上。
469. *Meliola smilacis* F. Stevens菝葜小煤炱。生于马甲菝葜植物叶上。
470. *Meliola solani* F. Stevens茄小煤炱。生于土烟叶茄树植物叶上。
471. *Meliola strychnicola* Gaillard马钱仔生小煤炱。生于多花蓬莱葛植物叶上。
472. *Meliola styracearum* F. Stevens安息香状小煤炱。生于叶安息香植物叶上。
473. *Meliola styracis* W. Yamam.安息香小煤炱。生于安息香科等植物叶上。
474. *Meliola subacuminata* W. Yamam.微尖栲小煤炱。生于微尖栲植物叶上。
475. *Meliola subpellucida* W. Yamam.透毛小煤炱。生于栲叶石栎植物叶上。
476. *Meliola suisyaensis* W. Yamam.复枝小煤炱。生于毛叶钝果植物叶上。
477. *Meliola symingtoniae* J.N. Kapoor马蹄荷小煤炱。生于大果马蹄荷植物叶上。
478. *Meliola symplocacearum* W. Yamam.山矾状小煤炱。生于山矾属等植物叶上。
479. *Meliola symploci* W. Yamam.山矾小煤炱。生于老鼠矢植物叶上。
480. *Meliola symplocicola* W. Yamam. var. *chinensis* Hansf. 山矾生小煤炱中华变种。生于山矾属等植物叶上。
481. *Meliola symplocicola* W. Yamam.山矾生小煤炱原变种。生于山矾属等植物叶上。
482. *Meliola taityuensis* W. Yamam.矩孢小煤炱。生于壳斗科等植物叶上。
483. *Meliola taiwaniana* W. Yamam.台栲小煤炱。生于锥属等植物叶上。
484. *Meliola tapisciicola* H. Hu银鹊树生小煤炱。生于瘿椒树属植物叶上。
485. *Meliola telosmae* Rehm var. *tylophorae* Hansf. 夜来香小煤炱娃儿藤变种。生于卵叶娃儿藤植物叶上。
486. *Meliola telosmae* Rehm 夜来香小煤炱原变种。生于萝摩科等植物叶上。
487. *Meliola tenella* Pat. 柔弱小煤炱原变种。生于千里香植物叶上。
488. *Meliola teramni* (Sacc.) Syd. & P. Syd.钩豆小煤炱。生于蝶形花科等植物叶上。
489. *Meliola tetradeniae* (Berk.) Theiss. & Syd. 潺槁树小煤炱。生于潺槁树等樟科植物叶上。

490. *Meliola theacearum* F. Stevens茶小煤炱。生于木荷属等植物叶上。
491. *Meliola tinomisciicola* Y. X. Hu & Ouyang大叶藤生小煤炱。生于大叶藤等防已科植物叶上。
492. *Meliola trachelospermi* H.S.Yates络石小煤炱。生于络石属等植物叶上。
493. *Meliola trichiliae* Beeli鹧鸪花小煤炱。生于溪杪植物叶上。
494. *Meliola triplochitonis* S. Hughes火绳树小煤炱。生于火绳树植物叶上。
495. *Meliola tunkiaensis* Hansf. & Deighton东地小煤炱。生于山黄皮属等植物叶上。
496. *Meliola vaccinii* F. Stevens越桔小煤炱。生于南烛等植物叶上。
497. *Meliola ventilaginis* W. Yamam.翼核果小煤炱。生于翼核果属等植物叶上。
498. *Meliola viburni* Syd.荚迷小煤炱。生于荚迷属等植物叶上。
499. *Meliola warneckei* Hansf. 华列小煤炱。生于钩吻植物叶上。
500. *Meliola weigeltii* Kunze韦特小煤炱。生于藤漆植物叶上。
501. *Meliola woodiana* Sacc. 乌迪小煤炱。生于植物叶上。
502. *Meliola yuanjiangensis* G.Z.Jiang元江小煤炱。生于荚迷属等植物叶上。
503. *Meliola yunnanensis* G.Z.Jiang云南小煤炱。生于单毛刺蒴麻植物叶上。
504. *Meliola zollingeri* Gaillard左铃小煤炱。生于紫铆等植物叶上。

Sordariomycetidac粪壳菌亚纲

Hypocreales肉座菌目

505. *Ustilaginoidea virens* (Cooke)Takah.稻绿核菌。生于水稻上。

Clavicipitaceae麦角菌科

506. *Claviceps purpurea* (Fr.) Tul.麦角菌。在小麦、黑麦等上寄主。
507. *Metacordyceps campsosterni* (W.M. Zhang & T.H. Li) G.H. Sung, J.M. Sung, Hywel-Jones & Spatafora打铁虫绿僵虫草 [=*Cordyceps campsosterni* W.M. Zhang & T.H. Li打铁虫虫草]。生于丽叩甲成虫上。
508. *Metacordyceps liangshanensis* (M. Zang, D. Liu & R. Hu) G.H. Sung, J.M. Sung, Hywel-Jones & Spatafora凉山绿僵虫草 [=*Cordyceps liangshanensis* M. Zang, D. Liu & R. Hu凉山虫草(麦杆虫草)]。生于鳞翅目之幼虫体上。

Cordycipitaceae虫草科

509. *Cordyceps acicularis* Ravenel针孢虫草（大塔顶虫草）。寄生于鞘翅目幼虫体或金针虫或甲虫类幼虫上。
510. *Cordyceps amazonica* Henn.热带虫草（亚马逊虫草）。寄生于蟑螂和蝗虫体上。
511. *Cordyceps ampullacea* Kobayasi & Shimizu瓶状虫草。散生于鳞翅目的虫蛹上。
512. *Cordyceps arbuscula* Teng多枝虫草。寄生于地上的金龟子幼虫体上。
513. *Cordyceps aurantia* Kobayasi & Shimizu桔黄虫草。寄生在鳞翅类的幼虫上。
514. *Cordyceps barnesii* Thwaites巴恩斯虫草(香棒虫草)。寄生于鞘翅目或金龟子成虫或幼虫上。
515. *Cordyceps bifusispora* O.E. Erikss.双梭孢虫草。寄生于夜蛾科之昆虫的蛹上。
516. *Cordyceps bokyoensis* Kobayasi博奇奥虫草。寄生于鳞翅目的毛虫上。
517. *Cordyceps brasiliensis* Henn. 巴西虫草。生于鞘翅目昆虫的幼虫上。
518. *Cordyceps brongniartii* Shimazu布氏虫草。寄主为竹林内一种鳞翅目幼虫蛹上。
519. *Cordyceps bulolensis* Kobayasi蛴螬虫草。寄生于一种鞘翅目昆虫幼虫上。
520. *Cordyceps carabidicola* Kobayasi & Shimizu步甲虫草。寄生在鞘翅目上。
521. *Cordyceps cicadae* Shing大蝉虫草[=*Cordyceps zhejiangensis* (Shing) Z.Y. Liu, Z.Q. Liang & A.Y.Liu浙江虫草]。群生或近丛生于混交林中的蝉若虫体上。
522. *Cordyceps cicadicola* Teng蝉生虫草（蝉草，蝉虫草）。秋季生于林中地上下蝉成虫体上。
523. *Cordyceps cochlidiicola* Kobayasi & Shimizu刺蛾生虫草。寄生于蛾虫上。
524. *Cordyceps crassispora* M. Zang, D.R. Yang & C.D. Li阔孢虫草。寄生于蝙蝠蛾幼虫体上。
525. *Cordyceps crinalis* Ellis ex Lloyd毛虫草（发状虫草）。寄生于鳞翅目幼虫和毛虫体上。
526. *Cordyceps dipterigena* Berk. & Broome双翅目虫草(双翅虫草)。寄生在双翅目虫体上。
527. *Cordyceps elateridicola* Kobayasi & Shimizu高山生虫草。寄生在叩甲科的幼虫上。
528. *Cordyceps falcata* Berk. 刀镰状虫草。寄生在鞘翅目幼虫上。
529. *Cordyceps formosana* Kobayasi & Shimizu台湾虫草。寄生在鞘翅目幼虫上。
530. *Cordyceps grylli* Teng蟋蟀虫草（蟋蟀草）。夏季生于林下蟋蟀科昆虫的幼虫上。

531. *Cordyceps gryllotalpae* Lloyd蝼蛄虫草。寄生于直翅目上。
532. *Cordyceps hawkesii* Gray霍克斯虫草(亚香棒虫草,亚得棒虫草)。生于鳞翅目昆虫的幼虫体上。
533. *Cordyceps imagamiana* Kobayasi & Shimizu成虫虫草。寄生于鳞翅目的成虫上。
534. *Cordyceps irangiensis* Moureau依兰虫草。寄生在蚂蚁上。
535. *Cordyceps koreana* Kobayasi朝鲜虫草。寄生在蝼蛄上。
536. *Cordyceps kyusyuensis* A. Kawam.九州虫草。寄生于鳞翅目豆天蛾幼虫上。
537. *Cordyceps martialis* Speg. 珊瑚虫草。生于埋在土内的鳞翅目虫蛹上。
538. *Cordyceps melolonthae* (Tul. & C. Tul.) Sacc.鳃金龟虫草。寄生于鞘翅目的幼虫上。
539. *Cordyceps militaris* (L.) Link f. *alba* Kobayasi & Shimizu ex Y.J. Yao 蛹虫草白化变型。生于虫蛹或茧上。
540. *Cordyceps muscicola* Möller蝇虫草。寄生于苍蝇体上。
541. *Cordyceps myrmecophila* Ces. 蚁虫草。寄生于蚂蚁上。
542. *Cordyceps nelumboides* Kobayasi & Shimizu莲状虫草。寄生于蜘蛛上。
543. *Cordyceps ninchukispora* (C.H. Su & H.H. Wang) G.H. Sung, J.M. Sung, Hywel-Jones & Spatafora双节棍孢虫草[=*Cordyceps ninchukispora* (C.H. Su & H.H. Wang) O.E. Erikss.]。寄生于琼楠种皮的幼虫上。
544. *Cordyceps olivacea* Rick橄榄色虫草。寄生于鞘翅目成虫和幼虫上。
545. *Cordyceps olivaceovirescens* Henn.暗绿虫草。寄生于鞘翅目昆虫成虫及幼虫体上。
546. *Cordyceps polyarthra* Møller 蛾蛹虫草。群生至丛生于埋在阔叶树林中的蛾蛹上。
547. *Cordyceps pruinosa* Petch粉被虫草。寄生于阔叶林地上的鳞翅目的虫茧或幼虫上。
548. *Cordyceps pseudoatrovirens* Kobayasi & Shimizu 拟暗绿虫草。寄生于金针虫或吉丁甲科幼虫上。
549. *Cordyceps pseudolloydii* H.C. Evans & Samson 臭蚁虫草。寄生于臭蚁属上。
550. *Cordyceps pseudonelumboides* Kobayasi & Shimizu莲座状虫草。生于鳞翅目或蜘蛛目昆虫幼虫体上。
551. *Cordyceps roseostromata* Kobayasi&Shimizu 红座虫草。寄生于鞘翅目的幼虫上。
552. *Cordyceps rubiginosiperitheciata* Kobayasi & Shimizu绣壳虫草。寄生于鞘翅目的幼虫上。
553. *Cordyceps scarabaeicola* Y. Kobayasi金龟子虫草。寄生于金龟子科甲虫上。
554. *Cordyceps sobolifera* (Hill ex Watson) Berk. & Broome多座虫草。寄生于多种蝉类的幼虫体上。
555. *Cordyceps sphaerocapitata Kobayasi* 球头虫草。寄生于螳螂目虫体上
556. *Cordyceps stylophora* Berk. & Broome柱座虫草(塔顶虫草)。寄生于鞘翅目幼虫上。
557. *Cordyceps takaomontana* Yakush. & Kumaz.高雄山虫草。生于鳞翅目昆虫的蛹茧上。
558. *Cordyceps termitophila* Kobayasi & Shimizu白蚁虫草。寄生于等翅目上。
559. *Cordyceps tuberculata* (Lebert) Maire细座虫草。寄生于鳞翅目成虫和蛹如豆天蛾的成虫上。
560. *Cordyceps unilateralis* (Tul.) Sacc. 单侧虫草(黑山蚁草)。寄生于膜翅目如蚁上。
561. *Cordyceps variabilis* Petch变形虫草。寄生于鞘翅目的一种金针虫幼虫上。
562. *Cordyceps yakusimensis* Kobayasi屋久岛虫草。寄生于同翅目上。
563. *Isaria farinosa* (Holmsk.) Fr.虫花棒束孢。生于鳞翅目昆虫的蛹上。
564. *Isaria japonica* Yasuda 日本棒束孢。生于昆虫的蛹上。

Hypocreaceae肉座菌科

565. *Hypocrea bambusae* Berk. & Broome竹红菌（竹砂仁、竹小肉座菌）。生于云杉或冷杉林或箭竹属(Sinarundinaria)竹子节间或近节处围生或生于竹子的幼芽梗部。
566. *Hypocrea gelatinosa* (Tode) Fr. 胶质肉座菌（绿肉座）。木生。
567. *Hypomyces aurantius* (Pers.) Fuckel金黄菌寄生。寄生在彩绒栓菌的子实层上。
568. *Podostroma alutaceum* (Pers.) G.F. Atk.肉棒菌(棒肉座壳）。生于腐木上。
569. *Podostroma grossum* (Berk.) Boedijn粗肉棒菌[=*Podostroma yunnanensis* M.Zang滇肉棒菌]。生于阔叶林的腐木上。
570. *Trichoderma viride* Pers.绿色木霉[=*Hypocrea rufa* (Pers.) Fr.]。生于木头上。

Ophiocordycipitaceae线虫草科

571. *Elaphocordyceps ophioglossoides* (Ehrh.) G.H. Sung, J.M. Sung & Spatafora大团囊虫草[=*Cordyceps ophioglossoides* (Ehrh.) Link大团囊虫草]。寄生于地上下生长的大团囊菌属上。
572. *Elaphocordyceps ophioglossoides f. alba* (Kobayasi & Shimizu ex Y.J. Yao) G.H. Sung, J.M. Sung & Spatafora大团囊虫草白化变型[=*Cordyceps ophioglossoides* (Ehrh. ex Fr.) Link f. *alba* Kobayasi & Shimizu ex Y.J. Yao]。寄生于壳斗类植物林中

的粒状大团囊菌(*Elaphomyces granulatus*)上。

573. *Elaphocordyceps ramosa* (Teng) G.H. Sung, J.M. Sung & Spatafora分枝团囊虫草[=*Cordyceps ramosa* Teng分枝虫草(大团囊枒)]。夏季生长于阔叶林内大团囊菌属的子实体上。

574. *Elaphocordyceps szemaoensis* (M. Zang) G.H. Sung, J.M. Sung & Spatafora [as'*szemaoënsis*'] 思茅团囊虫草[=*Cordyceps szemaoensis* M. Zang思茅虫草]。寄生于大团囊菌上。

575. *Ophiocordyceps entomorrhiza* (Dicks.) G.H. Sung, J.M. Sung, Hywel-Jones & Spatafora蜂头线虫草[= *Cordyceps entomorrhiza* (Dicks.) Fr. 虫根虫草]。寄生在叶甲类的幼虫上。

576. *Ophiocordyceps gracilis* (Grev.) G.H. Sung, J.M. Sung, Hywel-Jones & Spatafora细线虫草[= *Cordyceps gracilis* (Grev.) Durieu & Mont. 黑锤线虫草(细虫草，黑锤虫草)]。生于鳞翅目昆虫幼虫体上。

577. *Ophiocorayceps myrmecophila*(ces.) G.H. Sung, J. M. Sung, Hywel-Jones&Spatafora蚁线虫草[= *Cordyceps myrecophila* Ces. 蚁虫草（蚂蚁草）]。生于蚂蚁上。

Sordariales粪壳菌目

Sordariaceae粪壳菌科

578. *Sordaria humana* (Fuckel) G. Winter大孢粪壳。生于腐木上。

Xylariomycetidae炭角菌亚纲

Xylariales炭角菌目

Diatrypaceae蕉孢壳科

579. *Diatrype stigma* (Hoffm.) Fr.平座蕉孢壳。生于木上。

Xylariaceae炭角菌科

580. *Annulohypoxylon annulatum* (Schwein.) Y.M. Ju, J.D. Rogers & H.M. Hsieh截头年生炭团[=*Hypoxylon annulatum* (Schwein.) Mont. 截头炭团]。木生。

581. *Annulohypoxylon bovei* var. *microsporum* (J.H. Mill.) Y.M. Ju, J.D. Rogers & H.M. Hsieh [as "*microspora*"] 博韦年生炭团小孢变种[=*Hypoxylon bovei* var. *microspora* Mill博韦炭团菌小孢变种]。群生于阔叶林中腐木上。

582. *Annulohypoxylon cohaerens* (Pers.) Y.M. Ju, J.D. Rogers & H.M. Hsieh联结年生炭团[=*Hypoxylon cohaerens* Pers.联结炭团菌]。群生至丛生于阔叶林中腐木上。

583. *Annulohypoxylon multiforme* (Fr.) Y.M. Ju, J.D. Rogers & H.M. Hsieh多形年生炭团[=*Hypoxylon multiforme* (Fr.) Fr. 多形炭团菌]。散生于腐树皮上。

584. *Anthostomella contaminans* (Durieu & Mont.) Sacc.污斑小花口壳。生于腐木上。

585. *Astrocystis mirabilis* Berk. & Broome假炭豆。生于腐木上。

586. *Creosphaeria sassafras* (Schwein.) Y.M. Ju, F. San Martín & J.D. Rogers凸黑盖壳。生于腐木上。

587. *Daldinia bakeri* Lloyd亮轮层炭壳。生于阔叶林腐木上。

588. *Engleromyces goetzei* Henn.竹生肉球菌（戈茨肉球菌、竹菌）。竹生。

589. *Hypoxylon capnodes* (Berk.) Berk. & Broome ex Cooke炭团菌。生于腐木上。

590. *Hypoxylon fragiforme* (Pers.) J. Kickx f.脆形炭团菌。群生于阔叶林中腐木上。

591. *Hypoxylon fuscum* (Pers.) Fr. 紫棕炭团菌（亚脐孔炭团）。木生。

592. *Hypoxylon haematostroma* Mont.红炭团菌。生于腐木上。

593. *Hypoxylon howeanum* Peck [as '*howeianum*']豪伊炭团菌。群生于阔叶林中腐木上。

594. *Hypoxylon monticulosum* Mont. 单变炭团菌[=*Hypoxylon investiens* var. *epiphaeum* (Berk. & M.A. Curtis) J.H. Mill.硬炭团菌易褐变种]。群生于阔叶林中腐木上。

595. *Hypoxylon rubiginosum* (Pers.) Fr. 赤褐炭团菌。生于阔叶树的木头、树皮和腐烂竹竿上。

596. *Hypoxylon rutilum* Tul. & C. Tul.小炭包。群生于阔叶树的腐木上。

597. *Hypoxylon sclerophaeum* Berk. & M.A. Curtis硬暗炭团菌。群生于阔叶林中腐木上。

598. *Hypoxylon smilacicola* Howe [as '*smilacicolum*'] 菝葜炭团菌。生于混交林中腐木上。

599. *Kretzschmaria deusta* (Hoffm.) P.M.D. Martin焦色克氏炭团菌[=*Hypoxylon deustum* (Hoffm.) Grev. 焦色炭团菌]。木生。

600. *Nemania quadrata* (Schwein.) Y.M. Ju & J.D. Rogers王泥炭菌(=*Hypoxylon regale* Morg.王炭团菌)。群生于混交林中阔叶树的腐树皮上。

601. *Nemania serpens* (Pers.) Gray麻饼泥炭菌(麻饼炭团菌)。木生。

602. *Podosordaria tulasnei* (Nitschke) Dennis图拉柄粪壳。散生于混交林地上。
603. *Rhopalostroma africanum* (Wakef.) D. Hawksw.灰槌。生于腐木上。
604. *Rosellinia emergens* (Berk. & Broome) Sacc.亚大孢炭豆。生于腐木上。
605. *Rosellinia necatrix* Berl. ex Prill.棕垫炭豆。生于腐木上。
606. *Rosellinia procera* Syd.大孢炭豆。生于腐木上。
607. *Sarcoxylon aurantiacum* Pat.灰壳莲蓬。生于腐木上。
608. *Xylaria aemulans* Starbäck钝顶炭角菌。生于阔叶林腐木上。
609. *Xylaria anisopleura* (Mont.) Fr.葚座炭角菌。生于木头上。
610. *Xylaria apiculata* Cooke锐顶炭角菌。生于木头上。
611. *Xylaria beccarii* Lloyd棒状炭角菌。群生至丛生于阔叶树林中腐木上。
612. *Xylaria bipindensis* Lloyd丛生炭角菌。生于腐木上。
613. *Xylaria castorea* Berk.短柄炭角菌。生于阔叶林中腐木上。
614. *Xylaria comosa* Mont.花壳炭角菌。生于腐木上。
615. *Xylaria consociata* Starbäck皱扁炭角菌。群生至丛生于腐木上。
616. *Xylaria euglossa* Fr.舌状炭角菌。生于林中腐木上。
617. *Xylaria feejeensis* (Berk.) Fr.黄心炭角菌。生于腐木上。
618. *Xylaria fibula* Massee扣状炭角菌。生于腐木上。
619. *Xylaria filiformis* (Alb. & Schwein.) Fr. 绒座炭角菌。生于腐木上。
620. *Xylaria fissilis* Ces. 劈裂炭角菌。散生至群生或丛生于腐木上。
621. *Xylaria furcata* Fr. 叉状炭角菌。生于阔叶林中地上。
622. *Xylaria graminicola* W.R. Gerard禾生炭角菌。生于腐木上。
623. *Xylaria grammica* (Mont.) Mont.条纹炭角菌。生于阔叶林腐木上。
624. *Xylaria hippoglossa* Speg.马舌炭角菌。生于腐木上。
625. *Xylaria hypoxylon* (L.) Grev.团炭角菌。生于阔叶树中树桩上。
626. *Xylaria kedahae* Lloyd皱柄炭角菌。生于林地上。
627. *Xylaria lianthino-velutina* Mont. 毛炭角菌。生于腐木上。
628. *Xylaria longipes* Nitschke长柄炭角菌（长炭棒）。
629. *Xylaria nigrescens* (Sacc.) Lloyd黑炭角菌。生于有白蚁巢的地上。
630. *Xylaria plebeja* Ces.皱纹炭角菌。生于腐木上。
631. *Xylaria sanchezii* Lloyd笔状炭角菌。生于地上。
632. *Xylaria scopiformis* Mont.细枝炭角菌。生于阔叶林腐木上。
633. *Xylaria siphonia* Fr. 纵裂炭角菌。散生至群生于阔叶树腐木上。
634. *Xylaria tabacina* (J. Kickx f.) Berk.黄色炭角菌。生于腐木上。
635. *Xylaria warburgii* Henn.绒柄炭角菌。生于枫香的落果上。

Laboulbeniomycetes虫囊菌纲

Laboulbeniomycetidae虫囊菌亚纲

Laboulbeniales虫囊菌目

Laboulbeniaceae虫囊菌科

636. *Laboulbenia borealis* Speg.北方虫囊菌。寄生于一种鼓甲腹尾部。
637. *Laboulbenia hainanensis* D.H. Ye & Y. H. Shen海南虫囊菌。寄生于齿负泥虫的鞘翅上。

Basidiomycota担子菌门

Agaricomycotina伞菌亚门

Agaricomycetes伞菌纲

638. *Cyphellostereum laeve* (Fr.) D.A. Reid光滑杯韧革菌。腐木生。
639. *Cystodermella cinnabarina* (Alb. & Schwein.) Harmaja朱红小囊皮菌[=*Cystoderma cinnabarinum* (Alb. & Schwein.) Fayod朱红囊皮菌]。木生。
640. *Cystodermella granulosa* (Batsch) Harmaja疣盖小囊皮菌[=*Cystoderma granulosum* (Batsch) Fayod疣盖囊皮菌]。木生。

641. *Intextomyces contiguus* (P. Karst.) Erikss. & Ryvarden相连织丝菌。生于腐木上。
642. *Oxyporus mollissimus* (Pat.) D.A.Reid，极软锐孔菌。生于针叶树枕木上。
643. *Oxyporus populinus* (Schumach.) Donk杨锐孔菌（囊层菌）。生于树木上。
644. *Repetobasidium erikssonii* Oberw. 爱立逊重担菌。生于树木上。
645. *Timgrovea kwangsiensis* (B. Liu) Bougher & Castellano广西田腹菌[=*Hymenogaster kwangsiensis* B. Liu广西层腹菌]。生于阔叶林地上。

木耳目Auriculariales

646. *Ductifera sucina* (Möller) K. Wells. 琥珀德克耳。生于阔叶树腐枝上。
647. *Elmerina caryae* (Schwein.) D.A. Reid山核桃埃尔默耳。木生。
648. *Protodaedalea hispida* Imazeki原迷孔耳。木生。
649. *Stypella glaira* (Lloyd) P. Roberts灰圆黑耳[=*Exidiopsis glaira* (Lloyd) K. Wells灰拟黑耳]。生于阔叶树倒木上。

木耳科Auriculariaceae

650. *Auricularia cornea* Ehrenb.角质木耳。腐木生。
651. *Auricularia eburnea* Le et Liu 象牙白木耳。腐木生。
652. *Auricularia fuscosuccinea* (Mont.) Henn.褐黄木耳。生于林中倒木上。
653. *Auricularia mesenterica*(Dicks.) Pers.毡盖木耳（肠膜木耳、牛皮木耳）。生于林中倒木上。
654. *Auricularia moellerii* Lloyd黑皱木耳。生于腐木上。
655. *Auricularia reticulata* L.J. Li non Fr.白水木生木耳(网脉木耳)。生于腐木上。
656. *Eichleriella incarnata* Bres.肉色盘革菌。杨属等枯枝上生。
657. *Exidia compacta* Lowy致密黑耳。阔叶树朽木上生。
658. *Exidia recisa* (Ditmar) Fr. 短黑耳（黑胶碟）。生于阔叶林中枯树枝上。
659. *Exidia repanda* Fr.浅波黑耳。阔叶树朽木上生。
660. *Exidia tremelloides* L.S. Olive白胶黑耳。壳斗科等阔叶树朽木上生。
661. *Exidiopsis banlaensis* Y.B. Peng版纳拟黑耳。阔叶树朽木树皮上生。
662. *Exidiopsis fuliginea* Rick棕色拟黑耳。生于阔叶林中枯树枝上。
663. *Exidiopsis jianfengensis* Y.B. Peng尖峰拟黑耳。阔叶树腐树桩上生。
664. *Guepinia helvelloides* (DC.) Fr. 勺状桂花耳[=*Phlogiotis helvelloides* (DC.) G.W. Martin焰耳(胶勺)]。在腐木或林中地上生。
665. *Heterochaete cretacea* Pat.白垩刺皮菌。于阔叶树枯枝上群生。
666. *Heterochaete delicata* (Klotzsch ex Berk.) Bres. 柔美刺皮耳(柔美刺皮菌)。生于阔叶树枯枝上。
667. *Heterochaete discolor* (Berk. & Broome) Petch盘刺皮菌(异色刺皮耳)。于阔叶树枯枝上群生。
668. *Heterochaete lichenoidea* Y.B. Peng & X.W. Hu地衣状刺皮菌。在阔叶树枯枝上群生。
669. *Heterochaete mussooriensis* Bodman莫索尼刺皮菌(莫索尼刺皮耳)。在阔叶树枯枝上群生。
670. *Heterochaete ogasawarasimensis* S. Ito & S. Imai小笠原刺皮耳。在阔叶树枯枝上群生。
671. *Heterochaete pengii* X. W. Hu彭氏刺皮耳。生于阔叶树枯枝上。
672. *Heterochaete roseola* Pat. 粉红刺皮耳。生于阔叶树枯枝上群生。
673. *Heterochaete sanctae-catharinae* Möller白粉刺皮耳。于阔叶树枯枝上群生。
674. *Heterochaete shearii* (Burt) Burt席氏刺皮耳。于阔叶树枯枝上群生。
675. *Heterochaete sinensis* Teng中国刺皮耳。于阔叶树枯枝上群生。
676. *Tremellochaete japonica* (Lloyd) Raitv. 白胶刺耳。生于阔叶树枯枝或朽木上群生。

Cantharellales**鸡油菌目**

Cantharellaceae**鸡油菌科**

677. *Cantharellus cinereus* (Pers.) Fr.，灰色鸡油菌。生于阔叶林或针叶林中地上。
678. *Cantharellus lateritius* (Berk.) Singer，薄黄鸡油菌。生于林地上。
679. *Cantharellus odoratus* (Schwein.) Fr.，芳香喇叭菌（黄漏斗菌）。地上生。
680. *Cantharellus patouillardii* Sacc. 烟色鸡油菌。于林中地上生。
681. *Cantharellus subalbidus* A.H. Sm. & Morse近白鸡油菌（白喇叭菌）。于黄杉等树下生。
682. *Cantharellus yunnanensis* W.F. Chiu 云南鸡油菌。生于林地上。
683. *Craterellus lutescens* (Fr.) Fr. 变黄喇叭菌[=*Cantharellus lutescens* Fr. 薄盖鸡油菌]。在马尾松等树下地生。

684. *Pseudocraterellus undulatus* (Pers.) Rauschert波形假喇叭菌[=*Cantharellus sinucosus* Fr. 波形鸡油菌]。地上生。

Clavulinaceae锁瑚菌科

685. *Clavulina coralloides* (L.) J. Schröt. 珊瑚锁瑚菌[=*Clavulina cristata* (Holmsk.) J. Schröt. 仙树菌(冠锁瑚菌)]。在混交林中地上。

686. *Clavulina rugosa* (Bull.) J. Schröt. 皱锁瑚菌。林中地上生。

Hydnaceae齿菌科

687. *Hydnum repandum* L. var. *albidum* Fr.，卷缘齿菌白变种。生于阔叶林地上。

Corticiales伏革菌目

Corticiaceae伏革菌科

688. *Corticium roseocarneum* (Schwein.) Hjortstam肉红伏革菌[=*Dendrocorticium roseocarneum*(Schwein.)M.J.Larsen & Gilb. 肉红树伏革菌]。木生。

689. *Cytidia salicina* (Fr.)Burt沙利脉革菌。木生。

690. *Punctularia strigosozonata* (Schwein.) P.H.B. Talbot环纹点革菇[=*Auricularia rugosissima* (Lév.) Pat. 褐毡木耳(皱极木耳)]。腐木上生。

Gloeophyllales黏褶菌目

Gloeophyllaceae黏褶菌科

691. *Gloeophyllum abietinum* (Bull.) P. Karst.针叶黏褶菌。于烧过的针叶树倒木上生。

692. *Gloeophyllum sepiarium* (Wulfen) P. Karst. 篱边黏褶菌。生于菜园边木桩或松、云杉等针叶树，偶尔桦树上。

693. *Gloeophyllum striatum* (Sw.) Murrill条纹黏褶菌。生于阔叶树或针叶树腐木上。

694. *Gloeophyllum subferrugineum*(Berk.) Bondartsev & Singer褐黏褶菌。生于松、云杉等针叶树腐木上。

Hymenochaetales刺革菌目

Hymenochaetaceae刺革菌科

695. *Aurificaria indica* (Massee) D. A. Reid印度黄肉孔菌(印度黄褐菌)，生于腐朽木上。

696. *Coltricia cumingii* (Berk.) Teng卡明集毛菌。生于林地上。

697. *Coltricia oblectans* (Berk.) G. Cunn.集毛菌。生于林地上。

698. *Coltriciella oblectabilis* (Lloyd) Kotl., Pouzar & Ryvarden悦目小集毛孔菌(悦目小钹孔菌)。于混交林中地上生。

699. *Coltriciella pusilla* (Imazeki & Kobayasi) Corner小集毛菌[=*Coltricia pusilla* Imazeki & Kobayasi]。生于林地上。

700. *Cyclomyces greenei* Berk. 环褶菌[= *Cycloporus greenei* (Berk.) Murrill环孔菌]。木生。

701. *Cyclomyces yunnanensis* (Lohw.) Singer & Bond.云南环褶菌。木生。

702. *Fomitiporia dryadea* (Pers.) Y. C. Dai.厚盖嗜蓝孢孔菌。生于冷杉属、栎属等树上。

703. *Fomitiporia punctata* (Fr.) Murrill斑点嗜蓝孢孔菌(斑褐孔菌、层卧孔菌)。生于阔叶树等倒木上。

704. *Fuscoporia discipes* (Berk.) Y.C. Dai & Ghob.-Nejh. 侧柄褐孔菌[=*Phellinus discipes* (Berk.) Ryvarden侧柄木层孔菌]。生于阔叶树倒木上。

705. *Fuscoporia rhabarbarina* (Berk.) Groposo, Log.-Leite & Góes-Net黑壳褐孔菌[=*Phellinus rhabarbarinus* (Berk.) G. Cunn.]。阔叶树倒木上。

706. *Fuscoporia senex* (Nees & Mont.) Ghob.-Nejh. 栗色褐孔菌[=*Phellinus senex* (Nees & Mont.) Imazeki.]。生于阔叶树倒木上。

707. *Hydnochaete duportii* Pat.杜氏毛齿菌。生于阔叶树倒木上。

708. *Hydnochaete olivacea* (Schwein.) Banker绿毛齿菌。生于树木上。

709. *Hydnochaete tabacinoides* (Yasuda) Imazeki针毛齿菌。生于枯枝或腐木上。

710. *Hymenochaete adusta* (Lév.) Har. & Pat.复瓣黑锈革菌(复瓣黑刺革菌)。生于阔叶树腐木或枯枝上。

711. *Hymenochaete attenuata* (Lév.) Lév.狭窄锈革菌。生于枯枝上。

712. *Hymenochaete cacao* (Berk.) Berk. & M.A. Curtis硬锈革菌。生于腐木上。

713. *Hymenochaete cinnamomea* (Pers.) Bres.厚锈革菌（厚针毡）。生于阔叶树上。

714. *Hymenochaete corrugata* (Fr.) Lév.针毡锈革菌。枯枝、腐木上。

715. *Hymenochaete cruenta* (Pers.) Donk红锈革菌。生于阔叶树腐木枯枝上，或冷杉等活树上。

716. *Hymenochaete crustacea* G.A. Escobar ex J.C. Léger壳状锈革菌。生于阔叶树枯木上。

717. *Hymenochaete dura* Berk. & M.A. Curtis紧实锈革菌。生于枯枝或腐木上。

718. *Hymenochaete episphaeria* (Schwein.) Cooke茶色锈革菌。生于阔叶树枯枝上。

719. *Hymenochaete floridea* Berk. & Broome佛罗里达锈革菌。生于枯枝上。
720. *Hymenochaete leonina* Berk. & M.A. Curtis狮黄锈革菌（双针毡、狮黄刺革菌）。生于腐木或枯枝上。
721. *Hymenochaete mougeotii* (Fr.) Cooke红锈革菌（红锈革）。木生。
722. *Hymenochaete murashkinskyi* Pilát杜鹃红锈革菌。生于杜鹃花属枯枝上。
723. *Hymenochaete murina* Bres.鼠灰锈革菌。生于枯枝上。
724. *Hymenochaete pinnatifida* Burt鹿角锈革菌（鹿角针毡、羽丝刺革菌）。生于枯枝上。
725. *Hymenochaete pseudoadusta* J.C. Léger & Lanq.拟复瓣锈革菌。生于枯枝或腐木上。
726. *Hymenochaete rheicolor* (Mont.) Lév.大黄锈革菌。阔叶树腐木。生于栎等阔叶树腐木上。
727. *Hymenochaete rubiginosa* (Dicks.) Lév.栗色锈革菌。生于栎树或及其他阔叶树腐木上。
728. *Hymenochaete sallei* Berk. & M.A. Curtis软锈革菌（软锈革）。生于倒木上。
729. *Hymenochaete subferruginea* Bres. & Syd.近锈色锈革菌。生于阔叶树腐木上。
730. *Hymenochaete tongbiguanensis* T. X. Zhou & L. Z. Zhao.铜壁关锈革菌。生于阔叶林枯枝上。
731. *Hymenochaete vagans* Petch散布锈革菌。生于枯枝上。
732. *Hymenochaete villosa* (Lév.) Bres.柔毛锈革菌。生于腐木上。
733. *Hymenochaete yasudae* Imazeki.卷边锈革菌（卷边针毡、安田刺革菌）。生于松树落枝上。
734. *Inonotus cuticularis* (Bull.) P. Karst.薄皮纤孔菌（稀针孔菌、薄皮针孔菌）。生于桦等阔叶树腐木或针叶林或混交林中地上。
735. *Inonotus dryadeus* (Pers.) Murrill厚盖纤孔菌。生于栎或多种针叶树干基部。
736. *Inonotus flavidus* (Berk.) Ryvarden浅黄纤孔菌[=*Inonotus sciurinus* Imazeki =*Onnia flavida* (Berk.) Y.C. Dai浅黄昂尼孔菌(浅黄昂氏孔菌,松鼠状纤孔菌)]。生于阔叶树腐木上。
737. *Inonotus gilvoides* (Lloyd) Teng微黄纤孔菌。生于倒木上。
738. *Inonotus hispidus* (Bull.) P. Karst. 粗毛纤孔菌[=*Xanthochrous hispidus* (Bull.) Pat. 粗毛黄孔菌]。生于木上。
739. Inonotus indurescens Y. C. Dai.硬纤孔菌(硬针孔菌)。生于阔叶树倒木上。
740. *Inonotus nodulosus* (Fr.) P. Karst.小节纤孔菌（小针孔菌）。木生。
741. *Inonotus radiatus* (Sowerby) P. Karst辐射状纤孔菌(辐射状针孔菌、亚稀针孔菌）。生于槭属等阔叶树上。
742. *Inonotus rheades* (Pers.) Bondartsev & Singer团核纤孔菌[=*Xanthochrous rheades* (Pers.) Pat.团核黄褐孔菌(团核褐孔，团核黄褐孔菌)]。木生。
743. *Inonotus rodwayi* D. A. Reid.柔氏纤孔菌(柔氏针孔菌)。生于阔叶树倒木上。
744. *Inonotus tabacinus* (Mont.) G. Cunn. 烟草色纤孔菌[=*Cyclomyces tabacinus* (Mont.) Pat.丝光薄针孔菌(丝光薄环褶菌，浅褐环褶孔菌)]。生于腐木上，如生于栎等腐木上。
745. *Onnia vallata* (Berk.) Y. C. Dai & Niemela.墙翁孔菌(硬褐瓣昂尼孔菌、硬褐翁孔菌）。生于松树腐木上。
746. *Phellinus adamantinus* (Berk.) Ryvarden硬皮木层孔菌[=*Fomes adamantinus* (Berk.) Cooke硬皮褐层孔菌=*Pyrrhoderma adamantinum* (Berk.) Imazeki钢青褐层孔菌(极硬红皮孔菌)]。生于油茶等阔叶树倒木上。
747. *Phellinus allardii* (Bres.) S. Ahmad阿拉迪木层孔菌。生于阔叶树倒木上。
748. *Phellinus baumii* Pilát鲍氏木层孔菌（桑黄、鲍姆针层孔菌）。生于李属等阔叶树腐木上。
749. *Phellinus cesatii* (Bres.) Ryvarden.赛萨特木层孔菌。生于阔叶树倒木上。
750. *Phellinus conchatus* (Pers.) Quél.贝木层孔菌（针贝、贝状针层孔菌）。生于柳科、杨树、栎树、丁香树、榆、漆树、桦等上。
751. *Phellinus durissimus* (Lloyd) A.Roy硬木层孔菌。生于阔叶树腐木上。
752. *Phellinus erectus* A. David, Dequatre & Fiasson直立木层孔菌[=*Fomitiporia erecta* (A. David, Dequatre & Fiasson) Fiasson 直立针层孔菌=*Fomitiporia erecta* (A. David, Dequatre & Fiasson) Fiasson. 直立嗜蓝孢孔菌]。生于栎属或其他腐木上。
753. *Phellinus fastuosus* (Lév.) Ryvarden厚褐木层孔菌（厚褐贝、厚贝褐层孔）。生于阔叶树腐木上。
754. *Phellinus ferruginosus* (Schrad.) Pat. 锈色木层孔菌。生于阔叶树倒木上。
755. *Phellinus hartigii* (Allesch. & Schnabl) Pat. [=*Fomitiporia hartigii* (Allesch. & Schnabl) Fiasson & Niemelä]哈尔蒂木层孔菌（哈尔蒂针层孔菌，哈蒂嗜蓝孢孔菌）。生于冷杉属、松属等腐木上。
756. *Phellinus himalayensis* Y. C. Dai.喜马拉雅木层孔菌。生于冷杉、云杉倒木上。
757. *Phellinus hoehnelii* (Bres.) Ryvarden霍尼木层孔菌（霍尼针层孔菌）。生于倒木上。
758. *Phellinus igniarius* (L.) Quél.火木木层孔菌。生于槭属等树活木或腐木上。

759. *Phellinus isabellinus* (Fr.) Bourdot & Galzin深黄木层孔菌（深黄针层孔菌）。生于阔叶树腐木上。

760. *Phellinus laevigatus* (Fr.) Bourdot & Galzin.平滑木层孔菌（亚针层孔、平滑针层孔菌）。生于槭属等树木倒木上。

761. *Phellinus lamaënsis* (Murrill) Sacc. & Trotter橡胶木层孔菌[=*Phellinus lamensis* (Murr.) Teng 橡胶针层孔菌]。生于橡胶树及阔叶树腐木和树干基部。

762. *Phellinus linteus* (Berk. & M.A. Curtis) Teng裂蹄木层孔菌（裂蹄针层孔菌、针裂蹄、裂蹄木层孔）。木生。

763. *Phellinus lonicerinus* (Bondartsev) Bondartsev & Singer，忍冬木层孔菌（忍冬针层孔菌）。生于倒木上。

764. *Phellinus macgregorii* (Bres.) Ryvarden平伏木层孔菌[=*Pyropolyporus macgregori* (Bress.) Teng平伏褐层孔、平伏褐层孔菌、平伏褐层孔]。生于杨属等倒木上。

765. *Phellinus mcgregorii* (Bers.) Ryvarden. 麦氏木层孔菌（麦氏针层孔菌）。生于倒木上。

766. *Phellinus montanus* (Y. C. Dai &Niemelä) Y. C. Dai. 高山木层孔菌。生于阔叶树倒木上。

767. *Phellinus nilgheriensis* (Mont.) G. Cunn.环棱木层孔菌（环棱多孔菌）[=*Xanthochrous nilgheriensis* (Mont.) Teng环棱黄褐孔菌]。生于阔叶树倒木上。

768. *Phellinus noxius* (Corner) G. Cunn. 有害木层孔菌[=*Phellinidium noxium* (Corner) Bondartseva & S. Herrera.有害小针层孔菌]。生于阔叶树活木基部或腐木根部。

769. *Phellinus pachyphloeus* (Pat.) Pat.厚皮木层孔菌(厚皮针层孔菌)。生于柳安属等阔叶树倒木上。

770. *Phellinus pomaceus* (Pers.) Maire李木层孔菌（苹果针层孔菌）[=*Phellinus tuberculosus* (Baumg.) Niemelä瘤状针层孔菌]。生于阔叶树活木或倒木上。

771. *Phellinus pseudopunctatus* A. David, Dequatre & Fiasson 假斑点木层孔菌[=*Fomitiporia pseudopunctata* (A. David, Dequatre & Fiasson) Fiasson假斑点嗜蓝孢孔菌]。树上生。

772. *Phellinus pullus* (Berk. & Mont.) Ryvarden.暗色木层孔菌。生于阔叶树倒木上。

773. *Phellinus pusillus* (Lloyd) Ryvarden小木层孔菌[=*Fomitiporia pusilla* (Lloyd) Y. C. Dai.小嗜蓝孢孔菌]。生于壳斗科等阔叶树上。

774. *Phellinus rimosus* (Berk.) Pilát裂蹄木层孔菌(缝裂针层孔菌)。生于杨、柳树等阔叶树活木或倒木上。

775. *Phellinus robustas* (P. Karst.) Bourdot & Galzin稀木层孔菌（稀硬针层孔菌）[=*Fomitiporia robusta* (P. Karst.) Fiasson & Niemelä. 稀针嗜蓝孢孔菌]。生于栎属等腐木上。

776. *Phellinus setulosus* (Loyd) Imazeki毛木层孔菌（亚针层孔菌）。木生。

777. *Phellinus xeranticus* (Berk.) Pegler干木层孔菌（干针层孔菌）[=*Cyclomyces xeranticus* (Berk.) Y. C. Dai & Niemelä干环褶菌=*Inonotus xeranticus* (Berk.) Imazeki & Aoshima褐黄纤孔菌]。生于阔叶树腐木上。

778. *Phylloporia bibulosa* (Lloyd) Ryvarden吸水叶孔菌。生于阔叶树活木上。

779. *Phylloporia ribis* (Schumach.) Ryvarden茶镳子叶孔菌。生于山楂属等活树基部木上。

780. *Polystictus cuneatobrunneus* Lloyd薄肉色扇。生于阔叶树倒木上。

781. *Polystictus lamii* Lloyd白扇芝。生于阔叶树倒木上。

782. *Polystictus membranaceus* (Sw.) Berk.黄薄芝（黄贝芝）。生于倒木上。

783. *Polystictus pallidus* Lloyd乳黄蝶。生于阔叶树倒木上。

784. *Porodaedalea pini* (Brot.) Murrill松孔状迷孔菌[=*Phellinus pini* (Brot.) Bondartsev & Singer松针层孔菌（松针层孔、松木层孔菌）]。生于云南松等松属活木上。

785. *Pseudochaete tabacina* (Sowerby) T. Wagner & M. Fisch.烟色拟锈革菌[=*Hymenochaete badio-ferruginea* (Mont.) Lév.褐锈锈革菌=*Hymenochaete tabacina* (Sowerby) Lév. 烟色锈革菌]。生于针叶或阔叶树腐木枯枝上。

786. *Xanthochrous gilvicolor* (Lloyd) Teng 薄黄褐孔菌（薄黄孔菌）。生于木头上。

Schizoporaceae裂孔菌科

787. *Alutaceodontia alutacea* (Fr.) Hjortstam & Ryvarden淡橙黄革齿菌（革色革齿菌）[=*Ceriporia mellea* (Berk. & Broome) Ryvarden蜜色蜡质菌（蜂蜜色蜡质菌）]。生于阔叶树枯枝上。

788. *Leucophellinus hobsonii* (Berk. ex Cooke) Ryvarden荷氏白针孔菌[=*Oxyporus mollissimus* (Pat.) D.A. Reid极软锐孔菌、极软酸味菌]。生于针叶树枕木上。

789. *Schizopora flavipora* (Berk. & M.A. Curtis ex Cooke) Ryvarden黄孔裂孔菌[=*Hyphodontia flavipora* (Berk. & M.A. Curtis ex Cooke) Sheng H. Wu浅黄产丝齿菌]。生于林中倒木上。

790. *Schizopora paradoxa* (Schrad.) Donk近光彩裂孔菌。生于阔叶树木材上。

Polyporales多孔菌目

791. *Taiwanofungus comphoratus* (M. Zhang & C.H. Su) Sheng H. Wu, Z.H. Yu, Y.C. Dai & C.H. Su牛樟芝。木生。

Fomitopsidaceae拟层孔菌科

792. *Antrodia albida* (Fr.) Donk白薄孔菌[=*Daedalea albida* Fr. 白迷孔菌(白栓菌)]。木生。
793. *Antrodia crassa* (P. Karst.) Ryvarden厚薄孔菌。生于云南松腐木上。
794. *Antrodia heteromorpha* (Fr.) Donk异形薄孔菌。生于阔叶树和针叶树腐木上。
795. *Antrodia serialis* (Fr.) Donk狭檐薄孔菌[=*Trametes serialis* (Fr.) Fr. 狭檐栓菌]。生于针、阔叶树上。
796. *Daedalea dickinsii* Yasuda白肉迷孔菌。生于阔叶树桩或腐木上。
797. *Daedalea dochmia* (Berk. & Broome) T. Hatt. 斜迷孔菌。生于腐木上。
798. *Daedalea flavida* Lév. 淡黄迷孔菌[=*Lenzites acuta* Berk. 疣面革裥菌(灰盖褶孔菌)=*Lenzites huensis* Lloyd长管口革裥菌]。生于阔叶树腐木上。
799. *Daedalea sulcata* (Berk.) Ryvarden沟迷孔菌。生于腐木上。
800. *Fomitella rhodophaea* (Lév.) T. Hatt.玫瑰小层孔菌[=*Fomitopsis rhodophaea* (Lév.) Imazeki玫瑰拟层孔菌]。生于针、阔叶树腐木上。
801. *Fomitopsis abruptus* (Berk.) Ryvarden突然拟层孔菌。生于阔叶树腐木上。
802. *Fomitopsis cajanderi* (P. Karst.) Kotl. & Pouzar粉肉拟层孔菌。生于松等针叶树枯立木和倒腐木上。
803. *Fomitopsis cupreorosea* (Berk.) J. Carranza & Gilb.粉红拟层孔菌。生于烧过的阔叶树或腐木上。
804. *Fomitopsis cytisina* (Berk.) Bondartsev & Singer 红颊拟层孔菌（红颊层孔）。木生。
805. *Fomitopsis feei* (Fr.) Kreisel浅肉色拟层孔菌。生于阔叶树倒木上。
806. *Fomitopsis hainaniana* J.D. Zhao & X.Q. Zhang海南拟层孔菌。生于阔叶树腐木上。
807. *Fomitopsis lignea* (Berk.) Ryvarden木质拟层孔菌。生于阔叶树腐木上。
808. *Fomitopsis palustris* (Berk. & M.A. Curtis) Gilb. & Ryvarden瘌拟层孔菌。生于松树等针、阔叶树木桩或腐木上。
809. *Fomitopsis pinicola* (Sw.) P. Karst. 红缘拟层孔菌（松生拟层孔菌、红缘多孔菌）。生于松、云杉等针叶树腐木，偶尔阔叶树上。
810. *Fomitopsis pseudopetchii* (Lloyd) Ryvarden红缘拟层孔菌。生于倒木上。
811. *Fomitopsis rosea* (Alb. & Schwein.) P. Karst.红拟层孔菌 [=*Fomitopsis carnea* (Blume & T. Nees) Imazeki肉色拟层孔菌]。生于阔叶树或松、云杉等针叶树腐木上。
812. *Ischnoderma benzoinum* (Wahlenb.) P. Karst.拟皱皮菌。木生。
813. *Ischnoderma resinosum* (Schrad.)P. Karst.树脂薄皮孔菌(树脂皱皮菌、树脂多孔菌)。生于云杉、红松、榆等活木、倒木和枯木上。
814. *Laetiporus miniatus* (Jungh.) Overeem朱红硫磺菌[=*Laetiporus sulphureus* (Bull.) Murrill var. *miniatus* (Jungh.) Imazeki硫磺菌朱红变种]。生于树干基部。
815. *Laricifomes officinalis* (Vill.) Kotl. & Pouzar药用拟层孔菌[=*Fomitopsis officinalis* (Vill.) Bondartsev & Singer]药用拟层孔菌（阿里红、苦白蹄）。木生。
816. *Phaeolus schweinitzii* (Fr.) Pat松杉暗孔菌.[=*Polypourus schweinitzii* Fr. 施氏多孔菌（松杉多孔菌）]。生于木材上。
817. *Piptoporus betulinus* (Bull.) P. Karst.桦滴孔菌（桦孔菌、桦剥管菌）。木生。
818. *Postia balsamea* (Peck) Jülich香褐波斯特孔菌[=*Oligoporus balsameus* (Peck) Gilb. & Ryvarden]。多生于针叶树倒木上，少生于阔叶树上。
819. *Postia caesia* (Schrad.) P. Karst.灰蓝波斯特孔菌[=*Tyromyces caesius* (Schrad.) Murrill 灰蓝干酪菌]。
820. *Postia floriformis* (Quél.) Jülich莲座波斯特孔菌[=*Oligoporus floriformis* (Quél.) Gilb. & Ryvarden *floriformis*褐腐干酪菌]。针、阔叶树腐木上。
821. *Postia fragilis* (Fr.) Jülich脆波斯特孔菌[=*Tyromyces fragillis* (Fr.) Donk 脆干酪菌]。生于木材上。
822. *Postia guttulata* (Peck) Jülich油斑波斯特孔菌[=*Oligoporus guttulatus* (Peck) Gilb. & Ryvarden油斑褐腐干酪菌=*Tyromyces guttulatus* (Peck) Murrill油斑干酪菌]。生于针、阔叶树上。
823. *Postia sericeomollis* (Romell) Jülich 丝软波斯特孔菌。
824. *Pycnoporellus alboluteus* (Ellis & Everh.) Kotl. & Pouzar橙绵孔菌(白黄小密孔菌)。常见于松树等针叶树倒木，罕见阔叶树上。
825. *Pyrofomes albomarginatus* (Zipp. ex Lév.) Ryvarden [as "*albo-marginatus*"] 白边火木蹄孔菌[=*Fomitopsis albomarginata* (Zipp. ex Lév.) Imazeki]。生于阔叶树上。

Ganodermataceae灵芝科

826. *Amauroderma amoiense* J.D. Zhao & L.W. Hsu厦门假芝。生于台湾相思树附近的地上。
827. *Amauroderma auriscalpium* (Pers.) Torrend耳匙假芝。生于阔叶林中地上下腐木上。
828. *Amauroderma bataanense* Murrill大孔假芝。生于阔叶林中地上下腐木上。
829. *Amauroderma conjunctum* (Lloyd) Torrend光粗柄假芝。生于阔叶树桩周围或地上下腐木上。
830. *Amauroderma dayaoshanense* J.D. Zhao & X.Q. Zhang大瑶山假芝。生于倒腐木上。
831. *Amauroderma ealaense* (Beeli) Ryvarden伊勒假芝。生于热带雨林中地上下腐木上。
832. *Amauroderma exile* (Berk.) Torrend黑漆假芝。生于近树干基部地上下腐木上。
833. *Amauroderma fujianense* J.D. Zhao, L.W. Hsu & X.Q. Zhang福建假芝。生于腐木上。
834. *Amauroderma guangxiense* J. D. Zhao&X. Q. Zhang 广西假芝。生于地上下腐木上。
835. *Amauroderma nigrum* Rick黑肉假芝（黑肉乌芝、黑假芝）。生于腐木上。
836. *Amauroderma schomburgkii* (Mont. & Berk.) Torrend 拟模假芝。生于阔叶林中地上。
837. *Amauroderma yunnanense* J.D. Zhao & X.Q. Zhang云南假芝。生于腐木上。
838. *Ganoderma ahmadii* Steyaret拟热带灵芝。生于阔叶林中地上下腐木上。
839. *Ganoderma amboinense* (Lam.) Pat.拟鹿角灵芝。生于阔叶树腐木桩旁或地上。
840. *Ganoderma atrum* J.D. Zhao, L.W. Hsu & X.Q. Zhang黑灵芝。生于林中地下腐木上。
841. *Ganoderma bawanglingense* J.D. Zhao & X.Q.Zhang坝王岭灵芝。生于阔叶林中倒木上。
842. *Ganoderma bicharacteristicum* X.Q.Zhang兼性灵芝。生于腐木上。
843. *Ganoderma capense* (Lloyd) Teng 薄树灵芝（薄树芝、薄盖灵芝）。生于阔叶林中腐木上。
844. *Ganoderma chalceum*(Cooke)Steyaert紫铜灵芝。生于阔叶林中腐木上。
845. *Ganoderma crebrostriatum* J.D. Zhao & L.W. Hsu密纹灵芝。生于阔叶林中腐木上。
846. *Ganoderma dahlii* (Henn.) Aoshima小孔栗褐灵芝。生于腐木上。
847. *Ganoderma densizonatum* J.D. Zhao & X.Q. Zhang密环灵芝。生于阔叶树倒木上。
848. *Ganoderma donkii* Steyaert唐氏灵芝。生于倒腐木上或活立木腐朽处。
849. *Ganoderma duropora* Lioyd硬孔灵芝。生于阔叶林中地上的腐木上
850. *Ganoderma formosanum* T.T. Chang & T. Chen台湾灵芝。生于阔叶林中地上下腐木上。
851. *Ganoderma kunmingense* J.D.Zhao昆明灵芝。生于阔叶林中地上下腐木上或腐根上。
852. *Ganoderma magniporum* J. D. Zhao & X.Q. Zhang大孔灵芝。生于阔叶树根部。
853. *Ganoderma meijiangense* J.D. Zhao墨江灵芝。生于热带雨林中腐桩和倒木上。
854. *Ganoderma microsporum* R.S. Hseu小孢灵芝。生于阔叶林中地上下腐木上或阔叶树活立木上。
855. *Ganoderma mirivelutinum* J.D. Zhao奇绒毛灵芝。生于腐木上。
856. *Ganoderma multiplicatum* (Mont.) Pat.黄灵芝。生于阔叶林中腐木上。
857. *Ganoderma neojaponicum* Imazeki 黑紫灵芝（新日本灵芝）。生于阔叶林中地上下腐木上。
858. *Ganoderma nigrolucidum* (Lloyd) D.A. Reid亮黑灵芝。生于阔叶林中腐木上。
859. *Ganoderma nitidum* Murrill光亮灵芝。生于阔叶林中倒腐木上。
860. *Ganoderma ochrolaccatum* (Mont.)Pat.赭漆灵芝。生于阔叶树朽木或倒木上。
861. *Ganoderma orbiforme* (Fr.) Ryvarden [as '*orbiformum*'] 狭长孢灵芝[=*Ganoderma boninense* Pat. 乌灵芝]。生于阔叶林中腐木上。
862. *Ganoderma ostracodes* Pat.壳状灵芝。生于阔叶林中腐木上。
863. *Ganoderma parviungulatum* J.D. Zhao & X.Q. Zhang小马蹄灵芝。生于阔叶林中腐木上。
864. *Ganoderma ramosissimum* J.D. Zhao多分枝灵芝。生于阔叶树腐木上。
865. *Ganoderma resinaceum* Boud.[=*Ganoderma sessile*(Murrill) Sacc. & D. Sacc.]无柄灵芝。生于阔叶林中腐木上。
866. *Ganoderma sichuanense* J.D. Zhao & X.Q. Zhang四川灵芝。生于阔叶林中腐木上或腐木桩上。
867. *Ganoderma simaoense* J.D. Zhao思茅灵芝。生于阔叶树腐木上。
868. *Ganoderma stipitatum* (Murrill) Murrill具柄灵芝。生于阔叶林中腐木上。
869. *Ganoderma tenue* J.D. Zhao, L.W. Hsu & X.Q. Zhang密纹薄状灵芝。生于阔叶树腐木上。
870. *Ganoderma tibetanum* J.D. Zhao & X.Q. Zhang西藏灵芝。生于高山栎树腐木上。
871. *Ganoderma triangulum* J.D. Zhao & L.W. Hsu, 三角状灵芝。生于陆均松活立木树杆上或榕树基部。

872. *Ganoderma trulla* Steyaert镘形灵芝。生于阔叶林中腐木上。

873. *Ganoderma tsugae* Murrill 松杉灵芝（松杉树芝）。生于松、杉等针叶树腐朽处上。

874. *Ganoderma ungulatum* J.D. Zhao & X.Q. Zhang马蹄状灵芝。生于热带雨林中阔叶树活立木树上。

875. *Ganoderma valesiacum* Boud.紫光灵芝。生于热带雨林倒腐木上。

876. *Haddowia longipes* (Lév.) Steyaert 鸡冠孢芝（假灵芝、长柄假芝）。生于竹林中地上。

Grammotheleaceae线齿菌科

877. *Grammothele lineata* Berk. & M.A. Curtis浅线齿菌，在棕榈树基部上。

Meripilaceae亚灰树花菌科

878. *Hydnopolyporus fimbriatus* (Fr.) D.A. Reid流苏刺孔菌(流苏大刺孔菌)，生于阔叶树地下腐木上。

879. *Meripilus giganteus* (Pers.) P. Karst.巨盖孔菌[=*Grifola gigantea* (Pers.) Pilát亚灰树花、巨大多孔菌、大奇果菌、大型亚灰树花菌]。靠近阔叶树木桩的地上生。

880. *Rigidoporus biokoensis* (Bres. ex Lloyd) Ryvarden [as '*biokoense*'][=*Trametes biokoensis* (Bres. ex Lloyd) G. Cunn.]黄绒硬孔菌。生于阔叶树腐木上。

881. *Rigidoporus hainanicus* J.D. Zhao & X.Q. Zhang海南硬孔菌。生于阔叶树或针叶树上。

882. *Rigidoporus ulmarius* (Sowerby) Imazeki榆硬孔菌[=*Fomitopsis ulmaria* (Sowerby) Bondartsev & Singer榆层孔]。生于阔叶树树干上。

Meruliaceae皱孔菌科

883. *Cymatoderma elegans* Jungh. 多疣假边革菌。生于腐木上。

884. *Cymatoderma venezuelae* D.A. Reid委内瑞拉波边革菌。生于腐木上。

885. *Flaviporus liebmannii* (Fr.) Ginns利布曼淡黄孔菌。生于腐木上。

886. *Flavodon flavus* (Klotzsch) Ryvarden黄齿孔菌[=*Hirschioporus flavus* (Klotzsch) Teng黄囊孔菌 =*Irpex flavus* Klotzsch黄齿耙菌]。生于阔叶树腐木上。

887. Irpex vellereus Berk. & Broome绒囊耙菌(绒囊耙齿菌)。生于阔叶树的腐木上。

888. *Gloeoporus taxicola* (Pers.) Gilb. & Ryvarden紫杉胶孔菌。云南松上。

889. *Junghuhnia aurantilaeta* (Corener) Sprini橙色容氏菌。生于腐木上。

890. *Junghuhnia luteoalba* (P. Karst.) Ryvarden黄白容氏菌。生于松树枕木上。

891. *Junghuhnia zonata* (Bres.) Ryvarden环带容氏菌。生于针叶树腐木上。

892. *Merulius tremellosus* Schrad. 胶质干朽菌(胶皱孔菌）。木生。

893. *Mycoleptodonoides pergamenea* (Yasuda) Aoshima & H. Furuk长刺近小齿菌.[=*Steccherinum pergameneum* (Yasuda) S. Ito长刺白齿耳菌(长齿白齿耳)]。木生。

894. *Mycorrhaphium adustum* (Schwein.) Maas Geest. 烟色针刺菌。木生。

895. *Phlebia livida* (Pers.) Bres. 黏射脉菌[=*Tremella viscosa* (Pers.) Berk. & Broome黏银耳]。于阔叶树枯枝上群生。

896. *Phlebia radiata* Fr. 辐射脉菌。生于阔叶树枯枝上。

897. *Podoscypha venustula* (Speg.) D.A. Reid雅致毛柄杯菌。生于阔叶树腐木上。

898. *Oxydontia macrodon* (Pers.) L.W. Mill.长锐齿菌。生于阔叶树腐木上。

899. *Sarcodontia delectans* (Peck) Spirin优美小针齿菌[=*Spongipellis delectans* (Peck) Murrill优美毡被菌]。于阔叶树上。

900. *Sarcodontia setosa* (Pers.)Donk针小肉齿菌。生于腐木上。

901. *Scopuloides hydnoides* (Cooke & Massee) Hjortstam & Ryvarden齿菌状扫状菌。木生。

902. *Steccherinum helvolum* (Zipp. ex Lév.) S. Ito蜡黄齿耳。生于阔叶树的腐木上。

903. *Steccherinum ochraceum* (Pers.) Gray.赭黄齿耳（绒盖齿菌）。生于倒木上。

904. *Steccherinum rawakense* (Pers.) Banker扁刺齿耳。生于阔叶树的腐木上。

905. *Stereopsis burtiana* (Peck) D.A. Reid伯特拟韧革菌。生于林中倒木上。

Phanerochaetaceae显毛菌科

906. *Antrodiella citrea* (Berk.) Ryvarden柠檬黄小薄孔。生于阔叶树腐木上。

907. *Antrodiella semisupina* (Berk. & M.A. Curtis) Ryvarden半伏小薄孔。生于阔叶树腐木上。

908. *Byssomerulius corium* (Pers.) Parmasto革皱丝孔菌。木生。

909. *Ceriporiopsis merulinus* (Berk.) Rajchenb. 近干拟蜡菌[=*Tyromyces merulinus* (Berk.) G. Cunn.皱干酪菌]。生于腐朽杉木上。

910. *Climacodon pulcherrimus* (Berk. & M.A. Curtis) Nikol. 黏革齿耳。生于阔叶树的腐木上。

911. *Hyphodermella corrugata* (Fr.)J. Erikss.&Ryvarden皱小丝皮菌。木生。

912. *Phanerochaete sordida* (P. Karst.) J. Erikss. & Ryvarden污显毛菌（污齿革菌、碎纹展齿革）[=*Corticium scutellare* Berk. & M.A. Curtis碎纹展齿革]。木生。

913. *Terana caerulea* (Lam.) Kuntze蓝特朗伏革菌（暗蓝伏革菌）[=*Pulcherricium caeruleum* (Larn.)Parmasto蓝美伏革菌]。生于阔叶树枯枝上。

Polyporaceae多孔菌科

914. *Abundisporus fuscopurpureus* (Pers.) Ryvarden褐紫多孢孔菌[=*Loweporus fuscopurpureus* (Pers.) Ryvarden褐紫劳氏孔菌]。生于阔叶树腐木上。

915. *Abundisporus roseoalbus* (Jungh.) Ryvarden粉白多孢孔菌[=*Loweporus roseo-albus* (Jungh.) Ryvarden粉白劳氏孔菌]。生于阔叶树腐木上。

916. *Cerrena unicolor* (Bull.)Murrill单色齿毛菌。生于腐木上。

917. *Cinereomyces lenis* (P. Karst.) Spirin柔二丝孔菌[=*Diplomitoporus lenis* (P. Karst.) Gilb. & Ryvarden]。阔叶树或针叶树上。

918. *Coriolopsis aspera* (Jungh.) Teng粗毛拟革盖菌。生于阔叶树腐木上。

919. *Coriolopsis caperata* (Berk.) Murrill皱拟革盖菌。生于腐木上。

920. *Coriolopsis gallica* (Fr.) Ryvarden粗拟革盖菌。生于阔叶树枝或树干上。

921. *Coriolopsis occidentalis* (Klotzsch) Murrill绒拟革盖菌（西方拟革盖菌）。生于木头上。

922. *Coriolopsis telfairii* (Klotzsch) Ryvarden分枝拟革盖菌(分枝革孔菌)。生于腐木上。

923. *Coriolus fibula* (Fr.) Quél.[=*Polystictus fibula* (Sowerby) Fr.]粗革盖菌（毛芝）。生于木头上。

924. *Cryptoporus sinensis* Sheng H.Wu & M.Zang中国隐孔菌。生于木头上。

925. *Cystidiophorus castaneus* (Lloyd) Imazeki栗生囊体菌。生于木头上。

926. *Daedaleopsis confragosa* (Bolton) J. Schröt.粗糙拟迷孔菌[=*Daedaleopsis rubescens* (Alb. & Schwein.) Imazeki变红拟迷孔菌=*Daedaleopsis tricolor* (Bull.) Bondartsev & Singer三色拟迷孔菌]。生于阔叶树或针叶树腐木上。

927. *Daedaleopsis nipponica* Imazeki日本拟迷孔菌。木生。

928. *Datronia scutellata* (Schwein.) Gilb. & Ryvarden盘异薄孔菌。生于阔叶树腐木上。

929. *Datronia stereoides* (Fr.) Ryvarden革异薄孔菌。生于阔叶树或针叶树腐木上。

930. *Dichomitus squalens* (P. Karst.) D.A.Reid污叉丝孔菌。生于松等针叶树干上。

931. *Echinochaete brachypora* (Mont.) Ryvarden短棘刚毛状菌。生于腐木上。

932. *Favolus tenuiculus* P. Beauv.[=*Polyporus tenuiculus* (P. Beauv.) Fr.]略薄棱孔菌。生于阔叶树生上。

933. *Fibroporia radiculosa* (Peck) Parmasto根状菌索孔菌。

934. *Flabellophora* licmophora (Massee) Corner黄层架菌。生于松、栎混交林腐木或倒木上。

935. *Flabellophora superposita* (Berk.) G. Cunn.层架菌。生于树木上。

936. *Fomes fomentarius* (L.) J. Kickxf. var. *nigricans* (Klotzsch) Lloyd木蹄层孔菌黑壳变种。生于阔叶树上。

937. *Fomes fomentarius* (L.) J. Kickx f.木蹄层孔菌原亚种。生于阔叶树上。

938. *Fomes hemitephrus* (Berk.) Cooke半灰层孔菌[=*Fomitopsis hemitephra* (Berk.) G. Cunn半灰拟层孔菌.]。生于阔叶树树干上。

939. *Funalia polyzona* (Pers.) Niemelä多带粗毛盖菌[=*Coriolopsis polyzona* (Pers.) Ryvarden多带拟革盖菌]。生于阔叶树腐木上。

940. *Fuscocerrena portoricensis* (Fr.) Ryvarden管裂褐齿毛。生于栎等阔叶树上。

941. *Hapalopilus nidulans* (Fr.) P. Karst. 彩孔菌。生于倒木上。

942. *Hexagonia bipindiensis* Henn.龟背蜂窝菌。生于阔叶树枯枝上。

943. *Hexagonia rigida* Berk. 硬蜂窝菌。生于阔叶树枯枝干或腐木上。

944. *Hexagonia speciosa* Fr.厚蜂窝菌。阔叶树腐木上。

945. *Hexagonia subtenuis* Berk. ex Cooke亚蜂窝菌。生于阔叶树腐木上。

946. *Hirschioporus versatilis* (Berk.) Imazeki长毛囊孔菌（长毛囊孔）。生于木头上。

947. *Laccocephalum mylittae* (Cooke & Massee) Núñez & Ryvarden雷丸[=*Polyporus mylittae* Cooke & Massee雷丸多孔菌]。竹林下上。

948. *Lentinus connatus* Berk. 合生韧伞(合生香菇)[=*Lentinus javanicus* Lév.爪哇香菇]。生于阔叶树的腐木上。

949. *Lentinus cyathiformis* (Schaeff.) Bres.浅杯状韧伞（浅杯状香菇）。生于腐木上。

950. *Lentinus sajor-caju* (Fr.) Fr.环柄韧伞（环柄斗菇、环柄香菇、环柄侧耳）。生于阔叶树倒木及木桩上。

951. *Lentinus scleropus* (Pers.) Fr.硬柄韧伞。生于腐木上。
952. *Lentinus tigrinus* (Bull.) Fr.虎皮韧伞（虎皮香菇、斗菇）。生于倒木上。
953. *Lentinus tuber-regium* (Fr.)Fr. 具核韧伞(具核香菇)[=*Pleurotus tuber-regium* (Rumph. : Fr.) Singer具核侧耳]。生于腐木上。
954. *Lenzites japonica* Berk. & M.A. Curtis东方革裥菌。生于阔叶树的腐木上。
955. *Lenzites malaccensis* Sacc. & Cub. 马来革裥菌。生于阔叶树的腐木上。
956. *Lenzites platyphylla* Lév. 宽革裥菌。生于阔叶树腐木上。
957. *Lenzites sinensis* Cooke中国革裥菌。木生。
958. *Lignosus rhinocerus* (Cooke) Ryvarden孤苓[=*Polyporus rhinocerus* Cooke]孤苓多孔菌。于林中地上、或腐殖土下的菌核上生出。
959. *Megasporoporia minuta* Y.C. Dai & X.S. Zhou小孔大孔菌。生于腐木上。
960. *Merulioporia violacea* (Fr.) Bondartsev紫假干朽菌(紫皱孔菌)。生于腐朽杉木上。
961. *Microporellus obovatus* (Jungh.) Ryvarden倒卵小小孔菌。生于阔叶树或针叶树腐木上。
962. *Microporus quarrei* (Beeli) D.A. Reid角形小孔菌。生于阔叶树的腐木上。
963. *Mollicarpus cognatus* (Berk.) Ginns同生软孔菌[=*Coriolopsis cognatus* (Berk.) Ryvarden同生革孔菌]。生于阔叶树腐木上。
964. *Neolentinus lepideus* (Fr.) Redhead & Ginns丽新香菇。于针叶木生。
965. *Nigrofomes durus* (Jungh.) Murrill硬黑层孔菌。生于腐木上。
966. *Nigrofomes melanoporus* (Mont.)Murrill黑层孔菌。生于阔叶树树干或木材上。
967. *Nigroporus durus* (Jungh.) Murrill硬黑孔菌。生于腐木上。
968. *Panus ciliatus* (Lév.) T.W. May & A.E. Wood软粗毛革耳。木生。
969. *Panus conchatus* (Bull.) Fr. 贝壳状革耳（光革耳、紫革耳）[=*Panus torulosus* (Pers.) Fr. 紫革耳（光革耳）]。木生。
970. *Panus similis* (Berk. & Broome) T.W. May & A.E. Wood绒柄革耳[=*Lentinus similis* Berk. & Broome绒柄斗菇]。木生。
971. *Perenniporia fraxinea* (Bull.) Ryvarden白蜡多年菌。生于阔叶树上。
972. *Perenniporia inflexibilis* (Berk.) Ryvarden上翘多年菌。木生。
973. *Perenniporia malvena* (Lloyd) Ryvarden褐壳多年菌。阔叶树倒木或腐木上。
974. *Perenniporia martia* (Berk.) Ryvarden [as '*martius*'] 马蒂多年菌[=*Fomes hornodermus* (Mont.) Cooke硬皮层孔菌（梓菌）]。木生。
975. *Perenniporia medulla-panis* (Jacq.) Donk. 狭髓多年菌。生于针、阔叶树木材上。
976. *Perenniporia truncatospora* (Lloyd) Ryvarden截孢多年菌。生于阔叶树干上。
977. *Polyporus alveolaris* (DC.) Bondartsev & Singer大孔多孔菌。生于阔叶树倒木上。
978. *Polyporus annulatus* Jungh.长管多孔菌[=*Ganoderma annulare* (Fr.) Gilb.]。生于阔叶树腐木桩上。也生于活立木的腐朽处。
979. *Polyporus arcularius* (Batsch) Fr.漏斗多孔菌。木生。
980. *Polyporus blanchetianus* Berk. & Mont. 小褐多孔菌。生于阔叶树腐木上。
981. *Polyporus brumalis* (Pers.) Fr. 冬生多孔菌(拟多孔菌、毛仙儿）[=*Polyporellus brumalis* (Pers.) P. Karst.]。生于阔叶树或云杉等上。
982. *Polyporus durus* (Timm) Kreisel硬多孔菌[=*Polypour picipes* Fr.青柄多孔菌（褐多孔菌）]。木生。
983. *Polyporus melanopus* (Pers.) Fr. 黑柄多孔菌[=*Polyporellus melanopus* (Pers.) P. Karst.黑柄拟多孔菌(黑柄仙盏)] 。生于阔叶树根部或有腐木的地上。
984. *Polyporus rugulosus* Lév. 红斑多孔菌[=*Coriolopsis sanguinaria* (Klotzsch) Teng=*Trametes biogilva* (Lloyd) Corner.生褐栓菌]。生于栎树等阔叶树腐枝上。
985. *Polyporus sepia* Lloyd皱褶多孔菌。木生。
986. *Polyporus spatulatus* (Jungh.) Corner匙形多孔菌。生于阔叶树倒木或腐木上。
987. *Polyporus sublignosus* J.D. Zhao & X.Q. Zhang近木质多孔菌。生于地上。末端连有腐木。
988. *Polyporus udus* Jungh.潮润多孔菌。生于阔叶树腐木上。
989. *Polyporus umbellatus* (Pers.) Fr.伞形多孔菌[=*Grifola umbellata* (Pers.) Pilát伞形多孔菌（菌核部分是猪苓）(猪苓、猪粪菌、猪灵芝）]。地上生。
990. *Polyporus varius* (Pers.) Fr.多孔菌。生于栎等树或云杉等上。
991. *Polyporus virgatus* Berk. & M.A. Curtis条纹多孔菌。生于阔叶树枯枝或腐木上。

992. *Poria hypobrunnea* Petch下褐卧孔菌。木生。

993. *Royoporus badius* (Pers.) A.B. De褐冠孔菌[=*Polyporus badius* (Pers.) Schwein. 褐多孔菌]。生于阔叶树或针叶树上。

994. *Royoporus spathulatus* (Jungh.) A.B. De匀形冠孔菌[=*Favolus spathulatus* (Jungh.) Lév.]（匙形菱孔菌）。木生。

995. *Skeletocutis amorpha* (Fr.) Kotl. & Pouzar半胶干皮菌(变型干皮菌)。生于针叶树上。

996. *Skeletocutis odora* (Peck ex Sacc.) Ginns香味干皮菌[=*Antrodia odora* (Peck ex Sacc.) Gilb. & Ryvarden香薄孔菌]。生于云南松和云杉腐木上。

997. *Skeletocutis subincarnata* (Peck) Jean Keller亚肉干皮菌。生于阔叶树和针叶树木材上。

998. *Sparsitubus nelumbiformis* L.W. Hsu & J.D. Zhao莲蓬稀管菌。生于林中腐木或腐枝上。

999. *Spongipellis litschaueri* Lohwag毛盖绵皮孔菌（毡被）。木生。

1000. *Spongipellis unicolor* (Schwein.) Murrill单色毡被菌(单色绵皮孔菌)。生于阔叶树腐木上。

1001. *Trametes cingulata* Berk.瓣环栓菌。枯枝上。

1002. *Trametes drummondii* (Klotzsch) Ryvarden口齿栓菌。生于松倒木上。

1003. *Trametes incana* Lév. 灰白栓菌。生于腐木和枕木上。

1004. *Trametes kusanoana* Imazeki草野栓菌（柞栓菌、柞迷孔菌）。生于腐木上。

1005. *Trametes lactinea* (Berk.) Sacc. 乳白栓菌。生于阔叶树的腐木上。

1006. *Trametes leonina* (Klotzsch) Pat.粗毛栓菌[=*Funalia leonina* (Klotzsch) Pat. 粗长毛孔菌]。生于阔叶树腐木上。

1007. *Trametes manilaensis* (Lloyd) Teng马尼拉栓菌[=*Trametes radiato-rugosa* (Bres.) Ryvarden凹凸栓菌]。生于腐木或枕木上。

1008. *Trametes membranacea* (Sw.) Kreisel.黄贝栓菌。生于阔叶树木材上。

1009. *Trametes menziesii* (Berk.) Ryvarden粉灰栓菌(谦逊栓菌)[=*Polystictus didrichsenii* Fr.酱赤云芝]。生于阔叶树腐木和枕木上。

1010. *Trametes meyenii* (Klotzsch) Lloyd亚褐带栓菌[=*Cerrena meyenii* (Klotzsch) L. Hansen]。生于阔叶树树干或树枝上。

1011. *Trametes nivosa* (Berk.) Murrill似雪栓菌[=*Fomitopsis nivosa* (Berk.) Gilb. & Ryvarden雪白拟层孔菌]。生于阔叶树腐木上。

1012. *Trametes palisotii* (Fr.) Imazeki紫椴栓菌（密孔菌、皂角菌）。木生。

1013. *Trametes pavonia* (Hook.) Ryvarden小美蝶栓菌。生于阔叶树的腐木上。

1014. *Trametes robiniophila* Murrill槐栓菌（槐耳）。生于阔叶树的树干上。

1015. *Trametes suaveolens* (L.) Fr. 香栓菌（杨柳白腐菌）。生于死的或活的阔叶树上。

1016. *Trametes trogii* Berk.毛栓菌（杨柳粗毛菌、杨柳白腐菌）。木生。

1017. *Trametes villosa* (Sw.) Kreisel长绒毛栓菌。生于针叶树或阔叶树腐枝上。

1018. *Trametopsis cervina* (Schwein.) Tomšovský齿贝拟栓菌[=*Trametes cervina* (Schwein.) Bres.齿贝栓菌]。木生。

1019. *Trichaptum abietinum* (Dicks.) Ryvarden冷杉附毛菌[=*Hirschioporus abietinus* (Pers.) Donk冷杉囊孔菌]。生于针叶树上。

1020. *Trichaptum biforme* (Fr.) Ryvarden [as'*biformis*']囊孔附毛菌[=*Coriolus biformis* (Fr.) Pat. 二型云芝 =*Coriolus elongatus* (Berk.) Pat.伸长云芝=*Hirschioporus pargamenus* (Fr.) Bondartsev & Singer囊孔菌]。生于阔叶树或针叶树生上。

1021. *Trichaptum fuscoviolaceum* (Ehrenb.) Ryvarden [as '*fusco-violaceus*']褐紫附毛菌[=*Hirschioporus fusco-violaceus* (Ehrenb.) Donk褐紫囊孔菌]。于针叶树或阔叶树上生。

1022. *Trichaptum laricinum* (P. Karst.) Ryvarden [as '*laricinus*']落叶松附毛菌[=*Lenzites laricina* P. Karst.落叶松革褶菌]。木生。

1023. *Tyromyces armeniacus* J.D. Zhao & X.Q. Zhang杏黄干酪菌。生于阔叶树的腐木上。

1024. *Tyromyces chioneus* (Fr.) P. Karst. 薄皮干酪菌。生于桦树等阔叶树腐木上。

1025. *Tyromyces duracinus* (Pat.) Murrill硬干酪菌。木生。

1026. *Tyromyces hyalinus* (Berk.) Ryvarden透明干酪菌[=*Poria hyalina* (Berk.) Sacc.透明卧孔菌]。木生。

1027. *Tyromyces imbricatus* J.D. Zhao & X.Q. Zhang覆瓦干酪菌。生于枯立木上。

1028. *Tyromyces kmetii* (Bres.) Bondartsev & Singer硫磺干酪菌。生于阔叶树的腐木上。

1029. *Tyromyces lacteus* (Fr.) Murrill 蹄形干酪菌（乳白干酪菌）。木生。

1030. *Tyromyces leucospongia* (Cooke & Harkn.) Bondartsev & Singer白绵干酪菌[=*Oligoporus leucospongia* (Cooke & Harkn.) Gilb. & Ryvarden白绵褐腐干酪菌]。生于冷杉腐木上。

1031. *Vanderbylia latissima* (Bres.) D.A. Reid宽万德孔菌[=*Fomitopsis latissima* (Bres.) Imazeki宽孢拟层孔]。生于阔叶树腐木上。

1032. *Wolfiporia extensa* (Peck) Ginns茯苓[=*Wolfiporia cocos* (F.A. Wolf) Ryvarden & Gilb.茯苓= *Poria cocos* F.A. Wolf茯苓卧孔菌]。木生。

Sparassidaceae绣球菌科

1033. *Sparassis crispa* (Wulfen) Fr.绣球菌。多生于针叶树的腐根并形成褐腐病害。

Russulales红菇目

1034. *Gloeopeniophorella sacrata* (G. Cunn.) Hjortstam & Ryvarden囊胶晶革菌[=*Dextrinocystidium sacratum* (G.Cunn.)Sheng H. Wu囊糊精囊革菌]。木生。

Albatrellaceae地花菌科

1035. *Albatrellus avellaneus* Pouzar榛色地花菌。生于松树地上。
1036. *Albatrellus confluens* (Alb. & Schwein.) Kotl. & Pouzar地花菌。生于林地上。
1037. *Albatrellus cristatus* (Schaeff.) Kotl. & Pouzar毛地花菌。生于阔叶树基部。
1038. *Albatrellus ellisii* (Berk.) Pouzar大孢地花菌（黄虎掌菌）[=*Polypour ellisii* Berk.黄鳞多孔菌]。生于林地上。
1039. *Albatrellus ovinus* (Schaeff.) Kotl. & Pouzar绵地花菌[=*Polypour ovinus* (Schaeff.) Fr.绵羊状多孔菌、黄白多孔菌]。生于林地上。
1040. *Albatrellus yasudae* (Lloyd) Pouzar [as'*yasudai*']青蓝地花菌[=*Polyporus yasudai* Lloyd青蓝多孔菌]。生于林地上。

Auriscalpiaceae耳匙菌科

1041. *Lentinellus ursinus* (Fr.) Kühner北方小香菇。生于阔叶树的腐木上。

Bondarzewiaceae圆孢地花科

1042. *Amylosporus campbellii* (Berk.) Ryvarden坎氏黑孢孔菌（洁粉孢菌、洁刺孢多孔菌)。生于腐木上。
1043. *Bondarzewia montana* (Quél.) Singer圆孢地花（圆刺孢多孔菌、圆瘤孢多孔菌）。生于冷杉等树旁地上。
1044. *Heterobasidion annosum* (Fr.) Bref. 多年异担子菌(松根异担子菌) [=*Fomitopsis annosa* (Fr.) P. Karst.]。生于针叶树树干或倒木上。
1045. *Wrightoporia avellanea* (Bres.) Pouzar榛色赖特孔菌。生于松树上。

Echinodontiaceae刺齿菌科

1046. *Laurilia sulcata* (Burt) Pouzar [as'*sulcatum*']沟纹劳里菌[=*Lloydella sulcata* (Burt.) Lloyd 小硬荀革=*Stereum sulcatum* Burt. 槽荀革菌]。木生。

Hericiaceae猴头菌科

1047. *Hericium alpestre* Pers. 高山猴头菌（雾猴头菌）。生于木上。
1048. *Hericium coralloides* (Scop.) Pers.珊瑚状猴头菌（假猴头、假猴头菌）[= *Hericium laciniatum* (Leers) Banker]。木生。
1049. *Laxitextum bicolor* (Pers.)Lentz双色松肉菌。木生。

Lachnocladiaceae茸瑚菌科

1050. *Asterostroma cervicolor* (Berk.&M.A.Curtis) Massee浅黄褐星毛革菌。生于树枝上。
1051. *Asterostroma muscicola* (Berk. & M. A. Curtis) Massee.苔藓星毛革菌。生于阔叶树枝上。
1052. *Dichostereum pallescens* (Schwein.) Boidin & Lanq. 灰白双韧革菌（保利双韧革菌）。叶生。
1053. *Scytinostroma portentosum* (Berk. & M.A. Curtis) Donk灰褐层伏革菌。生于阔叶树腐木上。

Peniophoraceae隔孢伏革菌科

1054. *Peniophora albobadia* (Schwein.) Boidin白隔孢伏革菌[=*Dendrophora albobadia* (Sehwein.) Chamuris]。木生。

Russulaceae红菇科

1055. *Lactarius acerrimus* Britzelm.辛辣乳菇。地上生。
1056. *Lactarius blennius* (Fr.) Fr.黏绿乳菇。地上生。
1057. *Lactarius camphoratus* (Bull.) Fr. 浓香乳菇 。生于阔叶林中地上。
1058. *Lactarius chichuensis* W.F. Chiu鸡足山乳菇。地上生。
1059. *Lactarius corrugis* Peck皱盖乳菇(皱皮乳菇)。生于阔叶林地上。
1060. *Lactarius fuliginosus* (Fr.) Fr. 暗褐乳菇。地上生。
1061. *Lactarius gerardii* Peck 宽褶黑乳菇。生于阔叶林中地上。
1062. *Lactarius hygrophoroides* Berk. & M.A. Curtis湿乳菇(稀褶乳菇)。生于阔叶林中地上。
1063. *Lactarius hysginus* (Fr.) Fr.鲜红乳菇。生于阔叶林中地上。
1064. *Lactarius insulsus* (Fr.) Fr.: 环纹苦乳菇。地上生。
1065. *Lactarius luteolus* Peck 淡黄乳菇。地上生。

1066. *Lactarius pallidus* Pers.苍白乳菇。地上生。
1067. *Lactarius pubescens* (Fr.) Fr.绒边乳菇。地上生。
1068. *Lactarius rufus* (Scop.) Fr. 红褐乳菇（红乳菇）。地上生。
1069. *Lactarius salmonicolor* R. Heim & Leclair鲑色乳菇。地上生。
1070. *Lactarius subdulcis* (Pers.) Gray尖顶乳菇。地上生。
1071. *Lactarius subvellereus* Peck 亚绒盖乳菇。地上生。
1072. *Lactarius subzonarius* Hongo香亚环乳菇。地上生。
1073. *Lactarius torminosus* (Schaeff.) Gray毛头乳菇（疝疼乳菇）。地上生。
1074. *Lactarius waltersii* Hesler & A.H. Sm. 沃特乳菇。生于阔叶林中地上。
1075. *Macowanites yunnanensis* M. Zang云南红菇包。生于华山松下地上。
1076. *Russula abietina* Peck冷杉红菇。群生或散生于冷杉针阔混交林地上。
1077. *Russula acrifolia* Romagn.尖褶红菇。单生至散生于阔叶林中地上。
1078. *Russula aeruginea* Fr. 铜绿红菇。单生至散生或群生于阔叶林或混交林中地上。
1079. *Russula albidula* Peck.小白红菇。生于针叶树林中地上。
1080. *Russula alboareolata* Hongo白纹红菇(粉粒白菇。白青纲纹红菇)。于阔叶混交林地上单生或群生。
1081. *Russula albonigra* (Krombh.) Fr. 黑白红菇。生于混交林中地上。
1082. *Russula alutacea* (Fr.) Fr. 革质红菇(大红菇)。夏秋季散生至群生于阔叶林中地上。
1083. *Russula amoena* Quél. 怡红菇。夏秋季散生或群生于混交林中地上。
1084. *Russula anatina* Romagn. 鸭红菇(鸭绿红菇)。生于阔叶林中地上。
1085. *Russula atropurpurea* (Krombh.) Britzelm. 黑紫红菇。夏秋季林中地上单生或群生。
1086. *Russula aurea* Pers. 金红菇。生于混交林中地上单生或群生。
1087. *Russula azurea* Bres. 天蓝红菇(葡紫红菇,天青红菇)。夏秋季生于针叶林或针栎林中地上。
1088. *Russula ballouii* Peck 斑盖赭红菇（新拟,斑盖赭黄菇）。夏秋生于混交林落叶的或常绿栲栎林中地上。
1089. *Russula betularum* Hora桦红菇。夏秋季生长在混交林或阔叶林中地上单生或群生。
1090. *Russula binchuanensis* H.A. Wen & J.Z. Ying宾川红菇。林中地上生。
1091. *Russula brevipes* Peck短柄红菇。单生或散生于混交林中地上。
1092. *Russula brunneoviolacea* Crawshay紫褐红菇。夏秋季生于阔叶林中地上散生。
1093. *Russula caerulea* (Pers.) Fr. 青色红菇(暗酒色红菇)。夏秋季生于松等树林中地上。
1094. *Russula castanopsidis* Hongo烤裂皮红菇(栗色红菇)。生于针阔叶混交林中地上。
1095. *Russula cavipes* Britzelm. 空柄红菇。生于林中地上。
1096. *Russula cernohorskyi* Singer白柄红菇。生于林中地上。
1097. *Russula chichuensis* W. F. Chiu鸡足山红菇。生于林中地上。
1098. *Russula chloroides* (Krombh.) Bres. var. *parvispora* Romagn. 黄绿红菇短孢变种。生于阔叶林中地上。
1099. *Russula chloroides* (Krombh.) Bres. 灰绿红菇(粉绿美味红菇)。夏秋季群生于松栎混交林内地上。
1100. *Russula claroflava* Grove亮黄红菇(淡黄红菇)。夏秋季生于针阔混交林中地上。
1101. *Russula compacta* Frost密集红菇(赤黄红菇,致密红菇)。夏秋季生于地上。
1102. *Russula consobrina* (Fr.) Fr. 解毒红菇。散生于阔叶林中地上。
1103. *Russula corallina* Burl. 珊状红菇(云南珊状红菇)。生于林中地上。
1104. *Russula cremeoavellanea* Singer奶榛色红菇(浅榛色红菇)。散生于阔叶林中地上。
1105. *Russula cyanoxantha* (Schaeff.) Fr. var. *variata* Banning ex Singer蓝黄红菇杂色变种。生于阔叶林中地上。
1106. *Russula delica* Fr. var. *glaucophylla* Quél. 美味红菇粉绿变种（粉绿美味红菇）。生于林中地上。
1107. *Russula depallens* Fr. 苋菜红菇(紫红菇)。夏秋季单生、散生或群生于针叶林或混交林中地上。
1108. *Russula emetica* (Schaeff.) Pers. var. *fageticola* Melzer毒红菇山毛榉生变种。散生于阔叶林中地上。
1109. *Russula emetica* (Schaeff.) Pers. var. *gregaria* Kauffman毒红菇群生变种。群生于阔叶林中地上。
1110. *Russula emetica* (Schaeff.) Pers. 毒红菇(小红脸菌。呕吐红菇)。夏秋季散生或群生混交林中地上。
1111. *Russula emeticicolor* Jul. Schäff. 呕吐色红菇(毒红菇色红菇)。单生或散生于阔叶林中地上。
1112. *Russula exalbicans* (Pers.) Melzer & Zvára变淡白红菇。生于林中地上。
1113. *Russula faginea* Romagn. ex Adamčík山毛榉红菇。散生于阔叶林中地上。

1114. *Russula farinipes* Romell粉柄红菇。散生于混交林中地上。
1115. *Russula fellea* (Fr.) Fr. 苦红菇(土黄褐红菇)。夏秋季于林中地上散生。
1116. *Russula flavida* Frost淡黄红菇。夏秋季单生或群生于红松阔叶混交林中地上。
1117. *Russula flavispora* Romagn. 金黄孢红菇(新拟,黄孢红菇)。散生至群生于阔叶林中地上。
1118. *Russula fragilis* Fr., var. *fragilis*脆红菇(脆弱红菇,小毒红菇)。夏秋季单生或散生于混交林中地上。
1119. *Russula furcata* (Pers.) Fr. 叉褶红菇(黏绿菇)。夏秋季群生或散生于混交林中地上。
1120. *Russula galochroa* (Fr.) Fr. 乳白色红菇(乳白绿菇,乳白绿红菇)。夏秋季生于阔叶林中地上群生。
1121. *Russula gracillima* Jul. Schäff. 灰褐红菇。生于阔叶林中地上。
1122. *Russula granulata* Peck绵粒红菇(绵粒黄菇,绵粒黄红菇)。夏秋季单生或群生于阔叶林中地上。
1123. *Russula grisea* (Batsch) Fr. 灰红菇(暗灰褐红菇)。散生在*Salix*和*Picea*混交林地上。
1124. *Russula guangdongensis* Z. S. Bi & T. H. Li广东红菇。散生至群生于阔叶林中地上。
1125. *Russula handelii* Singer汉德尔红菇。生于林中地上。
1126. *Russula heterophylla* (Fr.) Fr. 异褶红菇(叶绿红菇。叶绿菇)。夏秋季单生或群生于杂木林中地上。
1127. *Russula humidicola* Burl. 土生红菇。生于林中地上。
1128. *Russula innocua* (Singer) Romagn. ex Bon无害红菇。群生于混交林和阔叶林中地上。
1129. *Russula integra* (L.) Fr. var. *integra*全缘红菇(变色红菇。红丝菌)。夏秋季林中地上单生或群生。
1130. *Russula japonica* Hongo日本红菇。散生于阔叶林地上或壳斗科树林下。
1131. *Russula kansaiensis* Hongo关西红菇(小红菇)。夏秋季生于林地上。
1132. Russula *lepidicolor* Romagn. 鳞盖色红菇。单生或群生于阔叶或混交林中地上。
1133. *Russula lilacea* Quél. var. *retispora* Singer淡紫红菇网孢变种（网孢淡紫红菇）。散生于混交林地上。
1134. *Russula lilacea* Quél. 淡紫红菇(丹红菇,粉紫红菇)。夏秋季散生于混交林中地上。
1135. *Russula livescens* (Batsch) Bataille变蓝红菇。单生于混交林中地上。
1136. *Russula lutea* (Huds.) Gray黄红菇(黄菇,纯黄红菇)。夏秋季单生或散生于栎林和云杉林内地上。
1137. *Russula mariae* Peck绒紫红菇。生于阔叶林中地上单生或群生。
1138. *Russula minutula* Velen. 小红菇。单生至散生于混交林中地上。
1139. *Russula minutula* Velen. var. *minor* Z. S. Bi小红菇小变种。单生至散生于阔叶林或混交林中地上。
1140. *Russula mollis* Quél. 软红菇。散生至群生于阔叶林中地上。
1141. *Russula nauseosa* (Pers.) Fr. 臭味红菇(臭红菇)。夏秋季散生或群生于针阔叶混交林中地上。
1142. *Russula nitida* (Pers.) Fr. 光亮红菇。夏秋季单生或群生于阔叶林中地上。
1143. *Russula nobilis* Velen. 高贵红菇。生于阔叶林地上。
1144. *Russula nobilis* Velen.var. *nivea*(Pers.) J.E. Lange. 高贵红菇雪白变种。单生于阔叶林内地上
1145. Russula *ochroleuca* (Pers.) Fr. 黄白红菇(蜜黄红菇。蜜黄菇)。夏秋季群生至丛生于阔叶林中地上。
1146. *Russula olivacea* (Schaeff.) Fr. 青黄红菇。散生于中高海拔的一些壳斗科或松树林下地上。
1147. *Russula omiensis* Hongo赤紫红菇(紫绒红菇。峨嵋红菇)。夏秋季生于林中地上。
1148. *Russula pallidospora* J. Blum ex Romagn. 淡孢红菇。散生于混交林中地上。
1149. *Russula paludosa* Britzelm. 沼泽红菇。夏秋季散生于阔叶林中地上。
1150. *Russula pectinata* (Bull.) Fr. 篦形红菇(篱边红菇,米黄菇)。夏秋季群生于红松阔叶林中地上。
1151. *Russula pectinatoides* Peck拟篦形红菇。夏秋季单生或散生于针叶树或阔叶林地上。
1152. *Russula poichilochroa* Sarnari异白粉红菇。林中地上群生。
1153. *Russula polyphylla* Peck 多褶红菇。生于林中地上。
1154. *Russula pseudoaurata* W. F.Chiu假金红菇[=*Russula auraiacearum* B.Song似金红菇]。生于林中地上。
1155. *Russula pseudodelica* J.E. Lange假美味红菇(假大白菇)。夏秋季散生或群生于红松阔叶混交林中地上。
1156. *Russula pseudointegra* Arnould & Goris假全缘红菇(拟变色红菇,皱盖红菇,假金缘红菇)。夏秋季生于阔叶林中地上。
1157. *Russula pseudolepida* Singer假鳞盖红菇。生于橡林地上。
1158. *Russula pseudoromellii* J. Blum ex Bon假罗梅尔红菇。单生于阔叶树林中地上。
1159. *Russula puellaris* Fr. var. *intensior* Cooke美红菇益变种(益美红菇)。生于林中地上。
1160. *Russula pulchralis* Britzelm. 绚丽红菇。单生至散生于阔叶林中地上。
1161. *Russula punctipes* Singer斑柄红菇。生于林中地上。

1162. *Russula punicea* W. F. Chiu紫红菇。散生于林中地上。
1163. *Russula purpurina* Quél. & Schulzer微紫红菇(淡紫红菇)。生于松林地上。
1164. *Russula risigallina* (Batsch) Sacc. 鸡冠红菇。夏秋季松林地上散生或群生。
1165. *Russula romellii* Maire罗梅尔红菇。夏秋季生于阔叶林内地上。
1166. *Russula rosea* Pers.红色红菇[=*Russula lactea* (Pers.) Fr.乳白菇=*Russula lepida* Fr.大红菇]。生于林地上。
1167. *Russula roseipes* Secr. ex Bres. 玫瑰柄红菇。散生至群生于阔叶林中地上。
1168. *Russula rubescens* Beardslee变黑红菇。夏秋季于阔叶林或混交林中地上散生或群生。
1169. *Russula rubra* (Fr.) Fr.丽大红菇。夏秋季生于林中地上。
1170. *Russula sanguinaria* (Schumach.)Rauschert血根草红菇。夏秋季散生于针叶或阔叶林中地上。
1171. *Russula sanguinea* (Bull.) Fr. 血红菇(血红色红菇)。散生或群生于松林中地上。
1172. *Russula sardonia* Fr. 辣红菇(红肉红菇。玛瑙红菇)。夏秋季散生或群生于林中地上。
1173. *Russula solaris* Ferd. & Winge金乌红菇(新拟)。生于阔叶树林中地上。
1174. *Russula steinbachii* Cernoh. & Singer斯氏红菇。单生至散生于阔叶林中地上。
1175. *Russula subdepallens* Peck粉红菇。夏秋季混交林地上群生。
1176. *Russula subnigricans* Hongo亚黑红菇。夏秋季散生或群生于阔叶或混交林中地上。
1177. *Russula taliensis* W.F. Chiu大理红菇。生于林中地上。
1178. *Russula turci* Bres. 黄孢紫红菇(黄孢紫菇)。夏秋季针叶林中地上群生。
1179. *Russula uncialis* Peck矮红菇。生于橡林地上。
1180. *Russula velenovskyi* Melzer & Zvára细皮囊体红菇(细裂皮红菇)。散生至群生于阔叶林中地上。
1181. *Russula versicolor* Jul. Schäff. 多色红菇(变色红菇,杂色红菇)。夏秋季散生或单生于混交林中地上。
1182. *Russula vesca* Fr. 菱红菇(细弱红菇)。夏秋季群生或散生于阔叶林及混交林中地上。
1183. *Russula vinosa* Lindblad葡酒红菇(真红菰。朱菰。正红菇,酒色红菇)。夏秋季于阔叶林中地上群生。
1184. *Russula violacea* Quél. 堇紫红菇。夏秋季单生或散生于阔叶林中地上。
1185. *Russula violeipes* Quél.紫柄红菇(微紫柄红菇) [=*Russula heterophylla* var. *chlora* Gillet异褶红菇淡绿变种 (淡绿红菇)] 。生于阔叶林中地上。
1186. *Russula viridella* Peck. 浅绿红菇。林中地上。
1187. *Russula viridirubrolimbata* J.Z. Ying红边绿红菇(红边红菇)。针栎林中地上群生。
1188. *Russula viscosa* Henn.黏红菇。生于林中地上。
1189. *Russula xanthophaea* Boud. 黄褐红菇。生于林中地上。
1190. *Russula xerampelina* (Schaeff.) Fr.黄孢红菇。群生于阔叶林中地上或混交林地上。
1191. *Russula yuennanensis* (Singer) Singer云南红菇[=*Russula viridella* Peck. var. *yunnanensis* Singer小绿红菇云南变种]。生于林中地上。
1192. *Zelleromyces lactifer* (B.C. Zhang & Y.N. Yu) Trappe, T. Lebel & Castellano乳丝乳腹菌[=*Gymnomyces lactifer* B.C. Zhang & Y.N. Yu乳汁裸腹菌]。生于林内地中。
1193. *Zelleromyces ramispinus* (B.C. Zhang & Y.N. Yu) Trappe, T. Lebel & Castellano [as'*ramisporus*'] 枝刺孢乳腹菌[=*Martellia ramispina* B. C. Zhang & Y. N. Yu刺孢无索腹菌]。生于林内地上。

Stereaceae**韧革菌科**

1194. *Aleurodiscus mirabilis* (Berk. & M.A. Curtis) Höhn.刺丝盘革菌。生于阔叶林中枯枝上。
1195. *Gloeocystidiellum luridum* (Bres.) Boidin红褐胶囊副革菌[=*Megalocystidium luridum* (Bres.)Jülich]。木生。
1196. *Gloeocystidiellum porosum* (Berk. & M.A. Curtis) Donk茧皮胶囊副革菌[=*Corticium porosum* Berk. & M.A. Curtis茧皮伏革菌]。木生。
1197. *Stereum durum* Burt角壳韧革菌。生于腐木上。
1198. *Stereum gausapatum* (Fr.) Fr. 烟色韧革菌（烟色血革）。生于林中倒木上。
1199. *Stereum lobatum* (Kunze: Fr.) Fr. 脱毛韧革菌。生于林中倒木上。
1200. *Stereum ochraceoflavum* (Schwein.) Sacc.银丝韧革菌（银丝硬革）。木生。
1201. *Stereum princeps* (Jungh.) Lév. 大韧革菌。生于林中倒木上
1202. *Stereum sanguinolentum* (Alb. & Schwein.) Fr.血痕韧革菌（血革、血痕韧革菌）。木生。
1203. *Stereum vellereum* Berk. 绵毛韧革菌 。生于林中倒木上。

1204. *Xylobolus annosus* (Berk. & Broome) Boidin平伏刷革菌[=*Stereum annosum* Berk. & Broome平伏木革菌(平伏韧革菌)]。生于阔叶树倒木上。

1205. *Xylobolus frustulatus* (Pers.) Boidin龟背刷革菌(丛片木革菌)[=*Stereum frustulosum* Fr.丛片韧革菌]。生于阔叶树倒木上。

1206. *Xylobolus illudens* (Berk.) Boidin紫灰刷革菌。生于阔叶树倒木上。

1207. *Xylobolus princeps* (Jungh.) Boidin大刷革菌。生于阔叶树倒木上

1208. *Xylobolus spectabilis* (Klotzsch) Boidin金丝刷革菌。生于阔叶树倒木上。

Sebacinales蜡壳耳目

Sebacinaceae蜡壳耳科

1209. *Sebacina fuscata* Y.B. Peng黑蜡壳耳。阔叶树林地上或朽木群生。

1210. *Sebacina incrustans* (Pers.) Tul. & C. Tul.蜡壳耳。阔叶树或混交林中地上或落叶群生。

Thelephorales革菌目

Thelephoraceae革菌科

1211. *Polyozellus multiplex* (Underw.) Murrill乌茸菌[=*Cantharellus multiplex* Underw.乌鸡油菌]。于树下生。

1212. *Thelephora aurantiotincta* Corner橙黄革菌（橙黄干巴菌）。于地上生。

1213. *Thelephora terrestris* Ehrh.疣革菌。地上生。

1214. *Thelephora vialis* Schwein.莲座革菌（灰色干巴菌）。于地上生。

Bankeraceae白齿菌科

1215. *Bankera fuligineoalba* (J.C. Schmidt) Coker & Beers ex Pouzar褐白肉齿菌（褐白坂氏齿菌[=*Sarcodon fuligineoalbus* (J.C. Schmidt) Quél.白褐肉齿菌]。生于阔叶树的腐木上。

1216. *Boletopsis leucomelaena* (Pers.) Fayod白黑拟牛肝多孔菌（白黑多孔菌）。在树下地上生。

1217. *Boletopsis subsquamosa* (L.) Kotl. & Pouzar 亚鳞拟牛肝菌。在林中地上生。

1218. *Hydnellum concrescens* (Pers.)Banker环纹亚齿菌。生于林地上。

1219. *Phellodon tomentosus* (L.) Banker灰薄栓齿菌[=*Calodon cyathiformis* (Schaeff.) Quél.环形丽齿菌]。在树下地上生。

1220. *Sarcodon imbricatum* (L.) P. Karst.翘鳞肉齿菌（獐子菌、獐头菌）。地上生。

Trechisporales糙孢菌目

Hydnodontaceae类齿菌科

1221. *Brevicellicium olivascens* (Bres.) K.H. Larss. & Hjortstam变绿短胞齿菌。生于*Odontia olivascens* Bres.上。

1222. *Litschauerella gladiola* (G.Cunn.)Stalpers & P.K.Buchanan唐菖蒲李茨齿菌。生于树皮上。

Agaricomycetidae伞菌亚纲

Agaricales伞菌目

1223. *Anellaria antillarum* (Fr.) Hlaváček白斑褶菇。生于林中地上。

1224. *Anellaria sepulchralis* (Berk.) Singer无环斑褶菇。生于阔叶林中地上。

1225. *Plicaturopsis crispa* (Pers.) D.A. Reid皱拟褶尾菌[=*Plicatura crispa* (Pers.)Rea皱波褶尾菌]。夏末至秋季生于阔叶树枝杆及腐木上。

1226. *Panaeolus semiovatus* (Sowerby) S. Lundell & Nannf. var. *semiovatus*卵形斑褶菇原变种[=*Anellaria semiovata* (Sowerby) A. Pearson & Dennis半卵形斑褶菇(大花褶伞)]。生于阔叶林中地上。

1227. *Panaeolus semiovatus* var. *phalaenarum* (Fr.) Ew. Gerhardt卵形斑褶菇黏盖变种[=*Panaelus phalaenarum* (Fr.) Quél.黏盖斑褶菇（黏边花褶伞）]。地生。

1228. *Panaeolus solidipes* (Peck) Sacc. 硬腿斑褶菇（硬柄花褶伞）。地生。

Agaricaceae伞菌科

1229. *Agaricus abruptibulbus* Peck球基蘑菇。林地或草地上。

1230. *Agaricus aestivalis*(F.H. Møller) Pilát夏生蘑菇。生于松林下草地上。

1231. *Agaricus altipes* (F.H. Møller) F.H. Møller高柄蘑菇[=*Agaricus aestivalis*(F.H. Møller) Pilát夏生蘑菇]。在松林草地上生。

1232. *Agaricus arvensis* Schaeff.淡黄蘑菇(田野蘑菇)[= *Agaricus fissuratus* (F.H. Møller) F.H. Møller]。生于草地上。

1233. *Agaricus bisporus* (J.E. Lange) Imbach双孢蘑菇。在林地或草地和路旁生。

1234. *Agaricus blazei* Murrill巴氏蘑菇。生于草地上。

1235. *Agaricus bresadolanus* Bohus [as '*bresadolianus*']布莱萨蘑菇[=*Agaricus romagnesii* Wasser] 罗马尼斯蘑菇。生于林中地上。

1236. *Agaricus campestris* L.蘑菇（雷窝子、四孢蘑菇）。在林地或草地上。
1237. *Agaricus comtulus* Fr.小白蘑菇（小白菇）。在林中草地上。
1238. *Agaricus crocopeplus* Berk. & Broome褐鳞蘑菇（赭蘑菇）。在林中地上。
1239. *Agaricus dulcidulus* Schulzer微甜蘑菇[= *Agaricus purpurellus* (F.H. Møller) F.H. Møller紫色蘑菇= *Agaricus rubellus* (Gill.) Sacc.紫蘑菇]。生于针叶林或林中草地上。
1240. *Agaricus lepiotiformis* Yu Li假环柄蘑菇。生于林中地上。
1241. *Agaricus lutosus* (F.H. Møller) F.H. Møller泥色蘑菇。生于林中地上。
1242. *Agaricus pequinii* (Boud.) Singer包脚蘑菇[=*Clarkeinda pequinii* (Boud.) Sacc. & P. Syd.]包脚蘑菇（包脚黑伞）。生于混交林中地上。
1243. *Agaricus placomyces* Peck 双环蘑菇（扁圆盘伞菌、双环菌）。生于林地或草地上。
1244. *Agaricus praeclaresquamosus* A.E. Freeman细褐鳞蘑菇。生于林地或草地上。
1245. *Agaricus silvaticus* Schaeff.林地蘑菇（林地伞菌）。生于针阔叶林地上。
1246. *Agaricus silvicola* (Vittad.) Peck白林蘑菇。生于林中地上。
1247. *Agaricus subrufescens* Peck 赭鳞蘑菇（赭鳞黑伞）。生于林中地上。
1248. *Bovista plumbea* Pers.铅色灰球菌。地上生。
1249. *Bovistella sinensis* Lloyd大口静灰球菌（中国静灰球）。地上生。
1250. *Calvatia gigantea* (Batsch) Lloyd大秃马勃（大马勃、马勃、马屁包）。地上生。
1251. *Calvatia lilacina* (Berk. & Mont.) Henn. 紫色秃马勃（杯形马勃、紫色马勃）。生于林中地上。
1252. *Chlorophyllum agaricoides* (Czern.) Vellinga蘑菇状绿褶菇[=*Endoptychum agaricoides* Czern.蘑菇状青褶伞]。生于草地上
1253. *Chlorophyllum rhacodes* (Vittad.) Vellinga [as '*rachodes*']粗鳞绿褶菇[=*Macrolepiota rhacodes* (Vittad.) Singer粗鳞大环柄菇]。地上生。
1254. *Coprinus comatus* (O.F. Müll.) Pers.毛头鬼伞（鸡腿蘑、毛鬼伞）。地上生。
1255. *Coprinus ephemerus* (Bull.) Fr.速亡鬼伞。生于堆肥上。
1256. *Coprinus sterquilinus* (Fr.) Fr.粪鬼伞（粪生鬼伞）。生于粪堆上。
1257. *Crucibulum parvulum* H.J. Brodie小白蛋巢。林下枯枝上生。
1258. *Cyathus africanus* H.J. Brodie非洲黑蛋巢。生于腐木上。
1259. *Cyathus berkeleyanus* (Tul. & C. Tul.) Lloyd小孢黑蛋巢。生于阔叶树的腐木上。
1260. *Cyathus cheliensis* F.L. Tai & C.S. Hung景洪黑蛋巢。群生于腐木上。
1261. *Cyathus colensoi* Berk.柯氏黑蛋巢。生于腐木或殖土上。
1262. *Cyathus confusus* F.L. Tai & C.S. Hung紊乱黑蛋巢。生于腐木上。
1263. *Cyathus cornucopioides* T.X. Zhou & W.Ren号角状黑蛋巢。群生于地表上。
1264. *Cyathus crassimurus* H.J. Brodie厚壁黑蛋巢。生于腐木上。
1265. *Cyathus elmeri* Bres.埃尔默黑蛋巢。生于腐木或地上。
1266. *Cyathus griseocarpus* H.J. Brodie et B.M. Sharma灰被黑蛋巢。生于枯枝腐木上。
1267. *Cyathus hookeri* Berk.胡克黑蛋巢。生于腐木或地上表上。
1268. *Cyathus julietae* H.J. Brodie犹利黑蛋巢。生于腐木或地上。
1269. *Cyathus lijiangensis* T.X. Zhou & R.L. Zhao丽江黑蛋巢。生于枯枝上。
1270. *Cyathus limbatus* Tul. & C. Tul. 皱缘黑蛋巢。生于阔叶树腐木或土表上。
1271. *Cyathus megasporus* W. Ren & T.X. Zhou巨孢黑蛋巢。生于枯枝腐木上。
1272. *Cyathus olivaceobrunneus* F.L. Tai & C.S. Hung榄褐黑蛋巢。生于苔藓的枯枝上。
1273. *Cyathus olla* (Batsch) Pers. f. *brodiensis* T.C. Shinners & J.P. Tewari壶黑蛋巢布诺德变型。生于枯枝腐木或地上。
1274. Cyathus *poeppigii* Tul. & C. Tul. 大孢黑蛋巢。生于腐木或地上。
1275. *Cyathus pullus* F.L. Tai & C.S. Hung深暗黑蛋巢。生于腐木或地上。
1276. *Cyathus triplex* Lloyd三皱黑蛋巢。生于腐木或地上。
1277. *Cyathus yunnanensis* B. Liu & Y.M. Li云南黑蛋巢。生于腐木上。
1278. *Lanopila nipponica* (Kawam.) Kobayasi日本拟秃马勃。夏秋生于空旷草地或林缘草地上。
1279. *Lasiosphaera fenzlii* Reich脱皮球马勃（脱皮马勃、脱被毛球马勃）。地上生。
1280. *Lepiota aspera* (Pers.) Quél.粗糙环柄菇[=*Lepiota acutesquamosa* (Weinm.) P. Kumm.锐鳞环柄菇（尖鳞环柄菇）]。地上生。

1281. *Lepiota clypeolaria* (Bull.) P. Kumm.细环柄菇（盾形环柄菇）。林地上生。
1282. *Lepiota cristata* (Bolton) P. Kumm.冠状环柄菇（小环柄菇）。林地上生。
1283. *Lepiota erminea* (Fr.) Gillet鼬白环柄菇[=*Lepiota alba* (Bres.) Sacc.白环柄菇]。生于林中地上。
1284. *Lepiota helveola* Bres.褐鳞环柄菇（褐鳞小伞）。林地上生。
1285. *Lepiota magnispora* Murrill大孢环柄菇[=*Lepiota ventriosospora* D.A. Reid梭孢环柄菇]。地上生。
1286. *Lepiota prominens* (Fr.) Sacc.褐顶环柄菇（褐盖环柄菇）。生于草地上。
1287. *Lepiota subincarnata* J.E. Lange近肉红环柄菇。林地上生。
1288. *Leucoagaricus americanus* (Peck) Vellinga暗鳞白环蘑[=*Leucocoprinus bresadolae* (Schulzer) Wasser柏列氏白鬼伞= *Lepiota americana* (Peck) Sacc.暗鳞环柄菇]。林地上生。
1289. *Leucoagaricus leucothites* (Vittad.) Wasser白环蘑 [=*Leucoagaricus naucinus* (Fr.) Singer粉褶白环蘑]。地上生。
1290. *Lycoperdon asperum* (Lév.) Speg.粒皮马勃。林地上生。
1291. *Lycoperdon atropurpureum* Vittad.黑紫马勃（大孢灰包、大孢马勃）。林地上生。
1292. *Lycoperdon fuligineum* Berk. & M.A. Curtis黑刺马勃。生于林中地上。
1293. *Lycoperdon fuscum* Bonord褐皮马勃。林地上生。
1294. *Lycoperdon glabrescens* Berk.光皮马勃（光皮灰包）。林地上生。
1295. *Lycoperdon pedicellatum* Peck小柄马勃（钩刺马勃、钩刺灰包）。林地上生。
1296. *Lycoperdon polymorphum* Scop.多形马勃（多形灰包）。林地上生。
1297. *Lycoperdon pratense* Pers. 草地马勃[=*Vascellum pratense* (Pers.) Kreise草地横膜马勃（横膜灰包）]。林地上生。
1298. *Lycoperdon pyriforme* Schaeff. var. *excipuliforme* Desm. 长柄梨形马勃（梨形灰包长柄变种）。林地上生。
1299. *Lycoperdon radicatum* Durieu & Mont.长根静马勃[=*Bovistella radicata* (Durieu & Mont.) Pat.长根静灰球菌]。林地上生。
1300. *Lycoperdon spadiceum* Pers. 枣红马勃。林地上生。
1301. *Lycoperdon utriforme* Bull.龟裂马勃[=*Calvatia caelata* (Bull.) Morgan龟裂秃马勃]。林地上生。
1302. *Macrolepiota al buminosa* (Berk.) Pegler[=*Termitomyces albuminosus* (Berk.)R.Hein鸡枞菌（蚁巢伞）]。生于地上。
1303. *Macrolepiota excoriata* (Schaeff.) Wasser裂皮大环柄菇[=*Leucoagaricus excoriatus* (Schaeff.) Singer裂皮白环菇]。林地上生。
1304. *Macrolepiota gracilenta* (Krombh.) Wasser红顶大环柄菇[=*Lepiota gracilenta* (Krombh.) Quél. 红顶环柄菇]。林地上生。
1305. *Macrolepiota procera* (Sop.) Singer高大环柄菇（高环柄菇、高柄环菇）。生于林中地上。
1306. *Nidula candida* (Peck.) V.S. White红蛋巢。生于腐木或苔藓层上。
1307. *Podaxis pistillaris* (L.) Fr. 轴灰包。生于林中地上。

Amanitaceae鹅膏菌科

1308. *Amanita abrupta* Peck球茎鹅膏。生于林中地上。
1309. *Amanita alboflavescens* Hongo变黄鹅膏。生于松科与壳斗科组成的林地上。
1310. *Amanita altipes* Zhu L. Yang, M. Weiss & Oberw. 长柄鹅膏。生于针叶林、阔叶林或混交林地上。
1311. *Amanita angustilamellata* (Höhn.) Boedijn窄褶鹅膏。生于阔叶林地上。
1312. *Amanita atrofusca* Zhu L. Yang暗褐鹅膏。生于冷杉等针叶林地上或生于阔叶林地上。
1313. *Amanita avellaneosquamosa* (S. Imai) S. Imai雀斑鳞鹅膏。生于松科与壳斗科林地上。
1314. *Amanita battarrae* (Boud.) Bon巴塔鹅膏 [=*Amanita umbrinolutea* (Secr. ex Gillet) Bertill.褐黄鹅膏]。生于松属林地上。
1315. *Amanita brunneofuliginea* Zhu L. Yang褐烟色鹅膏。生于针叶林或混交林地上。
1316. *Amanita cinereopannosa* Bas大灰盖鹅膏。林中地上生。
1317. *Amanita citrina* (Pers.) Pers. var. *citrina*橙黄鹅膏原变种。生于阔叶林或针叶林林地上。
1318. *Amanita citrina* (Pers.) Pers. var. *grisea* (Hongo) Hongo橙黄鹅膏灰色变种。生于壳斗科林地上。
1319. *Amanita clarisquamosa* (S. Imai) S. Imai显鳞鹅膏。生于壳斗科与松科组成的林地上。
1320. *Amanita concentrica* T. Oda, C. Tanaka & Tsuda环鳞鹅膏。生于壳斗科林地上。
1321. *Amanita fritillaria* f. *malayensis* Corner & Bas格纹鹅膏球孢变型。生于热带阔叶林或混交林地上。
1322. *Amanita fulva* (Schaeff.) Fr.褐盖鹅膏近似种（赤褐托柄菇、鹅毛冠）。生于云南松的林地上。
1323. *Amanita griseofarinosa* Hongo 灰绒鹅膏。生于壳斗科或松科的林地上。
1324. *Amanita gymnopus* Corner & Bas赤脚鹅膏。生于针叶林或阔叶林林地上。
1325. *Amanita hemibapha* var. *ochracea* Zhu L. Yang红黄鹅膏黄褐变种。生于针叶林或混交林地上。
1326. *Amanita imazekii* T. Oda. C. Tanaka & Tsuda短棱鹅膏。生于混交林地上。

1327. *Amanita incarnatifolia* Zhu L. Yang 粉褶鹅膏。生于针叶林或混交林地上。
1328. *Amanita innatifibrilla* Zhu L. Yang白鳞隐丝鹅膏。生于壳斗科林地上。
1329. *Amanita japonica* Hongo ex Bas日本鹅膏。生于针叶林或混交林地上。
1330. *Amanita lignitincta* Zhu L. Yang木色鹅膏。生于栎树和冷杉的林中地上。
1331. *Amanita liquii* Zhu L. Yang, M. Weiss & Oberw.李逵鹅膏。冷杉、壳斗科组成的林地上。
1332. *Amanita longistriata* S. Imai长棱鹅膏。生于林中地上。
1333. *Amanita melleiceps* Hongo 小毒蝇鹅膏。生于松林或混交林地上。
1334. *Amanita mira* Corner & Bas美黄鹅膏。生于壳斗科林地上。
1335. *Amanita nivalis* Grev.小污白鹅膏（雪白鹅膏、雪白鹅膏菌、白脱柄菇）。生于马尾松等树根上。
1336. *Amanita orientigemmata* Zhu L. Yang & Yoshim. Doi东方黄盖鹅膏。生于针叶林、阔叶林或混交林地上。
1337. *Amanita pilosella* Corner & Bas暗鳞隐丝鹅膏。生于壳斗科林地上。
1338. *Amamita sceciliae*(Berk．&Br．)Bas.灰褐鹅膏。生于林地上。
1339. *Amanita sepiacea* S. Imai暗盖淡鳞鹅膏。生于壳斗科与松科林地上。
1340. *Amanita sinocitrina* Zhu L. Yang, Zuo H. Chen & Z.G. Zhang杵柄鹅膏。生于混交林地上。
1341. *Amanita subfrostiana* Zhu L. Yang黄鳞鹅膏。生于针叶林或混交林地上。
1342. *Amanita subglobosa* Zhu L. Yang球基鹅膏。生于混交林地上。
1343. *Amanita tomentosivolva* Zhu L.Yang绒托鹅膏。生于阔叶林林地上。
1344. *Amanita umbrinolutea* (Secr. ex Gillet) Bertill.褐黄鹅膏。生于林中地下。
1345. *Amanita vaginata* (Bull.) Lam.var. *alba* Gillet灰鹅膏白色变种。生于针叶林、阔叶林或混交林地上。
1346. *Amanita verrucosivolva* Zhu L. Yang疣托鹅膏。生于壳斗科的阔叶林地上。
1347. *Amanita vittadinii* (Moretti) Sacc.粗鳞白鹅膏。生于林中地上。
1348. *Amanita yuaniana* Zhu L. Yang袁氏鹅膏。生于针叶林或混交林地上。
1349. *Amanita zangii* Zhu L. Yang, T.H. Li & X.L. Wu臧氏鹅膏。生于热带林中地上。
1350. *Limacella taiwanensis* Zhu L. Yang & W. N.Chou.台湾黏伞。生于阔叶林中地上。

Amylocorticiaceae**粉伏革菌科**

1351. *Irpicodon pendulus* (Alb. & Schwein.)Pouzar悬垂针齿菌。生于木上。

Bolbitiaceae**粪锈伞科**

1352. *Bolbitius demangei* (Quél.) Sacc. & D. Sacc.粉黏粪伞。林地上生。
1353. *Bolbitius titubans* (Bull.) Fr. 粪伞[=*Bolbitius vitellinus* (Pers.) Fr.]。生于堆肥及地上。
1354. *Conocybe tenera* (Schaeff.) Fayod柔弱锥盖伞。生于混交林中地上。

Clavariaceae**珊瑚菌科**

1355. *Clavaria fumosa* Pers.烟色珊瑚菌。生于混交林中地上。
1356. *Clavaria purpurea* O.F. Müll.紫珊瑚菌（紫豆芽菌）。生于混交林中地上。
1357. *Clavaria stricta* Schumach.直枝珊瑚菌。生于阔叶林中地上。
1358. *Clavaria vermicularis* Batsch虫形珊瑚菌。生于林中地上。
1359. *Clavaria zollingeri* Lév. 堇紫珊瑚菌（佐林格珊瑚菌）。生于混交林中地上。
1360. *Clavulinopsis corniculata* (Schaeff.) Corner角拟锁瑚菌。混交林中地上。
1361. *ClavulinoPsis fusiformis* (Sowerby) Corner梭形拟锁瑚菌。于混交林中地上生。
1362. *Clavulinopsis helvola* (Pers.) Corner微黄拟锁瑚菌。于混交林中地上生。
1363. *Clavulinopsis miyabeana* (S. Ito) S .Ito红拟锁瑚菌（红豆珊瑚菌）。生于林中地上。
1364. *Clavulinopsis tenerrima* (Massee & Crossl.) Corner柔弱拟锁瑚菌。生于林中地上。
1365. *Multiclavula mucida* (Pers). R. H.Petersen藻珊瑚菌。散生于绿藻上。
1366. *Ramariopsis kunzei* (Fr.) Corner孔策拟枝瑚菌（白珊瑚菌）。生于枕木上。

Cortinariaceae**丝膜菌科**

1367. *Cortinarius bovinus* Fr. 牛丝膜菌。生于林中地上。
1368. *Cortinarius caerulescens* (Schaeff.) Fr. 蓝丝膜菌（蓝紫丝膜菌）。夏秋季于阔叶林中地上群生至丛生。
1369. *Cortinarius calochrous* (Pers.) Gray托柄丝膜菌（托腿丝膜菌）。林下地上生。
1370. *Cortinarius caperatus* (Pers.) Fr. 皱皮丝膜菌[=*Pholiota caperata* (Pers.) Gillet皱皮环锈伞]。生于阔叶林或混交林地上。

1371. *Cortinarius castaneus* (Bull.) Fr.栗色丝膜菌。林中地上生。

1372. *Cortinarius cinnamomeus* (L.) Fr.朱红丝膜菌。林地上生。

1373. *Cortinarius cotoneus* Fr.棕绿丝膜菌。林地上生。

1374. *Cortinarius gentilis* (Fr.) Fr. 尖顶丝膜菌。生于林中地上。

1375. *Cortinarius haasii* (M.M. Moser) M.M. Moser哈氏丝膜菌。生于林中地上。

1376. *Cortinarius iodes* Berk. & M.A. Curtis堇丝膜菌（紫光丝膜菌）。生于林中地上。

1377. *Cortinarius largus* Fr.大丝膜菌。林地生。

1378. *Cortinarius livido-ochraceus* (Berk.) Berk.绿赭丝膜菌[=*Cortinarius elatior* Fr.较高丝膜菌、高丝膜菌]。林地上生。

1379. *Cortinarius multiformis* (Fr.) Fr.多形丝膜菌。生于林中地上。

1380. *Cortinarius pholideus* (Fr.) Fr.鳞丝膜菌。林地上生。

1381. *Cortinarius praestans* Cordier缘纹丝膜菌。林地上生。

1382. *Cortinarius salor* Fr. 蓝紫丝膜菌。生于林中地上。

1383. *Cortinarius tabularis* (Fr.) Fr. 片状丝膜菌[=*Cortinarius decoloratus* (Fr.) Fr.褐色丝膜菌]。生于林中地上。

1384. *Cortinarius turmalis* (Fr.) Fr.黄丝膜菌。林地上生。

1385. *Cortinarius varius* (Schaeff.) Fr.多变丝膜菌。林地上生。

1386. *Cortinarius violaceus* (L.) Gray紫绒丝膜菌（蓋紫丝膜菌）。林地上生

1387. *Descolea flavoannulata* (LJ.N. Vassiljeva) E. Horak黄圆头伞。林地上生。

1388. *Protoglossum niveum* (Vittad.) T.W. May雪白原舌腹菌[=*Hymenogaster niveus* Vittad.雪白层腹菌]。生于阔叶林地上。

1389. *Rozites emodensis* (Berk.) M.M. Moser紫皱盖罗鳞伞（紫皱皮罗鳞伞）。林地上生。

Cystostereaceae囊韧革菌科

1390. *Cystostereum murrayi* (Berk. & M.A. Curtis) Pouzar默里囊韧革菌。生于木上。

Entolomataceae粉褶蕈科

1391. *Clitopilus prunulus* (Scop.) P. Kumm.斜盖伞。生于林地上。

1392. *Entoloma abortivum* (Berk. & M.A. Curtis) Donk斜盖粉褶蕈（败育粉褶蕈。角孢斜盖伞）[=*Rhodophyllus abortivum* (Berk. & M.A. Curtis) Singer败育赤褶菇]。于林地丛上生。

1393. *Entoloma chalybeum* var. *lazulinum* (Fr.) Noordel. [as '*chalybaeum*'] 钢灰粉褶蕈暗蓝变种[=*Rhodophyllus lazulinus* (Fr.) Quél.暗蓝粉褶蕈（暗蓝赤褶菇）]。生于林地上。

1394. *Entoloma crassipes* Imazeki & Toki粗柄粉褶蕈。生于林中地上。

1395. *Entoloma fragilipes* Corner & E. Horak脆柄粉褶蕈。生于混交林地上。

1396. *Entoloma mammulatum* Hesler乳突粉褶蕈。生于林地上。

1397. *Entoloma porphyrophaeum* (Fr.) P. Karst. 紫色粉褶蕈。生于混交林地上。

1398. *Entoloma rhodopolium* (Fr.) P. Kumm.褐盖粉褶蕈[=*Rhodophyllus rhodopolius* (Fr.) Quél.褐盖赤褶菇= *Rhodophyllus nidorosus* (Fr.) Quél.臭赤褶菇]。生于林地上。

1399. *Entoloma sinuatum* (Bull.) P. Kumm.毒粉褶蕈（土生红褶菌）[=*Rhodophyllus sinuatus* (Bull.) Quél. 毒赤褶菇]。生于林地中上。

1400. *Entoloma turbidum* (Fr.) Quél.锥盖粉褶蕈[=*Rhodophyllus trubidus* (Fr.) Quél.锥形赤褶菇]。生于林地上。

1401. *Rhodocybe hirneola* (Fr.) P.D. Orton耳状红盖菇[=*Clitocybe xanthophylla* Bres.褐黄杯伞]。生于林地上。

Fistulinaceae牛舌菌科

1402. *Porodisculus pendulus* Sehwein.悬垂网孔菌。夏秋季生于阔叶树枯干、枯枝皮上

1403. *Pseudofistulina sinensis* G.Y. Zheng & Z.S. Bi中国假牛舌菌。腐木上生。

Hydnangiaceae角齿菌科

1404. *Laccaria amethystea* Cooke 紫晶蜡蘑。生于阔叶林中地上。

1405. *Laccaria proxima* (Bond.) Pat. 条柄蜡蘑。地上生。

Hygrophoraceae蜡伞科

1406. *Ampulloclitocybe* clavipes (Pers.) Redhead, Lutzoni, Moncalvo & Vilgalys棒柄瓶杯伞[=*Clitocybe clavipes* (Pers.) P. Kumm.棒柄杯伞]。生于阔叶林或混交林地上。

1407. *Hygrocybe calyptriformis* (Berk.) Fayod粉灰紫湿伞[=*Hygrocybe calyprtaeformis* Fayod]。生于地上。

1408. *Hygrocybe cantharellus* (Schwein.) Murrill鸡油蜡伞（舟蜡伞、鸡油菌状蜡伞）。生于树下地上。

1409. *Hygrocybe ceracea* (Wulfen) P. Kumm.蜡湿伞。生于阔叶林中地上。

1410. *Hygrocybe chlorophana* (Fr.) Wünsche硫磺湿伞[=*Hygrophorus chlorophanus* (Fr.) Fr.硫磺蜡伞（金黄蜡伞）]。生于地上。
1411. *Hygrocybe coccinea* (Schaeff.) P. Kumm.绯红湿伞（绯红蜡伞）。生于地上。
1412. *Hygrocybe coccineocrenata* (P.D. Orton) M.M. Moser绯红齿湿伞。生于阔叶林中地上。
1413. *Hygrocybe flavescens* (Kauffman) Singer浅黄褐湿伞（变黄湿伞）。生于地上。
1414. *Hygrocybe helobia* (Arnolds) Bon粉粒红湿伞。生于林地上。
1415. *Hygrocybe irrigata* (Pers.) Bon亮灰褐湿伞[=*Hygrocybe unguinosa* (Fr.) P. Karst.铃盖湿伞]。生于地上。
1416. *Hygrocybe pratensis* (Pers.) Bon草地湿伞（草地蜡伞）[=*Camarophyllus pratensis* (Pers.) P. Kumm. 草地拱顶伞]。生于地上。
1417. *Hygrocybe punicea* (Fr.) P. Kumm.红湿伞（红紫蜡伞、红蜡伞）。生于地上。
1418. *Hygrocybe virginea* (Wulfen) P.D. Orton & Watling洁白湿伞（洁白蜡伞）[=*Camarophyllus virgineus* (Wulfen) P. Kumm. 洁白拱顶菇]。生于林中地上。
1419. *Hygrophorus agathosmus* (Fr.) Fr.美味蜡伞。生于林中地上。
1420. *Hygrophorus chrysodon* (Batsch) Fr.金粒蜡伞（金齿蜡伞）。
1421. *Hygrophorus eburneus* (Bull) Fr.白蜡伞（黏菰）。生于阔叶林中地上。
1422. *Hygrophorus erubescens* (Fr.) Fr.变红蜡伞。生于地上。
1423. *Hygrophorus lucorum* Kalchbr. 柠檬黄蜡伞。生于地上。
1424. *Hygrophorus persoonii* Arnolds颇尔松蜡伞[=*Hygrocybe persoonii* (Arnolds) X.L. Mao颇尔松湿伞]。生于地上。

Hymenogasteraceae层腹菌科

1425. *Hymenogaster cerebellum* Cavara脑状层腹菌。生于阔叶林地上。
1426. *Hymenogaster gilkeyae* Zeller & C.W. Dodge.吉尔克层腹菌。生于阔叶林地上。
1427. *Hymenogaster latifusisporus* K.Tao.宽梭孢层腹菌。生于阔叶林地上。
1428. *Hymenogaster tener* Berk.细弱层腹菌。生于阔叶林地上。

Inocybaceae丝盖伞科

1429. *Crepidotus alabamensis* Murrill亚拉巴马靴耳。生于倒木上或树桩上。
1430. *Crepidotus applanatus* (Pers.) P. Kumm.平盖靴耳。夏秋生于阔叶树的枯枝或树干等腐木上。
1431. *Crepidotus epibryus* (Fr.) Quél.毛靴耳。生于倒木上或树桩上。
1432. *Crepidotus sulphurinus* Imazeki & Toki硫黄色靴耳。生于倒木上。
1433. *Inocybe asterospora* Quél.星孢丝盖伞（星孢毛锈伞）。生于地上。
1434. *Inocybe bongardii* (Weinm.) Quél.多毛丝盖伞。生于地上。
1435. *Inocybe brunnea* Quél.褐丝盖伞。生于地上。
1436. *Inocybe caesariata* (Fr.) P. Karst.恺撒丝盖伞（毛锈伞）。生于地上。
1437. *Inocybe calospora* Quél.丽孢丝盖伞。生于林中地上。
1438. *Inocybe cookei* Bres.亚黄丝盖伞。生于林中地上。
1439. *Inocybe decipientoides* Peck空柄丝盖伞。生于地上。
1440. *Inocybe flavobrunnea* Y.C. Wang黄褐丝盖伞。生于地上。
1441. *Inocybe flocculosa* (Berk.) Sacc.鳞毛丝盖伞（卷毛丝盖伞）。生于地上。
1442. *Inocybe geophylla* (Pers.) P. Kumm.污白丝盖伞（土味丝盖伞，土色褶丝盖伞）。生于地上。
1443. *Inocybe praetervisa* Quél.土黄丝盖伞。生于地上。
1444. *Inocybe pyriodora* (Pers.) P. Kumm.梨香丝盖伞。生于林中地上。
1445. *Inocybe radiata* Peck 辐射状丝盖伞（肝褐丝盖伞、肝褐毛锈伞）。生于林中地上。
1446. *Inocybe rimosa* (Bull.) P. Kumm.裂丝盖伞[=*Inocybe fastigiata* (Schaeff.) Quél.黄丝盖伞=*Inocybe umbrinella* Bres.茶褐丝盖伞]。生于地上。
1447. *Pleurotellus albellus* (Pat.) Pegler白小侧耳[=*Pleurotus albellus* (Pat.)Pegler淡白侧耳]。腐木上生。
1448. *Pleurotellus chioneus* (Pers.) Kühner薄皮小侧耳[=*Pleurotus chioneus* (Pers.) Gillet薄皮侧耳]。生于阔叶树枝上或蕨类杆上。

Lyophyllaceae离褶伞科

1449. *Lyophyllum connatum* (Schumach.) Singer银白离褶伞。生于林地上。
1450. *Lyophyllum decastes* (Fr.) Singer荷叶离褶伞。生于阔叶林中地上。
1451. *Lyophyllum ochraceum* (R. Haller Aar.) Schwöbel & Reutter浅赭褐离褶伞。生于林地上。
1452. *Lyophyllum cinerascens* (Bull. & Konr.) Konr. & Maubl.灰离褶伞（块根蘑）。生于林地上。

1453. *Lyophyllum decastes* (Fr.) Singer荷叶离褶伞（荷叶蘑）。生于林地上。
1454. *Lyophyllum transforme* (Britzelm.) Singer角孢离褶伞。生于林地上。
1455. *Hypsizygus marmoreus* (Peck.) *H. E. Bigelow*斑玉蕈。生于林中地上。
1456. *Ossicaulis lignatilis* (Pers.) Redhead & Ginns腐木骨柄侧耳[=*Pleurotus lignatilis* (Pers.) P. Kumm.腐木侧耳(腐木侧耳、木生侧耳)]。夏秋季生于阔叶树腐木上。
1457. *Tephrocybe anthracophila* (Lasch) P.D. Orton黑灰顶伞[=*Lyophyllum carbonarium* (Velen.) M.M. Moser炭色离褶伞]。生于林地上。
1458. *Termitomyces fuliginosus* R. Heim烟灰蚁巢伞。生于林地上。
1459. *Termitomyces globulus* R. Heim & Gooss.-Font.球盖蚁巢伞。生于林地上。
1460. *Termitomyces heimii* Natarajan谷堆蚁巢伞[=*Sinotermitomyces cavus* M. Zang空柄华鸡土从]。生于林地上。
1461. *Termitomyces mammiformis* R. Heim肉柄蚁巢伞[=*Sinotermitomyces carnosus* M. Zang肉柄华鸡枞] 。生于林地上。
1462. *Termitomyces medius* R. Heim & Grassé中型蚁巢伞。生于地上。
1463. *Termitomyces robustus* (Beeli) R. Heim粗柄蚁巢伞（粗柄鸡枞）。生于林地上。
1464. *Termitomyces tylerianus* Otieno端圆蚁巢伞。生于地上。

Marasmiaceae小皮伞科

1465. *Anthracophyllum nigritum* (Lév.) Kalchbr.褐红炭褶菌（黑炭褶菌）。生于倒木上。
1466. *Chaetocalathus craterellus* (Durieu & Lév.) Singer杯形毛杯菇（杯状毛伞）[=*Pleurotus craterellus* (Durieu & Lév.) Sacc.杯状侧耳,小白轮]。生于阔叶树枯枝上。
1467. *Gerronema albidum* (Fr.) Singer白老伞[=*Cantharellus albidus* Fr.白鸡油菌]。生于林地上。
1468. *Gymnopus acervatus* (Fr.) Murrill堆裸柄伞[=*Collybia acervata* (Fr.) P. Kumm.金黄金钱菌]。生于混交林中地上。
1469. *Gymnopus alkalivirens* (Singer) Halling碱绿裸柄伞[=*Collybia alkalivirens* Singer碱绿金钱菌 (暗紫金钱菌)]。生于地上。
1470. *Gymnopus dryophilus* (Bull.) Murrill栎裸伞[=*Marasmius dryophilus* (Bull.) P. Karst.= *Collybia dryophila* (Bull.) P. Kumm.栎金钱菌]。生于阔叶林中地上。
1471. *Gymnopus fuscopurpureus* (Pers.) Antonín, Halling & Noordel.紫褐裸柄伞[=*Marasmius fuscopurpureus* (Pers.) Fr.紫褐小皮伞]。生于地上。
1472. *Gymnopus ocior* (Pers.) Antonín & Noordel.快长裸柄伞[=*Collybia luteifolia* Gillet褐黄金钱菌]。生于混交林地上。
1473. *Marasmiellus candidus*(Bolton)Singer纯白微皮伞。生于枯枝上。
1474. *Marasmiellus panamensis* Singer巴拿马微皮伞。生于枯枝上。
1475. *Marasmiellus synodicus* (Kunze) Singer合生微皮伞。生于枯枝上。
1476. *Marasmius aimara* Singer血红小皮伞(血状小皮伞)。群生于阔叶林中腐木上或地上。
1477. *Marasmius albogriseus* (Peck) Singer近白小皮伞(灰白小皮伞)。群生至近簇生于竹林的落叶层上。
1478. *Marasmius alliaceus* (Jacq.) Fr. 蒜味小皮伞(蒜叶小皮伞)。夏秋季生于林中地上。可食用。
1479. *Marasmius alpinus* Singer高山小皮伞。生于4320米高山报春花科点地梅至腐殖土上。
1480. *Marasmius androsaceus* (L.) Fr. 安络小皮伞(点地梅皮伞、鬼毛针、茶褐小皮伞、树头发)。夏秋季生于林内地上落叶层上。
1481. *Marasmius aspilocephalus* Singer无污盖小皮伞。群生于竹林枯枝落叶上。
1482. *Marasmius aurantioferrugineus* Hongo金锈小皮伞(金锈皮菌)。生于林下落叶层上。
1483. *Marasmius australis* Z. S. Bi & T. H. Li南方小皮伞。散生于混交林中枯枝落叶层上。
1484. *Marasmius bahamensis* Murrill巴地上小皮伞。生于地上。
1485. *Marasmius bambusinus* Fr.竹小皮伞。群生于芒叶上。
1486. *Marasmius beniensis* Singer比尼小皮伞。丛生于阔叶林中枯落枝叶上。
1487. *Marasmius capillaris* Morgan毛状小皮伞(针柄皮伞)。生于林中地上或落叶层上。
1488. *Marasmius chordalis* Fr. 脐顶小皮伞(脐顶皮伞)。生于阔叶林中落叶层上。
1489. *Marasmius cohaerens* (Alb. & Schwein.) Cooke & Quél. 联柄小皮伞(聚柄小皮伞、深山小皮伞、红绒小皮伞)。夏秋季群生至散生于林内落叶层或苔藓层上。
1490. *Marasmius collinus* (Scop.) Singer丘生小皮伞。生于地上。
1491. *Marasmius crinis-equi* F. Muell. ex Kalchbr.马宗小皮伞(马鬃小皮伞、马鬃小皮伞)。夏秋季在竹枝茎基部成群生长。
1492. *Marasmius defibulatus* Singer无锁小皮伞。群生于阔叶林中枯枝落叶上。

1493. *Marasmius dysodes* Singer臭味小皮伞。生于阔叶林或混交林中腐木上。或腐蕨类头部。
1494. *Marasmius eburneus* Theiss. 象牙白小皮伞。散生于竹林内落枝及树叶上。
1495. *Marasmius echinatulus* Singer硬刺小皮伞。单生至散生于阔叶林中落叶层上。
1496. *Marasmius edwallianus* Henn. f. *simplex* Theiss. 爱氏小皮伞简单变型。生于林中阔叶树落叶上。
1497. *Marasmius epiphyllus* (Pers.) Fr. 叶生小皮伞(叶生皮伞)。夏秋季生于林内落叶上或地上。分解菌。
1498. *Marasmius equicrinis* F. Muell. ex Berk. var. *rhizomorphogeton* Singer马毛小皮伞邻菌索变种。生于落枝上。
1499. *Marasmius equicrinis* F. Muell. ex Berk. 马毛小皮伞原变种。生于落叶和落枝上。
1500. *Marasmius foliicola* Singer ex Singer栖叶小皮伞。散生至群生于混交林地上草根上和草叶上。
1501. *Marasmius graminum* (Lib.) Berk. var. *culmisedus* (Singer) Singer禾小皮伞杆变种。生于草本植物或落叶上。
1502. *Marasmius* cf. *griseoroseus* (Mont.) Singer灰红小皮伞(参照种)。散生或群生于草本植物残体上。
1503. *Marasmius* cf. *guyanensis* Mont. 圭亚那小皮伞(参照种)。群生于橡胶林腐叶上。
1504. *Marasmius haematocephalus* (Mont.) Fr. var. *purpureomarginatus* Singer红盖小皮伞紫缘变种。散生于竹林中枯枝落叶上。
1505. *Marasmius hainanensis* T.H. Li海南小皮伞。群生于阔叶林中的单子叶植物腐枝上或其它植物残体上。
1506. *Marasmius helvolus* Berk. 蜜黄小皮伞(蜡黄小皮伞)。散生至群生于阔叶林中落叶层上。
1507. *Marasmius insititius* Fr. 接合小皮伞。生于地上。
1508. *Marasmius luteolus* Berk. & M.A. Curtis黄色小皮伞。生于地上。
1509. *Marasmius microhaedinus* Singer小羊羔小皮伞。单生于阔叶林落叶上。
1510. *Marasmius minutus* Peck细微小皮伞。夏秋季群生于岑属等树林中的落叶上。
1511. *Marasmius montagnei* Singer蒙氏小皮伞。群生于阔叶林中枯枝落叶层上。
1512. *Marasmius nothomyrciae* Singer假爱神小皮伞。群生于阔叶林中落叶上。
1513. *Marasmius oaxacanus* Singer瓦哈卡小皮伞。散生至群生于阔叶林中枯枝落叶层上。
1514. *Marasmius oreades* (Bolton) Fr. 硬柄小皮伞。生于混交林中地上及腐叶上或草地上。
1515. *Marasmius panerythrus* Singer全红小皮伞。群生于阔叶林中腐木上。
1516. *Marasmius phaeus* Berk. & M.A. Curtis褐小皮伞。散生于竹林内枯枝落叶层上。
1517. *Marasmius pilgerodendri* Singer毛丛树小皮伞。散生或群生于阔叶林腐叶及腐木上。
1518. *Marasmius* cf. *platyspermus* Singer宽子小皮伞(参照种)。群生于阔叶林的枯枝上。
1519. *Marasmius plicatulus* Peck扇褶小皮伞(赭盖小皮伞)。群生于红松阔叶林地上。
1520. *Marasmius pseudocorrugatus* Singer拟皱小皮伞。群生于混交林落叶小枝上。
1521. *Marasmius pseudoeuosmus* G.Y. Zheng & Z.S. Bi拟花味小皮伞。群生于阔叶树落枝上。
1522. *Marasmius putillus* Fr. 宝宝小皮伞。生于倒木和死枝上。
1523. *Marasmius rhabarbarinus* Berk. 大黄黄色小皮伞。群生于阔叶林中落叶上。
1524. *Marasmius rhyssophyllus* Mont. ex Berk. & M.A. Curtis皱褶小皮伞。生于阔叶林中腐树叶上。
1525. *Marasmius riparius* Singer沟边小皮伞。夏秋季生于针阔混交林内腐木上。
1526. *Marasmius rotula* (Scop.) Fr.圆结小皮伞（辐射小皮伞）。生于林内树木死枝和根上。有时也生于叶上。
1527. *Marasmius rotuloides* Dennis类圆结小皮伞（类圆形小皮伞）。群生于混交林中腐木或枯枝落叶上。
1528. *Marasmius ruber* Singer红小皮伞。在树林中的腐木上。
1529. *Marasmius sacchari* Wakker甘蔗小皮伞。生于莎草或甘蔗上。
1530. *Marasmius setulosifolius* Singer毛褶小皮伞。单生于混交林小枝或落叶上。
1531. *Marasmius spegazzinii* Sacc. & P. Syd. 斯氏小皮伞。散生于阔叶林中枯枝落叶层上。
1532. *Marasmius staudtii* Henn. 斯托氏小皮伞。散生于阔叶林落叶层上。
1533. *Marasmius subaimara* Z.S. Bi近血红小皮伞。群生或丛生于阔叶林内枯枝落叶层上。
1534. *Marasmius tereticeps* Singer圆头小皮伞。生于双子叶树的倒木上。
1535. *Marasmius ustilago* Singer黑粉菌小皮伞。散生于阔叶林中腐木上。
1536. *Marasmius xerophyticus* Singer旱生小皮伞。群生于阔叶林腐叶上。
1537. *Megacollybia platyphylla* (Pers.) Kotl. & Pouzar宽褶大金钱菌[=*Oudemansiella platyphylla* (Pers.) M.M. Moser宽褶奥德蘑=*Tricholomopsis platyphylla* (Pers.) Singer宽褶拟口蘑]。生于地上。
1538. *Mycetinis scorodonius* (Fr.) A.W. Wilson蒜头状粉皮伞[=*Marasmius scorodonius* (Fr.) Fr.蒜头状小皮伞]。生于马尾松林或阔叶林内枯枝落叶层上。

1539. *Nothopanus eugrammus* (Mont.) Singer真线假革耳[=*Pleurotus eugrammus* (Mont.) Dennis扇形侧耳(扇形平菇)]。春至秋季生于阔叶树腐木上。

1540. *Omphalotus olearius* (DC.) Singer发光类脐菇。生于木头上。

1541. *Pleurocybella porrigens* (Pers.) Singer贝形圆孢侧耳[=*Pleurotus porrigens* (Pers.) P. Kumm.贝形侧耳]。生于针叶树腐木上。

1542. *Rhodocollybia butyracea* (Bull.) Lennox乳酪拟金钱菌[=*Collybia butyracea* (Bull.) P. Kumm.乳酪金钱菌]。生于木头上。

Mycenaceae小菇科

1543. *Favolaschia volkensill* (Bres.) Henn.黄胶孔菌。生于倒木上。

1544. *Filoboletus manipularis* (Berk.) Singer从伞丝牛肝菌。生于腐木上。

1545. *Mycena galericulata* (Scop.) Gray盔盖小菇（盔小菇）。生于腐木上。

1546. *Mycena glutinosa* Beardslee荧光小菇（黏柄荧光小菌、荧光小菌）。生于腐木上。

1547. *Mycena holoporphyra* (Berk. & M.A. Curtis) Singer全紫小菇。生于腐木上。

1548. *Mycena pura* (Pers. Fr.) P. Kumm. 洁小菇（粉紫小菇）。生于腐木上。

1549. *Mycena trojana* Murrill特洛伊小菇。生于林地上。

1550. *Panellus edulis* Y.C. Dai, Niemelä & G.F. Qin美味扇菇。生于地上。

1551. *Panellus serotinus* (Pers.) Kühner晚生扇菇[=*Hohenbuehelia serotina* (Pers.)Singer亚侧耳、冬蘑、黄蘑]。生于土上。

1552. *Xeromphalina tenuipes* (Schwein.) A.H. Sm.细柄干脐菇[= *Heimiomyces tenuipes* (Schwein.) Singer细柄胶伞]。生于木上。

Physalacriaceae膨瑚菌科

1553. *Armillaria borealis* Marxm.& Korhonen北方蜜环菌。生于阔叶树腐木上。

1554. *Armillaria gallica* Marxm.& Romagn.法国蜜环菌。生于阔叶树腐木上。

1555. *Armillaria ostoyae* (Romagn.) Herink奥氏蜜环菌。生于阔叶树腐木上。

1556. *Armillaria sinapina* Bérubé & Dessur.芥黄蜜环菌。生于阔叶树腐木上。

1557. *Cyptotrama asprata* (Berk.) Redhead & Ginns粗糙鳞盖菇(小黄绒干蘑)。生于林地上。

1558. *Oudemansiella brunneomarginata* Lj.N. Vassiljeva褐褶小奥德蘑。生于埋于土中的腐木上。

1559. *Oudemansiella canarii* (Jungh.) Höhn.淡褐奥德蘑。生于木头上。

1560. *Oudemansiella mucida* (Schrad.) HÖhn.黏小奥德蘑（白环黏奥德蘑、黏蘑、白环草）。生于倒木上。

1561. *Xerula megalospora* (Clem.) Redhead,Ginns&Shoemaker大孢干蘑。生于地下树根上。

1562. *Xerula pudens* (Pers.) Singer 黄绒干蘑[=*Oudemansiella. longipes* (P. Kumm.) M. M. Moser长柄小奥德蘑=*Oudemansiella pudens* (Pers.) Pegler&T. W. K. Young 黄绒小奥德蘑。生于地上。

Pleurotaceae侧耳科

1563. *Hohenbuehelia silvana* (Sacc.) O.K. Mill林亚侧耳.[= *Resupinatus silvanus* (Sacc.) Singer亚伏褶菌]。生于腐木上。

1564. *Pleurotus anserinus* Sacc. 鹅色侧耳(短柄侧耳) 。夏秋季生于桦、栎等阔叶树的枯木上。

1565. *Pleurotus cornucopiae* (Paulet) Rolland白黄侧耳。春秋生于阔叶树枯木上。

1566. *Pleurotus cystidiosus* O.K. Mill.[=*Pleurotus abalonus* Y.H. Han, K.M. Chen & S. Cheng]盖囊侧耳(鲍鱼侧耳)。夏季生于榕等阔叶树干上。

1567. *Pleurotus djamor* (Rumph. : Fr.) Boedijn[=*Pleurotus ninguidus* (Berk.)Sacc.]薄盖侧耳(红侧耳)。夏秋生于泛热带地上区的阔叶树木的枯干上。

1568. *Pleurotus dryinus* (Pers.) P. Kumm.[=*Pleurotus corticatus* (Fr.) P. Kumm.]栎侧耳(裂皮侧耳)。秋季生于阔叶树腐木上。

1569. *Pleurotus eryngii* (DC.) Quél.刺芹侧耳(杏鲍菇、杏仁鲍鱼菇)。春夏生于伞形花科植物刺芹的根部。

1570. *Pleurotus flabellatus* (Berk. & Broome) Sacc.扇形侧耳。夏秋生于树桩上。

1571. *Pleurotus flexilis* S.T. Chang & X.L. Mao柔膜侧耳(小亚侧耳)。生于混交林内枯枝及倒木上。

1572. *Pleurotus floridanus* Singer佛罗里达侧耳(佛罗里达平菇、佛州侧耳)。夏秋生于杨、栎等阔叶树干上。

1573. *Pleurotus limpidus* (Fr.) Sacc. 小白侧耳。夏季生于阔叶树倒木上。

1574. *Pleurotus mitis* (Pers.) Pers.温和侧耳。生于腐木上。

1575. *Pleurotus platypodus* (Cooke et Massee) Sacc. 宽柄侧耳。生于阔叶树腐木上。

1576. *Pleurotus pulmonarius* (Fr.) Quél. 肺形侧耳。春夏秋生于阔叶树干上。

1577. *Pleurotus sapidus* (Schulzer) Sacc. 美味侧耳（紫孢侧耳）。夏秋季生于杨树等阔叶树枯立木、倒木、枝条上。

1578. *Pleurotus septicus* (Fr.) P. Kumm.小白扇侧耳(小白扇)。生于阔叶树腐木或枯枝上。

1579. *Pleurotus spodoleucus* (Fr.) Quél.长柄侧耳(灰白侧耳、匙形侧耳、灰冻菌)。秋季生于阔叶树干上。

Pluteaceae光柄菇科

1580. *Pluteus amphicystis* Singer异囊光柄菇。生于木上。
1581. *Pluteus atromarginatus* (Konrad) Kühner黑边光柄菇[=*Pluteus tricuspidatus* Velen.褐绒盖光柄菇]。木生。
1582. *Pluteus longistriatus* (Peck) Peck长条纹光柄菇。生于木上。
1583. *Pluteus pellitus* (Pers.) P. Kumm.白光柄菇。生于木上。
1584. *Volvariella bombycina* (Schaeff.) Singer丝盖草菇（丝盖小苞脚菇银丝菇）。生于地上。
1585. *Volvariella esculenta* (Massee) Singe可食草菇(美味草菇、可食小包脚菇)
1586. *Volvariella gloiocephala* (DC.) Boekhout & Enderle[=*Volvariella speciosa* (Fr.) Singer]黏盖草菇(美丽草菇、白草菇、黏盖小包脚菇、臭草菇）。生于地上。
1587. *Volvariella hypopithys* (Fr.) M.M. Moser白毛草菇（白毛小苞脚菇）。生于地上。
1588. *Volvariella pusilla* (Pers.) Singer矮小草菇（矮小苞脚菇）。生于草地上。
1589. *Volvariella subtaylori* Hongo褐毛草菇（褐毛小苞脚菇）。生于地上。

Psathyrellaceae小脆柄菇科

1590. *Coprinellus micaceus* (Bull.) Vilgalys, Hopple & Jacq. Johnson晶粒小鬼伞[=*Coprinus micaceus* (Bull.) Fr.晶粒鬼伞，狗尿苔]。生于地上。
1591. *Coprinopsis cinerea* (Schaeff.) Redhead, Vilgalys & Moncalvo长根拟鬼伞[=*Coprinus macrorhizus* (Pers.) Rea= *Coprinus cinereus* (Schaeff.) Gray灰盖鬼伞]。生于地上。
1592. *Coprinopsis friesii* (Quél.) P. Karst.费赖斯拟鬼伞。生于地上。
1593. *Coprinopsis insignis* (Peck) Redhead, Vilgalys & Moncalvo疣孢拟鬼伞。生于地上。
1594. *Coprinopsis lagopus* (Fr.) Redhead, Vilgalys & Moncalvo白绒拟鬼伞[=*Coprinus lagopus* (Fr.) Fr. 白绒鬼伞]。生于粪堆上。
1595. *Coprinopsis phlyctidospora* (Romagn.) Redhead, Vilgalys & Moncalvo孢拟鬼伞[=*Coprinus phlyctidosporus* Romagn.]。生于粪堆上。
1596. *Lacrymaria lacrymabunda* (Bull.) Pat.疣孢花边伞[=*Psathyrella velutina* (Pers.) Singer毡毛小脆柄菇]。生于粪堆上。
1597. *Parasola leiocephala* (P.D. Orton) Redhead, Vilgalys & Hopple[=*Coprinus leiocephalus* P.D. Orton]
1598. *Parasola plicatilis* (Curtis) Redhead, Vilgalys & Hopple射纹伞[=*Coprinus plicatilis* (Curtis) Fr.褶纹鬼伞]。生于地上。
1599. *Psathyrella conopilus* (Fr.) A. Pearson & Dennis锥盖小脆柄菇,生于林中地上。
1600. *Psathyrella multissima* (S. Imai) Hongo多出小脆柄菇。生于地上。
1601. *Psathyrella piluliformis* (Bull.) P.D. Orton丸状小脆柄菇[=*Psathyrella hydrophila* (Bull.) Maire喜湿小脆柄菇]。生于地上。
1602. *Psathyrella rugocephala* (G.F. Atk.) A.H. Sm.皱盖小脆柄菇。生于地上。

Schizophyllaceae裂褶菌科

1603. *Schizophyllum amplum* (Lév.) Nakasone宽裂褶菌[=*Auriculariopsis ampla* (Lév.)Maire=*Stereum pubescens* Burt.细绒硬革菌]。生于木上。

Stephanosporaceae冠孢菌科

1604. *Cristinia helvetica* (Pers.)Parmasto蜜齿菌生冠毛菌。生于Hydnum helveticum Pers上。

Strophariaceae球盖菇科

1605. *Agrocybe broadwayi* (Murrill) Dennis布罗德韦田头菇。生于林地上。
1606. *Agrocybe cylindracea* (DC.) Gillet柱状田头菇[=*Agrocybe aegerita* (V.Brig.)Singer杨树菇]。生于树木或树桩的腐朽处。
1607. *Agrocybe farinacea* Hongo无环田头菇。生于道旁或林缘及空旷草地或肥沃的地上。
1608. *Agrocybe ombrophila* (Fr.) Konrad & Maubl.喜湿田头菇。生于林中或林缘草地上。
1609. *Agrocybe paludosa* (J.E. Lange) Kühner & Romagn.沼生田头菇[=*Pholiota praecox* (Pers.) P. Kumm.var. *paludosa* J.E.Lange早生鳞伞沼泽变种]。于混交林地上群生。
1610. *Agrocybe pediades* (Fr.) Fayod 平田头菇。生于草地上。
1611. *Agrocybe praecox* (Pers.) Fayod田头菇（白环锈伞）。生于林地或草地上。
1612. *Galerina marginata* (Batsch) Kühner纹缘盔孢伞（具缘盔孢伞）[=*Galerina autumnalis* (Peck) A.H. Sm. & Singer秋盔孢伞]。腐木上。
1613. *Galerina venenata* A. H. Sm.毒盔孢伞。生于腐木上。

1614. *Gymnopilus guangxiensis*广西裸伞(裸名)。生于林中地上。
1615. *Gymnopilus liquiritiae* (Pers.) P. Karst.条缘裸伞。生于木上。
1616. *Hebeloma crustuliniforme* (Bull.) Quél.大毒滑锈伞（大毒黏滑菇）。生于林中地上。
1617. *Hebeloma sacchariolens* Quél. 大孢滑锈伞（笑菌、大孢黏滑菇）。生于林中地上。
1618. *Hebeloma sinapizans* (Fr.) Sacc.芥味滑锈伞（大黏滑伞）。生于林中地上。
1619. *Hebeloma sinuosum* (Fr.) Quél.波状滑锈伞（荷叶滑锈伞）。生于林中地上。
1620. *Hypholoma myosotis* (Fr.) M. Lange勿忘草垂幕菇[=*Pholiota myosotis* (Fr.) Singer黄黏环锈伞]。生于林中地上。
1621. *Hypholoma radicosum* J.E. Lange褐黄垂幕菇[=*Naematoloma epixanthum* (Fr.) P. Karst.褐黄韧伞]。生于林中地上。
1622. *Hypholoma sublateritium* (Schaeff.) Quél.砖红垂幕菇[=*Naematoloma sublateritium* (Schaeff.) P. Karst.砖红韧黑伞]。生于林中地上。
1623. *Pholiota alnicola* (Fr.) Singer少鳞黄鳞伞(桤生鳞伞,桤生环锈伞)。于混交林中朽木上群生、丛生。
1624. *Pholiota astragalina* (Fr.) Singer红顶鳞伞。生于针叶林下枯枝败叶间群生、散生。
1625. *Pholiota aurivella* (Batsch) P. Kumm. 金毛鳞伞[= *Pholiota aurivella* (Batsch : Fr.) Quél.金毛环锈伞（微黄锈伞)]。秋季于林中腐木上群生。
1626. *Pholiota brevipes* Z.S. Bi短柄鳞伞(特有),于混交林腐木上簇生。
1627. *Pholiota carbonaria* A.H. Sm.烧地鳞伞(烧迹环锈伞、烧地上环锈伞)。在林中过火地上或物体上群生。
1628. *Pholiota cerasina* Peck赭盖鳞伞(赭环锈伞)。于阔叶树倒木、原木和伐桩上丛生。
1629. *Pholiota dinghuensis* Z.S. Bi鼎湖鳞伞。于阔叶林中凸脉榕和韶子活树干上或基部群生、簇生。
1630. *Pholiota discolor* Peck异色鳞伞。于阔叶林内腐木上群生至簇生。
1631. *Pholiota elongatipes* (Peck) A.H. Sm. & Hesler长柄鳞伞。于混交林地上群生。
1632. *Pholiota flavida* (Schaeff.) Singer淡黄鳞伞。于阔叶林中枯枝落叶层上或腐木上单生或散生。
1633. *Pholiota fulvella* (Peck) A.H. Sm. & Hesler拟黄褐鳞伞。于阔叶林地上散生至群生。
1634. *Pholiota highlandensis* (Peck) A.H. Sm. & Hesler高地鳞伞（地生鳞伞）。春、秋季于过火地上群生或近丛生。
1635. *Pholiota johnsoniana* (Peck) G.F. Atk.绒圈鳞伞(绒圈环锈伞)。秋季于林中地上群生。
1636. *Pholiota kodiakensis* A.H. Sm. & Hesler科迪亚克鳞伞。于阔叶树林地上群生至丛生。
1637. *Pholiota lactea* A.H. Sm. & Hesler乳白鳞伞。生于地上。
1638. *Pholiota lenta* (Pers.) Singer黏环鳞伞(稳固鳞伞)。于针叶林腐枝层或腐木上群生或丛生。
1639. *Pholiota lubrica* (Pers.)Singer黏皮鳞伞(黏皮伞,黏盖环锈伞,桔黄环锈伞)。秋季于针阔混交林地上群生。
1640. *Pholiota lucifera* (Lasch) Quél. 发光鳞伞。生于腐木上。
1641. *Pholiota malicola* (Kauffman) A.H. Sm. var. *macropoda* A.H. Sm. & Hesler苹果生鳞伞大柄变种。于杨树活树干伤口上和榕腐木上群生至丛生。
1642. *Pholiota multifolia* (Peck) A.H. Sm. & Hesler多褶鳞伞。生于地上
1643. *Pholiota olympiana* (A.H. Sm.) A.H. Sm. & Hesler奥林匹亚鳞伞。散生于腐木上。
1644. *Pholiota parvula* W.F. Chiu小鳞伞。生于林地上。
1645. *Pholiota populnea* (Pers.) Kuyper & Tjall.-Beuk.杨鳞伞[=*Pholiota destruens* (Brond.) Gillet白鳞伞]。夏、秋季于阔叶树干部或基部单生或群生。
1646. *Pholiota pudica* (Bull.) Gillet纯白鳞伞[=*Leucoagaricus pudicus* (Bull.) Bon纯白环菇] 。生于地上。
1647. *Pholiota rubra* Z.S.Bi & Loh.红鳞伞。于阔叶林中地上簇生。
1648. *Pholiota spumosa* (Fr.) Singer黄褐鳞伞(泡状鳞伞、黄褐环锈伞、黄黏锈伞)。夏、秋季丛生或群生于针叶林及针阔混交林中地上及倒腐木上。
1649. *Pholiota squarrosa* (Bull.) P. Kumm. 翘鳞伞(翘鳞环锈伞)。夏、秋季于针叶树、阔叶树的倒木、树桩基部丛生。
1650. *Pholiota squarrosoadiposa* J.E.Lange多脂翘鳞伞。秋季于倒木上丛生。
1651. *Pholiota subamara* A.H. Sm. & Hesler亚苦鳞伞。秋季于阔叶树和针叶树的树桩及伐木上丛生至群生。
1652. *Pholiota subvelutina* A.H. Sm. & Hesler近绒毛鳞伞,于阔叶林地上群生至丛生。
1653. *Pholiota terrigena* (Fr.) P. Karst.地毛柄鳞伞(地毛柄环锈伞、地上鳞伞)。夏秋季散生或丛生于阔叶林地上。
1654. *Pholiota tuberculosa* (Schaeff.) P. Kumm.瘤状鳞伞[=*Pholiota curvipes* (Fr.)Quél弯柄鳞伞(伏鳞伞)]。生于蒲葵叶柄上或腐木上丛生。
1655. *Pholiota velaglutinosa* A.H. Sm. & Hesler黏膜鳞伞。散生或群生于阔叶林地上或腐木上。

1656. *Pholiota veris* A.H. Sm. & Hesler喙囊鳞伞。春季群生或丛生于腐木上或锯屑堆放处。
1657. *Psilocybe cubensis* (Earle) Singer古巴裸盖菇（变蓝裸盖菇）。粪上。
1658. *Psilocybe fasciata* Hongo黄褐裸盖菇。生于粪上。
1659. *Psilocybe merdaria* (Fr.) Ricken粪土裸盖菇。生于粪上。
1660. *Stropharia aeruginosa* (Curtis) Quél.铜绿球盖菇。生于地上。
1661. *Stropharia coronilla* (Bull.) Quél.冠状球盖菇。生于林中、山坡草地、路旁、公园等有牲畜粪肥处。
1662. *Stropharia rugosoannulata* Farl. ex Murrill酒红球盖菇（皱球盖菇）。生于地上。
1663. *Stropharia semiglobata* (Batsch) Quél.半球盖菇（半球盖菌）。生于地上。
1664. *Stropharia yunnanesis* W.F. Chiu云南球盖菇。生于地上。

Tapinellaceae 小塔氏菌科

1665. *Tapinella panuoides* (Batsch) E. J. Gilbert耳状网褶菌(耳状桩菇)。生于针叶树的木材上。

Tricholomataceae口蘑科

1666. *Arrhenia epichysium* (Pers.) Redhead, Lutzoni, Moncalvo & Vilgalys表生健孔菌[=*Omphalia epichysium* (Pers.) P.Kumm.褐亚脐菇]。生于木上。
1667. *Calocybe carnea* (Bull.) Donk淡土黄丽蘑。生于林地或草地上。
1668. *Calocybe constricta* (Fr.) Kühner ex Singer纯白丽蘑[=*Calocybe leucocephala* (Bull.) Singer白盖丽蘑]。生于地上。
1669. *Calocybe gambosa* (Fr.) Donk虎皮丽蘑[=*Tricholoma gambosum* (Fr.) P. Kumm. 香杏口蘑]。生于林内地或草地和牧场上。
1670. *Catathelasma chrysopeplum* (Berk. & Curtis)Singer金黄乳头蘑。生于木材上。
1671. *Clitocybe griseifolia* Murrill灰褶杯伞。生于混交林中地上。
1672. *Clitocybe phyllophila* (Pers.) P. Kumm.落叶杯伞(白杯伞、毒杯伞、毒银盘）[=*Clitocybe cerussata* (Fr.) P. Kumm.]落叶杯伞(白杯伞、毒杯伞、毒银盘）。生于混交林中地上。
1673. *Clitocybe sinopica* (Fr.) P. Kumm. 赭杯伞。混交林中地上
1674. *Clitocybe dealbata* (Sowerby) Gillet白霜杯伞（象牙白陡头）。夏秋季生于林中地上。
1675. *Clitocybe gibba* (Pers.) P. Kumm.漏斗杯伞。生于混交林中地上。
1676. *Collybia fasciata* (Penn.) Halling簇生金钱菌。生于林地上。
1677. *Infundibulicybe geotropa* (Bull.) Harmaja向地漏斗伞[=*Clitocybe geotropa*(Bull.) Quél.肉色杯伞]。生于混交林中地上
1678. *Lepista flaccida* (Sowerby) Pat萎垂香蘑。生于林地上。
1679. *Lepista nuda* (Bull.) Cooke紫丁晶蘑（裸口蘑、紫香蘑）。生于地上。
1680. *Macrocybe gigantea* (Massee) Pegler & Lodge大白巨蘑[=*Tricholoma giganteum* Massee巨大口蘑]。夏秋季于凤凰木等树桩基部附近及沃土上丛生。
1681. *Melanoleuca cognata* (Fr.) Konrad & Maubl.铦囊蘑。生于地上。
1682. *Omphalia lapidescens* (Horan.) Cohn & J. Schröt.雷丸（竹铃芝、雷实、竹苓、竹兜）。生于地上。
1683. *Phyllotopsis nidulans* (Pers.) Singer黄毛拟侧耳[=*Pleurotus nidulans* (Pers.) P. Kumm.黄毛侧耳]。生阔叶树倒木、腐木上。
1684. *Phyllotopsis rhodophyllus* (Bres.) Singer粉褶拟侧耳[=*Pleurotus rhodophyllus* Bres.粉红褶侧耳]。夏秋季生于阔叶树的倒木上。
1685. *Resupinatus applicatus* (Batsch) Gray小伏褶菌。生于倒木上。
1686. *Tricholoma acerbum* (Bull.) Vent.酸涩口蘑(苦白蘑、苦蘑、苦口蘑)。于阔叶林或混交林地上群生。
1687. *Tricholoma albellum* (Sowerby) P. Kumm. 淡白口蘑。生于极腐烂的腐木上或地上。
1688. *Tricholoma albobrunneum* (Pers.) P. Kumm.白棕口蘑。于松林或混交林地上散生或单生。
1689. *Tricholoma album* (Schaeff.) P. Kumm.白口蘑。生于混交林地上。有时近丛生或形成蘑菇圈。
1690. *Tricholoma argyraceum* (Bull.) Gillet银盖口蘑(银白蘑,银灰口蘑)。秋季于林地上群生。
1691. *Tricholoma bakamatsutake* Hongo傻松口蘑。与栎属(Quercus)和锥栗属（Castanopsis）有菌根组合关系。
1692. *Tricholoma bambusarum* Corner口蘑。多生于有较厚的竹叶落叶层的竹和阔叶树的混交林下。
1693. *Tricholoma boudieri* (Barla) Sacc.宝地口蘑。散生于阔叶林中地上。
1694. *Tricholoma equestre* (L.) P. Kumm.油口蘑[=*Tricholoma auratum* (Paulet) Gillet油蘑=*Tricholoma flavovirens* (Pers.) S. Lundell黄丝菌]。夏秋季于林中地上或混交林地上单生或群生。
1695. *Tricholoma fulvum* (Bull.) Bigeard & H. Guill.黄褐口蘑。秋季于林中地上单生或群生。有时丛生。
1696. *Tricholoma imbricatum* (Fr.) P. Kumm.鳞盖口蘑。秋季于林中地上群生。

1697. *Tricholoma lascivum* (Fr.) Gillet草黄口蘑（茂状蘑）。夏秋季生阔叶林中地上。
1698. *Tricholoma luridum* (Schaeff.) P. Kumm.棕黄褐口蘑。夏秋季于阔叶林地上单生或群生。
1699. *Tricholoma matsutake* (S. Ito & S. Imai) Singer var. *formosana* (Sawada) M. Zang松口蘑台湾变种。生于林地上。
1700. *Tricholoma matsutake* (S. Ito & S. Imai) Singer松口蘑。秋季于松林或针阔混交林中地上群生。
1701. *Tricholoma myomyces* (Pers.) J.E. Lange棕灰口蘑[=*Tricholoma terreum* (Schaeff.) P. Kumm.]。生于阔叶林中地上。
1702. *Tricholoma orirubens* Quél.粉褶口蘑（红褶蘑、红褶口蘑）。秋季在混交林地上成群生长。
1703. *Tricholoma pardinum* Quél.豹斑口蘑。针叶或阔叶林中地上群生或散生。
1704. *Tricholoma pessundatum* (Fr.) Quél.锈口蘑。夏秋季于针叶或阔叶林地上群生或近丛生。
1705. *Tricholoma psammopus* (Kalchbr.) Quél.棘柄口蘑（砂柄白蘑、鳞柄口蘑、浅褐口蘑）。秋季生林中地上。
1706. *Tricholoma robustum* (Alb. & Schwein.) Ricken粗壮口蘑(粗状口蘑)。秋季林中地上单生或群生
1707. *Tricholoma saponaceum* (Fr.) P. Kumm.皂腻口蘑（皂味口蘑）。夏秋季于云杉等林中地上群生。
1708. *Tricholoma saponaceum* var. *squamosum* (Cooke) Rea皂腻口蘑鳞皂味变种。生于针阔混交林内地上。
1709. *Tricholoma scalpturatum* (Fr.) Quél .雕纹口蘑。秋季于林中落叶层地上群生。往往野生量较多。
1710. *Tricholoma sejunctum* (Sowerby) Quél.丝盖口蘑（黄绿口蘑）。秋季于针阔混交林地上群生。
1711. Tricholoma *subacutum* Peck近尖口蘑。秋季于针阔叶林中地上群生。
1712. *Tricholoma subrimosum* (Murrill) Murrill近裂缝口蘑。单生于阔叶林内地上。
1713. *Tricholoma sulphureum* (Bull .) P. Kumm.硫色口蘑。秋季于阔叶林地上、针叶林中散生或群生。
1714. *Tricholoma tigrinum* (Schaeff.) Gillet虎斑口蘑（虎皮蘑、虎斑蘑）。夏秋季于针叶林及阔叶林中地上群生。
1715. *Tricholoma ustale* (Fr.) P. Kumm.褐黑口蘑。夏末至秋季于林中地上单生至有时近丛生。
1716. *Tricholoma vaccinum* (Schaeff.) P. Kumm.红鳞口蘑（越桔白蘑、暗褐口蘑、褐黄口蘑、苦头子、密鳞口蘑、红褐口蘑)。夏秋季于云杉、冷杉等针叶林地上群生。有时似蘑菇圈。
1717. *Tricholoma virgatum* (Fr.) P. Kumm.条纹口蘑(条纹白蘑、突顶蘑、凸顶口蘑、尖顶口蘑、突顶口蘑）。夏秋季于林中地上散生或群生。
1718. *Tricholoma zangii* Z.M. Cao ,Y. J . Yao & Pegler臧氏口蘑[=*Tricholoma quercicola* M. Zang喜栎口蘑（高山栎松茸、青冈松口蘑、栎松口蘑,青冈蕈、栎松茸、栎蕈、喜栎白蘑)]。生于高山栎林带处。
1719. *Tricholomopsis bambusina* Hongo竹林拟口蘑。生于阔叶林中腐木上。
1720. *Tricholomopsis sasae* Hongo土黄拟口蘑。生于腐枝层及草地上。

Atheliales阿太菌目

Atheliaceae阿太菌科

1721. *Byssocorticium atrovirens* (Fr.) Bondartsev & Singer黑绿絮伏革菌。生于木上。

Boletales牛肝菌目

Boletaceae牛肝菌科

1722. *Aureoboletus auriporus* (Peck) Pouzar金孔金牛肝菌[=*Boletus auriporus* Peck金孔牛肝菌]。生于阔叶混交林下。
1723. *Aureoboletus thibetanus* (Pat.) Hongo & Nagas.西藏金牛肝菌[=*Pulveroboletus thibetanus* (Pat.) Singer西藏粉末牛肝菌]。生于林地上。
1724. *Austroboletus malaccensis* (Pat. & C.F. Baker) Wolfe新柔南方牛肝菌[=*Boletellus vulgaris* C.S. Bi]。生于混交林地上。
1725. *Austroboletus schichianus* (Teng & L. Ling) E. Horak小南方牛肝菌。生于混交林地上。
1726. *Boletellus chrysenteroides* (Snell) Snell金色条孢牛肝菌（毛鳞小牛肝菌）。生于地上。
1727. *Boletellus lignicola* K.W. Yeh & Z.C. Chen木栖条孢牛肝菌。生于松树腐木上。
1728. *Boletellus mirabilis* (Murrill) Singer绒盖条孢牛肝菌。生于林中地上。
1729. *Boletellus projectellus* (Murrill) Singer大孢条孢牛肝菌（大孢牛肝菌）。生于林中地上。
1730. *Boletellus puniceus* (W.F. Qiu) X.H. Wang & P.G. Liu紫红条孢牛肝菌。生于混交林地上。
1731. *Boletellus radiatus* C.S. Bi辐射条孢牛肝菌。混交林地上。
1732. *Boletellus russellii* (Frost) E.-J. Gilbert棱柄条孢牛肝菌（棱柄小牛肝菌）。生于林中地上。
1733. *Boletellus shichianus* (Teng & Ling) Teng小条孢牛肝菌（小小牛肝菌）。生于林中地上。
1734. *Boletellus squamosus* M. Zang鳞盖条孢牛肝菌。生于松树地上。
1735. *Boletellus taiwanensis* M. Zang & C.M. Chen台湾条孢牛肝菌。生于台湾松地上。
1736. *Boletellus viscosus* C.S. Bi & Loh黏胶条孢牛肝菌。生于林地上。

1737. *Boletellus yunnanensis* M. Zang云南条孢牛肝菌。生于林地上。
1738. *Boletinus pinetorum* (W. F. Chiu) Teng 松林小牛肝菌(松林假牛肝菌)。生于马尾松等树下地上。
1739. *Boletochaete setulosa* M. Zang.棘刺牛肝菌。生于针叶林上。
1740. *Boletochaete spinifera* (Pat. & C.F. Baker) Singer毛刺牛肝菌（刺刚毛牛肝菌）。生于阔叶林地上。
1741. *Boletus aereus* Bull. 铜色牛肝菌（黑牛肝菌、褐牛肝菌）。生于阔叶树林地上或针阔叶林地上。
1742. *Boletus appendiculatus* Schaeff.缘盖牛肝菌。生于针阔叶混交林地上。
1743. *Boletus atkinsonii* Peck晕斑柄牛肝菌。生于多阔叶林地上。
1744. *Boletus atripurpureus* Corner暗紫牛肝菌。生于针或阔叶林地上
1745. *Boletus aureomycetinus* Pat. & C.F. Baker金黄牛肝菌。生于阔叶树林地上。
1746. *Boletus auriflammeus* Berk. et M.A.Curtis金焰牛肝菌。生于松树或阔叶林或针叶林地上。
1747. *Boletus auripes* Peck黄肉牛肝菌。生于林地或阔叶林地上。
1748. *Boletus auripes* Peck黄柄牛肝菌。林中地上生。
1749. *Boletus badius* (Fr.) Fr.栗色牛肝菌[=*Xerocomus badius* (Fr.) Kiihner ex Gilb.褐绒盖牛肝菌（松毛菌）]。生于栎松等林地上。
1750. *Boletus bicolor* Peck 双色牛肝菌（牛肝菌）。生于松栎混交林地上。
1751. *Boletus borneensis* Corner南亚牛肝菌。生于阔叶林下。
1752. *Boletus brevitubus* M. Zang短管牛肝菌。生于阔叶树林地上。
1753. *Boletus brunneirubens* Corner褐红牛肝菌。生于阔叶林地上。
1754. *Boletus brunneissimus* W.F.Chiu茶褐牛肝菌。生于混交林或松杉栲属混交林地上。
1755. *Boletus calopus* Pers.美柄牛肝菌。生于松栎混交林地上。
1756. *Boletus cervinicoccineus* Corner朱红牛肝菌。生于阔叶林地上。
1757. *Boletus chrysenteron* Bull.金肠牛肝菌 [=*Xerocomus chrysenteron* (Bull.) Quél. 红绒盖牛肝菌]。生于林地上。
1758. *Boletus citrifragrans* W. F. Chiu & M. Zang陈香牛肝菌。生于栎属等混交林地上。
1759. *Boletus craspedius* Massee艳红牛肝菌（条柄牛肝菌）。生于阔叶林上。
1760. *Boletus cutifractus* Corner皱盖牛肝菌。生于阔叶林下或林地上。
1761. *Boletus dictyocephalus* Peck网盖牛肝菌。生于松林地上
1762. *Boletus dimocarpicola* M. Zang & Sittigul龙眼牛肝菌。生于林地上。
1763. *Boletus erythropus* Pers.红柄牛肝菌。生于针叶林地上。
1764. *Boletus ferrugineus* Schaeff. 砖红牛肝菌（红荞巴）[=*Xerocomus spadiceus* (Fr.) Quél.砖红绒盖牛肝菌]。生于林地上。
1765. *Boletus ferruginosporus* Corner锈孢牛肝菌。生于林中地上。
1766. *Boletus firmus* Frost坚实牛肝菌。生于混交林地上。
1767. *Boletus flammans* E.A. Dick & Snell深红牛肝菌。生于针或阔叶林地上。
1768. *Boletus flavus* With. 黄色牛肝菌 [=*Suillus flavus* (With.) Singer黄乳牛肝菌]。生于地上。
1769. *Boletus formosus* Corner美丽牛肝菌。生于阔叶林或混交林地上。
1770. *Boletus fragrans* Vittand.香牛肝菌。生于栎松混交林地上。
1771. *Boletus fraternus* Peck坚肉牛肝菌。生于松林地上。
1772. *Boletus fulvus* Peck黄牛肝菌。生于混交林或林地上。
1773. *Boletus fuscimicroporus* M.Zang et R. H. Petersen褐小孔牛肝菌。生于阔叶林中地上。
1774. *Boletus fuscopunctatus* Hongo et Nagas.褐斑牛肝菌。生于针叶林地上。
1775. *Boletus gertrudiae* Peck盖氏牛肝菌（光盖牛肝菌）。生于阔叶林或针叶林地上。
1776. *Boletus gigas* Berk.大牛肝菌。生于阔叶林地上。
1777. *Boletus hainanensis* T. H. Li & M. Zang海南牛肝菌。生于阔叶林地上。
1778. *Boletus impolitus* Fr.光盖牛肝菌。生于栎属和松林地上。
1779. *Boletus inedulis* (Murrill) Murrill紫盖牛肝菌。生于阔叶林或常绿栎树地上。
1780. *Boletus instabilis* W. F. Chiu斜脚牛肝菌。生于松栲林地上。
1781. *Boletus kauffmanii* Lohwag考夫曼牛肝菌。生于针叶林地上。
1782. *Boletus laetissimus* Hongo橙牛肝菌。生于栎林地上。
1783. *Boletus latisporus* Corner阔孢牛肝菌。生于阔叶林地上。

1784. *Boletus luridus* Schaeff. 赭黄牛肝菌。生于栎杉林或阔叶树或混交林的地上。
1785. *Boletus magnificus* W. F. Chiu华丽牛肝菌。生于针叶林地上。
1786. *Boletus megasporus* M. Zang巨孢牛肝菌。生于松和竹林地上。
1787. *Boletus miniato-aurantiacus* Z. S. Bi & D. J. Loh.小橙黄牛肝菌。生于混交林地上。
1788. *Boletus miniato-olivaceus* Frost.青黄牛肝菌（黄见手青）。生于混交林地上。
1789. *Boletus multipunctus* Peck.麻点牛肝菌。生于混交林地上。
1790. *Boletus nigricans* M. Zang, M.S. Yuan & M.Q. Gong黑牛肝菌。生于马尾松、油茶林中地上。
1791. *Boletus odaiensis* Hongo大台原牛肝菌。生于松林地上。
1792. *Boletus pallidus* Frost淡白牛肝菌。生于杂木林地或松树林下或壳斗科树地上。
1793. *Boletus peckii* Frost佩克牛肝菌（皮氏牛肝菌）。生于栎松混交林地上。
1794. *Boletus phaeocephalus* Pat. & C.F. Baker褐盖牛肝菌。生于栲林地上。
1795. *Boletus pinophilus* Pilát & Dermek喜松牛肝菌[=*Boletus pinicola* (Vittad.) A. Venturi松生牛肝菌]。生于杂木林地或松树林地上。
1796. *Boletus poeticus* Corner鳞盖牛肝菌。生于林地上。
1797. *Boletus projectellus* (Murrill) Murrill糙盖牛肝菌。生于松林地上。
1798. *Boletus pseudocalopus* Hongo.假美柄牛肝菌。生于林中地上。
1799. *Boletus pseudoparavulus* C.S. Bi拟细牛肝菌。生于阔叶林地上。
1800. *Boletus pseudosulphureus* Kallenb.硫色牛肝菌。生于阔叶林或针叶林地上。
1801. *Boletus puellaris* C. S. Bi et Loh.艳美牛肝菌。生于阔叶林地上。
1802. *Boletus pulverulentus* Opat.垫状牛肝菌[=*Xerocomus pulverulentus* (Opat.) E.-J. Gilbert粉状绒盖牛肝菌]。生于阔叶林地上。
1803. *Boletus punctilifer* W. F. Chiu.点盖牛肝菌（带点牛肝菌）。生于云南松林地上。
1804. *Boletus purpureus* Pers. 橙紫牛肝菌。生于阔叶林或松林地上。
1805. *Boletus queletii* Schulzer红脚牛肝菌。生于针、阔叶混交林地上。
1806. *Boletus quercinus* Hongo.栎林牛肝菌。生于林中地上。
1807. *Boletus radicans* Pers. 根柄牛肝菌[=*Boletus albidus* Roques.]卷边牛肝菌。生于阔叶林或松栎混交林地上。
1808. *Boletus regius* Krombh.桃红牛肝菌。生于松栎混交林和竹林地上。
1809. *Boletus reticulatus* Schaeff.网柄牛肝菌[= *Boletus aestivalis* (Paulet) Fr.夏牛肝菌]。生于林中地上。
1810. *Boletus reticuloceps* (M. Zang, M.S. Yuan & M.Q. Gong) Q.B. Wang & Y.J. Yao 网盖牛肝菌[=*Aureoboletus reticuloceps* M. Zang, M.S. Yuan & M.Q. Gong网盖金牛肝菌]。生于高山针叶林地上。
1811. *Boletus rhodopurpureus* Smotl. 朱孔牛肝菌。生于栎属等阔叶林地上。
1812. *Boletus rimosellus* Peck裂盖牛肝菌。生于混交林或松栎混交林地上。
1813. *Boletus roseolus* W. F. Chiu小红帽牛肝菌（红帽牛肝菌）。生于松栎林地上。
1814. *Boletus rubellus* Krombh.赤色牛肝菌[=*Boletus sanguineus* With.血色牛肝菌（血红牛肝菌）]。生于阔叶林或栎或松栎林地上。
1815. *Boletus rubens* Frost红盖牛肝菌（光柄红牛肝菌）。生于混交林地上。
1816. *Boletus rubriflavus* Corner红黄牛肝菌。生于阔叶林地上。
1817. *Boletus rufo-aureus* Massee金红牛肝菌。生于阔叶林地上。
1818. *Boletus rufo-brunnescens* C. S.Bi.变红褐牛肝菌。生于混交林地上为主。
1819. *Boletus rugosellus* W. F. Chiu.小粗头牛肝菌。多生于针叶林地上。
1820. *Boletus satanas* Lenz魔牛肝菌（子牛肚）。生于阔叶林或针叶林地上。
1821. *Boletus sino-aurantiacus* M. Zang et R. H. Petersen.华金黄牛肝菌。生于栲属等阔叶林地上。
1822. *Boletus speciosus* Frost粉盖牛肝菌（红荞巴菌）。生于针或混交林地上。
1823. *Boletus squamulistipes* M. Zang鳞柄牛肝菌。生于林中地或阔叶林上。
1824. *Boletus subpaludosus* W. F. Chiu.酒红牛肝菌。生于混交林地上。
1825. *Boletus subsanguineus* Peck亚血红牛肝菌。生于混交林中地上。
1826. *Boletus subsplendidus* W. F. Chiu.黄褐牛肝菌。生于林中地上。
1827. *Boletus subtomentosus* L.亚绒牛肝菌[=*Xerocomus subtomentosus* (L.) Quél.亚绒盖牛肝菌]。生于林中地上。
1828. *Boletus sylvestris* Petch林地牛肝菌。生于阔叶树林地或松栎混交林地上。

1829. *Boletus taienus* W. F. Chiu. 观亭牛肝菌（戴氏牛肝菌）。生于针叶林地上。
1830. *Boletus tomentulosus* M. Zang, W.P. Liu & M.R. Hu细绒牛肝菌。生于针叶林地上。
1831. *Boletus tristiculus* Massee绒表牛肝菌。生于阔叶林地上。
1832. *Boletus tubulus* M. Zang & C. M. Chen小管牛肝菌。生于林中地上。
1833. *Boletus umbrinellus* Pat. & C.F. Baker赭褐牛肝菌。生于阔叶林地上。
1834. *Boletus umbriniporus* Hongo褐孔牛肝菌。生于林地上。
1835. *Boletus umbrinus* Pers.全褐牛肝菌（黑黄牛肝菌）。生于针叶林地上。
1836. *Boletus variipes* Peck变柄牛肝菌（多色牛肝菌）。生于杂木林地或针阔叶混交林地上。
1837. *Boletus veluticeps* Pat. & C.F. Baker绒帽牛肝菌。生于阔叶林地上。
1838. *Boletus vermiculosus* Peck蚀肉牛肝菌。生于栎松等林地上。
1839. *Boleus subsanguineus* Peck亚血红牛肝菌。生于阔叶林地上。
1840. *Chalciporus piperatus* (Bull.) Bataille白红孔牛肝菌（辣牛肝菌）[=*Boletus piperatus* Bull. 辣牛肝菌]。生于林中地上。
1841. *Gastroboletus boedijnii* Lohwag腹牛肝菌。生于松属和栎属混交林地上。
1842. *Gastroboletus doii* M. Zang土居腹牛肝菌。生于阔叶林地上。
1843. *Gastroboletus turbinatus* (Snell) A.H. Sm. & Singer陀螺状腹牛肝菌。生于针和阔叶林地上。
1844. *Heimioporus xerampelinus* (M. Zang & W.K. Zheng) E. Horak堇色网孢牛肝菌[=*Boletellus xerampelinus* M. Zang & W.K. Zheng堇色条孢牛肝菌]。生于林地上。
1845. *Leccinellum albellum* (Peck) Bresinsky & Manfr. Binder白小疣柄牛肝菌[=*Boletus albellus* Peck粉白牛肝菌]。生于阔叶林地上。
1846. *Leccinellum crocipodium* (Letell.) Bresinsky & Manfr. Binder黄皮小疣柄牛肝菌[=*Leccinum nigrescens* (Richon & Roze) Singer]黑疣柄牛肝菌（黄皮牛肝菌）。生于地上。
1847. *Leccinellum griseum* (Quél.) Bresinsky & Manfr. Binder灰小疣柄牛肝菌[=*Leccinum griseum* (Quél.) Singer灰疣柄牛肝菌]。生于桦木、云杉林之林缘或见于高山疏林内地上。
1848. *Leccinum aurantiacum* (Bull.) Gray橙黄疣柄牛肝菌。生于林中地上。
1849. *Leccinum crocipodium* (Letell.) Watling黄皮疣柄牛肝菌（黄癞头。黄皮疣柄牛肝菌）。生于阔叶林地上。
1850. *Leccinum rubropunctum* (Peck) Singer红点疣柄牛肝菌（红点牛肝菌）。生于地上。
1851. *Leccinum subglabripes* (Peck) Singer亚疣柄牛肝菌（金黄牛肝菌）。生于地上。
1852. *Phylloporus foliiporus* (Murrill) Singer片孔褶孔菌。生于混交林中地上。
1853. *Phylloporus incarnatus* Corner灰黄褶孔菌。生于地上。
1854. *Phylloporus luxiensis* M. Zang潞西褶孔菌。生于地上。
1855. *Phylloporus rhodoxanthus* (Schwein.) Bres. subsp. *foliiporsu* (Murrill) Singer红黄褶孔菌变青亚种。 生于林地上。
1856. *Phylloporus scabrosus* M. Zang粗柄褶孔菌。生于地上。
1857. *Phylloporus sulphureus* (Berk.) Singer硫黄褶孔菌。生于混交林中地上。
1858. *Porphyrellus porphyrosporus* (Fr. & Hök) E.-J. Gilbert红孢牛肝菌[=*Porphyrellus pseudoscaber* (Secr.) Singer假糙红孢牛肝菌]。生于林地上。
1859. *Pulveroboletus ravenelii.* (Berk.& M. A. Curtis) Murrill黄粉牛肝菌(黄肚菌)。生于林地上。
1860. *Retiboletus griseus* (Frost) Manfr. Binder & Bresinsky灰网柄牛肝菌[=*Boletus griseus* Frost灰牛肝菌== *Xerocomus griseus* (Frost) Singer白管绒盖牛肝菌]。生于栎林或松树林地上。
1861. *Retiboletus nigerrimus* (R. Heim) Manfr. Binder & Bresinsky黑粉孢网牛肝菌[=*Tylopilus nigerrimus* (R. Heim) Hongo & M. Endo= *Boletus nigerrimus* R. Heim黑紫牛肝菌]。生于地上。
1862. *Retiboletus ornatipes* (Peck) Manfr. Binder & Bresinsky饰柄网牛肝菌[=*Boletus ornatipes* Peck饰柄牛肝菌（纹柄牛肝菌）]。生于林地上。
1863. *Retiboletus retipes* (Berk. & M.A. Curtis) Manfr. Binder & Bresinsky花脚网牛肝菌[=*Boletus retipes* Berk. & M.A. Curtis= *Pulveroboletus retipes* (Berk. & M.A. Curtis) Singer网柄粉末牛肝菌]。生于阔叶林和杉林地上。
1864. *Rubinoboletus ballouii* (Peck) Heinem. & Rammeloo巴卢玉红牛肝菌（黄盖玉红牛肝菌）[=*Boletus ballouii* Peck近圆孢牛肝菌= *Tylopilus ballouii* (Peck) Singer黄盖粉孢牛肝（锈盖粉孢牛肝菌）]。生于阔叶树或松树或混交林地上。
1865. *Strobilomyces annamiticus* Pat.阿拿松塔牛肝菌。生于松树地上。
1866. *Strobilomyces confusus* Singer混淆松塔牛肝菌。生于混交林中地上。

1867. *Strobilomyces glabriceps* W.F. Chiu光盖松塔牛肝菌（光头网孢牛肝菌）。生于地上。
1868. *Strobilomyces latirimosus* J.Z. Ying宽裂松塔牛肝菌。生于栎林地上。
1869. *Tylopilus alboater* (Schwein.) Murrill黑盖粉孢牛肝菌。生于板栗树地上。
1870. *Tylopilus albofarinaceus* (W.F. Chiu) F.L. Tai白粉孢牛肝菌（白粉牛肝菌）。生于地上。
1871. *Tylopilus chromapes* (Frost) A.H. Sm. & Thiers红疣粉孢牛肝菌[=*Leccinum chromapes* (Frost.) Singer]红疣柄牛肝菌。生于针阔混交林地上。
1872. *Tylopilus felleus* (Bull.) P. Karst.苦粉孢牛肝菌（老苦菌、闹马肝）。生于林中地上。
1873. *Tylopilus fumosipes* (Peck) A.H. Sm. & Thiers污柄粉孢牛肝菌。生于阔叶林地上。
1874. *Tylopilus indecisus*（Peck）Murrill褐粉孢牛肝菌。生于地上。
1875. *Tylopilus nigerrimus* (R. Heim) Hongo & M. Endo黑粉孢牛肝菌。生于林地上。
1876. *Tylopilus olivaceirubens* (Corner) T.H. Li橄榄红粉孢牛肝菌。生于混交林中地上。
1877. *Tylopilus punctatofumosus* (W.F. Chiu) F.L. Tai斑褐粉孢牛肝菌（毡帽牛肝菌）。生于地上。
1878. *Tylopilus roseolus* (W.F. Chiu) F.L. Tai红盖粉孢牛肝菌（小红帽牛肝菌）。生于地上。
1879. *Tylopilus sinicus* (W.F. Chiu) F.L. Tai中国粉孢牛肝菌（中华牛肝菌）。生于地上。
1880. *Tylopilus velatus* (Rostr.) F.L.Tai垂边粉孢牛肝菌（垂边牛肝菌）。生于地上。
1881. *Xanthoconium separans* (Peck) Halling & Both[=*Boletus separans* Peck]裂管金孢牛肝菌。生于阔叶林地上。
1882. *Xerocomus castanellus* (Peck) Snell & E.A. Dick.栗色绒盖牛肝菌。生于混交林中地上。
1883. *Xerocomus cheoi* (W.F. Chiu) F.L. Tai光柄绒盖牛肝菌（周氏牛肝菌）。生于地上。
1884. *Xerocomus illudens* (Peck) Singer拟绒盖牛肝菌（白肉牛肝菌）。生于地上。
1885. *Xerocomus nigromaculatus* Hongo黑点绒盖牛肝菌。生于地上。
1886. *Xerocomus nigropunctatus* (W.F. Chiu) F.L. Tai黑斑绒盖牛肝菌（芝麻牛肝菌）。生于地上。
1887. *Xerocomus puniceus* (W.F. Chiu) F.L. Tai紫红绒盖牛肝菌（胭脂牛肝菌）。生于地上。
1888. *Xerocomus punctilifer* (W.F. Chiu) F.L. Tai茸点绒盖牛肝菌（花盖牛肝）。生于地上。
1889. *Xerocomus rugosellus* (W.F. Chiu) F.L. Tai长孢绒盖牛肝菌（小粗头牛肝菌、皱绒盖牛肝菌）。生于地上。
1890. *Xerocomus roxanae* (Frost) Snell褐管绒盖牛肝菌。生于针阔叶林中地上。
1891. *Xerocomus spadiceus* (Fr.) Quél.枣红绒盖牛肝菌。生于林中地上。
1892. *Xerocomus subpaludosus* (W.F. Chiu) F.L. Tai酒红绒盖牛肝菌（酒红牛肝菌）。生于地上。
1893. *Xerocomus subtomentosus* (L.) Quél.亚绒盖牛肝菌。生于混交林中地上。
1894. *Xerocomus yunnanensis* (W.F. Chiu) F.L. Tai云南绒盖牛肝菌（云南牛肝菌）。生于地上。

Calostomataceae丽口包科

1895. *Calostoma guangxiensis* L. Fan et B. Liu.。广西丽口包。生于杂木林地上。
1896. *Calostoma japonica* Henn.日本丽口菌。生于林中地上。
1897. *Calostoma junghuhnii* (Schltdl. & Müll.) Massee黄皮丽口包。生于阔叶林地上。
1898. *Calostoma oriruber* Massee粗皮丽口包。生于林地上。
1899. *Calostoma ravenelii* (Berk.) Massee拉氏丽口菌。生于林中地上。
1900. *Calostoma yunnanensis* L.J. Li & B. Liu.云南丽口菌。生于林中地上。

Boletinellaceae小牛肝菌科

1901. *Phlebopus portentosus* (Berk. & Broome) Boedijn巨型脉柄牛肝菌（暗褐脉柄牛肝菌）[=*Boletus portentosus* Berk. & Broome巨型牛肝菌]。生于阔叶林地上。

Diplocystidiaceae硬皮地星科

1902. *Astraeus pteridis* (Shear) Zeller巨型硬皮地星。生于林中地上。

Gomphidiaceae铆钉菇科

1903. *Chroogomphus rutilus* (Shaeff.) O. K. Mill.血红铆钉菇（红肉蘑）。生于针叶树地上。
1904. *Gomphidius glutinosus* (Schaeff.) Fr.黏铆钉菇。生于地上。
1905. *Gomphidius maculatus* (Scop.) Fr. 斑点铆钉菇。生于地上。

Gyroporaceae圆孔牛肝菌科

1906. *Gyroporus atroviolaceus* (Höhn.) E.-J. Gilbert 暗紫圆孔牛肝菌（暗紫牛肝菌）。生于树林地上。

1907. *Gyroporus cyanescens* (Bull.) Quél. 蓝圆孔牛肝菌（蓝空柄牛肝）。生于混交林或树林地上。
1908. *Gyroporus brunneofloccosus* T.H. Li, W.Q. Deng & B. Song褐丛毛圆孔牛肝菌。生于林地上。
1909. *Gyroporus pseudomicrosporus* M. Zang 微圆孔牛肝菌。生于树林地上。

Hygrophoropsidaceae拟蜡伞科

1910. *Hygrophoropsis aurantiaca* (Wulfen) Maire金黄拟蜡伞[=*Cantharellus aurantiacus* Krombh.=*Cantharellus aurantiacus* Fr.]。生于地上。

Paxillaceae桩菇科

1911. *Alpova piceus* (Berk. & M.A.Curtis) Trappe光黑腹菌。生于林中土中。
1912. *Alpova trappei* Fogel特拉氏光黑腹菌。生于落叶层上。
1913. *Melanogaster fusisporus* Y. Wang var. *obovatus* K. Tao, Ming C. Chang & B. Liu梭孢黑腹菌倒乱孢变种。生于林内土中或落叶层内。
1914. *Melanogaster fusisporus* Y. Wang.梭孢黑腹菌。生于林内土中或落叶层内。
1915. *Melanogaster ovoidisporus* Y. Wang.卵孢黑腹菌。生于苔藓层中或林下土中。

Rhizopogonaceae 须腹菌科

1916. *Rhizopogon fabri* Trappe截孢须腹菌。生于林内地上。
1917. *Rhizopogon luteolus* Fr. & Nordholm淡黄须腹菌。生于林内地上。
1918. *Rhizopogon nigrescens* Coker & Couch变黑须腹菌。生于林内地上或草地上。
1919. *Rhizopogon reae* A. H. Sm.里亚氏须腹菌。生于松林下土中。
1920. *Rhizopogon roseolus* (Corda) Th. Fr.褐红须腹菌[=*Rhizopogon rubescens* (Tul. & C. Tul.) Tul. & C. Tul.红根须腹菌]。生于林内地上。
1921. *Rhizopogon rubescens* (Tul. & C. Tul.) Tul. & C. Tul. var. *ochraceous* A. H. Sm. 红根须腹菌褐色变种。生于林内地上。

Sclerodermataceae硬皮马勃科

1922. *Scleroderma areolatum* Ehrenb.龟纹硬皮马勃。生于混交林中地上。
1923. *Scleroderma bovista* Fr.大孢硬皮马勃[=*Scleroderma texense* Berk得克萨斯硬皮马勃]。生于林内地上。
1924. *Scleroderma dictyosporum* Pat.网孢硬皮马勃。生于林内地上。
1925. *Scleroderma floridanum* Guzmán佛州硬皮马勃。生于混交林内地上。
1926. *Scleroderma sinnamariense* Mont.豌豆形硬皮马勃。生于林内地上。
1927. *Scleroderma tenerum* Berk. & M.A. Curtis 薄硬皮马勃（马勃状硬皮马勃）。生于地上。
1928. *Scleroderma verrucosum* (Bull.) Pers.疣硬皮马勃。生于林内地上。

Serpulaceae干腐菌科

1929. *Serpula lacrymans (*Wulfen) J. Schröt.[=*Gyrophana lacrymans* (Wulfen) Pat.] 泪菌(干朽菌、伏果圆炷菌)。生于树林地上。
1930. *Serpula similis* (Berk. & Broome) Ginns相似泪菌(相似干腐菌)。生于地上。

Suillaceae乳牛肝菌科

1931. *Fuscoboletinus glandulosus* (Peck) Pomerl. & A.H. Sm.绒点褐牛肝菌(腺点褐小牛肝菌）。
1932. *Suillus acidus* (Peck) Singer酸乳牛肝菌（酸味乳牛肝菌）。生于混交林中地上。
1933. *Suillus albidipes* (Peck) Singer白柄乳牛肝菌（白柄黏盖牛肝）。生于地上。
1934. *Suillus brevipes* (Peck) Kuntze短柄乳牛肝菌（短柄黏盖牛肝）。生于地上。
1935. *Suillus brevipes* (Peck) Kuntze var. *subgracilis* A.H. Sm. & Thiers短柄乳牛肝菌近细变种。生于混交林中地上。
1936. *Suillus cavipes* (Opat.) A.H. Sm. & Thiers空柄乳牛肝菌[=*Boletinus cavipes* (Opat.) Kalchbr.空柄小牛肝菌]。生于落叶松、白桦、赤松等树下地上。
1937. *Suillus cavipoides* (Z.S. Bi & G.Y. Zheng) Q.B. Wang & Y.J. Yao空柄拟乳牛肝菌[=*Boletinus cavipoides* Z.S. Bi & G.Y. Zheng类空柄乳牛肝菌]。生于林地上。
1938. *Suillus collinitus* (Fr.) Kuntze。褐乳牛肝菌。生于混交林中地上。
1939. *Suillus flavidus* (Fr.) J. Presl淡黄乳牛肝菌。生于地上。
1940. *Suillus glandulosipes* Thiers & A.H. Sm.腺柄乳牛肝菌。生于混交林中地上。
1941. *Suillus kunmingensis* (W.F. Chiu) Q.B. Wang & Y.J. Yao昆明乳牛肝菌[=*Boletinus kunmingensis* Chiu昆明小牛肝菌]。生于树林地上。

1942. *Suillus subluteus* (Peck) Snell亚褐环乳牛肝菌（黏滑乳牛肝菌）。生于地上。
1943. *Suillus tomentosus* (Kauffman) Singer绒乳牛肝菌（绒毛乳牛肝）。生于地上。
1944. *Suillus visicidus* (L.) Roussel黏乳牛肝菌 [=*Suillus laricinus* (Berk.) Kuntze灰环乳牛肝菌]。生于地上。

Dacrymycetales花耳目

Dacrymycetaceae花耳科

1945. *Calocera viscosa* (Pers.). Fr.胶角耳。生于阔叶树或针叶树枯枝上。
1946. *Dacrymyces aurantiacus* Henn.黄花耳（胶脑菌）。生于木头上。
1947. *Dacrymyces chrysospermus* Berk. & M.A. Curtis金孢花耳[=*Dacrymyces palmatus* (Schwein.) Burt掌状花耳]。生于阔叶树或针叶树枯枝上。
1948. *Dacrymyces enatus*(Berk. & M.A. Curtis) Massee延生花耳。生于阔叶树朽木无树皮处。
1949. *Dacrymyces lacrymalis* (Pers.) Sommerf.泪滴花耳。生于阔叶树或针叶树朽木上。
1950. *Dacrymyces microsporus* P. Karst.小孢花耳。生于阔叶树朽木上。
1951. *Dacrymyces minor* Peck小花耳。生于阔叶树或针叶树朽木上。
1952. *Dacrymyces stillatus* Nees花耳。生于阔叶树或针叶树朽木上。
1953. *Dacrymyces tortus* (Willd.) Fr.斑点花耳。生于阔叶树朽木上。
1954. *Dacrymyces yunnanensis* B. Liu & L. Fan云南花耳。生于油杉朽枝上。
1955. *Dacryopinax aurantiaca* (Fr.) McNabb橙黄假花耳。生于阔叶树朽木上。
1956. *Ditiola peziziformis* (Lév.) D.A. Reid盘状韧钉耳[=*Femsjonia peziziformis* ((Lév.) P. Karst.小胶杯耳（胶杯耳）]。生于阔叶树或针叶树朽枝上
1957. *Ditiola radicata* (Alb. & Schwein.) Fr. var. *gyrocephala* (Berk. & Broome) Kenn.黄韧钉耳旋头变种。生于阔叶树朽木上。
1958. *Femsjonia rubra* M. Zang红胶杯耳。生于冷杉林地上。

Tremellomycetes银耳纲

Tremellales银耳目

Sirobasidiaceae链担子科

1959. *Sirobasidium japonicum* Kobayasi日本链担耳。生于阔叶树倒木上。
1960. *Sirobasidium sanguineum* Lagerh. & Pat. 血红链担子。生于阔叶树木上。

Tremellaceae银耳科

1961. *Holtermannia pinguis* (Holterm.) Sacc. & Traverso胶珊瑚。于阔叶树枯枝上群生。
1962. *Tremella australiensis* Lloyd澳洲银耳。于阔叶树倒木上丛生至群生。
1963. *Tremella boraborensis* L.S. Olive波纳银耳。于阔叶树枯枝和树皮上群生。
1964. *Tremella brasiliensis* (Möller) Lloyd巴西银耳。生于阔叶树枯木上单生或散生。
1965. *Tremella carneoalba* Coker肉白银耳。于阔叶树枯枝树皮处群生。
1966. *Tremella clavisterigma* Lowy棒梗银耳。于阔叶树枯枝上群生。
1967. *Tremella coalescens* L.S. Olive合生银耳。于阔叶树枯枝上群丛生。
1968. *Tremella effusa* Y.B. Peng展生银耳。于阔叶树倒木上群生。
1969. *Tremella fibulifera* Möller大锁银耳。生于阔叶林中腐木或湿处散生至群生。
1970. *Tremella frondosa* Fr. 叶银耳(黄银耳)。于阔叶树枯枝上单生或散生。
1971. *Tremella globispora* D.A. Reid球孢银耳。于混交林华山松等枯枝上成群散生。
1972. *Tremella hainanensis* Y.B. Peng海南银耳。于阔叶树枯枝上单生或散生。
1973. *Tremella iduensis* Kobayasi角状银耳。于阔叶树枯枝上丛生或群生。
1974. *Tremella longibasidia* Y.B. Peng长担银耳。于阔叶树倒木上群生。
1975. *Tremella lutescens* Pers.橙黄银耳（亚橙耳）。于阔叶树枯枝上散生或群生。
1976. *Tremella menglunensis* Y.B. Peng勐仑银耳。于阔叶树倒木上一种炭团菌的子座和子囊壳上单生或群生。
1977. *Tremella moriformis* Berk.椹形银耳（紫耳）。于阔叶树枯枝上成群散生。
1978. *Tremella sanguinea* Y.B. Peng血红银耳（血耳）。于阔叶树枯枝上单生或群生。
1979. *Tremella wrightii* Berk. & M.A. Curtis赖特银耳。生于阔叶树朽木上。

Phallomycetidae鬼笔亚纲

Geastrales地星目

Geastraceae地星科

1980. *Geastrum elegans* Vittad.雅致地星。生于林中地上。

1981. *Geastrum englerianus* Henn.恩勒地星。生于林中地上。

1982. *Geastrum fimbriatum* Fr.毛咀地星。生于林中地上。

1983. *Geastrum morganii* Lloyd摩根地星。生于针叶林中地上或枝条上。

1984. *Geastrum rufescens* Pers. 粉红地星。生于针、阔叶林或混交林地上。

1985. *Geastrum saccatum* Fr. 袋形地星。生于针叶或混交林中地上。

1986. *Geastrum schmidelii* Vittad. [as'*Geaster*']施氏地星[=*Geastrum nanum* Pers.矮小地星]。生于林中、牧草或腐殖土上。

1987. *Geastrum triplex* Jungh.尖顶地星。生于针叶林或混交林中地上。

1988. *Geastrum velutinum* Morgan绒皮地星。生于林中地或腐殖土上。

1989. *Sphaerobolus stellatus* Tode弹球菌。生于腐木或树皮上。

Gomphales 钉菇目

Clavariadelphaceae棒瑚菌科

1990. *Clavariadelphus pistillaris* (L.) Donk棒瑚菌（杵棒、棒锤菌）。生于混交林中地上。

1991. *Clavariadelphus sachalinensis* (S.Imai) Corner长棒瑚菌。生于混交林中地上。

1992. *Clavariadelphus truncatus* (Quél.)Donk平截棒瑚菌。生于混交林中地上。

Gomphaceae钉菇科

1993. *Gomphus clavatus* (Pers.) Gray钉菇(陀螺菌、地陀螺）。生于林地上。

1994. *Ramaria abietina* (Pers.) Quél. 冷杉枝瑚菌(变绿枝瑚菌、绿丛枝菌）。生于林地上。

1995. *Ramaria apiculata* (Fr.) Donk尖枝瑚菌（木瑚菌）。生于林中倒腐木、落果及腐殖质上。

1996. *Ramaria aurea* (Schaeff.) Quél.金黄枝珊瑚菌。生于林中地上。

1997. *Ramaria bataillei* (Maire) Corner巴塔伊枝瑚菌（丛枝瑚菌）。生于林中地上。

1998. *Ramaria botrytis* (Pers.) Ricken 葡萄状枝瑚菌（葡萄色珊瑚菌）。生于林中地上。

1999. *Ramaria botrytoides* (Peck) Corner红顶枝瑚菌（红顶粉丛枝菌）。生于林中地上。

2000. *Ramaria eumorpha* (P. Karst.) Corner长茎黄枝瑚菌[=*Ramaria invalii* (Cotton & Wakef.) Donk长茎黄丛枝]。生于林中地上。

2001. *Ramaria fennica* (P. Karst.) Ricken芬兰枝瑚菌[=*Ramaria testaceo-viridis* (G.F. Atk.) Corner壳丝枝瑚菌]。生于林中地上。

2002. *Ramaria flava* (Schaeff.) Quél.黄枝瑚菌。生于林中地上。

2003. *Ramaria flavobrunnescens* (G.F. Atk.) Corner棕黄枝瑚菌（小孢丛枝菌）。生于阔叶林竹林混交地上。

2004. *Ramaria formosa* (Pers.) Quél.美丽枝瑚菌（粉红丛枝菌）。生于林中地上。

2005. *Ramaria fumigata* (Peck) Corner烟色枝瑚菌（暗灰丛枝菌）。生于林中地上。

2006. *Ramaria indoyunnaniana* R.H. Petersen & M. Zang印滇枝瑚菌（印滇丛枝瑚菌）。生于林中地上。

2007. *Ramaria longicaulis* (Peck) Corner长茎枝瑚菌。生于林中地上。

2008. *Ramaria madagascariensis* (Henn.) Corner马地枝瑚菌（褐丛枝菌）。生于林中地上。

2009. *Ramaria mairei* Donk梅尔枝瑚菌(紫丁香枝瑚菌)。生于林中地上。

2010. *Ramaria obtusissima* (Peck) Corner光孢黄枝瑚菌。生于林中地上。

2011. *Ramaria rufescens* (Schaeff.) Corner红枝瑚菌（红顶黄丛枝）。生于林中地上。

2012. *Ramaria secunda* (Berk.) Corner偏白枝瑚菌（白丛枝菌）。生于林中地上。

2013. *Ramaria subaurantiaca* Corner金色枝瑚菌。生于林中地上。

Hysterangiales辐片包目

Hysterangiaceae辐片包科

2014. *Hysterangium calcareum* R. Hesse石灰质辐片包。生于灌木丛地上。

2015. *Hysterangium cistophilum* (Tul.) Zeller & C.W. Dodge石蔷薇辐片包。混交林地上。

2016. *Hysterangium fuscum* Harkn.棕色辐片包。生于枯叶层上。

2017. *Hysterangium hautu* G.Cunn.亚辐片包。生于阔叶林中地上。

2018. *Hysterangium obtusum* Rodway钝孢辐片包。生于林中地上埋生。

Phallogastraceae**鬼笔腹菌科**

2019. *Protubera maracuja* Möller块腹菌。生于林内埋土朽木上。

Phallales**鬼笔目**

Gastrosporiaceae **腹孢菌科**

2020. *Gastrosporium simplex* Mattir.简单腹孢菌（腹孢菌）。生于地上。

Phallaceae**鬼笔科**

2021. *Aseroë arachnoidea* E. Fisch.星头鬼笔（章鱼菌、星头鬼笔）。生于腐朽稻壳土上。

2022. *Clathrus archeri* (Berk.) Dring阿切尔笼头菌（红佛手菌。鱿鱼菇）[=*Anthurus archeri* (Berk.) E. Fisch. 尾花菌]。生于阔叶林内地上。

2023. *Clathrus crispatus* Thwaites ex Fisch.卷曲笼头菌。生于林内地上。

2024. *Clathrus crispus* Turpin拟卷曲笼头菌。生于竹林中地上。

2025. *Clathrus gracilis* (Berk.) Schltdl.细笼头菌。生于阔叶树和针叶树混交的林地上。

2026. *Dictyophora duplicata* (Bosc.) E. Fisch.短裙竹荪。生于树林或竹林地上。

2027. *Dictyophora formosana* (W.S. Lee) M. Zang.台湾竹荪。生于地上。

2028. *Dictyophora indusiata* (Vent.) Desv. f. *aurantiaca* Kobayasi长裙竹荪金黄变型。地上。

2029. *Dictyophora merulina* Berk.皱盖竹荪。生于地上。

2030. *Dictyophora nanchangensis* (Z.Z. He) T.H. Li, B. Liu et B. Song南昌竹荪。生于地上。

2031. *Endoclathrus panzhihuaensis* B. Liu, Y.H. Liu & Z.J. Gu内笼头菌（攀枝花内笼头菌）。生于林内地上。

2032. *Endophallus yunnanensis* M. Zang & R.H. Petersen云南内笔菌。生于林内地上。

2033. *Ileodictyon gracile* Berk. 细笼头菌[=*Clathrus gracilis* (Berk.) Schltdl.]细笼头菌。生于混交林内地上。

2034. *Kobayasia kunmingica* M. Zang.昆明小林块腹菌。生于树下地上生。

2035. *Kobayasia nipponia* (Kobayasi) S. Imai & A. Kawam.小林块腹菌。生于松林内地上。

2036. *Lysurus gardneri* Berk.圆柱散尾鬼笔。生于地上。

2037. *Phallus formosanus* Kobayasi台湾鬼笔。生于林间地上。

2038. *Phallus fragrans* M. Zang香鬼笔。生于竹林地上。

2039. *Phallus megacephalus* M. Zang.巨盖鬼笔。生于腐殖土上。

2040. *Phallus sulphureus* Lohwag硫色鬼笔。生于地上。

2041. *Phallus taipeiensis* (W.S.Lee) B. Liu & Y.S. Bau台北鬼笔。生于地上。

2042. *Phallus tenuissimus* T.H. Li, W.Q. Deng & B. Liu纤细鬼笔。生于地上。

2043. *Protuberella borealis* (S. Imai) S. Imai & Kawam.北方小块腹菌[=*Protubera borealis* S. Imai北方块腹菌]。生于混交林内地上。

2044. *Pseudocolus fusiformis* (E. Fisch.) Lloyd梭形三叉鬼笔（佛手菌）[=*Anthurus javanicus* (Penz.) G.. Cunn.爪哇尾花菌]。生于阔叶林中地上。

2045. *Pseudocolus schellenbergiae* (Sumst.) A.E. Johnson三叉鬼笔。生于竹林中地上或落叶层等腐木上。

2046. *Simblum periphraqmoiedes* Klotzsch var.*periphraqmoides*黄柄笼头菌（原变种）。生于杨树等树下地上。

2047. *Simblum sphaerocephalum* Schltdl.球头柄笼头菌。生于林内地上。

Pucciniomycotina**柄锈菌亚门**

Microbotryomycetes**微球黑粉菌纲**

Microbotryales**微球黑粉菌目**

Microbotryaceae**微球黑粉菌科**

2048. *Microbotryum cordae* (Liro) G. Deml & Prillinger科儿达微球黑粉菌，生于小花上。

Ustilaginomycotina**黑粉菌亚门**

Exobasidiomycetes**外担菌纲**

Entylomatales**叶黑粉菌目**

Entylomataceae **叶黑粉菌科**

2049. *Entyloma guaraniticum* Speg.鬼针草叶黑粉菌，生于叶上。

Ustilaginomycetes**黑粉菌纲**

Ustilaginomycetidae**黑粉菌亚纲**

Ustilaginales黑粉菌目

Anthracoideaceae炭黑粉菌科

2050. *Cintractia axicola* (Berk.) Cornu飘拂草核黑粉菌。生于花梗的基部上。

2051. *Farysia butleri* (Syd. & P. Syd.) Syd. & P. Syd. 巴特勒丝黑粉菌。生于子房上。

Ustilaginaceae黑粉菌科

2052. *Sporisorium andropogonis-aciculati* (Petch) Vánky竹节草孢堆黑粉菌。生于花序上。

2053. *Sporisorium cruentum* (J.G. Kühn) Vánky高粱散孢堆黑粉菌。生于子房上。

2054. *Sporisorium formosanum* (Sawada) Vánky台湾孢堆黑粉菌。生于花序上。

2055. *Sporisorium hainanae* (Zundel) L. Guo海南孢堆黑粉菌。生于子房上。

2056. *Sporisorium paspali-thunbergii* (Henn.) Vánky雀稗孢堆黑粉菌。生于花序上。

2057. *Sporisorium scitamineum* (Syd.) M. Piepenbr., M. Stoll & Oberw. 甘蔗孢堆黑粉菌。生于花序上。

2058. *Sporisorium sorghi* Ehrenb. ex Link高粱坚轴黑粉菌[=*Sphacelotheca sorghi* (Ehrenb. ex Link) G.P. Clinton] 。生于花序上。

2059. *Sporisorium tanglinense* (Tracy & Earle) L. Guo东陵孢堆黑粉菌。生于子房上。

2060. *Ustilago crameri* Körn.谷子黑粉菌。生于花序上。

2061. *Ustilago cynodontis* (Pass.) Henn.狗牙根黑粉菌。生于花序上。

2062. *Ustiliago esculenta* Henn.茭白黑粉菌（菰黑粉菌）。寄生于茭白上。

2063. *Ustilago maydis* (DC) Corda玉米黑粉菌。生于花序上。

2064. *Ustilago nuda* f.sp. *hordei* Schaffnit裸黑粉菌霍德形式种（大麦黑粉菌、大麦坚黑粉菌）[=*Ustilago nuda* (C.N.Jensen) Rostr. 裸黑粉菌（麦散黑、麦奴）]。生于大麦上。

2065. *Ustilago nuda* f.sp. tritici Schaffnit裸黑粉菌特氏形式种（小麦散黑粉菌）[=*Ustilago tritici* C.Bauhin]小麦黑粉菌。生于小麦上。

撰稿人：宋　斌、吴兴亮、李泰辉

参考文献

阿历索保罗 C J, 明斯 C W, 布莱克韦尔 M. 1996b. 真菌学概论. 姚一建, 李玉等译. 2002. 北京: 中国农业出版社: 1～771.

白金铠. 2003. 中国真菌志, 第十五卷, 球壳孢目(茎点霉属, 叶点霉属). 北京: 科学出版社: 1～255.

白金铠. 2003. 球壳孢目(壳二胞属, 壳针孢属). 第十七卷, 北京: 科学出版社: 1～372.

毕志树. 1987. 中国香菇属的已知种类. 中国食用菌, 2(24): 18～19.

毕志树, 李泰辉. 1989. 广东鳞伞属的研究初报. 真菌学报, 8(2): 94～97.

毕志树, 李泰辉. 1990. 粤产乳牛肝菌的新分类群和新记录. 真菌学报, 9(1): 20～24.

毕志树, 李泰辉, 李崇. 1983. 鼎湖山自然保护区冬虫夏草的调查初报. 微生物通报: 10(3): 118 .

毕志树, 李泰辉, 章卫民, 宋斌. 1997. 海南伞菌初志. 广州: 广东省高等教育出版社: 1～388.

毕志树, 李泰辉, 郑国扬, 等. 1984. 中国鼎湖山的担子菌类Ⅲ: 牛肝菌科的种类之二. 真菌学报, 3(4): 199～206.

毕志树, 李泰辉, 郑国扬, 等. 1985. 伞菌目的四个新种. 真菌学报, 4(3): 155～161 .

毕志树, 李泰辉, 郑国扬. 1986a. 广东小菇属的分类研究. 真菌学报, 6(1): 8～14.

毕志树, 李泰辉, 郑国扬. 1986b. 裸伞属的两个新种. 真菌学报, 5(2): 93～98.

毕志树, 李泰辉, 郑国扬. 1987. Taxonomic Studies on Mycena from Guangdong Province of China. 真菌学报, 6(1): 8～14.

毕志树, 郑国扬, 李泰辉. 1983. 中国鼎湖山微皮伞属的分类研究. 真菌学报, 2(1): 26～33.

毕志树, 郑国扬, 李泰辉. 1986. Taxonomic Studies on the Genus Entoloma from Guangdong Province(广东粉褶蕈属的分类研究). 真菌学报, 5(3): 161～169.

毕志树, 郑国扬, 李泰辉, 王又昭. 1990, 粤北山区大型真菌志. 广州: 广东科技出版社: 1～450.

毕志树, 郑国扬, 李泰辉. 1991. 广东山区研究, 广东山区大型真菌资源(广东省科学院丘陵山区综合科学考察队)广州: 广东科技出版社: 1～59.

毕志树, 郑国扬, 李泰辉. 1994, 广东大型真菌志. 广州: 广东科技出版社: 1～813.

陈焕强, 吴兴亮, 邓春英, 等. 2010. 海南佳西省级自然保护区大型真菌种类及其垂直分布. 贵州科学, 28(3): 46～50.

[宋]陈仁玉. 菌谱, //[宋]左圭, 辑. 百海学刊, 壬集.

戴芳澜. 1979b. 中国真菌总汇. 北京: 科学出版社: 1～1527.

戴贤才, 李秦辉, 张伟, 等. 1994. 四川甘孜州菌类志. 成都: 四川科技出版社: 1～330.

戴玉成. 2005. 中国林木病原腐朽菌图志. 北京: 科学出版社: 1～197.

戴玉成. 2009. 中国储木及建筑木材腐朽菌图志. 北京: 科学出版社: 1～288.

戴玉成. 2010. 海南岛大型木生真菌多样性. 北京: 科学出版社: 1～248.

戴玉成, 图力尔古尔. 2009. 中国东北野生食药用真菌图志. 北京: 科学出版社: 1～229.

戴玉成, 吴兴亮. 2002. 山鸡椒上一种新的干基腐朽病. 林业科学研究, (15): 555～558.

戴玉成, 吴兴亮. 2004. 介绍一种新的食用菌: 伯氏圆孢地花菌. 中国食用菌, 23(4): 3～4.

戴玉成, 吴兴亮. 魏玉莲, 卢家川. 2004. 中国海南台湾相思树干基腐朽病. 林业科学研究, 17(3): 352～355.

戴玉成, 庄剑云. 2010. 中国真菌已知种数. 真菌学报. 29(5): 625～628.

戴玉成, 杨祝良. 2008. 中国药用真菌名录及部分名称的修订. 菌物学报, 27(6): 801～824.

戴玉成,周丽伟,杨祝良,文华安,图力古尔,李泰辉.中国食用菌名录.菌物学报,2010,29(1): 1～21.
邓叔群.1963.中国的真菌.北京:科学出版社: 1～808.
弓明钦.1991.大型真菌.//蒋有绪,卢俊培,等.中国海南岛尖峰岭热带林生态系统.北京:科学出版社: 156～165.
郭林.2000.中国真菌志,第十二卷,黑粉菌科.北京:科学出版社: 1～124.
郭英兰,刘锡琎.2003.中国真菌志,第二十卷,菌绒孢属钉孢属色链隔孢属.北京:科学出版社: 1～189.
郭英兰,刘锡琎.2005.中国真菌志,第二十四卷,尾孢菌属.北京:科学出版社: 1～373.
候元兆,2003.中国热带的分布,类型和特点.世界林业研究,16(3): 47～51.
胡炎兴,欧阳友生,宋斌,姜广正.1996.中国真菌志.4卷.小煤炱目Ⅰ.北京:科学出版社: 1～270.
胡炎兴,宋斌,欧阳友生,姜广正.1999.中国真菌志.11卷.小煤炱目Ⅱ.北京:科学出版社: 1～252.
黄年来.1998.中国大型真菌原色图鉴,北京:农业出版社: 1～293.
蒋得斌,吴兴亮,王绍能,李泰辉,宋斌,邓春英,邹方伦,黄浩.2010.广西猫儿山国家级自然保护区大型真菌资源研究.贵州科学,28(1): 1～11.
景跃波.2007.中国树木外生菌根菌资源状况及生态学研究进展.西部林业科学,36(2): 135～140.
孔华忠.2008.中国真菌志,第三十五卷,青霉属及其相关有性型属.北京:科学出版社: 1～284.
李建宗,胡新文,彭寅斌.1993.湖南大型真菌志.长沙:湖南师范大学出版社: 1～418.
李丽嘉,1984.木耳属两个新种.真菌学报,4(3): 149～154.
李泰辉.1988.广东省红菇目及皮伞状真菌的分类研究.(硕士学位论文).广州:广东省微生物研究所: 1～312.
李泰辉,毕志树,郑国扬.1994.广东,海南两省小皮伞属的种类.真菌系统,13(4): 249～254.
李泰辉,毕志树,郑国扬.1994.广东,海南两省小皮伞属的种类.菌物系统,13(4): 255～259.
李泰辉,宋斌.2002a.中国牛肝菌分属检索表.生态科学,21(3): 240～245.
李泰辉,宋斌.2002b.中国食用牛肝菌的种类及其分布.食用菌学报,9(2): 22～30.
李泰辉,宋斌,吴兴亮.2004.滇黔桂革耳属研究.贵州科学,22(1): 47～53,96.
李泰辉,宋斌,吴兴亮.2004.滇黔桂香菇属种类.贵州科学,22(1): 62～66.
李泰辉,宋斌,吴兴亮,刘波.2004.滇黔桂的笼头菌科.贵州科学,22(1): 67～75.
李泰辉,宋斌,吴兴亮,刘波.2004.滇黔桂鬼笔科研究.贵州科学,22(1): 80～89.
李泰辉,吴兴亮,宋斌.2004.滇黔桂喀斯特地区大型真菌.贵州科学,22(1): 1～17.
李泰辉,章卫民,宋斌,沈亚恒,陆勇军,何青.1998.南岭自然保拍区的食(药)用菌和毒菌资源.吉林农业大学学报,20(增刊): 27～32.
李时珍.1982.本草纲目(校点本下册).北京:人民卫生出版社: 1435～2975.
李增智.2000.中国真菌志,第十三卷,虫霉目.北京:科学出版社: 1～168,1.1～43.
梁宗琦.2007.中国真菌志,第三十二卷,虫草属.北京:科学出版社: 1～192.
刘波.1984.中国药用真菌(第三版).太原:山西人民出版社: 1～228.
刘波.1991.山西大型食用真菌.太原:山西高校联合出版社: 1～132.
刘波.1998.中国真菌志.7卷.层腹菌目,黑腹菌目,高腹菌目.北京:科学出版社: 1～87.
刘波.1998.中国真菌志,第七卷,层腹菌目,黑腹菌目,高腹菌目.北京:科学出版社: 1～87.
刘波,范黎,李建宗,李泰辉,宋斌,刘芰华.2005.中国真菌志.第二十三卷.硬皮马勃目,柄灰包目,鬼笔目,轴灰包目.北京:科学出版社: 1～222.
刘波,彭寅斌,范黎.1992.中国真菌志.第二卷.银耳目,花耳目.北京:科学出版社: 1～151.
刘培贵,王向华,于富强,郑焕娣,陈娟.2003.中国大型高等真菌的关键类群.云南植物研究,25(3): 285～296.
刘培贵,杨祝良,杨崇林,宋刚.1992.云南哀牢,无量山区的虎掌菌类.中国食用菌,11(3): 28～29.
刘锡进,郭英兰.1998.中国真菌志,第九卷,假尾孢属.北京:科学出版社: 1～474.
卯晓岚.1989.毒蘑菇识别.北京:科学普及出版社: 1～216.
卯晓岚.1995.南峰地区大型真菌区系.//李渤生,南迦巴瓦峰地区生物,北京:科学出版社: 118～192.
卯晓岚.1998.中国经济真菌.北京:科学出版社: 1～762.
卯晓岚.2000.中国大型真菌.郑州:河南科技出版社: 1～719.
卯晓岚.2006.中国毒真菌种及毒素多样性.真菌学报,25(3): 345～363.
卯晓岚.2009.中国菌蕈.北京:科学出版社: 1～816.
彭金腾,陈起桢,华杰.1991.台湾野生菇彩色图鉴第一辑.食品工业研究所,新竹.

彭金腾,陈起桢,华杰. 1993. 台湾野生菇彩色图鉴第二辑.食品工业研究所，新竹.

戚佩坤,姜子德,向梅梅. 2007. 中国真菌志,第三十四卷,拟茎点霉属. 北京: 科学出版社: 1～185.

齐祖同. 1997. 中国真菌志,第五卷,曲霉属及其相关有性型. 北京: 科学出版社: 1～198.

邱德文,吴家华,夏同珩. 1998. 本草纲目彩色药图. 贵阳: 贵州科技出版社: 1～1228.

裘维蕃. 1957. 云南牛肝菌图谱. 北京: 科学出版社: 1～154.

裘维蕃. 1998. 真菌学大全. 北京: 科学出版社: 1～1124.

任美锷,曾昭璇. 1991. 论中国热带的范围. 地理科学, 11(2): 101～108.

任玮. 1993. 云南森林病害. 昆明: 云南科技出版社: 1～600.

泽田兼吉（Sawada K.）. 1919. 台湾产菌类调查报告第一编. 台湾总督府中央研究所农业部报告第一号. 台湾总督府中央研究所.

上海农业科学院食用菌研究所. 1991. 中国食用菌志. 北京: 中国林业出版社: 1～298.

邵力平,项存悌. 1997. 中国森林蘑菇. 哈尔滨:东北林业大学出版社: 1～506.

沈亚恒,叶东海. 2006. 中国真菌志,第二十八卷,虫囊菌目. 北京: 科学出版社: 1～294.

宋斌,邓春英,吴兴亮,等. 2009. 中国小皮伞属已知种类及其分布. 贵州科学, 27(1): 1～18.

宋斌,邓旺秋. 2001. 广东鼎湖山自然保护区大型真菌区系初析. 贵州科学, 19(3): 43～49.

宋斌,邓旺秋,沈亚恒. 2002. 海南伞菌资源及区系地理成分初步分析. 吉林农业大学学报, 24(2): 42～46.

宋斌,李泰辉,沈亚恒. 2002. 中国小煤炱目生态及区系地理成分分析. 热带亚热带植物学报, 10(2): 118～127.

宋斌,李泰辉,吴兴亮,等. 2007. 中国红菇属种类及其分布. 真菌研究, 5(1): 20～42.

宋斌,李泰辉,吴兴亮,等. 2004. 滇黔桂虫草资源多样性初步研究. 贵州科学, 22(4): 41～44.

宋斌,李泰辉,吴兴亮,等. 2004. 滇黔桂牛肝菌资源的初步评价. 贵州科学, 22(1): 90～96.

宋斌,李泰辉,章卫民,等. 2001. 广东南岭大型真菌区系地理成分特征初步分析. 生态科学, 20(4): 37～41.

宋斌,林群英,李泰辉,等. 2006. 中国虫草属已知种类及其分布. 真菌研究, 4(4):10～26.

宋斌,吴兴亮,李泰辉,等. 2004. 滇黔桂灵芝科多样性初步研究. 贵州科学, 22(1): 76～79.

宋斌,吴兴亮,沈亚恒. 2004. 滇黔桂多孔菌多样性初步研究. 贵州科学, 22(2): 34～47.

宋斌,钟月金,邓旺秋,等. 2007. 广东野生大型真菌资源及开发利用前景展望. 微生物学杂志, 27(1): 59～63.

王向华,刘培贵,于富强. 2004, 云南野生商品蘑菇图鉴, 昆明: 云南科技出版社: 1～136.

王也珍,吴声华,周文能,张东柱,陈桂玉,陈淑芬等. 1999. 台湾真菌名录. 行政院农业委员会出版: 1～289.

王云章, 1994. 中国真菌学史. //中国植物学史. 北京: 科学出版社: 325～352.

王云章,庄剑云. 1998. 锈菌目(一). 中国真菌志，第十卷，北京: 科学出版社: 1～335.

魏江春. 1991. 中国地衣综览. 北京: 万国学术出版社: 1～140.

魏铁铮. 2008. 中国蚁巢伞属系统学研究(博士学位论文). 北京: 中国科学院微生物研究所: 1～82.

魏玉莲,戴玉成,王林,左洪文. 2008. 木材褐腐真菌泊氏孔菌属生态学研究. 林业科学研究, 21(1): 55～59.

吴兴亮. 1996. 中国海南岛灵芝科分类研究 I. 真菌学报, 15(4): 260～263.

吴兴亮. 1997. 中国海南岛灵芝科分类研究 II. 真菌学报, 16(4): 253～256.

吴兴亮. 1998. 笼头菌属一新种. 真菌学报. 17(3): 206～208.

吴兴亮,戴玉成. 2005. 中国灵芝图鉴. 北京: 科学出版社: 1～299.

吴兴亮,郭建荣,陈焕强,廖其珍,谢圣华,肖敏. 1999. 海南岛尖峰岭灵芝科的组成及其生态分布. 生态学报，18(2): 159～163.

吴兴亮,郭建荣,李泰辉,沈亚恒,宋斌. 1998. 中国海南岛的多孔菌资源及其生态研究. 林业科学, 34(6): 75～81.

吴兴亮,郭建荣,廖其珍,谢圣华,肖敏. 1998. 中国海南岛灵芝资源及其分布特征. 真菌系统, 17(2): 122～129.

吴兴亮,李泰辉等, 1998. 海南岛坝王岭自然保护区多孔菌的研究. 林业科学研究, 11(2): 163～168.

吴兴亮,李泰辉,刘作易,谭伟福,宋斌. 2009. 广西大瑶山国家级自然保护区保护区大型真菌. 贵州科学, 27(1): 59～65.

吴兴亮,李泰辉,宋斌, 2009. 广西九万大山大型真菌资源. 贵州科学, 27(1): 43～50.

吴兴亮,李泰辉,宋斌, 2009. 广西防城金花茶国家级自然保护区保护区大型真菌及其生态. 贵州科学, 27(1): 77～86.

吴兴亮,李泰辉,宋斌. 2009. 广西花坪国家级自然保护区大型真菌资源及生态分布. 真菌学报, 28(4): 528～534.

吴兴亮,李泰辉,谭伟福,刘作易. 2009. 广西十万大山国家级自然保护区保护区大型真菌分布. 贵州科学, 27(1): 22～25.

吴兴亮,连宾,邹方伦. 2007. 广西雅长兰花自然保护区大型真菌种类组成及其资源评价. 贵州科学, 25(4): 35～41.

吴兴亮,臧穆,夏同珩. 1997. 灵芝及其他真菌彩色图志. 贵阳: 贵州科技出版社: 1～347.

吴兴亮,朱国胜,李泰辉,宋斌. 2004. 广西岑王老山自然保护区大型真菌种类及生态分布. 贵州科学, 22(1): 18～26.

吴兴亮,朱国胜,李泰辉,宋斌. 2004. 广西龙滩自然保护区大型真菌种类及生态研究. 贵州科学, 22(1): 54～61.
吴兴亮,邹芳伦,连宾,钟金霞. 1998. 宽阔水自然保护区大型真菌分布特征. 生态学报, 18(6): 609～614.
吴兴亮,邹方伦,张杰. 2006. 广西岜盆—白猴保护区大型真菌资源及其生态分布. 贵州科学, 24(4): 37～44.
吴征镒. 1979. 论中国植物区系的分区问题. 云南植物研究, (1): 1～22.
吴征镒. 1980. 中国植被. 北京: 科学出版社: 1～1357.
吴征镒,朱彦丞. 1987. 云南植被. 北京: 科学出版社: 1～1024.
吴中伦. 1985. 中国热带范围划分商榷. 热带林业科技, 1: 1～2.
许瑞祥. 1988. 灵芝的奥秘. 台北: 正义出版社: 1～87.
许瑞祥. 1993. 灵芝概论. 台中: 万年出版社: 1～140.
杨云鹏,岳德超. 1981. 中国药用真菌. 哈尔滨: 黑龙江科学技术出版社: 1～194.
杨祝良. 2005. 中国真菌志, 第二十七卷, 鹅膏科. 北京: 科学出版社: 1～258.
杨祝良,臧穆. 1993. 中国西南小奥德蘑属的分类. 真菌学报, 12: 16～17.
杨祝良,臧穆. 2003. 中国南部高等真菌的热带亲缘. 云南植物研究, 25: 129～144.
叶东海,沈亚恒. 1992. 中国蝼蛄属的研究. 真菌系统, 11(4): 285～288.
叶东海,沈亚恒. 1994. 中国虫囊菌属分类的研究 I. 真菌系统, 1994, 13(4): 241～245.
应建浙,卯晓岚,马启明,等. 1987. 中国药用真菌图鉴. 北京: 科学出版社: 1～579.
应建浙,赵继鼎,卯晓岚,等. 1982. 食用蘑菇. 北京: 科学出版社: 1～255.
应建浙,宗毓臣. 1989. 神农架真菌与地衣: 神农架大型真菌的研究. 北京: 世界图书出版公司: 1～513.
应建浙,臧穆. 1994. 中国西南地区大型经济真菌. 北京: 科学出版社: 1～399.
余永年. 1998. 中国真菌志, 第六卷, 霜霉目. 北京: 科学出版社: 1～530.
臧穆. 1980a. 滇藏高等真菌的地理分布及资源评价. 云南植物研究, 2(2): 152～187.
臧穆. 1980b. 中国西藏担子菌类数新种. 微生物学报, 20(1): 29～34.
臧穆. 1981. 云南鸡枞菌属的分类与分布的研究. 云南植物研究, (33): 367～374.
臧穆. 1986. 滇藏热带真菌的真菌地理研究. 真菌学报, (增刊 I): 407～418.
臧穆. 1998. 真菌的生态地理学. 裘维蕃. 真菌大全. 北京: 科学出版社: 317～385.
臧穆. 2006. 中国真菌志, 第二十二卷, 牛肝菌科(I). 北京: 科学出版社: 1～215.
臧穆,纪大干. 1984. 中国东喜马拉雅区鬼笔科的研究. 真菌学报, 4(2): 109～117.
臧穆,苏永革. 1985. 南迦巴瓦峰地区数种热带真菌分类地理. 山地研究Ⅲ: 307～310.
臧穆,张大成. 1986. 独龙江流域的真菌区系特点和真菌资源评价. 青藏高源文集Ⅱ. 北京: 北京科技出版社. 453～458.
张光亚. 1984. 云南食用菌. 昆明: 云南人民出版社: 1～526.
张克勤,莫明和. 2006. 中国真菌志, 第三十三卷, 节丛孢及相关属. 北京: 科学出版社: 1～156.
张树庭,卯晓岚. 1995. 香港蕈菌. 香港: 中文大学出版社: 1～470.
张天宇. 2003. 中国真菌志, 第十六卷, 链格孢属. 北京: 科学出版社: 1～283.
张天宇. 2009. 中国真菌志, 第三十一卷, 暗色砖格分生孢子真菌26属(链格孢属除外). 北京: 科学出版社: 1～231.
张天宇. 2010. 中国真菌志, 第三十卷, 蠕形分生孢子真菌. 北京: 科学出版社: 1～271.
朱教君,徐慧,许美玲,康宏樟. 2003. 外生菌根菌与森林树木的相互关系. 生态学杂志, 22(6): 70～76.
张小青,戴玉成. 2005. 中国真菌志, 第二十九卷, 锈革孔菌科. 北京: 科学出版社: 1～213.
张小青,赵继鼎. 1986. 中国湖北省神农架地区多孔菌新种. 真菌学报, (增刊 I): 273～281.
张中义. 2003. 中国真菌志, 第十四卷, 枝孢属, 黑星孢属, 梨孢属. 北京: 科学出版社: 1～297.
张中义. 2006. 中国真菌志, 第二十六卷, 葡萄孢属, 柱隔孢属. 北京: 科学出版社: 1～289.
赵继鼎. 1989. 中国灵芝新编. 北京: 科学出版社: 1～277.
赵继鼎. 1998. 中国真菌志, 第三卷, 多孔菌科. 北京: 科学出版社: 1～456.
赵继鼎,徐连旺,张小青. 1981. 中国灵芝. 北京: 科学出版社: 1～78.
赵继鼎,张小青. 2000. 中国真菌志第十八卷, 灵芝科. 北京: 科学出版社: 1～204.
郑儒永,余永年. 1987. 中国真菌志, 第一卷, 白粉菌目. 北京: 科学出版社: 1～552.
中国科学院青藏高原综合考察队. 1983. 西藏真菌. 北京: 科学出版社: 1～226.
中国科学院青藏高原综合考察队. 1996. 横断山区真菌. 北京: 科学出版社: 1～598.
中国科学院微生物研究所真菌组. 1979. 毒蘑菇. 北京: 科学出版社: 1～112.

周德群, Kevin D. Hyde. 2000. 中国竹类真菌资源和多样性. 贵州科学, 18(1): 62～70.

周彤燊. 2007. 中国真菌志. 第三十六卷. 地星科, 鸟巢菌科. 北京: 科学出版社: 1～163.

庄剑云. 1995. 南峰地区的锈菌区系. 李勃生. 南迦巴瓦峰地区生物. 北京: 科学出版社: 193～218.

庄剑云. 2003. 中国真菌志, 第十九卷, 锈菌目(二). 北京: 科学出版社: 1～324.

庄剑云. 2005. 中国真菌志, 第二十五卷, 锈菌目(三). 北京: 科学出版社: 1～183.

庄文颖. 1998. 中国真菌志, 第八卷, 核盘菌科, 地舌菌科. 北京: 科学出版社: 1～135.

庄文颖. 2004. 中国真菌志, 第二十一卷, 晶杯菌科, 肉杯菌科, 肉盘菌科. 北京: 科学出版社: 1～212.

庄文颖. 2008. 认识中国的菌物物种多样性. 大自然, 3: 4～6.

Ainsworth G C, Sparrow, Frederick K & Sussman, Alfred S. 1973a. The Fungi: An Advanced Treatise. Vol. IVA. A Taxonomic Review with Keys: Ascomycetes and Fungi Imperfecti. Academic Press: New York, NY: 1～621.

Ainsworth G C, Sparrow, Frederick K & Sussman, Alfred S. 1973b. The Fungi: An Advanced Treatise. Vol. IVB. A Taxonomic Review with Keys: Basidiomycetes and Lower Fungi. Academic Press: New York, NY: 1～504.

Alexopoulos C J, Mims C W, Blackwell M. (1996a). Introductory Mycology. fourth edition. John Wiley & Sons. New York: 1～868.

Bi Z S, Zheng G Y, Li T H. 1993. The Macrofungus Flora of China' s Guangdong Province. Hong Kong: Chinese University Press: 1～756.

Chen Y Q, Wang N, Qu L H, Li T H, Zhang W M. 2001. Determination of the anamorph of Cordyceps sinensis inferred from the analysis of the ribosomal DNA internal transcribed spacers and 5. 8S rDNA. Biochemical Systematics and Ecology, 29: 597～607.

Chen Z H, Yang Z L & Zhang Z G. 2001. Three Noteworthy Amanitae of subgenus Lepidella from China. Mycotaxon, 79: 275～284.

Cunningham G H. 1979. The Gasteromycetes of Australia and New Zealand. Germany. J. Cramer: 1～236.

Dai Y C, Harkonen M & Niemela T. 2003. Wood-inhabiting fungi in southern China 1. Polypores from Hunan Province. Ann. Bot. Fennici, 40: 381～393.

Dai Y C, Li T H. 2002. Megasporoporia major (Basidiomycota), a new combination. Mycosystema, 21(4): 519～521.

Dai Y C, Niemelä T & Kinnunen J. 2002. The polypore genera Abundisporus and Perenniporia in China, with notes on Haploporus. Ann. Bot. Fennici, 39: 169～182.

Dai Y C & Niemelä, T. 2002. Changbai wood-rotting fungi 13. Antrodia sensu lato. Ann. Bot. Fennici, 39: 257～265.

Dai Y C, Vaino E, Hantula J, Niemela T & Korhonen K. 2002. Sexuality and intersterility within Heterobasidion insulare complex. Mycol. Res., 106: 1435～1448.

Dai Y C, Vaino E, Hantula J, Niemelä T & Korhonen K. 2003. Investigations on the Heterobasidion annosum complex in central and eastern Asia with the aid of mating tests and DNA fringerprintings. For. Path., 33: 269～286.

Dai Y C, Wei Y L, Zhang X Q. 2004. An annotated checklist of non-poroid Aphyllophorales in China. Ann. Bot. Fennici, 41: 233～247.

Dai Y C, Wei Y L & Wang Z. 2004. Wood-inhabiting fungi in southern China 2. Polypores from Sichuan Province. Ann. Bot. Fennici, 41: 319～329.

Dai Y C, Wu S H, Chou W N. 2002. Two new polypores (Basidiomycota) from Taiwan. Mycotaxon, 83: 209～216.

Dai Y C, Wu S H. 2004. Megasporoporia (Aphyllophorales, Basidiomycota) in China. Mycotaxon, 89: 379～388.

Dai Y C, Xu M Q. 1998. Studies on the medicinal polypore Phellinus baumii and its kin P. linteus. Mycotaxon, 67: 191～200.

Dai Y C, Zang M. 2002. Fomotiporia tibetica, a new species of Hymenochaetaceae (Basidiomycota) from China. Mycotaxon, 83: 217～222.

Dai Y C & Zhou T X. 2000. A new species of Inonotus (Basidiomycotina) from Yunnan, southern China. Mycotaxon, 74: 331～335.

Dai Y C, Yang Z L, Cui B K, et al. 2009. Species Diversity and Utilization of Medicinal Mushrooms and Fungi in China. International Journal of Medicinal Mushrooms, 11(3): 287～302.

Deng C Y & Li T H. 2008. Gloeocantharellus persicinus, a new species from China. Mycotaxon, 106: 449～453.

Deng W Q, Li T H & Shen Y H. 2008. A study of the types and additional materials of Clitocybe pseudophyllophila and Clitocybe subcandicans. Mycotaxon, 103: 377～380.

Fang R Z , Bai P Y , Huang G B, Wei Y G. 1995. A Floristic Study on the Seed Plants from Tropics and Subtropics of Dian-Qian-Gui. Acta Botanica Yunnanica , Suppl. VII: 111～150.

Fries E. 1823. Systema Mycologicum, Vol. 2 , Lundae: 1～620.

Gilbertson R L & Ryvarden L. 1986. North American Polypores, Vol. 1. Fungiflora: Oslo, Norway: 1～433.

Gilbertson R L & Ryvarden L. 1987. North American Polypores, Vol. 2. Fungiflora: Oslo, Norway: 1～452.

Hawksworth D L, Kirk P M, Sutton, B C & Pegler D N. 1995. Ainsworth and Bisby' s Dictionary of the Fungi (8th). CAB International: Oxon, UK: 1～616.

Huang Z L, Dan Y, Huang Y C, Lin L D, Li T H, Ye W H, Wei X Y. 2004. Sesquiterpenes from the Mycelial Cultures of Dichomitus squalens. J. Nat. Prod, 67(12): 2121～2123.

Kirk P M, Cannon P F, David J C & Stalpers J A. 2001. Ainsworth & Bisby' s Dictionary of the Fungi (9th). CAB International: Oxon, UK: 1～655.

Kirk P M, Geoffrey C A, Cannon P F, Minter D W. 2008. Ainsworth & Bisby' s Dictionary of the Fungi(10th). CAB International: Oxon, UK: 1～771.

Li T H, Chen X L, Shen Y H, et al. 2009. A white species of Volvariella (Basidiomycota, Agaricales) from southern China. Mycotaxon, 109: 255～261.

Li T H, Deng C Y & Song B. 2008. A distinct species of Cordyceps on coleopterous larvae hidden in twigs. Mycotaxon, 103: 365～369.

Li T H, Deng W Q & Song B. 2003. A New Cyanescent Species of Gyroporus from China. Fungal diversity, 12: 123～127.

Li TH, Liu B, Song B, et al. 2003. Clathraceae and Phallaceae from China. Mycosystema, 22(增刊): 42～45.

Li T H, Liu B, Song B, et al. 2005. A new species of Phallus from China and P. formosanus, new to the mainland. Mycotaxon, 91:309～314.

Li T H, Song B, Shen Y H. 2002. A new species of Tylopilus from Guangdong. Mycosystema, 21(1): 3～5.

Li T H, Song B. & Liu B. 2002. Three taxa of Phallaceae in HMAS, China. Fungal Diversity, 11: 123～127.

Li T H. 1999. Keys to the Boletes Known from Australia. in Watling Roy and Li Taihui, Australian Boletes, A Preliminary Survey. Royal Botanic Garden Edinburgh: 1～25.

Li C H, Li T H. 2007. Newly observed characters of three holotypes of Entoloma species from South China. Mycosystema, 26(3): 468～469.

Li C H, Li T H. 2009. A new Entoloma species (Entolomataceae, Agaricales) from Hainan Island. Mycosystema, 28(5): 641～643.

Li C H, Li T H, Shen Y H. Two new blue species of Entoloma (Basidiomycetes, Agaricales) from South China. Mycotaxon, 107: 405～412.

Lin Q Y, Li T H, Song B. 2008. Cordyceps guangdongensis sp. nov. from China. Mycotaxon, 103: 371～376.

Liu Pei-Gui. 1995. Five New Species of Agaricales from Southern & Southeastern, China. Mycotaxon, 56: 89～105.

Núñez M, Ryvarden L. 2000. East Asian Polypores. Vol. 1. Fungiflora. Oslo: 1～168.

Núñez M, Ryvarden L. 2001. East Asian Polypores. Vol. 2. Fungiflora. Oslo: 1～522.

Pegler D N. 1977. A preliminary Agaric Flora of East Africa. Her Majesty' s Stationery Office London: 1～668.

Pegler D N. 1983. Agaric Flora of the Lesser Antilles. Her Majesty' s Stationary Office. London: 1～668.

Penzig O. 1899. Ueber javanische Phalloideen. Annales du Jardin Botanique de Buitenzorg, 16: 133～173.

Sawada K . 1959. Descriptive Catalogue of Taiwan (Formosan) fungiXI. [Imaceki R. , Hiratsuka N. and Asuyama H ed) Spec. Publ. Coll. Agr. Nat. Coll. Taiwan Univ. 8: 1～268.

Singer R. 1969. Mycoflora Australis. J. Cramer. Germany: 1～405.

Singer R. 1986. The Agaricales in Modern taxonomy. Koeltz Scientific Books: 1～981.

Smith A H. 1972. The North American species of Psathyrella. Memoirs of the New York Botanical Garden Vol. 24 , New York: 1～633.

Tai F L, 1932. Collections of fungi in China by foreign explorers. Nanking Journal, 1: 537～548.

Tai F L, 1979a. Collection of fungi in China by foreign explorers. Acta Phytopathologica Sinica, 9: 5～8 (in Chinese).

Wang D M, Wu S H, Li T H. 2009. Two records of Ganoderma new to mainland China. Mycotaxon, 108: 35～40.

Wang Q B, Li T H, Yao Y J. 2003. A new species of Boletus from Gansu Province, China. Mycotaxon, 88: 439～446.

Watling R, Li T H. 1999. Further Observations on the Boletes of the Cooloola Sandmass, Queensland and Extralimital Areas. in Watling Roy and Li Taihui, Australian Boletes, A Preliminary Survey. Royal Botanic Garden Edinburg: 27～71.

Wei T Z, Yao Y J, Li T H. 2003. First record of Termitomyces bulborhizus in China. Mycotaxon, 88: 433～438.

Wen H A. 1999. Gungal Flora of Guanxi , China: Macrofungi. Mycotaxon, 72: 359～370.

Wen H A & Ying J Z. 2001. Studies on the Genus Russula from China II. Two new taxa from Yunnan and Guizhou. Mycosystema, 20(2): 153～155.

Yang Z L. 1990. Several noteworthy higher fungi from southern Yunnan, China. Mycotaxon, 38: 407～416.

Yang Z L. 1994. Studies of the genus Amanita from southwestern China (I). Mycotaxon, 51: 459～470.

Yang Z L. 2000a. Further notes on the genus Oudemansiella from southwestern China. Mycotaxon, 74: 357～366.

Yang Z L. 2000b. Notes on five common but little known higher Basidiomycetes from tropical Yunnan, China. Mycotaxon, 74: 45～56.

Yang Z L, Chen C M. 2003. Amanita yenii, a new species of Amanita section Lepidella. Mycotaxon, 88: 455～462.

Yang Z L, Li T H. 2001. Notes on three white Amanitae of section Phalloideae (Amanitaceae) from China. Mycotaxon, 78: 439～448.

Yang Z L, Li T H & Wu X L. 2001. Revision of Amanita collections from Hainan, Southern China. Fungal Diversity, 6: 149～165.

Yang Z L, Matheny P B, Ge Z W, Slot J C, Hibbett D S. 2005. New Asian species of the genus Anamika (euagarics, hebelomatoid clade) based on morphology and ribosomal DNA sequences. Mycological Research, 109: 1259～1267.

Yao Y J, Pegler D N & Young T W K. 1996. Genera of Endogonales. Royal Botanic Gardens, Kew, UK: 1～229.

Zang M, Li T H, Petersen R H. 2001. Five New species of Boletaceae from China. Mycotaxon, 80: 481～487.

Zhang W M, Li T H. 2001. New species and new Chinese records of Gymnopilus from Hainan province. Mycosystema, 20(4): 454～456.

Zhang W M, Li T H. 2002. A New Species of Entoloma from Nanling National Nature Reserve. Mycosystema, 21(4): 383～484.

Zhang W M, Li T H. 2002. A New Subgenus and a New Species of Entoloma. Mycosystema, 21(2): 153～155.

Zhang W M, Li T H, Chen Y Q, Qu L H. 2004. Cordyceps campsosterna, a new pathogen of Campsosternus auratus. Fungal Diversity, 17: 239～242.

Zhou D Q & Kevin D. Hyde. 2002. Fungal succession on bamboo in Hong Kong. Fungal Diversity, 10: 213～227.

Zhou D Q, Cai L & Hyde K D. 2003. Astrosphaeriella and Roussoella species on bamboo from Hong Kong and Yunnan, China, including a new species of Roussoella. Cryptogamie Mycologie 24: 191～197.

Zhou D Q, Cai L & Hyde K D. 2004. Linocarpon species from bamboo, including one new species and two new records in Hong Kong. Cryptogamie Mycologie, 25: 201～204.

Zhuang W Y. 2001. Higher fungi of tropical China. New York: Ithaca, Mycotaxon, LTD: 1～485.

今关六也,本乡次雄,椿启介. 1970. 标准原色图鉴全集,菌类. 東京: 保育社: 1～175.

今关六也,本乡次雄. 1987. 原色日本菌类图鉴(Ⅰ). 東京: 保育社: 1～181.

今关六也,本乡次雄. 1989. 原色日本菌类图鉴(Ⅱ). 東京: 保育社: 1～315.

今关六也,大谷吉雄,本乡次雄. 1988. 日本のきのと. 東京: 山と溪谷社: 1～112.

清水大典. 1994. 原色冬虫夏草图鉴. 東京:诚文堂新光社: 1～381.

田村清一. 1954～1955. 原色日本菌类图鉴(1～8卷). 東京: 风间书房: 1～118.

小林义雄,清水大典. 1983. 冬虫夏草图谱. 東京: 保育社: 1～280.

汉名索引

学名索引